Verständliche Forschung

Kosmologie und Teilchenphysik

Mit einer Einführung von Immo Appenzeller

Erschienen bei Spektrum der Wissenschaft in Heidelberg

Kosmologie und Teilchenphysik

Inhaltsverzeichnis

Einführung

Von Immo Appenzeller

Noch am Anfang unseres Jahrhunderts wußte man so gut wie nichts über den tatsächlichen großräumigen Aufbau unseres Universums. Aus naturphilosophischen Gründen wurde jedoch allgemein angenommen, daß unsere Welt unendlich ausgedehnt und – über genügend große Bereiche gemittelt – überall gleich (also homogen) und zeitlich unveränderlich (also statisch) sei. Außerdem galt es als sicher, daß die Verteilung und Bewegung der Materie den Gesetzen der Newtonschen Mechanik und Gravitationstheorie gehorchen.

Andererseits gab es aber auch schon zuverlässige Hinweise darauf, daß diese Annahmen höchstens näherungsweise richtig sein konnten. So hatten bereits im 18. Jahrhundert der Schweizer Privatgelehrte Jean-Phillipe de Loys de Cheseaux und später der Bremer Arzt Wilhelm Olbers anhand der Gesetze der klassischen Euklidischen Geometrie gezeigt, daß in einem unendlichen, homogenen und statischen Universum der Nachthimmel wegen der Überlagerung der Strahlung von Sternen und Galaxien aus allen Entfernungen sehr viel heller sein müßte, als man tatsächlich beobachtet. Außerdem war im Laufe des 19. Jahrhunderts klar geworden, daß die Newtonsche Gravitationstheorie Lösungen mit einer unendlichen, gleichmäßigen und statischen Materieverteilung gar nicht zuläßt. Schließlich hatte 1859 der französische Astronom Urbain Leverrier gezeigt, daß eine auffällige Eigenschaft der Bahn des Planeten Merkur – nämlich die zeitliche Änderung der Orientierung seiner großen Bahnachse (Periheldrehung) – quantitativ nicht mit den Voraussagen der Newtonschen Theorie in Einklang gebracht werden kann.

Einen wesentlichen Fortschritt bedeutete 1916 Einsteins verbesserte Gravitationstheorie (die Allgemeine Relativitätstheorie), mit der sich zum Beispiel die Merkurbahn innerhalb der Meßgenauigkeit vollständig erklären ließ. Allerdings erlaubte auch Einsteins Theorie in ihrer ursprünglichen, einfachsten Form (genau wie die Newtonsche Theorie) keine statischen Weltmodelle. Da auch Einstein noch voll von der zeitlichen Unveränderlichkeit der Welt überzeugt war, versuchte er, seine Theorie mit dieser Annahme in Einklang zu bringen, indem er (wie es bereits früher für die Newtonsche Theorie vorgeschlagen worden war) einen zusätzlichen Term mit einer kosmologischen Konstanten zu seinen Gleichungen hinzufügte. Physikalisch bedeutet diese kosmologische Konstante die Existenz eines Beitrags zur Schwerkraft, der *nicht* an das Vorhandensein von Materie gebunden ist, so daß auch ein reines Vakuum gravitative Kräfte erzeugen kann. Nur wenige Jahre später (1922) zeigte dann aber der russische Mathematiker Alexander Alexandrowitsch Friedmann, daß homogene relativistische Modelle des Kosmos nur unter sehr speziellen Annahmen statisch sein können und im Normalfall expandieren oder kontrahieren.

Allgemeine Anerkennung fand Friedmanns Ergebnis allerdings erst, nachdem im Jahre 1929 der amerikanische Astronom Edwin Hubble die Fluchtbewegung der fernen Galaxien nachgewiesen hatte. Interessanterweise versuchte Hubble selbst, seine Messungen immer noch im Rahmen eines speziellen stationären Weltmodells zu erklären, das einige Jahre vorher von dem holländischen Physiker Willem de Sitter vorgeschlagen worden war. In den folgenden Jahren konnte dann aber zweifelsfrei nachgewiesen werden, daß sich Hubbles Beobachtungen im Rahmen der Einsteinschen Theorie nur durch ein expandierendes Friedmann-Modell unseres Kosmos beschreiben lassen, das mit einem Urknall aus einem Zustand extrem hoher Dichte entstand und sich seither immer weiter ausdehnt. Letzte Zweifel an der Urknalltheorie wurden dann in der zweiten Hälfte unseres Jahrhunderts durch die Entdeckung der kosmischen Mikrowellenstrahlung (eines „Nachleuchtens" des heißen, dichten frühen Kosmos) und durch die Ableitung des Verlaufs der Raumdichte der Quasare als Funktion des Weltalters endgültig beseitigt.

Mit diesem Ergebnis war die Frage nach den Grundzügen des räumlichen und zeitlichen Bauplans unseres Kosmos zunächst beantwortet, und es begann ein zweiter Abschnitt in der Geschichte der Kosmologie, in dem nun das Hauptziel der Forschungsarbeit die Ableitung der numerischen Parameter und Detaileigenschaften unserer expandierenden Welt anhand astronomischer Beobachtungen war. Im Laufe der Jahre gelang es dabei, mit den Beobachtungen zu immer größeren Entfernungen und damit wegen der Lichtlaufzeit immer weiter zurück in die Vergangenheit des Kosmos, also immer näher an den Urknall, vorzudringen. Moderne astronomische Teleskope, hochempfindliche Lichtdetektoren und leistungsfähige Radiowellenempfänger erlauben es heute, Galaxien und Quasare in Entfernungen zu beobachten, aus denen die Lichtlaufzeit mehr als 90 Prozent des Weltalters seit dem Urknall beträgt. Im Lichte der kosmischen Mikrowellenstrahlung sehen wir unser Universum in dem Zustand, den es wenige hunderttausend Jahre nach dem Urknall hatte. Anhand der relativen Häufigkeit der leichten Elemente (Wasserstoff, Deuterium, Helium) erhalten wir sogar indirekte, aber recht zuverlässige Informationen über den Zustand unserer Welt, als diese gerade erst etwa eine Sekunde alt geworden war.

Viele der beobachteten Eigenschaften unseres Kosmos entsprachen ziemlich genau den aufgrund der physikalischen Modellvorstellungen für ein expandierendes Universum erwarteten Werten. Einige Beobachtungsergebnisse waren aber unerwartet und zunächst unverständlich. So bestätigten genaue Messungen der Richtungsverteilung der kosmischen Mikrowellenstrahlung die einst von Friedmann angenommene großräumige Homogenität und Isotropie unseres Universums. Andererseits setzen die Bildung von Galaxien und Galaxienhaufen sowie die aus astronomischen Beobachtungen bekannten Dichteschwankungen der extragalaktischen Sternsysteme (jedenfalls auf kleinen Skalen) auch Abweichungen von der Homogenität im frühen Kosmos voraus.

Überraschenderweise konnten solche Abweichungen trotz sorgfältigster Beobachtungen des Mikrowellenhintergrunds jedoch bis jetzt nicht nachgewiesen werden. Weiterhin zeigten kosmologische Beobachtungen zur Bestimmung der Raumkrümmung (die in Friedmann-Modellen positiv, negativ oder null sein kann), daß unser heutiger Kosmos nur sehr geringfügig vom ebenen Fall abweicht, obwohl diese Abweichung in einem expandierenden Universum rasch anwächst und daher seit dem Urknall dramatisch zugenommen hat. Schließlich ist es im Rahmen der Urknalltheorie zunächst recht unverständlich, daß unsere heutige Welt fast keine Antimaterie enthält, obwohl bei den extrem hohen Energiedichten des Urknalls ein weitgehendes Gleichgewicht zwischen Materie und Antimaterie existiert haben muß.

Überraschende und unverstandene neue Ergebnisse sind in den Naturwissenschaften gewöhnlich der Ausgangspunkt neuer Ansätze und Entwicklungen. So leiteten die obengenannten unverstandenen Ergebnisse vor etwa zehn Jahren auch einen neuen Abschnitt in der Geschichte der Kosmologie ein, in der nun die Fragestellung aufgegriffen wurde, *warum* unsere Welt gerade die beobachteten Eigenschaften zeigt. Diese Frage ist auch der Hauptgegenstand des vorliegenden Sammelbands. Wie die verschiedenen Beiträge zu diesem Buch zeigen, konnte bis jetzt noch keine erschöpfende und zuverlässige Antwort gefunden werden. Es gibt aber bereits wichtige Zwischenergebnisse und erfolgversprechende Ansätze. Insbesondere zeigte die Forschung der letzten Jahre, daß die Weltparameter schon in frühen Phasen des Urknalls festgelegt wurden und daß sie eng mit den Eigenschaften der Grundbausteine der Materie, also der Elementarteilchen, zusammenhängen.

Wenn wir etwas über die frühen, nicht direkt beobachtbaren Phasen unseres Kosmos erfahren wollen, sind wir auf physikalische Modellrechnungen angewiesen. Während in der Natur die Zeit immer nur in einer Richtung (von der Vergangenheit über die Gegenwart in die Zukunft) abläuft, können wir mit Modellrechnungen auch rückwärts in die Vergangenheit vordringen. Rechnungen dieser Art wurden bereits in der ersten Hälfte dieses Jahrhunderts mit Erfolg durchgeführt. So konnten zum Beispiel 1949 der russische Physiker George Gamow und seine Mitarbeiter anhand von Modellen des frühen Universums die kosmische Mikrowellenstrahlung voraussagen, die dann erst 16 Jahre später durch die amerikanischen Radioastronomen Arno A. Penzias und Robert W. Wilson nachgewiesen wurde. Prinzipiell erscheint es also möglich, auch die Abläufe während des Urknalls zu berechnen. Die Genauigkeit, Zuverlässigkeit und „Reichweite" solcher Rechnungen hängt dabei aber entscheidend davon ab, wie genau einerseits die Eigenschaften des gegenwärtigen Kosmos (als Anfangsbedingung) und andererseits die zur jeweiligen Epoche wesentlichen physikalischen Gesetze bekannt sind.

Das „Zurückrechnen" kosmologischer Modelle für ein expandierendes Universum bedeutet aber eine Extrapolation zu immer höheren Masse- und Energiedichten. Zuverlässige Aussagen über das Verhalten der Materie können wir aber nur bei den Energien machen, die (etwa mit Hilfe von Teilchenbeschleunigern) in irdischen Versuchslabors erreicht werden. Bei größeren Energien können wir allenfalls auf die bis jetzt nur teilweise existierende Theorie der Elementarteilchen und der ihr Verhalten bestimmenden Grundkräfte zurückgreifen.

Fortschritte in den genannten kosmologischen Fragestellungen sind daher offensichtlich unmittelbar mit Fortschritten in der Elementarteilchenphysik verknüpft. Andererseits folgt aus diesem Zusammenhang aber auch, daß der Vergleich der Ergebnisse kosmologischer Modellrechnungen mit astronomischen Beobachtungen es erlaubt, Ansätze und Voraussagen der theoretischen Elementarteilchenphysik zu testen. Wegen der extremen Bedingungen im Urknall erreichen solche kosmologischen Tests Energiebereiche, die von Menschenhand gebaute Beschleuniger nie erreichen werden.

Das Ergebnis der oben beschriebenen Entwicklung ist daher, daß sich zwischen den Astronomen, die den großräumigen Aufbau unserer Welt erforschen, und den Elementarteilchenphysikern, die die Eigenschaften der kleinsten Grundbausteine unserer Welt aufzuklären versuchen, in den letzten Jahren eine überraschend enge Interessengemeinschaft und Zusammenarbeit ergab. Beobachtungen mit astronomischen Großteleskopen liefern heute bereits wichtige Anhaltspunkte in Form von Einschränkungen – für die noch unbekannten Eigenschaften der Elementarteilchen. Umgekehrt liefern Beschleunigerexperimente heute wichtige Beiträge zur Einschränkung der freien Parameter kosmologischer Weltmodelle.

Die enge Wechselwirkung zwischen der modernen Kosmologie und der Elementarteilchenphysik prägt auch den Inhalt des vorliegenden Sammelbands. Er beginnt mit zwei Beiträgen zum grundlegenden astronomischen Beobachtungsbefund über den großräumigen Aufbau des Kosmos. Eines der beunruhigenden Ergebnisse der neueren astronomischen Forschung ist der indirekte Nachweis von kosmologisch relevanter Materie, die sich nicht durch elektromagnetische Strahlung bemerkbar macht. Eine sichere Identifizierung dieser dunklen Materie wäre offensichtlich ein wichtiger Fortschritt für die Kosmologie, ist bis jetzt aber nicht gelungen. Zu den interessantesten Vorschlägen, die in dieser Hinsicht gemacht wurden, gehört die Annahme, daß es sich dabei um im Raum verteilte, nur wenig wechselwirkende (und daher eventuell noch unbekannte) Elementarteilchen handeln könnte. Insbesondere wurde auch an unbekannte Arten von Neutrinos gedacht, die sich wegen ihrer geringen

Wechselwirkung mit Materie im Kosmos besonders leicht verstecken können. Wie in dem Beitrag über Quark-Lepton-Familien im einzelnen beschrieben wird, hätten zusätzliche, bis jetzt unbekannte Neutrinoarten grundlegende Konsequenzen für die Entwicklung unseres Universums.

Ob unbekannte oder exotische Elementarteilchen einen signifikanten Beitrag zur dunklen Materie leisten können, müßte sich eigentlich aus der Theorie der Elementarteilchen ableiten lassen. Leider gibt es für diese Theorie bis jetzt nur Ansätze. Der zur Zeit populärste Ansatz ist das sogenannte Standardmodell der Elementarteilchen, das in mehreren der Beiträge zu diesem Sammelband in seinen Grundzügen beschrieben wird. Es baut auf der inzwischen recht gut verstandenen Theorie des Elektromagnetismus und der schwachen Wechselwirkung (die für Neutrinoreaktionen und den radioaktiven Betazerfall verantwortlich ist) auf, liefert aber insbesondere auch eine korrekte Beschreibung der für die Kernkräfte wesentlichen starken Wechselwirkung.

Aus der einfachsten Form des Standardmodells folgt die Existenz von drei verschiedenen Neutrinoarten. Diese Voraussage stimmt gut mit den astronomischen Beobachtungen der relativen Häufigkeit von Helium im frühen Kosmos überein. Der weitaus größte Teil des im Kosmos beobachteten Heliums wurde nämlich bereits in den ersten Minuten nach dem Urknall gebildet, als die bereits in den ersten Sekunden entstandenen Protonen und Neutronen zu Atomkernen rekombinierten. Da in den frühen Phasen das Zahlenverhältnis von Neutronen zu Protonen von der Temperatur und der Ausdehnungsrate des Kosmos abhing und mit der Zeit rasch abnahm, hängt die Menge der überlebenden Neutronen – und damit die Menge des im Urknall gebildeten Heliums – von der damaligen Expansionsgeschwindigkeit ab. Diese wiederum hängt von der Zahl der Neutrinos ab. Die Expansion war um so schneller (und damit die Menge der überlebenden Neutronen und die Heliumproduktion um so größer), je mehr Neutrinoarten zur Materiedichte beitrugen. Die beobachtete Heliumhäufigkeit stimmt recht genau mit dem unter der Annahme von drei Neutrinoarten vorausgesagten Wert überein. Innerhalb der Unsicherheiten der Modellparameter könnte höchstens noch eine Zahl von vier Neutrinoarten zugelassen werden – mehr als vier stünden klar im Widerspruch zu den astronomischen Daten.

Auf der Erde kann man die Anzahl der Neutrinoarten im Kosmos zum Beispiel dadurch bestimmen, daß man die Zerfallszeit eines instabilen Teilchens mißt, das unter Aussendung verschiedener Neutrinoarten zerfallen kann. Je mehr Neutrinoarten existieren, desto mehr verschiedene Zerfallsmöglichkeiten treten auf und desto kürzer ist die Lebensdauer. Seit Herbst 1989 sind an mehreren Beschleunigern entsprechende Experimente im Gange. Besonders erfolgversprechend sind präzise Messungen des Zerfalls der Z^0-Bosonen der neutralen schwachen Wechselwirkung (einer Art schwerer Verwandten der Photonen), die zur Zeit von verschiedenen Gruppen am neuen Large Electron-Positron Collider (LEP) des europäischen Kernforschungslaboratoriums CERN in Genf durchgeführt werden. Erste Ergebnisse scheinen mit hoher Genauigkeit zu bestätigen, daß es in der Tat nur gerade drei Neutrinoarten gibt und daß die Experimente genau so ablaufen, wie es vom Standardmodell vorausgesagt wurde. (Theoretisch lassen die LEP-Experimente noch die Möglichkeit offen, daß weitere Neutrinos mit so hoher Ruhemasse existieren, daß sie beim Z^0-Zerfall nicht auftreten können. Dies erscheint jedoch aus anderen Gründen sehr unwahrscheinlich.)

Trotz der genannten Erfolge sind die Physiker mit einer Reihe von Eigenschaften des Standardmodells nicht sehr glücklich. Zwar kann dieses Modell zwanglos das Spektrum der bekannten Elementarteilchen und ihrer Grundeigenschaften erklären, aber um die richtigen Massenwerte zu erhalten, muß ein weiteres Teilchen oder Feld eingeführt werden, das (nach dem schottischen Physiker P. W. Higgs) Higgsteilchen genannt wird. Diese Teilchen sind zur Zeit Gegenstand hitziger Diskussionen sowohl unter den Elementarteilchenphysikern als auch bei den Kosmologen. Diese Diskussion nimmt auch in diesem Sammelband in verschiedenen Beiträgen breiten Raum ein. Abgesehen davon, daß die Natur der Higgsteilchen theoretisch recht unklar ist, gelang es bis jetzt nicht, sie experimentell nachzuweisen. Manche Autoren glauben daher, daß sie trotz ihrer wichtigen Rolle im Standardmodell gar nicht existieren.

Gibt es die Higgsteilchen, so hat dies tiefgreifende kosmologische Konsequenzen. Da das Higgsfeld auch im Vakuum existiert und da es gravitative Kräfte erzeugen kann, hat es den gleichen Effekt wie Einsteins kosmologische Konstante. Allerdings war der ursprüngliche Anlaß zur Einführung der kosmologischen Konstanten mit der Entdeckung der Expansion unserer Welt eigentlich weggefallen, und die Versuche, die Vakuumgravitation in unserem Kosmos empirisch zu bestimmen, hatten nur sehr niedrige obere Grenzen ergeben, so daß sich in den letzten Jahrzehnten zunehmend die Vermutung durchsetzte, daß die kosmologische Konstante exakt null sein sollte. Auch Einstein war später dieser Meinung und bemerkte einmal, daß die Einführung dieser Größe der größte Fehler seiner wissenschaftlichen Laufbahn gewesen sei. Seit der Erfindung der Higgsteilchen erscheint die kosmologische Konstante jedoch in einem ganz anderen Licht. Die Existenz einer solchen Größe läßt sich als eine plausible Folge der Elementarteilchentheorie verstehen. Überraschend bleibt lediglich, daß ihr numerischer Wert (jedenfalls im gegenwärtigen Universum) viel kleiner ist, als die Annahmen über die Higgsteilchen erwarten lassen. Um die Beobachtung überhaupt erklären zu können, geht man daher heute davon aus, daß das Gravitationsgesetz selbst eine hohe negative kosmologische Konstante enthält, so daß das Higgsfeld gerade annähernd kompensiert wird.

Mit der Beziehung zwischen der kosmologischen Konstanten und dem Higgsteilchen ergab sich auch eine überraschende Verbindung zwischen der Gravitationstheorie und der quantenmechanischen Theorie der Elementarteilchen. In der Vergangenheit waren diese Theorien getrennt voneinander entwickelt worden, da Quanteneffekte bei den großen Entfernungen, über die die Schwerkraft wirkt, vernachlässigbar zu sein schienen und da umgekehrt den Gravitationseffekten im Bereich der Elementarteilchen keine wesentliche Rolle zugeschrieben wurde. Aber gerade bei den enormen Energiedichten in den frühen Phasen des Urknalls ist eine solche Trennung der Wirkungsbereiche der Grundkräfte der Natur nicht mehr zulässig. Hier benötigt man eine Theorie, die alle Naturkräfte gemeinsam beschreibt.

Ansätze zu einer solchen allumfassenden Theorie sind in den letzten fünf Beiträgen des vorliegenden Bands beschrieben. Wie dort im einzelnen gezeigt wird, führen diese neuen Ansätze wiederum zu Voraussagen, die man mit astronomischen Beobachtungen zumindest im Prinzip nachprüfen kann. Zum Teil werden dazu allerdings wesentlich größere und leistungsfähigere Teleskope benötigt, als sie heute zur Verfügung stehen. Teleskope dieser neuen Generation sind aber in verschiedenen Ländern inzwischen im Bau oder in der Planung. Mit ihrer Hilfe können viele der Fragen, die im vorliegenden Sammelband noch offen geblieben sind, vielleicht schon in den nächsten Jahren genauer geklärt werden.

Sehr große Strukturen im Universum

Fast die gesamte sichtbare Materie im Kosmos ist in Galaxien vereinigt. Diese sind gewöhnlich Mitglieder von Galaxiengruppen oder Galaxienhaufen. Auch die Galaxienhaufen sind nicht gleichmäßig im Raum verteilt, sondern bilden gewaltige Superhaufen, die durch ungeheure Leerräume im All getrennt werden. Ursache für diese Strukturen sind hochenergetische Wechselwirkungen im frühen Universum.

Von Jack O. Burns

Noch vor einem Jahrzehnt hielten die meisten Astronomen das Universum – großräumig betrachtet – für strukturlos und langweilig. Man glaubte, daß Materieansammlungen wie Galaxienhaufen gleichmäßig im gesamten Weltall verteilt seien. Neuere Beobachtungen haben jedoch gezeigt, daß dies keineswegs der Fall ist: Sogar über die größten noch zu beobachtenden Dimensionen hinweg findet man die leuchtende Materie zu Gebilden vereinigt, die einige charakteristische Formen aufweisen.

Gigantische Superhaufen, also Cluster aus Galaxienhaufen, teilen das Universum mit gleichermaßen gewaltigen Leerräumen – Gebieten, in denen nur wenig oder gar keine leuchtende Materie enthalten ist. Welchen Ursprung haben diese Strukturen? Wie konnten sie entstehen, und wodurch lassen sie sich erklären?

Während der letzten Jahre haben Astronomen, Teilchenphysiker und Kosmologen mit vereinten Kräften versucht, diese Fragen zu beantworten. Ihre gemeinsamen Bemühungen ergeben ein wesentlich verändertes Bild von den heute im Universum beobachtbaren Strukturen.

Dabei fällt dem Astronomen die Aufgabe zu, die Großstrukturen aufzuspüren und zu kartieren sowie ihre gemeinsamen Merkmale herauszufinden. Dem Physiker obliegt es, die Natur derjenigen physikalischen Gesetze zu enthüllen, welche das junge Universum beherrschten und die Bildung der frühesten Strukturen beeinflußten. Die Rolle des Kosmologen schließlich besteht darin, präzise zu beschreiben, auf welche Art und Weise diese Strukturen unter dem Einfluß jener Gesetze entstanden und wie ihre Entwicklung bis zu den Strukturen hin verlief, die der Astronom derzeit findet und kartieren kann.

Schalen- und filamentartige Gebilde im All

Die größten bis heute entdeckten und kartierten Strukturen, die Superhaufen oder Supercluster, sind ausgedehnte schalen- oder filamentartige Gebilde, die ihrerseits aus einer großen Anzahl von Galaxienhaufen bestehen. Solche Galaxienhaufen, von denen jeder einzelne Hunderte oder Tausende von galaktischen Sternsystemen enthalten kann, sind meist annähernd kugelförmig (Bild 8).

Superhaufen können aus Dutzenden solcher Haufen bestehen, die wie Perlen auf einer Kette aufgereiht sind. Der größte bekannte Galaxien-Superhaufen im Universum hat eine Ausdehnung von mehr als einer Milliarde Lichtjahren. Lücken mit einer vielhundertfach geringeren Materiedichte als die Superhaufen trennen diese riesigen Cluster voneinander.

Die Entdeckung der Superhaufen und Leerräume war einer der größten Fortschritte in der beobachtenden Astronomie des vergangenen Jahrzehnts. Gleichermaßen bedeutsame Fortschritte in der Teilchenphysik ermöglichen es nun, ihre Entstehung und Entwicklung zu verstehen: Die gewaltigen Strukturen, die wir heute beobachten, sind die Folge von winzigen Störungen im frühen Universum.

Als das Weltall nach dem Urknall expandierte und abkühlte, teilte sich eine einzige vereinheitlichte Naturkraft in die vier uns heute bekannten Grundkräfte auf: Gravitation, elektromagnetische sowie starke und schwache Wechselwirkung. Diese Trennung der Kräfte und die Quantennatur der Wechselwirkungen im frühen Universum verursachten winzige Fluktuationen in der Dichte eines ansonsten homogenen Hintergrundes. Die Fluktuationen wuchsen während der Expansion des Universums an und erreichten schließlich die Ausmaße von Superhaufen. In gewissem Sinne sind diese Strukturen somit die materiellen Überreste hochenergetischer Prozesse, die kurze Zeit nach der Entstehung des Universums abliefen.

Zum Verständnis der riesigen Strukturen im Universum kartiert man zunächst ihre Formen und ihre Verteilung im Raum. Für das Erstellen solcher Karten wiederum ist es erforderlich, die dreidimensionalen Positionen der Galaxien und der Galaxienhaufen zu ermitteln. Diese Daten gewinnt man in zwei aufeinanderfolgenden Schritten.

Zuerst erstellt man ein zweidimensionales Abbild der Positionen von Galaxien und Galaxienhaufen, wie man sie von der Erde aus beobachtet. In den fünfziger Jahren photographierten Wissenschaftler des Palomar-Observatoriums (Kalifornien) in Verbindung mit Forschern der amerikanischen National Geographic Society den gesamten nördlichen Himmel. Die Helligkeiten der aufgenommenen Objekte – Galaxien und Haufen – lagen teilweise millionenfach unter der Wahrnehmungsgrenze des bloßen Auges.

Im Jahre 1958 untersuchte dann George O. Abell vom California Institute of Technology in Pasadena Glaskopien dieser Palomar-Himmelsdurchmusterung in der Absicht, Galaxienhaufen aufzuspüren. Er definierte einen Haufen als Gruppierung von Sternsystemen, welche in einer Kugel mit einem Radius von 6,5 Millionen Lichtjahren mindestens 50 helle Galaxien enthält. Abell entdeckte 2712 solcher Haufen, von denen einige – sofern man größere Radien betrachtet – aus Tausenden von Galaxien bestehen.

Der zweite Schritt bei der Kartierung großräumiger Strukturen liegt darin, die Position jedes Objektes in der dritten Dimension – also auch seine Entfernung von der Erde – zu bestimmen. Dies kann geschehen, indem man das Spektrum des ausgesandten Lichts untersucht. Aufgrund der atomaren Vorgänge in den Atmosphären der Sterne, aus denen Galaxien zusammengesetzt sind, emittieren sie Licht bei charakteristischen Wellenlängen.

Da sich alle anderen Galaxien von unserer Milchstraße entfernen, scheinen

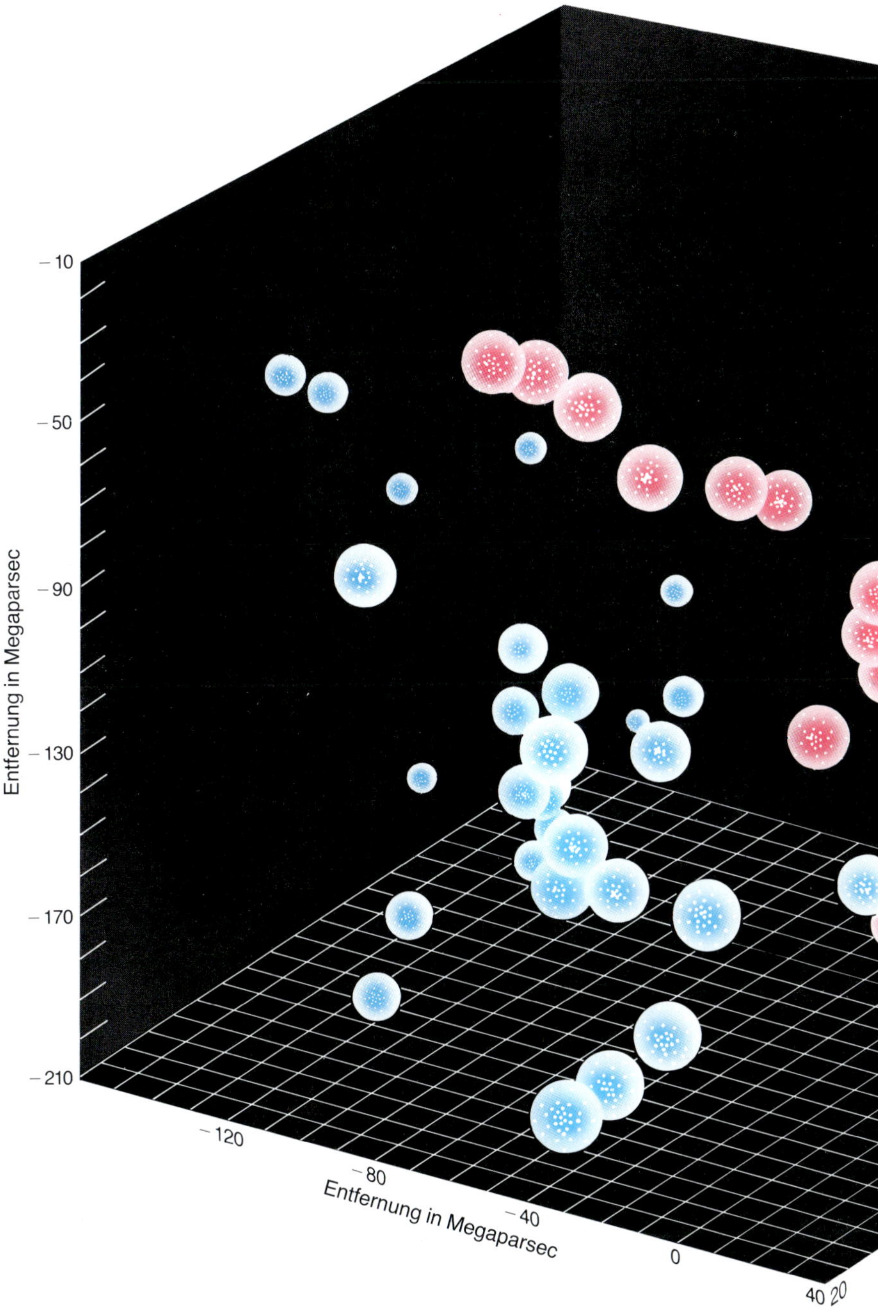

Bild 1: Die größte bekannte Struktur im Universum ist ein filamentartiger Superhaufen (rote Kugeln), also ein aus vielen Galaxienhaufen gebildeter Haufen, der im Gebiet der Sternbilder Perseus und Pegasus gelegen ist und eine Ausdehnung von mehr als einer Milliarde Lichtjahre hat. (Die durch blaue Kugeln dargestellten Galaxien gehören zu einer anderen Struktur.) Nahezu die gesamte leuchtende Materie im Universum ist in derartigen Superhaufen angesammelt, die voneinander durch gewaltige kugelförmige oder elliptische Leerräume getrennt sind. In dieser Illustration, die auf einem numerischen Modell von David J. Batuski von der Universität von Neumexiko beruht, kennzeichnen Kugeln die Galaxienhaufen. Die Erde liegt am Punkt (0,0,0) in diesem Koordinatensystem, dessen Maßstab ein Megaparsec (= 3,26 Millionen Lichtjahre) ist.

ihre Spektren zu größeren Wellenlängen, also zum roten Ende des Spektrums hin, verschoben zu sein (ähnlich wie die Hupe eines sich entfernenden Automobils einen tieferen Ton als die eines stehenden Wagens auszusenden scheint). Der Betrag dieser sogenannten Rotverschiebung eines Galaxienspektrums ist ein Maß für die Fluchtgeschwindigkeit dieses Sternsystems, oder präziser: für die lokale Expansionsgeschwindigkeit.

Im Jahre 1929 hatte der amerikanische Astronom Edwin P. Hubble gezeigt, daß Galaxien sich wegen der Expansion des gesamten Universums von der Erde wegbewegen und daß weiter entfernte Sternsysteme höhere Fluchtgeschwindigkeiten und somit auch größere Rotverschiebungen aufweisen. Die Messung der Rotverschiebung einer Galaxie liefert demnach einen sehr guten Indikator für ihre Entfernung von der Erde.

Messungen galaktischer Rotverschiebungen

Bis in die jüngste Vergangenheit aber blieben Untersuchungen von galaktischen Rotverschiebungen in ihrer Reichweite begrenzt, weil sie nicht nur äußerst viel Zeit, sondern auch Teleskope mit besonders großen Öffnungen erfordern. Neuartige Detektoren, die schneller arbeiten und das verfügbare Licht besser ausnutzen (Bild 7), haben durch die drastische Verringerung der benötigten Beobachtungszeit ausgedehnte Durchmusterungen wesentlich erleichtert.

Die bislang ehrgeizigste Untersuchung dieser Art, die fünf Jahre für Beobachtung und Datenanalyse erforderte, haben unlängst John P. Huchra, Marc Davis und ihre Mitarbeiter vom Zentrum für Astrophysik des Harvard College Observatory und des Smithsonian Astrophysical Observatory abgeschlossen (Bild 2). Sie maßen die Rotverschiebung aller Galaxien der nördlichen Hemisphäre mit einer Helligkeit von mehr als Größenklasse 14,5 (diese Helligkeit ist 2500fach geringer als die mit bloßem Auge gerade noch sichtbare). Die entferntesten Galaxien dieser Helligkeit haben eine Distanz von etwa 300 Millionen Lichtjahren.

Diese Daten lieferten zusammen mit zusätzlichen Rotverschiebungs-Messungen durch R. Brent Tully von der Universität von Hawaii in Honolulu eine komplette Karte des lokalen Superhaufens (dem auch unsere Milchstraße angehört). Sein Kern ist aus wenigstens elf separaten Galaxienhaufen zusammengesetzt; sie sind durch Brücken geringer Dichte miteinander verbunden, die hauptsächlich aus Einzelgalaxien bestehen.

Diesen Kern umgibt ein Halo aus bis zu 50 zusätzlichen Galaxiengruppen und Tausenden einzelner Sternsysteme, verteilt über eine Kugel mit einem Durchmesser von rund 100 Millionen Lichtjahren. Außerdem gibt es gewichtige Anzeichen für die Existenz weitreichender Ausläufer, die diesen lokalen Superhaufen mit einigen entfernten Pendants verbinden.

Superhaufen und Lücken

Andere Rotverschiebungs-Durchmusterungen, die kleinere Winkelbereiche, aber größere Entfernungen abdeckten, erbrachten ebenfalls wichtige Informationen hinsichtlich der Superhaufen. So untersuchten im Jahre 1978 Stephen A. Gregory, Laird A. Thompson und William G. Tifft (damals alle an der Universität von Arizona) einen Himmelsausschnitt von nur 15 Grad Breite. Sie entdeckten bemerkenswerte Strukturen mit einer Ausdehnung von Hunderten von Millionen Lichtjahren und eine dünne Kette von Galaxien als Verbindung reicher Haufen, die als Coma-Haufen (nach dem Sternbild Coma Berenices, Haar der Berenike) beziehungsweise Abell 1367 (die Nummer 1367 im Katalog von Abell) bekannt sind. Außerdem fanden sie eine annähernd sphärische Lücke im Vordergrund des Superhaufens, beinahe so groß wie dieser selbst.

Seit der Arbeit von Gregory, Thompson und Tifft hat man mehr als ein Dutzend weiterer Superhaufen entdeckt und erforscht; einige davon liegen in Richtung der Sternbilder Perseus, Hercules, Ursa Major (Großer Bär) und Pisces (Fische). Der Hercules-Superhaufen erstreckt sich über mehr als 260 Millionen Lichtjahre und besteht aus sechs durch Brücken verbundenen Abell-Haufen.

Eine außergewöhnlich große Lücke im Sternbild Bootes (Bärenhüter) haben Robert P. Kirshner von der Universität von Michigan und einige seiner Kollegen 1981 entdeckt. Dieses Gebiet hat einen Durchmesser von etwa 250 Millionen Lichtjahren und ist gleichsam von Wänden aus Galaxien umringt. Bemerkenswert ist, daß die Zentralregion dieser Lücke keine normalen elliptischen und spiralförmigen Galaxien enthält; eine neuere Untersuchung von Kirshner und J. Ward Moody von der Universität von Neumexiko deutet jedoch auf die mögliche Existenz einiger unscheinbarer Zwerggalaxien im Kern des Leerraumes hin.

In einer noch jüngeren Arbeit haben Valérie de Lapparent, Margaret J. Geller und Huchra am Harvard-Smithsonian-Zentrum für Astrophysik die Durchmusterung auf einen 117 mal 6 Grad großen Ausschnitt erweitert, indem sie die Rotverschiebungen von Galaxien bis hinunter zu einer Helligkeit von Größenklasse 15,5 ermittelten (siehe Monatsspektrum, Spektrum der Wissenschaft, April 1986, Seite 18). Sie fanden bei der Durchmusterung eine Reihe von filamentartigen Auswüchsen, die am reichen Coma-Galaxienhaufen ansetzen.

Zwischen den Filamenten liegen Lücken mit Durchmessern von ungefähr 100 Millionen Lichtjahren. Diese Beobachtungen veranlaßten die Wissenschaftler, eine „Blasen"-Theorie des Universums vorzuschlagen, derzufolge Galaxien und Haufen die Oberfläche von riesigen blasenförmigen Strukturen bilden. Der Durchmesser der größten Blase wäre dann mit der 1981 von Kirshner ausfindig gemachten Lücke vergleichbar.

Ein Indikator für Superhaufen

Welche Ausdehnung mögen die größten Superhaufen-Strukturen haben? Diese Frage ist bisher teilweise unbeantwortet geblieben, da man erst weniger als ein Prozent der Raumkugel, die innerhalb einer Entfernung von einigen Milliarden Lichtjahren um die Erde gelegen ist, hinreichend genau durchmustert hat. Mehr als eine Million Galaxien mögen in diesem Volumen enthalten sein, so daß allein wegen der erforderlichen Beobachtungszeit eine Rotverschiebungs-Durchmusterung bis hin zu diesen Entfernungen mit Hilfe der momentan verfügbaren Technologie undurchführbar ist.

Möglicherweise könnte man jedoch Kandidaten für Superhaufen-Strukturen anhand von groben Anzeichen ausfindig machen und die entsprechenden Regionen des Weltraumes anschließend eingehend untersuchen. Mit der Entdeckung derartiger Indikatoren für die Existenz von Superhaufen-Strukturen bekämen die Astronomen eine wirkungsvolle Methode an die Hand, um einige der riesigen Strukturen schnell kartieren zu können.

Etwa vier Jahre lang haben David J. Batuski (einer meiner Doktoranden) und ich uns an diesem Ansatz versucht. Wir knüpften zu Beginn an der Beobachtung an, daß alle bislang aufgefundenen Superhaufen zum Teil aus galaxienreichen Haufen, verbunden über Brücken geringer Dichte, aufgebaut sind. Eng zusammenliegende Gruppen

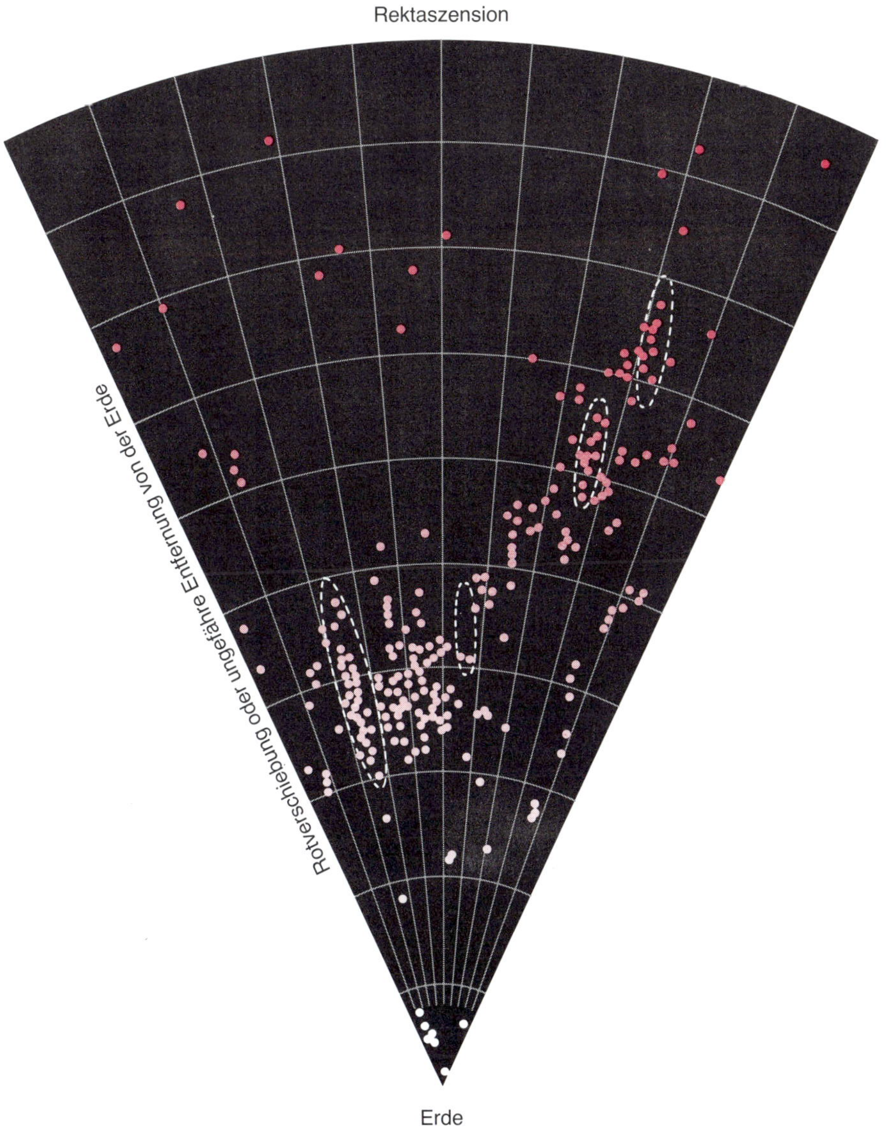

Bild 2: Das keilförmige Diagramm stellt einen Ausschnitt des Perseus-Pegasus-Superhaufens dar (filamentartiges Gebilde rechts). Punkte kennzeichnen die Galaxien, deren Positionen gemäß ihrer Rektaszension (sie beschreibt teilweise die von der Erde aus beobachtbare Position eines Objektes) sowie ihrer ungefähren Entfernung (sie läßt sich nicht direkt beobachten) eingezeichnet sind. Die Entfernung einer Galaxie zur Erde wird über das Maß der Verschiebung ihres emittierten Spektrums zum roten (langwelligen) Ende hin bestimmt. Die Rotverschiebung einer Galaxie ist direkt proportional zu der Geschwindigkeit, mit der sie sich von der Erde entfernt. Die Fluchtbewegung der Galaxien hat ihre Ursache in der umfassenden Expansion des Universums, weshalb weiter entfernte Sternsysteme auch größere Rotverschiebungen aufweisen. Die Abell-Haufen (die am besten katalogisierten und hellsten Galaxienhaufen) sind durch unterbrochene Linien eingekreist. Viele der in diesem Diagramm verwandten Rotverschiebungen hat John P. Huchra vom Zentrum für Astrophysik des Harvard College Observatory und des Smithsonian Astrophysical Observatory bereitgestellt.

reicher Haufen könnten daher erfolgversprechende Gebiete für die Ausschau nach großräumigen Strukturen markieren.

Insbesondere vermuten wir, daß die Abell-Haufen, die im allgemeinen galaxienreich sind und deren Position man präzise verzeichnet hat, einen geeigneten Superhaufen-Indikator darstellen könnten. Er sollte es uns ermöglichen, wenigstens die reichsten Superhaufen aufzuspüren und zu kartieren.

Abell hatte schon Anfang der sechziger Jahre erkannt, daß die von ihm gefundenen Galaxienhaufen selbst wieder Cluster bilden könnten. Er konnte jedoch dem nicht weiter nachgehen, da ihm die notwendigen Rotverschiebungs-Messungen fehlten. Heute kennt man jedoch die Rotverschiebungen von mehr als 560 Abell-Haufen. (Die Rotverschiebung eines Haufens wird normalerweise bestimmt, indem man die entsprechenden Messungen für seine drei bis fünf hellsten Galaxien vornimmt; dieses Vorgehen erfordert relativ wenig Zeit und hat sich empirisch als präzise erwiesen.)

Batuski und ich erstellten zunächst mit Hilfe der Fachliteratur und weiterer unveröffentlichter Quellen einen Katalog, der alle bekannten Rotverschiebungen von Abell-Haufen bis zu einer Entfernung von 1,4 Milliarden Lichtjahren enthielt. Die Distanzen derjenigen Abell-Haufen, für die noch keine Rotverschiebungs-Messungen vorlagen, schätzten wir bei dieser Katalogisierung mit Hilfe einer erprobten Faustregel ab, derzufolge die Größenklasse der zehnthellsten Galaxie in einem Haufen einen brauchbaren Indikator für seine Entfernung darstellt.

Statistische Analyse der Abell-Haufen

Nachdem wir auf diese Weise die dreidimensionale Position von 652 Abell-Haufen bestimmt hatten, entwarf Batuski einen Computer-Algorithmus, der nach übergreifenden Strukturen fahndete. Das dabei eingesetzte Verfahren bezeichnet man als Perkolation.

Bei dieser Analyse untersuchte der Rechner ein kugelförmiges Volumen mit einem Radius von 130 Millionen Lichtjahren, dessen Zentrum in einem zufällig ausgewählten Abell-Haufen lag. Falls irgendein benachbarter Abell-Haufen in diesem Volumen angesiedelt war, betrachtete der Algorithmus beide Haufen als zur selben Formation gehörig und untersuchte eine Kugel um den zweiten Haufen auf die gleiche Art und Weise. Das Verfahren wurde so lange wiederholt, bis das gesamte von Abell-Haufen belegte Volumen abgedeckt war. Alle Regionen, in denen Abell-Haufen mit nahen Nachbarn beheimatet waren, verzeichneten wir als Kandidaten für Superhaufen.

Mit diesem Algorithmus spürten wir insgesamt 102 potentielle Superhaufen auf. Um die Berechtigung unseres Verfahrens zu überprüfen (und somit die Signifikanz unserer Resultate), ließen wir eine Serie von Simulationen laufen, bei denen 652 Haufen zufällig über ein Volumen verstreut wurden, das dem von uns untersuchten vergleichbar war. Die Zahl der Superhaufen-Anwärter in einer derartigen zufälligen Verteilung bestimmten wir, indem wir auch diese demselben Algorithmus unterzogen. Aus dem Vergleich ergab sich für die Wahrscheinlichkeit, daß unsere Superhaufen-Kandidaten lediglich Zufallsgebilde und nicht Ausdruck einer zugrunde liegenden Struktur waren, ein Wert von nur eins zu einer Million.

Wir wurden außerdem durch die Tatsache ermutigt, daß unser Algorithmus alle schon bekannten Superhaufen auch als Kandidaten für solche Strukturen

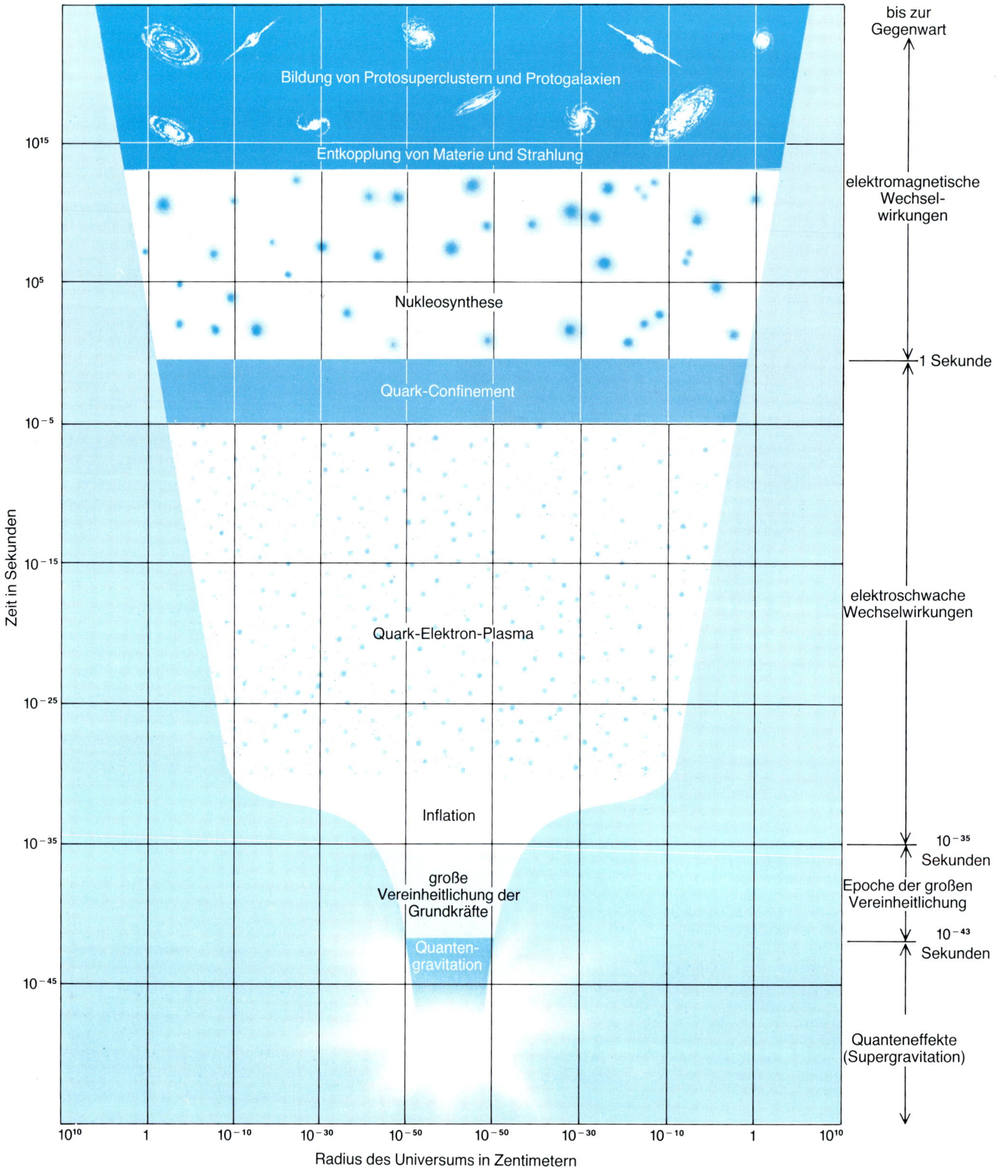

Bild 3: Ereignisse in der Frühzeit des Universums legten die Eigenschaften der heute zu beobachtenden großräumigen Strukturen fest. In den ersten 10^{-43} Sekunden nach dem Urknall waren die vier heute bekannten Wechselwirkungen zu einer einzigen Kraft vereinigt. Derzeit gibt es noch keine befriedigende Theorie für die Beschreibung dieses Zeitraumes; sie müßte die theoretischen Strukturen der Allgemeinen Relativitätstheorie und der Quantenmechanik zusammenfassen. Quantenfluktuationen in dieser Entwicklungsphase des Universums könnten die Keimzellen für die späteren großräumigen Strukturen gewesen sein. Nach 10^{-43} Sekunden kristallisierte sich die Gravitation heraus: Sie erwarb andere Eigenschaften und vermittelte andere Wechselwirkungen als die übrigen drei Kräfte, die vorerst vereinheitlicht blieben. Nach 10^{-35} Sekunden spaltete sich die starke Wechselwirkung von der elektroschwachen (der Kombination aus elektromagnetischer und schwacher Wechselwirkung) ab, woraufhin das Universum rasch expandierte. Für die nächsten 10^{-6} Sekunden bildete der Kosmos ein heißes Plasma aus Quarks und Elektronen. Eine Sekunde nach dem Urknall lösten sich elektromagnetische und schwache Wechselwirkung voneinander. Zu dieser Zeit war das Universum weit genug abgekühlt, um den Zusammenschluß von Quarks zu Protonen zu ermöglichen. Während der folgenden 100000 Jahre waren allerdings Materie und Strahlung noch stark aneinander gekoppelt: In Gebieten mit hoher Materiedichte war auch die Strahlungsdichte hoch. Im Laufe dieser Epoche verschmolzen Protonen und Elektronen zu Neutronen, und Protonen und Neutronen schlossen sich im Prozeß der Nukleosynthese zu Helium-, Deuterium- und Lithium-Kernen zusammen. Danach entkoppelten Materie und Strahlung, und das Universum wurde transparent: Strahlung konnte ungehindert das Weltall durchfluten. Zu dieser Zeit entstanden sogenannte Protogalaxien und Protosuperhaufen aus Fluktuationen in der Materiedichte; sie entwickelten sich später zu Galaxien und Superhaufen.

identifiziert hatte; dies machte es weniger wahrscheinlich, daß uns Superhaufen entgangen waren. Die bereits bekannten Superhaufen unterschieden sich von den mit Hilfe unseres Algorithmus verzeichneten hauptsächlich durch ihre offenbar wesentlich geringeren Ausmaße. So ordnete unser Algorithmus beispielsweise dem Hercules-Superhaufen 42 Abell-Haufen zu; bisher vermutete man aufgrund von Beobachtungen, daß er nur sechs dieser Objekte enthielte.

Unsere Suche beschränkte sich nicht nur auf Superhaufen-Kandidaten, sondern bezog sich auch auf potentielle Lücken. Mit Hilfe eines separaten Algorithmus identifizierten wir all diejenigen Volumina, welche bei einem Durchmesser von mindestens 160 Millionen Lichtjahren keinerlei Abell-Haufen enthielten. Wir entdeckten 29 Kandidaten, die allesamt von sphärischer oder elliptischer Gestalt sind.

Nach der Identifizierung der Superhaufen-Kandidaten suchen wir nun in einem nächsten Schritt herauszufinden, ob die Abell-Haufen, aus denen sich die Supercluster zusammensetzen, miteinander verbunden sind. Bei dieser Untersuchung handelt es sich allerdings um ein Langzeitprojekt, daß erst in einigen Jahren vollendet sein wird.

Zu Beginn dieses Projekts bestimmten wir die Rotverschiebungen derjenigen reichen Haufen, die aufgrund ihrer geschätzten Rotverschiebungen Mitglieder der drei größten Superhaufen-Anwärter zu sein scheinen. Außerdem untersuchten wir einige galaxienärmere Haufen und Einzelgalaxien, die in den Superhaufen-Kandidaten die Regionen zwischen den Abell-Haufen besiedeln. Um ausschließen zu können, daß unsere Suchschablone vorzugsweise filamentartige Superhaufen aufspürte, maßen wir außerdem die Rotverschiebung von Haufen und Galaxien beiderseits der mutmaßlichen Brücken.

Ähnelt das Universum einem Schweizer Käse?

Besonders ein Ergebnis unserer Untersuchung war äußerst interessant: Wir fanden ein ausgedehntes Band von Galaxien und Haufen im Gebiet der Sternbilder Perseus und Pegasus, das eine Länge von mehr als einer Milliarde Lichtjahre aufweist. Dies ist die größte bisher bekannte Struktur in unserem Universum (Bild 1). Sie beginnt im – schon länger bekannten – Perseus-Superhaufen und neigt sich leicht südwärts und von der Erde entlang unserer Sichtlinie fort. Das Galaxien-Filament besteht aus 16 Abell-Haufen in einer erstaunlich gleichmäßigen Aufreihung. Keine der Lücken dazwischen ist größer als 160 Millionen Lichtjahre, und sie sind zum Teil mit einer Kombination aus galaxienarmen Haufen und Einzelgalaxien angefüllt.

Eindrucksvoll ist das Filament vor allem wegen der drei Leerräume, die es umgeben. Jeder von ihnen mißt etwa 300 Millionen Lichtjahre im Durchmesser und enthält keinen einzigen reichen Haufen sowie nur relativ wenige helle Galaxien. Wir sind sicher, daß es sich um echte Leerräume handelt und nicht bloß um Gebiete, die wegen der davorliegenden Staubwolken in unserer Milchstraße dunkel erscheinen. Nahezu das gesamte Filament und der Großteil der Leerräume liegen nämlich ein gutes Stück weit außerhalb der Ebene unserer Milchstraße.

Das Filament könnte womöglich sogar noch ausgedehnter als beschrieben sein, da der Endpunkt keineswegs im Perseus-Superhaufen zu liegen braucht. Bereits vor einigen Jahren wiesen Riccardo Giovanelli und Martha P. Haynes von der Cornell-Universität in Ithaca (New York) darauf hin, daß der Perseus-Superhaufen sich noch weiter nordostwärts erstrecken und mit dem Ursa-Major-Superhaufen verbunden sein könnte.

Diese Mutmaßung wird nur schwer zu erhärten sein, da eine solche Brücke zwischen den beiden Superhaufen hinter der Milchstraßenebene verborgen läge. Giovanelli und Martha Haynes machen daher zur Zeit Beobachtungen im 21-Zentimeter-Radiobereich, die gemeinhin nicht durch Vordergrundstaub behindert werden. Falls die beiden Superhaufen wirklich in Verbindung stünden, hätte das gesamte Filament eine Ausdehnung von mehr als 1,3 Milliarden Lichtjahren.

Ist dieses Filament vielleicht nur eine zufällige Aneinanderreihung von Haufen und Einzelgalaxien? Zur Beantwortung dieser Frage machten Batuski und ich eine weitere Reihe von Simulationen. Hierbei verstreute der Computer wahllos Haufen über ein Volumen, das dem von den Abell-Haufen beanspruchten entsprach. Als Randbedingung mußten diese Pseudohaufen derselben Korrelationsstatistik genügen wie die realen Abell-Haufen.

Es erwies sich als unmöglich, mit diesem Zufallsverfahren ein Filament zu erzeugen, das dem Perseus-Pegasus-Superhaufen vergleichbar wäre. Wir errechneten die Wahrscheinlichkeit für die zufällige Aneinanderreihung so vieler Haufen über eine derartige Länge zu weniger als 0,3 Prozent.

Ich sollte jedoch hinzufügen, daß das Perseus-Pegasus-Filament eine Rarität unter den Gruppierungen der Abell-Haufen zu sein scheint. Wir kennen derzeit kein weiteres Filament dieser Ausdehnung und wohlgeordneten Aufreihung. Eine Entscheidung darüber, ob es weitere solcher Filamente gibt, wird erst dann möglich sein, wenn man ein weit größeres Raumvolumen als das von Batuski und mir untersuchte erforscht hat.

Unsere Analyse des Abell-Kataloges läßt vermuten, daß Superhaufen und Leerräume im Universum weit verbreitete Strukturen sind. Dies wirft die Frage nach der Existenz einer übergreifenden Ordnung dieser Strukturen auf. Sind die Superhaufen, Filamente und Leerräume unabhängig voneinander, oder bilden sie zusammen ein einziges kosmisches Muster?

Im Jahre 1980 deuteten Jaan Einasto, M. Joeveer und Enn Saar vom Astrophysikalischen Struve-Observatorium in Estland darauf hin, daß Superhaufen und Leerräume eine zellförmige Struktur bilden könnten. Das Universum ähnelte demnach einem gigantischen Schwamm oder Schweizer Käse, in dem der Großteil der leuchtenden Materie in den Zellwänden konzentriert wäre, getrennt durch große leere Gebiete. Die lang ausgedehnten Filamente lägen nach dieser Hypothese an den Schnittstellen der Zellwände.

Es ist noch zu früh für eine Aussage darüber, ob sich das Universum wirklich durch eine solche Regelmäßigkeit auszeichnet – oder ob es nicht vielmehr nur irregulär verteilte Superhaufen enthält, von denen nur einige miteinander verbunden sind.

Die ersten Mikrosekunden nach dem Urknall

Welche Mechanismen verursachen eine derartige großräumige Strukturierung des Universums? Die Antwort ist aller Wahrscheinlichkeit nach in den unmittelbar nach dem Urknall ablaufenden physikalischen Prozessen zu suchen.

Neuere Erkenntnisse in der Hochenergie-Teilchenphysik haben viel über die damals herrschenden Bedingungen enthüllt. Der Versuch, eine große vereinheitlichte Theorie aufzustellen, welche alle Naturkräfte als Erscheinungen einer einzigen Wechselwirkung beschreibt, hat die Physiker an die Untersuchung von Systemen hoher Temperatur und Energie herangeführt. Derartige Bedingungen können nur innerhalb eines winzigen Sekundenbruchteils nach der Entstehung des Universums geherrscht haben.

Es gibt derzeit noch keine befriedigende Theorie, um das Verhalten des

Universums in den ersten 10^{-43} Sekunden zu beschreiben. Damals müssen die Gravitationsfelder im Weltall unvorstellbar groß gewesen sein und über winzige Entfernungen gewirkt haben.

Die angemessene Beschreibung solcher Bedingungen verlangt nach einer Kombination aus Allgemeiner Relativitätstheorie, welche die momentan anerkannte Theorie der Gravitation ist, und der Quantentheorie. Bis heute gibt es jedoch noch keine vollständige Formulierung einer Quantentheorie der Gravitation (siehe „Quantentheorie der Gravitation" von Bryce S. DeWitt in „Gravitation", Reihe „Verständliche Forschung", Spektrum der Wissenschaft, 1987).

Ein Großteil der Materiedichte-Fluktuationen, die sich im späteren Universum zu Superhaufen und Galaxien weiterentwickelt haben, könnte ihren Ursprung in Quantenfluktuationen (zufällig auftretenden Ungleichförmigkeiten in der Materie- und Energiedichte) haben, die zu der Zeit entstanden, als das Universum eine Ausdehnung von weniger als 10^{-50} Zentimeter hatte.

Etwa 10^{-43} Sekunden nach dem Urknall begann die Gravitation „auszukristallisieren": Sie erwarb eindeutige Merkmale, die sie von der verbleibenden einheitlichen Kraft trennten, und vermittelte davon abweichende Wechselwirkungen. Seit dieser Zeit ist die Gravitation sozusagen ihren eigenen Weg gegangen; sie ist nun die auf große Entfernungen dominierende Kraft.

Es blieben vorerst drei vereinheitlichte Kräfte übrig: Die elektromagnetische Wechselwirkung ist im heutigen Universum sowohl im makroskopischen als auch im mikroskopischen Bereich von Bedeutung; sie ist die dominante Kraft im Bereich atomarer Entfernungen. Die schwache Wechselwirkung spielt ausschließlich im Atomkern eine Rolle und ist für Prozesse wie den radioaktiven Zerfall verantwortlich. Die starke Wechselwirkung endlich macht ihren Einfluß ebenfalls nur im Atomkern geltend, wo sie die Quarks zu Teilchen wie Protonen und Neutronen bindet.

Ungefähr 10^{-35} Sekunden nach dem Urknall trennte sich die starke von der elektroschwachen Wechselwirkung (der Kombination aus elektromagnetischer und schwacher Wechselwirkung). Alan H. Guth vom Massachusetts Institute of Technology in Boston hat als erster die Hypothese vorgeschlagen, daß die Abspaltung der elektroschwachen Wechselwirkung eine rasche Ausdehnung beziehungsweise Aufblähung des Universums zur Folge gehabt hätte; dabei wäre es in der extrem kurzen Zeit von 10^{-32} Sekunden um 50 Größenordnungen angewachsen (siehe „Das inflationäre Universum" von Alan H. Guth und Paul J. Steinhardt auf Seite 96 in diesem Band).

Zwischen den ersten 10^{-35} und 10^{-6} Sekunden bestand das Universum aus einer extrem heißen Suppe aus Elektronen und freien Quarks (die nicht zu größeren Teilchen zusammengefügt waren). Seine Temperatur war derart hoch, daß die Quarks keine massiven Teilchen wie Protonen bilden konnten; hätten sie es versucht, wären sie durch die thermische Energie augenblicklich wieder auseinandergerissen worden. Erst nach 10^{-6} Sekunden (1 Mikrose-

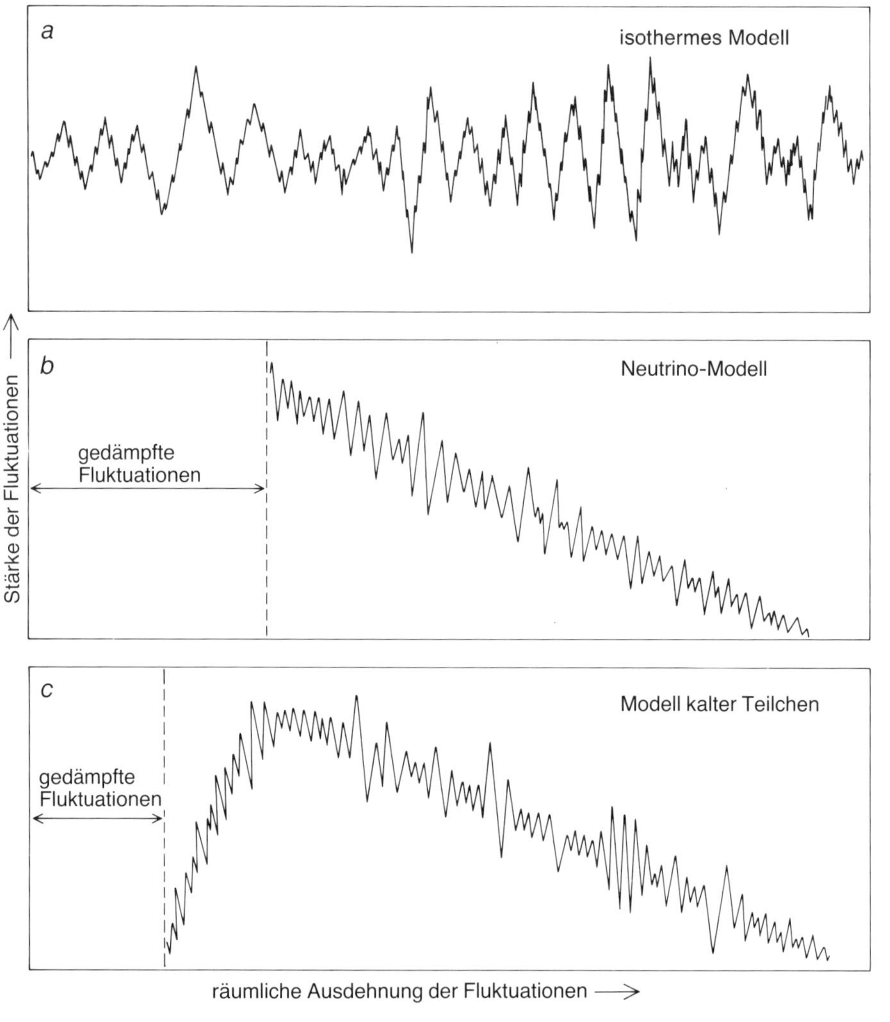

Bild 4: Fluktuationen in der Materiedichte könnten im frühen Universum in verschiedenen Größenbereichen aufgetreten sein. Das Ausmaß der frühesten Fluktuationen hätte den Umfang der ersten anwachsenden Strukturen festgelegt und somit einen sehr starken Einfluß auf die Gestalt der großräumigen Strukturen im späteren Universum gehabt. Im isothermen Modell (*a*), bei dem die thermische Hintergrundstrahlung im frühen Universum über den ganzen Raum nahezu gleich verteilt ist (obwohl die Materie Cluster bildet), können Fluktuationen in allen Größenbereichen entstehen. Die ersten anwachsenden Strukturen wären hier die kleinsten und einfachsten, etwa Protogalaxien, die sich später über ihre wechselseitige Gravitationsanziehung in Protohaufen und Protosuperhaufen zusammenfänden. Man bezeichnet diese Vorstellung als *bottom-up*-Modell, weil sich die kleinsten Strukturen zuerst bilden. In einem anderen Modell (*b*) dominieren schnelle Neutrinos das frühe Universum; sie glätten die Dichtefluktuationen, ähnlich wie eine schnelle Kanonenkugel eine locker gefügte Steinmauer zertrümmern kann. Erst wenn die Neutrinos ihre Geschwindigkeit verringert haben, können Fluktuationen aufkommen. Wegen der völligen Dämpfung der Fluktuationen in kleinen Raumbereichen haben die ersten Schwankungen jedoch dieselbe Ausdehnung wie der Horizont des Universums (die von einem Photon seit dem Urknall durchmessene Entfernung). Fluktuationen in größeren Raumbereichen wachsen zwar während der späteren Expansion des Universums an, sind jedoch nicht mehr annähernd so bedeutend für dessen Struktur. Diese Vorstellung heißt *top-down*-Modell, weil sich die frühen großräumigen Fluktuationen zuerst in Form der ausgedehntesten Objekte (Protosuperhaufen) verdichten, die dann zu kleineren Strukturen zerfallen. In einem abgewandelten Modell (*c*) sind die frühen Teilchen keine Neutrinos, sondern sehr massive Partikel (beispielsweise Photinos), die in der neuen Theorie der Supersymmetrie vorhergesagt werden. Sie wären langsamer (kälter) als die Neutrinos, so daß Fluktuationen eher und in kleineren Raumbereichen als im Neutrinomodell entstehen können. Auf die kleinskaligen folgten bald darauf großskalige Fluktuationen. Diese letzte Vorstellung bezeichnet man als hybrides *bottom-up*-Modell.

kunde) hatte sich das Universum so weit abgekühlt, daß sich Protonen bilden konnten (Bild 3). Es gibt gewichtige experimentelle Hinweise, daß es seit dieser Zeit keine ungebundenen Quarks mehr gibt.

Die Entkoppelung von Strahlung und Materie

Als das Universum etwa eine Sekunde alt war, trennten sich elektromagnetische und schwache Wechselwirkung voneinander. Man weiß mittlerweile recht gut über diese Epoche Bescheid, weil die für die Untersuchung der vereinheitlichten elektroschwachen Wechselwirkung erforderlichen Energien heutzutage mit Hochenergie-Teilchenbeschleunigern erreicht werden – ganz im Gegensatz zu den Energieniveaus, die erforderlich wären, um die Vereinheitlichung von elektroschwacher und starker Wechselwirkung zu beobachten.

Um die Mitte der siebziger Jahre wiesen Steven Weinberg, Abdus Salam und Sheldon Lee Glashow als erste den Weg zur Vereinheitlichung von elektromagnetischer und schwacher Wechselwirkung bei hohen Energien. Im Jahre 1983 beobachteten dann Carlo Rubbia und seine Mitarbeiter die theoretisch vorhergesagten intermediären *W*- und *Z*-Bosonen, welche die elektroschwache Wechselwirkung vermitteln.

Bis zu einem Alter von etwa 100000 Jahren wurde das Universum von der Strahlung dominiert, die vom Feuerball des Urknalls übriggeblieben war. Materie und Strahlung waren stark miteinander gekoppelt: Die Gebiete hoher Materiedichte zeichneten sich gleichzeitig durch eine hohe Strahlungsdichte aus.

Während dieses Zeitraumes verschmolzen einige Protonen und Elektronen zu Neutronen. Auch der Prozeß der Nukleosynthese, also die Vereinigung von Protonen – Wasserstoffkernen – und Neutronen zu den schwereren Kernen des Helium, Deuterium und Lithium, nahm in derselben Periode seinen Anfang.

Am Ende jener Epoche, also nach etwa 100000 Jahren, entkoppelten Materie und Strahlung – das Universum wurde gewissermaßen durchsichtig: Nunmehr konnte die Strahlung das Weltall ohne allzu starke Beeinflussung seitens der Materie durchfluten, und Fluktuationen in der Materiedichte gingen nicht länger mit solchen in der Strahlungsdichte einher.

Dieser Zeitpunkt markierte auch den Beginn der Periode, während derer Superhaufen und Galaxien mit großer Geschwindigkeit aus den Keimen entstanden, die sich durch frühere Dichtefluktuationen gebildet hatten. Bis zur heutigen Zeit, etwa 15 Milliarden Jahre nach dem Urknall, hat diese materiedominierte Ära angehalten.

Die während der verschiedenen Phasen des frühen Universums erzeugten Teilchen übten einen nachhaltigen Einfluß auf die Bildung von Strukturen aus. Geringe Schwankungen in der Dichte dieser Teilchen wuchsen so möglicherweise zu Superhaufen an.

Sogar während der frühesten Epochen war das Universum niemals perfekt ebenmäßig. Allgegenwärtige quantenmechanische Fluktuationen hatten während der Ära der quantisierten Gravitation eine überaus große Bedeutung. Außerdem erwies sich das Auskristallisieren der fundamentalen Wechselwirkungen als ein turbulenter Prozeß, der bereits vorhandene Ordnungen auflöste. Dichtefluktuationen, welche die Entwicklung von Galaxien, Haufen und Superhaufen einleiteten, können auf verschiedenste Art und Weise zustandegekommen sein. Die Aufgabe des Kosmologen besteht darin, solche Mechanismen aufzuspüren.

Modelle der Strukturbildung

Dank der Fortschritte in Physik und Astronomie sahen sich die Kosmologen in die glückliche Lage versetzt, mit immer genaueren Informationen ihre Theorien verfeinern zu können. In den vergangenen Jahren wurden drei Typen von Modellen zur Erklärung der frühen Strukturbildung vorgeschlagen.

Die erste dieser Vorstellungen bezeichnet man als *bottom-up*-Modell („von unten nach oben", von kleinen zu großen Strukturen; Bild 4). Es entstand aus Arbeiten von P. J. E. Peebles und seinen Kollegen an der Princeton-Universität in den späten sechziger und frühen siebziger Jahren. Sie untersuchten Materiedichte-Fluktuationen in einem hypothetischen frühen Universum, das durch Baryonen (gewöhnliche Teilchen wie Protonen und Neutronen) dominiert war.

Der Einfachheit halber machten diese Autoren die Annahme eines Universums mit isothermen Dichteschwankungen. Dies bedeutet eine gleichmäßige Verteilung der Hintergrundstrahlung (und damit der Temperatur), obwohl die Materie im All stark zusammengeballt vorlag. Unter solchen Voraussetzungen erzeugen die Schwankungen (Fluktuationen) in der Massenverteilung als erstes Protogalaxien mit einem Materieinhalt von 100000 bis eine Million Sonnenmassen (1 Sonnenmasse = 2×10^{30} Kilogramm).

Aus den Protogalaxien entwickeln sich dann Galaxien, die sich über ihre wechselseitige Gravitationsanziehung zu Haufen gruppieren. Dieses Szenario nennt man *bottom-up*-Modell, weil sich anfangs kleine Strukturen (Galaxien) bilden, die dann zu größeren Strukturen (Superhaufen) anwachsen.

Zum Ende des vergangenen Jahrzehnts stand das *bottom-up*-Modell einem ernstzunehmendem Problem gegenüber, als man Superhaufen mit einer Ausdehnung von Hunderten von Millionen Lichtjahren entdeckte. Für die Ansammlung solch gewaltiger Strukturen durch die wechselseitige Gravitationsanziehung der Haufen hätte nämlich das gesamte Alter des Universums nicht ausgereicht.

Beim zweiten Modelltyp untersucht man ein Universum mit adiabatischen Dichtefluktuationen. Dabei bleibt für eine gegebene Materiemenge der thermische Strahlungsinhalt – also die Wärmemenge – konstant, selbst wenn die räumliche Dichte der Materie zeitlich schwankt. In solch einem Universum muß das Verhältnis der Energiedichten von Materie und Strahlung in jeder Region des Raumes gleich sein; dementsprechend zeigen die Verteilungen von Strahlung und Materie gleichartige räumliche Muster.

Größe und Verteilung derartiger (adiabatischer) Dichteschwankungen haben Anfang des letzten Jahrzehnts unabhängig voneinander Edward R. Harrison von der Universität von Massachusetts in Amherst und Yakov B. Zel'dovich von der Universität Moskau untersucht. Guth konnte außerdem nachweisen, daß sich eine ähnliche Verteilung auf natürliche Art und Weise in seinem inflationären Modell ergibt.

Im früheren isothermen Modell fand man Dichtevariationen über alle Entfernungsbereiche. Im adiabatischen Modell sind dagegen nur sehr großräumige Fluktuationen möglich, weil die Dynamik der Wechselwirkungen von Teilchen untereinander und zwischen Teilchen und Strahlung die kleineren Störungen unterdrückt. In diesem Modell bilden sich daher zunächst Protosuperhaufen – diffuse Objekte, die der Entstehung von Superhaufen vorausgehen. Sie kollabieren später zu dichteren Systemen und fragmentieren anschließend in Galaxien, weshalb man hier vom *top-down*-Modell („von oben nach unten", von größeren zu kleineren Strukturen hin) spricht.

Zel'dovich hat gezeigt, daß die Protohaufen im Milieu des frühen Universums dazu neigten, mit hoher Geschwindigkeit in einer Dimension zu kollabieren und damit die Gestalt eines Pfannkuchens anzunehmen. Langgezo-

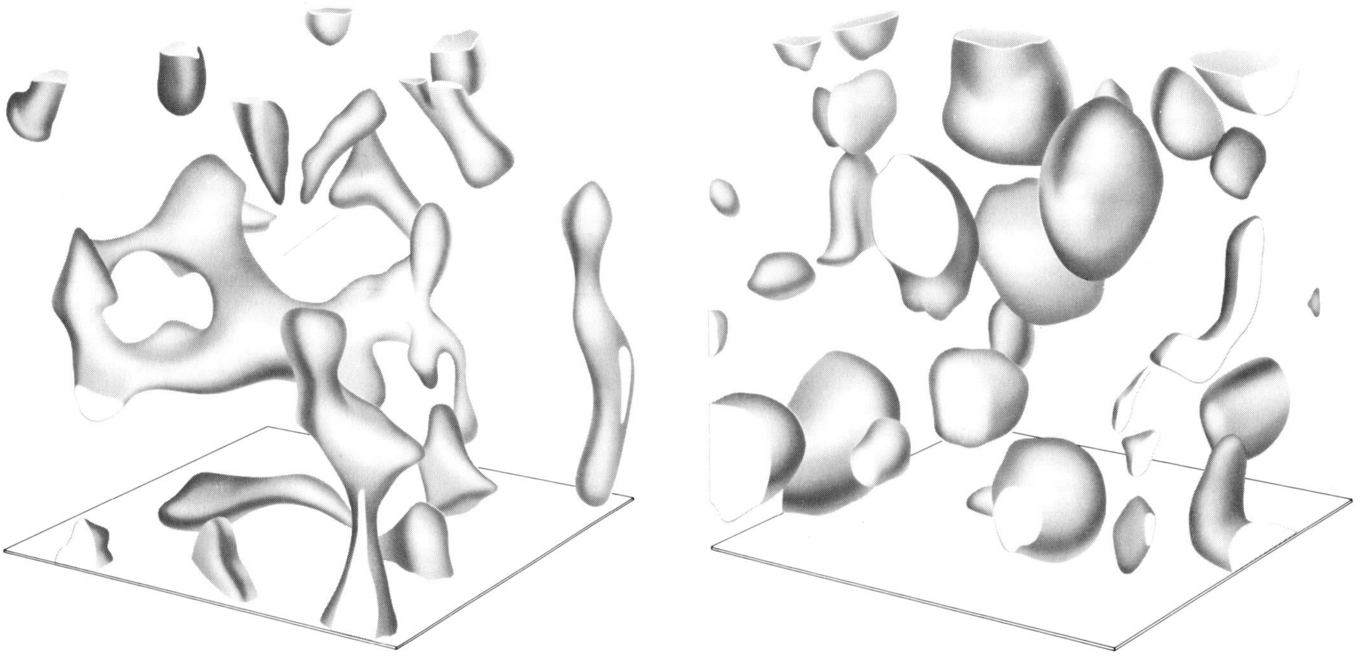

Bild 5: Die in einem neutrino-dominierten Universum entstehenden Superhaufen und Lücken haben Joan M. Centrella von der Drexel-Universität und Adrian L. Melott von der Universität Chicago in Modellrechnungen mit Großcomputern nachgebildet. Die Modelle sagen eine Anhäufung der Materie in kugeligen Gebilden und Filamenten (links) voraus, die in einer zellartigen Struktur mit Leerräumen (rechts) abwechseln.

gene Filamente fänden sich dann überall dort, wo zwei dieser Pfannkuchen sich schnitten (siehe „Die großräumige Struktur des Universums“ von Joseph Silk, Alexander S. Szalay und Yakov B. Zel'dovich in Spektrum der Wissenschaft, Dezember 1983).

Dunkle Materie: Neutrinos?

Frühe Versionen des *top-down*-Modells hatten einen wesentlichen Schwachpunkt. In seiner anfänglichen Formulierung nahm Zel'dovich an, daß heute das Universum hauptsächlich aus Baryonen bestünde. Wegen des adiabatischen Modellansatzes müßten die gewaltigen Fluktuationen in der Materiedichte, die für das im Universum beobachtete Maß an Strukturierung erforderlich sind, aber mit ebenso großen Fluktuationen in der Hintergrundstrahlung einhergehen. Dies ist jedoch unvereinbar mit der wohlbekannten Beobachtung, daß das Weltall mit einer praktisch isotropen (aus allen Richtungen gleichen) Hintergrundstrahlung durchsetzt ist.

Um das *top-down*-Modell aufrechtzuerhalten, mußte man deshalb die Annahme verwerfen, das Universum sei in erster Linie aus Baryonen aufgebaut. Obgleich die Erde beinahe ausschließlich aus solch „normaler“ Materie besteht, könnte das Weltall global gesehen durch irgendeine andere Materieart dominiert sein. Insbesondere kämen solche Teilchen in Frage, die – anders als Baryonen – nicht dazu neigen, Wechselwirkungen einzugehen, bei denen Photonen emittiert werden.

Materie dieser Art wäre dunkel und daher kaum direkt zu bemerken. Verschiedene Beobachtungen liefern bereits handfeste Hinweise auf die Existenz großer Ansammlungen dunkler Materie in manchen Systemen. Beispielsweise müssen bestimmte Galaxienhaufen dutzend- bis vielhundertfach mehr Masse beinhalten, als man aus der direkten Untersuchung der leuchtenden Materie ableiten kann; ansonsten wäre es unmöglich, alle Galaxien des Haufens durch die Gravitation allein zusammenzuhalten.

Woraus könnte die dunkle Materie bestehen? Ein Kandidat ist das Neutrino. Es handelt sich hierbei um ein schwach wechselwirkendes Teilchen (es neigt nicht zur Wechselwirkung mit anderen Teilchen wie Baryonen oder Photonen), das man lange Jahre für masselos gehalten hat. Theoretische Überlegungen und einige noch unbestätigte Experimente gaben jedoch in letzter Zeit Anlaß für die Vermutung, Neutrinos könnten eine geringe Ruhemasse von wenigen Elektronenvolt haben und somit die dunkle Materie bilden.

Falls das Neutrino wirklich eine Masse hat, könnte es eine extrem wichtige Rolle im Pfannkuchenmodell spielen. Neutrinos entkoppelten nämlich bei der Entwicklung des Universums noch vor der gewöhnlichen Materie von der Strahlung. Dabei waren sie sehr heiß und hatten Geschwindigkeiten nahe der des Lichts. Wegen dieser hohen Geschwindigkeit und der geringen Wahrscheinlichkeit für Wechselwirkungen „durchströmten“ die Neutrinos das frühe Universum ungehindert; die Verteilung von Energie und Materie störte ihren Hochgeschwindigkeitsflug in alle Richtungen nicht merklich. Andererseits sind derart schnell und unbeeinflußt strömende Teilchen bestrebt, jegliche Schwankungen in der Materiedichte zu glätten – ähnlich wie eine schnelle Kanonenkugel eine locker gebaute Steinmauer zertrümmern kann, ohne durch den Zusammenstoß nennenswert abgebremst zu werden.

Mit der Expansion des Universums kühlten die Neutrinos ab. Als ihre Geschwindigkeit weniger als ein Zehntel der Lichtgeschwindigkeit betrug, konnten sie die Dichteschwankungen nicht mehr glätten: Die Fluktuationen wuchsen jetzt an. Diese ersten Dichtestörungen erreichten etwa die Ausdehnung des Horizontes (der von einem Photon in der Zeit seit dem Urknall durchmessenen Distanz), weil all die kleineren Dichtefluktuationen durch die ungehindert strömenden Neutrinos geglättet worden waren.

Genau wie im originalen Pfannkuchenmodell wären dann die ersten kondensierten Strukturen auch die größten gewesen: die Protosuperhaufen. Und deren Ursprung hätte in Fluktuationen der Neutrinodichte gelegen. Ein langsames Neutrino könnte durch eine Dichteschwankung gestoppt und eingefangen werden, ähnlich wie eine langsame Kanonenkugel in eine Steinmauer eindringen und dort steckenbleiben kann, wobei sie ihre eigene Masse jener der Steinmauer hinzufügt. Später stürzten dann Baryonen in die Neutrino-Superhaufen und erzeugten so möglicherweise die heute beobachteten Strukturen.

Überprüfung der Modelle

Das Modell eines von Neutrinos dominierten Universums hat drei Voraussagen zur Folge, die sich mit Hilfe neuer Beobachtungen testen lassen. Der ersten Voraussage nach enthalten die Lükken gar keine oder nur wenig Materie, gleich ob leuchtend oder dunkel. Alle Materiehäufungen müssen dann von den frühesten Störungen – den Auslösern der Superhaufenentwicklung – herrühren, die sich um die Leerräume herum bildeten.

Neue Beobachtungen zur Prüfung dieser Voraussage machen momentan Kirshner und seine Mitarbeiter anhand der Bootes-Lücke, während Gregory und seine Kollegen die Coma-Lücke untersuchen. Es gibt schon vorläufige Hinweise auf die Existenz einiger Zwerggalaxien in der Bootes-Lücke. Falls diese Anzeichen einer detaillierten Untersuchung standhalten, dürfte das Modell bald in ernsthafte Schwierigkeiten geraten.

Die zweite Voraussage des durch Neutrinos dominierten Pfannkuchenmodells, die sich durch Beobachtungen überprüfen läßt, betrifft die Orientierung der Hauptachsen der zu einem Superhaufen gehörenden Galaxien: Sie sollten ungefähr dieselbe Richtung im Raum aufweisen wie die kurze Achse des pfannkuchenförmigen Superhaufens. Eine derartige Ausrichtung als Folge des eindimensionalen Kollapses, der den Superhaufen mitsamt seinen Galaxien entstehen ließ, haben Stephen Gregory und Laird Thompson postuliert. Bryan E. Laubscher, Gregory und ich überprüfen derzeit diese interessante Voraussage durch eine detaillierte Studie der Galaxienorientierung im Perseus-Superhaufen.

Der dritte Test des Neutrinomodells leitet sich von Berechnungen ab, die Joan M. Centrella von der Drexel-Universität in Philadelphia (Pennsylvania) und Adrian L. Melott von der Universität Chicago auf Großcomputern durchgeführt haben (Bild 5). Sie sagen voraus, daß ein neutrino-dominiertes Pfannkuchen-Universum relativ einfache Strukturen hervorbringen sollte: Große Pfannkuchen und Filamente an deren Schnittstellen sollten sich regelmäßig mit kugelförmigen Leerräumen abwechseln. Nach den bisherigen Beobachtungen ist es noch zu früh für ein Urteil darüber, ob die großräumigen Strukturen sich wirklich durch solche Einfachheit und Regelmäßigkeit auszeichnen.

Ungeachtet der Resultate dieser Tests durch Beobachtung hat das Neutrinomodell einige möglicherweise gravierende Probleme zu bestehen. Sie ergeben sich aus Computersimulationen, die Simon D. M. White von der Universität von Arizona und Marc Davis von der Universität von Kalifornien in Berkeley durchgeführt haben.

Das erste Problem ist, daß die Neutrinos nach ihrer Entkoppelung von der Strahlung wegen ihrer hohen Geschwindigkeit und äußerst geringen (falls überhaupt von Null verschiedenen) Masse vermutlich sehr lange frei fliegen konnten, bevor sie genug abgekühlt waren, um Dichtefluktuationen zu ermöglichen. Störungen konnten demnach erst anwachsen, als das Universum schon relativ alt und ausgedehnt war; und die Bildung der ersten Galaxien erfolgte erst in einem späten Entwicklungsstadium – so spät, daß ihr Alter im Widerspruch zu der allgemein akzeptierten Lebenszeit der ältesten Sterne stünde, die in sogenannten Kugelsternhaufen in der Nähe vieler Galaxien angesiedelt sind.

White und Davis argumentieren außerdem, der aus dem Neutrinomodell resultierende Grad der Haufenbildung übersteige den beobachteten zumindest in der lokalen Region des Universums. Überdies bänden sich die Neutrinos wegen ihrer geringen Masse und hohen Geschwindigkeit kaum an die Halos der Galaxien. Man müßte also ein weiteres Teilchen (oder einen anderen Mechanismus) postulieren, um die Anomalien in der Galaxiendynamik, zu deren Erklärung man ja die Hypothese der dunklen Materie aufgestellt hatte, deuten zu können. Vom ästhetischen Gesichtspunkt her – die Wissenschaft sucht einfache, elegante Lösungen – wäre dies höchst unbefriedigend.

Fortschritte der Theorie

Jüngste Fortschritte der theoretischen Physik könnten einen Ausweg aus diesem Dilemma in Form eines neuen Modells aufzeigen, das Grundzüge des isothermen Modells mit solchen des Neutrinomodells kombiniert (Bild 6). Ein verhältnismäßig junges Konzept, Supersymmetrie genannt, prognostiziert die Existenz gewisser Teilchen, sogenannter Photinos, Gravitinos und Axionen, die in der Frühzeit des Universums hätten erschaffen werden können (siehe „Ist die Natur supersymmetrisch?“ von Howard E. Haber und Gordon L. Kane in Spektrum der Wissenschaft, August 1986).

Diese Teilchen wären vermutlich von größerer Masse als Neutrinos und hät-

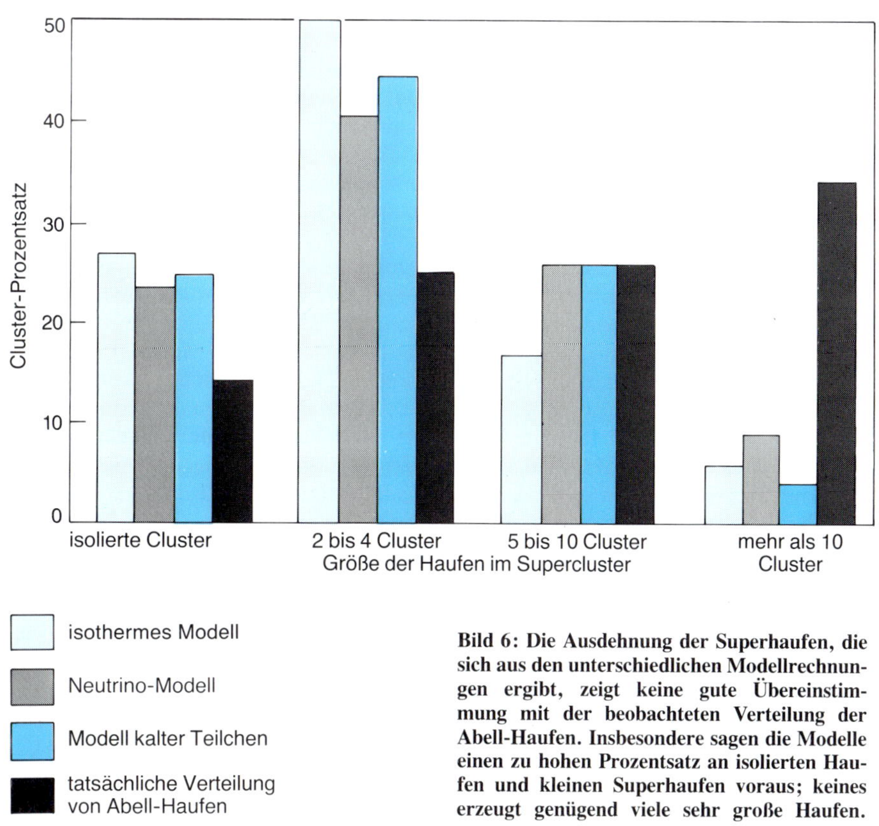

Bild 6: Die Ausdehnung der Superhaufen, die sich aus den unterschiedlichen Modellrechnungen ergibt, zeigt keine gute Übereinstimmung mit der beobachteten Verteilung der Abell-Haufen. Insbesondere sagen die Modelle einen zu hohen Prozentsatz an isolierten Haufen und kleinen Superhaufen voraus; keines erzeugt genügend viele sehr große Haufen.

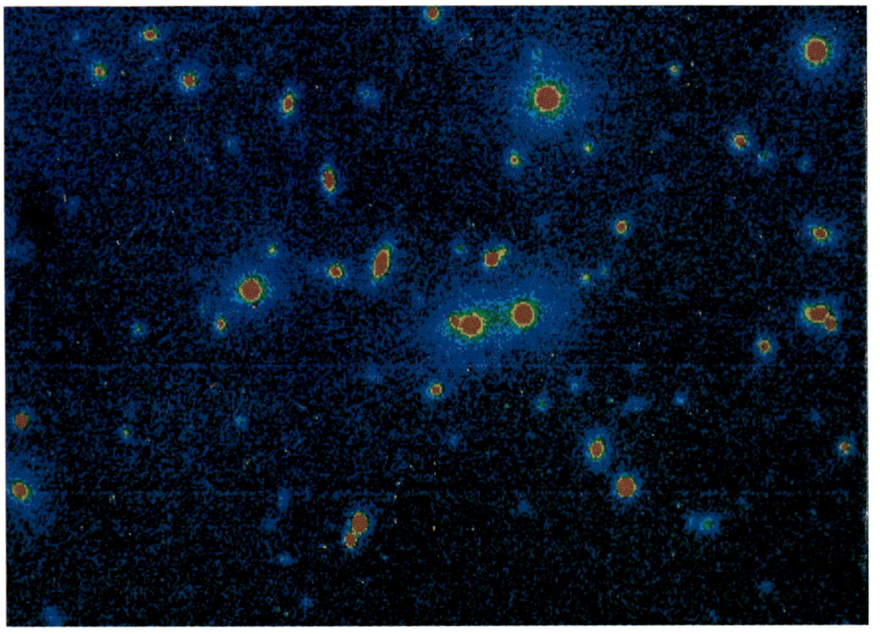

Bild 7: Ein reicher Galaxienhaufen im Sternbild Corona Borealis (Nördliche Himmelskrone) ist auf dieser mit Hilfe eines neuartigen CCD (*Charge-Coupled Device*) am Capilla-Peak-Observatorium der Universität von Neumexiko gewonnenen Aufnahme festgehalten. Im Falschfarbenbild ist das sichtbare Licht mit der größten Intensität rot, das mit der geringsten Intensität blau gekennzeichnet. CCD-Systeme erfordern weniger Licht und kürzere Beobachtungszeiten als photographische Platten und liefern überdies noch präzisere Informationen hinsichtlich Ausmaß, Farbe und Orientierung der Galaxien. Sie ermöglichen somit wesentlich ausgedehntere Durchmusterungen des tiefen Universums, als sie in der Vergangenheit durchgeführt wurden. Derartige neue Beobachtungsergebnisse werden auch die nötigen Daten zum Test der Theorien über die Entstehung dieser Strukturen erhärten.

ten aus diesem Grunde nach der Entkoppelung von der Hintergrundstrahlung sich nicht so ungehindert bewegen können: Sie wären langsamer – kälter – gewesen. Dichtefluktuationen hätten so weitaus früher und auf wesentlich kleineren räumlichen Skalen als im neutrino-dominierten Modell anwachsen können.

Nach dieser neuen Vorstellung wären zuerst Galaxien entstanden, während sich großräumigere Strukturen – Cluster und Supercluster – erst in einer späteren Periode der Frühgeschichte des Universums aus Fluktuationen heraus entwickelten. Der langwierige Prozeß einer gravitationsbedingten Materieansammlung wäre somit, anders als im isothermen Modell, nicht die einzige Triebfeder der Superhaufenbildung. Das neue Modell bezeichnet man, weil es auf langsamen (kalten) Teilchen beruht und Galaxien vor den Superhaufen, aber beide aufgrund früher Fluktuationen entstehen läßt, als Modell kalter Teilchen oder als „hybrides" *bottom-up*-Modell.

Drei Voraussagen, die sich durch Beobachtungen prüfen lassen, entspringen auch dem Modell kalter Teilchen: Zum ersten sollten Galaxien älter sein als Superhaufen; die Korrelation zwischen der Orientierung der Superhaufen und der ihrer Mitgliedsgalaxien sollte aus diesem Grunde nicht so ausgeprägt wie im Neutrinomodell sein. Weil das Spektrum der Dichteschwankungen in diesem Modell kleineren Strukturen den Vorzug gegenüber größeren gibt, sollten zum zweiten solch ungeheure Strukturen wie das Perseus-Pegasus-Filament eine Rarität im Universum darstellen. Zum dritten dürften die – wenngleich recht dünn besiedelten – Lücken geringe Materiemengen beinhalten. Diese könnten von der Materie abstammen, die nicht in die relativ späten Fluktuationen, aus denen die Superhaufen hervorgingen, verwickelt war.

Batuski, Melott und ich haben die jeweiligen Vorteile des isothermen Modells, des Neutrino-Modells und des Modells kalter Teilchen verglichen. Wir haben dazu auf einem Großrechner die aus jedem einzelnen Modell resultierenden Verteilungen galaxienreicher Haufen simuliert. Vorläufige Vergleiche der vom jeweiligen Modell vorausgesagten Haufenbildung mit der tatsächlich bei Abell-Haufen beobachteten sind nicht gerade ermutigend (Bild 7).

Keines der Modelle vermag die zu beobachtende Häufigkeit der Filamentbildung bei Superhaufen auf großen räumlichen Skalen zu reproduzieren. Im einzelnen liefert das Neutrino-Modell zu viele kleine, dicht gedrängte Superhaufen und auch zu viele Galaxienhaufen insgesamt. Andererseits zeigt sich beim isothermen Modell und beim Modell kalter Teilchen wesentlich weniger Strukturierung, als bei den Abell-Haufen zu sehen ist. Wir beginnen derzeit mit umfangreicheren Modellrechnungen, um diese vorläufigen Schlußfolgerungen zu bestätigen und weiter auszubauen.

Perspektiven

Die Resultate der bisherigen Simulation lassen uns in einem interessanten theoretischen Dilemma zurück. Was wäre die Folge, wenn nach Abschluß unserer Simulationen keines der vorgeschlagenen Modelle die gerade entdeckten riesigen Strukturen reproduzieren könnte?

In diesem Fall gäbe es eine Alternative. Einmal bestünde die Möglichkeit, daß die Verteilung der leuchtenden Materie – also der Galaxien und Superhaufen – nicht mit derjenigen der dunklen Materie, die wir in unseren Simulationen vor allem erfassen, übereinstimmen. Die dunkle Materie kann wesentlich gleichmäßiger verteilt sein als die stärker zusammengeballte leuchtende Materie, welche wir direkt beobachten und kartieren können.

Die zweite Möglichkeit wäre, daß Dichtestörungen durch einen gänzlich anderen Mechanismus als den von uns betrachteten entstehen könnten. Vielleicht haben sogenannte kosmische *strings* („Saiten") die Bildung von Galaxien und Haufen stimuliert: ausgedehnte eindimensionale Defekte in der Raum-Zeit-Struktur, die an ihren Knotenpunkten eine abnorm hohe Gravitation verursachen.

Auch die neuen „Superstring"-Theorien der Grundlagenphysik, in denen man Teilchen nicht als dimensionslose Punkte, sondern als winzige eindimensionale vibrierende Saiten betrachtet, könnten bislang noch nicht erforschte astrophysikalische Konsequenzen haben. Insbesondere könnten Superstring-Theorien es erfordern, eine Art „Schatten-Materie" – erschaffen während der Ära der Quantengravitation – einzuführen; diese würde mit gewöhnlicher Materie ausschließlich über die Gravitation wechselwirken.

Sowohl dem Theoretiker als auch dem Beobachter verbleiben also herausfordernde Fragen und Probleme. Wir haben heute Anteil an einer außergewöhnlich aufregenden Phase der Kosmologie und Hochenergie-Teilchenphysik. Die Vereinigung beider Disziplinen verspricht uns Antwort auf die Frage nach den winzigsten und den gewaltigsten Gebilden des Universums.

Die großräumigen Eigenbewegungen der Galaxien

Unsere Milchstraße durchkreuzt das Universum zusammen mit einem Schwarm anderer Galaxien. Die Antriebsquelle dieser Bewegungen könnte in einer Materieansammlung verborgen liegen, deren Entfernung die gegenwärtigen Theorien in Frage stellt.

Von Alan Dressler

Ursprung und Schicksal unseres Universums spiegeln sich in den Bewegungen seiner Bestandteile wider. Schon bald nach der Entdeckung, daß unsere Galaxis – die Milchstraße – nur ein Sternsystem unter Milliarden anderen ist, erkannte man in den frühen zwanziger Jahren dieses Jahrhunderts, daß sich entfernte Galaxien ungeachtet der Blickrichtung von uns fortbewegen. Es wurde offensichtlich, daß das Universum expandiert und sich die Galaxien infolge der gleichförmigen Aufblähung des Raumzeitgefüges voneinander entfernen.

Die jüngere Vergangenheit offenbarte, daß sich die Galaxien in bezug auf das expandierende Universum keineswegs in Ruhe befinden. Sie weisen Eigenbewegungen auf, die Rückschlüsse auf die Struktur des Kosmos – insbesondere auf das Ausmaß der Fluktuationen in der Massendichte – zulassen. Was man gegenwärtig über die Bewegungen weiß, deutet auf Materieansammlungen unvorstellbaren Ausmaßes hin; sie beruhen auf Ereignissen im frühen Universum, die man bislang nur unzulänglich versteht.

Möglicherweise könnten die Bewegungen auch eine Antwort auf die Frage nach dem entgegengesetzten Ende der Zeit liefern: Wird die Expansion des Universums andauern, oder wird sie durch die Gravitationskraft gebremst und vielleicht sogar umgekehrt, so daß das Universum wieder seiner ursprünglichen Dichte zustrebt? Verschiedene Forschungsgruppen – so auch die, der ich angehöre – kartieren derzeit Muster und Ausmaß der kosmischen Strömung.

Die kosmologische Bedeutung der Galaxienbewegungen wurde zu Anfang unseres Jahrhunderts nachgewiesen, als die amerikanischen Astronomen Edwin P. Hubble und Vesto Melvin Slipher damit begannen, Verschiebungen von Spektrallinien im Lichte entfernter Galaxien zu messen. Derartige Verschiebungen erinnern an den Doppler-Effekt: die Wellenlängenänderung von Schall oder Strahlung infolge einer Relativbewegung zwischen Strahlungsquelle und Beobachter. Die meisten Galaxien zeigten eine Rotverschiebung: Ihre Linien waren zum roten Bereich des Spektrums, also zu größeren Wellenlängen hin, verschoben. Solch eine Rotverschiebung kosmologischer Natur beruht nach heutiger Interpretation auf der Expansion der räumlichen Hypersphäre der vierdimensionalen Raumzeit, die eine Dehnung der Strahlungswellenlänge zur Folge hat; sie weist demnach auf eine vom Beobachter weggerichtete Fluchtbewegung hin.

Fluchtbewegung der Galaxien

Sechzig Jahre später fällt es schwer nachzuempfinden, wie radikal die Idee einer Fluchtbewegung der anderen Galaxien, gleich in welcher Richtung sie auch liegen, in den frühen zwanziger Jahren wirkte. Sie bedeutete einen Wandel des Weltbildes, der in jeder Hinsicht als so fundamental wie die kopernikanische Wende erschien – die Vorstellung eines statischen Universums war zur damaligen Zeit genauso unumstritten wie das geozentrische System im 15. Jahrhundert.

In der Tat interpretierte sogar Hubble selbst seine Daten zuerst als Beweis für ein ruhendes Universum. Er glaubte, eine theoretische Analyse des holländischen Mathematikers Willem de Sitter bestätigt zu haben, der eine stationäre Lösung für Albert Einsteins Gleichungen der Allgemeinen Relativitätstheorie gefunden hatte. Durch Einfügung eines Terms, der eine Zeitdilatation mit zunehmender Entfernung beschrieb, ergab sich aus der Analyse eine Rotver-

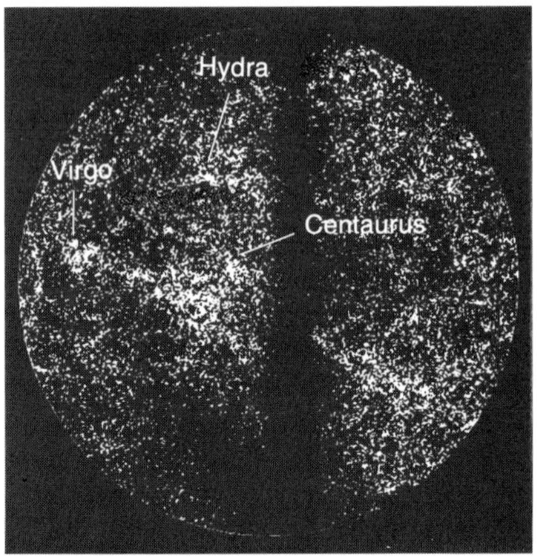

Bild 1: Das Zentrum der Himmelshemisphäre, für die hier die Verteilung der beobachteten Galaxien dargestellt ist, liegt in Richtung der großräumigen Bewegung unserer Galaxis. Nahegelegene Galaxienansammlungen wie der Virgo-Haufen und der Hydra-Centaurus-Superhaufen (oben) haben Anteil an der Bewegung, von der man glaubt, daß sie auf der Gravitationsanziehung einer gewaltigen und weit entfernten Massekonzentration beruhe, die man als Großen Attraktor bezeichnet. Die Galaxien, welche das Bildzentrum dicht bevölkern, könnten zu diesem Attraktor gehören. Ofer Lahav von der Universität Cambridge erstellte diese Karte mit Hilfe eines Computerprogramms, das drei Galaxienkataloge zusammenfaßte. Der Streifen im Zentrum ist das durch die Milchstraße verhüllte Himmelsband.

schiebung, deren Wert für weiter entfernte Galaxien anwuchs, ohne daß es einer Relativbewegung bedurft hätte.

Gegen Ende der dreißiger Jahre jedoch war nahezu ein jeder von der Vorstellung eines expandierenden Universums überzeugt – sogar der widerspenstige Hubble –, und Rotverschiebungsmessungen von Galaxien in immer größeren Entfernungen waren das Gebot der Stunde. Als man die Rotverschiebungen ferner Sternsysteme mit ihren Entfernungen korrelierte (die sich aus ihren scheinbaren Helligkeiten abschätzen ließen), fand man eine Beziehung, die so einfach war, wie man es sich nur hätte wünschen können: Die Fluchtgeschwindigkeit einer Galaxie ergibt sich aus ihrer Distanz, multipliziert mit einem konstanten Faktor (Bild 2).

Die Bedeutung dieser linearen Beziehung, die als Hubble-Gesetz bekannt ist, lag auf der Hand: Die Expansion des Universums ist gleichförmig. Ein intelligentes Wesen in einer Galaxie, die Milliarden von Lichtjahren (1 Lichtjahr = 9,46 Billionen Kilometer) entfernt ist, würde dieselbe Beziehung zwischen Distanz und Rotverschiebung für die umgebenden Galaxien finden, wie sie vom Blickpunkt unserer Milchstraße aus gültig ist.

In den siebziger Jahren hatte sich die Ansicht durchgesetzt, daß dem Hubble-Gesetz eine weitere Bedeutung innewohnt: Die beobachtete Expansion des Weltalls begann demnach vor etwa 15 Milliarden Jahren in einem explosiven Schöpfungsakt, dem sogenannten Urknall oder *Big Bang*.

Abweichungen vom Hubble-Gesetz

Für entfernte Galaxien wurden immer bessere Rotgeschwindigkeitsdaten gewonnen, doch für nahe Sternsysteme blieb die Korrelation zwischen Distanz und Rotverschiebung enttäuschend schlecht. Die meisten Forscher glaubten, dieser Umstand hänge mit den großen Schwierigkeiten bei der Bestimmung genauer Galaxienentfernungen zusammen. Weitaus grundlegender ist

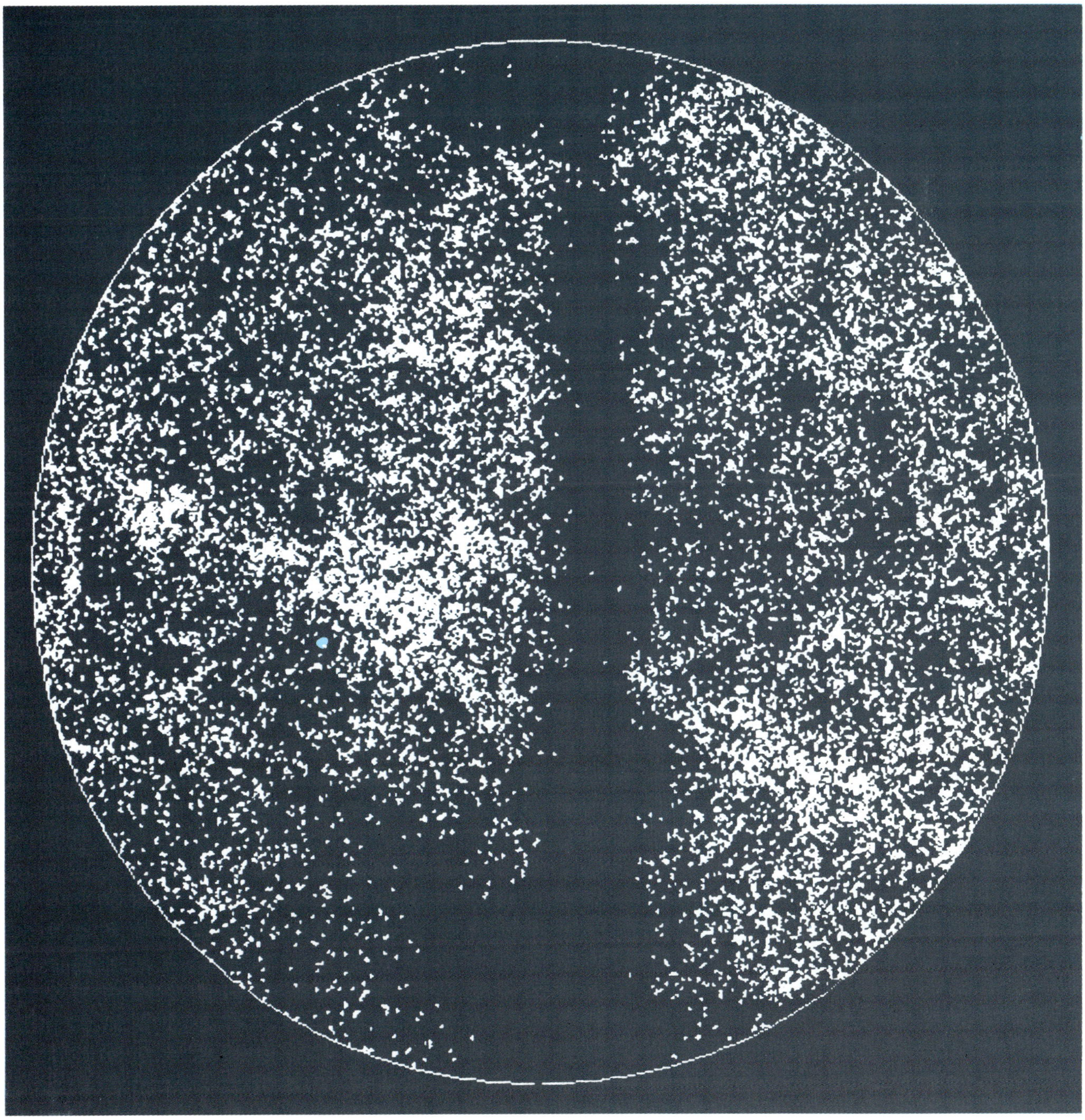

eine andere Erklärungsmöglichkeit: Die Galaxien könnten eigene Geschwindigkeiten aufweisen, die von der Hubble-Beziehung abweichen.

Nach dieser Vorstellung könnten die Sternsysteme selbst in Bewegung sein, während das Universum gleichförmig expandiert und die Galaxien mit sich fortreißt – ähnlich wie die Rosinen in einem Kuchen von dem aufgehenden Teig mitgenommen werden. Die Galaxien würden demnach Eigenbewegungen (Pekuliarbewegungen) in bezug auf das expandierende Weltall ausführen. Derartige Bewegungen würden sich besonders auffällig in den Rotverschiebungen naher Galaxien zeigen, da deren Hubble-Geschwindigkeiten verhältnismäßig niedrig liegen. Da sie außerdem die Gravitationseffekte einer ungleichförmigen Materieverteilung widerspiegeln könnten, wären sie auch von beträchtlicher kosmologischer Bedeutung, blieben jedoch lange unerforscht.

Die Wissenschaftler beschäftigten sich statt dessen mit einem anderen Weg zur Beantwortung kosmologischer Fragen. Durch die Untersuchung immer weiter entfernter Galaxien hofften die Beobachter, über Rotverschiebungsmessungen die frühe Geschichte unseres Universums erforschen zu können; denn letzten Endes verrät die Rotverschiebung einer fernen Galaxie nichts über deren gegenwärtige Geschwindigkeit, sondern lediglich darüber, wie hoch diese vor Millionen oder Milliarden von Jahren war, als das Licht das Sternsystem verließ. Ein Vergleich der frühen Expansionsrate mit der aus der Untersuchung naher Galaxien abgeleiteten sollte eine Entscheidung darüber ermöglichen, ob das Universum weiterhin expandieren, zum Stillstand kommen oder wieder in sich zusammenfallen werde.

Vierzig Jahre lang rangen Wissenschaftler mit Hilfe von Rotverschiebungsmessungen an entfernten Galaxien um eine Antwort auf diese tiefgründige Frage; doch schließlich stellte sich heraus, daß die grundlegende Voraussetzung dieser Strategie nicht gewährleistet war: Die Rotverschiebung wurde gemeinhin für das jeweils hellste Mitglied eines jeden untersuchten Galaxienhaufens ermittelt; all diesen leuchtkräftigsten Sternsystemen schrieb man dieselbe absolute Helligkeit zu, ungeachtet ihrer Distanz.

Nur unter dieser Annahme konnte man aus der scheinbaren Helligkeit auf die Entfernung schließen. Im Laufe des vergangenen Jahrzehnts jedoch erkannten die Wissenschaftler, daß die Helligkeit solcher Galaxien infolge der Entwicklung ihrer Sternpopulationen durchaus zeitlich schwanken kann. Bei den hier in Betracht gezogenen gewaltigen Distanzen in Raum und Zeit vermögen sie daher nicht als verläßliche Standardkerzen zu dienen.

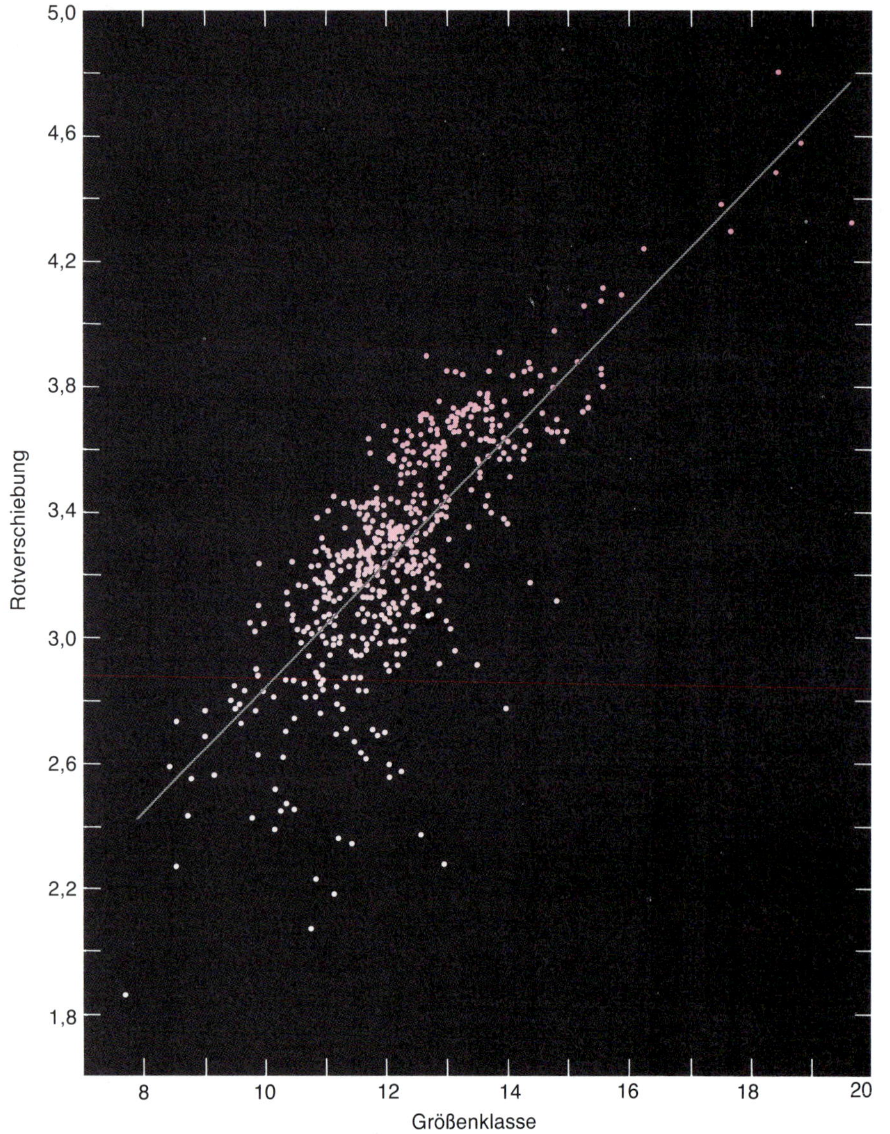

Bild 2: Das Hubble-Diagramm läßt erkennen, daß sich die Galaxien von der Erde entfernen; ihre Geschwindigkeiten sind dabei proportional zur Entfernung. Diese Fluchtbewegung zeugt von der gleichförmigen Expansion des Universums. Die vertikale Achse zeigt die Rotverschiebungen der Spektrallinien aller untersuchten Galaxien; diese Verschiebungen sind eine Folge der Expansion des Universums und der damit einhergehenden Fluchtbewegung der Galaxien. Die Helligkeit der Sternsysteme in Größenklassen ist entlang der horizontalen Achse eingezeichnet. Jede Zunahme der Größenklasse um eine Einheit bedeutet einen logarithmischen Abfall in der Helligkeit. Die Größenklasse ist ein grober Anhaltspunkt für die Entfernung. Ein charakteristisches Merkmal dieses Hubble-Diagramms, das Milton L. Humason, Nicholas U. Mayall und Allan R. Sandage 1956 veröffentlicht haben, sorgte anfangs für Verwirrung unter den Wissenschaftlern: Die Rotverschiebungen der Galaxien mit geringer Größenklasse (der nahen Objekte) weichen deutlich von der linearen Beziehung ab. Man glaubt heute, daß Eigenbewegungen der Galaxien in bezug auf das expandierende Universum diese Abweichungen von der Hubble-Expansion zumindest mitbewirken könnten.

Erste Untersuchungen der Eigenbewegungen

Die Bemühungen, aus Rotverschiebungsmessungen Milliarden von Lichtjahren Entfernung auf die künftige Entwicklung des Universums zu schließen, waren also weitgehend vergeblich. Dies veranlaßte die Forscher, sich aufs neue mit den Bewegungen vergleichsweise naher Galaxien in einer Entfernung von einigen hundert Millionen Lichtjahren zu befassen. Untersuchungen benachbarter Galaxien können in der Tat eine Antwort auf dieselbe kosmologische Frage liefern wie die Messungen früher Expansionsraten.

Wenn sich beispielsweise nahe astronomische Objekte aufgrund der Gravitationsanziehung einer Galaxienansammlung durch den Weltraum bewegen, so können ihre Geschwindigkeiten Rückschlüsse auf die anziehende Masse ermöglichen. Durch die Korrelation dieser Masse mit der beobachteten Galaxienhäufigkeit kann man des weiteren die zu einer durchschnittlichen Galaxie gehörige Masse bestimmen und somit die lokale Dichte des Universums berechnen. Unter der Voraussetzung, daß das betrachtete Volumen für das gesamte Weltall repräsentativ ist, kann das Resultat einen Hinweis darauf geben, ob die Gravitationsanziehung ausreichen wird, um die kosmologische Expansion dereinst zum Stillstand kommen zu lassen.

Als man im vergangenen Jahrzehnt ernsthaft mit der Untersuchung von Eigenbewegungen der Galaxien begann, glaubte man allgemein, daß die Eigengeschwindigkeiten im Vergleich zur Geschwindigkeit der Hubble-Expansion klein sein müßten. Allan R. Sandage vom Mount-Wilson-Observatorium argumentierte beispielsweise recht überzeugend, daß zahlreiche nahe Galaxien Blauverschiebungen zeigen müßten, falls ihre zufällig gerichteten Eigenbewegungen Geschwindigkeiten von einigen hundert Kilometer pro Sekunde erreichten: Ihre Spektrallinien wären als Folge des Doppler-Effekts gegen das blaue Ende des Spektrums verschoben, was auf eine Bewegung in Richtung auf die Erde hinwiese.

Die in unsere Richtung zeigenden Eigengeschwindigkeiten dieser Galaxien würden also die Hubble-Expansion überkompensieren. Da aber tatsächlich nahezu alle Galaxien Rotverschiebungen aufweisen, folgerte Sandage, daß die Hubble-Expansion recht gleichmäßig verlaufe und einzelne Galaxien nur um weniger als 100 Kilometer pro Sekunde von ihr abwichen.

Vera C. Rubin und W. Kent Ford jr. von der Carnegie Institution in Washington stießen daher auf gehörige Skepsis, als sie im Jahre 1975 berichteten, daß unsere eigene Galaxis eine beträchtliche Pekuliargeschwindigkeit aufweist: Bei Messungen in bezug auf ein Netz ferner Galaxien bestimmten sie eine Eigengeschwindigkeit von etwa 500 Kilometern pro Sekunde.

Vera Rubin und Ford gründeten ihr Ergebnis auf einen Vergleich der Rotverschiebungen einer gleichmäßig über den Himmel verteilten Galaxienstichprobe (Bild 3). Sie argumentierten, daß ein systematischer Unterschied in den Rotverschiebungen der Bezugsgalaxien die Bewegung unserer eigenen Galaxis widerspiegele, falls die Abstände der Galaxien von der Erde annähernd gleich seien. (Diese Annahme ist etwas heikel, denn sofern die Bezugsgalaxien in der einen Himmelsrichtung im Mittel weiter entfernt lägen als in der anderen Richtung, wären ihre unterschiedlichen Rotverschiebungen nur ein Ausdruck der Hubble-Expansion des Universums und keineswegs der Eigenbewegung unserer Milchstraße.)

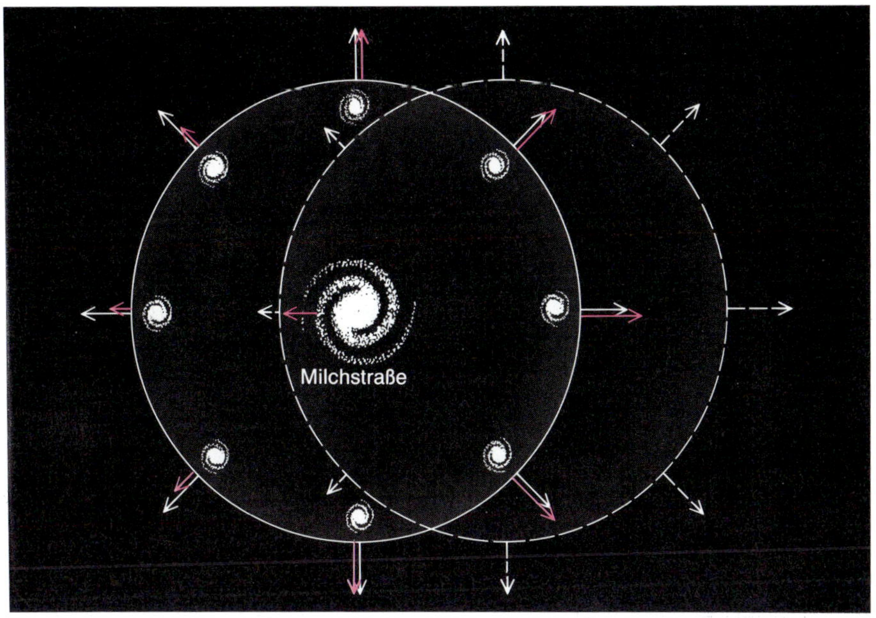

Bild 3: Daß sich die Milchstraße durch das Weltall bewegt wurde erstmals im Jahre 1975 behauptet: Vera C. Rubin und W. Kent Ford jr. von der Carnegie-Institution in Washington führten damals eine Untersuchung durch, deren Methodik hier erläutert wird. Sie wählten eine Stichprobe von Galaxien in der Nähe der Milchstraße aus, deren Entfernung als annähernd konstant angesehen wurde. Gemäß dem Hubble-Diagramm sollte die Fluchtgeschwindigkeit dieser Sternsysteme in allen Richtungen gleich sein (weiße Pfeile). Tatsächlich aber schienen sich die Galaxien in der einen Himmelsrichtung schneller zu bewegen als diejenigen in der entgegengesetzten (rote Pfeile); dies hätte darauf hingedeutet, daß sich unsere Galaxis selbst in Bewegung befindet. Doch erwies sich dieser Befund als höchst fragwürdig: Falls nämlich die Galaxien der Stichprobe in der einen Richtung einen geringeren Abstand zur Milchstraße hätten (unterbrochener Kreis), so könnte man die Unterschiede allein mit Hilfe der Hubble-Beziehung zwischen Rotverschiebung und der Distanz eines Sternsystems erklären.

Unter den leuchtkräftigsten Spiralgalaxien wählten Vera Rubin und Ford als Bezugsgalaxien eine Klasse von Sternsystemen aus, deren wahre Helligkeit als weitgehend konstant betrachtet wurde. Durch die Untersuchung von Galaxien aus dieser Klasse mit derselben scheinbaren Helligkeit hofften sie, in jeder Blickrichtung Bezugspunkte in derselben mittleren Entfernung von einigen hundert Millionen Lichtjahren festgelegt zu haben.

Zahlreiche Wissenschaftler sträubten sich jedoch dagegen, die überraschende Schlußfolgerung zu akzeptieren, welche Vera Rubin und Ford aus den beobachteten Rotverschiebungsdifferenzen gezogen hatten. Sie hielten vielmehr den Versuch, ein äquidistantes Bezugsnetz zu konstruieren, für einen Fehlschlag und machten geltend, daß die als Bezugspunkte ausgewählten Spiralgalaxien durchaus ungleichförmig über den durch das Helligkeitskriterium definierten Entfernungsbereich verteilt sein könnten.

Der Mikrowellen-Hintergrund

Die Notwendigkeit eines eindeutigen und zweifelsfreien Bezugssystems für die Untersuchung der Eigenbewegung unserer Galaxis leuchtet unmittelbar ein. Im Jahre 1977 entdeckte man, daß die kosmische Hintergrundstrahlung – der schwache Widerschein des Urknalls – einen solchen Rahmen zu liefern vermag. Die Hintergrundstrahlung wurde etwa 10 Millionen Jahre nach dem Urknall freigesetzt. Zu diesem Zeitpunkt war das Plasma, welches das frühe Universum anfüllte, weit genug abgekühlt, um die Bildung von Wasserstoffatomen zu ermöglichen; gleichzeitig wurde das Weltall strahlungsdurchlässig.

Heißes Gas bei Temperaturen von einigen tausend Kelvin gab ursprünglich Strahlung im sichtbaren und infraroten Wellenlängenbereich ab; infolge der raschen Expansion des frühen Universums wurde sie jedoch in den langwelligen Bereich des Spektrums verschoben, so daß sie die Erde heute mit niedrigerer Energie – in Form von Mikrowellen – erreicht. Ihre Frequenz entspricht mittlerweile der Strahlung eines Objekts, dessen Temperatur 2,7 Kelvin beträgt.

Bemerkenswert an diesem Mikrowellen-Hintergrund ist vor allem seine

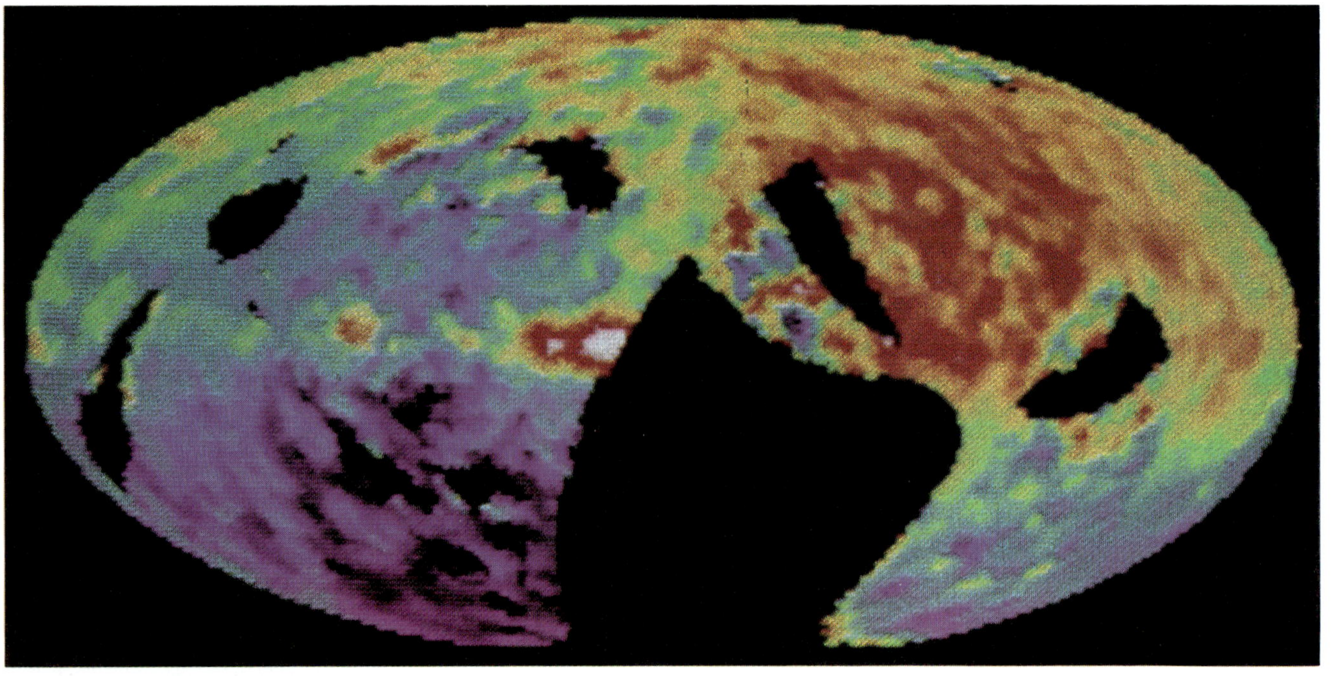

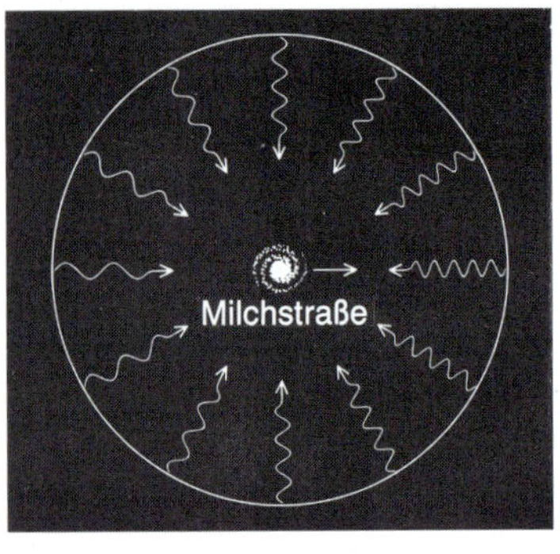

Bild 4: Aus der Temperatur des Mikrowellen-Hintergrundes konnte man – im Unterschied zur Analyse von Rubin und Ford – zwingend auf eine absolute Bewegung unserer Galaxis schließen. Die Hintergrundstrahlung bildet den schwachen Überrest einer Strahlung, die in der Frühzeit des Universums das gleichmäßig heiße und dichte Gas in allen Richtungen durchsetzte. Ein 360-Grad-Panorama des Mikrowellen-Himmels (oben) zeigt, daß dieses gleichförmige Signal in der einen Richtung wenige tausendstel Grad „heißer" ist (weiß) als auf der entgegengesetzten Seite (dunkelblau); der Äquator fällt hier mit der Ebene der Galaxis zusammen. Man hält diese Variation für einen Doppler-Effekt, der aus der Bewegung unserer Milchstraße in bezug auf das Universum in seiner Gesamtheit resultiert (links). Dale Fixsen, Edward S. Cheng und David T. Wilkinson von der Princeton-Universität erstellten diese Karte unter Benutzung von Daten, die mittels ballongestützter Instrumente gewonnen wurden. Die Lücke am unteren Rand beruht auf unvollständigen Meßwerten für die Südhalbkugel.

Gleichförmigkeit – über den gesamten Himmel ist seine Temperatur im wesentlichen konstant. Im Jahre 1977 jedoch verzeichneten ballongestützte Instrumente eine kleine, aber regelmäßige sinusförmige Variation in der Temperaturverteilung des Himmels (Bild 4): In einer Richtung ist die Strahlung einige tausendstel Grad heißer, als es ihrem Mittelwert entspricht; in der entgegengesetzten Richtung zeigt sie sich um denselben Betrag kühler. Eine einfache Erklärung für diese Beobachtung lag auf der Hand: Infolge der Eigenbewegung unserer Galaxis ist die Strahlung in der einen Richtung blau-, in der anderen rotverschoben.

Einfach umgerechnet deutet dieses Muster auf eine Bewegung des Sonnensystems in bezug auf den Mikrowellen-Hintergrund mit einer Geschwindigkeit von annähernd 400 Kilometern pro Sekunde hin. Gleichzeitig aber umkreist das Sonnensystem das Zentrum der Milchstraße, welche wiederum der Andromeda-Galaxie – ihrem nächsten Nachbar – entgegentreibt (Bild 8).

Nach einer Korrektur zur Berücksichtigung dieser Bewegungen läßt sich aus dem Resultat der Mikrowellenmessungen schließen, daß die Lokale Gruppe von Galaxien (die Milchstraße, Andromeda und einige Nachbargalaxien) mit einer Geschwindigkeit von 600 Kilometern pro Sekunde durch das Weltall treibt. Die Bewegungsrichtung verläuft senkrecht zur Sichtlinie zwischen unserem Sonnensystem und dem Zentrum der Galaxis, entgegengesetzt zur Richtung der galaktischen Rotation und etwa 27 Grad oberhalb der galaktischen Ebene.

Die Messungen wurden bald bestätigt, und die Vorstellung einer gleichmäßigen Hubble-Expansion ohne Eigenbewegungen mußte revidiert werden. Zum ersten Mal, seit Einsteins Relativitätstheorie die Vorstellung von einem absoluten Bezugsrahmen untergraben hatte, war eine absolute Bewegung gemessen worden: die Bewegung der Lokalen Gruppe in bezug auf das Universum in seiner Gesamtheit.

Das Resultat der Mikrowellenuntersuchung bekräftigte die Behauptung von Vera Rubin und Ford, daß sich unsere Galaxis in Bewegung befinde, doch unterschieden sich die Entdeckungen in ihren Einzelheiten: Die beiden Geschwindigkeitsvektoren wiesen nämlich in beinahe entgegengesetzte Richtungen. Da die Beweiskraft der Untersuchungen zum Mikrowellen-Hintergrund unstrittig war, legte man die Untersuchung von Vera Rubin und Ford unter der Rubrik „unerklärliche Ergebnisse" ab, und wandte sich einer neuen Frage zu: Worin könnte die Ursache für die beträchtliche Eigenbewegung der Milchstraße liegen?

Die Suche nach dem Großen Attraktor

Denkbar wäre, daß die Bewegung ein Überbleibsel der hochdynamischen Prozesse während der weit zurückliegenden Epoche der Galaxienentstehung sein könnte. Doch hätten so früh in Gang gesetzte Pekuliarbewegungen vermutlich schon längst in der allgemeinen Expansion des Universums verebbt sein müssen. Es ist eher wahrscheinlich, daß der für die Eigenbewegung unserer Galaxis verantwortliche Antrieb fortwährend tätig ist; in diesem Fall könnte es sich um die Gravitationsanziehung einer gewaltigen Massenansammlung handeln. Da der größte Teil der sichtbaren Materie im Universum in den Galaxien konzentriert ist, liegt die Anziehungsquelle vermutlich in einem Raumgebiet, das sich durch einen Überschuß an Galaxien auszeichnet.

Wie viele zusätzliche Galaxien wären erforderlich, um die Lokale Gruppe auf eine Geschwindigkeit von 600 Kilometern pro Sekunde zu beschleunigen? Den Newtonschen Gravitationsgesetzen zufolge wächst die Masse, die benötigt wird, um eine bestimmte Beschleunigung zu erzeugen, mit dem Quadrat des Abstandes an. Zahlreiche Forscher, die nur ungern eine großräumige Variation in der Dichte des Universums zu akzeptieren bereit sind, glauben, daß nur eine in der Nähe liegende Massenkonzentration in Betracht kommen könne.

Bei einer Entfernung von etwa 30 Millionen Lichtjahren (das entspricht der Distanz zum nächstgelegenen Galaxienhaufen) könnte die Gravitationswirkung einiger hundert zusätzlicher Galaxien – sofern sie über die bisherige Lebensdauer des Universums angehalten hätte – die beobachtete Geschwindigkeit hervorgerufen haben. Bei der zehnfachen Entfernung von 300 Millionen Lichtjahren wären dementsprechend einige Zehntausende von Galaxien erforderlich.

Mehrere Forschungsgruppen sind derzeit auf der Suche nach diesem sogenannten Großen Attraktor: der Galaxienansammlung, deren Gravitationsanziehung die Eigenbewegung der Lokalen Gruppe verursachen könnte. Es reicht dabei nicht aus, Karten des Himmels anzufertigen (Bild 1). Diese ermöglichen es zwar, Galaxienhaufen und auch Superhaufen aufzufinden, die aus mehreren Galaxienhaufen zusammengesetzt sind; doch geben sie keine Auskunft darüber, wieviel Masse diese Materieansammlungen enthalten und wie mächtig demnach ihre Gravitationswirkung ist.

Tatsächlich handelt es sich hier um ein weit schwierigeres Problem, als es die Messung der Eigengeschwindigkeit der Lokalen Gruppe allein darstellt: Um den Großen Attraktor aufzuspüren, muß man nämlich zusätzlich die Eigenbewegungen vieler anderer Galaxien bestimmen. Unter der Voraussetzung, daß die untersuchte Stichprobe über ein genügend großes Raumgebiet verstreut liegt, so daß dieses die Verdichtung selbst enthält, läßt sich die anziehende Masse aufgrund des Bewegungsmusters lokalisieren.

In der Praxis mißt man in einem ausgedehnten Raumgebiet die Geschwindigkeiten von Galaxien, deren Entfernungen bekannt sind. Nachdem die Eigenbewegung der Lokalen Gruppe mit der Geschwindigkeit von 600 Kilometern pro Sekunde berücksichtigt und der auf der Hubble-Expansion beruhende Anteil der Fluchtgeschwindigkeit eines jeden Sternsystems subtrahiert wurde, bleibt die Eigengeschwindigkeit der betreffenden Galaxie übrig. In der Regel wird sie dabei etwas unterschätzt, da die Rotverschiebung einzig die in Richtung auf die Erde beziehungsweise die von ihr wegweisende Komponente der Bewegung offenbart.

Falls die Galaxien im Innern einer Kugel, deren Zentrum in der Lokalen Gruppe angesiedelt ist, sowohl nach Richtung wie Betrag gleiche Eigengeschwindigkeiten wie die Lokale Gruppe haben, liegt der Schluß nahe, daß der Große Attraktor außerhalb dieser Kugel zu finden ist und auf alle Sternsysteme in diesem Gebiet gleichermaßen wirkt. Die untersuchte Sphäre muß dann so lange weiter ausgedehnt werden, bis sich die äußersten Galaxien in bezug auf die umfassende Hubble-Expansion in Ruhe befinden.

Das resultierende Raumgebiet schließt nun die Verdichtung mit ein, die für die Eigenbewegung der Lokalen Gruppe und der anderen nahen Galaxien verantwortlich ist. In Richtung auf die Verdichtung werden die Eigengeschwindigkeiten in einer Weise anwachsen, als ob die Galaxien auf die anziehende Masse zufielen. Diejenigen Sternsysteme hingegen, die zu der anziehenden Masse selbst gehören, werden in bezug auf den Mikrowellen-Hintergrund mehr oder weniger in Ruhe verharren (Bild 5).

Die Tully-Fisher-Relation

Man benötigt zweierlei Arten von Information, um die Eigenbewegungen anderer Galaxien zu kartieren. Die erste ist die Rotverschiebung, aus der sich die Fluchtgeschwindigkeit einer Galaxie von der Erde weg ableiten läßt. Die zweite ist die Entfernung, anhand derer

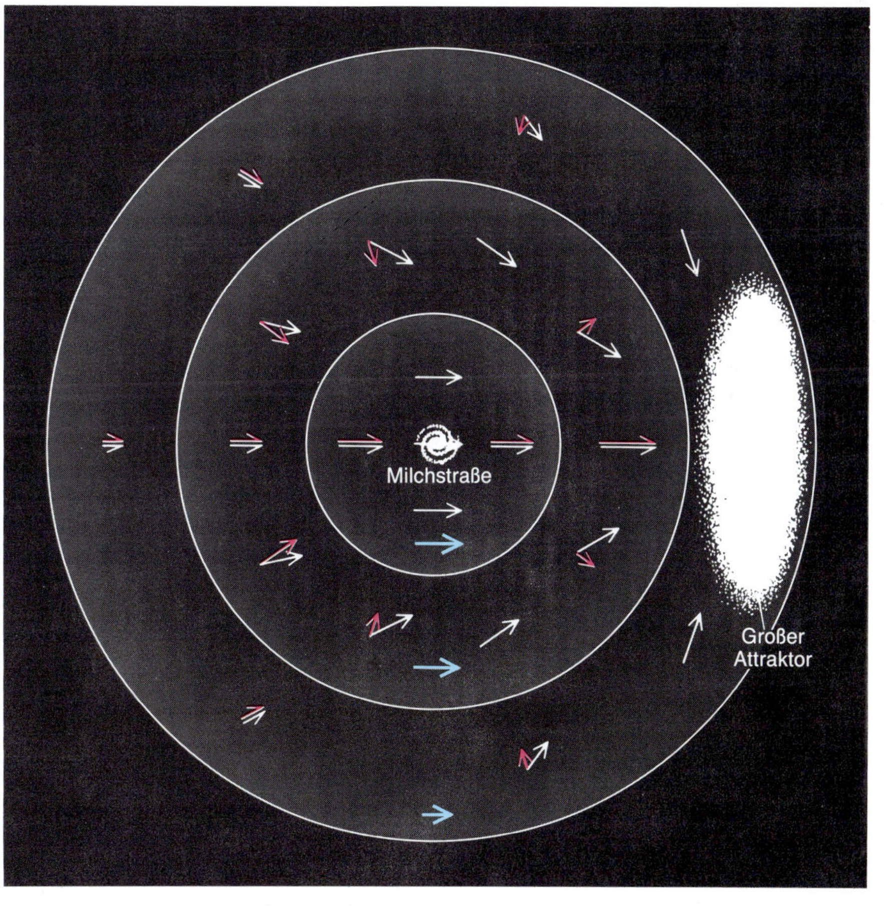

Bild 5: Die Strategie zur Entdeckung des sogenannten Großen Attraktors – der Massekonzentration, welche die Eigenbewegungen der Milchstraße und zahlreicher anderer Galaxien verursachen soll – ist hier dargestellt. Man bestimmt die Absolutbewegungen (weiße Pfeile) von Galaxien in fortschreitend größeren Raumgebieten anhand der Driftkomponente, die direkt über die Rotverschiebung gemessen werden kann: die Eigenbewegung in Richtung auf die Erde beziehungsweise von ihr fort (rote Pfeile). Falls alle Sternsysteme in einer kugelförmigen Region vergleichbare Eigengeschwindigkeiten aufweisen, liegt der Große Attraktor vermutlich jenseits der untersuchten Galaxien. Indem man die Beobachtungen so weit ausdehnt, bis die Eigengeschwindigkeiten der meisten Galaxien im Mittel nahe bei Null liegen, erhält man eine Raumkugel, in deren Innern der Große Attraktor zu finden ist.

man bestimmen kann, welcher Anteil der Rotverschiebung von der Expansion des Weltalls herrührt.

Die Untersuchungsstrategie erfordert demnach eine gute Methode der Entfernungsabschätzung, da die Eigengeschwindigkeit einer Galaxie unter Umständen nur einen winzigen Bruchteil ihrer beobachteten Gesamtgeschwindigkeit ausmacht. Anstatt bestimmte Galaxientypen als Standardkerzen heranzuziehen (unter der Annahme, daß ihre absolute Helligkeit konstant sei), suchten die Forscher nach einer stärker empirisch ausgerichteten und überprüfbaren Methode.

Der Trick bestand darin, einen meßbaren Parameter zu finden, der in einer festen Beziehung zur absoluten Helligkeit einer Galaxie steht und zudem nicht von ihrer Entfernung abhängt. Der erste Parameter dieser Art, der für die Messung von Eigengeschwindigkeiten benutzt wurde, war die Rotationsgeschwindigkeit von Spiralgalaxien. Die Korrelation zwischen der Rotationsgeschwindigkeit und der Galaxienhelligkeit ist unter dem Namen Tully-Fisher-Relation bekannt (Bild 6).

Diese Relation ergibt sich als natürliche Schlußfolgerung aus der Newtonschen Mechanik. Die Rotationsgeschwindigkeit einer Spiralgalaxie ist ein Maß für die Umlaufgeschwindigkeiten der Sterne in der Galaxienebene. Die Umlaufgeschwindigkeit wiederum sollte einzig von der Masse des Sternsystems abhängen, sofern man für alle Spiralgalaxien ähnliche Massendichten voraussetzen kann. Nimmt man außerdem an, daß gleiche Materiemengen dieser Galaxien auch stets gleiche Strahlungsmengen emittieren, so kann die Rotationsgeschwindigkeit als Anhaltspunkt für die absolute Helligkeit einer Galaxie gelten.

Die Methode und die zugehörigen Voraussetzungen kann man testen, indem man Rotationsgeschwindigkeiten und Helligkeiten einer großen Stichprobe von Galaxien innerhalb eines einzigen Haufens miteinander vergleicht. Da diese Galaxien alle ungefähr gleich weit von der Milchstraße entfernt sind, werden ihre scheinbaren und absoluten Helligkeiten einander proportional sein.

Die Rotationsgeschwindigkeit läßt sich – ähnlich wie die Fluchtgeschwindigkeit – aus dem Galaxienspektrum ableiten: Die unterschiedliche Dopplerverschiebung der Licht- oder Radiowellen, die von den entgegengesetzten Seiten eines rotierenden Sternsystems abgestrahlt werden, verursacht eine Verbreiterung der Spektrallinien. Unter Berücksichtigung des Winkels zwischen der rotierenden Galaxie und der Sichtlinie läßt sich aus dem Ausmaß der Verbreiterung direkt auf die Rotationsgeschwindigkeit schließen.

Marc Aaronson von der Universität von Arizona, Jeremy Mould vom California Institute of Technology, John P. Huchra vom Harvard-Smithsonian Center for Astrophysics und deren Mitarbeiter fanden heraus, daß die Rotationsgeschwindigkeiten und beobachteten Helligkeiten von Galaxien im Coma-Haufen (nach dem Sternbild Coma Berenices, Haar der Berenike, benannt) sowie in einigen anderen Haufen um weniger als 20 Prozent von einer strengen Korrelation abweichen.

Die Entfernung zu einer beliebigen Spiralgalaxie läßt sich mithin unter Benutzung von Maßstäben in Form von Galaxienhaufen abschätzen. Nach der Bestimmung der Rotationsgeschwindigkeit des Sternsystems zieht man die Tully-Fisher-Relation – beispielsweise des Coma-Haufens – heran, um die Helligkeit einer Referenzgalaxie mit derselben Rotationsgeschwindigkeit herauszufinden. Aus dem Helligkeitsvergleich zwischen der beobachteten und der Referenzgalaxie bestimmt man anschließend die Entfernung des untersuchten Sternsystems in Einheiten der Haufendistanz.

Natürlich liegt bislang noch keine Entfernungsmessung des Coma-Haufens selbst vor – man kennt lediglich seine Hubble-Geschwindigkeit von 7200 Kilometern pro Sekunde. Es ist daher üblich, die Distanz einer beobachteten Galaxie in Einheiten ihrer erwarteten Hubble-Geschwindigkeit anzugeben. Die Eigenbewegung des Sternsystems ergibt sich dann einfach aus der Subtraktion dieser erwarteten von seiner tatsächlichen Geschwindigkeit.

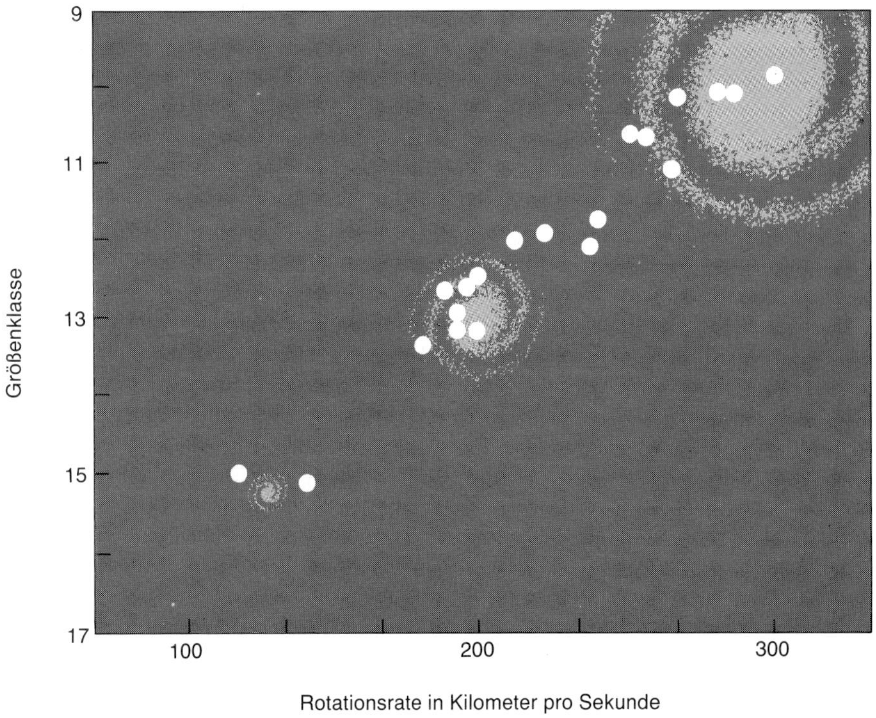

Bild 6: Die Tully-Fisher-Relation ist eine charakteristische Beziehung zwischen Leuchtkraft und Rotationsgeschwindigkeit von Spiralgalaxien. Sie dient als Hilfsmittel für die Abschätzung kosmologischer Entfernungen. Die Relation ergibt sich aus der Tatsache, daß sowohl die Leuchtkraft eines Spiralsystems als auch die Umlaufgeschwindigkeiten der Sterne in dessen Armen durch die Galaxienmasse festgelegt sind. Die hier als weiße Punkte eingezeichneten Sternsysteme gehören zum Pisces-Haufen; die Distanz zu jeder anderen Spiralgalaxie läßt sich in Einheiten der Pisces-Entfernung abschätzen, indem man die scheinbare Helligkeit des Sternsystems mit derjenigen einer solchen Pisces-Galaxie vergleicht, welche dieselbe Rotationsgeschwindigkeit aufweist. Die Graphik entstammt einer Arbeit von Marc Aaronson (Universität von Arizona) und Jeremy Mould (California Institute of Technology).

Systematische Untersuchungen der Eigenbewegung

Im Jahre 1982 benutzten Aaronson, Huchra, Mould, Paul L. Schechter von den Mount-Wilson- und Las Campanas-Observatorien sowie R. Brent Tully von der Universität von Hawaii in Honolulu die Tully-Fisher-Relation erstmals mit dem Ziel, eine Ursache für die Eigenbewegung der Lokalen Gruppe aufzuspüren. Die auffälligste – und vermutlich auch massereichste – Erscheinung unter den umliegenden Galaxienhaufen stellt der Virgo-Haufen (nach dem Sternbild Virgo, Jungfrau) dar. Zusammen mit den Sternsystemen, die ihn begleiten, bildet er den Lokalen Superhaufen – eine Bezeichnung, die Gerard de Vaucouleurs von der Universität von Texas in Austin geprägt hat.

Das Zentrum des Virgo-Haufens, dessen Entfernung zwischen 40 und 80 Millionen Lichtjahre beträgt, liegt etwa 50 Grad abseits der Orientierung des Mikrowellen-Dipols – was darauf hindeutet, daß die Eigenbewegung der Lokalen Gruppe nur zum Teil dem Lokalen Superhaufen zugeschrieben werden kann. Eines der Hauptziele der Arbeitsgruppe um Aaronson bestand darin, die Größe dieses Anteils herauszufinden.

Die Forscher kartierten die Eigengeschwindigkeiten von einigen hundert Spiralgalaxien in verschiedenen Entfernungen vom Zentrum des Lokalen Superhaufens. Ihre Beobachtungen zeigten, daß – ausgehend von der Lokalen Gruppe – die Eigengeschwindigkeiten in Richtung des Virgo-Haufens stetig anwachsen. Auf der von uns abgewandten Seite des Virgo-Haufens kehrt sich dieses Geschwindigkeitsmuster um. Die Untersuchung enthüllte somit ein eindeutiges Abbremsungsmuster innerhalb des Superhaufens: Durch die Galaxienverdichtung wird die Hubble-Expansion in diesem Raumgebiet meßbar verlangsamt.

Die Beobachtungen demonstrierten überzeugend, daß Gebiete mit besonders großer Galaxiendichte im weiten Umkreis Eigengeschwindigkeiten von Galaxien zu erzeugen vermögen. Doch was ließ sich daraus über die Bewegung der Lokalen Gruppe in bezug auf den Mikrowellen-Hintergrund folgern?

Die Eigengeschwindigkeit der Lokalen Gruppe läßt darauf schließen, daß diese mit mehr als 400 Kilometern pro Sekunde in Richtung des Lokalen Superhaufens treibt. Die Untersuchung der Aaronson-Gruppe – später noch mehrfach bestätigt – ergab jedoch für die Bewegung der Lokalen Gruppe in Richtung auf den Virgo-Haufen nur eine Geschwindigkeit von 250 Kilometern pro Sekunde.

Aaronson und seine Mitarbeiter nahmen an, daß Meßungenauigkeiten und eine zufällige Bewegung der Milchstraße die Ursachen der Diskrepanz seien. Doch könnte sie ebensogut darauf hinweisen, daß der Lokale Superhaufen selbst eine Geschwindigkeit von wenigstens 150 Kilometer pro Sekunde in bezug auf den Mikrowellen-Hintergrund hat. Wenn aber eine derart gewaltige Masse wie die eines ganzen Superhaufens eine signifikante Eigengeschwindigkeit hätte, dann könnte das Universum in weit größeren Raumbereichen Verdichtungen aufweisen, als man es je vermutet hätte – eine Folgerung, die damals kaum ernsthaft erwogen wurde.

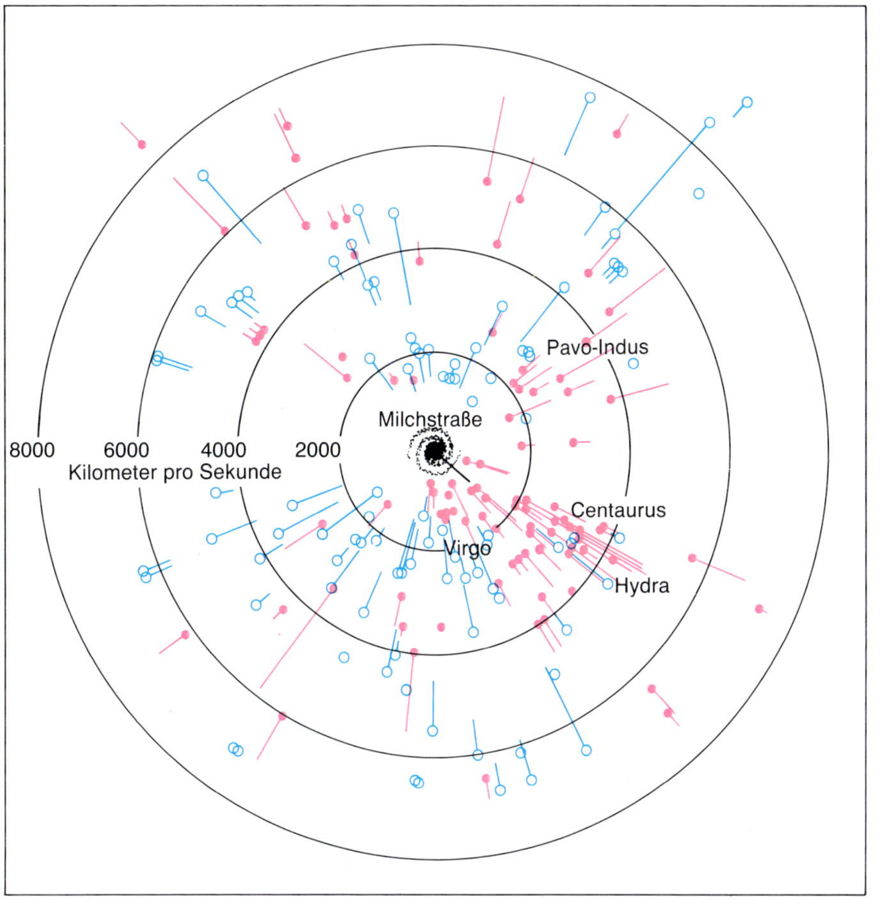

Bild 7: Die Eigenbewegungen von Galaxien bis hin zu einer Entfernung von mehreren hundert Millionen Lichtjahren – entsprechend einer Fluchtgeschwindigkeit von mehr als 8000 Kilometern pro Sekunde – haben der Autor und dessen Mitarbeiter hier verzeichnet. Die Länge der Linie, die mit einem jeden Sternsystem verknüpft ist, zeigt das Ausmaß seiner Eigenbewegung an; Rot steht für eine Drift von der Erde weg, Blau für eine solche in Richtung auf die Erde. Die Absolutbewegung der Milchstraße mit einer Geschwindigkeit von 600 Kilometern pro Sekunde ist ebenfalls angedeutet. Die Daten lassen erkennen, daß sogar weit entfernte Galaxien – der Virgo-Haufen sowie der Hydra-Centaurus- und der Pavo-Indus-Superhaufen mit eingeschlossen – in annähernd dieselbe Richtung wie die Milchstraße treiben.

Im Jahre 1982 bestand demnach Klarheit darüber, daß der Lokale Superhaufen unserer Lokalen Gruppe eine Eigenbewegung aufzwingt. Hingegen gab es überhaupt keine eindeutigen Hinweise darauf, daß diese Eigenbewegung auch die Geschwindigkeit der Lokalen Gruppe in Richtung auf den Virgo-Haufen erklärt; vielmehr verläuft die Hauptbewegung in einer Richtung, die ziemlich stark davon abweicht, und bedarf daher einer anderen Erklärung.

Verschiedene Astronomen machten nun auf folgenden Sachverhalt aufmerksam: Subtrahiert man einen Vektor, der eine Bewegung mit 250 Kilometern pro Sekunde in Richtung auf Virgo repräsentiert, von demjenigen Vektor, der sich aus dem Mikrowellen-Hintergrund ergibt, so zeigt der verbleibende Geschwindigkeitsvektor in Richtung auf Hydra-Centaurus (nach den Sternbildern Hydra, Wasserschlange, und Centaurus, Zentaur), den zweitnächsten Superhaufen. Sie vermuteten, daß diese Verdichtung – die etwa doppelt so weit entfernt ist wie das Zentrum des Lokalen Superhaufens – im wesentlichen das Muster der Eigenbewegungen mitbestimme.

Als verwirrende Folgerung aus diesem bestechend einfachen Modell ergibt sich allerdings, daß der Hydra-Centaurus-Superhaufen zehnmal massereicher als der Lokale Superhaufen sein müßte, um die beobachteten Geschwindigkeiten hervorrufen zu können. Aus seiner beobachteten Leuchtkraft ergibt sich jedoch eine wesentlich geringere Masse.

Ein neuer Attraktor-Kandidat

Die erste Überprüfung dieser Deutungsmöglichkeit unternahmen David Burstein von der Arizona State University, Roger Davies von den amerikanischen National Optical Astronomy Observatories, Sandra M. Faber von der

Universität von Kalifornien in Santa Cruz, Donald Lynden-Bell von der Universität Cambridge, Roberto Terlevich von den Royal Greenwich Observatories, Gary A. Wegner vom Dartmouth College und ich. Diese Gruppe, im Kollegenkreis als „die sieben Samurai" betitelt, bringt derzeit eine fünfjährige Untersuchung der Entfernungen und Eigenbewegungen von etwa 400 Galaxien zum Abschluß.

Mit Hilfe von Teleskopen in Chile, Australien, Südafrika und den Vereinigten Staaten haben wir Galaxien beobachtet, die – mehr oder weniger gleichförmig in jeder Himmelsrichtung – über ein Volumen verteilt sind, dessen Durchmesser mehr als einige hundert Millionen Lichtjahre beträgt. Dieses Volumen birgt auch den Hydra-Centaurus-Superhaufen in sich. Die Untersuchung ermöglicht deshalb eine Entscheidung darüber, ob sich dieser Superhaufen in Ruhe befindet, während die Lokale Gruppe und andere Galaxien in Richtung auf Hydra-Centaurus von ihm angezogen werden.

Unsere Untersuchung bezieht auch elliptische Galaxien mit ein, für die wir eine neue Methode der Entfernungsbestimmung entwickelt haben. Ähnlich wie die Tully-Fisher-Methode für Spiralgalaxien beruht auch sie auf einem Parameter, der sich aus der Doppler-Verbreiterung von Spektrallinien ableiten läßt. Elliptische Galaxien rotieren nicht; statt dessen resultiert die Verbreiterung der Spektrallinien hier aus Geschwindigkeitsvariationen ihrer – auf zufällig orientierten Bahnen umlaufenden – Sterne entlang der Sichtlinie.

Bei unseren Beobachtungen elliptischer Galaxien in Haufen entdeckten wir, daß die Geschwindigkeitsdispersion recht gut mit dem Galaxiendurchmesser korreliert ist – letzterer ist dabei definiert als der Winkeldurchmesser einer Region, die eine bestimmte mittlere Flächenhelligkeit aufweist. Ähnlich wie die Tully-Fisher-Relation ermöglicht es diese neue Beziehung, die Entfernung einer Testgalaxie auf 20 Prozent genau abzuschätzen; man mißt die Geschwindigkeitsdispersion der Galaxie und vergleicht ihren scheinbaren Durchmesser mit demjenigen eines gleichartigen Objekts in einem Haufen, der als Referenz dient.

Als wir die Distanzen von elliptischen Galaxien im Hydra-Centaurus-Gebiet abschätzten und den Eigenbewegungsanteil ihrer Rotverschiebungen bestimmten, entdeckten wir zu unserer Überraschung, daß sich die untersuchten Sternsysteme in dieser Himmelsregion keineswegs in Ruhe befinden. Sie bewegen sich vielmehr in bezug auf den Mikrowellen-Hintergrund – womöglich sogar noch schneller als die Lokale Gruppe und in ungefähr derselben Richtung (Bild 7).

Der Hydra-Centaurus-Superhaufen kann demnach offenbar nicht die anziehende Masse sein; vielmehr scheint er selbst im Banne einer noch weiter entfernten und auch noch massereicheren Galaxienverdichtung zu liegen. Galaxien im Pavo-Indus-Superhaufen – der in ungefähr derselben Entfernung wie Hydra-Centaurus, jedoch etwa 50 Grad abseits auf der anderen Seite der galaktischen Ebene gelegen ist – befinden sich ebenfalls in Bewegung, anscheinend unter dem Einfluß derselben anziehenden Masse.

Mithin erweist sich die Eigenbewegung der Lokalen Gruppe als typisch für Galaxien innerhalb eines weit größeren Raumgebietes, als man es vorher erwartet hätte. Diese Entdeckung entkräftet den von Sandage vorgebrachten Einwand, die geringe Zahl der Galaxien mit Blauverschiebungen deute darauf hin, daß Eigenbewegungen nur selten vorkommen. Ganz im Gegenteil scheinen starke Eigenbewegungen die Regel und nicht die Ausnahme zu sein. Da sie jedoch kohärent über gewaltige Raumgebiete auftreten, bewirken sie keine Bewegung benachbarter Galaxien auf die Milchstraße zu. Gemäß unserer Vorstellung erweist es sich außerdem als völlig überholt, die Bewegung der Lokalen Gruppe als Ausdruck von Dichteunregelmäßigkeiten in relativ kleinen Raumgebieten zu betrachten.

Der Große Attraktor ist vermutlich weiter entfernt und mithin auch erheblich massereicher, als es unsere Vorstellungskraft für möglich gehalten hätte. In der Tat haben wir einen neuen Kandidaten ausgemacht: Am Rande unseres Untersuchungsgebietes – in etwa der doppelten Entfernung wie Hydra-Centaurus, doch in derselben Richtung – scheinen die Eigengeschwindigkeiten der Galaxien geringer zu werden; wir nehmen deshalb an, daß wir dem Großen Attraktor selbst auf die Spur gekommen sind.

In einer solchen Entfernung müßte der Große Attraktor mehrere zehntausend Überschußgalaxien in sich bergen – etwa das Zwanzigfache der Überschußmasse des Lokalen Superhaufens. Derzeit gibt es Bemühungen, unsere Resultate unter Benutzung der Tully-Fisher-Relation für Spiralgalaxien zu erhärten. Außerdem versucht man, diese massereiche Galaxienkonzentration direkt zu beobachten. Erst kürzlich bestimmte ich in einer eigenen Untersuchung die Rotverschiebungen von ungefähr 500 Galaxien, die in derselben Richtung wie der Große Attraktor liegen, und schätzte mit Hilfe dieser Daten ihre Entfernungen ab. In der Tat läßt sich eine Konzentration der Sternsysteme in etwa der doppelten Entfernung des Hydra-Centaurus-Superhaufens erkennen.

In welchen Raumbereichen ist das Universum homogen?

Meine und andere Arbeitsgruppen haben das Weltall bis hin zu gewaltigen Entfernungen mit dem Ziel durchmustert, ein sogenanntes Inertial-Bezugssystem von Galaxien festzulegen: ein System, das sich in bezug auf den Mikrowellen-Hintergrund nicht in Bewegung befindet. Wenn wir solch ein Bezugssystem bis heute noch nicht gefunden haben, so bedeutet dies, daß unsere Beobachtungen noch keinen repräsentativen Ausschnitt des Universums abdecken. Wir haben bislang noch nicht jene Dimensionen erreicht, über welche das Universum homogen wird.

Es gibt einige Hinweise darauf, daß sich die Forscher endlich dieser schwer erfaßbaren Skala nähern. Sie zeichnet sich dadurch aus, daß es nur noch unbedeutende Dichteunterschiede und im Mittel keine Eigengeschwindigkeiten gibt. Die Aaronson-Gruppe suchte mittels der Tully-Fisher-Relation nach Eigenbewegungen von Spiralgalaxien innerhalb von zehn Haufen, die etwa doppelt so weit entfernt sind wie die fernsten elliptischen Galaxien in unserer Untersuchung. Im Rahmen der Fehlerbreite scheint sich diese Stichprobe von Spiralgalaxien bezüglich des Mikrowellen-Hintergrundes in Ruhe zu befinden. Da die Galaxienhaufen jedoch nur ein schmales Band am Himmel bevölkern, bedarf es weiterer Untersuchungen mit breiterer Bedeckung, um dieses Ergebnis zu erhärten.

Wo auch immer das gesuchte Inertial-Bezugssystem schließlich gefunden werden mag – wir haben bereits den Nachweis erbracht, daß das Universum sogar in Raumbereichen mit einem Durchmesser von einigen hundert Millionen Lichtjahren sowohl Gebiete mit Galaxienverdichtungen als auch Bereiche mit wenig Materie aufweist. Sofern sich unsere Resultate bestätigen, deuten sie auf Strukturen hin, welche in ihrer Ausdehnung die größten bislang direkt beobachteten Erscheinungen dieser Art – wie etwa die im Jahre 1986 von Huchra, Valérie de Lapparent und Margaret J. Geller vom Harvard-Smithsonian Center for Astrophysics entdeckten blasenartigen Galaxienstrukturen – bei weitem übertreffen. Schon diese vergleichsweise kleinen Strukturen sind eine ernsthafte Herausforderung für die theoretische Deutung derjenigen Ereig-

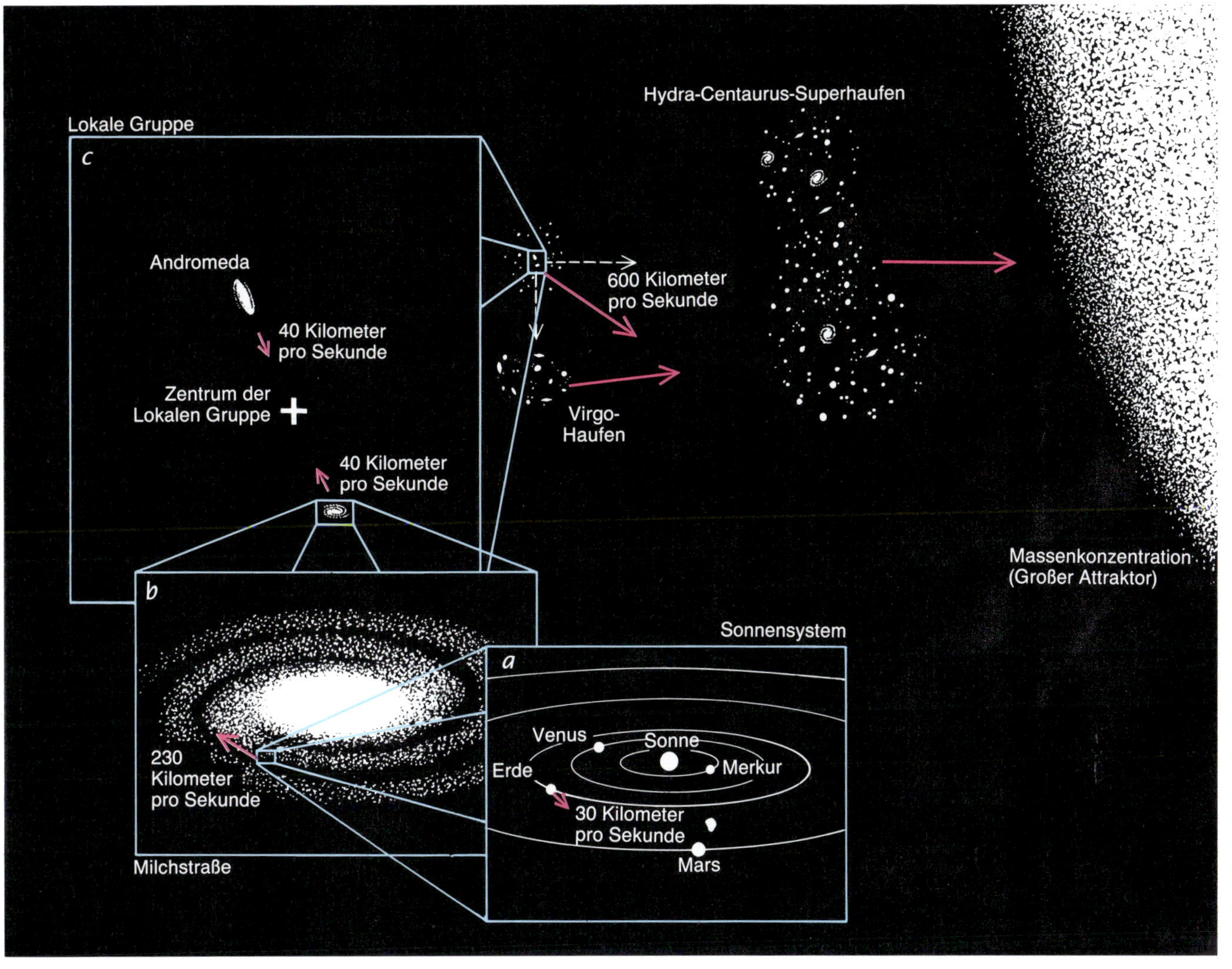

Bild 8: Die Absolutbewegung der Lokalen Gruppe (die aus der Milchstraße und einigen Nachbargalaxien besteht) ist einigen Relativbewegungen in kleineren Raumbereichen überlagert. Ein Beobachter auf der Erde muß in Betracht ziehen: die 30 Kilometer pro Sekunde, mit denen die Erde um die Sonne kreist (*a*), die 230 Kilometer pro Sekunde infolge des Umlaufs des Sonnensystems um das galaktische Zentrum (*b*) sowie die 40 Kilometer pro Sekunde, mit denen die Milchstraße in die Richtung ihres nächsten Nachbarn, der Andromeda-Galaxie, treibt (*c*). Unterdessen bewegt sich die Lokale Gruppe mit einer Geschwindigkeit von 600 Kilometern pro Sekunde in bezug auf das Raumzeitgefüge. Die Gravitationsanziehung des Virgo-Haufens mag für eine Komponente dieser Bewegung verantwortlich sein, doch weist eine weitaus größere Komponente in Richtung des Hydra-Centaurus-Superhaufens. Auch dieser befindet sich keineswegs in Ruhe. Neueste Forschungsergebnisse lassen darauf schließen, daß sich die Lokale Gruppe, Virgo und Hydra-Centaurus im Banne der Gravitationsanziehung einer ungeheuren Galaxienansammlung befinden, die etwa doppelt so weit von uns entfernt liegt wie Hydra-Centaurus; man bezeichnet sie als Großen Attraktor.

nisse im frühen Universum, während derer die Dichteschwankungen entstanden. Unsere Erkenntnisse über noch größere Strukturen verleihen dieser Herausforderung noch mehr Gewicht.

Solche Theorien müssen letzten Endes auch sowohl die Struktur der Galaxienverteilung in relativ kleinen Raumbereichen wie die Gleichförmigkeit des Mikrowellen-Hintergrundes erklären, welche die Vielfalt der im frühen Universum möglichen Inhomogenitäten einschränkt. Nicht wenige der Deutungsversuche setzen voraus, daß es irgendeine Art von dunkler Materie gebe. Viele Astronomen glauben, daß diese nichtleuchtende Materie gar zwischen 90 und 99 Prozent der Masse des Universums ausmache (siehe dazu auch den folgenden Beitrag „Dunkle Materie im Universum“ von Lawrence M. Krauss).

Weitere Untersuchungen der Eigenbewegungen von Galaxien werden ein besseres theoretisches Verständnis der Entstehung und frühen Entwicklung unseres Universums absichern. Vielleicht können sie auch unsere theoretischen Vorstellungen über die Ereignisse am entgegengesetzten Ende der Zeit bereichern.

Viele Theoretiker sind heute der Ansicht, daß das Universum exakt jene Massendichte habe, die erforderlich ist, um die kosmologische Expansion in ferner Zukunft bis zum Stillstand abzubremsen. Diese Vorstellung birgt zugleich tiefgreifende Folgerungen über die Prozesse während des Urknalls. Abschätzungen der Massendichte, die auf Beobachtungen einer einzelnen Galaxie oder einer Gruppe von Galaxien beruhen, ergeben zu kleine Werte für eine wirksame Abbremsung der Expansion. Unsere Untersuchung hingegen deutet ebenso wie andere Ansätze, die Materiedichte in sehr großen Raumbereichen zu bestimmen, auf eine globale Dichte nahe dem kritischen Wert – und auf ein Universum in perfekter Balance.

Die Erforschung des Universums ist ein menschliches Unterfangen. Nach der Niederschrift dieses Artikels verunglückte Marc Aaronson, dessen Forschungsarbeit hier eine hervorragende Bedeutung zugemessen wird, bei einem Unfall am Vier-Meter-Teleskop des Kitt Peak National Observatory tödlich. Er war ein Freund und geachteter Kollege. Ich werde ihn vermissen.

Dunkle Materie im Universum

Es gibt im Weltall mehr Materie, als man sieht. Die Bewegungen von Sternen und Galaxien zeigen an, wo sich ein Teil dieser dunklen Materie befindet. Die Theorie legt nahe, daß es noch weit mehr davon gibt. Woraus besteht diese Materie, und wo befindet sie sich? Elementarteilchenphysik und Astrophysik liefern Antworten.

Von Lawrence M. Krauss

Woraus besteht das Universum? Welche Art von Materie ist am weitesten verbreitet, wieviel Materie gibt es überhaupt, und wie ist sie verteilt? Diese Fragen, die schon immer im Brennpunkt der kosmologischen Forschung standen, haben in den letzten Jahren zunehmendes Interesse geweckt. Es hatten sich inzwischen die Anzeichen gehäuft, daß der größte Teil der Masse im Universum dunkel ist: unsichtbar für heutige Teleskope oder sonstige Beobachtungsgeräte. Fortschritte der Hochenergiephysik und der Astrophysik haben jedoch neue Aussagen über die Bestandteile und die Verteilung dieser Materieform ermöglicht.

Es gibt bereits überzeugende Beweise dafür, daß die sichtbare Materie in Galaxien weniger als 10 Prozent deren tatsächlicher Masse ausmacht. Der nicht direkt von der Erde beobachtbare Rest befindet sich wahrscheinlich innerhalb oder im Nahbereich der Galaxien.

Theoretische Überlegungen deuten darauf hin, daß diese Materie nur die Spitze des „kosmischen Eisberges" darstellt. Es könnte im Universum noch weitaus mehr Masse geben, die völlig unabhängig von den sichtbaren Galaxien verteilt ist. Möglicherweise läßt sich diese Masse nur durch neue Arten von Materie erklären.

Die Frage nach der dunklen Materie – wieviel es davon gibt, wie sie verteilt ist und woraus sie besteht – ist eng verknüpft mit den Fragen nach der großräumigen Struktur und der Entwicklung unseres Universums. Da dunkle Materie wahrscheinlich die dominierende Form von Masse darstellt, muß sie die Entwicklung der heute sichtbaren Komponenten des Universums beeinflußt haben. Das Problem der kosmischen Strukturen hängt wiederum von der engen Verbindung zwischen Makro- und Mikrophysik ab, den beiden Säulen des Wissens, welche die Wechselwirkungen auf der größten Skala (derjenigen des Universums als ganzem) wie der kleinsten Skala (jener der Elementarteilchen, aus denen alle Materie besteht) beschreiben.

Diese Verbindung geht letztlich auf die Beobachtung zurück, daß das Universum sich ausdehnt. Denn wenn man einfach die Expansion um zehn bis zwanzig Milliarden Jahre zurückextrapoliert, verschmelzen die kosmologischen und die atomaren Skalen miteinander. Während dieser frühesten Epoche des Universums befanden sich die größten heute beobachteten Strukturen in Raumbereichen, deren Dimensionen für Elementarteilchenprozesse charakteristisch sind. Die damaligen Vorgänge müssen Spuren in den heute verbliebenen Strukturen hinterlassen haben. Aus diesem Grund ist es nur natürlich, Beiträge zur Lösung des Problems der dunklen Materie von Fortschritten der Physik hochenergetischer Teilchen zu erwarten.

Geometrie und Massendichte

Derzeit gibt es eine Reihe nachprüfbarer Vorhersagen, die sowohl die Natur der dunklen Materie als auch der ursprünglichen Strukturen des frühen Universums betreffen. Künftige Entwicklungen sowohl in der Theorie als auch in der Beobachtungstechnik werden helfen, Antworten auf Fragen zu finden, die von „Wie und wann bildeten sich Galaxien und Sterne?" bis „Welche Symmetrien liegen den Wechselwirkungen von Teilchen bei hohen Energien zugrunde?" reichen. Schließlich könnte die Diskussion um die dunkle Materie eine Frage beantworten helfen, die so alt wie die Menschheit ist: Wie sieht das Schicksal unseres Universums aus?

Schon seit den frühen dreißiger Jahren, nachdem Edwin P. Hubble die Expansion des Weltalls bestätigt hatte, fragt man sich natürlich, ob diese irgendwann aufhören würde. Die Antwort hängt von zwei Faktoren ab: davon, wie schnell das Universum zur Zeit expandiert, und davon, wie stark die Schwerkraft, die ihrerseits durch die mittlere Massendichte im Universum bestimmt wird, eben diese Masse zusammenhält. Eine hohe Massendichte würde eine starke Gravitationsanziehung zur Folge haben.

Nach der Allgemeinen Relativitätstheorie gibt es eine Beziehung zwischen der Größe dieser beiden Faktoren und dem Wert der mittleren Krümmung des Universums (Bild 2). Falls die mittlere Massendichte im Universum groß genug ist, um die Expansion aufzuhalten und das Weltall dann zur Kontraktion zu veranlassen, nennt man das Universum geschlossen. Wenn aber die Dichte im Vergleich zur Expansionsgeschwindigkeit so gering ist, daß das Weltall für alle Zeiten mit einer endlichen Rate expandiert, nennt man es offen. Ist schließlich die Gravitation exakt so stark, daß sie zwar die Expansion stetig verlangsamt, aber gerade nicht stark genug, um das Universum zu schließen, so spricht man von einem flachen Universum.

Da das beobachtbare Universum in allen Richtungen in hohem Maße gleichförmig ist, läßt sich die Expansionsrate durch einen einzigen Parameter beschreiben; man bezeichnet ihn als Hubble-Konstante, obwohl er sich tatsächlich langsam mit der Zeit ändert. Die Hubble-Konstante ist gleich der mittleren Geschwindigkeit, mit der sich zwei beliebige Gebiete des Universums voneinander entfernen, geteilt durch die Entfernung zwischen den Regionen.

Für jeden gegebenen Wert der Hubble-Konstanten ist die zu einem flachen Universum gehörige Massendichte leicht zu bestimmen. Die Größe der Konstanten hängt jedoch von einer Vielzahl unsicherer Messungen ab. Zum einen wird sie durch die Messung der Geschwindigkeit bestimmt, mit der sich verschiedene Objekte von der Erde entfernen; zum anderen durch die Eichung der Entfernung der Objekte über Verfahren wie etwa den Vergleich ihrer absoluten Leuchtkraft mit der von der Erde aus gemessenen Helligkeit.

Weil derartige Messungen sehr unsicher sind, variieren die augenblicklich bestimmten Werte der Expansionsrate innerhalb eines Faktors zwei. Objekte

Bild 1: Die Spiralgalaxie M31 – der Andromedanebel – verrät die Anwesenheit von dunkler Materie durch ihre Rotation. Objekte in ihren äußeren Spiralarmen laufen schneller um das Zentrum der Galaxie, als zu erwarten wäre, wenn nur die sichtbare, leuchtende Materie den Hauptteil ihrer Masse ausmachte. Etwa eine Größenordnung mehr Masse verteilt sich wahrscheinlich innerhalb einer Sphäre dunkler Materie, in welche die leuchtende Galaxie eingebettet ist. Beobachtungen lassen zusammen mit kosmologischen Argumenten vermuten, daß die zu den Galaxien gehörige Masse – einschließlich der dunklen Materie, in die sie eingebettet sind – nur ein Fünftel zur gesamten Massendichte des Universums beiträgt. Der Rest könnte aus exotischen, neuen Arten von dunkler Materie außerhalb der leuchtenden Galaxien bestehen.

in einem Megaparsec (etwa 3,26 Millionen Lichtjahre) Abstand bewegen sich – nach oben abgeschätzt – mit knapp 100 Kilometer pro Sekunde voneinander fort. Ein flaches Universum müßte bei dieser Expansionsrate eine mittlere Dichte von etwa 2×10^{-29} Gramm pro Kubikzentimeter haben; das entspricht ungefähr zehn Wasserstoffatomen pro Kubikmeter.

Dunkle Materie in Galaxien und Galaxienhaufen

Wie kann man bestimmen, wieviel Masse tatsächlich existiert? Eine Methode, mit der sich wenigstens eine untere Grenze abschätzen läßt, besteht darin, einfach alle sichtbare Materie aufzuaddieren. Da jedoch nicht die Masse, sondern die Leuchtkraft direkt gemessen wird, ist ein gewisses Maß an Interpretationen erforderlich, um die Beobachtungswerte in Massendichten umzurechnen.

Dazu benötigt man das Masse-Leuchtkraft-Verhältnis der Galaxien (Bild 5). Es läßt sich ermitteln, indem man die beobachtete Verteilung und Leuchtkraft von stellaren Objekten und von Gasnebeln, aus denen die Galaxien bestehen, mit theoretischen Abschätzungen ihrer Massen vergleicht. Demnach wäre das Masse-Leuchtkraft-Verhältnis von Galaxien mehrfach so groß wie das der Sonne. Mit Hilfe derartiger Abschätzungen und dem kleinstmöglichen Wert der Hubble-Konstanten erhält man eine mittlere Dichte der leuchtenden Materie im Universum, die weniger als 2 Prozent des Wertes beträgt, bei dem die Expansion zum Stillstand käme.

Nun ist aber schon seit 1933 bekannt, daß Galaxien wahrscheinlich einen erheblichen Anteil nichtleuchtender Masse enthalten. Damals analysierte Fritz Zwicky am California Institute of Technology die individuellen Geschwindigkeiten von Mitgliedern des Coma-Galaxienhaufens. Er fand heraus, daß viele Galaxien sich so schnell bewegten, daß der Haufen auseinanderfliegen müßte, falls ihn nicht wesentlich mehr Masse zusammenhielte als allein die sichtbare Masse. Da andere Beobachtungen dafür sprachen, daß der Haufen stabil ist, schloß Zwicky, daß er nichtleuchtende Materie enthalten muß.

Zwicky schuf des weiteren eine wichtige neue Methode, indem er zeigte, daß sich dunkle Materie im Prinzip indirekt durch ihre Gravitationseffekte nachweisen läßt. In den letzten Jahren haben Forscher überzeugend nachgewiesen, daß man in ähnlicher Weise dunkle Materie auf Skalen feststellen kann, die von unserer unmittelbaren Sonnenumgebung bis hin zu Galaxien, Galaxienhaufen und Superhaufen aus Tausenden von Galaxien bestehen.

Der am besten belegte Nachweis (Bild 3) für die Anwesenheit dunkler Materie beruht auf Messungen der Rotationsgeschwindigkeit von Spiralgalaxien (siehe „Dunkle Materie in Spiralgalaxien“ von Vera C. Rubin in: „Kosmologie“, Reihe „Verständliche Forschung“, Spektrum der Wissenschaft 1986).

Die Umlaufgeschwindigkeit eines Objektes in einem stabilen gravitationsgebundenen System wie einer Spiralgalaxie hängt unter anderem von seinem Abstand zum Rotationszentrum der Galaxie ab (Bild 1). In großer Entfernung von einer zentralen Massenkonzentration sollte nach den Newtonschen Gesetzen die Umlaufgeschwindigkeit umgekehrt proportional mit der Wurzel des Abstandes zwischen Objekt und Zentrum abnehmen. Demgegenüber zeigten einige Arbeitsgruppen bei umfassenden Untersuchungen an Sternen und heißem Gas in den Außenbereichen von Spiralgalaxien, daß die Umlaufgeschwindigkeiten der Objekte bis zu mindestens dreißig Kiloparsec Abstand vom Galaxienzentrum konstant blieben.

Die Existenz dunkler Materie in Spiralgalaxien hatten bereits früher Jeremiah P. Ostriker und P. James E. Peebles von der Universität Princeton vorgeschlagen. Sie argumentierten, daß die Galaxien sonst aufgrund von Gravitationsinstabilitäten zu balkenförmigen Gebilden kollabieren würden. Wären die Galaxien dagegen in eine ausgedehnte, nahezu sphärische Verteilung dunkler Masse eingebettet, ließen sich sowohl ihre Stabilität als auch die Umlaufgeschwindigkeiten in ihren äußeren Spiralarmen erklären.

Andere dynamische Betrachtungen liefern weitere Anhaltspunkte für dunkle Materie auf Skalen, die sowohl größer als auch kleiner als die individueller Galaxien sind. Grundlage dafür sind nicht Messungen der Umlaufgeschwindigkeiten, sondern der statistisch verteilten Geschwindigkeiten individueller Objekte, die sich in einem gravitativ gebundenen System (Bild 4) befinden. Ein Gesetz der klassischen Mechanik – der sogenannte Virialsatz – verknüpft die mittlere Bewegungsenergie mit der potentiellen Energie der Objekte in einem gravitativ gebundenen System, das sich im dynamischen Gleichgewicht befindet. Durch Messung der Relativgeschwindigkeit von Objektpaaren ist es somit möglich, die Gesamtmasse eines derartigen Systems zu bestimmen, weil diese mit der gesamten Gravitationsenergie des Systems zusammenhängt.

Mit dieser Methode fand man Beweise für dunkle Materie in unterschiedlichen Systemen, die von elliptischen Zwerggalaxien mit etwa 10^7 Sonnenmassen bis zu ganzen Galaxienhaufen mit ungefähr 10^{15} Sonnenmassen reichen. Auf den größten untersuchten Skalen, die sich bis zu etwa einem Megaparsec erstrecken, wird die mit dieser Methode abgeleitete Massendichte nie größer als 20 Prozent der für ein geschlossenes Universum mindestens notwendigen Dichte.

Großräumige Verteilung und Nukleosynthese

Eine andere, durch Pionierarbeiten von Peebles und seinen Mitarbeitern erschlossene Methode beruht auf der statistischen Analyse von sehr vielen Galaxien statt auf Daten einzelner Galaxien oder Galaxienhaufen. Peebles trug statistische Daten über Galaxienbewegungen und Häufungsstrukturen in der Verteilung von Galaxien in verschieden großen Raumgebieten zusammen. Er konnte auf diesem Wege zeigen, daß die mittlere Relativgeschwindigkeit einer großen Anzahl von Galaxienpaaren mit der mittleren Massendichte im Universum zusammenhängt, wenn die untersuchten Gebiete gravitativ stabile Systeme enthalten.

Es fällt auf, daß alle verfügbaren Methoden einschließlich der hier beschriebenen sowie einiger, die ich nicht erwähnt habe, im wesentlichen das gleiche Resultat ergeben: Wenn die Verteilung der Galaxien auch die Verteilung der Masse im Universum anzeigt, dann kann das Weltall höchstens 20 bis 30 Prozent der mittleren Massendichte enthalten, die erforderlich ist, um es zu schließen.

Selbst wenn die Galaxien keine guten Indikatoren für die Anwesenheit von Masse oder sämtliche Untersuchungen mit systematischen Fehlern behaftet wären, gibt es immer noch gute Gründe für eine zu kleine Dichte gewöhnlicher Materie (also solcher, die im wesentlichen aus Neutronen und Protonen besteht). Diese Gründe ergeben sich hauptsächlich aus der Theorie der Nukleosynthese, welche beschreibt, wie verschiedene der häufigen leichten Elemente und Isotope gebildet worden sind. Auch nach dieser Theorie sollte die normale Materie weniger als 20 Prozent der zur Schließung des Universums notwendigen kritischen Masse betragen.

Die Nukleosynthese der leichten Elemente fand hauptsächlich in den ersten Minuten der Entstehung unseres Universums statt. Sie hängt extrem empfindlich von der Dichte der Protonen und Neutronen zu jener Zeit ab. Die heute beobachtete Häufigkeit der leichten Elemente schränkt die totale Dichte der Protonen und Neutronen zur Zeit der Nukleosynthese über die theoretischen Modelle so stark ein, daß auch ihre heutige Dichte weniger als 20 Prozent der für ein geschlossenes Universum notwendigen Dichte betragen muß. Demnach sollten mindestens 80 Prozent der Gesamtmasse des Universums aus irgendeiner anderen Materieform bestehen – falls es geschlossen ist.

Da nun derart grundlegende theoretische Argumente die Obergrenze für gewöhnliche Materie auf 20 Prozent der kritischen Dichte festlegen und dieser Wert auch noch ungefähr mit jenem übereinstimmt, den man durch Betrachtungen an Galaxien und Galaxienhaufen gewinnt, stellt sich die Frage, warum die Kosmologen nicht einfach annehmen, daß das Universum tatsächlich offen sei. Es ist im übrigen sehr gut möglich, sich Formen unsichtbarer, aber gewöhnlicher Materie in ausreichender Menge vorzustellen, um die Dynamik in Galaxien und Galaxienhaufen zu erklären. Warum scheint es denn überhaupt notwendig, eine andere Form von Materie zu postulieren? Wieso gibt es ein noch umfassenderes Problem von dunkler Materie?

Kosmologische Argumente für exotische dunkle Materie

Der einfachen Annahme, daß der größte Teil oder sogar die gesamte Masse des Universums aus gewöhnlicher Materie bestehe und die mittlere Dichte nur 20 Prozent des kritischen Wertes erreiche, stehen zwei theoretische Hürden entgegen. Der erste Einwand ergibt sich aus einer Verbindung der Theorie der Galaxienentstehung und der beobachteten Hintergrundstrahlung im Mikrowellenbereich, die das gesamte Universum erfüllt.

Im allgemeinen nimmt man an, daß Galaxien entstanden, als sich im frühen Universum Gebiete mit höherer als mittlerer Dichte durch die Gravitationskraft verdichteten. Schließlich koppelten sie sich von der allgemeinen Expansion ab und bildeten isolierte gebundene Systeme. In dieser Weise konnte jedoch gewöhnliche Materie bis etwa 100000 Jahre nach dem Urknall nicht kondensieren: Sie war immer noch so heiß, daß sie aus unabhängigen elektrisch geladenen Teilchen bestand, die sich noch nicht zu neutralen Atomen vereinigen konnten. Da die herkömmliche Materie somit ionisiert war, wurden ihre mikroskopischen Bewegungen stark von Hintergrundfeldern elektromagnetischer Strahlung beeinflußt: Materie und Strahlung waren also gekoppelt.

Die größtmögliche Entfernung, über die physikalische Systeme in kausaler Verbindung sein können, ist diejenige, die ein Lichtstrahl seit dem Urknall zurückgelegt haben kann; man bezeichnet sie als Horizont. Gebiete gewöhnlicher Materie, die kleiner als dieser Horizont waren und eine höhere Dichte als ihre Umgebung hatten, konnten nicht weiter kondensieren, da wegen der Kopplung der Strahlungsdruck gegen die Gravitationsanziehung ankämpfte.

Schließlich war jedoch das Universum so weit abgekühlt, daß sich entgegengesetzt geladene Teilchen zu normalen, elektrisch neutralen Atomen ver-

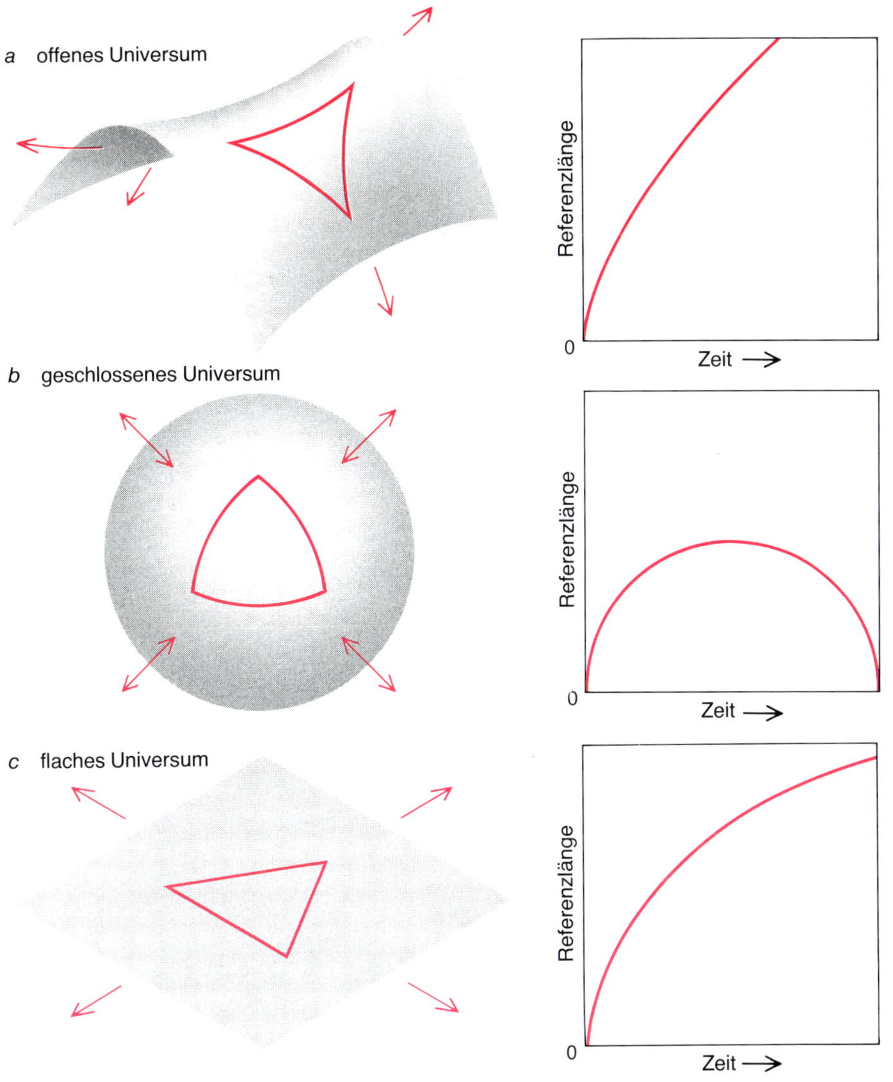

Bild 2: Die Krümmung des Universums hängt von seiner Expansionsgeschwindigkeit und seiner mittleren Materiedichte ab. Wenn die Expansionsrate relativ zum Massengehalt hinreichend groß ist, ergibt sich ein offenes Universum. Die räumliche, dreidimensionale Geometrie eines offenen Universums entspricht der zweidimensionalen Geometrie nahe dem Zentrum eines Sattels (*a*, links). Die Geometrie des Raumes wirkt sich auf die Gestalt geometrischer Objekte aus. Zum Beispiel würde in einem offenen Universum die Winkelsumme in einem Dreieck kleiner als 180 Grad sein, genau wie auf der Oberfläche eines Sattels. Der Effekt würde allerdings über kleine – auf der Erde meßbare – Distanzen genauso wenig bemerkbar sein wie bei einem Dreieck innerhalb eines winzigen Bereichs der Sattelfläche. Wenn das Universum offen ist, wird es für immer mit einer endlichen Rate expandieren. Jede Referenzlänge wie die Entfernung zwischen zwei beliebigen Raumgebieten wird dann stetig zunehmen (*a*, rechts). Wenn das Universum aber im Vergleich zur Expansionsrate genügend viel Masse enthält, ist es geschlossen. Es erscheint in sich auf vergleichbare Weise geschlossen wie die Oberfläche einer Kugel (*b*, links). Auf einer Kugeloberfläche beträgt die Winkelsumme in einem Dreieck mehr als 180 Grad. Wenn das Universum geschlossen ist, wird es irgendwann aufhören zu expandieren, um anschließend wieder zu kontrahieren (*b*, rechts). Wenn die Expansionsrate und der Massengehalt im Universum exakt aufeinander abgestimmt sind, ist das Universum flach und analog zu einer Ebene (*c*, links). Es wird sich unablässig ausdehnen, aber die Expansionsrate nimmt asymptotisch ab (*c*, rechts). Gewichtige theoretische Argumente stützen die Hypothese, daß das Universum tatsächlich flach ist, selbst wenn es dazu viel mehr Masse enthalten muß, als bis jetzt direkt oder indirekt beobachtet wurde.

einigen konnten; damit koppelte sich die Materie von der Strahlung ab. Die vorhandene thermische Hintergrundstrahlung konnte sich nun durch die Ausdehnung des Weltalls frei abkühlen. Sie bildet heute die bekannte kosmische Hintergrundstrahlung im Mikrowellenbereich, die das gesamte Universum erfüllt. Beobachtungen haben gezeigt, daß die Hintergrundstrahlung im höchsten Maße isotrop – in allen Richtungen gleich stark – ist.

Da die Gravitation eine universelle Anziehungskraft ist, würde jede anfängliche Schwankung der Dichte gewöhnlicher Materie sich verstärkt haben, nachdem der Strahlungsdruck der Gravitationskraft nicht länger entgegenwirkte. Deshalb nimmt man an, daß das Universum mit der Zeit sozusagen immer klumpiger wurde (und immer noch wird). Galaxienkerne, deren Dichte jetzt das Millionenfache der mittleren Hintergrunddichte übersteigt, entstanden aus Fluktuationen, die sich damals sehr viel weniger vom Hintergrundwert unterschieden.

Wie stark waren diese anfänglichen Fluktuationen? Da nur recht begrenzte Daten über großräumige Strukturen vorliegen und sich derart dichte Systeme wie Galaxien mathematisch nur äußerst schwer analytisch beschreiben lassen, ist es extrem problematisch, vom heutigen Zustand der Welt zurückzurechnen und das präzise Ausmaß der ursprünglichen Fluktuationen zu bestimmen.

Es ist leichter, ein Anfangsmuster der Fluktuationen anzunehmen, sein Wachsen und seine Entwicklung zu simulieren und das Resultat mit heutigen Beobachtungen zu vergleichen. Bei dieser Methode muß der Kosmologe obere und untere Grenzen für Größe und Art der anfänglichen Fluktuationen berücksichtigen. Einerseits müssen sie stark genug gewesen sein, das heißt, das Verhältnis zwischen lokalem Dichteüberschuß im Gebiet der Fluktuation und der mittleren Dichte im übrigen Raum muß groß genug gewesen sein. Nur so konnten Schwankungen in der Größenordnung von Galaxien kondensieren und die heutigen Galaxien hervorrufen. Andererseits müssen die Fluktuationen klein genug gewesen sein, damit sie keine Anisotropie der Hintergrundstrahlung erzeugten, welche die heute gemessene obere Grenze übersteigen würde.

Diese zwei Bedingungen scheinen sich gegenseitig auszuschließen, wenn das Universum im wesentlichen aus gewöhnlicher Materie besteht. Denn zwischen dem Zeitpunkt der Abkopplung gewöhnlicher Materie von der Strahlung und dem Zeitpunkt, als sich die Fluktutationen, aus denen später Galaxien wurden, zu isolierten gravitationsgebundenen Systemen verdichteten, konnten die anfänglich kleinen Dichteschwankungen nur in ganz bestimmtem Maße anwachsen.

Damit die Zeit zur Ausbildung gebundener Systeme ausreicht, müssen die Fluktuationen groß genug gewesen sein. Derart starke Fluktuationen würden aber Anisotropien in der Hintergrundstrahlung ergeben, welche die beobachteten oberen Grenzen um mehr als eine Größenordnung übersteigen. Genügend kleine Dichteschwankungen, die keine beobachtbaren Spuren in der Hintergrundstrahlung hinterlassen würden, hätten demnach seit der Abkopplung nicht genügend Zeit gehabt, um

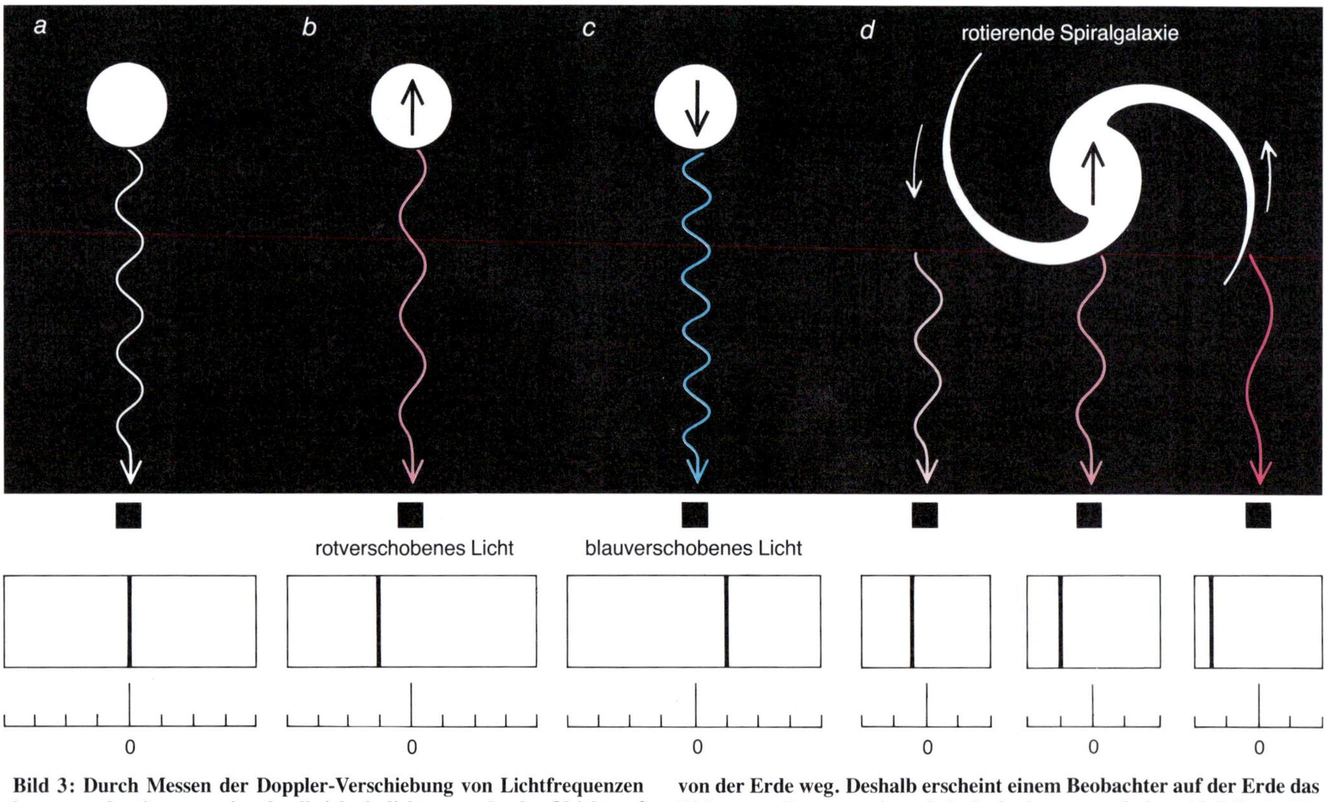

Bild 3: Durch Messen der Doppler-Verschiebung von Lichtfrequenzen kann man bestimmen, wie schnell sich ein lichtaussendendes Objekt auf einen Beobachter zu- oder von ihm wegbewegt – und auch, wie schnell eine Spiralgalaxie rotiert. Ein stellares Objekt emittiert entsprechend seiner chemischen Zusammensetzung Licht bei charakteristischen Frequenzen (*a*). Wenn sich das Objekt vom Beobachter wegbewegt (*b*), erscheint die Wellenlänge des gemessenen Lichts verlängert. Man spricht dann von einer Rotverschiebung, weil längerwelliges Licht rötlicher erscheint. Bewegt sich das Objekt auf den Beobachter zu (*c*), wird die Wellenlänge des empfangenen Lichts kürzer; das Licht ist blauverschoben. Aufgrund der Expansion des Universums bewegen sich Spiralgalaxien von der Erde weg. Deshalb erscheint einem Beobachter auf der Erde das Licht vom Zentrum einer Spiralgalaxie rotverschoben (*d*, Mitte). Die Materie in einem Arm der rotierenden Galaxie wird sich aber nicht so schnell von der Erde wegbewegen wie das Zentrum der Galaxie. Das Licht von diesem Arm erscheint demnach weniger stark rotverschoben (*d*, links). In dem anderen Arm wird sie sich schneller von der Erde wegbewegen als das Zentrum der Galaxie (*d*, rechts), und dieses Licht erscheint entsprechend stärker rotverschoben. Durch Vergleich der Rotverschiebungen vom Zentrum und von den Armen der Galaxie kann man die Rotationsgeschwindigkeit der Galaxie in den Armen bestimmen. Daraus erhält man die Massenverteilung innerhalb der Galaxie.

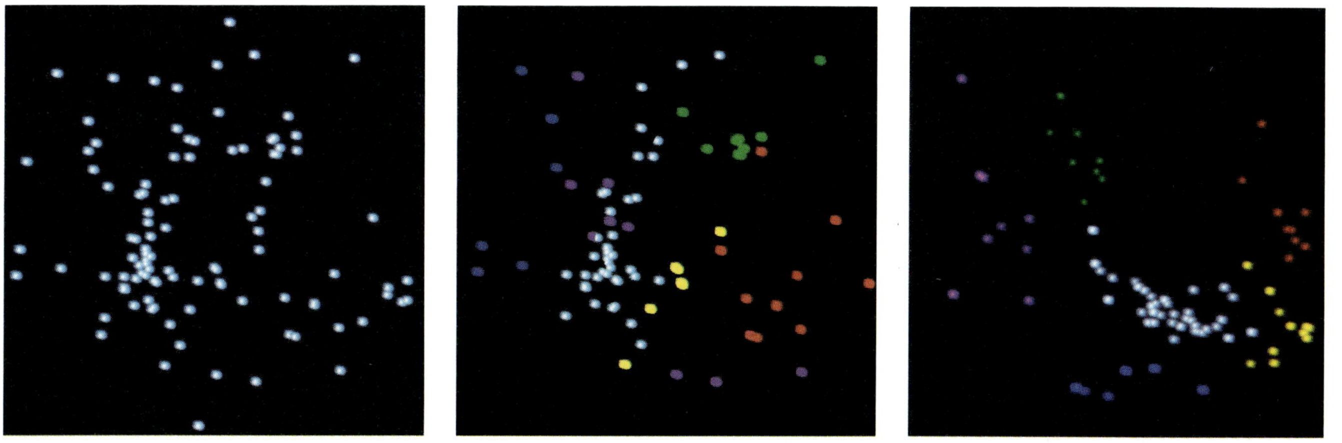

Bild 4: Diese Computerbilder zeigen, daß der Galaxienhaufen im Sternbild Krebs kein einzelnes dynamisches System ist. Von der Erde sieht der Haufen wie ein ungefähr kugelförmiges Gebilde aus, das sich scheinbar im Gleichgewicht befindet (links). Messungen der Geschwindigkeiten der einzelnen Galaxien ließen darauf schließen, daß das System auseinanderfliegen müßte – es sei denn, es enthalte einen großen Anteil an unsichtbarer Materie. Eine spätere Untersuchung von Gregory Bothun und seinen Kollegen am Smithsonian Astrophysical Observatory ergab, daß der Haufen in Wirklichkeit aus mehreren – räumlich voneinander getrennten – Galaxiengruppen besteht (Mitte, Zuordnung nach Farben). Die Unterscheidung der verschiedenen Gruppen wird klarer in der Darstellung eines dreidimensionalen Raumes, in der zwei Achsen die Position der Objekte am Himmel festlegen und die dritte Achse die Rotverschiebung repräsentiert (rechtes Bild). Innerhalb jeder Gruppe sind die Relativgeschwindigkeiten der Galaxien viel kleiner als die relativen Geschwindigkeiten der Gruppen, die nicht im dynamischen Gleichgewicht sind. Das bedeutet, daß sich in dem System als ganzem weniger Masse befindet, als man früher geschätzt hatte; die hohen Relativgeschwindigkeiten zwischen den Galaxiengruppen hatten frühere Ergebnisse verfälscht. Die Analyse zeigt, daß die Masse innerhalb von Galaxienhaufen wie dem im Sternbild Krebs nicht ausreicht, um ein Universum mit flacher Geometrie hervorzurufen. Dazu müßte irgendwo anders zusätzliche Masse verteilt sein. Die hier dargestellten Computerbilder hat Michael J. Kurtz vom Smithsonian Astrophysical Observatory angefertigt.

sich durch den Einfluß der Gravitation zu Galaxien zu entwickeln.

Diese Schlußfolgerung hängt von zwei weithin akzeptierten Annahmen ab. Erstens soll die Mikrowellen-Hintergrundstrahlung seit der Abkopplung von der Materie nicht wesentlich gestört worden sein; und zweitens sollen sich die Galaxien allein durch die Schwerkraft gebildet haben. Falls nicht eine dieser Standardannahmen falsch ist, wie einige Autoren vorgeschlagen haben, müssen wir eine neue Art von Materie annehmen, die früher als die gewöhnliche Materie anfangen konnte, sich gravitativ zu verdichten.

Ein weiterer, noch fundamentalerer Grund spricht dafür, daß im Universum nicht normale Materie mit einer Dichte von 20 Prozent der kritischen Dichte vorherrscht. Dieses Argument, das man heute auch als das „Problem der Flachheit" bezeichnet, stammt von Robert H. Dicke von der Universität Princeton und von Peebles. Der wesentliche Punkt ist, daß jede Abweichung von einem exakt flachen Universum linear mit der Zeit anwachsen müßte. Selbst eine noch so kleine Krümmung zur Zeit der Nukleosynthese müßte deshalb bis heute zu einer 10^{12}fachen Abweichung von der flachen Geometrie verstärkt worden sein. Heute ist jedoch das Universum praktisch flach: Die Dichte stimmt innerhalb eines Faktors zehn mit der Dichte eines gerade geschlossenen Universums überein. Das Universum muß daher zur Zeit der Nukleosynthese entweder exakt flach oder allenfalls extrem wenig gekrümmt gewesen sein: auf ein Billionstel genau flach!

Wenn das Universum heute meßbar gekrümmt wäre, müßten die Kosmologen die seltsame Tatsache akzeptieren, daß dies in der zehn Milliarden Jahre währenden Geschichte des Universums vorher nicht der Fall war. Falls es hingegen in früherer Zeit merklich gekrümmt gewesen wäre, müßte es heute viel stärker gekrümmt sein als tatsächlich beobachtet. Diese Argumentation legt nahe, daß der beobachtbare Kosmos nahezu exakt flach ist (seine Dichte also gleich der kritischen Dichte ist). Da aber die gewöhnliche Materie nur 20 bis 30 Prozent der kritischen Dichte beträgt, gibt es wahrscheinlich eine weitere exotische Form von Materie.

Das inflationäre Universum

Die nächste logische Frage lautet: Aus welchem Grund ist das Universum genau flach? Im Jahre 1980 hat Alan H. Guth, der jetzt am Massachusetts Institute für Technologie tätig ist, eine Antwort vorgeschlagen. Sie ergibt sich aus einem Modell der Entwicklung des frühen Universums, das auf damals gerade erst entwickelten Ideen zur Teilchenphysik beruht.

Guth baute auf der Arbeit von Howard Georgi und Sheldon Lee Glashow von der Harvard-Universität auf. Im Jahre 1974 hatten diese beiden Forscher die Annahme unterbreitet, daß drei der fundamentalen Naturkräfte – die starke, die schwache und die elektromagnetische Kraft – lediglich unterschiedliche Aspekte einer einzigen „vereinheitlichten" Kraft seien. Bei genügend hohen Energien sollten diese drei Kräfte exakt symmetrisch sein, das heißt sich identisch verhalten. Bei kleinen Energien verhalten sich die drei Kräfte jedoch sehr unterschiedlich (siehe „Vereinheitlichung der Kräfte zwischen den Elementarteilchen" von Howard Georgi, in: „Teilchen, Felder und Symmetrien" Reihe Verständliche Forschung, Spektrum der Wissenschaft, 1984). Kurz nach dem Urknall aber war die Temperatur so hoch, daß die Symmetrie wirksam wurde. Als das Universum unter die kritische Dichte abkühlte, bei der die Symmetrien der Kräfte gerade noch aufrechterhalten sind, wurde die Symmetrie gebrochen; seitdem sind die Kräfte getrennt.

Nach Guths Theorie, die später Andrei D. Linde vom P. N. Lebedev Physikalischen Institut in Moskau sowie Paul J. Steinhardt und Andreas Albrecht von der Universität von Pennsylvania erweitert haben, könnte die abrupte Symmetriebrechung eine schnelle „Inflation" des Universums bewirkt haben, bei der es in weniger als 10^{-30} Sekunden um mehr als 28 Größenordnungen exponentiell anwuchs. Nach dieser Epoche der schnellen Inflation wäre das Universum dann wieder in den Zustand der normalen, nicht-exponentiellen Expansion übergegangen, den wir heute beobachten (siehe „Das inflationäre Universum" von Alan H. Guth und

Paul J. Steinhardt auf Seite 96 in diesem Band).

Nach dieser Theorie entstand die flache Geometrie des beobachtbaren Raumes durch das rasche Aufblähen des Universums – in ganz ähnlicher Weise, wie das Aufblasen eines Ballons seine Oberfläche flacher erscheinen läßt. Nach der inflationären Phase würde der heute beobachtbare Teil des Universums zwangsläufig flach erscheinen.

Das Szenarium des inflationären Universums löst nicht nur das Problem der Flachheit, sondern ist auch in anderer Hinsicht bemerkenswert erfolgreich. Insbesondere verknüpft es als einziges Modell konsistent die Anfangsbedingungen, die der Expansion des Universums zugrundeliegen, mit den Gesetzen der Mikrophysik. Außerdem ermöglicht es von vornherein die Berechnung von Größen, deren Werte man früher annehmen oder anderweitig erschließen mußte.

Das Modell sagt beispielsweise genau die gleiche Form des Spektrums der ursprünglichen Dichtefluktuationen (der Beziehung zwischen Stärke und Skalengröße der Fluktuationen) voraus wie die älteren, nur phänomenologisch begründeten Theorien. Der tiefgreifende Einfluß der Elementarteilchentheorie auf die Kosmologie wird dadurch bestätigt, daß viele Kosmologen die Vorhersagen des Modells vom inflationären Universum anerkennen.

Allerdings wird durch die Lösung des Problems der Flachheit im inflationären Modell das Problem der dunklen Materie um so gravierender. Wenn das Universum flach ist, besteht wahrscheinlich der größte Teil seiner Masse nicht aus normaler Materie. Das meiste davon ließ sich bislang auf keine Weise aus Beobachtungsdaten – noch nicht einmal indirekt – feststellen.

Neutrinos als dunkle Materie

Woraus mag dieser exotische, noch nicht nachgewiesene Stoff bestehen? Eine der ersten Überlegungen dazu war, daß Neutrinos die dunkle Materie bilden könnten.

Diese Teilchen hatte Wolfgang Pauli ursprünglich postuliert, um Probleme der Energie- und Impulserhaltung beim Betazerfall von Atomkernen zu lösen. Neutrinos können mit normaler Materie nur außerordentlich schwach wechselwirken und sind deshalb schwer nachweisbar. Gleichwohl hat man mittlerweile drei Arten – das Elektron-Neutrino, das Myon-Neutrino und das Tau-Neutrino – experimentell bestätigt. Ursprünglich nahm man an, die Neutrinos seien masselose Teilchen – in der Theorie gibt es jedoch keinen zwingenden Grund dafür. Überzeugende experimentelle Ergebnisse haben allerdings gezeigt, daß die maximal mögliche Masse nur sehr gering ist. Den stärksten Einschränkungen unterliegt das Elektron-Neutrino, dessen Masse 18 Elektronenvolt (etwa ein Achtundzwanzigtausendstel der Elektronenmasse) nicht überschreiten darf.

Unter allen Kandidaten für dunkle Materie haben die Neutrinos gleichwohl zwei gewichtige Vorteile. Erstens wissen wir, daß es diese Teilchen gibt. Zweitens sagen jene Rechnungen, die auch bei der Beschreibung der primordialen Nukleosynthese sehr erfolgreich sind, eine außerordentlich große Anzahl leichter Neutrinos im heutigen Universum voraus.

Als die Nukleosynthese nach dem Urknall bei Temperaturen von mehr als 10^{10} Kelvin begann, waren die leichten Neutrinos über die schwache Wechselwirkung mit der Materie im thermischen Gleichgewicht – und deshalb ebenso häufig wie die Photonen. Für den Fall, daß die Neutrinos heute die gleiche Dichte wie die Photonen der kosmischen Hintergrundstrahlung haben, machten R. Cowsik vom Tata-Institut für Grundlagenforschung in Indien und J. McLelland von der Universität von Melbourne folgende Abschätzung: Mit einer Masse pro Neutrino, die zwischen einem Zehntausendstel und einem Hunderttausendstel der Elektronenmasse liegt, sollten die Neutrinos genügend Masse liefern, um das Universum zu schließen. Spätere genauere Rechnungen bestätigten diese Abschätzung.

Dieses Ergebnis erhielt besondere Bedeutung, als im Jahre 1980 V. A. Lubimov und seine Mitarbeiter am Institut für Theoretische und Experimentelle Physik in Moskau Resultate veröffentlichten, die nahelegten, daß die Masse des Elektron-Neutrinos gerade in diesen Bereich fällt. Damit schienen die Neutrinos ideale Kandidaten für die vorherrschende Masse im Universum zu sein.

Seitdem ist es jedoch viel weniger wahrscheinlich geworden, daß die dunkle Materie aus leichten Neutrinos besteht. Zunächst einmal sind einige experimentelle Fragen zu dem sowjetischen Resultat offengeblieben. Tatsächlich ist es im Widerspruch zu dem Ergebnis einer Gruppe am Schweizer Institut für Kernforschung. Außerdem haben neuere umfangreiche Rechnungen von Astrophysikern ergeben, daß die theoretischen Modelle von Universen, in denen leichte Neutrinos dominieren, keineswegs so gut mit den Beobachtungen übereinstimmen, wie man früher glaubte.

Erste Zweifel entstanden 1979 durch theoretische Ergebnisse von Scott D. Tremaine und James E. Gunn, die damals am California Institute of Technology zusammenarbeiteten. Sie folgerten aus Gründen, die teilweise auf dem Paulischen Ausschließungsprinzip beruhen, daß Neutrinos sich in dem interessierenden Massenbereich nicht genügend verdichten würden, um dunkle Materie auf wesentlich kleineren Skalen als jenen typischer Galaxien hervorzurufen. Die Existenz dunkler Materie in derart kleinen Raumbereichen haben jedoch mittlerweile überzeugend Beobachtungen an elliptischen Zwerggalaxien demonstriert.

Ungenügende Verdichtung

Die theoretischen Ergebnisse schließen indes nicht die Möglichkeit aus, daß Neutrinos die dunkle Materie auf größeren Skalen bilden. Dagegen sprechen wiederum gewichtige theoretische Arbeiten über die Entwicklung des frühen Universums. Die großskaligen gravitationsbedingten Verdichtungen in einem neutrino-dominierten Universum ergeben andere Strukturen als die tatsächlich beobachteten.

Die ersten Strukturen sollten sich in einem neutrino-dominierten Universum nämlich nicht auf der Größenskala von Galaxien bilden, sondern auf jener von Galaxienhaufen oder sogar Superhaufen (Haufen von Galaxienhaufen). Im Unterschied zu normaler Materie waren Neutrinos im frühen Universum nicht mit elektromagnetischer Strahlung gekoppelt. Da sie sich als extrem leichte Teilchen mit relativistischen Geschwindigkeiten bewegten und somit kaum durch Gravitation gebunden werden konnten – es sei denn, durch sehr kompakte Objekte wie etwa Schwarze Löcher –, wurden sie für längere Zeit nicht nennenswert verdichtet.

Als das Universum sich ausdehnte, kühlte das Neutrinogas ab, bis die Teilchen schließlich nichtrelativistische Geschwindigkeiten hatten. Kurz bevor sich normale Materie und Strahlung entkoppelten, würden nach dieser Vorstellung Neutrinos mit einer Gesamtmasse, die zum Schließen des Universums ausreichte, nichtrelativistisch geworden sein und begonnen haben, die Hauptkomponente der Energiedichte im Universum zu bilden. Analytische Rechnungen ergeben, daß sie erst nach dieser Zeit durch Gravitationswechselwirkung Verdichtungen gebildet haben können. Denn vorher hätten sich Fluktuationen, die kleiner als der Horizont waren, wieder aufgelöst, weil die dann noch relativistischen Neutrinos nicht an Verdichtungsgebiete gebunden gewesen wären.

Somit ist die Skala, auf welcher Fluktuationen in einem neutrino-dominierten Universum zuerst gewachsen sein könnten, durch die Skala des Horizonts zu einer Zeit bestimmt, als die Neutrinos erstmals Verdichtungsgebiete bilden konnten. Dieser Größenbereich entspricht der Größe von Superhaufen, nicht der von Galaxien. Die normale Materie würde bald nach ihrer Entkopplung von der Strahlung in die Gravitationspotentialtöpfe der Neutrinoverdichtungen hineingesogen worden sein. Diese superhaufengroßen Gebilde hätten dann zu Galaxien fragmentieren können.

Dieses Szenarium eines neutrino-dominierten Universums ist in vieler Hinsicht attraktiv. Ein System filamentartiger Superhaufen und großer Leerräume würde entstehen – ähnlich jenen großskaligen Strukturen, die man in neueren Untersuchungen tatsächlich entdeckt hat (siehe „Sehr große Strukturen im Universum" von Jack O. Burns auf Seite 10 in diesem Band). Außerdem ergibt sich eine wenigstens marginale Übereinstimmung mit Messungen der Isotropie der Hintergrundstrahlung. Denn im Unterschied zu normaler Materie können gravitativ gebundene Verdichtungen von Neutrinos sehr viel früher zu wachsen anfangen; sie lassen somit kleine anfängliche Dichtefluktuationen im frühen Universum zu, die mit der beobachteten Isotropie im Einklang wären.

Carlos S. Frenk von der Universität Cambridge, Simon D. M. White von der Universität von Arizona, Mark Davis von der Universität von Kalifornien in Berkeley sowie unabhängig davon Joan Centrella von der Drexel-Universität in Philadelphia (Pennsylvania) und Adrian L. Melott von der Universität von Chicago haben – angeregt durch diese attraktiven Eigenschaften des Szenariums – numerische Modelle entwikkelt, um die Details der Gravitationsverdichtungen in einem neutrino-dominierten Universum zu untersuchen.

Die Forscher hatten große Schwierigkeiten, im Modell die tatsächlich beobachteten Strukturen zu erzeugen. Als wesentliches Ergebnis fanden sie, daß in einem neutrino-dominierten Universum die Fragmentation der Haufen zu Galaxienhaufen und die Bildung von Galaxien vor zu kurzer Zeit stattgefunden haben müßte, als daß sich der heutige Grad der Strukturbildung erklären ließe. Das Universum müßte dazu mindestens die Hälfte seines heutigen Alters erreicht haben. Dieses Ergebnis ist zum Beispiel schwer mit der Existenz solcher Strukturen wie der Quasare zu vereinen, die sich in viel früheren Epochen gebildet haben müssen (siehe Monatsspektrum, Seite 14, Spektrum der Wissenschaft, Oktober 1986).

Damit sich in einer neutrino-dominierten Kosmologie Galaxien überhaupt bis heute hätten bilden können, müßten die Strukturen, welche viel größer als Galaxien sind, wesentlich ausgeprägter als beobachtet sein. Dieses größte Problem einer solchen Kosmologie rührt daher, daß Strukturen auf den Skalen von Galaxien und Superhaufen in derselben Epoche entstanden sein müßten. Zudem würde man bei einer stark ausgeprägten großskaligen Strukturbildung die vorhergesagten Zufallsgeschwindigkeiten der Galaxien in Haufen mit den beobachteten Geschwindigkeiten nur schwer in Einklang bringen können. Aus diesen und weiteren Gründen erscheint ein neutrino-dominiertes Universum derzeit nicht plausibel (Bild 6).

Kalte dunkle Materie

Einen Ausweg aus den Problemen der Neutrino-Kosmologie scheinen Modelle zu bieten, in denen sich die Gala-

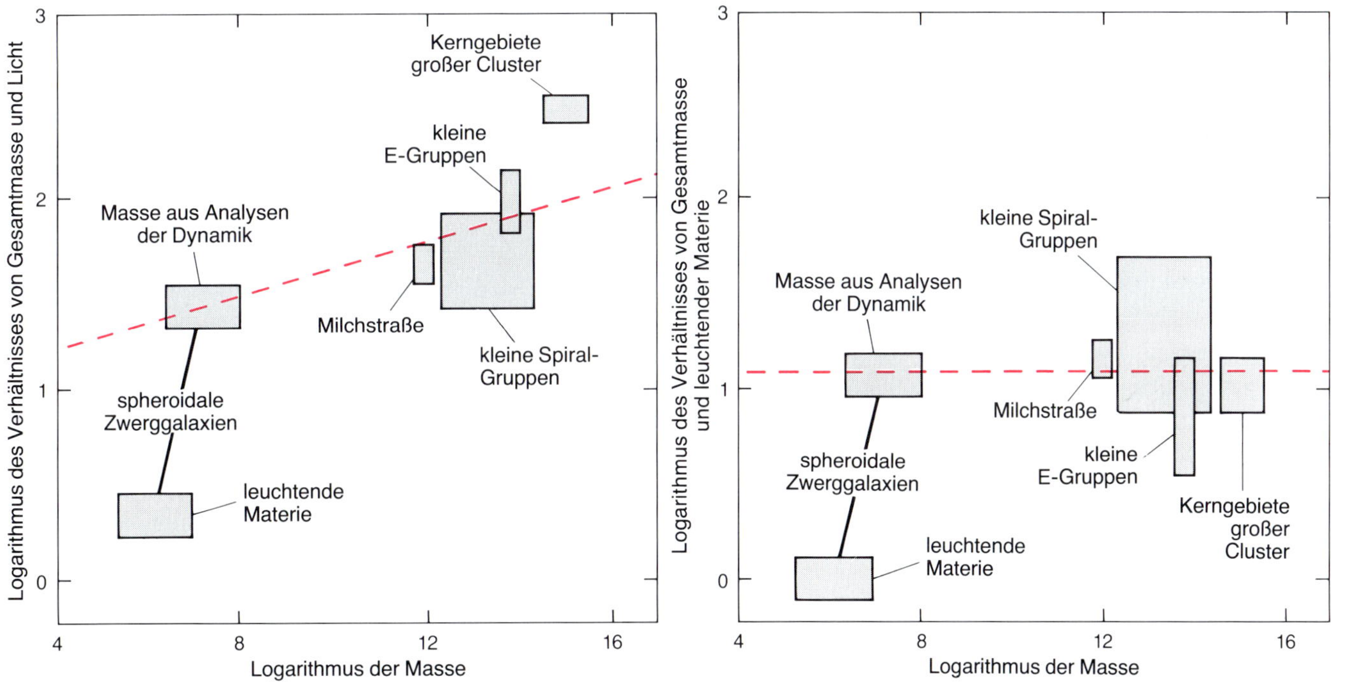

Bild 5: Strukturen auf verschieden großen Skalen – beispielsweise Zwerggalaxien und die Kerne von großen Galaxien-Clustern – haben unterschiedliche Masse-Leuchtkraft-Verhältnisse, obwohl das Verhältnis von Gesamtmasse zu leuchtender Masse etwa gleich bleibt. Da größere Strukturen zu größeren Masse-Leuchtkraft-Verhältnissen tendieren (links), könnte es so scheinen, als enthielten die allergrößten hellen Strukturen vielleicht genügend Masse, um ein flaches Universum zu erzeugen. Physikalisch bedeutsamer ist jedoch das Verhältnis der gesamten zur leuchtenden Masse, welches konstant zu sein scheint (rechts), so daß größere Strukturen keineswegs anteilmäßig mehr Masse enthalten als kleinere. Der Unterschied zwischen den Diagrammen ergibt sich hauptsächlich durch das heiße Gas, welches nicht im sichtbaren Licht, sondern im Röntgenbereich strahlt; man findet es vorwiegend in den größeren Systemen. Die Zeichnungen beruhen auf Ergebnissen von George R. Blumenthal, Joel R. Primack und Sandra M. Faber von der Universität von Kalifornien in Santa Cruz und Martin J. Rees von der Universität Cambridge. (Alle Massen sind in Einheiten der Sonnenmasse angegeben. Das Masse-Leuchtkraft-Verhältnis ist ebenfalls auf den Sonnenwert normiert.)

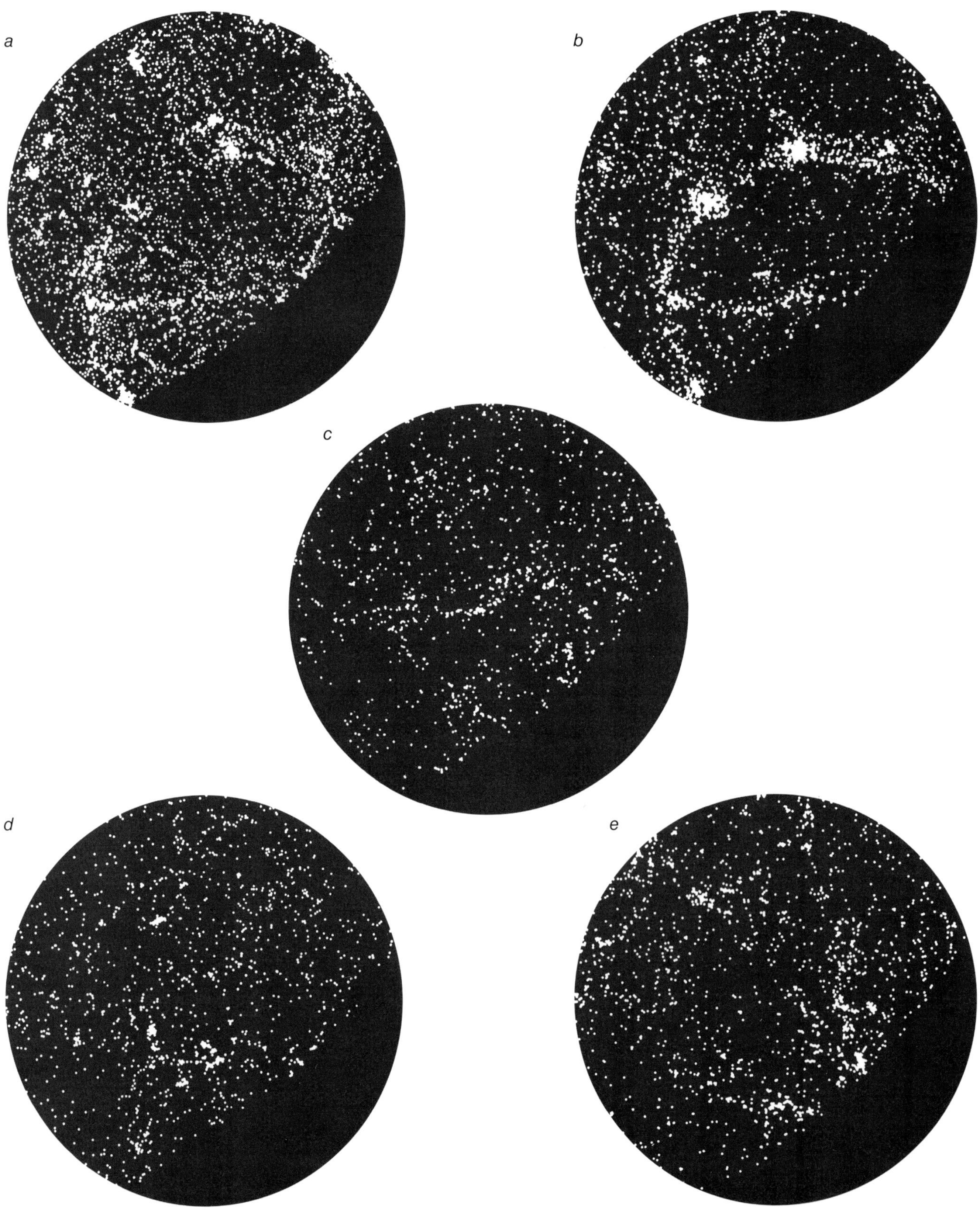

Bild 6: Numerische Simulationen von Szenarien zur Bildung großskaliger Struktur im Universum legen nahe, daß die dunkle Materie wahrscheinlich nicht aus leichten Neutrinos besteht, wie man vermutet hatte. Sie könnte vielmehr eine Art kalte dunkle Materie darstellen: Teilchen, die zu Frühzeiten des Universums nichtrelativistische Geschwindigkeiten hatten, so daß sie sich eher unter dem Einfluß der Schwerkraft verdichten konnten als die leichten Neutrinos. Die Diagramme zeigen, wie sich die Galaxien in jedem Szenario unter plausiblen Anfangsbedingungen anhäufen. In einem Universum, in dem die gesamte dunkle Materie aus leichten Neutrinos besteht (*a, b*), wären die großskaligen Verdichtungen sehr viel ausgeprägter als tatsächlich beobachtet (*c*). Die Beobachtungen werden sehr viel besser durch Modelle eines Universums wiedergegeben, das bei seiner Bildung durch kalte dunkle Materie dominiert wurde (*d, e*). In den dargestellten Szenarien enthält das Modelluniversum jeweils nur etwa 20 Prozent der Masse, die für eine flache Geometrie erforderlich ist. Falls Galaxien den dominanten Massenanteil im Universum anzeigen, passen Ergebnisse von Simulationsrechnungen, die von einer für eine flache Geometrie ausreichenden Massendichte ausgehen, nicht zu den Beobachtungen. Wenn aber Galaxien nicht die dominierenden Stellen der Massenverteilung anzeigen, stimmen Simulationsrechnungen, die das Vorhandensein kalter dunkler Materie berücksichtigen, gut mit den beobachteten großskaligen Strukturen überein. Die in den Graphiken gezeigten Simulationen beruhen auf Arbeiten von Marc Davis von der Universität von Kalifornien in Berkeley, George Efstathiou und Carlos S. Frenk von der Universität Cambridge sowie von Simon D.M. White von der Universität von Arizona.

xien deutlich eher als die größeren Strukturen bildeten. Dafür muß man allerdings die Existenz sogenannter kalter dunkler Materie annehmen, deren Teilchen sich relativ langsam bewegten. Sie wurden dadurch viel früher nichtrelativistisch als die Neutrinos, und die kalte dunkle Materie konnte sich deshalb entsprechend eher gravitativ verdichten.

Der Schlüsselfaktor für das Festlegen der Größe von Strukturen, die durch eine Klasse von Teilchen erzeugt werden, ist der Zeitpunkt, zu dem sie nichtrelativistisch werden. Denn davor würden Strukturen, die kleiner als der Horizont sind, sich wieder auflösen. Damit sich Galaxien noch vor den größeren Strukturen bilden können, muß die kalte dunkle Materie bereits nichtrelativistisch sein, wenn der Horizont die Skalengröße von Galaxien erreicht.

Als man die Probleme mit neutrinodominierten Weltmodellen erkannt hatte, wurden enorme Anstrengungen zur Analyse einer durch kalte dunkle Materie dominierten Kosmologie unternommen. Die Ergebnisse waren meist positiv. Dichtefluktuationen können hier früher anfangen zu wachsen, so daß die Anfangsfluktuationen nicht so stark zu sein brauchen; auf diese Weise umgeht man Konflikte mit der beobachteten Isotropie der Hintergrundstrahlung. Außerdem könnte kalte dunkle Materie auch die ungewöhnlich großen Massen von kleinen Gebilden wie Zwerggalaxien erklären, da sie sich auf viel kleineren Skalen als die Neutrinos verdichtet haben kann.

Die detaillierten analytischen und numerischen Untersuchungen haben sich als besonders vielversprechend erwiesen. Zum Beispiel zeigte sich, daß die Anwesenheit kalter dunkler Materie im frühen Universum die Form und Struktur vieler Galaxientypen erstaunlich detailliert erklären könnte. Noch allgemeiner ergaben numerische Rechnungen von Frenk und George Efstathiou von der Universität Cambridge sowie von Davis und White, daß die großskaligen Masse-Anhäufungen in einem durch kalte dunkle Materie dominierten Universum gut mit den meisten beobachteten Eigenschaften der tatsächlichen Strukturen übereinstimmen.

Wenn das Universum exakt geschlossen und durch kalte dunkle Materie dominiert ist, bleibt jedoch immer noch wenigstens ein Rätsel, welches vollständige Übereinstimmung zwischen Theorie und Beobachtung verhindert: Wo ist diese Materie eigentlich?

Sie kann sich offenbar sehr gut auf galaktischen Skalen verdichten, aber es gibt – wie oben beschrieben – keinen Hinweis auf eine kritische Dichte auf diesen Skalen. Eine mögliche Lösung dieses Problems wäre die Annahme, daß Galaxien selbst gar nicht die stärksten Massenverdichtungen besonders gut anzeigen, sondern daß die meiste kalte dunkle Materie in Gebieten angesiedelt ist, deren Positionen nicht mit denen der leuchtenden Systeme korreliert sind.

Es wäre durchaus denkbar, daß Galaxien statistisch seltene Strukturen repräsentieren und sich der größte Teil der Masse im Universum noch nicht einmal zu Galaxien verdichtet hat. Eine Untersuchung der Galaxienverteilung würde dann einen falschen Wert für die Massendichte im Universum liefern.

Die Konsequenzen dieser Idee sind im Detail untersucht worden. Es ergaben sich Szenarien, die gut mit den meisten Aspekten der beobachteten Strukturen übereinstimmen, wenn man von einigen bemerkenswerten Ausnahmen absieht. Weiterhin zeigen neuere Untersuchungen von Frenk und seinen Mitarbeitern, daß Szenarien, in denen Galaxien statistisch selten sind, sich viel natürlicher durch gravitatives Verdichten ergeben, als man früher annahm.

Axionen als dunkle Materie

Die Hypothese kalter dunkler Materie hat zwischen der Teilchenphysik und der Kosmologie eine enge Verbindung geknüpft. Etwa zu der Zeit, als Kosmologen die Notwendigkeit irgendeiner Form kalter dunkler Materie anerkannten, schlugen unabhängig davon Hochenergiephysiker die Existenz neuer exotischer Teilchen im Rahmen verschiedener vereinheitlichter Theorien vor. Dabei zeigte sich, daß mehrere der von der theoretischen Elementarteilchenphysik geforderten Teilchen in natürlicher Weise als Kandidaten für die kalte dunkle Materie der Kosmologen geeignet sind.

Es bleibt jedoch der Nachteil, daß diese Teilchen noch nicht nachgewiesen sind und man sie deshalb – im Unterschied zu den Neutrinos – zunächst nur als theoretische Bausteine ansehen kann. Andererseits ist es ein wichtiger konzeptioneller Vorteil, daß man ihre Existenz unabhängig von der Kosmologie vorgeschlagen hat. Obwohl sie als Lösungen für völlig andere Probleme der Elementarteilchentheorie dienen sollten, kann jedes von ihnen aus unterschiedlichen Gründen kalte dunkle Materie repräsentieren.

Zu den attraktivsten derzeit unter Experten diskutierten Kandidaten zählen die sogenannten Axionen. Ihre Existenz ergibt sich folgerichtig aus Überlegungen, die in der Theorie der starken Wechselwirkung zwischen Quarks zwei Symmetriearten – die Ladungskonjugation und die Parität – miteinander verbinden.

Eine Wechselwirkung heißt symmetrisch bezüglich Ladungskonjugation, wenn sie nach Ersetzen jedes Teilchens durch sein Antiteilchen – welches die entgegengesetzte Ladung hat – in gleicher Weise wirken würde. Bezüglich der Parität gilt entsprechendes bei einer Spiegelung. Die starke Kernkraft, welche die Quarks zur Bildung von Protonen oder Neutronen zusammenhält, erweist sich als in hohem Maße symmetrisch gegenüber einer Kombination von Ladungskonjugation und Parität: Nach Spiegelung und Ersetzen aller Teilchen durch ihre Antiteilchen sehen die durch die Kernkraft bestimmten Wechselwirkungen im wesentlichen gleich aus. In der Theorie braucht diese spezielle Kombination der Symmetrien jedoch nicht unbedingt erfüllt zu sein: Die Gleichungen der starken Wechselwirkung enthalten mehrere Terme, welche die Kombination von Ladungskonjugation und Parität im Prinzip stark verletzen könnten.

Im Jahre 1977 schlugen Roberto D. Peccei und Helen R. Quinn, damals beide an der Stanford-Universität, eine Erklärung dafür vor, warum die Wechselwirkung so gut der Kombination der Symmetrien gehorcht. Sie postulierten dazu eine weitere Art von Symmetrie: eine Beziehung zwischen den Formen der verschiedenen Fundamentalkräfte, die bei hohen Energien wirksam, aber bei niedrigen Energien gebrochen ist. Später haben Frank Wilczek, jetzt an der Universität von Kalifornien in Santa Barbara, und Steven Weinberg von der Universität von Texas in Austin hervorgehoben, daß dieser Bruch der Peccei-Quinn-Symmetrie die Existenz eines neuen sehr leichten Teilchens begründet. Dieses neue Teilchen ist das Axion.

Durch neuere theoretische Arbeiten wurde das ursprüngliche Modell verbessert; dabei wird die Temperatur erhöht, bei welcher man den Bruch der Peccei-Quinn-Symmetrie erwartet. Da die Existenz der Axionen von der Symmetriebrechung abhängt, ergab sich das überraschende Ergebnis, daß sich im Universum ein Axionen-Hintergrundfeld bilden kann. Man kann es mit einem elektrischen Hintergrundfeld vergleichen, welches durch eine Ladungsasymmetrie des Universums entstehen würde (wenn die Anzahl der negativen und positiven Ladungen ungleich wäre). Obwohl die Axionen selbst sehr leicht sind, zeigen Rechnungen, daß sich das Hintergrundfeld in der gleichen Weise wie schwerere nichtrelativisti-

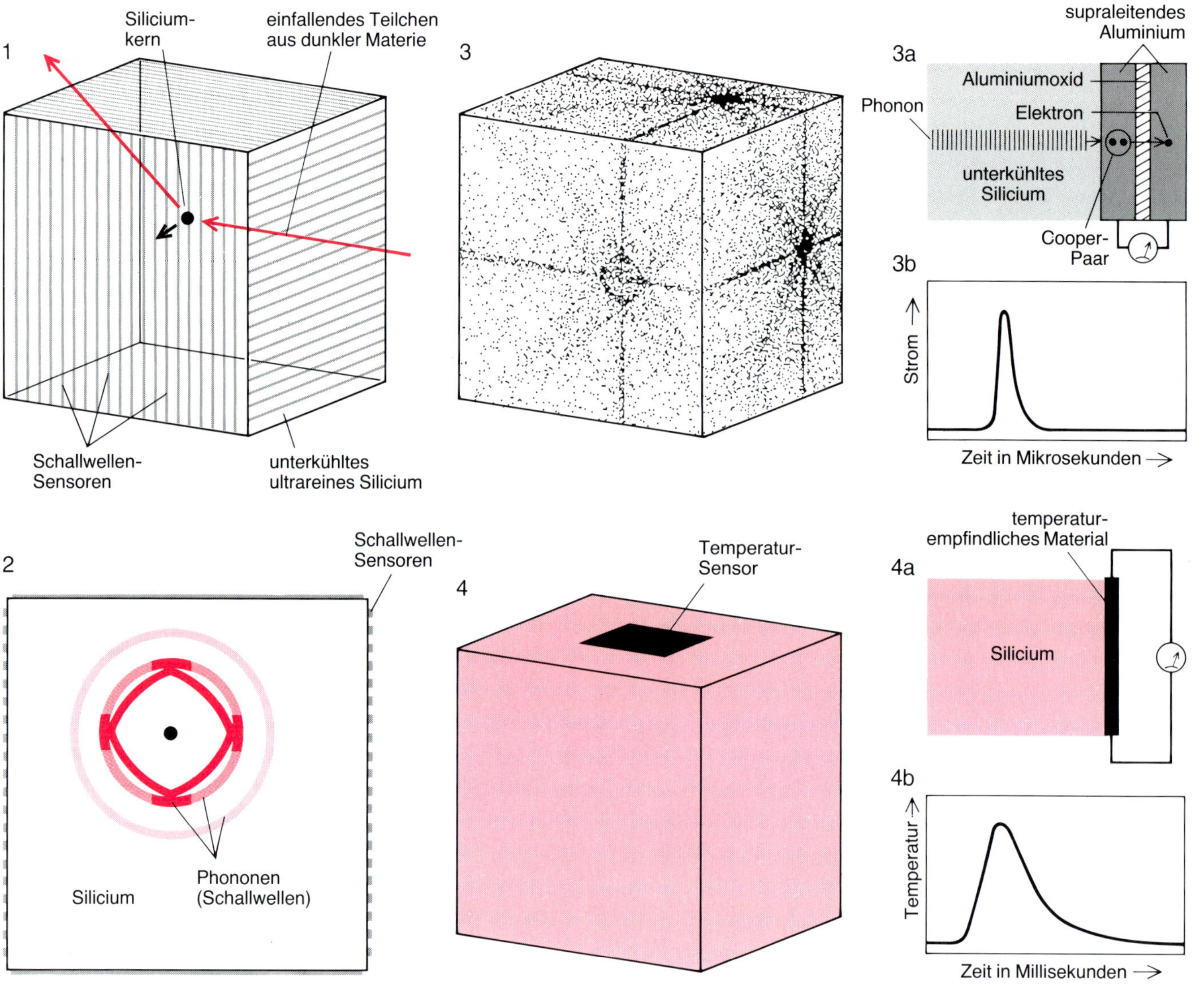

Bild 7: Nachweisgeräte für die Teilchen der dunklen Materie könnten aus sehr reinen Silicium-Kristallen bestehen, die man bis auf weniger als ein Grad über dem absoluten Nullpunkt kühlt. Solche Kristalle könnten meßbar auf extrem geringe Energieeinträge reagieren. In einer möglichen Art von Detektoren wird ein auftreffendes Teilchen der dunklen Materie von einem Silicium-Atomkern gestreut (1). Dadurch wird eine Reihe von Phononen oder Schallwellen ausgelöst, die sich im Material ausbreiten (2). Phononen, welche die Silicium-Oberfläche erreichen, erscheinen in einem bestimmten Muster (3), das vom Ort und der Intensität der ursprünglichen Kollision abhängt. Eine der möglichen Detektorkonfigurationen könnte einzelne Phononen in dem Muster feststellen, wenn diese die Oberfläche erreichen. Dazu könnte man das Silicium mit Streifen aus zwei Schichten supraleitenden Aluminiums belegen, zwischen denen sich eine Schicht aus Aluminiumoxid befindet (3a). In Supraleitern sind die Elektronen zu Paaren zusammengefaßt, die man als Cooper-Paare bezeichnet. Ein auftreffendes Phonon könnte ein Cooper-Paar aufbrechen. Wenn zwischen den Aluminiumschichten eine Spannung anliegt, könnten die befreiten Elektronen von einer Aluminiumschicht zur anderen „durchtunneln" und so einen elektrischen Strom erzeugen (3b). Eine weitere Nachweismöglichkeit besteht darin, den Anstieg der Temperatur des Siliciums zu messen. Dieser stammt von statistisch verteilten thermischen Schwingungen, die durch die dissipierte Energie der Phononen hervorgerufen wurden (4). Der Detektor könnte aus einem dünnen Materialfilm bestehen, dessen elektrischer Widerstand stark mit der Temperatur ansteigt (4a). Eine Änderung der Temperatur der gesamten Silicium-Stichprobe (4b) ließe sich so nachweisen.

sche Teilchen verdichten könnte: ein idealer Kandidat für dunkle Materie.

Supersymmetrie und Strings

Ein anderer Kandidat für kalte dunkle Materie stammt aus der Theorie der Supersymmetrie. In ihr gibt es für jedes jetzt bekannte Teilchen einen supersymmetrischen Partner, der bis auf den Spin in fast jeder Hinsicht identisch ist. Da man derartige Teilchen noch nicht im Labor beobachtet hat, müßten sie große Massen haben.

Einfache Modelle legen nahe, daß sich supersymmetrische Teilchen bei ihrer Wechselwirkung mit normaler Materie ganz ähnlich wie schwere Neutrinos verhalten. Unter den supersymmetrischen Partnern ist der vielversprechendste Kandidat für dunkle Materie der supersymmetrische Partner des Photons, das sogenannte Photino.

Von mir und anderen Autoren durchgeführte Rechnungen zeigen, daß Photinos im Massenbereich von einer bis fünfzig Protonenmassen genügend häufig vorkommen könnten, um das Universum zu schließen. Obwohl dieses Ergebnis in neuerer Zeit sehr viel Anklang fand, ist zu bemerken, daß andere kosmologische Voraussagen der Modelle, die Photinos als vorhanden annehmen, nur schwer mit den Beobachtungen vereinbar sind.

Unter den Kandidaten für dunkle Materie gibt es schließlich einen, der überhaupt kein Teilchen ist. Es handelt sich dabei um eine Struktur, die man als kosmischen String bezeichnet. Solche Strings sind ausgedehnte topologische Defekte, die durch Symmetriebruch im frühen Universum entstanden sein könnten: lange dünne Röhren konstanter und sehr großer Energiedichte, die sich durch das Universum winden.

In umfangreichen Arbeiten konnte man zeigen, daß die heutige Energiedichte kosmischer Strings exakt ausreichen könnte, um das Universum zu schließen – sofern sie sich passend entwickeln. In einem string-dominierten Universum könnte sich die Art und Weise der Galaxienentstehung stark von der in den Standardmodellen mit kalter dunkler Materie unterscheiden. Trotzdem ist es möglich, daß die resultierende Häufungsstruktur mit den Beobachtungen übereinstimmt.

Detektoren für exotische Teilchen

Alle diese Kandidaten für kalte dunkle Materie sind deshalb so faszinierend, weil jeder von ihnen, direkt oder indirekt, bereits in nächster Zukunft entdeckt werden könnte. Es sind dabei sowohl Experimente möglich, die Hypothesen ausschließen könnten, als auch solche, die einige Hypothesen bestätigen könnten – was noch wichtiger wäre. Ein positives Ergebnis eines dieser Experimente würde unschätzbare Informationen über die Entwicklung der großräumigen Struktur im Universum und über die fundamentale Struktur der Materie liefern. Es könnte helfen, neue Hilfsmittel zu finden, um jene Folge von Ereignissen zu erkunden, die während der ersten paar Sekunden der Urknallexplosion stattfanden.

Pierre Sikivie von der Universität von Florida hatte erstmals hervorgehoben, daß man kosmische Axionen trotz ihrer geringen Wechselwirkung mit Materie durch Mikrowellen-Hohlräume feststellen könnte. In derartigen Hohlräumen können Resonanzschwingungen der elektromagnetischen Strahlung bei Mikrowellenfrequenz entstehen. Ein Hintergrundfeld schwingender Axionen könnte elektromagnetische Strahlung erzeugen, die sich im Prinzip in einem Mikrowellendetektor nachweisen läßt. Wilczek, John Moody von der Universität von Kalifornien in Santa Barbara, Donald E. Morris vom Lawrence Berkeley Laboratorium und ich haben diese Nachweismethode im einzelnen untersucht sowie Verbesserungen und Alternativen vorgeschlagen. Die zur Feststellung kosmischer Axionen erforderliche Empfindlichkeit liegt offenbar nahe an der – sich zudem rasch weiterentwickelnden – Grenze moderner Technologie.

Kandidaten für schwere dunkle Materie wie die Photinos lassen sich auf verschiedene Arten feststellen. Kürzlich haben ich und – unabhängig davon – mehrere andere Forscher die Überlegung beigesteuert, daß Kandidaten für schwere dunkle Materie aus dem galaktischen Halo in den Kernen von Sonne und Erde eingefangen werden könnten, wo sie sich ansammeln würden. Wie spätere Rechnungen zeigten, könnten sie dort mit ihren ebenso eingefangenen Antiteilchen in Vernichtungsreaktionen kollidieren, bei denen leichte Neutrinos produziert würden. Diese anschließend aus dem Erd- oder Sonnenkern entweichenden Neutrinos könnte man prinzipiell mit großen unterirdischen Detektoren messen. Für die Dichten und Massen der Kandidaten für schwere Materie kann man bereits gewisse Obergrenzen setzen; denn würden diese Grenzen nicht gelten, hätte man einen derartigen Fluß leichter Neutrinos wohl bisher schon beobachtet.

Neueren Überlegungen zufolge ließen sich Teilchen schwerer dunkler Materie auch direkt nachweisen – mit Hilfe von Apparaturen, die auf kleinste Energiedepositionen in sehr große Materievolumina reagieren. Ideen für eine Vielzahl neuer Detektoren dieses Typs wurden kürzlich unterbreitet. Eine derartige Apparatur haben beispielsweise Blas Cabrera von der Stanford-Universität, Wilczek und ich entworfen. Ihr Prinzip beruht darauf, geringe Temperaturerhöhungen eines großen Blocks aus ultrakaltem Silicium oder einem anderen reinen kristallinen Material zu messen: Wenn auftreffende Teilchen der dunklen Materie Schallwellen erzeugen, die in regelloser Weise gestreut werden, steigt schließlich die Temperatur. Arbeiten von Cabrera, Barbara Neuhauser und Jeffrey C. Martoff von der Stanford-Universität lassen auch erwarten, daß man die Schallwellen selbst direkt feststellen könnte (Bild 7).

Sogar kosmische Strings lassen sich vielleicht bald nachweisen. Eine Möglichkeit dazu wären direkte Gravitationswirkungen dieser Gebilde auf das Licht ferner Quasare und auf die Mikrowellen-Hintergrundstrahlung. Derart hohe Energiedichte-Konzentrationen wie die von kosmischen Strings sollten relativ starke Gravitationsfelder erzeugen, die Licht beachtlich ablenken können. Eine zweite Möglichkeit liegt darin, Schwerewellen oder andere Strahlung zu messen, die kosmische Strings im Laufe ihrer Entwicklung emittieren sollten.

Künftige Entwicklungen

Die Lösung des Problems der dunklen Materie könnte weitreichenden Einfluß auf viele Gebiete der Physik und Astronomie haben. Es geht um fundamentale Einsichten in der Kosmologie und auch in der Teilchenphysik. Diese Forschungszweige entwickeln sich – oft durch das Provozieren einer lebhaften Debatte im jeweils anderen Gebiet – in gegenseitiger Befruchtung fort.

Man sollte jedoch berücksichtigen, daß die Kosmologie in vieler Hinsicht noch in ihrer Frühphase steckt. So stehen für die Arbeit der Theoretiker relativ wenige Daten aus Beobachtungen oder Experimenten zur Verfügung. Deshalb sind dramatische Veränderungen auf diesem Gebiet nicht ausgeschlossen, und von den heutigen Standard-Lehrmeinungen könnte sich vieles als falsch erweisen. Bezeichnend hierfür ist, daß schon wieder mehrere neue Resultate erschienen sind, während ich diesen Artikel geschrieben habe; jedes von ihnen könnte das gesamte Gebiet der Kosmologie stark beeinflussen.

So ergab die vorläufige Analyse einer tiefen Himmelsdurchmusterung von Margaret J. Geller, John P. Huchra und ihren Mitarbeitern am Harvard Smithsonian Astrophysical Observatory ein wichtiges neues Untersuchungsergebnis (siehe Monatsspektrum, Seite 24, Spektrum der Wissenschaft, April 1986). Demnach scheinen sich nahe Galaxien in filmähnlichen Oberflächen zu sammeln, welche fast sphärische Leerräume umgeben. Diese Struktur ähnelt der von Seifenblasen. Das Ergebnis könnte das Bild der Kosmologen von der großräumigen Struktur des Universums erheblich revidieren, denn es legt nahe, daß diese auch durch andere Kräfte als die der Gravitation bestimmt wird.

Eine andere Entwicklung deuten Arbeiten an, die – unabhängig voneinander – Tremaine (jetzt am Kanadischen Institut für Theoretische Astrophysik) und J. Anthony Tyson von den Bell-Laboratorien durchgeführt haben. Danach sollten Galaxien nicht bis zu beliebig großen Radien gleichmäßig rotieren, sondern außen – bei radialen Abständen von mehr als 30 Kiloparsec langsamer als innen. Das würde bedeuten, daß die Bestandteile der dunklen Materie stärker mit normaler Materie wechselwirken, als man es für kalte dunkle Materie erwartet.

Neuere Daten über die Bewegungen sehr großskaliger Materiestrukturen relativ zum Mikrowellenhintergrund haben schließlich ergeben, daß diese eine gemeinsame, und zwar eine extrem große Driftgeschwindigkeit haben. Keine derzeitige Theorie der großskaligen Struktur kann diese Beobachtung erklären. Neue Messungen ähnlich dieser können, ebenso wie der mögliche direkte Nachweis dunkler Materie, bald das momentan akzeptierte Bild vom Universum revolutionieren.

Der doppelte Beta-Zerfall

Mit großen vereinheitlichten Theorien möchte man sowohl die Bausteine der Atome als auch die Architektur des Weltalls beschreiben. Für die Struktur dieser Theorien ist die Untersuchung des doppelten Beta-Zerfalls, des seltensten aller bisher beobachteten radioaktiven Zerfälle, von grundlegender Bedeutung.

Von Michael K. Moe und Simon Peter Rosen

Oft führt uns die Natur an der Nase herum, wenn wir ihre tiefsten Geheimnisse enträtseln wollen. Erst legt sie einen Hinweis als Köder aus, um unser Interesse zu wekken, und dann spickt sie unseren Weg zur Erkenntnis mit Hindernissen und falschen Fährten. So ist es kürzlich erst nach mehr als fünf Jahrzehnten derart beschwerlicher Wanderung den Experimentalphysikern gelungen, den doppelten Beta-Zerfall direkt nachzuweisen: den seltensten radioaktiven Zerfallsprozeß, der jemals im Labor beobachtet werden konnte. Das Studium dieses Phänomens ist von entscheidender Bedeutung sowohl für die Entwicklung als auch für die Struktur des Universums.

Beim doppelten Beta-Zerfall verwandeln sich gleichzeitig zwei Neutronen in zwei Protonen, zwei Beta-Teilchen (Elektronen) und zwei Antineutrinos (Antimaterie-Gegenstücke des schwer nachweisbaren, elektrisch neutralen und deshalb Neutrino genannten Teilchens). Wonach die Forscher gegenwärtig suchen, ist eine andere Form des doppelten Beta-Zerfalls, bei dem keine Neutrinos oder Antineutrinos entstehen. Falls ein solches Ereignis tatsächlich entdeckt würde, ließe sich damit eines der größten Geheimnisse der Natur enträtseln: Hat das Neutrino eine von null verschiedene Ruhemasse – und wenn ja, wie groß ist sie?

Das Standardmodell der Elementarteilchen und ihrer grundlegenden Wechselwirkungen fordert, daß dieses ungeladene Teilchen masselos sein und immer zusammen mit jedem der beiden Elektronen beim doppelten Beta-Zerfall erscheinen sollte. Aber dieses Modell ist bestenfalls unvollständig. Obwohl es Kräfte richtig beschreibt, die zweien der vier fundamentalen Wechselwirkungen entsprechen (der elektromagnetischen und der schwachen Wechselwirkung), schließt es die zwei verbleibenden (die starke Wechselwirkung und die Gravitation) nicht ein.

Viele Theorien, die über das Standardmodell hinausgehen, fordern eine bestimmte Masse für das Neutrino. Ein doppelter Beta-Zerfall, bei dem keine Neutrinos oder Antineutrinos entstehen, wäre die direkte Konsequenz einer von null verschiedenen Neutrinomasse. Diesen theoretischen Modellen zufolge müßte die Neutrinomasse zwar auch nur weniger als ein Zehntausendstel der Elektronenmasse betragen; da Neutrinos jedoch im Kosmos allgegenwärtig sind, könnten sie trotzdem einen wesentlichen Bestandteil jener dunklen Materie ausmachen, die aufgrund ihrer Gravitationswirkung Einfluß auf die Entwicklung der Galaxien und möglicherweise des gesamten Universums hat (siehe „Dunkle Materie im Universum“ von Lawrence M. Krauss auf Seite 32 in diesem Band).

Natürliche Radioaktivität

Radioaktivität ist eine Folge der Instabilität von Atomkernen. Wenn die Umwandlung eines Neutrons im Kern in ein Proton ein leichteres Atom erzeugt, findet ein einfacher Beta-Zerfall statt, bei dem ein Elektron und ein Antineutrino freiwerden (Bild 2). Die Massendifferenz zwischen Mutter- und Tochteratom bestimmt – nach Albert Einsteins Äquivalenzprinzip von Masse und Energie – die für Elektron und Antineutrino verfügbare Energie. Umgekehrt ist aufgrund der Energieerhaltung kein Beta-Zerfall möglich, wenn die Umwandlung eines Neutrons in ein Proton einen schwereren Tochterkern erzeugen würde.

Das beim Beta-Zerfall aus einem Neutron entstandene zusätzliche Proton ändert die chemischen Eigenschaften des Atoms: Es geht in das Element nächsthöherer Ordnungszahl im Periodensystem über. Die negative Ladung des freigesetzten Elektrons kompensiert die positive des erzeugten Protons, so daß der Grundsatz der Ladungserhaltung erfüllt ist. (Bei dem seltenen umgekehrten Prozeß wird ein Proton in ein Neutron umgewandelt; das Atom wandert im Periodensystem einen Platz zurück, und ein positives Elektron-Gegenstück – ein Positron – wird zusammen mit einem Neutrino emittiert.)

Der doppelte Beta-Zerfall in seiner bisher beobachteten Form hat das gleiche Ergebnis wie zwei aufeinanderfolgende einfache Beta-Zerfälle, die aber in dieser Weise aus energetischen Gründen nicht erlaubt sind: Die Masse des beim ersten Zerfall entstehenden Tochterkerns wäre größer als die des Mutterkerns. Erst das Produkt des zweiten Zerfalls wäre leichter als das Mutteratom (Bild 3).

Aus diesem Grund können die beiden Beta-Zerfälle nur gleichzeitig in einem sogenannten quantenmechanischen Tunnelprozeß ablaufen, bei dem die Energiebarriere des ersten Zerfalls durchdrungen wird. Die Zerfallsprodukte des ersten virtuellen Prozesses treten demnach erst materiell in Erscheinung, wenn auch der zweite Schritt abgeschlossen ist. Beim doppelten Beta-Zerfall entstehen stets zwei Beta-Teilchen: schnelle Elektronen oder Positronen. In der Vergangenheit konnte jedoch nie geklärt werden, ob zusammen mit den Betastrahlen auch stets Neutrinos erscheinen müssen.

Den ersten Hinweis auf die Existenz des Neutrinos lieferte die Beobachtung, daß beim einfachen Beta-Zerfall immer Energie zu fehlen schien. Würde die Massendifferenz zwischen Mutter- und Tochterkern vollständig in Energie der Beta-Teilchen umgewandelt, dann sollten beim Zerfall des gleichen Kerntyps auch die Beta-Energien immer gleich sein.

Die Experimente ergaben jedoch, daß die Elektronen unterschiedliche Energien hatten; sie waren aber stets geringer, als aus dem Äquivalent der Massendifferenz zu erwarten war. Der gebürtige Österreicher Wolfgang Pauli (1900 bis 1958) formulierte auf diese Erkenntnis hin 1930 die Hypothese, daß die Natur nicht wirklich den Energiesatz verletze, sondern ein unbekanntes Teilchen verberge.

Tatsächlich erwies sich ein solches Teilchen dann als der Träger des fehlenden Energieanteils beim Beta-Zer-

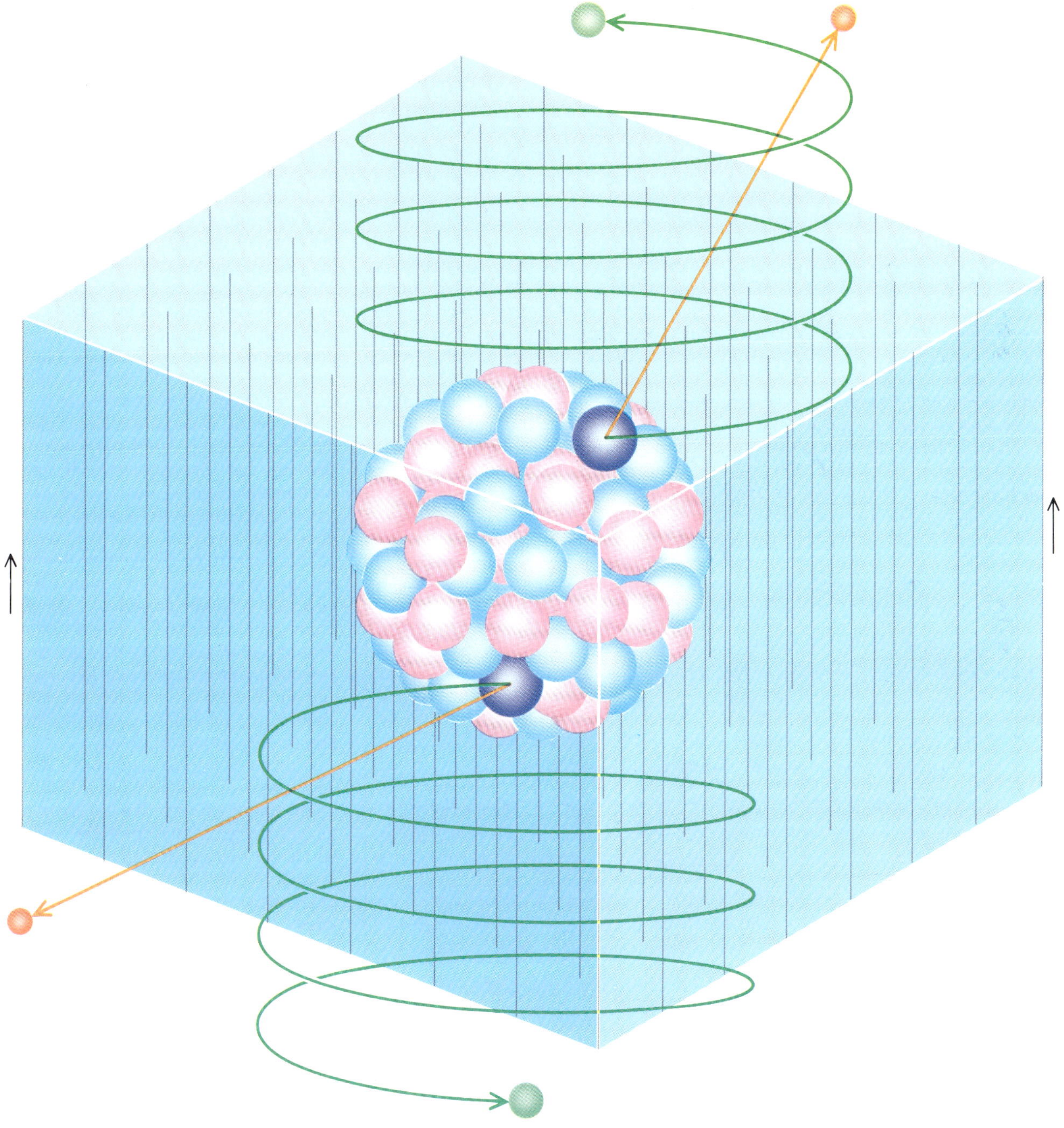

Bild 1: Das kernphysikalische Kennzeichen eines doppelten Beta-Zerfalls geht in dieser Darstellung von einem Selenatom mit 48 Neutronen (blau und violett) und 34 Protonen (rot) aus. Zwei Neutronen (violett) zerfallen gleichzeitig in zwei Protonen und erzeugen dabei zwei Elektronen, sogenannte Beta-Strahlen (grün), und zwei Antineutrinos (orange). Ein äußeres Magntfeld (grau) zwingt die Elektronen auf Spiralbahnen. Die hier gezeigte doppelte Spirale ist ein gut zu beobachtendes Kennzeichen für den doppelten Beta-Zerfall. Das Tochteratom hat zwei Protonen mehr und zwei Neutronen weniger als der ursprüngliche Mutterkern, der mithin von Selen in Krypton umgewandelt ist.

fall. Das Neutrino ließ sich jedoch nicht leicht nachweisen, weil es nur schwach mit Materie wechselwirkt – so schwach, daß es erst 1956 von Clyde L. Cowan jr. und Frederick Reines am Los-Alamos-Nationallaboratorium (New Mexico) beobachtet wurde: Sie konnten einige aus einem Kernreaktor austretende Neutrinos einfangen.

Das Neutrino: sein eigenes Antiteilchen?

Im Standardmodell ist das Neutrino, welches ein negatives Beta-Teilchen begleitet, das Antiteilchen jenes Neutrinos, das zusammen mit einem positiven Beta-Teilchen entsteht (ebenso wie das Positron das Antiteilchen des Elektrons ist). Nach theoretischen Ansätzen, die über das Standardmodell hinausgehen und eine von null verschiedene Masse für das Neutrino fordern, sollte jedoch mit negativer wie mit positiver Beta-Strahlung das gleiche Teilchen emittiert werden: Das Neutrino wäre demnach sein eigenes Antiteilchen. Wie können wir entscheiden, welche dieser Hypothesen korrekt ist?

Der doppelte Beta-Zerfall ist ein idealer Prozeß für die Suche nach einer Lösung dieses Problems. Ist die Ruhemasse des Neutrinos von null verschieden, und ist es sein eigenes Antiteilchen, dann könnte das im ersten Schritt des doppelten Beta-Zerfalls emittierte Neutrino im zweiten Schritt wieder absorbiert werden. Insgesamt würde also in diesem Falle kein Neutrino erzeugt; und man erwartet, daß zumindest bei einigen Zerfallsereignissen die beiden Elektronen allein emittiert und nicht von Neutrinos begleitet werden. Ein Neutrino, das sein eigenes Antiteilchen ist, bezeichnet man nach dem italienischen Physiker Ettore Majorana (1906 bis 1938) als Majorana-Neutrino. Er brachte als erster die Idee von Teilchen ins Spiel, die identisch mit ihren Antiteilchen sind.

Wenn andererseits Neutrino und Antineutrino masselose und unterscheidbare Teilchen sind, kann das im ersten Schritt entstehende Neutrino niemals im zweiten Schritt absorbiert werden. In diesem Falle müssen stets zwei Neutrinos die Elektronen begleiten.

Der doppelte Beta-Zerfall – gleich welcher Art – konnte zunächst nur mit theoretischen Methoden untersucht werden. Die ersten Hinweise auf die reale Existenz dieser Erscheinung lieferte die Natur in den dreißiger Jahren. Damals fand man einige Kandidaten für den Beta-Zerfall in der Erdkruste, obwohl sie schon vor Millionen von Jahren hätten zerfallen müssen.

Der deutsche Physiker Werner Heisenberg (1901 bis 1976) wies seinerzeit darauf hin, daß diese scheinbar stabilen Atomkerne vom „gerade-gerade"-Typ sind: sie bestehen aus einer jeweils geraden Anzahl von Protonen und Neutronen. Die starke Wechselwirkung, die den Kräften im Atomkern zugrunde liegt, bindet Paare identischer Nukleonen (Protonen und Neutronen) fester aneinander als Paare ungleicher Nukleonen. Da jedes Nukleon in einem gerade-geraden Kern ein Paar mit einem gleichartigen Nukleon bilden kann, sind solche Kerne stabiler als im Periodensystem der Elemente benachbarte ungerade-ungerade Kerne mit gleicher Gesamtzahl von Nukleonen, aber ungerader Protonen- und Neutronenzahl.

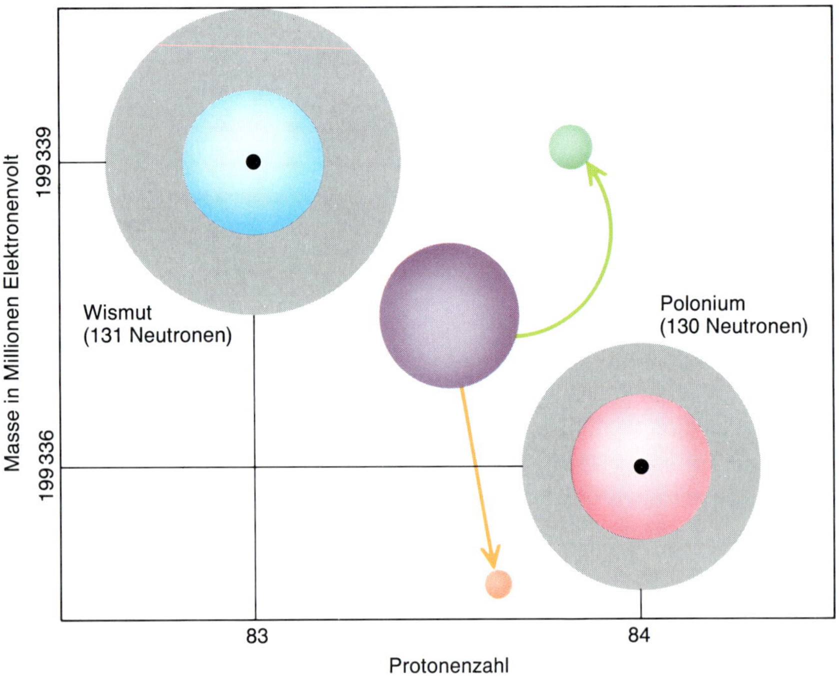

Bild 2: Bei einem einfachen Beta-Zerfall kann das Isotop Wismut-214 in Polonium-214 umgewandelt werden. Dabei zerfällt ein Neutron in ein Proton sowie ein Elektron und ein Antineutrino, die beide emittiert werden. Die Nukleonenzahl – die Summe aus der Anzahl der Protonen und Neutronen – bleibt gleich, aber der Masseverlust bei dem Zerfallsprozeß steht den emittierten Teilchen – Elektron und Antineutrino – als Energie zur Verfügung.

Beispielsweise sind die 34 Protonen und 48 Neutronen des Isotops Selen-82 stärker gebunden als die 35 Protonen und 47 Neutronen des Isotops Brom-82. (Elemente werden nach ihren chemischen Eigenschaften unterschieden, die mit der Anzahl von Protonen – der Kernladungszahl – zusammenhängt. Verschiedene Isotope eines Elements weisen die gleiche Anzahl von Protonen auf, unterscheiden sich jedoch in der Neutronenzahl; sie werden durch die Gesamtzahl der Nukleonen im Kern charakterisiert.)

Nun ist die Masse eines Kerns gleich der Masse seiner Nukleonen vermindert um das Massenäquivalent seiner Bindungsenergie – das ist die Energie, die man benötigt, um ihn in seine Bestandteile zu zerlegen. Ein stärker gebundener Kern ist deshalb leichter als ein weniger stark gebundener Kern gleicher Nukleonenzahl. Obwohl Brom-82 ein Neutron weniger und ein Proton mehr als Selen-82 hat, sollte aufgrund dieses Arguments kein radioaktiver Zerfall von Selen zu Brom stattfinden, da Selen-82 der leichtere von beiden Atomkernen ist.

Dieses Stabilitätsargument stellte aber nicht die ganze Lösung dar. Es kommt nämlich vor, daß ein bestimmter gerade-gerader Kern zwar leichter ist als der benachbarte ungerade-ungerade Kern (der ein Proton mehr und ein Neutron weniger hat), aber dafür schwerer als der nächstliegende gerade-gerade Kern (der zwei Protonen mehr und zwei Neutronen weniger aufweist).

So ist Selen-82 zwar leichter als Brom-82, aber schwerer als Krypton-82 (36 Protonen und 46 Neutronen). In diesem Falle sollte, obwohl der Beta-Zerfall von Selen nach Brom energetisch verboten ist, ein doppelter Beta-Zerfall von Selen zu Krypton tatsächlich stattfinden (Bild 1).

Im Jahre 1935 berechnete Maria Goeppert-Mayer von der Johns-Hop-

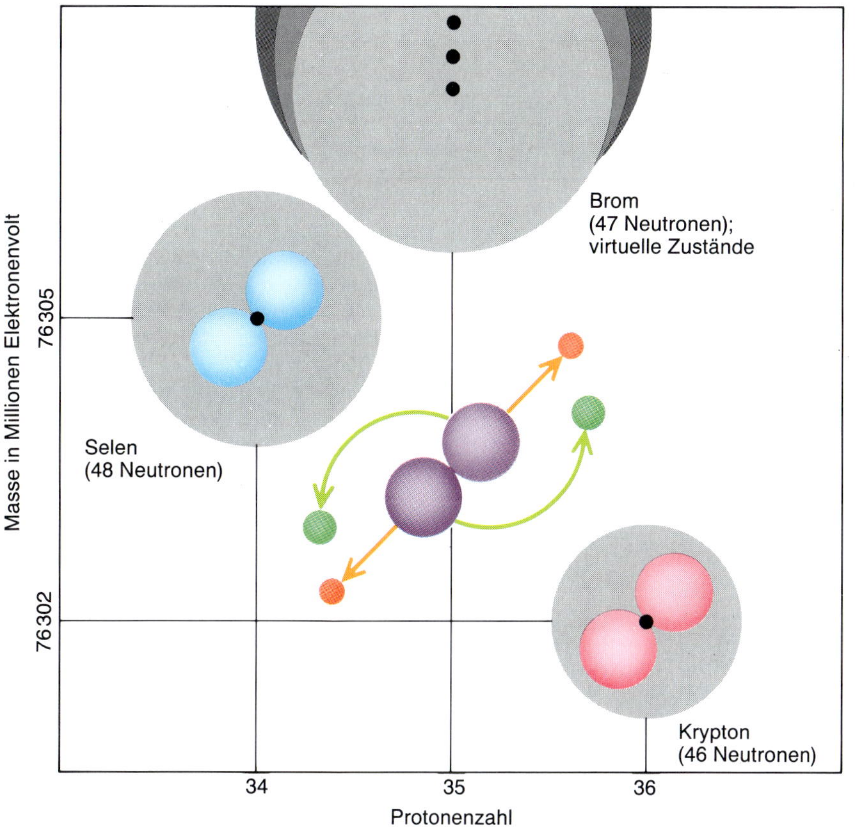

Bild 3: Der doppelte Beta-Zerfall von Selen-82 zu Krypton-82 verläuft über Brom-82. Wie bei jedem doppelten Beta-Zerfall ist das Mutterisotop schwerer als das Endprodukt, aber beide sind leichter (haben weniger Energie) als der Zwischenzustand. Der einfache Beta-Zerfall von Selen nach Brom ist energetisch verboten, aber der doppelte Beta-Zerfall über einen sogenannten virtuellen Zwischenzustand im Brom nach Krypton ist aufgrund des quantenmechanischen Unschärfeprinzips erlaubt. Der Endzustand von Krypton schließlich ist nach der Umwandlung von zwei Neutronen in Protonen unter Emission von zwei Elektronen und normalerweise (vielleicht stets) zwei Antineutrinos erreicht.

kins-Universität in Baltimore (Maryland) auf Anregung ihres Kollegen Eugene P. Wigner von der Princeton-Universität in New Jersey die Halbwertszeit für den doppelten Beta-Zerfall – den Zeitraum, in dem die Hälfte der Atome eines bestimmten Isotops auf diese Weise zerfallen sind.

Bei dem von ihr angenommenen Mechanismus zerfallen zwei Neutronen im Atomkern gleichzeitig in zwei Protonen; dabei emittieren sie zwei Elektronen und zwei Antineutrinos. Die Entstehung der beiden Protonen schiebt das Tochteratom im Periodensystem der Elemente zwei Plätze höher (mit der Protonenzahl erhöht sich die Kernladungszahl um zwei). Maria Goeppert-Mayer errechnete eine Halbwertszeit von mehr als 10^{17} Jahren, ein selbst auf der geologischen Zeitskala extrem langer Zeitraum. Diese Seltenheit von doppelten Beta-Zerfällen wäre eine Erklärung für das ursprüngliche Rätsel, weshalb noch immer einige instabile Isotope auf der Erde existieren.

Nachweismethoden

Diese Rechnung allein reichte jedoch wiederum nicht aus, die Existenz des doppelten Beta-Zerfalls zu beweisen. Man sann deshalb über experimentelle Methoden nach, mit denen sich der doppelte Beta-Zerfall nachweisen ließe.

Die vorhergesagte Halbwertszeit für diesen Prozeß war allerdings viel zu lang, als daß auch nur ein Experimentator daran gedacht hätte, sie direkt im Labor zu messen. Man erkannte jedoch, daß sich möglicherweise indirekte Beweise für den doppelten Beta-Zerfall finden ließen, indem man die Häufigkeit der charakteristischen Zerfallsprodukte in geologisch alten Mineralien bestimmte, in denen das jeweilige Mutterelement häufig vorkommt. Normalerweise würde zwar die kaum meßbare Zunahme der Tochteratome von der großen Zahl gleicher Atome überdeckt, die bereits seit Bildung des Gesteins vorhanden sind. Edelgasatome kristallisierten jedoch wegen ihrer leichten Flüchtigkeit und chemischen Passivität größtenteils nicht in den Mineralien aus, so daß jedes durch radioaktiven Zerfall neu in der Probe gebildete Edelgasatom die sehr niedrige natürliche Häufigkeit dieses Gases erhöhen würde. Glücklicherweise gibt es unter den Kandidaten für den doppelten Beta-Zerfall auch solche Isotope, deren Tochterkerne tatsächlich Edelgase sind.

Der doppelte Beta-Zerfall von Selen-82 ergibt, wie oben erläutert, das Edelgas Krypton; der von Tellur-128 und Tellur-130 erzeugt das Tochterelement Xenon, ebenfalls ein Edelgas. In Mineralien, die Selen und Tellur enthalten, sollten sich demnach im Laufe der Zeit Krypton und Xenon anreichern. Es war klar, daß die im Laufe der milliardenjährigen Geschichte eines Minerals gebildeten Gasmengen sehr gering sein würden – weniger als ein Teil in hundert Millionen (ein hunderttausendstel Promille), wenn die Goeppert-Mayerschen Vorhersagen im wesentlichen richtig wären.

Michael G. Inghram und John H. Reynolds, beide von der Universität Chicago, entwickelten 1949 eine Technik zur Untersuchung fossiler Gase, die in urzeitlichen tellur- und selenhaltigen Erzen eingeschlossen waren. Sie leiteten die Gase in ein Massenspektrometer und konnten so ihre Zusammensetzung bestimmen.

Nach einer Verfeinerung dieser geochemischen Methode gelang es 1968 Till Kirsten, jetzt am Max-Planck-Institut für Kernphysik in Heidelberg, Oliver A. Schaefer von der State University von New York in Stony Brook sowie Elinor F. Norton und Raymond W. Stoenner vom Brookhaven-Nationallaboratorium auf Long Island (New York), einen Überschuß von Xenon-130 in 1,3 Milliarden Jahre altem Tellurerz eindeutig nachzuweisen. Das war der erste unzweifelhafte Beweis für das Vorkommen des doppelten Beta-Zerfalls.

Aus dem Alter der Probe und dem Bruchteil des zu Xenon zerfallenen Tellurs ließ sich auch die Halbwertszeit des doppelten Beta-Zerfalls in Tellur-130 bestimmen. Dieses geochemische Experiment war jedoch in zweierlei Hinsicht problematisch: Zum einen konnten geringe Mengen Xenon in anderen Prozessen als dem doppelten Beta-Zerfall entstanden sein; und zum anderen konnte ein Teil des Xenons verlorengegangen sein – etwa aufgrund langsamer Diffusion oder infolge rascher geologischer Prozesse, bei denen das Erz erhitzt worden war. Die Geochemiker konnten zwar Gründe angeben, weshalb sie

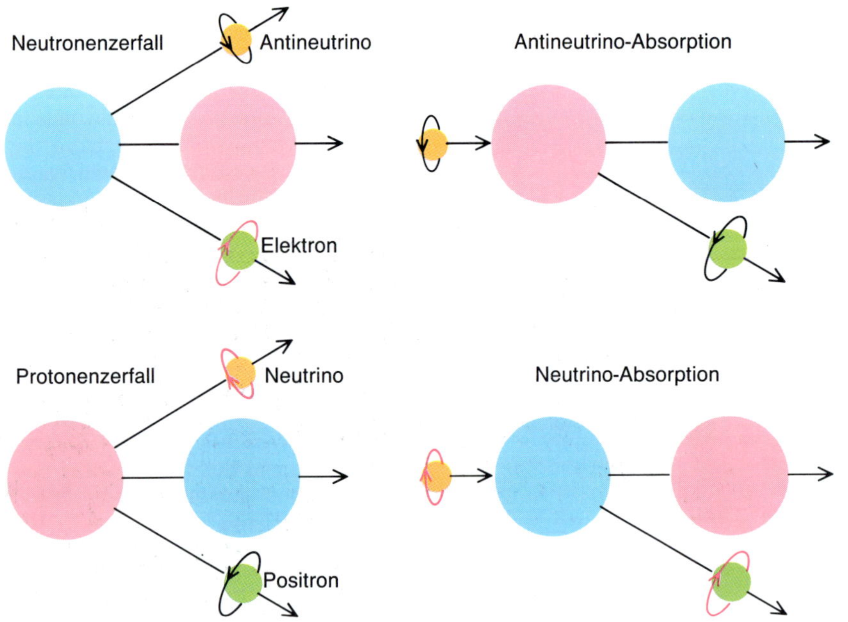

Bild 4: Für die Emission und Absorption von Neutrinos gibt es bestimmte Regeln, die sich aus Experimenten und dem Standardmodell ergeben. Wandelt sich ein Neutron (oben links) in einem Atomkern in ein Proton um, so strahlt es ein Elektron und ein rechtshändiges Antineutrino aus. (Ein rechtshändiges Teilchen rotiert von hinten gesehen im Uhrzeigersinn um die eigene Achse.) Bildet sich aus einem Proton (unten links) ein Neutron, so wird ein Positron und ein linkshändiges Neutrino emittiert. Ein Proton (oben rechts) kann nur ein rechtshändiges Antineutrino absorbieren (woraufhin es sich in ein Neutron umwandelt). Ein Neutron (unten rechts) kann nur ein linkshändiges Neutrino absorbieren.

diese Einwände nicht für schwerwiegend hielten, aber es blieben doch Zweifel bestehen.

Neutrinoloser Zerfall?

Vier Jahre nachdem Maria Goeppert-Mayer die theoretischen Halbwertszeiten veröffentlicht hatte, erwog Wendell H. Furry von der Harvard-Universität in Cambridge (Massachusetts) 1939 die Möglichkeit, daß ein doppelter Beta-Zerfall ohne die Emission von Neutrinos stattfinden könnte. Obwohl Energie- und Impulserhaltung für den einfachen Beta-Zerfall die Emission eines Neutrinos erforderten, existierten für den Doppelprozeß keine derartigen Bedingungen: Energie und Impuls könnten auch erhalten bleiben, wenn nur zwei Elektronen freigesetzt würden.

Furry erkannte, daß der neutrinolose doppelte Beta-Zerfall und der Zerfall mit zwei Neutrinos miteinander konkurrieren könnten, falls die Neutrinos mit ihren Antiteilchen identische Majorana-Teilchen wären. Seine Abschätzung ergab, daß der neutrinolose Prozeß etwa eine Million Mal häufiger stattfinden sollte als der Zerfall mit zwei Neutrinos. Selbst dann betrüge die Halbwertszeit aber noch etwa 100 Milliarden Jahre, und der doppelte Beta-Zerfall wäre immer noch ein so seltenes Ereignis, daß man die offensichtliche Stabilität der gerade-geraden Kerne erklären könnte.

Es schien, daß man aufgrund des großen Unterschiedes der für die beiden Zerfallsmechanismen vorhergesagten Halbwertszeiten entscheiden können sollte, ob der neutrinolose Prozeß tatsächlich vorkam. Edward L. Fireman von der Princeton-Universität machte sich 1948 an diese schwierige Aufgabe. Er verwendete zwei Zinnproben, von denen eine künstlich mit dem Isotop Zinn-124 – einem Kandidaten für den doppelten Beta-Zerfall – angereichert, die andere bezüglich dieses Isotops abgereichert war.

Fireman stellte jede Probe zwischen ein Paar von Geiger-Müller-Zählrohren (Geigerzählern), so daß jede Röhre eines der beiden Elektronen aus dem doppelten Beta-Zerfall registrieren konnte. Folglich mußte immer dann in beiden Röhren gleichzeitig ein Zählimpuls ausgelöst werden, wenn sich ein doppelter Beta-Zerfall ereignete. Er stellte fest, daß bei der angereicherten Probe deutlich mehr simultane Signale auftraten als bei der verarmten. Aus seinen Meßdaten berechnete er eine Halbwertszeit, die wesentlich näher an dem von Furry angegebenen Wert als an dem von Maria Goeppert-Mayer lag. Daraus schloß Fireman, daß er den neutrinolosen Prozeß beobachtet hatte.

Die Aufregung, die sein Ergebnis hervorrief, klang jedoch rasch wieder ab. Wenige Jahre später durchgeführte Versuche – darunter auch solche von Fireman selbst – konnten den ursprünglichen Schluß nicht bestätigen, daß die Beobachtungen als Folge des doppelten Beta-Zerfalls zu interpretieren wären. Fireman deutete schließlich an, daß seine Messungen wahrscheinlich durch Spuren einer radioaktiven Verunreinigung in der mit Zinn-124 angereicherten Probe verfälscht worden waren.

Bis vor zwei Jahren waren alle Versuche, den doppelten Beta-Zerfall direkt nachzuweisen, aufgrund der gleichen Schwierigkeiten zum Scheitern verurteilt, denen sich schon Fireman gegenübergesehen hatte. Spuren radioaktiver Elemente selbst in so winzigen Konzentrationen wie einem Teil pro Milliarde überdeckten die eigentlich bedeutsamen Ereignisse in Quellen für den doppelten Beta-Zerfall, weil die Halbwertszeit für diesen Vorgang – sogar nach optimistischen Schätzungen – mindestens eine Milliarde Mal länger war als die gewöhnlicher radioaktiver Zerfallsprozesse.

Die Hindernisse, mit denen die Natur den Experimentatoren den Weg verstellt hatte, sollten bald von einem noch schwerwiegenderen Problem überschattet werden. Im Jahre 1957 führte Chien-Shiung Wu mit ihren Mitarbeitern an der Columbia-Universität in New York und ihren Kollegen am National Bureau of Standards in Boulder (Colorado) ein Experiment durch, das auf theoretischen Arbeiten von Chen Ning Yang vom Institute for Advanced Study in Princeton und Tsung-Dao Lee von der Columbia-Universität aufbaute. Die Ergebnisse ließen später Zweifel an der bloßen Existenz des neutrinolosen Mechanismus aufkommen. In diesem Experiment und anderen wurde bald deutlich, daß alle Antineutrinos aus dem einfachen Beta-Zerfall mit der gleichen Händigkeit hervorgehen (siehe „Verletzung der *CP*-Invarianz“ von Robert K. Adair, Spektrum der Wissenschaft, April 1988).

Aus dieser Entdeckung ergaben sich für die Physik und speziell für den doppelten Beta-Zerfall Folgerungen, die mit den grundlegenden Eigenschaften bestimmter Elementarteilchen zusammenhängen.

Neutrinos, Elektronen, Protonen und Neutronen sind Teilchen mit Spin: Sie sind gewissermaßen kleine Miniaturkreisel, die um eine Achse rotieren, während sie sich durch den Raum und innerhalb der Atome fortbewegen. Der Kreisel hat zwei mögliche Orientierungen: Bewegt er sich vom Beobachter weg, so kann er entweder im oder gegen den Uhrzeigersinn rotieren. Genauer gesagt zeigt der Vektor, der den Spin beschreibt, bei Drehung im Uhrzeigersinn – im rechtshändigen Falle (der Drehsinn ist rechtsherum) – in die gleiche Richtung wie der Vektor, der die Bewegung oder den Impuls beschreibt; im linkshändigen Falle zeigt der Spinvektor in die entgegengesetzte Richtung wie der Impulsvektor. Deshalb können Teilchen wie Elektronen oder Neutrinos entweder rechts- oder linkshändig sein.

Bei einigen Wechselwirkungen ist die Erzeugung eines rechtshändigen Teilchens gleich wahrscheinlich wie die eines linkshändigen: Was sich rechtsherum dreht, kann sich ebensogut linksherum drehen. Wenn die Wahrscheinlichkeit für die beiden Möglichkeiten gleich groß ist, sagt man, daß die Parität bei diesem Prozeß erhalten bleibt.

Paritätsverletzung beim Beta-Zerfall

Chien-Shiung Wu entdeckte nun in ihrem bahnbrechenden Experiment, daß die Parität beim einfachen Beta-Zerfall nicht erhalten ist. Ihre Arbeiten waren der Ausgangspunkt weiterer Untersuchungen; sie zeigten, daß ein Antineutrino, welches zusammen mit einem negativen Beta-Teilchen (Elektron) entsteht, immer rechtshändig ist. Analog dazu ist das Neutrino, das mit einem positiven Beta-Teilchen (einem Positron) erzeugt wird, immer linkshändig. Wäre die Parität beim Beta-Zerfall eine Erhaltungsgröße, so wäre das Auftreten von rechts- und linkshändigen Konfigurationen bei beiden Zerfallsarten gleich wahrscheinlich.

Die Entdeckung der Paritätsverletzung beim Beta-Zerfall bedeutete, daß der neutrinolose doppelte Beta-Zerfall äußerst unwahrscheinlich sein müßte. Zu diesem Schluß kamen die Theoretiker bei der Untersuchung verschiedener Modelle für den neutrinolosen Mechanismus.

Bei diesem Prozeß entstehen, wie Furry postuliert hatte, nur zwei Elektronen. (Die Entstehung von zwei Positronen ist zwar auch möglich, aber man erwartet, daß dies noch viel seltener ist.) Im ersten Schritt des neutrinolosen Mechanismus emittiert ein Neutron ein Elektron und ein rechtshändiges Antineutrino, das im Kern absorbiert werden muß (Bild 4). Alle experimentellen Befunde deuten nun darauf hin, daß ein rechtshändiges Antineutrino nur von einem Proton absorbiert werden kann. Geschieht das, so emittiert das Proton ein Positron und wird auf diese Weise zu einem Neutron. Insgesamt ergäbe sich somit kein doppelter Beta-Zerfall, weil das Produkt den gleichen Kern hat wie das Ausgangsatom – und damit auch die gleiche Masse.

Könnte das rechtshändige Antineutrino sich jedoch in ein linkshändiges Neutrino umwandeln, so könnte es von einem Neutron absorbiert werden. Das Neutron könnte sich dann unter Aussenden eines zweiten Elektrons in ein Proton umwandeln, ohne daß dabei ein Neutrino entstünde. Im Effekt würde man also zwei Neutronen beobachten, die in zwei Protonen zerfallen und dabei zwei Elektronen aussenden, aber keine Neutrinos.

In der Theorie von Furry gibt es einen Mechanismus für die Antineutrino-Neutrino-Umwandlung, weil sie die Neutrinos als Majorana-Teilchen beschreibt. Die Unterscheidung, die man normalerweise zwischen Neutrinos und Antineutrinos macht, ist möglicherweise künstlich und nur in der unterschiedlichen Händigkeit begründet, mit der diese Teilchen bei verschiedenen Prozessen entstehen. Angesichts der beobachteten definitiven Rechts- oder Linkshändigkeit schien jedoch der neutrinolose Mechanismus verboten zu sein – unabhängig davon, ob das Neutrino ein Majorana-Teilchen ist oder nicht. An diesem Punkt gab man die meisten Experimente zum doppelten Beta-Zerfall auf.

Im Laufe der Weiterentwicklung der Theorie Ende der siebziger Jahre erhielt dann jedoch der Gedanke zunehmende Unterstützung, daß Neutrinos eine endliche (von null verschiedene) Ruhemasse haben. In einem solchen Fall käme man aus der Sackgasse der Händigkeit wieder heraus, die zufolge der Theorie die Existenz eines neutrinolosen doppelten Beta-Zerfalls ausgeschlossen hatte. Die aufgrund der Neutrinomasse erlaubte Zerfallsrate wäre zwar viel geringer als gemäß Furrys ursprünglicher Vorhersage; der Zerfall könnte jedoch auf einem sehr niedrigen Niveau ablaufen, das vom Wert der Neutrinomasse bestimmt wäre (Bild 5).

Die Suche nach dem neutrinolosen doppelten Beta-Zerfall entpuppte sich damit als grundlegender Test für die Masse der Neutrinos und für die Existenz von Majorana-Neutrinos. Das war Anlaß genug, wieder experimentell und theoretisch verstärkt tätig zu werden.

Der Zusammenhang zwischen Neutrinomasse und Händigkeit ergibt sich

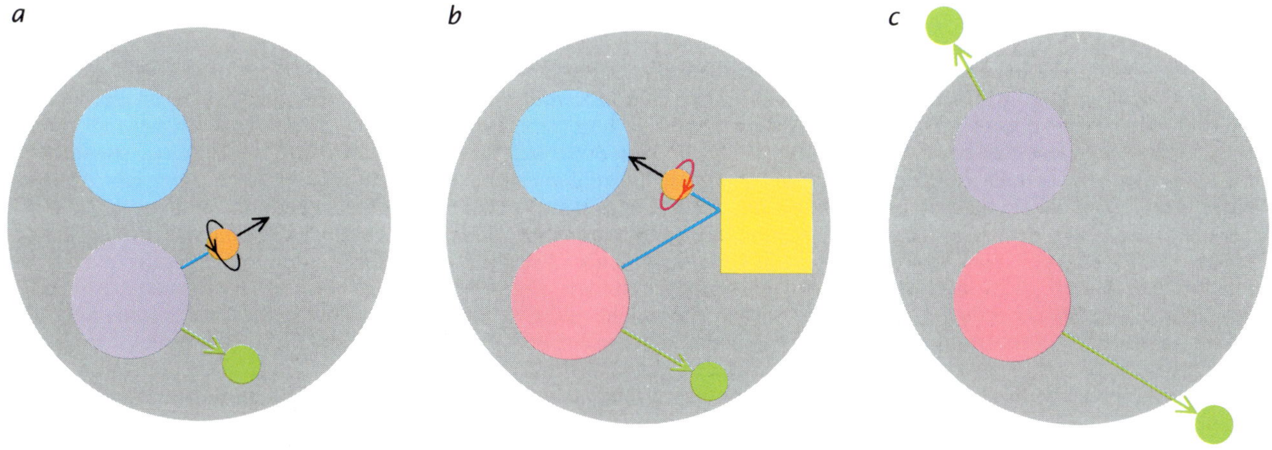

Bild 5: Der neutrinolose doppelte Beta-Zerfall ist theoretisch erlaubt, falls das Neutrino eine endliche (von null verschiedene) Masse hat. Ein Neutron in einem Kern (*a*) würde ein rechtshändiges Antineutrino und ein Elektron emittieren. In einem sehr seltenen Prozeß (gelber Kasten) könnte sich das Antineutrino in ein linkshändiges Neutrino umwandeln (*b*), das dann von einem Neutron absorbiert wird. Die Absorption (*c*) würde die Emission eines Elektrons auslösen. Ein Beobachter würde die Emission von zwei Elektronen registrieren, jedoch keine Neutrinos.

aus der Speziellen Relativitätstheorie. Sie besagt, daß sich ein masseloses Teilchen immer mit Lichtgeschwindigkeit fortbewegt – es gibt also kein Bezugssystem, in dem das Teilchen in Ruhe wäre. Daraus folgt, daß ein masseloses Teilchen niemals zum Stillstand kommen und sich in die entgegengesetzte Richtung wieder in Bewegung setzen kann, also keinesfalls seine Händigkeit umzukehren vermag.

Die Rolle der Neutrinomasse

Ein Teilchen mit nicht verschwindender Ruhemasse kann sich demgegenüber niemals exakt mit Lichtgeschwindigkeit bewegen. Man kann es zum Stillstand bringen und seine Bewegungsrichtung umkehren, ohne seine Spinrichtung zu ändern. Deshalb könnte die beim neutrinolosen doppelten Beta-Zerfall erforderliche Umwandlung von Rechts- in Linkshändigkeit stattfinden, falls die Ruhemasse der Neutrinos von null verschieden ist.

Die Notwendigkeit der Transformation von Rechts- zu Linkshändigkeit ließe sich indes auch umgehen, wenn nicht alle Beta-Zerfallsarten den Regeln für die Händigkeit unterliegen, die für die Emission und Absorption von Neutrinos zu gelten scheinen. In Experimenten lassen sich Spin- und Impulsvektoren nur mit begrenzter Genauigkeit bestimmen. Es ist deshalb möglich, daß in seltenen Fällen beim Zerfall eines Neutrons anstelle eines gewöhnlichen rechtshändigen ein linkshändiges Majorana-Neutrino entsteht. Außerdem könnte ein Neutron manchmal anstelle eines gewöhnlichen linkshändigen ein rechtshändiges Majorana-Neutrino absorbieren.

Doch auch diese denkbaren Verletzungen der Regeln für Absorption und Emission von Neutrinos erfordern eine von null verschiedene Neutrinomasse. Daraus scheint sich zu ergeben, daß die endliche Neutrinomasse eine notwendige Voraussetzung für einen neutrinolosen doppelten Beta-Zerfall ist und daß umgekehrt aus der Beobachtung eines solchen Zerfalls gefolgert werden muß, daß das Neutrino eine Masse hat.

Bisher ließ sich der neutrinolose doppelte Beta-Zerfall nicht nachweisen. Fortschritte bei der Lösung des äußerst schwierigen Problems, doppelte Beta-Zerfälle von Hintergrundereignissen zu unterscheiden, haben jedoch den direkten Nachweis des Zwei-Neutrino-Zerfalls ermöglicht: Darüber berichteten 1987 Steve R. Elliott, Alan A. Hahn und einer von uns (Moe), als diese Gruppe an der Universität von Kalifornien in Irvine erste Ergebnisse an einer Selen-82-Probe erzielt hatte (siehe „Erster direkter Nachweis des doppelten Beta-Zerfalls“ von Georg Wolschin, Monatsspektrum, Spektrum der Wissenschaft, Februar 1988).

Dieses Element wurde ausgewählt, weil seine Zerfallsenergie größer als die der meisten anderen Kandidaten ist und geochemische Messungen ergeben hatten, daß seine Halbwertszeit relativ kurz ist. Weil die natürliche relative Häufigkeit des Isotops Selen-82 nur 9 Prozent ist, wurde eine auf 97 Prozent Selen-82 angereicherte Probe verwendet, um mehr Ausgangsmaterial für den doppelten Beta-Zerfall zur Verfügung zu haben und das Verunreinigungsrisiko möglichst zu reduzieren.

Die Probe wurde in eine sogenannte Zeitprojektionskammer gebracht (Bild 6), die mit Gas gefüllt war und in einem starken Magnetfeld stand. Beta-Teilchen ionisierten das Gas beim Durchlaufen der Kammer und hinterließen Spuren, die sich mit Sensoren aufzeichnen ließen. Das Magnetfeld zwang die Elektronen auf gekrümmte Flugbahnen, aus denen sich ihre Bewegungsrichtung ablesen ließ. Die bei jedem doppelten Beta-Zerfall entstandenen zwei Elektronen mußten sich spiralförmig von der Selenprobe wegbewegen und so eine charakteristische Spur in der Kammer erzeugen.

Die Einzigartigkeit der Spur eines doppelten Beta-Zerfalls war außerordentlich hilfreich beim Aussortieren der Hintergrundsignale. Einzelne Elektronen aus der Selenprobe konnten kein solches Doppelereignis vortäuschen, weil sie nur eine Spiralbahn hervorriefen. Ein Elektron und ein Positron – ein Paar, das entsteht, wenn Gammastrahlen auf die Probe treffen – lieferten zwar eine Doppelspirale, aber die Spur des Positrons war in der falschen Richtung gekrümmt. Zwei Elektronen, die gleichzeitig an verschiedenen Stellen der Probe emittiert wurden, konnte man ebenfalls leicht identifizieren. Die Sensoren hätten mithin nur dann einen doppelten Beta-Zerfall fälschlich anzeigen können, wenn zwei Elektronen aus zwei Zerfallsprozessen an der gleichen Stelle der Probe emittiert worden wären.

Außer beim gesuchten doppelten Beta-Zerfall geschieht dies jedoch auch bei einem anderen Prozeß: Beim einfachen Beta-Zerfall bleibt der Tochterkern häufig in einem angeregten Zustand. Die Überschußenergie wird gewöhnlich in Form von Gamma-Strahlung abgegeben. Manchmal wird sie jedoch auf eines der Bahnelektronen des Atoms übertragen, bevorzugt in schweren Atomen wie den Zerfallsprodukten von Uran und Thorium. In einem solchen Falle werden zwei Elektronen aus einem einzigen Atom emittiert: das Beta-Teilchen und das ausgestoßene Bahnelektron. Ein solches Teilchenpaar imitiert nahezu perfekt einen doppelten Beta-Zerfall.

Glücklicherweise zerfallen die meisten Produkte des Uran- und Thoriumzerfalls weiter in andere Elemente; nach einer Weile emittieren sie andere Teilchen, die zur Identifikation des ursprünglichen Zerfalls dienen können. Bei Wismut-214 beispielsweise, einer Spurenverunreinigung, die hervorragende Imitationen des doppelten Beta-Zerfalls liefert, braucht man nicht sehr lange zu warten: Innerhalb von einer Millisekunde emittiert das Tochterprodukt von Wismut-214 ein Alpha-Teilchen, das aus zwei Protonen und Neutronen besteht und somit das falsche Ereignis signalisiert.

Alpha-Teilchen, die dichte, gerade Spuren im Gas der Kammer hinterlassen, haben ein sehr geringes Durchdringungsvermögen – ein Stück Papier bringt sie bereits zum Stillstand. Deshalb mußten wir eine sehr dünne Selenprobe verwenden, so daß die Alpha-Teilchen in die Kammer gelangen und die falschen Ereignisse registriert werden konnten. Diese Anforderung begrenzte unglücklicherweise die Masse der Probe und damit die Nachweisempfindlichkeit des Experiments.

Die gesamte Apparatur war von dikken Bleiwänden umgeben, mit denen wir die Kammer gegen die natürliche Gammastrahlung der Betonwände des Labors abschirmten. Weil das Blei die Kammer jedoch nicht vor der kosmischen Strahlung schützte, löste diese durchschnittlich 40 Ereignisse pro Sekunde im Füllgas der Kammer aus. Ein zusätzlich eingebauter Detektor für kosmische Strahlung sorgte deshalb mit einem sogenannten Veto-Puls dafür, daß diese Signale nicht aufgenommen wurden. Obwohl auf diese Weise die Auswirkungen der kosmischen Strahlung weitgehend unterdrückt werden konnten, registrierte die Kammer noch etwa alle drei Sekunden eine Spur.

In der Fülle solcher Hintergrundereignisse zeigte ungefähr eine von 90000 Spuren die Charakteristik eines doppelten Beta-Zerfalls (eine Spur alle drei Tage). Ein spezielles Computerprogramm zur Datenanalyse wurde geschrieben, um diese seltenen Ereignisse aufzuspüren. Die Wissenschaftler überprüften die vom Computer getroffene Auswahl noch einmal und berechneten die Energien der einzelnen Elektronen.

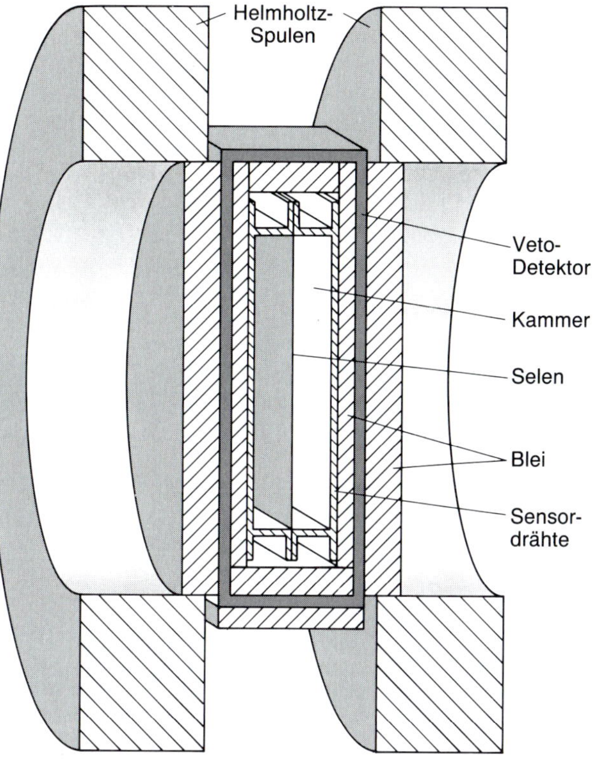

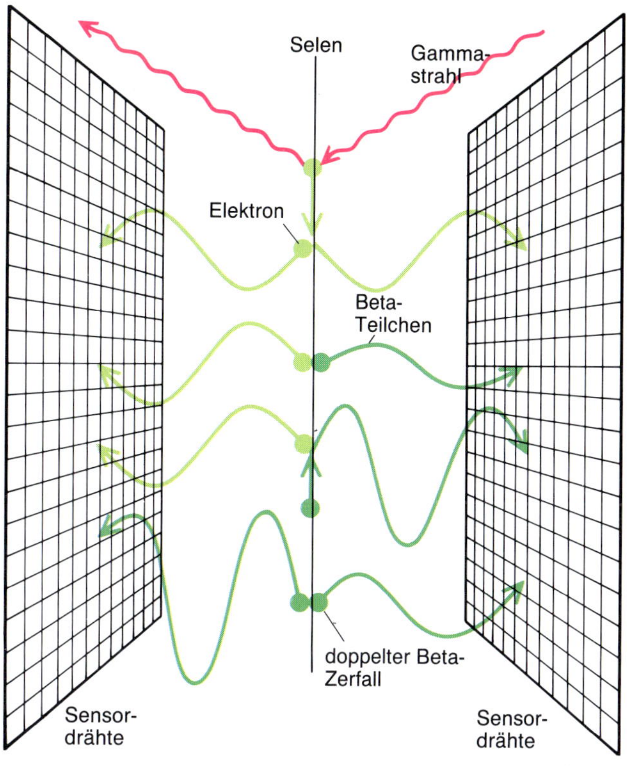

Bild 6: Die Zeitprojektionskammer (links) lieferte den ersten direkten Nachweis des doppelten Beta-Zerfalls. In ihr wurden die Bahnen der emittierten Elektronen registriert. Eine Probe Selen-82 ist im Zentrum des Detektors montiert, der sich in einer mit Helium gefüllten Kammer befindet. Ein Bleigehäuse schirmt die Kammer gegen radioaktive Strahlung von außen ab, und ein sogenannter Veto-Detektor scheidet alle Ereignisse aus, die mit einfallenden kosmischen Strahlen zusammenhängen. Eine Helmholtz-Spule erzeugt ein Magnetfeld, das die Elektronen der Beta-Strahlen auf spiralförmige Bahnen zwingt. Auf seiner Bahn durch das Helium ionisiert das Beta-Teilchen die Gasatome. Ein elektrisches Feld läßt die dabei erzeugten freien Elektronen zu Sensorendrähten driften, mit denen Ankunftszeit und -ort registriert werden. Das Muster der freien Elektronen wird dann ausgewertet und erlaubt die Rekonstruktion ihrer spiralförmigen Bahnen. Aus deren Umfang und Steigung läßt sich die Energie der Beta-Teilchen berechnen. Das Kennzeichen für den doppelten Beta-Zerfall (Ereignis rechts unten) kann allerdings durch relativ seltene Hintergrundereignisse vorgetäuscht werden, die oberhalb des gesuchten Ereignisses gezeigt sind. Das vorgetäuschte Zerfallsereignis wird jedoch erkannt, wenn ein dabei gebildeter radioaktiver Tochterkern an gleicher Stelle weiter zerfällt.

Etwa ein Jahr lang sammelte die Forschungsgruppe mit Hilfe der Zeitprojektionskammer Daten, um die Halbwertszeit des doppelten Beta-Zerfalls zu bestimmen und festzustellen, welcher der beiden Mechanismen beobachtet wurde. In diesem Zeitraum hatte man eine ausreichende Anzahl von doppelten Beta-Zerfällen analysiert, um sich eine Vorstellung vom zugehörigen Energiespektrum machen zu können – dafür wird die Anzahl der doppelten Beta-Zerfälle als Funktion der Gesamtenergie der beiden Elektronen aufgetragen.

Bestimmung der Halbwertszeit

Im Falle des Zwei-Neutrino-Mechanismus war ein relativ breites Spektrum zu erwarten, weil sich die Energie bei jedem Zerfall unterschiedlich auf die Elektronen und Neutrinos verteilen würde. Beim neutrinolosen Mechanismus müßten die beiden Elektronen die gesamte Zerfallsenergie übernehmen, so daß das Energiespektrum eine deutliche scharfe Linie zeigen sollte (Bild 7 links).

Das Energiespektrum enthüllte nur die Existenz des Zwei-Neutrino-Mechanismus; eine Linie vom neutrinolosen doppelten Beta-Zerfall war nicht nachweisbar (Bild 7 rechts). Aus der Ereignisrate ließ sich eine Halbwertszeit von $1{,}1 \times 10^{20}$ Jahren für Selen-82 ableiten. Das bedeutet, daß für eine Milliarde Selen-82-Atome die Wahrscheinlichkeit für einen einzigen doppelten Beta-Zerfall in einer Milliarde Jahren nur ein Prozent beträgt.

Die Zeitprojektionskammer wurde kürzlich in einem unterirdischen Tunnel am Hoover-Staudamm an der Grenze von Arizona und Nevada installiert, um die kosmische Strahlung abzuschirmen, die bei der ersten Versuchsserie den Veto-Detektor überflutet hatte. Das Gerät nimmt auf der Suche nach dem neutrinolosen Mechanismus noch immer doppelte Beta-Zerfälle auf. Obwohl sich der neutrinolose Zerfall bisher nicht nachweisen ließ, konnte man durch Bestimmen der Zwei-Neutrino-Halbwertszeit engere Grenzen für die Masse des Neutrinos angeben: Aus den Messungen extrahierte man einen der Faktoren, die zur Bestimmung aus dem neutrinolosen Prozeß erforderlich sind.

Die Rate für den neutrinolosen Zerfall hängt von drei derartigen Faktoren ab. Der erste ist die Neutrinomasse, der zweite die Energiedifferenz zwischen Mutter- und Tochterelement, die man auch als Übergangsenergie bezeichnet, und der dritte eine theoretische Größe – ein sogenanntes Matrixelement, das die Wechselwirkung zwischen den Nukleonen und die virtuellen Zwischenzustände beim Tunnelprozeß beschreibt. Aus der Messung der neutrinolosen Zerfallsrate könnte man also die Neutrinomasse bestimmen, wenn sich das Matrixelement direkt aus den physikalischen Prinzipien berechnen ließe. Die Berechnung solcher Matrixelemente ist jedoch sehr schwierig und die Unsicherheit der berechneten Werte dementsprechend groß.

Im Falle des Zwei-Neutrino-Mechanismus hängt die Zerfallsrate demge-

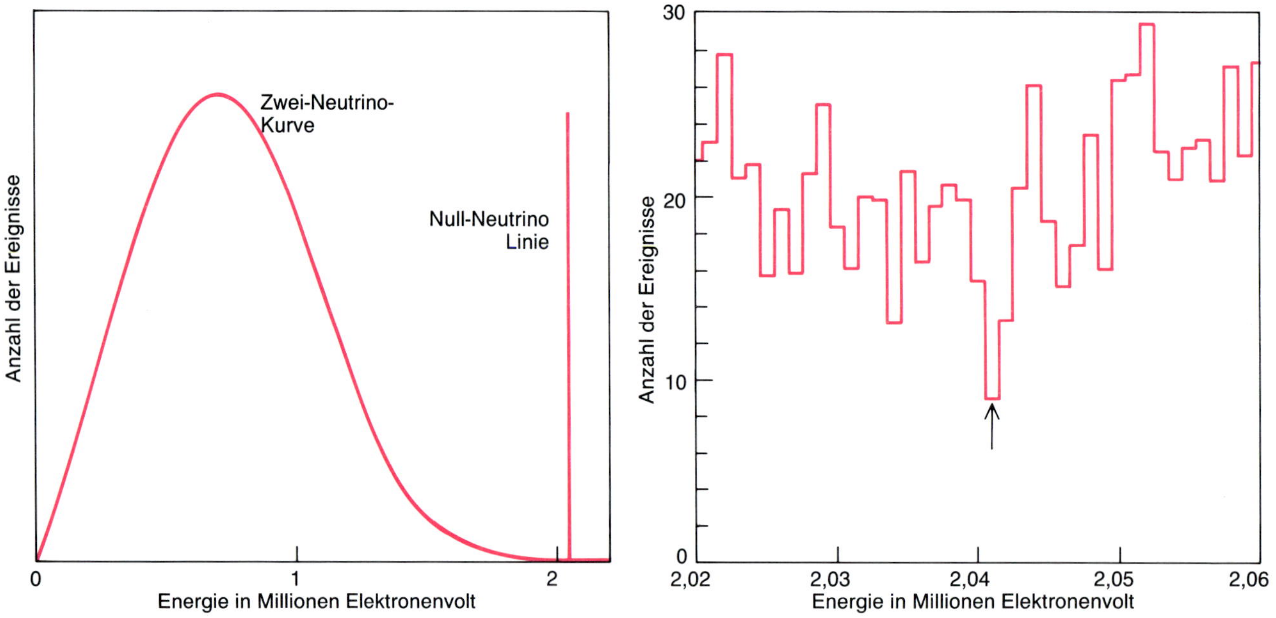

Bild 7: Das Energiespektrum der Elektronen aus dem Zerfall von Germanium-76 sollte aus einer breiten Kurve für den Zwei-Neutrino-Mechanismus des doppelten Beta-Zerfalls und einer scharfen Linie für den neutrinolosen Mechanismus bestehen (links). Die bisher empfindlichsten Messungen mit einer Matrix aus acht Germaniumdetektoren (rechts) lassen jedoch bei der erwarteten Energie von 2,041 Millionen Elektronenvolt keine derartige Linie erkennen (Pfeil). Die unregelmäßige Struktur des Spektrums ist zum größten Teil auf statistische Schwankungen der Hintergrundereignisse zurückzuführen. Nimmt man an, daß der Beitrag des neutrinolosen Prozesses kleiner ist als das Ausmaß dieser Schwankungen, so ergibt sich daraus, daß die Halbwertszeit für den neutrinolosen doppelten Beta-Zerfall von Germanium-76 größer sein muß als $2{,}3 \times 10^{24}$ Jahre. David O. Caldwell hat mit seinen Mitarbeitern diese Meßdaten über mehrere Jahre aufgenommen.

genüber nur vom Matrixelement und der bekannten Übergangsenergie ab. Die für diese Zerfallsart gemessene Halbwertszeit ermöglicht es daher, theoretische Modelle für das Matrixelement direkt zu überprüfen. Auf diese Weise erhält man für einen der Faktoren, die man zur Berechnung der Neutrinomasse aus der geschätzten neutrinolosen Zerfallsrate benötigt, eine bessere theoretische Grundlage.

In der Hoffnung, endlich die Masse des Neutrinos bestimmen zu können, sucht man derzeit in etwa 20 Laboratorien überall auf der Welt nach dem neutrinolosen doppelten Beta-Zerfall. Der empfindlichste Detektor, den man bisher für diesen Zweck entwickelt hat, ist ein Kalorimeter, mit dem man nur eine Größe mißt: die Gesamtenergie der beiden Elektronen. Dieses Meßverfahren, das zuerst von den Physikern Maurice Goldhaber und Edward de Mateosian am Brookhaven-Nationallaboratorium konzipiert wurde, ist dann besonders wirksam, wenn das emittierende Isotop und der Detektor ein und dasselbe sind.

Ettore Fiorine, der heute am Italienischen Nationalinstitut für Kernphysik in Neapel arbeitet, verwendete anschließend dieses Verfahren mit einem Germaniumkristall-Kalorimeter: einem Detektor, der 8 Prozent Germanium-76 enthält, ein Mutterisotop für den doppelten Beta-Zerfall.

Kalorimeter lassen sich von allen Doppel-Beta-Detektoren am leichtesten täuschen, weil sie nicht zwischen einem doppelten Beta-Zerfall und irgendeinem anderen Ereignis unterscheiden können, in dem die entsprechende Energiemenge abgegeben wird. Trotzdem haben sich Germaniumdetektoren als sehr leistungsfähig bei der fortdauernden Suche nach dem neutrinolosen Mechanismus erwiesen.

Germanium-Einkristalle lassen sich in sehr reiner Form und frei von den meisten radioaktiven Verunreinigungen züchten. Ein doppelter Beta-Zerfall im Kristall wird mit fast hundertprozentiger Wahrscheinlichkeit registriert; und die freigesetzte Energie läßt sich mit so hoher Genauigkeit messen, daß man die Suche nach dem neutrinolosen Zerfall ganz gezielt auf ein kleines Energiefenster beschränken kann, in dem man die scharfe Linie für den neutrinolosen Mechanismus erwartet.

David O. Caldwell hat mit seinen Mitarbeitern an der Universität von Kalifornien in Santa Barbara und im Lawrence-Berkeley-Nationallaboratorium die zur Zeit empfindlichste Apparatur der Welt aufgebaut, eine Matrix aus acht Germaniumdetektoren. Bisher hat die Forschungsgruppe noch keine Linie beobachtet, die auf den neutrinolosen Mechanismus schließen ließe. Die Wissenschaftler folgern daraus, daß die Halbwertszeit für diesen Prozeß in Germanium-76 mindestens $2{,}3 \times 10^{24}$ Jahre betragen muß; das entpricht einer Zählrate von etwa drei bis vier Ereignissen pro Jahr in einem Kilogramm Germanium. Man erhält dementsprechend eine Obergrenze für die Neutrinomasse zwischen 0,6 und 3 Elektronenvolt. (Im Vergleich dazu hat das Elektron, das nächstschwerere bekannte Teilchen, eine Masse von 511000 Elektronenvolt.)

Neue Experimente, in denen Kristalle mit zehnfach angereichertem Germanium-76 verwendet werden, haben eine wahrscheinlich drei- bis zehnmal höhere Empfindlichkeit hinsichtlich der Neutrinomasse als die derzeit verwendeten Detektoren. Große Kalorimeter und andere Detektoren mit Molybdän-100, Xenon-136 oder anderen Isotopen mit hoher Übergangsenergie können möglicherweise diese Nachweisempfindlichkeit noch übertreffen.

Die Linie für den neutrinolosen Zerfall am Ende des sanft gekrümmten Elektronenspektrums für den Zwei-Neutrino-Zerfall hat man mit dem berühmten Topf Gold am Fuße des Regenbogens verglichen. Jetzt, da der Regenbogen bereits sichtbar geworden ist, lockt uns die Natur noch herausfordernder zum Horizont, wo – vielleicht – der neutrinolose Mechanismus des doppelten Beta-Zerfalls seiner Entdeckung harrt.

Quark-Lepton-Familien

Bisher kennt man drei Familien fundamentaler Teilchen; ihre Mitglieder sind Quarks und Leptonen. In der Vergangenheit wurde mehrfach vorgeschlagen, daß es möglicherweise noch eine weitere Teilchenfamilie geben könnte. Dies hätte tiefgreifende kosmologische Konsequenzen.

Von David B. Cline

Beim Erforschen der fundamentalen Struktur der Materie sind die Physiker inzwischen zu der Überzeugung gelangt, daß sich die Vielfalt der physikalischen Welt aus der Existenz weniger elementarer Teilchen erklären läßt. Doch der Weg dahin war nicht leicht. Mitte dieses Jahrhunderts löste sich die durch Protonen, Neutronen und Elektronen sowie ihre Antiteilchen zunächst sichtbar gewordene Einfachheit in Hunderte von Subteilchen auf. In den siebziger Jahren ergaben dann theoretische Überlegungen Hinweise auf die Existenz des Quarks; die verlorengegangene Einfachheit schien wieder aufzutauchen, und das Rätsel schien gelöst – bis man schließlich mehrere andere Quarks entdeckte.

Inzwischen scheint sich ein Kompromiß anzubahnen. Einerseits weisen die in entfernten Bereichen des Universums beobachteten Isotope Deuterium und Helium in Verbindung mit den Ergebnissen von Beschleunigerexperimenten darauf hin, daß die Anzahl fundamentaler Teilchen in der Tat begrenzt ist.*

Um zu verstehen, warum einige Physiker die Existenz einer vierten Quarkfamilie annehmen, muß man zunächst untersuchen, was das sogenannte Standardmodell der Teilchenphysik erklärt und was nicht. Fast jedes Gebiet der Physik hat sein eigenes Standardmodell entwickelt; das der Teilchenphysik beruht auf der Annahme, daß sich gewöhnliche Materie aus zwei Arten von Teilchen – Quarks und Leptonen – zusammensetzt und daß die Kräfte zwischen ihnen von einer dritten Teilchenkategorie übertragen werden, den sogenannten Bosonen (Bild 2). Zu den Leptonen gehören das Elektron und das Neutrino; die weniger bekannten Quarks vereinen sich zu größeren Teilchen wie dem Proton oder dem Neutron. Ein Beispiel für ein Boson – ein Teilchen der dritten Kategorie – ist das Photon, das die elektromagnetische Kraft überträgt.

Die Quark-Familien

Drei Quarkfamilien ließen sich bis heute experimentell nachweisen. Jede von ihnen besteht aus zwei Teilchen; insgesamt kennt man also sechs Quarks.

Die erste Familie besteht aus dem *up-* und dem *down*-Quark. Das *up*-Quark hat eine Masse von etwa vier Millionen Elektronenvolt (MeV), also ungefähr 1/250 der Masse des Protons (die nahe bei einer Milliarde Elektronenvolt – 1 GeV – liegt). Die Masse des *down*-Quarks ist etwas größer und beträgt ungefähr 7 MeV. Die zweite Quarkfamilie besteht aus dem *strange-* und dem *charm*-Quark mit Massen von ungefähr 150 beziehungsweise 1300 MeV. Zur dritten Familie gehören das *bottom*-Quark, das manchmal auch *beauty*-Quark genannt wird und eine Masse von etwa 5,5 Milliarden Elektronenvolt (5,5 GeV) hat, sowie das *top* (oder *truth*)-Quark, das jedoch noch nicht experimentell nachgewiesen ist (Bild 3).

Während das Proton die elektrische Ladung +1 trägt (eine positive elektrische Elementenladung), haben Quarks nicht-ganzzahlige Ladungen. Das *up*-Quark beispielsweise trägt die Ladung +2/3, während das *down*-Quark die Ladung −1/3 hat. Ein Proton besteht aus zwei *up*-Quarks und einem *down*-Quark, so daß es insgesamt die geforderte Ladung +1 hat. Das Neutron setzt sich aus zwei *down*-Quarks und einem *up*-Quark zusammen, was der geforderten Gesamtladung 0 entspricht. In ähnlicher Weise lassen sich die verschiedenen Quarks zu den anderen bekannten Teilchen kombinieren, die weder Leptonen noch Bosonen sind.

Die Teilchen einer jeden Quarkfamilie sind ungefähr zehnmal so schwer wie die entsprechenden Teilchen der vorangehenden Familie. Dies läßt vermuten, daß neu zu entdeckende Quarks sehr massereich sein müssen. Tatsächlich lieferten neuere Experimente am europäischen Hochenergiephysikzentrum CERN bei Genf für die Masse des noch nicht entdeckten *top*-Quarks eine untere Grenze von etwa 50 GeV. Da sich aber die Quarkmassen innerhalb jeder Familie um etwa eine Größenordnung voneinander unterscheiden, erwarten die Physiker, daß die Masse des *top*-Quarks nicht mehr als das Zehnfache der Masse des *bottom*-Quarks ausmacht. (Sollte ein extrem massereiches *top*-Quark entdeckt werden, so würden sich Theoretiker die Haare raufen.)

Die Lepton-Familien

Experimentell zeigte sich, daß jeder Quarkfamilie eine Leptonfamilie zugeordnet ist, die aus jeweils einem geladenen und einem neutralen Lepton be-

---

*Nach neuen Messungen des Z^0-Zerfalls am LEP-Beschleuniger bei CERN scheint zumindest die Zahl der leichten Neutrinos auf drei beschränkt zu sein. (Anmerkung des Herausgebers) steht. In der ersten Familie ist das geladene Lepton das Elektron und das neutrale das Elektron-Neutrino; die zweite Familie wird vom Myon und vom Myon-Neutrino gebildet, während sich die dritte aus dem Tauon und dem Tau-Neutrino zusammensetzt.

Im Vergleich zu den Quarks sind Leptonen extrem leicht (Bild 4). Das Elektron hat eine Masse von ungefähr 1/2 MeV; Beobachtungen von Elektron-Neutrinos aus der Supernova 1987A weisen darauf hin, daß das Elektron-Neutrino eine Masse von höchstens 16 Elektronenvolt (16 eV) haben kann. Dies folgt aus der Feststellung, daß sich die Geschwindigkeit von Teilchen mit nichtverschwindender Ruhemasse mit ihrer Energie ändert, so daß die Ankunftszeit eines Strahls massiver Neutrinos von einer fernen Quelle innerhalb eines endlichen Zeitintervalls variieren sollte. Tatsächlich erreichte die Gesamtheit der bei der Supernova 1987A beobachteten Neutrinos die Erde innerhalb von 13 Sekunden; daraus ergab sich der genannte Wert von 16 eV. Da dies aber die obere Grenze ist, könnte die tatsächliche Masse des Elektron-Neutrinos auch Null sein. Ein entsprechendes Resultat folgt aus Messungen des Beta-Zerfalls von Tritium; demnach beträgt die obere Grenze für die Neutrino-Masse derzeit 18 eV.

Das geladene Lepton der zweiten Familie, das Myon, ist ungefähr 200mal massereicher als das Elektron, hat aber im übrigen die gleichen physikalischen Eigenschaften. Die experimentelle obere Grenze für die Masse des Myon-Neutrinos liegt bei rund 100000 eV. Kosmologische Grenzen dafür sind

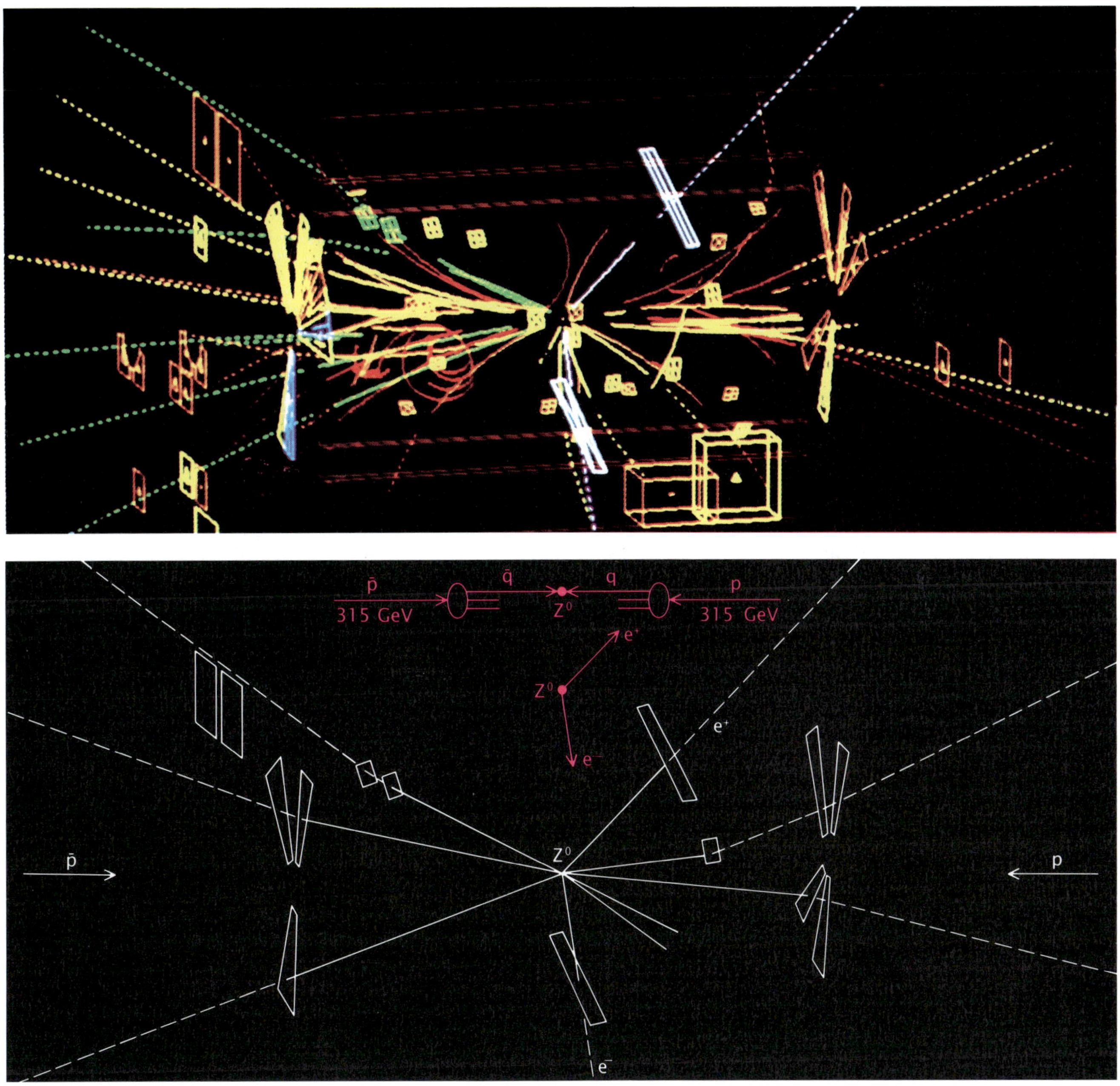

Bild 1: Die Erzeugung und der Zerfall eines neutralen intermediären Vektorbosons (des Z-Teilchens) werden hier in einem Computerbild gezeigt; darunter befindet sich eine Skizze zur Identifizierung der verschiedenen Ereignisse. Das Z-Teilchen wurde bei einer Quark-Antiquark-Kollision im UA1 – Experiment mit dem Proton-Antiproton-Speicherring des Europäischen Hochenergiephysikzentrums CERN erzeugt; anschließend zerfällt das Teilchen in ein Elektron-Positron-Paar. (Die anderen Spuren rühren von anderen Teilchen her, die beim Zusammenprall zwischen Proton- und Antiprotonstrahl ebenfalls erzeugt werden.) Das Z kann in Teilchen aller existierenden Leptonfamilien zerfallen, einschließlich der Neutrinos. Gäbe es unendlich viele Neutrinoarten, so würde der Zerfall des Z-Teilchens in ein Elektron-Positron-Paar nie auftreten. Die Tatsache, daß man diesen Zerfall beobachtet, schränkt die Anzahl der Neutrinoarten – mit großer Wahrscheinlichkeit – auf fünf ein.

hingegen sehr viel enger; nach ihnen sollte die Masse eines jeden Neutrinos unterhalb von 65 eV liegen.

Das Tau-Neutrino wurde noch nicht direkt beobachtet, während sein Partner, das Tauon, 1976 von Martin L. Perl und seinen Kollegen am Stanford Linear Accelerator Center (SLAC) entdeckt wurde. Seine Masse liegt bei 1,8 GeV; da ihm aus theoretischen Gründen auch ein Neutrino zur Seite stehen sollte, sind die Physiker davon überzeugt, daß das Tau-Neutrino existiert. Direkte Experimente lieferten als obere Grenze für die Masse des Tau-Neutrinos einen Wert von 70 MeV, während die kosmologische obere Grenze für die Tau-Neutrinomasse wieder bei 65 eV liegt.

Ähnlich wie die Quarkfamilien bewegen sich die Leptonfamilien innerhalb bestimmter Massenbereiche. Die Masse des Myons liegt um ungefähr zwei Größenordnungen über der des Elektrons, und das Tauon ist ungefähr 20mal massereicher als das Myon. Es ist daher zu erwarten, daß jedes weitere geladene Lepton eine Masse in der Umgebung von 40 GeV hat. Wie wir weiter unten zeigen werden, sind die heutigen experimentellen unteren Grenzen für die Masse geladener Leptonen mit dieser Voraussage verträglich. Die Neutrinomassen sind ebenfalls durch große Intervalle voneinander getrennt; da aber nur ihre oberen Grenzen gesichert sind, kann man gegenwärtig lediglich feststellen, daß die Neutrinomassen sehr viel kleiner sind als die ihrer geladenen Partner.

Die kleinen Werte für die Neutrinomassen weisen auf einen weiteren wichtigen Unterschied zwischen Quarks und Leptonen hin: Abgesehen davon, daß die Leptonen sehr viel leichter sind als die entsprechenden Quarks, ist das Massenverhältnis innerhalb einer Quarkfamilie sehr viel kleiner als innerhalb der entsprechenden Leptonfamilie. Innerhalb einer jeden Quarkfamilie ist das Verhältnis der Massen nicht größer als ungefähr 10. Zum Beispiel verhalten sich die Massen von *down-* und *up-*Quark ungefähr wie 2 : 1. Das entsprechende Bild bei den Leptonen ist sehr viel anders: Geht man von den oberen Grenzen der Neutrinomassen aus, so verhalten sich die Massen von Elektron und Elektron-Neutrino ungefähr wie 10000 : 1; sollte sich das Neutrino als masselos herausstellen, so würde dieses Verhältnis einen unendlich hohen Wert annehmen.

Das Standardmodell konnte mit Erfolg auch die Bosonen beschreiben; sie übertragen die Kräfte zwischen den anderen Teilchen. In der Maxwellschen Theorie des Elektromagnetismus spielt das Photon diese Rolle: Es überträgt die

Familie	1	2	3	bisher unbeobachtet 4
Leptonen	ν_e, e^-	ν_μ, μ^-	ν_τ, τ^-	ν_L, L
Quarks	u, d	c, s	t, b	t′, b′
Eichbosonen: Photon, Gluon, $W^\pm$, Z^0, Graviton				Higgs-Skalar

Bild 2: Das Standardmodell der Teilchenphysik geht von der Vorstellung aus, daß die Materie aus Quarks und Leptonen zusammengesetzt ist und die Kräfte zwischen den Teilchen von Bosonen übertragen werden. Jede Leptonfamilie besteht aus einem geladenen und einem sehr viel leichteren ungeladenen Teilchen, nämlich dem Elektron (e^-) und dem Elektron-Neutrino (ν_e), dem Myon (μ) und dem Myon-Neutrino (ν_μ) sowie dem Tauon (τ) und dem Tau-Neutrino (ν_τ). Nach dem Standardmodell gehört zu jeder Leptonfamilie eine aus zwei Teilchen bestehende Quarkfamilie: das *up-* und das *down*-Quark (*u* und *d*), das *strange-* und das *charm*-Quark (*s* und *c*) sowie das *bottom-* oder *beauty*-Quark (*b*) und das *top-* oder *truth*-Quark (*t*). Das *top-* oder *truth*-Quark ist jedoch bisher noch nicht beobachtet worden. Wenn sich die Paarung der Leptonen und Quarks zu Familien in einer vierten Familie fortsetzt, sollte man ein viertes geladenes Lepton (*L*) und auch ein zugehöriges viertes Neutrino (ν_L) finden sowie zwei Quark-Partner, die hier mit *t′* beziehungsweise *b′* bezeichnet sind.

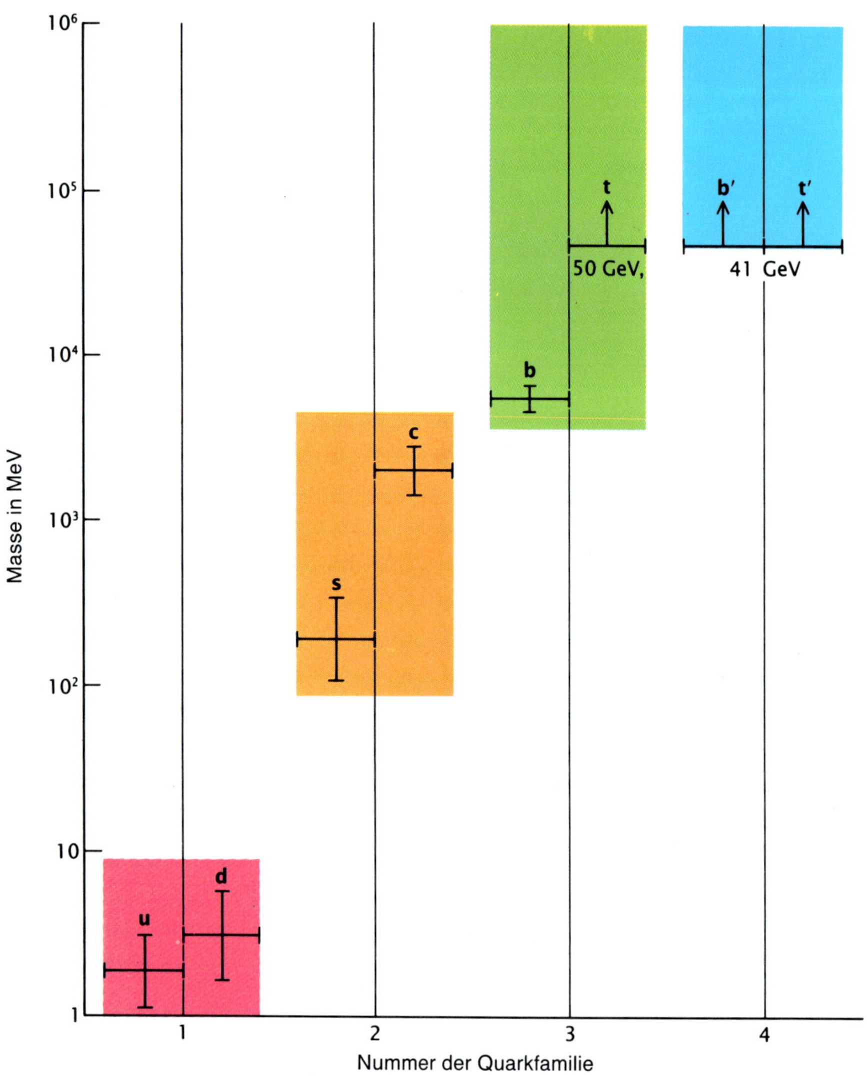

Bild 3: Die Massen der fünf bekannten Quarks sind hier in Millionen Elektronenvolt (MeV) angegeben. Wie man sieht, unterscheiden sich die Massen der Quarks von aufeinanderfolgenden Familien um ungefähr eine Größenordnung. Experimente weisen darauf hin, daß das *top*-Quark eine Masse von über 50 GeV (über 50 Milliarden Elektronenvolt) haben sollte; die untere Grenze für die Massen in der vierten Quarkfamilie sollte bei etwa 41 GeV liegen.

elektromagnetische Kraft. Das heutige Standardmodell umfaßt außerdem die sogenannte schwache Kraft – sie verursacht den radioaktiven Beta-Zerfall – und die starke Kraft, welche die Atomkerne zusammenhält. Es sind also weitere Bosonen erforderlich. Die schwachen Wechselwirkungen (wie beispielsweise den Zerfall des Neutrons in ein Proton und ein Elektron), bei denen elektrische Ladung ausgetauscht wird, vermittelt das geladene intermediäre Vektorboson, das *W*-Teilchen. Andere schwache Wechselwirkungen, bei denen ein Austausch elektrischer Ladung nicht erforderlich ist, werden von einem neutralen intermediären Vektorboson, dem *Z*-Teilchen, vermittelt (Bild 1).

Einer der großen Triumphe des Standardmodells war die Voraussage der Massen des *W*- und des *Z*-Teilchens. Beide Teilchen wurden 1983 nacheinander beim CERN entdeckt – und zwar mit den erwarteten Massen. Alle anderen beobachteten Eigenschaften dieser Teilchen stimmen ebenfalls bemerkenswert gut mit der Theorie überein.

Defizite des Standardmodells

Trotz der genannten Erfolge weist das Standardmodell erhebliche Defizite auf. So ist die Anzahl der Quark- und Leptonfamilien durch das Modell nicht vorgegeben. Warum beispielsweise gibt es mindestens drei Familien, obwohl doch allein die erste Familie genügt, um die für das Universum typischen Teilchen Proton, Neutron und Elektron zu erklären? Oder, um Isidor Isaac Rabi zu zitieren, der vor 50 Jahren die Frage stellte: „Wer hat eigentlich das Myon bestellt?"

Das Standardmodell vermag auch nicht die Massen aller übrigen Teilchen vorherzusagen; die untere Grenze von 50 GeV für die Masse des *top*-Quarks ist ein experimentelles Ergebnis, und niemand weiß, wo die obere Grenze liegt. Genausowenig kann das Standardmodell die oben beschriebene Hierarchie der Quark- und Leptonenmassen erklären.

Außerdem stellen sich noch folgende Fragen: Warum sind die Massen der Quarkfamilien um ungefähr eine Größenordnung voneinander getrennt und die der Leptonfamilien um zwei Größenordnungen? Warum sind die Verhältnisse der Quarkmassen innerhalb einer Familie so klein und die der Leptonmassen einer Familie so groß? Viele Versuche eher zahlenspielerischer Art wurden unternommen, um das Massenspektrum zu erklären, aber keiner zeitigte einen wirklichen Erfolg: Das Massenspektrum der Elementarteilchen ist eines der großen Rätsel, die das Standardmodell nicht löst.

Doch nicht nur Fragen bezüglich der Anzahl der Familien, der Massen und der Massenhierarchien läßt das Standardmodell unbeantwortet. Ein anderes großes Geheimnis der Natur besteht darin, daß sich die verschiedenen Quarks oft ineinander umwandeln, während Leptonen dies nie tun. So kann beispielsweise ein *charm*-Quark in ein *strange*-Quark und ein virtuelles *W*-Teilchen zerfallen (ein virtuelles Teilchen ist von so kurzer Lebensdauer, daß es sich nicht direkt beobachten läßt). Andererseits hat man nie beobachtet, daß beispielsweise ein Myon in ein Elektron und ein Photon zerfällt. Der inzwischen experimentell gefundene Wert für die Wahrscheinlichkeit eines solchen Ereignisses liegt tatsächlich unter 1 : 100 Milliarden.

Dieses Überhandnehmen von Ungereimtheiten ließ einige Theoretiker vermuten, es gebe möglicherweise noch eine vierte Familie von Quarks und Leptonen. Die Entdeckung einer solchen Familie könnte einige der lange anstehenden Fragen klären.

Eine dieser Fragen hat mit einem Phänomen zu tun, das als Verletzung der Ladungsparität bekannt ist und seinerseits mit der Wahrscheinlichkeit für

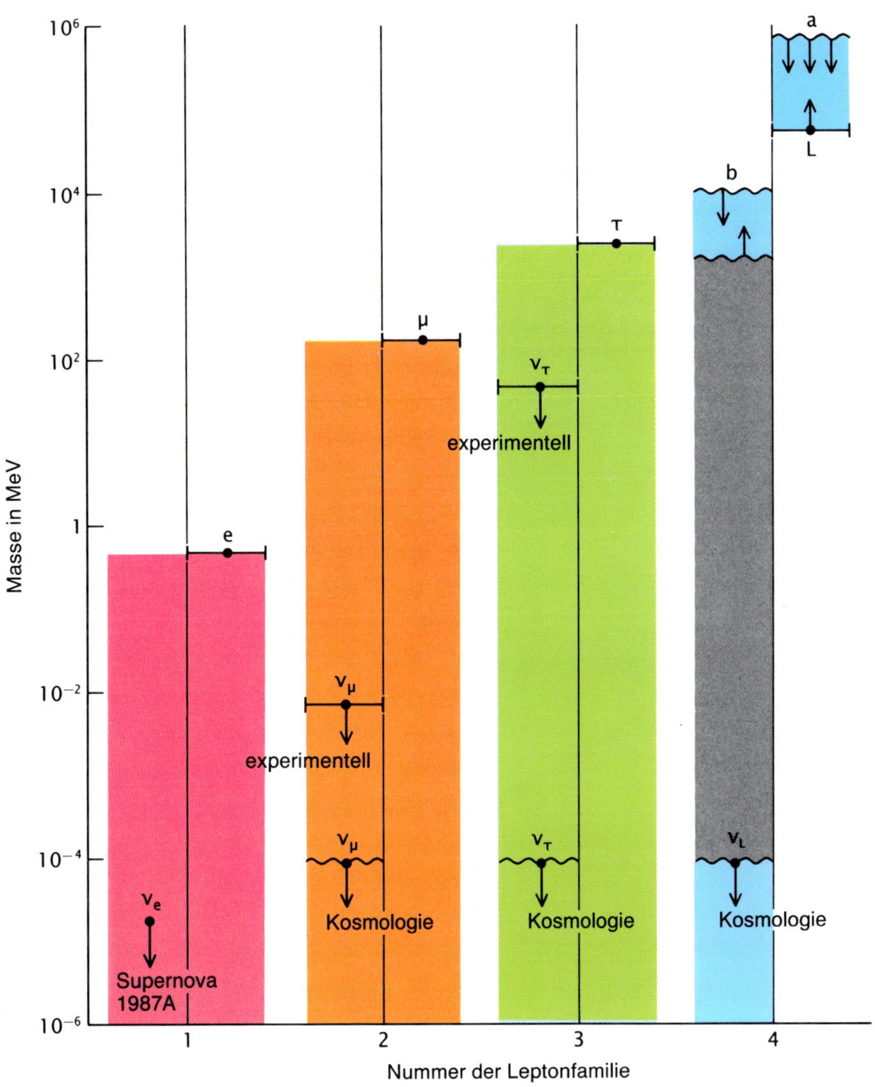

Bild 4: Das Spektrum der Leptonmassen zeigt, daß die Massen der geladenen Leptonen – ähnlich wie die der Quarks – hierarchisch angeordnet sind: Das Tauon ist um ungefähr eine Größenordnung massereicher als das Myon, und dieses wiederum ist um etwa zwei Größenordnungen schwerer als das Elektron. Die Masse des vierten geladenen Leptons (*L*) sollte aufgrund von Abschätzungen schwerer als 41 GeV sein. Die Massendifferenz zwischen dem *W*- und dem *Z*-Vektorboson liefert eine obere Grenze (*a*). Die Massen der drei Neutrinos sind nicht bekannt. Aus Beobachtungen der Supernova 1987A konnte man schließen, daß die Masse des Elektron-Neutrinos weniger als 16 Elektronenvolt (16 eV) betragen sollte. Die Forderung, daß keines der Neutrinos so massereich sein darf, daß die Ausdehnung des Universums merklich verlangsamt werden könnte, liefert für die Masse aller Neutrinos eine obere „kosmologische" Grenze von 65 eV. Der graue Bereich (rechts) wird von der Theorie ausgeschlossen; zu der oberen Grenze (*b*) gelangte man durch Untersuchungen dunkler Materie.

den soeben diskutierten Quark-Quark-Übergang zusammenhängt. Bis in die sechziger Jahre glaubten die Physiker, ein physikalisches System ändere sich nicht, wenn man jedes Teilchen in sein Antiteilchen transformiert und das System gleichzeitig einer räumlichen Spiegelung unterwirft. Da der Übergang von einem Teilchen zu seinem Antiteilchen mit einer Ladungsänderung verbunden ist und die räumliche Spiegelung einer Paritätsumkehr gleichkommt, sagt man, ein System genüge dem Gesetz der Invarianz der Ladungsparität (*CP*-Invarianz nach englisch *charge parity*), wenn es sich unter den kombinierten Operationen nicht ändert.

Den lange gehegten Glauben an die *CP*-Invarianz mußte man im Jahre 1964 aufgeben, als Val L. Fitch, James W. Cronin, James H. Christenson und René Turlay von der Princeton-Universität die Zerfallsraten eines Teilchens untersuchten, das als neutrales *K*-Meson oder, kurz, als Kaon bekannt ist. Das Kaon zerfällt normalerweise in drei andere Teilchen (beispielsweise in drei Pionen), und dieser Zerfall ist verträglich mit dem Gesetz der *CP*-Invarianz. Das Experiment von Princeton zeigte jedoch, daß das Kaon mit einer Wahrscheinlichkeit von 1 : 500 auch in nur zwei Pionen zerfallen kann, also auch ein Übergang möglich ist, der die *CP*-Invarianz verletzt (siehe „Verletzung der *CP*-Invarianz" von Robert K. Adair in Spektrum der Wissenschaft, April 1988). Als Ergebnis dieses Experiments mußte man den Glauben an ein vermutetes Naturgesetz aufgeben, obwohl der tatsächliche Ursprung der *CP*-Verletzung im Kaon-System unerklärt bleibt und als eines der großen Geheimnisse der Physik betrachtet wird.

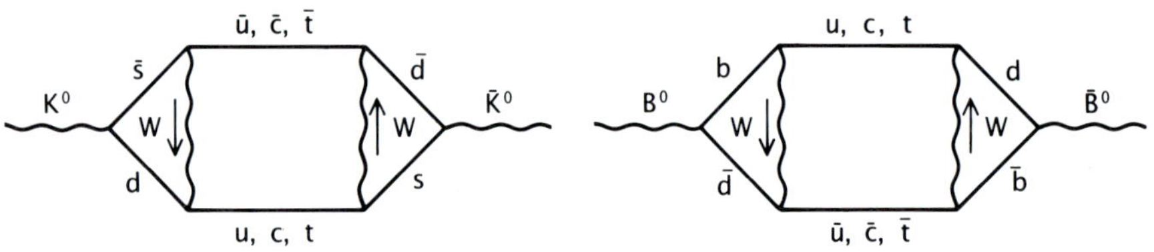

Bild 5: Die Feynman-Diagramme veranschaulichen die Flavor-Mischung für ein Kaon (K^0)-System (links) und ein *B*-Meson-System (rechts). Die Mischung findet statt, wenn ein Kaon (K^0), das aus einem *antistrange*- und einem *down*-Quark besteht ($\bar{s}$ beziehungsweise *d*), in ein Antikaon ($\bar{K}^0$) übergeht. Dies ist nur möglich, wenn sich das $\bar{s}$ in ein $\bar{d}$ verwandelt und das *d* in ein *s*. In dem gezeigten *B*-Meson-System, das aus einem *b* und einem $\bar{d}$ besteht, muß sich das *b* in ein *d* transformieren und das $\bar{d}$ in ein $\bar{b}$. Diese Umwandlungen werden Flavor-Mischungs-Übergänge genannt. Quarkumwandlungen dieser Art sind notwendig, um die beobachtete Verletzung der Ladungsparität (Verletzung der *CP*-Invarianz) zu erklären.

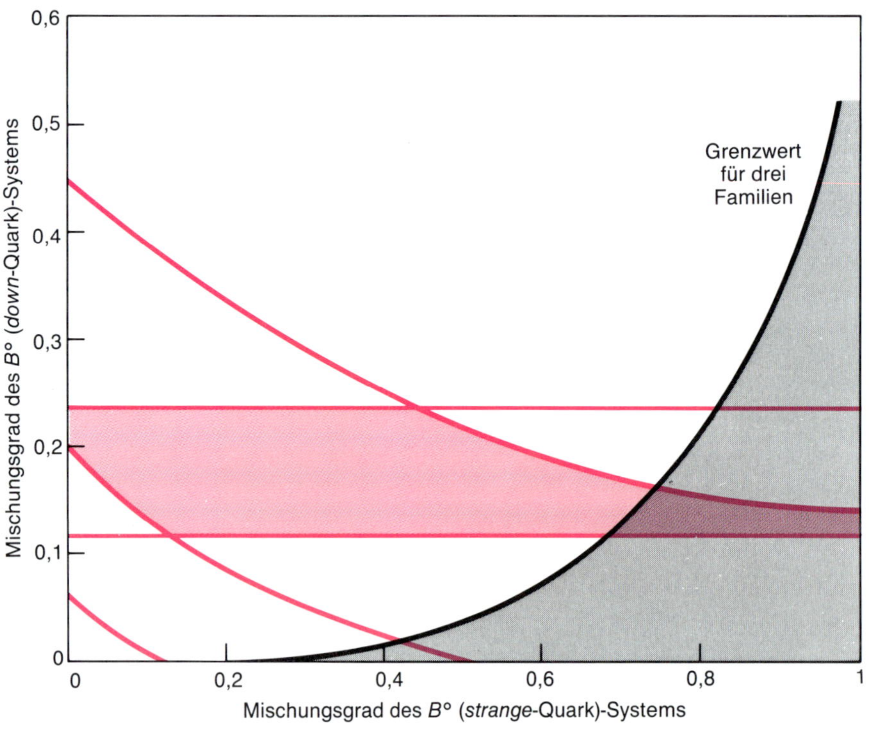

Bild 6: Experimente zur Untersuchung der Flavor-Mischung könnten Hinweise auf die Existenz einer vierten Quarkfamilie geben. B^0-Mesonen gibt es in zwei verschiedenen Versionen – entweder als $b\bar{d}$-System, wie in Bild 5, oder als $b\bar{s}$-System. Beide unterliegen einer Flavor-Mischung: Sie verwandeln sich in ihre Antiteilchen. Bei fünf Experimenten (farbige Kurven), die kürzlich am CERN, bei DESY, am SLAC und an der Cornell-Universität durchgeführt wurden, zeigte sich, daß die Mischung sehr viel stärker ist als erwartet. Der farbige Bereich mit den sich aus den Experimenten ergebenden Begrenzungen weist auf den wahrscheinlichsten Wert des Mischungsgrades der beiden B^0-Sorten hin. Der größte Teil dieses Bereiches liegt außerhalb der Grenzen, die nach dem Standardmodell mit zweimal drei Teilchenfamilien erlaubt wären, so daß es eine vierte Familie geben könnte.

Flavor-Mischung

Mag es auch für die *CP*-Verletzung keine Erklärung geben, so läßt sich doch die Stärke dieser Verletzung mit den Wahrscheinlichkeiten für Quark-Quark-Übergänge verknüpfen. Im allgemeinen verwandelt sich ein Quark in das andere Quark der eigenen Familie; beispielsweise zerfällt das *charm*-Quark in ein *strange*-Quark und ein virtuelles *W*-Teilchen. Damit aber eine *CP*-Verletzung stattfinden kann, müssen Quarks imstande sein, sich in Mitglieder anderer Familien zu verwandeln; diesen Prozeß nennt man Flavor-Mischung, weil sich die verschiedenen Quarkfamilien durch eine Eigenschaft voneinander unterscheiden, die man *flavor* (englisch für Geschmack) genannt hat.

Außerdem kann man zeigen, daß ein Standardmodell mit nur zwei Familien nicht ausreichen würde, um die *CP*-Verletzung im System neutraler Kaonen zu erklären; dazu sind mindestens drei Quarkfamilien erforderlich. Tatsächlich war die *CP*-Verletzung der erste Hinweis auf eine dritte Quarkfamilie. Die Stärke der *CP*-Verletzung hängt von der Wahrscheinlichkeit ab, mit der sich ein Quark der einen Familie in ein Quark der anderen Familie verwandeln kann, also vom Grad der Mischung.

Eine vierte Quarkfamilie würde den Mischungsgrad beeinflussen, weil dann mehr Quark-Quark-Übergänge möglich wären. Kürzlich stellten Physiker am Deutschen Elektronensynchrotron (DESY) in Hamburg und am CERN fest, daß die Flavor-Mischung beim *B*-Meson-System ungefähr 20mal stärker ist als erwartet. (Die Bezeichnung *B*-Meson geht darauf zurück, daß dieses Teilchen ein *bottom*-Quark und ein anderes, beispielsweise das *antidown*-Quark, enthält.)

Beim Mischungsprozeß transformiert sich das *B*-Meson in ein Anti-*B*, und dies ist nur möglich, wenn sich das *bottom*-Quark in ein *down*-Quark verwandelt und das *antidown*-Quark in ein *an-*

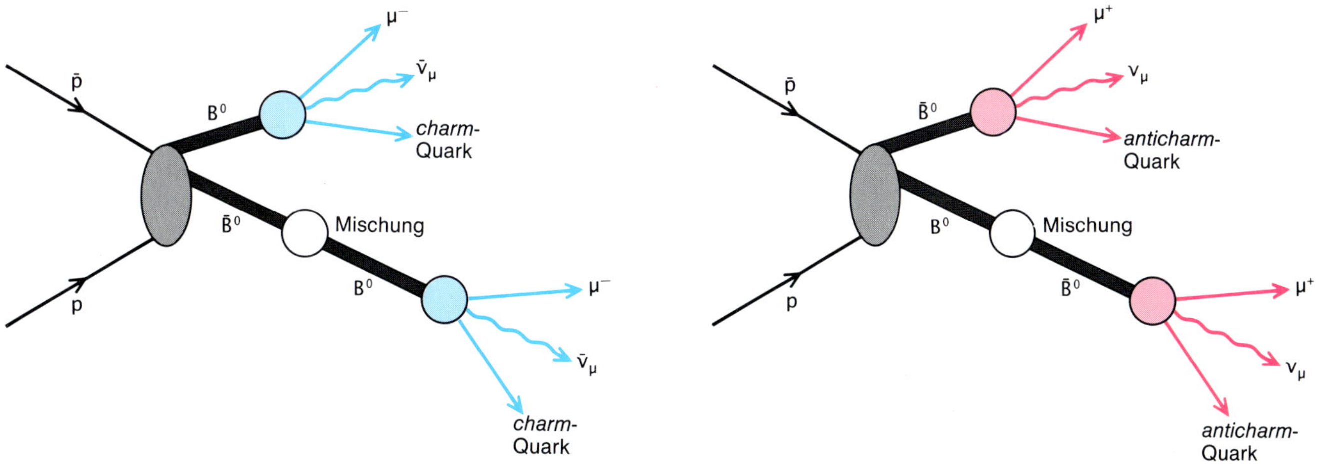

Bild 7: Der Zerfall des *B*-Mesons könnte von einer Verletzung der Ladungsparität begleitet sein. Bei Proton-Antiproton-Kollisionen in einem Beschleuniger werden Meson-Antimeson-Paare erzeugt. Das $\overline{B}^0$ könnte dabei durch Flavor-Mischung in ein B^0 übergehen (links) und, umgekehrt, ein B^0 in ein $\overline{B}^0$ (rechts). Diese Teilchen zerfallen anschließend in Myonen, Antimyonen, Quarks und Neutrinos. Wenn sich die Zerfallsrate in Myonen (links) von der in Antimyonen (rechts) unterscheidet, ist die *CP*-Invarianz verletzt. (Die Ladungsinvarianz ist jedoch gewahrt.)

tibottom-Quark (Bild 5). Dies sind, wie beim Kaon-System, Flavor-Mischungs-Übergänge. Die Mischungsrate hängt – wie erwähnt – von der Anzahl der existierenden Quarks und deren Massen ab: Je mehr Quarks es gibt, desto stärker sollte die Mischung sein. Die Tatsache, daß die beobachtete Mischung sehr viel stärker ist als erwartet, kann darauf hindeuten, daß eine vierte Quarkfamilie zu der Mischung beiträgt. Da aber die Masse des *top*-Quarks noch nicht bekannt ist, könnten sich die Ergebnisse unter Umständen auch mit drei Quarkfamilien erklären lassen.

Die Mischung bei *B*-Meson-Übergängen könnte auch einen Einblick in den Ursprung der *CP*-Verletzung selbst liefern, die man bisher nur beim neutralen Kaon-System beobachtet hat (Bild 7). Flavor-Mischung ist zwar eine notwendige Bedingung für die *CP*-Verletzung, aber keineswegs hinreichend. Obwohl die *CP*-Verletzung beim *B*-Meson noch nicht beobachtet worden ist, hat doch die Stärke des Mischungsgrades (Bild 6) manche Physiker in Hinblick auf eine baldige Entdeckung der *CP*-Verletzung beim *B*-Meson-System sehr optimistisch gestimmt. Sollte diese *CP*-Verletzung von ähnlicher Stärke sein wie beim Kaon-System, so wäre es unwahrscheinlich, daß sie von einem Standardmodell mit nur drei Quarkfamilien erklärt werden könnte (es sei denn, die Masse des *top*-Quarks wäre unerwartet groß); die Annahme einer vierten Quarkfamilie würde dann immer verlockender.

Ein experimenteller Test dieser Erwartung sollte in naher Zukunft möglich sein. Denn bei Proton-Antiproton-Kollisionen in einem Beschleuniger können Paare von *B*- und Anti-*B*-Mesonen erzeugt werden, die in Systeme mit zwei geladenen Leptonen zerfallen. Diese geladenen Leptonen könnten Elektronen oder Positronen (das sind Anti-Elektronen) sein. Wenn es in diesem Falle keine *CP*-Verletzung gibt, sollten die *B*-Mesonen mit gleichen Raten in Elektronen oder Positronen zerfallen; bei einer *CP*-Verletzung aber würden sich die beiden Zerfallsraten unterscheiden.

Dies wäre ein äußerst empfindlicher Test auf die Existenz einer vierten Quarkfamilie. Eine Beobachtung der *CP*-Verletzung würde diese in eindeutiger Weise mit den Wahrscheinlichkeiten von Quark-Quark-Übergängen verknüpfen und könnte die Identifizierung des fundamentalen Ursprungs der *CP*-Verletzung ermöglichen.

Die große Bedeutung, welche die Beobachtung einer *CP*-Verletzung beim *B*-Meson-Zerfall hat, brachte es mit sich, daß man inzwischen den Bau eines neuartigen Positron-Elektron-Colliders plant. Vorstudien für eine derartige *B*-Mesonen-Fabrik unternimmt man zur Zeit an der Universität von Kalifornien in Los Angeles und auch in Italien. Das Ziel ist es, pro Jahr mehr als eine Milliarde *bottom*-Quarks und Antiquarks zu erzeugen.

Das andere große Rätsel, das durch die Existenz einer vierten Quarkfamilie gelöst werden könnte, ist der Ursprung der Hierarchie in den Teilchenmassen. Man hofft, daß die vierte Familie eine ganz spezielle sei und daß die Massen der ersten drei Familien durch Wechselwirkungen mit den Teilchen der vierten Familien erzeugt werden. Diese Idee, die auf Harald Fritzsch von der Universität München zurückgeht, verknüpft die Massendifferenzen der Quarks mit einer angenommenen Beziehung zwischen den Quarkmassen und den Übergangsraten. Alle beobachteten Daten sind bis heute mit diesem Fritzsch-Modell verträglich.

Fritzsch vermutet außerdem, daß das Massenverhältnis zwischen den beiden neuen Quarks den Wert 4 hätte. Dies ist das Verhältnis zwischen den Quadraten der Quarkladungen – nämlich $(2/3)^2/(-1/3)^2$. Ein derartiges Resultat wäre zu erwarten, wenn die elektromagnetische Wechselwirkung die Quarkmassen verursachen würde.

Mehrere Theoretiker glauben, daß ein neues Quark eine Masse von ungefähr 246 GeV haben sollte. Eines der bekannten Charakteristika des Standardmodells ist ja die Voraussage, daß sich die verschiedenen Kräfte bei hinreichend hohen Energien zu einer einzigen Kraft vereinen sollten. Insbesondere sollten die elektromagnetische, die schwache und die starke Kraft sich als Ausprägungen einer einzigen großen vereinheitlichten Kraft erweisen. Diese Vereinheitlichung sollte bei einer Energie stattfinden, die den unvorstellbar hohen Wert von 10^{15} GeV hat – also weit oberhalb der Grenzen liegt, die man je mit einem terrestrischen Beschleuniger wird erreichen können. Tatsächlich ergibt sich aus einer konsistenten Extrapolation der gemessenen Werte fundamentaler Parameter von niedrigen Energien bis in den Bereich der großen vereinheitlichten Wechselwirkung die Forderung eines neuen, sehr massereichen Quarks.

Außerdem zeigt sich, daß die gemessenen Werte der *W*- und *Z*-Massen eine obere Grenze für die Massendifferenz zwischen den beiden Teilchen der vierten Quarkfamilie liefern. Die gegenwärtigen Daten zeigen, daß diese Massendifferenz kleiner als 180 GeV sein sollte. Wenn also das eine Mitglied der vierten Quarkfamilie eine Masse von etwa 246 GeV hat, sollte die des anderen Mitglieds entweder bei 426 GeV oder bei 66 GeV liegen. Der letzte Wert liegt dabei innerhalb des Energiebereichs, der in naher Zukunft mit Beschleunigerexperimenten zugänglich sein wird.

Neutrinomassen

Wenn es eine vierte Quarkfamilie gibt, wie sehen dann ihre leptonischen Verwandten aus? Das Hauptinteresse konzentriert sich hierbei auf die Neutrinomassen.

Die oben erwähnten kosmologischen Grenzen besagen, daß die Neutrinos leichter als 65 eV sein sollten – was mit einer verschwindenden Masse verträglich wäre. Ein Vergleich mit der Masse des *W*-Teilchens ergibt ein Massenverhältnis von einer Milliarde.

Was aber ist der Grund für die erstaunlich kleine Neutrinomasse? Dabei sind zwei Gesichtspunkte zu berücksichtigen: Entweder ist die Neutrinomasse – als Ergebnis eines bisher unentdeckten fundamentalen Prinzips – exakt gleich Null, oder die kleine Neutrinomasse ist die Konsequenz einer anderen, sehr großen Masse.

Die zuletzt genannte Möglichkeit ergibt sich aus einem Schaukelmechanismus, den Murray Gell-Mann vom California Institute of Technology in Pasadena, Pierre M. Ramond von der Universität von Florida in Gainesville und Richard C. Slansky vom Los-Alamos-Nationallaboratorium vorgeschlagen haben. Der Nachteil dieses Mechanismus ist, daß er lediglich zur Lösung eines Problems eingeführt worden ist, der Vorteil jedoch seine Einfachheit. Man nimmt dabei an, daß die Masse eines jeden Neutrinos gleich dem Quadrat der Masse seines geladenen Partners ist, dividiert durch einen unbekannten, sehr großen Massenparameter. Da beispielsweise die Elektronenmasse fest vorgegeben ist, wird dementsprechend die Masse des Elektron-Neutrinos um so kleiner, je größer der Massenparameter ist; dies ist der Grund, weshalb man von Schaukelmechanismus spricht.

Nach Beobachtungen der Supernova 1987A sollte etwa die Masse des Elektron-Neutrinos kleiner als 16 eV sein. Das Quadrat der Elektronenmasse beträgt 250 GeV^2. Nach der Gleichung, die den Schaukelmechanismus beschreibt, müßte daher der unbekannte Massenparameter größer als 16 GeV sein. Benutzt man dagegen den Wert 1,8 GeV für die Tauon-Masse und die obere (kosmologische) Grenze von 65 eV für die Masse des Tau-Neutrinos, so ergibt sich als strengere untere Grenze für den Massenparameter der Wert 5×10^7 GeV.

Wie man sieht, läßt sich die verschwindend kleine Neutrinomasse – vermöge des Schaukelmechanismus – als Konsequenz eines Massenparameters deuten, dessen Wert weit oberhalb der Energien liegt, die man heute mit Speicherring-Beschleunigern erreichen kann. Wenn der beschriebene Mechanismus zutrifft, sollten dem Massenparameter neue Teilchen entsprechen – vielleicht ein viertes Quark oder Lepton. Der Schaukelmechanismus hätte dann aber auch kosmologische Konsequenzen: Das vierte Neutrino könnte die fehlende Masse liefern, die notwendig ist, um das Universum zu schließen.

Teil heutiger theoretischer Konzepte ist die Forderung, daß die Massendichte des Universums ausreichen sollte, um seine augenblickliche Expansion irgendwann einmal zu stoppen und sein Rekollabieren zu veranlassen. In diesem Fall würde ein sogenanntes geschlossenes Universum vorliegen. Die bisherigen Beobachtungen besagen jedoch, daß die Massendichte des Universums nur ungefähr 10 bis 20 Prozent des kritischen Wertes ausmacht. Umfangreiche astronomische Projekte sind daher heute der Suche nach der fehlenden Masse gewidmet.

Ein Neutrino aber, das diese fehlende Masse liefern würde, darf nicht allzu massereich sein. Denn Neutrinos sind im Universum weitaus zahlreicher vorhanden als Photonen: Auf jedes Proton, Elektron und Neutron entfallen mehrere Milliarden Neutrinos. Wenn also nur eine Neutrinoart eine Masse von etwa 65 eV hätte, würde dies ausreichen, um das Universum zu schließen.

Wäre die Neutrinomasse sehr viel größer, so würde die resultierende Massenanziehung sogar ausreichen, um die beobachtete Expansionsgeschwindigkeit des Universums merklich zu reduzieren. Die Tatsache aber, daß ein solcher Effekt nicht zu beobachten war, veranlaßte die meisten Physiker dazu, den Wert von 65 eV als obere Grenze für die Neutrinomasse zu akzeptieren.

Vom Experiment her weiß man nun, daß ein viertes geladenes Lepton schwerer sein müßte als 41 GeV. Dieser Wert für die Masse des geladenen Leptons und die 65-eV-Grenze für die Neutrinomasse liefern für den unbekannten Massenparameter in der Gleichung des Schaukelmechanismus einen Wert von $2{,}5 \times 10^{10}$ GeV. Nimmt man an, daß dieser eine Wert alle Neutrino-

Helium-Erzeugung nach dem Urknall und Neutrino-Familien

1. Ganz zu Anfang, so wollen wir hier annehmen, bestand das Universum nur aus Neutronen (*n*) und Protonen (*p*), denen ein weitaus größerer Hintergrund an Elektronen (e^-), Positronen (e^+), Neutrinos und Antineutrinos (ν_e, ν_μ, ν_τ, $\bar{\nu}_e$, $\bar{\nu}_\mu$, $\bar{\nu}_\tau$) und Photonen (γ) überlagert war. Die Hintergrundteilchen sind in der folgenden Abbildung durch Punkte angedeutet. Zu Zeiten, die einen winzigen Bruchteil einer Sekunde auf den Urknall folgten, und bei Temperaturen weit oberhalb von 10^{10} Kelvin waren Protonen und Neutronen in nahezu gleicher Anzahl vorhanden:

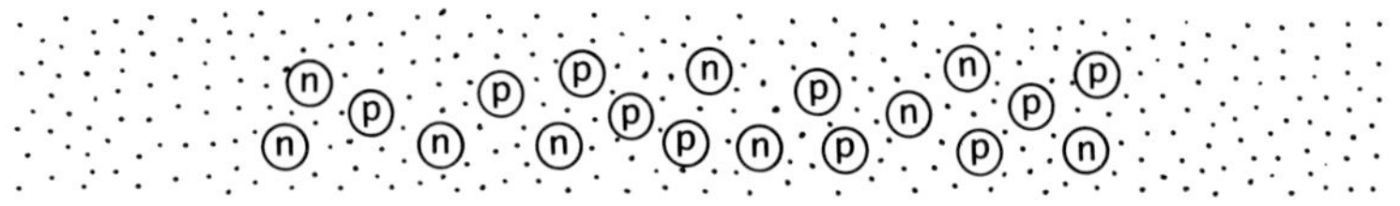

2. Neutronen und Protonen werden über Kernreaktionen dauernd ineinander umgewandelt; die Reaktionen werden durch die schwache Wechselwirkung verursacht:

$p + e^- \rightleftarrows n + \nu_e$ or $n + e^+ \rightleftarrows p + \bar{\nu}_e$

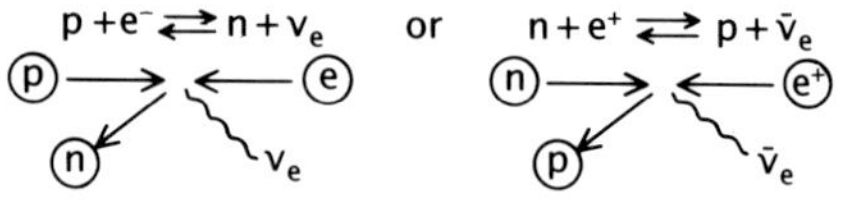

3. Da Neutronen etwas schwerer als Protonen sind, ist ihre Erzeugung aus energetischen Gründen schwieriger. Bei den *np*-Umwandlungen in Schritt (2) entstehen daher etwas mehr Protonen. Bei der Expansion und Abkühlung des Universums steht immer weniger Energie für die Erzeugung von Neutronen zur Verfügung, so daß im Verlauf der durch die schwache Wechselwirkung vermittelten Kernreaktionen immer mehr Protonen entstehen. Ungefähr eine Sekunde nach dem Urknall und bei Temperaturen von ungefähr 10^{10} Kelvin überstieg die Anzahl der Protonen die der Neutronen etwa um das Fünffache:

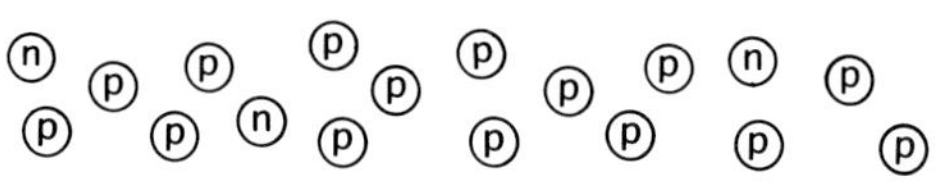

4. Zu dieser Zeit wird die Expansionsgeschwindigkeit des Universums immer größer und verdrängt die seltener werdenden Kernreaktionen, so daß Teilchenzusammenstöße praktisch zum Erliegen kommen:

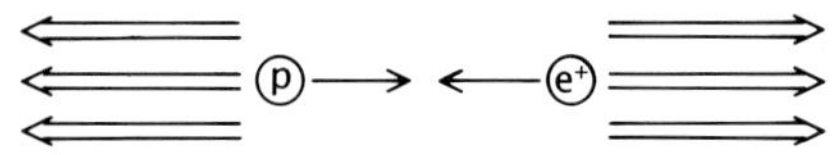

Es werden keine Neutronen mehr in Protonen umgewandelt; das Verhältnis der Teilchenzahlen beträgt jetzt 1:5.

5. Neutronen sind radioaktiv und zerfallen in Protonen. Die Lebensdauer eines Neutrons beträgt ungefähr 15 Minuten, so daß nach etwa drei Minuten ungefähr ein Drittel aller Neutronen in Protonen zerfallen sind und auf ein Neutron (*n*) acht Protonen (*p*) entfallen:

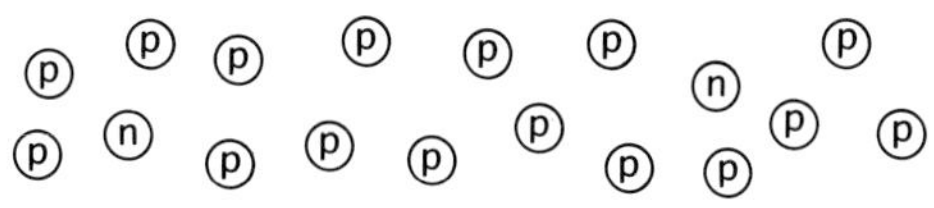

6. Drei Minuten nach dem Urknall ist die Temperatur auf ungefähr 10^9 Kelvin gesunken und somit tief genug, damit der Kern des Isotops Deuterium (*n*, *p*) nicht zerfällt. Die Deuteriumkerne vereinen sich sehr schnell zu Heliumkernen (*2n*, *2p*), und da für das Helium eine gleiche Anzahl von Protonen (*p*) und Neutronen (*n*) notwendig ist, hört die Bildung von Helium-Kernen auf, wenn alle Neutronen verbraucht sind:

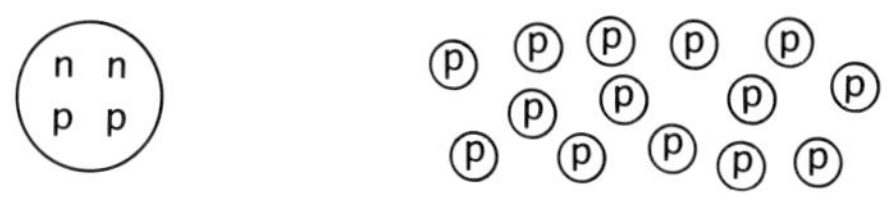

Da Neutronen und Protonen nahezu gleiche Massen haben, besteht das Universum jetzt zu ungefähr 4/16 oder 25 Prozent aus Helium-Kernen, während 75 Prozent aus Protonen (Wasserstoffkernen) bestehen.

7. Je mehr Neutrinoarten es gibt, desto schneller dehnt sich das Universum aus. Der Schritt (4) erfolgt dann früher und bei höheren Temperaturen, wenn noch mehr Neutronen vorhanden sind; die Schritte (5) und (6) vollziehen sich dementsprechend bei einer größeren Anzahl von Neutronen, so daß mehr Helium erzeugt wird. Doch astronomische Beobachtungen weisen darauf hin, daß das Helium zu jener Zeit wahrscheinlich weniger als 25 Prozent der Masse des Universums ausgemacht hat. Dies wiederum bedeutet, daß es nicht mehr als vier unterschiedliche Neutrinoarten geben sollte.

massen bestimmt, so ergeben sich für die Massen des Elektron-Neutrinos, des Myon-Neutrinos und des Tau-Neutrinos die Werte 10^{-8} eV, 4×10^{-4} eV und 0,1 eV. Trifft dieses Argument zu, so könnte das vierte Neutrino die gesuchte fehlende Masse liefern, während die drei bereits bekannten Neutrinos zu leicht wären, um auch nur irgendeinen Effekt in dieser Richtung zu haben.

Zur Zeit laufende Experimente

Die hier angeführten Argumente für die Existenz einer vierten Quark-Lepton-Familie sind zugegebenermaßen spekulativer Art. Dennoch sind einige direkte Tests bereits im Gange.

Eine der angewandten Techniken haben Carlo Rubbia vom CERN und ich vorgeschlagen. Dabei wird der Zerfall der *W*-Teilchen benutzt, um die Masse eines vierten geladenen Leptons zu bestimmen oder zumindest eine untere Grenze für sie abzustecken. Neuere Experimente beim CERN liefern die bereits erwähnte 41-GeV-Grenze. Bemerkenswert ist dabei, daß diese Zahl um ein bis zwei Größenordnungen über der Masse des Tauons liegt und der oben diskutierten Massenhierarchie entspricht. Wenn das nächste Quark oder Lepton eine Masse von weniger als 70 GeV hat, könnte man diese mit Hilfe moderner Beschleuniger in naher Zukunft bestimmen. Andernfalls müßten die Physiker auf den supraleitenden Supercollider SSC in den USA oder auf den großen Hadronen-Collider LHC warten, wie man ihn am CERN plant.

Natürlich wird man sich fragen, ob nach der möglichen Entdeckung einer vierten Quark- und Leptonenfamilie nicht auch noch eine fünfte Familie zu finden sein werde. Diese Frage wird sowohl von Kosmologen als auch von Teilchenphysikern gestellt, die sich Gedanken über die Möglichkeiten zur Bestimmung der Anzahl unterschiedlicher Neutrinoarten machen.

Kosmologisch gesehen ist diese Anzahl von fundamentaler Bedeutung für die wenige Minuten nach dem Urknall durch Kernverschmelzung entstandenen leichten Isotope. Die Häufigkeiten dieser Isotope, besonders die von Helium und Deuterium, hängen davon ab, wie schnell das Universum expandierte und im Vergleich dazu die leichten Isotope durch Kernreaktionen entstanden. Die Expansionsgeschwindigkeit des Universums hängt ihrerseits von der Anzahl der existierenden Teilchensorten ab, einschließlich der Anzahl unterschiedlicher Neutrinoarten.

Je mehr Neutrinoarten existieren, desto schneller dehnt sich das Universum aus und desto mehr Helium wird erzeugt. Vergleicht man theoretische Berechnungen der Heliumproduktion durch Kernverschmelzung mit den aus Beobachtungen abgeleiteten oberen Grenzen, so ergibt sich eine Einschränkung der Anzahl unterschiedlicher Neutrinos (siehe Kasten). Bemerkenswerterweise liegt die resultierende obere Grenze bei vier oder möglicherweise auch fünf. Nimmt man also an, daß sich die Paarung von Quarks und Leptonen bei höheren Familien fortsetzt, so wird dadurch auch die Anzahl der Quarkfamilien auf vier oder fünf eingeschränkt.

Derartige kosmologische Grenzen für die Anzahl von Teilchensorten haben Teilchenphysiker traditionell mit großer Skepsis betrachtet. Inzwischen jedoch kommt man durch Laborexperimente zu denselben Schlüssen. Diese Experimente stützen sich auf das *Z*-Teilchen, das in alle existierenden Neutrinoarten zerfallen kann. Je mehr unterschiedliche Neutrinos es gibt, desto schneller kann das *Z* zerfallen. Durch die Messung der Lebensdauer des *Z* können also die Physiker die Anzahl unterschiedlicher Neutrinos bestimmen. Vorläufige Ergebnisse von SLAC, CERN und DESY limitieren diese Anzahl auf fünf. Genauere Messungen werden möglicherweise eine exakte Zahl und nicht nur eine obere Grenze liefern. Dies wäre dann ein direkter Hinweis auf die Existenz oder Nichtexistenz der vierten Quark-Lepton-Familie.

Wenn sich jenseits von Wahrheit (*truth*, statt *top*) und Schönheit (*beauty*, statt *bottom*) eine vierte Familie nachweisen ließe, so werden Physiker zweifellos fragen: Warum sind es gerade vier Familien? Warum haben die Teilchen der vierten Familie so große Massen? Warum ist die Zahl vier (eine gerade Zahl) auch die Anzahl der Dimensionen der Raumzeit? Ist dies das Ergebnis einer Superstring-Theorie, welche die Anzahl möglicher Dimensionen von Raum und Zeit festlegt?

Zugegeben: Fragen, die dem Warum nachgehen, münden schließlich immer wieder in weitere Fragen „warum?“ Indes, das einzige, was Wissenschaft vermag, ist die Reduzierung vieler Probleme auf nur wenige. Wenn es mit der Einführung einer vierten Quark- und Leptonenfamilie gelingt, nicht nur die Massenverteilung der ersten drei Familien und die Übergangswahrscheinlichkeiten zu erklären, sondern auch die fehlende Masse des Universums und die Natur der *CP*-Verletzung, so ist damit viel geleistet.

Beschleunigerexperimente testen kosmologische Theorien

Ist die Anzahl der Familien von Elementarteilchen begrenzt? Überreste aus der Entstehungszeit des Universums – der Phase des Urknalls – deuten darauf hin. Mit Teilchenbeschleunigern erreicht man inzwischen die Energien, bei denen sich diese Grenze bestätigen läßt.

Von David N. Schramm und Gary Steigman

Während des letzten Jahrzehnts sind zwei wissenschaftliche Forschungszweige, die Kosmologie und die Elementarteilchenphysik, eine Symbiose eingegangen, die eine Reihe aufregender neuer Erkenntnisse hervorgebracht hat. Sie betreffen die Entstehung von Raum, Zeit und Materie in äußerst frühen Epochen von 10^{-43} bis 10^{-35} Sekunden nach Entstehung des Universums in jener ursprünglichen Explosion, die man gemeinhin als Urknall bezeichnet.

Wichtige Hinweise auf den Urknall selbst ergeben sich vielleicht aus einer Theorie, die derzeit entwickelt wird. Sie soll eine endgültige, allumfassende Beschreibung aller Wechselwirkungen zwischen den Elementarteilchen in einem einzigen kühnen Wurf entwickeln: eine Theorie aller Teilchen und Kräfte (im Fach-Jargon nach englisch *theory of everything* kurz TOE genannt).

Das Zusammenfließen von Kosmologie und Elementarteilchenphysik hat sogar Einfluß auf die wissenschaftlichen Methoden genommen. Die Astronomie ist traditionell eine Disziplin, in der aktiv gesteuerte Experimente gegenüber der passiven Beobachtung mit Teleskopen praktisch keine Rolle spielen. Das traditionelle Werkzeug der Elementarteilchenphysiker ist demgegenüber der Hochenergiebeschleuniger.

Inzwischen hat die Kosmologie damit begonnen, Voraussagen über die Elementarteilchenphysik zu machen, und es ist vorstellbar, daß diese sich mit sorgfältig kontrollierten Experimenten in Beschleunigern überprüfen ließen. Es hat mehr als zehn Jahre gedauert, bis die Beschleuniger die Leistungsfähigkeit erreicht hatten, die für die entsprechenden Experimente erforderlich ist; doch gegenwärtig werden sie tatsächlich durchgeführt. Die bisher gewonnenen vorläufigen Ergebnisse bestätigen die Vorhersagen der Kosmologie.

Es scheint daher, daß die Kosmologie sich in dem Sinne zu einer echten Wissenschaft entwickelt hat, daß nicht nur Vorstellungen entwickelt werden, sondern daß man diese Ideen auch im Labor in Zeitspannen überprüfen kann, die kürzer als ein Forscherleben sind. Diese Perspektive unterscheidet sich wesentlich von der Situation in früheren Zeiten, als zahlreiche kosmologische Theorien entwickelt wurden und kaum Möglichkeiten bestanden, sie anders als nach ästhetischem Empfinden zu bestätigen oder zu widerlegen.

Im Gegenzug lassen sich vielleicht eines Tages mit Teleskopen Vorstellungen aus dem Bereich der Elementarteilchenphysik – etwa Vorschläge für eine TOE – testen. Es könnte sehr wohl sein, daß es nur ein Labor gibt, in dem man Theorien über Wechselwirkungen von Teilchen mit äußerst hohen Energien unter die Lupe nehmen kann: den Urknall selbst.

Der Schritt von der Kosmologie zur Teilchenphysik

Eine der aufregendsten Ideen, die der Vermählung von Kosmologie und Teilchenphysik entsprangen, ist die folgende: Das Universum würde anders aussehen, wenn es sehr viele verschiedene grundlegende Arten von Elementarteilchen gäbe. Man gelangt also von der Kosmologie zu der Aussage, daß es nur eine kleine Anzahl verschiedener Elementarteilchen geben kann.

Diese definitive Vorhersage ergab sich aus unserer Analyse der Kernreaktionen, wie sie in dem etwa eine Sekunde alten Universum abliefen. Wir wagten den kühnen Schritt, kosmologische Größen (wie die mittlere Energiedichte) in solche zu übersetzen, die für die Elementarteilchenphysik von Interesse sind (wie etwa die Anzahl der Arten von Elementarteilchen).

Unsere Vorhersage ist heute nach wie vor von Bedeutung, aber als wir sie erstmals machten, war sie besonders wirkungsvoll. Sie widersprach der zu jener Zeit vorherrschenden Ansicht, daß mit jeder Steigerung der Energie in einem Teilchenbeschleuniger auch neue Elementarteilchen entdeckt werden müßten. Die Theorien der Teilchenphysik hatten keine wirkliche Grenze dafür angegeben, wieviele Arten von Elementarteilchen existieren können – es war kein Ende in Sicht. Doch nun stand eine Vorhersage, die auf kosmologischen Betrachtungen beruhte, im Gegensatz zu dieser empirischen Schlußfolgerung und hat seither Bestand, ist inzwischen sogar weiter gefestigt. Die Anzahl der Elementarteilchen-Familien muß begrenzt sein: Sonst wäre dieses Universum nicht so, wie wir es kennen.

Damit wir erklären können, wie man von der Kosmologie zu dieser Aussage gelangen kann, müssen wir zunächst eine kurze Übersicht über die Teilchenphysik geben. Im Laufe der letzten fünfzig Jahre haben Experimente mit Teilchenbeschleunigern die gesicherte Erkenntnis erbracht, daß sich die Elementarteilchen in zwei große Gruppen einteilen lassen, die Fermionen und die Bosonen (benannt nach zwei Physikern, dem Italo-Amerikaner Enrico Fermi und dem Inder Satyendra Nath Bose).

Fermionen sind die Teilchen, aus denen sich die Materie zusammensetzt, während Bosonen Träger der Kräfte zwischen den Teilchen sind. Fermionen wiederum unterteilen sich in zwei Untergruppen, die Quarks und die Leptonen. Das Wort *Quark* entstammt einer merkwürdigen Zeile aus dem Roman „Finnegans Wake“ von James Joyce, „Three quarks for Muster Mark!“, während *Lepton* sich von dem griechischen *leptos* ableitet und kleines Teilchen bedeutet.

Quarks sind die Bausteine von Neutronen, Protonen (aus denen die Atomkerne zusammengesetzt sind) und mit ihnen verwandten Teilchen, den sogenannten Hadronen. Leptonen können, falls sie elektrische Ladung tragen wie im Falle des Elektrons, Kerne umkreisen und so Atome entstehen lassen. Wenn sie ungeladen sind – wie etwa als Neutrinos –, können sie beispielsweise die gesamte Erde ohne Wechselwirkung durchqueren. Zu jedem Teilchen existiert auch noch ein Antiteilchen mit der gleichen Masse und Lebensdauer, aber umgekehrten elektrischen Eigenschaften (Bild 1).

Die Wechselwirkungen zwischen den verschiedenen Teilchen unterliegen vier grundlegenden Kräften, die jeweils von eigenen Bosonen oder Gruppen von Bosonen übertragen werden (Bild 2). Das Photon oder Lichtquant ist Träger der elektromagnetischen Kraft, die elektrische Ladungen miteinander koppelt. Das Graviton transportiert die Schwerkraft – die Gravitation –, die für die Massenanziehung verantwortlich ist. Acht Gluonen sind für die starke Wechselwirkung verantwortlich, die zwischen den Quarks wirksam ist und die Atomkerne zusammenhält. Drei intermediäre Vektorbosonen (W^+, W^- und Z^0) schließlich tragen die schwache Wechselwirkung, die für bestimmte Kernzerfälle verantwortlich ist. Gegenwärtig scheint es so, als ließen sich alle Wechselwirkungen im Universum auf Kombinationen dieser vier elementaren Kräfte zurückführen.

Eine der aufregendsten Entwicklungen in der Physik des 20. Jahrhunderts war der Beweis, daß sich die vier Wechselwirkungen bei höherer Energie (oder Temperatur) zu vereinen beginnen. So haben Experimente am CERN bei Genf, dem europäischen Laboratorium für Teilchenphysik, gezeigt, daß die schwache und die elektromagnetische Wechselwirkung bei einer Energie oberhalb von 100 Milliarden Elektronenvolt (100 GeV, Gigaelektronenvolt) zu einer einzigen elektroschwachen Kraft verschmelzen.

Diese Energie entspricht der Temperatur, die das Universum etwa 10^{-10} Sekunden (ein Zehntel einer milliardstel Sekunde) nach dem Urknall hatte – einer Temperatur also, die etwa vierbillionenmal so hoch wie Zimmertemperatur war. Diese Ergebnisse vom CERN lassen hoffen, daß die starke und die elektroschwache Wechselwirkung bei etwa 10^{15} GeV in einer großen vereinheitlichten Feldtheorie aufgehen werden; und schließlich sollte sich die Gravitationskraft bei 10^{19} GeV mit dieser vereinheitlichten Wechselwirkung zu einer TOE zusammenfassen lassen.

Die zum Test derartiger Theorien erforderlichen Energien sind unermeßlich groß, wenn man sie mit denen vergleicht, die sich derzeit mit Teilchenbeschleunigern erzielen lassen. Der Welt größter Beschleuniger – das Tevatron am Fermi National Accelerator Laboratory in den USA – hat vier Kilometer Umfang und erreicht gerade Energien von 2000 GeV (zwei Billionen Elektronenvolt).

Eine Maschine von der Art des Tevatron, aber ausgelegt für Energien, bei

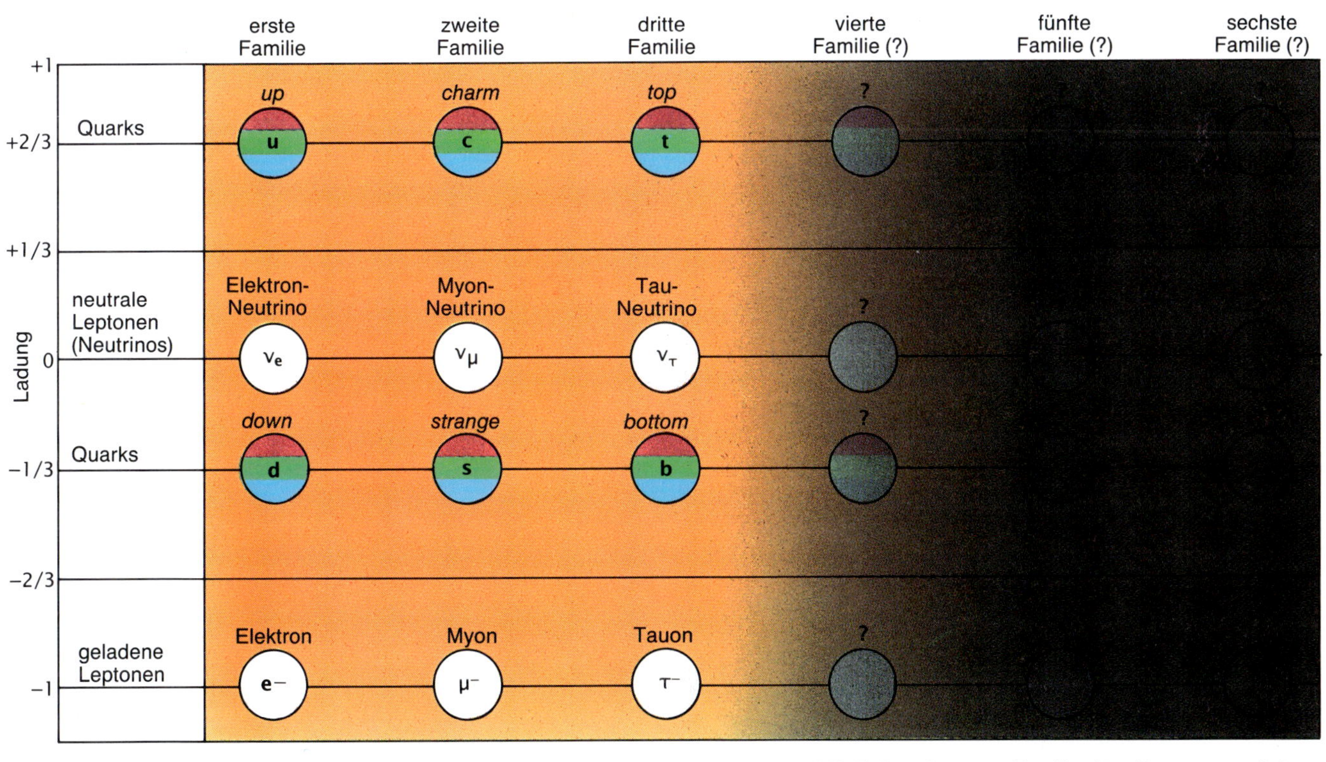

Bild 1: Die fundamentalen Bausteine der Materie, die sogenannten Quarks und Leptonen, gliedern sich in Familien, die jeweils zwei Arten von Teilchen aus jeder dieser beiden Teilchenklassen enthalten. Die Teilchen können unter anderem anhand ihrer elektrischen Ladung unterschieden werden. Gegenwärtig gibt es drei Familien, die sich aus zwölf bekannten Quarks und Leptonen zusammensetzen. Gewöhnliche Materie besteht aus Mitgliedern der ersten Familie. (Das Proton etwa wird aus zwei *up*-Quarks und einem *down*-Quark gebildet.) Die Theorien der Elementarteilchenphysik machen nur wenige Vorhersagen, wieviele derartige Familien existieren können. Kosmologische Theorien deuten jedoch auf eine Obergrenze von vier Familien hin. An der Überprüfung dieser Voraussage wird gegenwärtig an vielen Teilchenbeschleunigern gearbeitet.

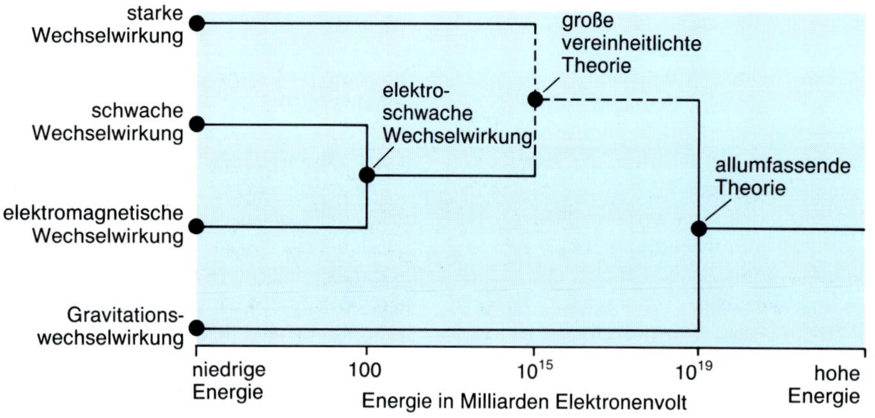

Bild 2: Vier Naturkräfte sind für alle bekannten Wechselwirkungen zwischen den Elementarteilchen verantwortlich. Die starke Wechselwirkung koppelt Quarks, die schwache Wechselwirkung ist für bestimmte Kernzerfälle verantwortlich, die elektromagnetische Wechselwirkung koppelt elektrische Ladungen und die Gravitationswechselwirkung Massen. Man stellt sich vor, daß die vier Kräfte einst unter den hohen Energien vereinigt waren, wie sie für das Universum kurz nach dem Urknall charakteristisch waren. In der Tat hat eine Theorie, in der elektromagnetische und schwache Wechselwirkung zu einer einzigen Kraft zusammenfließen, sich bereits bestätigt. Eine große vereinheitlichte Theorie würde diese elektroschwache Wechselwirkung mit der starken Naturkraft verschmelzen; eine allumfassende Theorie würde alle vier Wechselwirkungen als Aspekte einer einzigen Kraft beschreiben.

denen sich die Voraussagen einer großen vereinheitlichten Feldtheorie überprüfen ließen, müßte bis zu den nächsten Sternen reichen, während eine TOE-Maschine sich gar bis ins Zentrum der Milchstraße erstrecken würde. Es ist leicht einzusehen, daß beide Geräte auch mit den großzügigsten Haushaltsmitteln nicht zu verwirklichen wären. Dieser Sachverhalt war eine der Triebfedern bei den Versuchen, anhand kosmologischer Beobachtungen Vorhersagen der Teilchenphysik zu testen.

Elementarteilchen-Familien

Aber auch in die andere Richtung ist der Informationsfluß in Gang gekommen: Die Beschleuniger der Elementarteilchenphysiker werden dazu verwendet, eine der Voraussagen der Kosmologie zu überprüfen. Diejenige, mit der wir uns befaßt haben, betrifft die Begrenzung der Anzahl von Elementarteilchen, aus denen die Materie aufgebaut ist.

Es scheinen zwölf Elementarteilchen mit den dazugehörigen Antiteilchen zu existieren. Sechs von ihnen sind Quarks; sie heißen *up*, *down*, *charm*, *strange*, *top* (oder *truth*) sowie *bottom* (oder *beauty*). Alle außer dem *top*-Quark hat man bereits im Experiment gefunden. Obwohl die theoretischen Argumente stark für die Existenz des *top*-Quarks sprechen, fehlt dafür zur Zeit jeglicher experimentelle Anhaltspunkt. Die anderen sechs Elementarteilchen sind Leptonen: das Elektron, das Myon, das Tau-Teilchen (Tauon) und die jeweils dazugehörenden Neutrinos, das Elektron-Neutrino, das Myon-Neutrino und das Tau-Neutrino.

Die zwölf Teilchen gruppieren sich in drei Familien mit jeweils vier Mitgliedern. Die erste besteht aus dem *up*- und dem *down*-Quark, dem Elektron und dem Elektron-Neutrino; die zweite aus *charm*- und *strange*-Quark sowie dem Myon und seinem Neutrino, und die dritte aus *top*- und *bottom*-Quark sowie dem Tau-Teilchen mit dem entsprechenden Neutrino.

Gewöhnliche Materie besteht aus Mitgliedern der ersten Familie. So setzt sich das Proton beispielsweise aus zwei *up*-Quarks und einem *down*-Quark zusammen. Ein *up* trägt 2/3 positive Einheiten der elektrischen Elementarladung, ein *down* 1/3 negative Elementarladung, was insgesamt die Ladung des Protons (eine positive Elementarladung) ergibt. Das Neutron besteht aus zwei *down*- und einem *up*-Quark, ist also elektrisch neutral. Jedes Atom wiederum ist aufgebaut aus einem harten Kern fest gebundener Protonen und Neutronen, der von einer Elektronenwolke umgeben ist.

Da alle gewöhnliche Materie aus Mitgliedern der ersten Familie zusammengesetzt ist, besteht eines der großen Geheimnisse der Elementarteilchenphysik heute in der Frage, warum es die anderen Familien überhaupt gibt und wieviele davon existieren – wie der Physik-Nobelpreisträger von 1944 Isidor I. Rabi sagte, als das Myon entdeckt wurde: „Wer hat denn das bestellt?"

Ginge man nach dem Trend, daß mit steigender Energie der Teilchenbeschleuniger immer mehr neue Teilchen entdeckt worden sind, so könnte man eine immer weiter anwachsende Zahl solcher Familien erwarten. In der Tat findet man in den Aussagen der vereinheitlichten Theorien wenig über ihre Gesamtzahl. So erlaubt das erste von vielen Fachleuten favorisierte Modell dieser Art, das Mitte der siebziger Jahre entwickelte SU(5)-Modell (für spezielle unitäre Gruppen mit fünf Freiheitsgraden), jede Anzahl von Familien.

Es gibt aber gute Gründe dafür, daß wenigstens drei Elementarteilchen-Familien existieren. M. Kobayashi vom japanischen Protonenbeschleuniger KEK und T. Maskawa von der Universität Tokio haben darauf hingewiesen, daß die 1964 von Val L. Fitch an der Universität Princeton und James W. Cronin an der Universität Chicago entdeckte Asymmetrie zwischen Materie und Antimaterie sich am besten verstehen läßt, wenn es mindestens drei Elementarteilchen-Familien gibt. Diese Asymmetrie könnte die Erklärung für den beobachteten Überschuß von Materie gegenüber Antimaterie im Universum liefern, der die Existenz von Materie ermöglicht (siehe „Verletzung der *CP*-Invarianz" von Robert K. Adair in Spektrum der Wissenschaft, April 1988). Es ist also nicht ganz unnütz, mindestens drei Familien zu haben.

Aber trotzdem wüßte man sehr gerne, wieviele Quark-Lepton-Familien es genau gibt. Wenn Quarks und Leptonen wirklich die grundlegenden Bausteine der Natur sind, dann möchte man schon alle Sorten kennen. Wenn die Anzahl der Familien unbegrenzt wäre, so müßte man sich fragen, ob Quarks und Leptonen wirklich fundamental sind. Ebenso wie Atome aus Protonen, Neutronen und Elektronen bestehen, könnten vielleicht Quarks und Leptonen aus wiederum kleineren Einheiten zusammengesetzt sein (siehe „Wie elementar sind Quarks und Leptonen?" von Haim Harari in: „Teilchen, Felder und Symmetrien", Reihe „Verständliche Forschung", 1984).

Heute ist klar, daß die Kosmologie wohl imstande ist, die Frage nach der Anzahl von Quark-Lepton-Familien zu beantworten. Mit ihrer Hilfe gelangt man zu der Aussage, daß es nur endlich viele derartige Familien geben kann und daß ihre Anzahl gering sein muß: nur drei oder höchstens vier Familien existieren.

Urknall-Theorie und stationäre Modelle

Diese Vorhersage einer begrenzten Anzahl von Elementarteilchen-Familien gründet sich auf Indizien, die man in den Trümmern des größten aller Beschleunigerexperimente, des Urknalls, beobachten und zusammentragen konnte. Das Urknall-Modell des Universums war zunächst eine von zwei konkurrierenden kosmologischen Theorien, die während der fünfziger und zu Beginn der sechziger Jahre heftig diskutiert wurden. Die andere Theorie beruhte auf einem sogenannten stationären Modell.

Beide Theorien entstanden aus dem Versuch heraus, Edwin P. Hubbles Entdeckung der Expansion des Universums aus dem Jahre 1929 zu deuten. Das Urknall-Modell besagt, daß das Universum einst heiß und von unvorstellbarer Dichte war und sich im Laufe seiner Expansion abgekühlt und verdünnt hat. Die stationäre Theorie behauptet, daß fortwährend Materie erzeugt wird, so daß die Dichte bei der Ausdehnung des Universums konstant geblieben ist.

In den sechziger Jahren erhärtete sich das Urknall-Modell aufgrund mehrerer neuer Beobachtungen, und Anfang der siebziger Jahre stand es als klarer Sieger fest. Die aufsehenerregendste dieser Entdeckungen, die später mit dem Nobelpreis ausgezeichnet wurde, machten Arno A. Penzias und Robert W. Wilson von den Bell-Laboratorien. Falls das Urknall-Modell zuträfe, müßte das Universum in einem frühen Stadium so dicht und heiß gewesen sein, daß die Materie Wärmestrahlung mit einem charakteristischen Spektrum hätte aussenden müssen. Nach dem stationären Modell hingegen wäre die Dichte der Materie immer genauso gewesen wie heute, das Weltall hätte also nie in einem heißen, dichten Stadium existiert. Mithin sollte auch keine Wärmestrahlung existieren. Penzias und Wilson aber entdeckten eine Mikrowellen-Hintergrundstrahlung, deren Spektrum mit einer dichten, heißen Phase, wie der Urknall sie erwarten ließe, in Übereinstimmung ist.

Die stärkste Unterstützung erfährt das Urknall-Modell durch Untersuchungen zur Ursynthese der Atomkerne, das heißt zur Entstehung der Elemente. Nahezu hundertmillionenfache Zimmertemperatur ist bei vielen Elementen notwendig, um sie aus Protonen und Neutronen synthetisieren zu können. Derartige Temperaturen herrschten etwa eine Sekunde nach dem Urknall (Bild 3).

Indem man die relativen Häufigkeiten der Elemente mißt, kann man deshalb etwas über die physikalischen Bedingungen zu einem so weit zurückliegenden Zeitpunkt wie eine Sekunde nach dem Urknall erfahren. Im Vergleich dazu liefert die Mikrowellenstrahlung nur Informationen über Zeiten etwa 100000 Jahre nach der Entstehung des Weltalls, als die Photonen zuletzt an ungefähr 3000 Kelvin heißer Materie streuten, also bei etwa zehnfacher Zimmertemperatur (Kelvin ist die Temperatur über dem absoluten Nullpunkt von −273,15 Grad Celsius).

Auf die Einzelheiten der Kernsynthese im Urknall werden wir später eingehen, weil durch sie nicht nur die Urknall-Hypothese als gesichert gelten darf, sondern auch die Verbindung zur Elementarteilchenphysik hergestellt wird. Doch zunächst erscheint es erwähnenswert, daß die Urknall-Theorie der Kernsynthese die Häufigkeiten mehrerer leichter Elemente und ihrer Isotope richtig vorhersagt (Bild 4). Zu ihnen gehören Helium-3, Helium-4, Deuterium (das schwere Isotop von Wasserstoff) und Lithium-7. Die vorhergesagten Häufigkeiten überstreichen fast zehn Größenordnungen, und die Beobachtungen scheinen alle diese Werte quantitativ zu bestätigen.

Die eindrucksvolle Übereinstimmung zwischen theoretischer Voraussage des Urknall-Modells der Kernsynthese und den astronomisch gemessenen Vorkommen der leichten Elemente liefert noch einen zusätzlichen Bonus: Sie besteht auch bei einer Nukleonendichte (Nukleonen ist ein Sammelbegriff für Protonen und Neutronen), die vollkommen mit der übereinstimmt, die man aus Untersuchungen der Dynamik der leuchtenden Materie im Weltall erhält. Die Vorhersagen aufgrund der Evolution des Universums in den ersten 1000 Sekunden nach dem Urknall sind also konsistent mit Beobachtungen, die wir heute einige zehn Milliarden Jahre später machen.

Die Physiker scheinen heute offenbar die Entstehungsgeschichte des Universums zurück bis zum Zeitpunkt der Kernsynthese im Urknall quantitativ zu

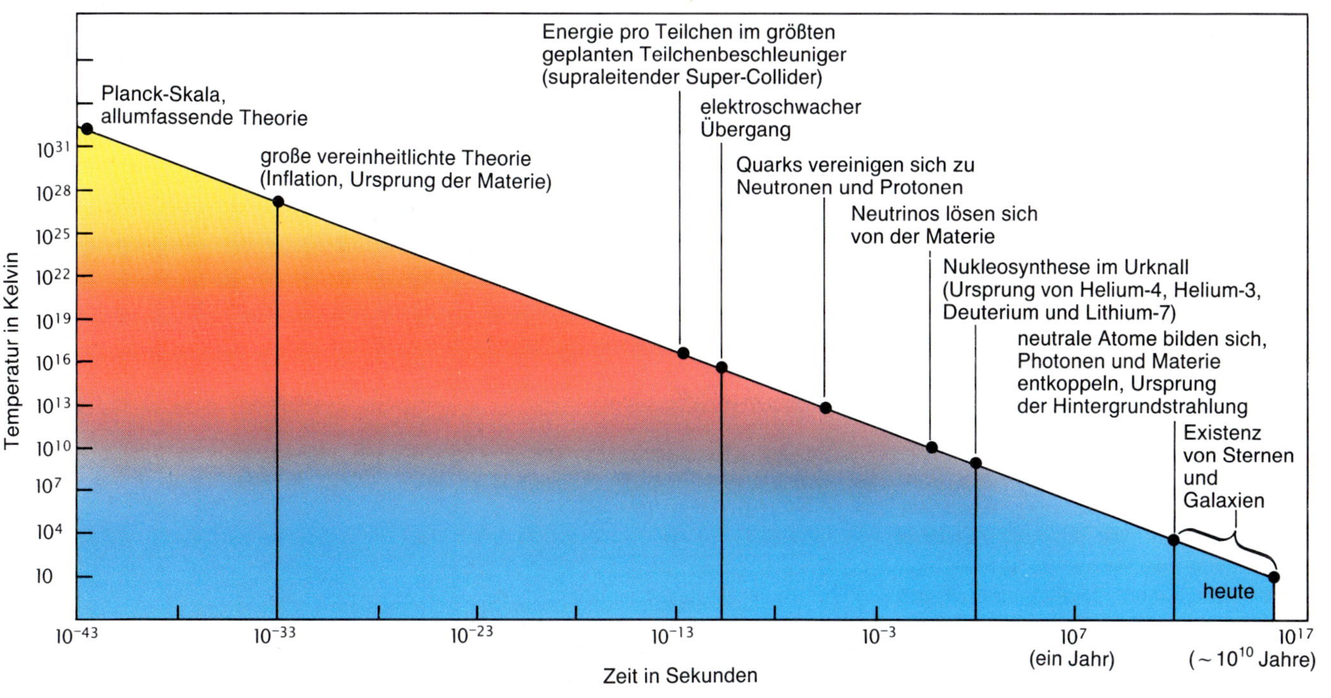

Bild 3: Die thermische Geschichte des Weltalls, die hier 10^{-43} Sekunden nach dem Urknall beginnt und bis in die Gegenwart andauert, zeigt, daß der größte Teil von Helium-4, Helium-3, Deuterium (ein Wasserstoff-Isotop) und Lithium-7 im Universum etwa eine Minute nach dem Urknall synthetisiert wurde. Die schwereren Elemente wurden einige Millionen bis Milliarden Jahre später im Inneren der Sterne erzeugt.

verstehen. Dieses detaillierte Wissen gibt uns das nötige Selbstvertrauen bei dem Versuch, zu noch früheren Zeiten vorzustoßen, die einer vereinheitlichten oder gar einer allumfassenden Theorie (TOE) angemessen sind.

Nukleosynthese beim Urknall

Die Leistungsfähigkeit der Urknall-Theorie der Kernsynthese beruht auf der Tatsache, daß praktisch fast alle Eingangsdaten für die wichtigen Gleichungen aus Laborexperimenten gut bekannt sind. So entsprechen die Temperaturen, die man für die Nukleosynthese im Urknall annimmt, Energiebereichen, die man mit verhältnismäßig niederenergetischen Beschleunigern wie Van-de-Graaf-Generatoren untersuchen kann. Deshalb ist das Verhalten von Atomkernen unter den Bedingungen zu Zeiten der Urknall-Kernsynthese genau bekannt; man ist hier nicht auf Vermutungen angewiesen.

Will man berechnen, was im Verlauf der Ursynthese geschehen ist, so muß man nur die Evolution eines Gases aus Protonen und Neutronen (eines sogenannten Nukleonengases) in einem sich ausdehnenden und abkühlenden Universum verfolgen. Bei Temperaturen von weit mehr als 10 Milliarden Kelvin – entsprechend Zeiten gut innerhalb der ersten Sekunde nach dem Urknall – waren Protonen und Neutronen im Gleichgewicht und in gleicher Zahl vorhanden. Wegen der zu hohen Temperatur konnten Protonen und Neutronen nicht zu komplexeren Kernen verschmelzen. Durch Stöße mit Elektronen und Positronen (Antielektronen) sowie Neutrinos und Antineutrinos wurden Neutronen in Protonen und Protonen in Neutronen mit etwa gleichen Reaktionsgeschwindigkeiten umgewandelt. Das Neutron ist ein wenig schwerer als das Proton, weshalb es sich etwas leichter in ein Proton umwandelt als umgekehrt ein Proton in ein Neutron. Wenn die Energien sehr hoch sind, ist dieser Einfluß des Massenunterschiedes jedoch vernachlässigbar klein.

Als die Temperatur des Universums auf 10 Milliarden Kelvin absank, wurde diese Massendifferenz aber bedeutsamer, und das Verhältnis von Neutronen- zu Protonenzahl sank von eins auf weniger als ein Drittel. Bei einer Milliarde Kelvin war das Verhältnis nur noch etwas unter einem Siebtel. Bei dieser Temperatur war es kalt genug für die Verschmelzung von Protonen und Neutronen zu dem einfachsten zusammengesetzten Kern, Deuterium; er besteht aus einem Proton und einem Neutron. Die Reaktion von Deuterium mit anderen Protonen und Neutronen ließ Tritium (ein Proton und zwei Neutronen) und Helium-3 (zwei Protonen und ein Neutron) entstehen.

Diese beiden Kerne reagierten wiederum zu Helium-4 (zwei Protonen und zwei Neutronen). Da die Nukleonen in Helium-4 wesentlich stärker gebunden sind als in irgendeinem anderen leichten Kern, wurden im Verlauf der Kernreaktionen schließlich fast alle bei einer Milliarde Kelvin vorhandenen Neutronen in Helium-4 gebunden.

Kleine Mengen von Beryllium-7 (vier Protonen und drei Neutronen) und Lithium-7 (drei Protonen und vier Neutronen) entstanden aus der Reaktion von Helium-4 mit Helium-3 beziehungsweise Tritium. Insgesamt lieferte die Urknall-Nukleosynthese also Helium-4 mit Spuren von Deuterium, Helium-3 und Lithium-7.

Die Synthese hörte im wesentlichen bei Helium-4 auf, weil keine stabilen Kerne entstehen, wenn ein Helium-4-Kern mit einem Proton, einem Neutron oder einem anderen Helium-4-Kern reagiert. Die Mehrzahl der anderen Elemente bildete sich erst im Inneren der Sterne, in denen die Dichten so hoch sind, daß drei Helium-4-Kerne gleichzeitig miteinander wechselwirken und Kohlenstoff-12 bilden können.

Die von der Urknall-Theorie der Kernsynthese vorhergesagten Häufigkeiten der leichten Elemente stimmen, wie wir bereits erwähnt haben, sehr schön mit den beobachteten Werten überein. Nach der Theorie begann die Zusammenballung der Materie, als das Verhältnis von Neutronen zu Protonen ein Siebtel betrug. Weil praktisch alle Neutronen in Helium-4-Kernen eingefangen worden waren, sollten diese etwa ein Viertel der gesamten Masse gewöhnlicher Materie ausmachen.

Der tatsächlich beobachtete Wert in Galaxien, auch unserer eigenen,

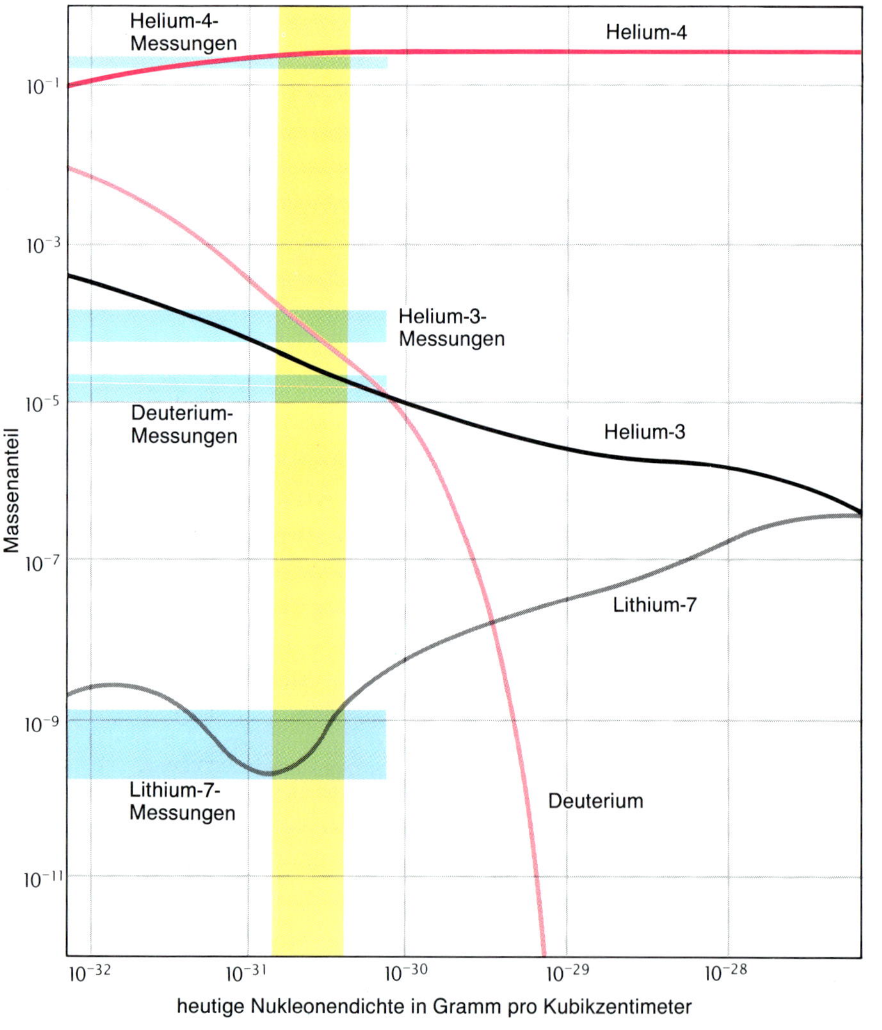

Bild 4: Die nach dem Urknall-Modell des Universums vorhergesagten Häufigkeiten von Helium-4, Helium-3, Deuterium und Lithium-7 (Kurven) stimmen mit den beobachteten (schattierte horizontale Streifen) gut überein. Die vorhergesagten Häufigkeiten ändern sich mit der jeweils angenommenen Nukleonendichte zur Zeit des Urknalls; der gelbe senkrechte Streifen deutet den besten heute verfügbaren astronomischen Schätzwert dieser Dichte an. Die gute Übereinstimmung ist eines der stärksten Argumente für das Urknall-Modell.

schwankt zwischen 20 und 30 Prozent. Die vorhergesagten Häufigkeiten von Deuterium, Helium-3 und Lithium-7 reichen von weniger als 0,01 Prozent bis hinunter zu einem Zehnmilliardstel; sie passen ebenfalls zu den beobachteten Häufigkeiten.

Ein Limit für die Zahl der Elementarteilchen-Familien

Wie kann die Theorie der Kernsynthese im Urknall Grenzwerte für die Anzahl der Elementarteilchen-Familien vorhersagen? Das ist ganz einfach: Wenn die Anzahl der Familien drei oder vier überstiege, würde die vorausgesagte Häufigkeit von Helium-4 größer als die beobachtete sein (Bild 5).

Daß wir eine solche Aussage machen können, hat seinen Grund: Die vorhergesagten Häufigkeiten der leichten Elemente hängen von nur zwei Variablen ab, der Nukleonendichte und der Strahlungsdichte im Weltall. Unglücklicherweise ist der Wert keiner dieser beiden Größen genau bekannt. Es zeigt sich aber, daß beide nur innerhalb eines kleinen Intervalls schwanken dürfen, wenn man die beobachteten Häufigkeiten mit dem theoretischen Modell reproduzieren will.

Indem man die beobachteten Vorkommen in die entsprechenden Gleichungen einsetzt, erfährt man also, welche Werte die Nukleonen- und die Strahlungsdichte haben müssen. Wenn man diese Größen kennt, ergeben sich einige interessante Schlußfolgerungen.

Die Dichte eines Nukleonengases wächst proportional zur dritten Potenz der Temperatur. Wäre das Weltall doppelt so heiß wie heute, so wäre die Nukleonendichte achtmal so hoch wie gegenwärtig. Indem man bestimmt, wie groß die Nukleonendichte zur Zeit der Kernsynthese bei der Bildung der heute gemessenen Vorkommen von Deuterium, Helium-3 und Lithium-7 war, kann man die heutige Nukleonendichte berechnen: Sie liegt zwischen 2×10^{-31} und 5×10^{-31} Gramm pro Kubikzentimeter.

Solche Werte entsprechen der Dichte leuchtender Materie, wie man sie aus Untersuchungen der Dynamik von Galaxien und Galaxienclustern bestimmt. Sie sind jedoch mindestens zehnmal kleiner als die geschätzte Dichte schwerer Masse, die für ein geschlossenes Universum oder das Anhalten der Urknall-Expansion erforderlich wäre.

Ist das Universum geschlossen, so ist noch zusätzliche Materie erforderlich, die nicht aus Nukleonen besteht. Die Suche nach derartiger Materie, die dunkel oder unsichtbar für Teleskope sein sowie aus anderen Bausteinen als Nukleonen bestehen müßte, ist im Gange (siehe „Dunkle Materie im Universum“ von Lawrence M. Krauss auf Seite 32 in diesem Band).

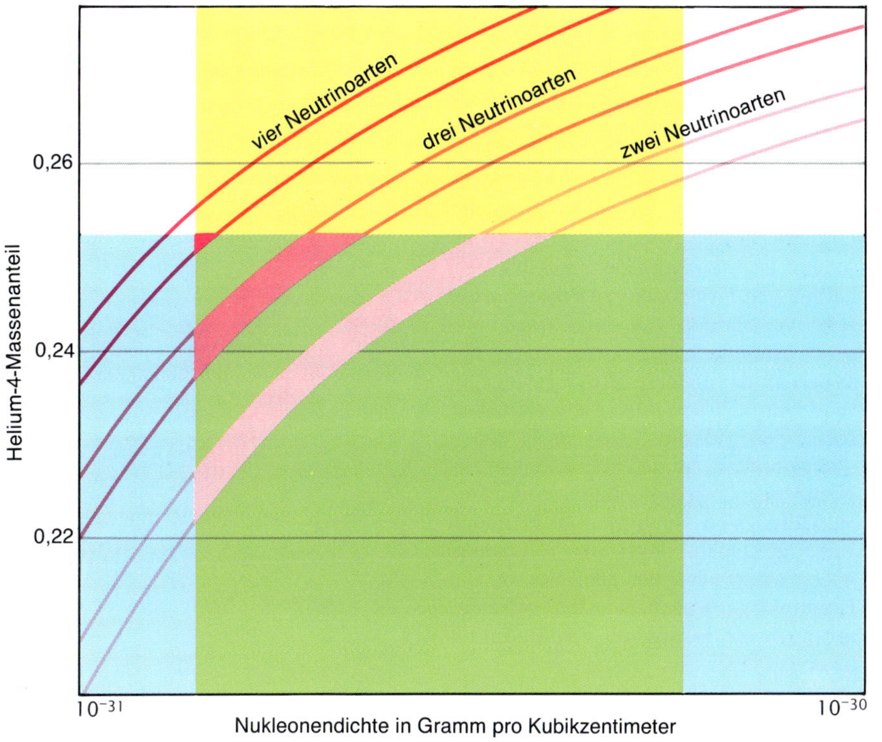

Bild 5: Die Häufigkeit von Helium-4 deutet darauf hin, daß es höchstens vier Elementarteilchen-Familien gibt. Die drei Kurven stellen eine Vergrößerung des Teils der Helium-4-Kurve aus dem gelben senkrechten Streifen in Bild 4 dar. Die dort gezeigte schmale Kurve teilt sich in drei breite auf. Die untere zeigt die vorhergesagte Helium-4-Häufigkeit für den Fall, daß zwei Teilchenfamilien existieren, die mittlere gilt für drei Familien und die obere für vier. Die vorhergesagten Vorkommen von Helium-4 für zwei und drei Familien liegen deutlich innerhalb des Bereichs, der durch die Helium-4-Messungen und die Schätzungen der Nukleonendichte definiert wird (grüner Bereich). Eine vierte Familie würde Vorhersagen des Helium-4-Vorkommens ergeben, die sehr dicht an den erlaubten Obergrenzen läge. Es ist demnach offensichtlich, daß kein Raum für eine weitere Elementarteilchen-Familie wäre.

Eine analoge Argumentation bezüglich der Stahlungsdichte liefert die Grenzwerte für die Anzahl der Elementarteilchen-Familien. Die Strahlungsdichte ist für die Urknall-Kernsynthese von Bedeutung, weil sie die Expansionsgeschwindigkeit des Weltalls in jener Phase steuerte. Zu jeder Zeit ist die Strahlungsdichte proportional zur Anzahl der Strahlungsarten oder – gleichbedeutend damit – zur Anzahl von Teilchensorten, die sich mit oder nahezu mit Lichtgeschwindigkeit, bewegen. Man ist der Ansicht, daß während der Kernsynthesephase neun Arten relativistischer Teilchen existierten: Photonen, Elektronen und Positronen, dazu Elektron-, Myon- und Tau-Neutrinos sowie ihre drei Antiteilchen.

Neutrinos sind entweder masselos oder so leicht, daß sie sich fast mit Lichtgeschwindigkeit fortbewegen. Die Masse von Elektronen und Positronen ist so gering, daß sie sich bei den im Stadium der Ursynthese erreichten hohen Energien ebenfalls mit Geschwindigkeiten nahe der des Lichts bewegt hätten.

Die mit diesen neun Teilchenarten verknüpfte Strahlungsdichte hat Bedingungen zur Folge, die für die Entstehung des beobachteten Vorkommens von Helium-4 genau richtig gewesen wären. (Interessanterweise ist die Helium-4-Dichte praktisch unabhängig von der Nukleonendichte – eine Tatsache, auf die der englische Mathematiker und Astronom Fred Hoyle und sein Kollege Roger Taylor in den sechziger Jahren als erste hingewiesen haben und die später von mehreren Forschern nach strengeren Maßstäben verifiziert wurde.)

Bei der Berechnung des Vorkommens von Helium-4 haben wir die Photonen, Elektronen und die drei Neutrinoarten sowie die jeweiligen Antiteilchen einbezogen. Wenn andere Elementarteilchen-Familien existierten, müßte man die Rechnung modifizieren. Die einzigen neuen Mitglieder, die man dann berücksichtigen müßte, sind Neutrinos, denn von allen Teilchen jeglicher Familie außer der ersten sind nur sie leicht genug, um mit (fast) Lichtgeschwindigkeit fliegen zu können. Vermutlich würde jede weitere Familie nach der dritten ein Neutrino und ein entsprechendes Antineutrino beitragen.

Falls das Gas, aus dem das Universum entstand, zusätzliche Neutrinos enthalten hätte, wäre seine Strahlungsdichte größer und damit auch die kosmologische Expansion in der Phase der Urknall-Nukleosynthese schneller gewesen. Daraus ergibt sich, daß das Verhältnis von Neutronen- zu Protonenzahl sehr empfindlich von der Expansionsgeschwindigkeit des Universums abhängt. Eine größere Ausdehnungsgeschwindigkeit hätte den Neutronen weniger Zeit gelassen, sich in Protonen umzuwandeln, so daß schließlich mehr Neutronen übriggeblieben wären: Das Verhältnis von Neutronen zu Protonen wäre gestiegen. Weil die Neutronen wiederum schnell bei der Bildung von Helium-4 verbraucht wurden, wäre damit auch die Häufigkeit von Helium-4 heute größer.

Helium aus der Ursynthese und aus Sternen

Helium-4 ist der häufigste der im Urknall gebildeten Kerne und läßt sich deshalb auch am genauesten von den Astronomen messen. Da Helium-4 aber auch in den Sternen entsteht, ist es wichtig abzuschätzen, welcher Anteil des in kosmischen Objekten beobachteten Heliums aus der Ursynthese stammt und welcher später in Sternen gebildet wurde.

In Zusammenarbeit mit John S. Gallagher vom Lowell-Observatorium in Flagstaff (Arizona) fanden wir heraus, daß sich der nachträglich in Sternen erzeugte Anteil an Helium-4 bestimmen läßt, indem man den Kohlenstoffanteil der Objekte mißt. Sterne, die Helium bilden, produzieren auch Kohlenstoff, so daß die Häufigkeit von Helium mit der von Kohlenstoff ansteigt. Dadurch ist man in der Lage, den Beitrag der Sterne zur Heliumsynthese von der beobachteten Gesamthäufigkeit abzuziehen und Rückschlüsse auf das Heliumvorkommen aus der Ursynthese zu ziehen. Wir kamen auf diese Weise zu dem Ergebnis, daß als Obergrenze für die Häufigkeit von Helium-4 aus der Urknall-Nukleosynthese ein Wert von etwas weniger als 25 Prozent gelten muß.

Unsere Berechnungen zeigen, daß ein derart geringes Vorkommen aus dem Urknall nur dann entstehen konnte, wenn es nicht mehr als nur eine zusätzliche Neutrinoart und das entsprechende Antineutrino gibt. Hätten mehr Arten von Neutrinos existiert, so hätte sich die Strahlungsdichte derart erhöht, daß die im Urknall erzeugte Menge an Helium-4 größer als die beobachtete geworden wäre.

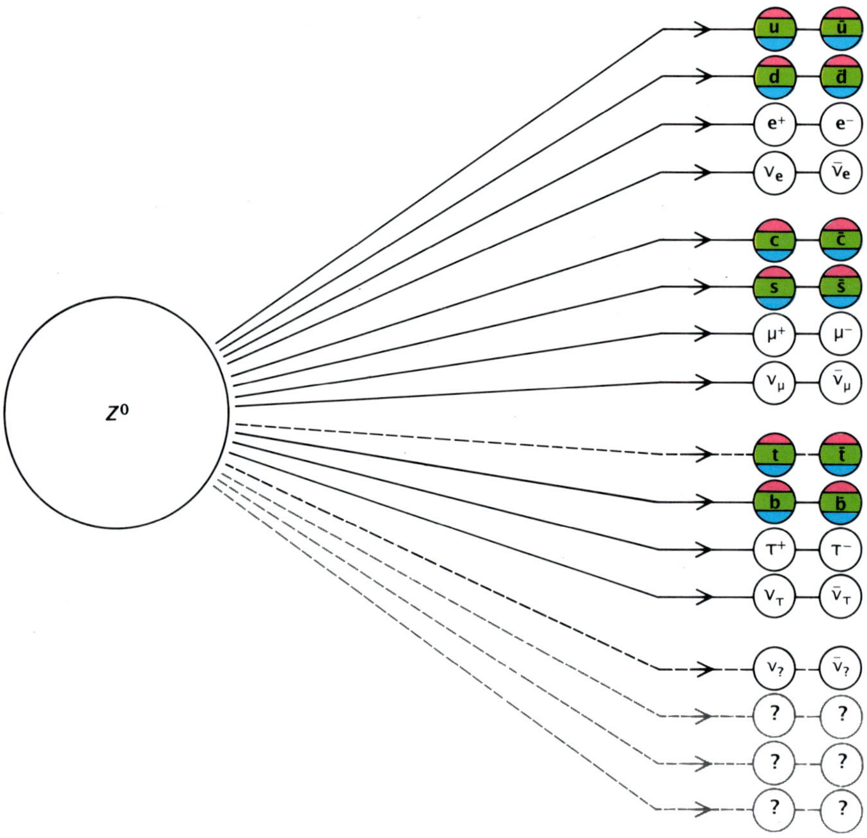

Bild 6: Experimente zur Bestimmung der Anzahl von Elementarteilchen-Familien sind an mehreren Teilchenbeschleunigern in der Welt im Gange. Ein Z^0-Boson genanntes Elementarteilchen kann in Quarks und Leptonen zerfallen, jedes Teilchen ist dabei mit seinem Antiteilchen gepaart. (Ein Antiteilchen hat die gleiche Masse wie das entsprechende Teilchen, jedoch entgegengesetzte elektrische Eigenschaften; es wird oft mit dem gleichen Symbol wie das Teilchen dargestellt, jedoch mit einem Querstrich über dem Zeichen.) Die erlaubten Zerfälle sind mit durchgezogenen Linien gekennzeichnet. Je mehr Teilchenfamilien es gibt, desto mehr Zerfallskanäle gibt es für das Z^0-Boson und um so kürzer sollte seine Lebensdauer sein. Messungen dieser Lebensdauer sollten deshalb Hinweise auf die Anzahl der Familien geben. Aus gegenwärtigen Abschätzungen folgt eine Zahl von allenfalls fünf Familien. Künftige Experimente mit Teilchenbeschleunigern sollten genauere Ergebnisse liefern.

Die Gesamtzahl von Elementarteilchen-Familien ist demnach drei oder höchstens vier. Unser Resultat deutet darauf hin, daß möglicherweise schon alle grundlegenden Familien von Elementarteilchen entdeckt worden sind. Dieses Argument haben wir in seinen Grundzügen schon vor zehn Jahren in Zusammenarbeit mit James E. Gunn von der Princeton-Universität vorgebracht. Später wurden dann die Meßgenauigkeit des Helium-4-Vorkommens und die Abschätzung des entsprechenden Anteils aus der Ursynthese erheblich verbessert. Jetzt beginnt man, diese Aussagen in Beschleunigerexperimenten zu überprüfen.

Suche nach neuen Neutrinos

Die Suche nach neuen Neutrinos war immer eine schwierige und mühsame Angelegenheit. Bisher bestand der einzige Weg zur Entdeckung eines Neutrinos darin, zunächst das zugehörige geladene Lepton zu erzeugen. Der Nachteil dieser Methode ist, daß man viel Energie benötigt, um das Lepton herzustellen, obwohl das Neutrino an sich sehr leicht oder gar masselos ist. Je größer die Masse des zugehörigen Leptons ist, desto größer muß die Energie des Beschleunigers sein, in dem man es erzeugen will.

Das Tau-Teilchen beispielsweise hat eine so große Masse, daß Martin L. Perl und seine Mitarbeiter am Stanford Linear Accelerator Center (SLAC) in Kalifornien mehrere Milliarden Elektronenvolt Energie – das entspricht einer Temperatur von mehr als 10^{13} Kelvin – benötigten, um es aufzuspüren. Bei diesem Verfahren kann man allerdings immer argumentieren, daß das nächste Lepton gerade jenseits der Möglichkeiten der gegenwärtigen Beschleuniger zu finden sei.

Ein neuer Weg bei der Suche nach Neutrinos entwickelte sich aus den oben erwähnten CERN-Experimenten, in denen gezeigt wurde, daß die elektromagnetische und die schwache Wechselwirkung in Wirklichkeit zwei Aspekte einer einzigen elektroschwachen Wechselwirkung sind. Im Jahre 1983 schlossen die Forscher am CERN – ein Team von weit mehr als hundert Physikern unter der Leitung von Carlo Rubbia – das erfolgreich ab, was sie sich vorgenommen hatten: Sie wiesen die Existenz intermediärer Vektorbosonen nach, der mutmaßlichen Träger der schwachen Wechselwirkung. Drei derartige Teilchen fand man: das W^+-, das W^-- und das Z^0-Boson.

Prüfstein intermediäre Vektorbosonen

Die Entdeckung des Z^0-Bosons war für unsere Arbeit von besonderer Bedeutung. Es ist elektrisch neutral und kann deshalb in Paare von Neutrinos und Antineutrinos zerfallen, weil diese ebenfalls ungeladen sind. (Das Z^0-Boson kann auch in geladene Teilchen-Antiteilchen-Paare zerfallen, wie Elektronen und Positronen.)

Das Z^0-Boson ermöglicht demnach die direkte Erzeugung jeder Neutrinosorte, ohne daß man erst das zugehörige Lepton herstellen müßte. Zudem ist die Lebensdauer des Z^0-Bosons ein Maß für die Anzahl der Elementarteilchen-Familien, denn je mehr Familien es gibt, desto mehr Zerfallsmöglichkeiten gibt es für das Z^0-Boson (Bild 6). Eine größere Familienanzahl wäre deshalb gleichbedeutend mit einer kürzeren Lebensdauer des Z^0-Bosons. Sorgfältige Messungen dieser Lebensdauer könnten auf diese Weise dann Aufschluß über die Anzahl von Elementarteilchen-Familien geben.

Die Messung der Zerfallseigenschaften des Z^0-Bosons erfordert zunächst eine Maschine, die ausreichend Energie zur Herstellung dieser Teilchen liefert. Ältere Beschleuniger, in denen hochenergetische Strahlen aus Protonen oder Elektronen auf stationäre Zielobjekte trafen, verwendeten den größten Teil ihrer Energie auf die Bewegung, so daß nur wenig Energie für die Erzeugung von Teilchen übrig blieb. Bei dem neuen Weg, den man am CERN-Beschleuniger nach einer Idee von Simon van der Meer eingeschlagen hat, treffen Strahlen auf hohe Energie beschleunigter Protonen und Antiprotonen frontal aufeinander, so daß der weitaus größte Teil der Energie in die Bildung neuer Teilchen fließt.

Mehrere Beschleuniger rund um die Welt arbeiten jetzt mit diesem Verfahren der frontalen Kollision. Das Tevatron am Fermilab schießt Protonen auf Antiprotonen; SLAC und das Deutsche Elektronensynchrotron (DESY) in Hamburg lassen Elektronen mit Positronen zusammenstoßen. Obwohl die Energien der beiden letzteren Maschinen für die Erzeugung von Z^0-Bosonen zu gering sind, können sie doch aufgrund quantenmechanischer Effekte manchmal sogenannte virtuelle Teilchen herstellen, welche die Eigenschaften des realen Z^0-Bosons nachahmen.

Erkenntnis aus Beschleuniger-Experimenten

Vorläufige Ergebnisse an diesen Beschleunigern deuten darauf hin, daß es höchstens fünf Elementarteilchen-Familien gibt. David B. Cline von der Universität von Kalifornien in Los Angeles und der Universität von Wisconsin in Madison – einer der Leiter der Neutrinozählversuche am CERN – konnte zeigen, daß die Lebensdauer des Z^0-Bosons ungefähr dem Wert entspricht, den man bei nur drei Familien erwarten würde. Die experimentelle Unsicherheit gestattet jedoch die Existenz zweier weiterer Neutrinoarten und damit zweier zusätzlicher Familien.

Theodore L. Lavine, ein Doktorand an der Universität von Wisconsin, hat Daten von SLAC und DESY zusammengefaßt und einen ähnlichen Grenzwert von etwa fünf für die Gesamtzahl von Neutrinos ausgerechnet. Es ist das erste Mal, daß in Beschleuniger-Experimenten Neutrinoarten gezählt werden und eine kleine Zahl dabei herauskommt – eine Zahl, die von der Kosmologie und nicht der Elementarteilchentheorie vorhergesagt wurde.

Der nächste Schritt verspricht noch aufregender zu werden. Mit der Fertigstellung neuer Beschleuniger und den damit möglichen genaueren Messungen wird man den kosmologischen Grenzwert von drei oder höchstens vier Elementarteilchen-Familien mit äußerster Genauigkeit überprüfen können. Der SLAC-Beschleuniger wird modifiziert, damit er Z^0-Bosonen in großer Zahl erzeugen kann; der neue Beschleuniger nennt sich Stanford Linear Collider (SLC). Eine weitere Maschine ist am CERN im Bau, der sogenannte Large Electron-Positron Collider (LEP), und wird ebenfalls große Mengen von Z^0-Bosonen produzieren.*

* Erste Ergebnisse mit dem inzwischen fertiggestellten LEP bestätigen die Existenz von genau drei Neutrinoarten. (Anmerkung des Herausgebers)

Das Rätsel der kosmologischen Konstanten

Der Theorie zufolge sollte die kosmologische Konstante, die ein Maß für die Energie des Vakuums darstellt, viel größer sein, als sie tatsächlich ist. Ein Verständnis der Abweichung könnte für die Grundlagen der Physik bedeutsam sein.

Von Larry Abbott

Was bestimmt die Struktur von Raum und Zeit im Universum? Nach Albert Einsteins Allgemeiner Relativitätstheorie hängen die geometrischen Eigenschaften des Raumes mit der Energie- und Impulsdichte im Weltraum zusammen. Um die Struktur der Raumzeit verstehen zu können, müssen wir demnach die möglicherweise bedeutsamen Energiequellen identifizieren und ihre Beiträge zur gesamten Energie- (und Impuls-)dichte auswerten.

Als Energiequellen fallen einem sofort gewöhnliche Materie und Strahlung ein. Eine viel weniger naheliegende Quelle, die aber gewaltige Auswirkungen auf die Struktur des Universums haben kann, ist der leere Raum selbst: das Vakuum.

Die Vorstellung vom Vakuum als Energiequelle mag unserer Intuition widersprechen. Heutige Theorien über Elementarteilchen und die Kräfte zwischen ihnen lassen jedoch nicht nur eine von Null verschiedene Energiedichte des Vakuums zu, sondern befürworten sogar nachhaltig einen großen Wert. Ist die Energiedichte des Vakuums wirklich so groß, wie es uns diese Theorien nahezulegen scheinen?

Die Antwort lautet mit größter Entschiedenheit nein. Die geometrische Struktur des Weltalls hängt in äußerst empfindlicher Weise vom Wert der Vakuum-Energiedichte ab. Dieser Wert ist so wichtig, daß eine Konstante eingeführt wurde, die proportional zur Vakuum-Energiedichte ist: die kosmologische Konstante. Wäre die Vakuum-Energiedichte oder – was gleichbedeutend ist – die kosmologische Konstante so groß, wie die Elementarteilchen-Theorien vorschlagen, so wäre das Universum, in dem wir leben, dramatisch anders (Bild 1). Es hätte Eigenschaften, die uns sowohl bizarr wie auch beunruhigend vorkämen.

Was ist demnach falsch an den Theorien? Wir wissen die Antwort derzeit nicht. Ein Vergleich unseres theoretischen und unseres experimentellen Verständnisses der kosmologischen Konstanten führt uns sogar auf eines der verwirrendsten und höchst frustrierenden Rätsel der Elementarteilchenphysik und der Relativitätstheorie.

Die Energie des leeren Raums

Den meisten Leuten ist die Vorstellung, das Vakuum solle eine von Null verschiedene Energiedichte aufweisen, nicht vertraut. Wie kann ein Volumenelement des leeren Raums Energie enthalten?

Zum Teil liegt die Antwort darin, daß gemäß der Quantenmechanik physikalische Größen zwangsläufig fluktuieren (Bild 2). Sogar in der scheinbaren Ruhe des Vakuumzustands erscheinen und verschwinden beständig Paare von Teilchen. Derartige Fluktuationen tragen zur Energie des Vakuums bei.

Die Vorstellung von einer Vakuum-Energie ist auch deshalb ungewohnt, weil sich diese Energie mit den üblichen Verfahren nicht nachweisen läßt. Gewöhnlich bestimmt man Energien dadurch, daß man bei Modifikationen eines Systems Änderungen seiner Energie feststellt. Man kann auch Energieunterschiede zwischen zwei Systemen messen. Wir könnten beispielsweise die Energie bestimmen, die in einer chemischen Reaktion freigesetzt wird. Die Energie, wie wir sie üblicherweise definieren, ist demnach eine relative Größe.

Es ist eine übliche Konvention, Energien relativ zum Vakuum zu messen. So definiert, erhält die Energie des Vakuums automatisch den Wert Null relativ zu sich selbst. Dieses traditionelle Vorgehen funktioniert allerdings nicht, wenn wir die Energie des Vakuums als absolute Größe diskutieren wollen. Um sie zu messen, müssen wir ganz anders verfahren.

Der einzige Weg, ein absolutes Maß für die Energie zu finden, führt über die Gravitation. In der Allgemeinen Relativitätstheorie ist Energie die Quelle von Schwerkraftfeldern wie in analoger Weise die elektrische Ladung die Quelle von elektrischen Feldern in der Maxwellschen Theorie des Elektromagnetismus darstellt. Energiedichten jeglicher Art – einschließlich der von Vakuumfluktuationen erzeugten – bauen ein Gravitationsfeld auf, das als Änderung in der Geometrie der Raumzeit erkennbar wird.

Das Schwerefeld der Erde beispielsweise wird durch ihre Ruheenergie erzeugt, die gleich Erdmasse mal Quadrat der Lichtgeschwindigkeit ist (gemäß der berühmten Formel $E = m \times c^2$). Das Gravitationsfeld bewirkt eine kleine Verzerrung der Raum-Zeit-Geometrie in Erdnähe. Die Folge ist eine anziehende Kraft, die uns alle in Richtung Erdboden zieht.

In der Allgemeinen Relativitätstheorie hat die Energiedichte des Vakuums eine absolute Bedeutung; man kann sie durch Messung desjenigen Schwerkraftfelds bestimmen, das nicht durch Materie, sondern durch das Vakuum selbst erzeugt wird. Natürlich ist es von überragender Bedeutung, die Energiedichte des Vakuums zu bestimmen, wenn man die kosmologische Konstante messen will, da die Energiedichte proportional zur Größe der Konstanten ist.

Es stellt sich heraus, daß man der kosmologischen Konstanten die Dimension von 1 durch Länge zum Quadrat zuordnen kann.

Die Quadratwurzel des Kehrwerts der kosmologischen Konstanten ist demnach eine Entfernung; sie hat eine direkte physikalische Bedeutung: In dieser Größenordnung von Entfernung hätten Schwerkrafteffekte einer von Null verschiedenen Vakuum-Energie offensichtliche, ins Auge fallende Auswirkungen auf die Geometrie von Raum und Zeit. Durch die Untersuchung geometrischer Eigenschaften des Weltalls im Größenmaßstab dieser Distanz läßt sich der Wert der kosmologischen Konstanten messen.

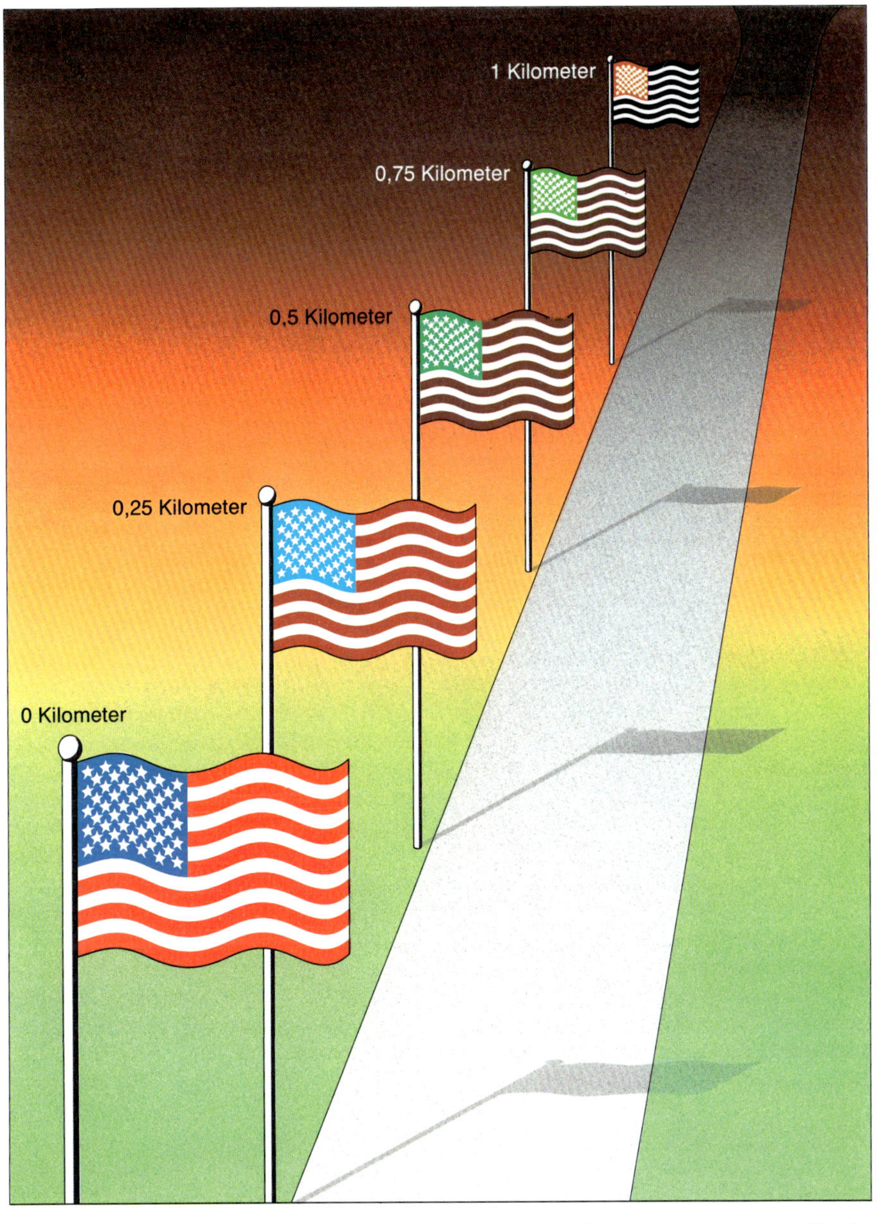

Bild 1: Ein Universum mit einer großen kosmologischen Konstanten würde sich wesentlich vom existierenden Weltall unterscheiden. Ein Künstler hat hier eine Szene gemalt, wie sie aussehen könnte, wenn die Konstante den von der Theorie vorgeschlagenen Wert hätte. Die Illustration legt für die kosmologische Konstante einen positiven Wert der Größenordnung $1/(1\ \text{Kilometer})^2$ zugrunde. Bei einem solchen Wert wäre die Struktur des Raums derart verzerrt, daß Strahlung von entfernten Objekten zum roten Bereich des Spektrums – also nach längeren Wellenlängen hin – verschoben wäre. Je weiter ein Objekt vom Betrachter entfernt ist, desto größer wäre die Rotverschiebung. Ein blaues Objekt in einem Kilometer Entfernung würde rot aussehen; noch weiter entfernte Objekte hätten eine so große Rotverschiebung, daß sie unsichtbar würden. Entfernte Objekte erschienen räumlich verzerrt.

kosmologische Konstante = $8\pi G/c^4$ × Vakuum-Energiedichte

Dabei ist G die Newtonsche Gravitationskonstante und c die Lichtgeschwindigkeit. Bei dieser Definition wird die kosmologische Konstante in Einheiten von 1 geteilt durch Entfernung zum Quadrat gemessen.

Die Rolle des kosmologischen Terms

Physiker kämpfen mit dem Thema kosmologische Konstante seit mehr als 70 Jahren. Einstein hat die Konstante 1917 eingeführt, als er versuchte, zwei vermeintliche Probleme seiner ursprünglichen Formulierung der Allgemeinen Relativitätstheorie aus der Welt zu schaffen. Zunächst dachte er, diese Theorie könne ohne kosmologische Konstante ein homogenes und isotropes Universum nicht beschreiben (ein solches Universum sieht in allen Raumrichtungen annähernd gleich aus). Es ist bemerkenswert, daß Einstein sich schon 1917 über solche Fragen Gedanken machte, denn damals gab es noch keine Hinweise auf die – heute gesicherte – homogene und isotrope Natur des Weltalls.

Unglücklicherweise waren Einsteins Überlegungen nicht richtig. 1922 zeigte der Physiker und Mathematiker Alexander Friedman im damaligen Petersburg, daß die Allgemeine Relativitätstheorie ein homogenes und isotropes Universum zuläßt – allerdings kein statisches: Das Weltall muß sich ausdehnen (oder zusammenziehen). Die sich anschließenden astronomischen Beobachtungen haben gezeigt, daß auf Friedmans Theorie beruhende Modelle die großräumige Struktur des Universums weitgehend akkurat beschreiben.

Einstein war auch deshalb mit seiner ursprünglichen Formulierung unzufrieden, weil die Theorie keine Erklärung für die Trägheit der Materie lieferte. Er glaubte, er könne vielleicht durch Hinzufügen der kosmologischen Konstanten eine Theorie schaffen, welche die Trägheitseigenschaften der Materie direkt mit der Verteilung von Energie und Impuls verknüpfen würde. Ein derartiges Verfahren hatte der österreichische Physiker und Philosoph Ernst Mach bereits vorgezeichnet.

Diese Hoffnung wurde jedoch kurz nach dem Erscheinen von Einsteins Veröffentlichung durch ein Argument des holländischen Physikers Willem de Sitter – des Entdeckers der noch zu diskutierenden Raumzeit – zunichte gemacht. Nach einem derart schmählich abgebrochenen Start ist es nicht verwunderlich, daß Einstein 1923, vielleicht etwas verbittert, schrieb: „Weg mit dem kosmologischen Term." Wie wir aber sehen werden, war es nicht so leicht, die kosmologische Konstante loszuwerden – sie hat überlebt, um nach Einstein noch viele theoretische Physiker zu frustrieren. Der Kernphysiker und Kosmologe George Gamow schrieb, Einstein habe „die Einführung des kosmologischen Terms für den größten Schnitzer gehalten, den er je im Leben gemacht hat", aber, durch Einstein eingeführt, „reckt die kosmologische Konstante ihr scheußliches Haupt immer wieder in die Höhe".

Neuer Ansatz durch das Standardmodell

Heutzutage sollten wir in einer ausgezeichneten Ausgangsposition sein, das Thema kosmologische Konstante erneut anzugehen. Inzwischen gibt es nämlich eine der erfolgreichsten physikalischen Theorien, die je entwickelt worden sind: das Standardmodell. Dies ist ein ziemlich phantasieloser Name für ein Bündel von Theorien, die mit Erfolg alle bekannten Elementarteilchen und deren Wechselwirkungen beschreiben. Die beachtliche Fähigkeit des Standardmodells, die Ergebnisse einer ungeheuren Anzahl der verschiedensten Experimente mit Elementarteilchen vorauszusagen und zu erklären, macht es zu dem Modell der Teilchenphysik schlechthin (zumindest bis zu den höchsten heute mit Teilchenbeschleunigern erreichbaren Energien).

Das Standardmodell ist eine Quantenfeldtheorie: Für jeden bestimmten Typ von fundamentalen Teilchen existiert demnach ein entsprechendes Feld, das dazu benutzt wird, die Eigenschaften und Wechselwirkungen des Teilchens zu beschreiben. Es gibt also im Standardmodell ein Elektronenfeld, ein Feld für das Photon (das elektromagnetische Feld) und ein Feld für jedes weitere der bekannten Teichen.

Das Standardmodell hängt von einer nicht geringen Anzahl freier Parameter ab: Zahlen, die experimentell zu bestimmen sind und die in die Theorie eingegeben werden müssen, bevor klare Vorhersagen möglich sind. Zu den freien Parametern gehören beispielsweise die Werte der Teilchenmassen sowie Zahlen, welche die Stärke der Wechselwirkungen kennzeichnen. Sind die Zahlenwerte bestimmt, so können mit Hilfe des Modells die Ergebnisse weiterer Experimente vorausgesagt werden, und das Modell kann an seinen Voraussagen überprüft werden. Bisher waren die Überprüfungen aufsehenerregend erfolgreich.

Die freien Parameter des Standardmodells werden in unserer Diskussion eine Hauptrolle spielen. Obwohl das Standardmodell in hohem Maße erfolgreich ist, schränkt doch seine Abhängigkeit von einer so großen Anzahl freier Parameter seine Vorhersagekraft ernsthaft ein. Das Modell sagt beispielsweise voraus, daß es noch ein bisher nicht entdecktes Teilchen, das *top*-Quark, geben müsse; dessen Masse ist jedoch ein freier Parameter der Theorie und läßt sich nicht vorhersagen.

Eine der großen Herausforderungen in der heutigen Teilchenphysik ist daher die Entwicklung einer leistungsfähigeren Theorie, die auf einer kleineren Anzahl freier Parameter aufbaut, aber doch alle Erfolge des Standardmodells einschließt. Eine solche Theorie wäre imstande, die Werte von einigen der Parameter zu bestimmen, die das Standardmodell nicht angeben kann. Bei ihrem Bemühen, eine solche Theorie zu entwerfen, suchen Physiker nach Beziehungen zwischen den Parametern des Standardmodells, die eine tieferliegende Struktur offenbaren könnten. Wie wir sehen werden, liefert uns die kosmologische Konstante eine solche Relation – und außerdem noch Überraschungen, nach denen wir gar nicht gesucht haben.

Beiträge zur Energiedichte des Vakuums

Im Standardmodell – wie in jeder Quantenfeldtheorie – ist das Vakuum als Zustand niedrigster Energie oder, richtiger, als Zustand geringster Energiedichte definiert. Daraus folgt aber nicht, daß die Energiedichte des Vakuums gleich Null sei. Tatsächlich kann die Energiedichte positiv, negativ oder Null sein, je nach den Werten verschiedener Parameter in der Theorie. Aber was immer der Wert ist, wichtig ist, daß es viele komplexe Prozesse gibt, die zur Gesamtenergiedichte beitragen.

Im wesentlichen ist die Gesamtenergiedichte des Vakuums die Summe von drei Typen von Termen. Zunächst ist da die reine kosmologische Konstante: Damit ist der Wert der kosmologischen Konstanten gemeint, den sie hätte, wenn keines der bekannten Teilchen existierte und die Schwerkraft die einzige Kraft im Universum wäre. Die reine kosmologische Konstante ist ein freier Parameter, der sich nur dadurch finden läßt, daß man den wahren Wert der kosmologischen Konstanten in einem Experiment mißt.

Eine zweite Art von Beiträgen zur Gesamtenergiedichte des Vakuums stammt – zum Teil wenigstens – aus Quantenfluktuationen. Im Standardmodell fluktuieren Felder wie etwa das Elektronenfeld sogar im Vakuum. Solche Fluktuationen zeigen sich als Paare von sogenannten virtuellen Teilchen, die spontan erscheinen, kurz wechselwirken und dann verschwinden.

Obwohl man virtuelle Teilchen durch einen nur oberflächlichen Blick in den leeren Raum nicht entdecken kann, haben sie meßbare Auswirkungen auf die Physik; insbesondere tragen sie zur Vakuum-Energiedichte bei. Die Höhe des Beitrags von seiten der Fluktuationen hängt im Standardmodell in komplizierter Weise von den Massen und der Stärke der Wechselwirkungen aller bekannten Teilchen ab.

Die zweite Art der Beiträge hängt zusätzlich von mindestens einem weiteren Feld ab; es ist als Higgs-Feld bekannt und repräsentiert ein massives Teilchen, das Higgs-Boson, das allerdings

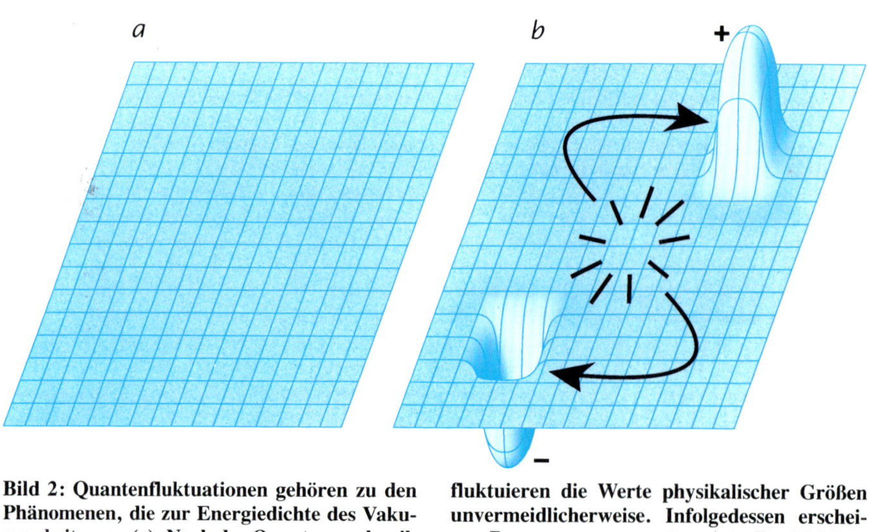

Bild 2: Quantenfluktuationen gehören zu den Phänomenen, die zur Energiedichte des Vakuums beitragen (*a*). Nach der Quantenmechanik fluktuieren die Werte physikalischer Größen unvermeidlicherweise. Infolgedessen erscheinen Paare von sogenannten virtuellen Teilchen

noch nicht nachgewiesen werden konnte (Bild 3). Das Higgs-Feld sollte einen besonders dramatischen Effekt auf die Energiedichte des Vakuums bewirken (siehe dazu den folgenden Beitrag „Das Higgs-Boson“ von Martinus J. G. Veltman).

Der letzte Term, den man dazunehmen muß, stellt Beiträge zur Vakuum-Energiedichte dar, die von möglichen weiteren Teilchen und Wechselwirkungen herrühren könnten. Diese Teilchen und Wechselwirkungen könnten zwar existieren, sind aber bisher noch nicht nachgewiesen worden. Natürlich ist auch der Wert dieses Terms unbekannt.

Die kosmologische Konstante ergibt sich durch Aufaddieren der drei Terme, die wir soeben diskutiert haben. Unsere Fähigkeit, einen Gesamtwert im Rahmen des Standardmodells vorauszusagen, wird allerdings durch die Existenz der reinen kosmologischen Konstanten zunichte gemacht: Sie ist ein freier Parameter, der sich nur durch eben die Messung bestimmen läßt, deren Ergebnis wir vorherzusagen versuchen. Dennoch ist nicht alles verloren, zumindest noch nicht. Obwohl alle Terme, die ihren Beitrag zur kosmologischen Konstanten liefern, von allen Parametern des Standardmodells in verwickelter Weise abhängen, kann man die Zahlenwerte von vielen Beiträgen ziemlich genau abschätzen. Die Bausteine der Protonen und Neutronen zum Beispiel, das *up*- und das *down*-Quark, liefern einen Betrag von etwa $1/(1 \text{ Kilometer})^2$ zur kosmologischen Konstanten, und das Higgs-Feld sogar noch mehr, grob geschätzt etwa $1/(10 \text{ Zentimeter})^2$.

Jeder der Terme, die zur kosmologischen Konstanten beitragen, wird von den Parametern des Standardmodells in einer spezifischen und unabhängigen Weise bestimmt. Nehmen wir an, die Parameter des Standardmodells wären wirklich frei und unabhängig voneinander (eine Annahme, die wir bei unserer Suche nach tieferen Strukturen unablässig überprüfen), dann scheint es unwahrscheinlich, daß diese offenbar nicht verknüpften Terme sich gegenseitig aufheben. Folglich scheint es auch vernünftig anzunehmen, daß die gesamte kosmologische Konstante so groß ist wie die einzelnen Terme, die wir ausrechnen können – oder größer.

Diese Argumentation ist zwar zu grob für eine Voraussage, ob die kosmologische Konstante positiv oder negativ sein sollte. Ihr Betrag läßt sich jedoch abschätzen zu mindestens $1/(1 \text{ Kilometer})^2$; er könnte aber auch $1/(10 \text{ Zentimeter})^2$ sein oder vielleicht noch größer. Wir erwarten demnach Schwerkrafteffekte einer von Null verschiedenen Vakuum-Energiedichte als Verzerrungen der Raumzeit-Geometrie über Distanzen von einem Kilometer oder weniger.

Verzerrte Häuserblöcke?

Es bedarf keiner ausgeklügelten Meßapparaturen, um zu zeigen, daß die gerade durchgeführte theoretische Abschätzung fürchterlich falsch liegt. Wir alle wissen, daß die gewöhnliche euklidische Geometrie eine vollständig angemessene Beschreibung des Raumes bietet, auch wenn die Entfernungen einen Kilometer weit übertreffen. Beim Spaziergang um den Block hat noch niemand von uns größere Verzerrungen der raumzeitlichen Struktur unserer Nachbarschaft bemerkt.

Wäre der Betrag der kosmologischen Konstanten so groß wie unser Schätzwert nach dem Standardmodell, dann dürfte die gewöhnliche euklidische Geometrie für Größenordnungen von einem Kilometer oder noch weniger nicht mehr gelten. Wäre die kosmologische Konstante negativ mit einem Betrag von beispielsweise $1/(1 \text{ Kilometer})^2$, so wäre die Winkelsumme in einem Dreieck mit Seiten in der Größenordnung von einem Kilometer Länge deutlich kleiner als 180 Grad (Bild 4), und das Volumen einer Kugel mit einem Kilometer Radius wäre deutlich größer als $4\pi/3$ Kubikkilometer.

Eine positive kosmologische Konstante von etwa $1/(1 \text{ Kilometer})^2$ hätte noch bizarrere Auswirkungen. Bei dieser Größe der kosmologischen Konstanten könnten wir kein Objekt in einer Entfernung von mehr als ein paar Kilometern sehen, die Raumzeit-Struktur wäre viel zu stark gekrümmt. Noch schlimmer, wanderten wir einige Kilometer von zu Hause weg, um zu erkunden, wie der Rest der Welt ausschaut, so kämen wir trotz heftigster Anstrengung nie mehr zurück; derartig groß wäre die von der Gravitation bewirkte Verzerrung der Raumzeit.

Was ist mit einer von Null verschiedenen, aber ganz kleinen kosmologischen Konstanten? In diesem Fall müssen wir sehr große Entfernungen überblicken, um die Auswirkungen auf die Raumzeit-Struktur zu erkennen. Natürlich können wir keine Dreiecke zeichnen, die so groß wie das Weltall sind, und ihre Winkelsumme nachmessen – aber wir können die Positionen und Bewegungen ferner Galaxien beobachten. Durch sorgfältiges Vermessen der Verteilung und der Geschwindigkeiten entfernter Milchstraßensysteme können Astronomen auf die geometrische Struktur der Raumzeit schließen, in der beispielsweise die Galaxien existieren und sich bewegen.

Schon vor langer Zeit erkannte man, daß die dominierende Ursache für die Gravitationsverzerrung der Raumzeit-Geometrie des Weltalls über große Entfernungen die Energiedichte der Materie und nicht die des Vakuums zu sein scheint. Obwohl beide, die Energiedichten von Vakuum und Materie, die geometrische Struktur des Universums beeinflussen, tun sie dies auf ganz unterschiedliche und unterscheidbare Art.

Zahlreiche Beobachtungen haben gezeigt, daß sich die Galaxien im Weltall voneinander weg bewegen – ein Faktum, das einen der Grundpfeiler für das Modell des expandierenden Universums in der gegenwärtig akzeptierten Urknall-Kosmologie darstellt. Die gewöhnliche Gravitationsanziehung zwischen den Galaxien verlangsamt die Ausdehnung. Wenn die Galaxien sich weiter voneinander entfernen, wird ihre Gravitationsanziehung schwächer, und die Bremswirkung auf die Expansionsbewegung nimmt mit der Zeit ab. Ge-

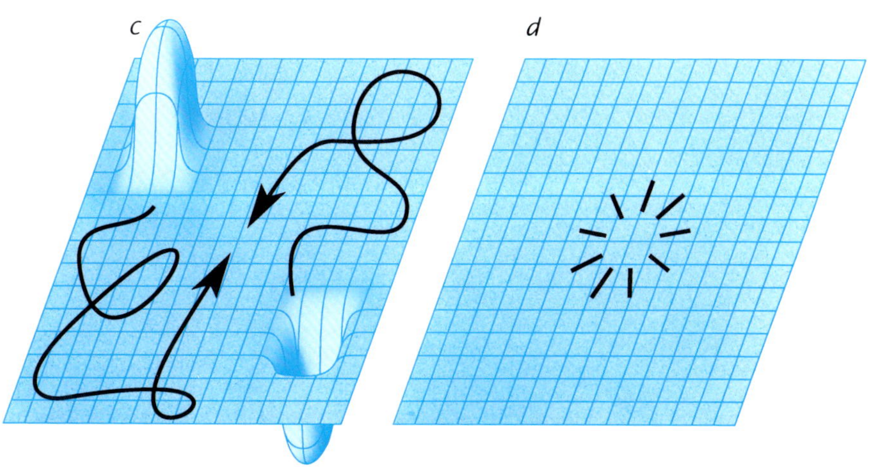

spontan im Vakuum (*b*), wechselwirken kurz (*c*) und verschwinden dann (*d*). Die Fluktuationen sind hier in einer abstrakten und hochgradig symbolischen Art dargestellt. Jedes Paar virtueller Teilchen besteht aus einem Teilchen und seinem zugehörigen Antiteilchen.

wöhnliche Materie verlangsamt also die Ausdehnung des Weltalls in immerzu geringer werdendem Maße.

Messungen der Geometrie des Universums

Welche Auswirkungen hätte eine von Null verschiedene kosmologische Konstante auf die Ausdehnungsgeschwindigkeit des Weltalls? Eine negative kosmologische Konstante würde die Entfernung der Galaxien voneinander verlangsamen, aber mit einer Verzögerung, die konstant ist, also nicht mit der Zeit abnimmt. Eine positive kosmologische Konstante würde andererseits eine Beschleunigung der Galaxien voneinander weg bewirken und die Ausdehnungsgeschwindigkeit des Universums vergrößern. Umfassende Untersuchungen der Expansionsgeschwindigkeit, durchgeführt an fernen Galaxien, bringen weder für eine positive noch für eine negative kosmologische Konstante irgendeinen Hinweis.

Ein gutes Beispiel dafür, wie Astronomen die Geometrie des Weltalls messen und nach einer kosmologischen Konstanten ungleich Null Ausschau halten können, bringt die vor kurzem veröffentlichte Arbeit von Edwin D. Loh und Earl J. Spillar von der Princeton-Universität (Bild 5). Sie haben Galaxien innerhalb von Bereichen bestimmter Größe an verschiedenen Positionen des Raums gezählt. Wenn wir annehmen, daß im Durchschnitt die Anzahl der Galaxien pro Volumeneinheit überall gleich ist, dann können wir das Volumen des Bereichs abschätzen, indem wir die in ihm enthaltenen Galaxien zählen. Durch die Volumenmessung von Bereichen in sehr großer Entfernung bestimmen wir die Beziehung zwischen Entfernung und Volumen für sehr große Entfernungen und für sehr frühe Zeiten, da Licht von fernen Galaxien ja lange braucht, um uns zu erreichen – Milliarden Jahre im Falle der vorliegenden Vermessung.

Obwohl derartige Durchmusterungen viele und nicht einfach zu erkennende Fehlerquellen in sich bergen, differieren die Ergebnisse in derart eklatanter Weise von unserer theoretischen Abschätzung, daß ein Faktor 2 oder auch 10 praktisch bedeutungslos ist. Alle Vermessungen stimmen darin überein, daß bis zu den größten Entfernungen, die für Astronomen zugänglich sind – etwa zehn Milliarden Lichtjahre oder 10^{23} Kilometer –, keine Anzeichen für irgendwelche Verzerrungen der Raumzeit aufgrund einer nicht verschwindenden kosmologischen Konstanten existieren. Daraus folgt, daß der Betrag der kosmologischen Konstanten kleiner als $1/(10^{23}\text{ Kilometer})^2$ sein muß. Unsere theoretische Schätzung, die einen Betrag von mehr als $1/(1\text{ Kilometer})^2$ nahelegte, ist also falsch – und zwar mindestens um das 10^{46}fache. Wenige theoretische Abschätzungen in der Geschichte der Physik, die auf anscheinend vernünftigen Annahmen beruhten, waren je derart falsch.

Der enorme Fehlschlag beim Versuch, den Wert der kosmologischen Konstanten vorherzusagen, ist wesentlich mehr als ein schlichtes Ärgernis. Erinnern wir uns: Die grundlegende Annahme für unsere Schätzung war, daß sich die verschiedenen Terme in der Energiedichte des Vakuum nicht gegenseitig aufheben. Diese Erwartung beruhte darauf, daß die freien Parameter des Standardmodells als voneinander unabhängig angenommen worden wa-

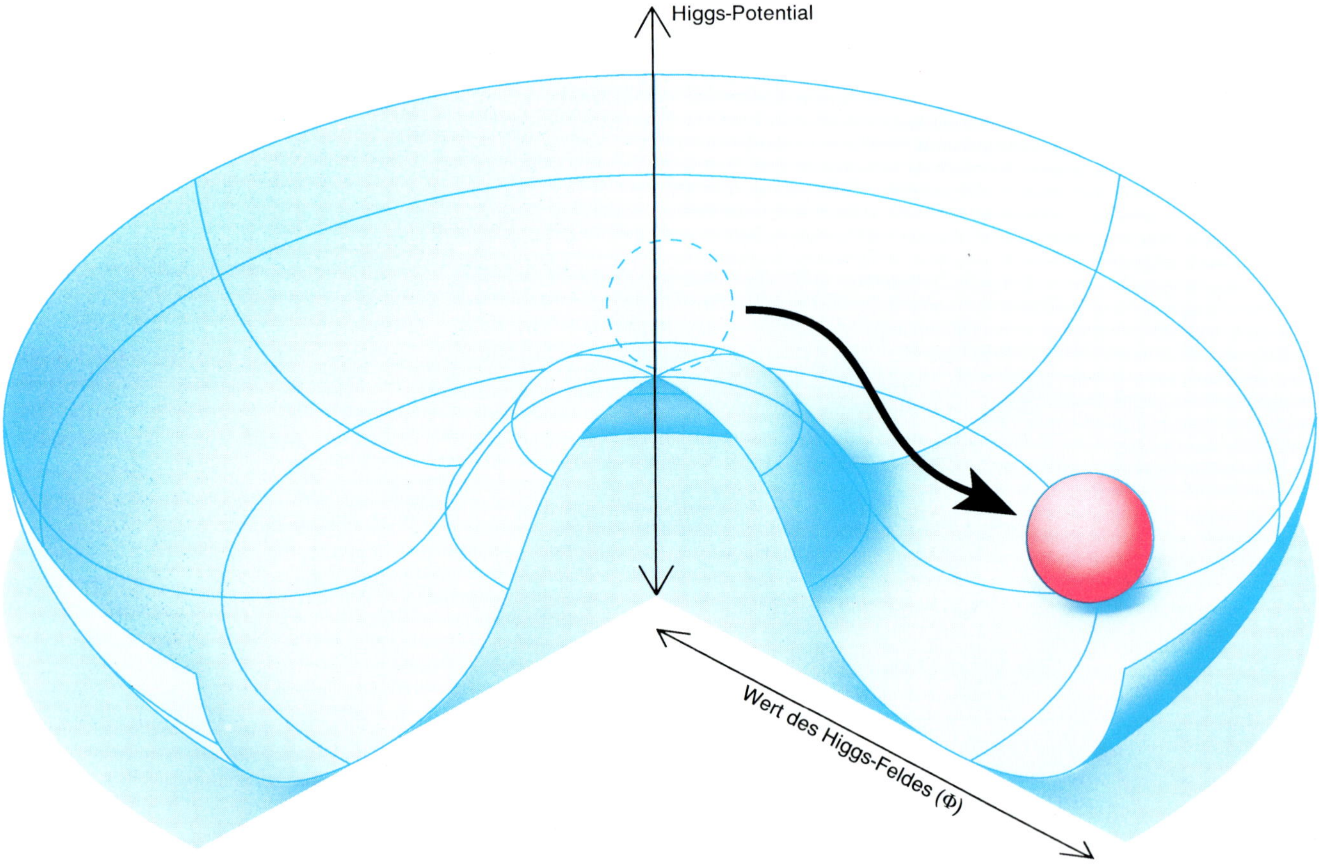

Bild 3: Das Higgs-Feld würde – falls es existierte – einen besonders großen Beitrag zur Energiedichte des Vakuums liefern. Das Higgs-Feld ist ein hypothetisches Feld, das zu einem Teilchen mit Namen Higgs-Boson gehört. Man nimmt an, daß dieses Teilchen die Ursache für die Massen der Elementarteilchen sei. Hier ist das Higgs-Potential – der Teil der Vakuum-Energiedichte, der vom Wert des Higgs-Feldes abhängt – gegen dieses Feld aufgetragen. Obwohl das Higgs-Potential vollkommen symmetrisch zur senkrechten Achse ist, muß das Vakuum diese Symmetrie brechen: Es wählt sich einen bestimmten Punkt im „Tal“ aus (rote Kugel). Eine solche Auswahl ist als spontane Symmetriebrechung bekannt. Sie spielt eine Schlüsselrolle im Standardmodell: der Theorie, welche die Elementarteilchen und ihre Wechselwirkungen beschreibt.

ren. Diese Annahme ist ganz offensichtlich völlig falsch. Die bekannten wie auch die unbekannten Parameter der Teilchenphysik müssen vielmehr in wundersamer Weise zusammenwirken, so daß die vielen Terme, welche die kosmologische Konstante ausmachen, sich zu einer Größe aufaddieren, die mehr als 46 Größenordnungen kleiner ist als die individuellen Summanden. Der kleine Wert der kosmologischen Konstanten deutet also auf die Existenz einer erstaunlich präzisen und vollkommen unerwarteten Beziehung zwischen allen Parametern des Standardmodells, der reinen kosmologischen Konstanten – und noch unbekannter Physik.

Analogien im Elektromagnetismus

Eine Beziehung zwischen den freien Parametern des Standardmodells ist genau das, was wir bei unserem Bemühen um die Entwicklung tieferer und aussagekräftigerer Theorien suchen. Wie könnte ein solch komplexer Zusammenhang zustande kommen – zwischen Parametern, die wir für frei und uneingeschränkt gehalten hatten, und was bedeutet dies alles?

Beim Beantworten dieser Fragen tun wir gut daran, uns zwei Beispiele aus einer früheren Periode der Physikgeschichte ins Gedächtnis zurückzurufen. Um die Mitte des 19. Jahrhunderts hatte man bereits die Lichtgeschwindigkeit gemessen, und es gab Theorien, die elektrische und magnetische Erscheinungen beschrieben. Es hatte jedoch noch niemand gezeigt, daß die Lichtausbreitung ein elektromagnetischer Effekt ist.

Einige Physiker hatten aber bereits eine merkwürdige Beziehung zwischen der Lichtgeschwindigkeit und zwei Parametern registriert, die in Gleichungen für elektrische und magnetische Phänomene auftreten. Was sie feststellten war, daß (in moderner Schreibweise) die elektrische Feldkonstante ε_0 und die magnetische Feldkonstante μ_0 zu dem Ausdruck $1/(\varepsilon_0 \times \mu_0)^{1/2}$ kombiniert werden konnten und eine Größe ergaben, die numerisch gleich der gemessenen Lichtgeschwindigkeit war – zumindest innerhalb der damaligen noch recht großen experimentellen Fehler.

Die auf dem Gebiet arbeitenden Physiker betrachteten dies entweder als wundersamen numerischen Zufall oder als Zeugnis eines fundamentalen und noch unentdeckten Zusammenhangs zwischen elektromagnetischen Erscheinungen und Licht. Der englische Physiker James Clerk Maxwell war sich ebenfalls dieser numerischen Kuriosität bewußt, und sie bedeutete ihm eine wichtige Inspiration für einen Beweis: Er zeigte mit den nun nach ihm benannten Gleichungen, daß Lichtausbreitung tatsächlich auf fundamentale Weise mit elektrischen und magnetischen Phänomenen zusammenhängt.

Folgt aus der bemerkenswerten Beziehung zwischen den Parametern des Standardmodells, die sich aus dem extrem kleinen Wert der kosmologischen Konstanten ergibt, daß eine wundervolle vereinheitlichende Theorie unserer Entdeckung harrt? Bevor wir eine derartige Schlußfolgerung ziehen, würde ich gerne ein zweites Beispiel aus der Geschichte der elektromagnetischen Theorie anführen.

Nachdem Maxwell die Lichtausbreitung in die Theorie des Elektromagnetismus eingebaut hatte, wurde allgemein angenommen, das Licht bewege sich durch ein Medium, den sogenannten Äther. Die Geschwindigkeit des Äthers hielt man für einen fundamentalen Naturparameter. Der Physiker Albert A. Michelson und der Chemiker Edward W. Morley versuchten in Cleveland (Ohio), mit Hilfe eines Interferometers die Geschwindigkeit der Erde bei ihrem Flug durch den Äther zu messen. Sie fanden, daß die Relativgeschwindigkeit Null war: Die Geschwindigkeiten von Erde und Äther waren demnach identisch. Zeigte die Entdeckung den Weg zu einer vereinheitlichten Theorie, die eine grundlegende elektromagnetische Eigenschaft mit der Bewegung der Erde verknüpfte?

Man hat damals den Gedanken vorgeschlagen, der Äther drifte zusammen mit der Erde; tatsächlich erklärt jedoch Einsteins Spezielle Relativitätstheorie das Null-Resultat des Michelson-Morley-Experiments ganz anders: Die Theorie zeigt schlüssig, daß sich das damalige Äther-Konzept nicht mit den Symmetrien von Raum und Zeit verträgt. Keine Theorie hat überlebt, die einen fundamentalen Zusammenhang zwischen etwas so Allgemeinem wie der Geschwindigkeit des Äthers und etwas so Individuellem wie der Geschwindigkeit gerade unserer Erde herstellte.

Überraschend ist das nicht: Die Erdgeschwindigkeit wird durch mancherlei

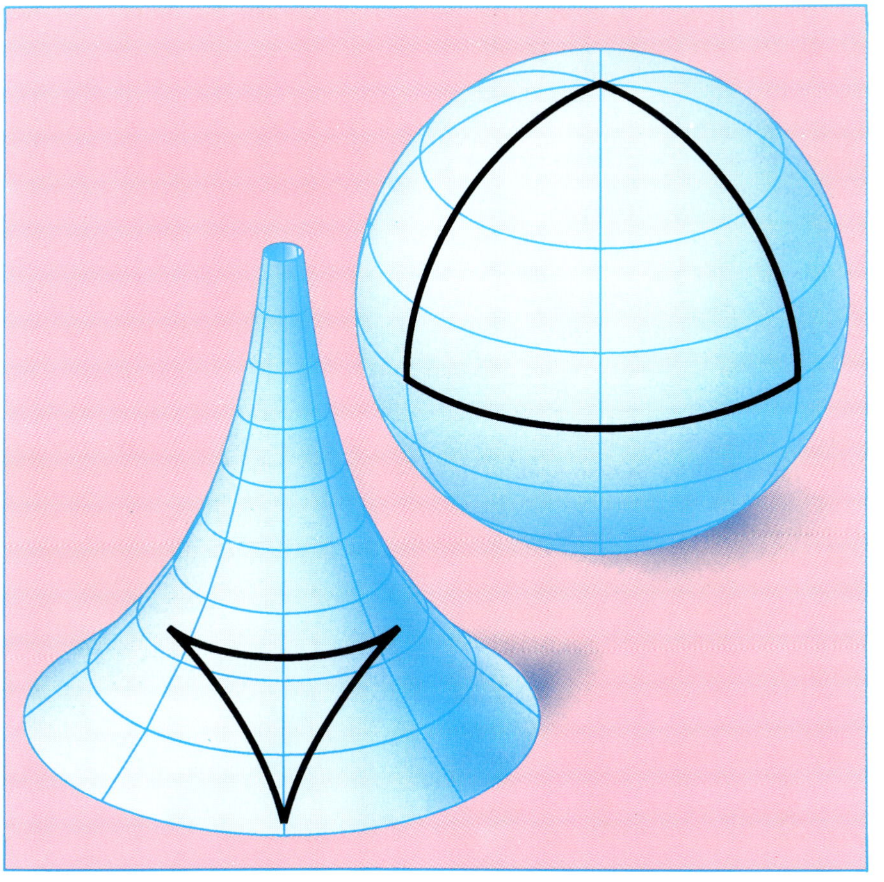

Bild 4: Geometrische Verzerrungen, wie eine von Null verschiedene kosmologische Konstante sie hervorrufen würde, betreffen sowohl Raum wie auch Zeit. Hier wird die Auswirkung auf die räumliche Geometrie gezeigt und als unabhängig von der Zeit angenommen. Eine negative kosmologische Konstante würde einen Raum mit konstanter negativer Krümmung erzeugen (links), eine positive kosmologische Konstante einen Raum mit konstanter positiver Krümmung. In einem Raum mit negativer Krümmung wäre die Winkelsumme im Dreieck kleiner als 180 Grad, bei positiver Krümmung wäre sie größer als 180 Grad.

beeinflußt – Gestalt und Abmessung der Bahn um die Sonne, Sonnenmasse, Bewegung der Sonne innerhalb unserer Milchstraße, um nur Beispiele zu nennen. Alle Einflußgrößen erscheinen in keiner Weise mit den Aussagen der elektromagnetischen Theorie verwandt. Es gibt einfach keinen fundamentalen Zusammenhang zwischen den Geschwindigkeiten von Äther und Erde, weil ein Äther – wie die Theoretiker des 19. Jahrhunderts sich ihn vorstellten – gar nicht existiert.

Natürliche und unnatürliche Beziehungen

In beiden Beispielen warf eine überraschende Beziehung zwischen Naturparametern den Schatten revolutionärer und dramatischer neuer Entwicklungen voraus. Wir haben nun allen Grund anzunehmen, daß auch die rätselhafte Beziehung, die durch die verschwindend kleine kosmologische Konstante angedeutet wird, ebenso wichtige Entdekkungen in Aussicht stellt.

Die beiden Beispiele, die wir behandelt haben, waren aber ganz unterschiedlich. Die erste Beziehung zwischen zwei Parametern des Elektromagnetismus und einem der Lichtausbreitung ist in der Sprache heutiger Physiker eine natürliche Beziehung insofern, als sie nur eine kleine Anzahl wohlbekannter Parameter einschließt. Die Existenz einer natürlichen Beziehung kann anzeigen, daß es eine vereinheitlichende Theorie gibt. Außerdem legt sie nahe, daß eine derartige Theorie auch gefunden werden kann.

Das zweite Beispiel, in dem die Geschwindigkeiten von Äther und Erde verknüpft worden waren, würde man heute als unnatürliche Beziehung bezeichnen. Bei ihr spielen viele Parameter eine Rolle, von denen einige unbekannt oder sogar nicht erkennbar sind. Es scheint zum Beispiel unwahrscheinlich, daß wir je all die vielen Faktoren kennen und verstehen lernen, welche die Geschwindigkeit der Erde relativ zu fernen Galaxien bestimmen. Jede zur Beschreibung einer unnatürlichen Beziehung entwickelte vereinheitlichte Theorie hätte auf einen Schlag die Zahlenwerte vieler bekannter wie unbekannter Parameter zu erklären. Die Entdeckung einer vereinheitlichten Theorie, die dies leistet, erscheint selbst dann als ganz unwahrscheinlich, wenn es sie gäbe.

Unser Beispiel zeigt auf, daß eine unnatürliche Beziehung mehr mit einem tiefen Mißverständnis über das Wesen von Meßgrößen und Verknüpfungen zu tun haben kann als mit der Existenz einer zugrundeliegenden vereinheitlichten Theorie. Folglich kann eine unnatürliche Beziehung eine noch dramatischere Revolution unseres Denkens ankündigen als eine natürliche.

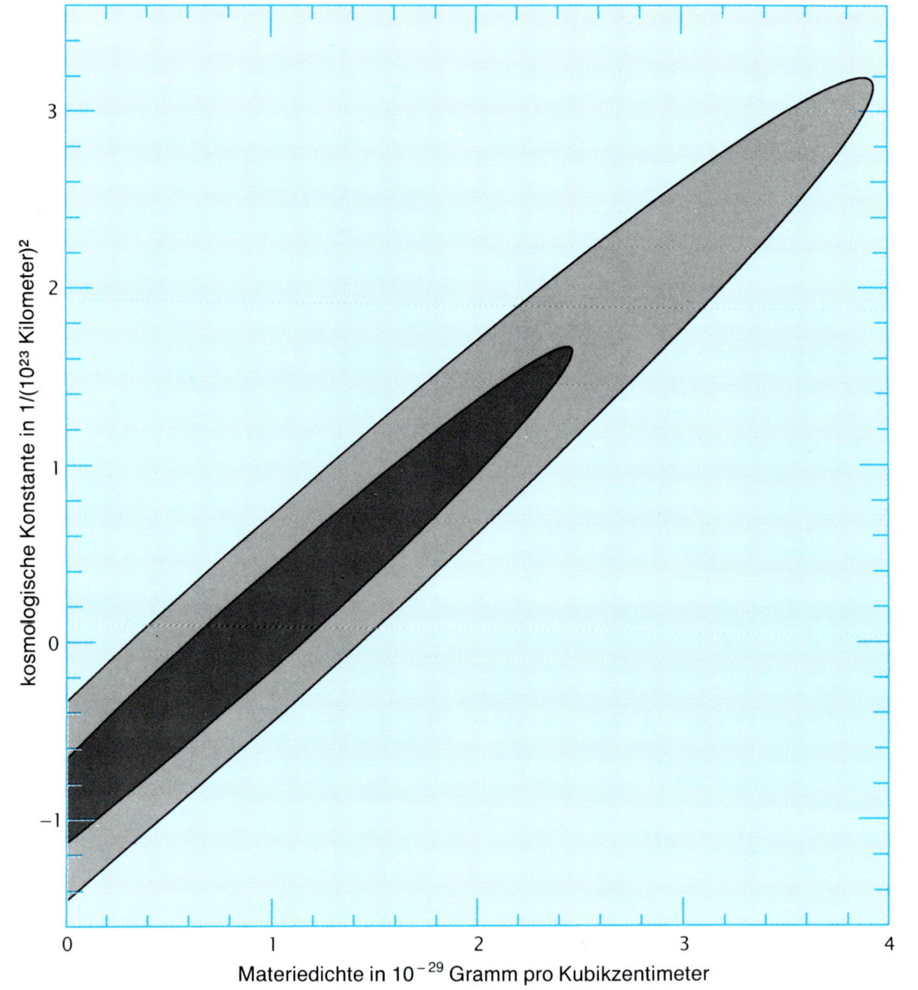

Bild 5: Durch Zählen der Galaxien in bestimmten Bereichen des Weltalls hat man versucht, die Geometrie dieser Bereiche auszumessen und so die kosmologische Konstante zu bestimmen. Das Diagramm zeigt erlaubte Werte der kosmologischen Konstanten als Funktion der Materiedichte im Weltall (die schwarze Fläche entspricht einer statistischen Sicherheit von 67 Prozent, die graue einer solchen von 95 Prozent). Die Skala gilt nur näherungsweise, aber das Diagramm zeigt doch, daß der Betrag der kosmologischen Konstanten kleiner als etwa 1/(10^{23} Kilometer)^2 sein muß – etwa 46 Größenordnungen kleiner als der aufgrund des Standardmodells vorausgesagte Wert. Das Diagramm stammt aus einer Untersuchung von Edwin D. Loh von der Princeton-Universität und beruht auf Arbeiten mit Earl J. Spillar.

Wenn wir die Möglichkeit verwerfen, daß der Wert der kosmologischen Konstanten nur zufällig verschwindend klein sei, so müssen wir tiefgreifende Folgen für die Physik akzeptieren. Bevor wir aber mit dem Entwurf neuer vereinheitlichter Modelle beginnen, müssen wir uns einem Dilemma stellen: Die Beziehung, die aus dem Verschwinden der kosmologischen Konstanten zu folgern ist, ist unnatürlich. Der wundersame gegenseitige Ausgleich von Termen, den wir für eine annehmbar kleine kosmologische Konstante brauchen, hängt von allen bekannten und unbekannten Parametern der Teilchenphysik ab.

Um den Wert Null (oder einen sehr kleinen Wert) für die kosmologische Konstante vorauszusagen, müßte die Theorie die schwere Bürde auf sich nehmen, jeden Parameter mit Einfluß auf die Teilchenphysik zu berücksichtigen. Noch problematischer ist es, daß der gegenseitige Ausgleich unerhört präzise vor sich gehen müßte, damit die kosmologische Konstante ausreichend klein wird (mit einer Genauigkeit von eins zu 10^{46} oder besser).

Obwohl einige Theorien nach dem Muster der erwähnten Ätherdrift vorgeschlagen worden sind, konzentrieren sich die meisten Anstrengungen zum Thema kosmologische Konstante heute darauf, das verborgene Mißverständnis, das fehlende Stück im Standardmodell oder das falsche Konzept vom Vakuum zu finden; würde man es verstehen, so wäre das Problem eliminiert oder zumindest in ein natürliches umgewandelt.

Solange das Problem der kosmologischen Konstanten unnatürlich bleibt, ist unsere einzige Hoffnung auf eine Lösung, daß jemand eine allumfassende Theorie entwirft, die alle Parameter der Teilchenphysik mit nahezu perfekter Genauigkeit zu berücksichtigen vermag. Wenn wir aber die Beziehung, die wir für eine annehmbar kleine Vakuum-Energiedichte brauchen, in eine natürliche umwandeln, dann haben wir zumindest das Problem der kosmologischen Konstanten in eine besser handhabbare Form gebracht, auch wenn wir über ihren Wert noch nicht gleich eine Aussage machen können: Wir arbeiten mit einer vernünftigen Anzahl bekannter Parameter, die wir lediglich mit bescheidener Genauigkeit vorhersagen müssen.

Bislang gibt es aber über diese Bemühungen wenig zu berichten. Trotz einer Menge harter Arbeit und kreativer Gedanken wissen wir immer noch nicht, warum die kosmologische Konstante so klein ist.

Obwohl der Natur kein – mit Aristoteles' Ausdruck – *horror vacui* eigen ist, schreckt sie vielleicht doch zurück vor einem Vakuum, das nicht leer ist. Durch die Einführung des Äthers in der Frühzeit der elektromagnetischen Theorie haben Maxwell und andere das Vakuum mit einem hypothetischen Fluid angefüllt, das recht verwirrende Eigenschaften haben sollte. Michelson und Morley zeigten, daß diese Ansicht über das Vakuum nicht konsistent mit der experimentellen Realität, und Einstein, daß sie nicht konsistent mit der Symmetrie des Universums war.

Quantenfeldtheorien füllen ebenfalls die Leere des Vakuums, dieses Mal statt mit Äther mit Quantenfluktuationen und Quantenfeldern. Dieses ist zwar konsistent mit der Speziellen Relativitätstheorie, scheint aber im Rahmen der Allgemeinen Relativitätstheorie Probleme zu ergeben. Vielleicht zahlen wir heute mit dem Rätsel der kosmologischen Konstanten den Preis dafür, daß wir sozusagen zuviel in das Vakuum gekippt haben.

Das Standardmodell mit seiner großen Anzahl von fluktuierenden Quantenfeldern einschließlich des Higgs-Feldes ist ein besonders herausragender Verschmutzer des Vakuums. Ohne Zweifel ist die resultierende Theorie ein schönes und höchst erfolgreiches Gebilde, sie könnte aber auf einer fehlerhaften Vorstellung von Vakuum oder Raumzeit aufbauen. An uns ist die Herausforderung gerichtet, dieses rissige Fundament zu reparieren – ohne das hochragende Gebäude zu zerstören, das wir darüber errichtet haben.

Das Higgs-Boson

Dieses bislang rein theoretische Gebilde könnte dem Standardmodell der Wechselwirkungen fundamentaler Teilchen mathematische Konsistenz geben. Für die Suche nach dem äußerst schwierig aufzuspürenden Teilchen werden allerdings neue Hochenergie-Beschleuniger erforderlich sein.

Von Martinus J. G. Veltman

Die wahrhaft fundamentalen Probleme der Physik lassen sich immer mit einfachen Worten erklären – ohne komplizierte Gleichungen oder mathematische Beweisführung. Zumindest sagte mir das so einst Victor F. Weisskopf, ein herausragender Physiker, der gerne solche Erklärungen abgibt; er dürfte durchaus recht haben. Sicherlich stimmt es für ein hypothetisches, aber bisher nicht gefundenes Teilchen, das Higgs-Boson und das dazugehörige Higgs-Feld.

Dieses Boson ist nach Peter W. Higgs von der Universität Edinburgh benannt. Es ist der letzte wichtige noch fehlende Bestandteil der vorherrschenden Theorie, die wir heute als das Standardmodell der elementaren Prozesse bezeichnen – der Theorie, welche die Grundbausteine der Materie und die fundamentalen Kräfte beschreibt, über die sie miteinander wechselwirken.

Gemäß dem Standardmodell besteht alle Materie aus Quarks und Leptonen, die über vier Kräfte miteinander wechselwirken: Gravitation, Elektromagnetismus, schwache Kraft und starke Kraft (Bild 2). Die starke Kraft beispielsweise bindet die Quarks zu Protonen und Neutronen; die verbleibende starke Kraft bindet Protonen und Neutronen zu Atomkernen. Die elektromagnetische Kraft bindet Kerne und die zu den Leptonen gehörigen Elektronen zu Atomen, die restliche elektromagnetische Kraft bindet Atome zu Molekülen.

Die schwache Kraft ist für bestimmte Arten des Kernzerfalls verantwortlich. Der Einfluß der schwachen und der starken Kraft erstreckt sich nur über einen sehr kurzen Abstand, nicht größer als der Radius eines Atomkerns; Gravitation und Elektromagnetismus haben unbeschränkte Reichweite und sind daher die uns vertrautesten aller Kräfte.

Obwohl wir viel über das Standardmodell wissen, sprechen manche Gründe dafür, daß es unvollständig ist. Hier kommt das Higgs-Boson ins Spiel: Es sorgt für die mathematische Konsistenz des Standardmodells und macht diese Theorie dadurch für Energiebereiche anwendbar, die außerhalb der Reichweite der gegenwärtigen Generation von Teilchenbeschleunigern liegen, die aber schon bald von künftigen Beschleunigern erreicht werden könnten. Außerdem stellt man sich vor, daß das Higgs-Boson die Massen aller Elementarteilchen erzeugt. Anschaulich gesprochen: Die Teilchen verleiben sich das Higgs-Boson ein und werden dadurch schwer.

Der größte Mangel dieses Konzepts besteht darin, daß es bislang keine experimentellen Hinweise für die Existenz des Higgs-Bosons gibt. Statt dessen sammeln sich indirekte Hinweise darauf, daß das schwer nachweisbare Teilchen gar nicht existiert. Die moderne theoretische Physik füllt in der Tat das Vakuum gern mit merkwürdigen Partikeln wie dem Higgs-Boson, so daß es nachgerade erstaunlich ist, daß man in einer klaren Nacht noch die Sterne sehen kann.

Doch wenn auch künftige Beschleuniger direkte Hinweise für die Existenz des Higgs-Bosons finden und sich die Argumente für seine Existenz damit als korrekt erweisen würden, glaube ich nicht, daß die Dinge so einfach liegen werden. Meiner Meinung nach ist zwar nicht das ganze Standardmodell falsch; es ist jedoch vermutlich nur eine – wenn auch sehr gute – Näherung der Wirklichkeit.

Obwohl der einzig legitime Grund für die Einführung des Higgs-Bosons darin besteht, das Standardmodell mathematisch konsistent zu machen, hat man einem begrifflich einfacheren Vorschlag große Aufmerksamkeit gewidmet: der Idee, daß dieses Teilchen die Massen aller anderen Teilchen erzeugt. Ich will deshalb mit diesem Thema beginnen.

Massenerzeugung

Für das Verständnis der Massenerzeugung durch das Higgs-Boson ist der Begriff Feld von zentraler Bedeutung. Unter einem Feld versteht man eine physikalische Größe – wie etwa die Temperatur –, die an jedem Punkt eines bestimmten Bereichs in Raum und Zeit definiert ist, beispielsweise auf der Oberfläche einer Bratpfanne. In der Physik ist der Begriff Feld meist Größen wie dem Gravitationsfeld oder dem elektromagnetischen Feld vorbehalten.

Felder machen sich durch den Austausch vermittelnder Teilchen bemerkbar; beim elektromagnetischen Feld ist beispielsweise das Photon oder Lichtquant das vermittelnde Teilchen. Die entsprechenden Teilchen für das Gravitationsfeld, das schwache und das starke Feld sind das Graviton (das noch nicht entdeckt worden ist), drei schwache Vektorbosonen (W^+, W^- und Z^0) sowie acht Gluonen. Ganz analog ist das Higgs-Boson das Teilchen, das zu dem vorgeschlagenen Higgs-Feld gehört.

Man nimmt nun an, daß es im gesamten Raum ein konstantes Higgs-Feld gibt – das Vakuum im Weltraum wäre also nicht leer, sondern enthielte vielmehr dieses konstante Feld. Das Higgs-Feld erzeugt Massen, indem es an Teilchen koppelt. Je nach Stärke der Kopplung hat ein Teilchen im Raum eine bestimmte potentielle Energie. Gemäß Albert Einsteins berühmter Gleichung $E = mc^2$ (Energie gleich Masse mal dem Quadrat der Lichtgeschwindigkeit) ist diese Kopplungsenergie einer Masse äquivalent: Je stärker die Kopplung, desto größer die Masse.

Die Art und Weise, wie Teilchen über ihre Wechselwirkung mit dem Higgs-Feld Masse bekommen, läßt sich entfernt mit dem Aufsaugen von Tinte durch Löschpapierschnitzel vergleichen. In einer solchen makroskopischen Analogie entsprechen die Papierstückchen einzelnen Teilchen, während die Tinte die Energie oder Masse darstellt. Ähnlich wie Papierstückchen verschiedener Größe und Dicke unterschiedlich viel Tinte aufnehmen, „saugen" verschiedene Teilchen wie *W*- oder *Z*-Bosonen unterschiedliche Mengen von Energie oder Masse auf. Die beobachtete Masse eines Teilchens hängt von seiner Energieaufnahmefähigkeit und von der Stärke des Higgs-Feldes im Raum ab.

Das Higgs-Feld

Was sind nun die typischen Merkmale des vorgeschlagenen Higgs-Feldes? Um Teilchen mit Masse zu versehen, muß das Higgs-Feld – falls es existiert – sogar im Vakuum einen überall gleichen, von Null verschiedenen Wert annehmen. Es wäre überdies ein skalares Feld, bei dem jedem Punkt eine einzige Größe oder Zahl zugeordnet ist. Der andere wichtige Feldtyp zur Beschreibung von Wechselwirkungen zwischen Teilchen ist das Vektorfeld; darin ist jeder Punkt durch einen Vektor – einen Pfeil – charakterisiert. Ein Vektor hat sowohl eine Größe, die durch die Länge des Pfeils dargestellt wird, als auch eine Richtung (Bild 3). Die elektromagnetischen, schwachen und starken Felder sind alle Vektorfelder. (Das Gravitationsfeld ist eine spezielle Größe, die man als Tensorfeld bezeichnet.)

Das vorgeschlagene Higgs-Feld muß ein Skalarfeld sein; denn wäre es ein Vektorfeld oder ein Tensorfeld, so hinge die Masse eines Teilchens im allgemeinen von seiner Ausrichtung bezüglich des Feldes ab. In einem stark vereinfachten makroskopischen Analogon würde sich die Masse einer Person ändern, falls sie sich an einem festen Platz herumdrehte. Das Higgs-Feld darf

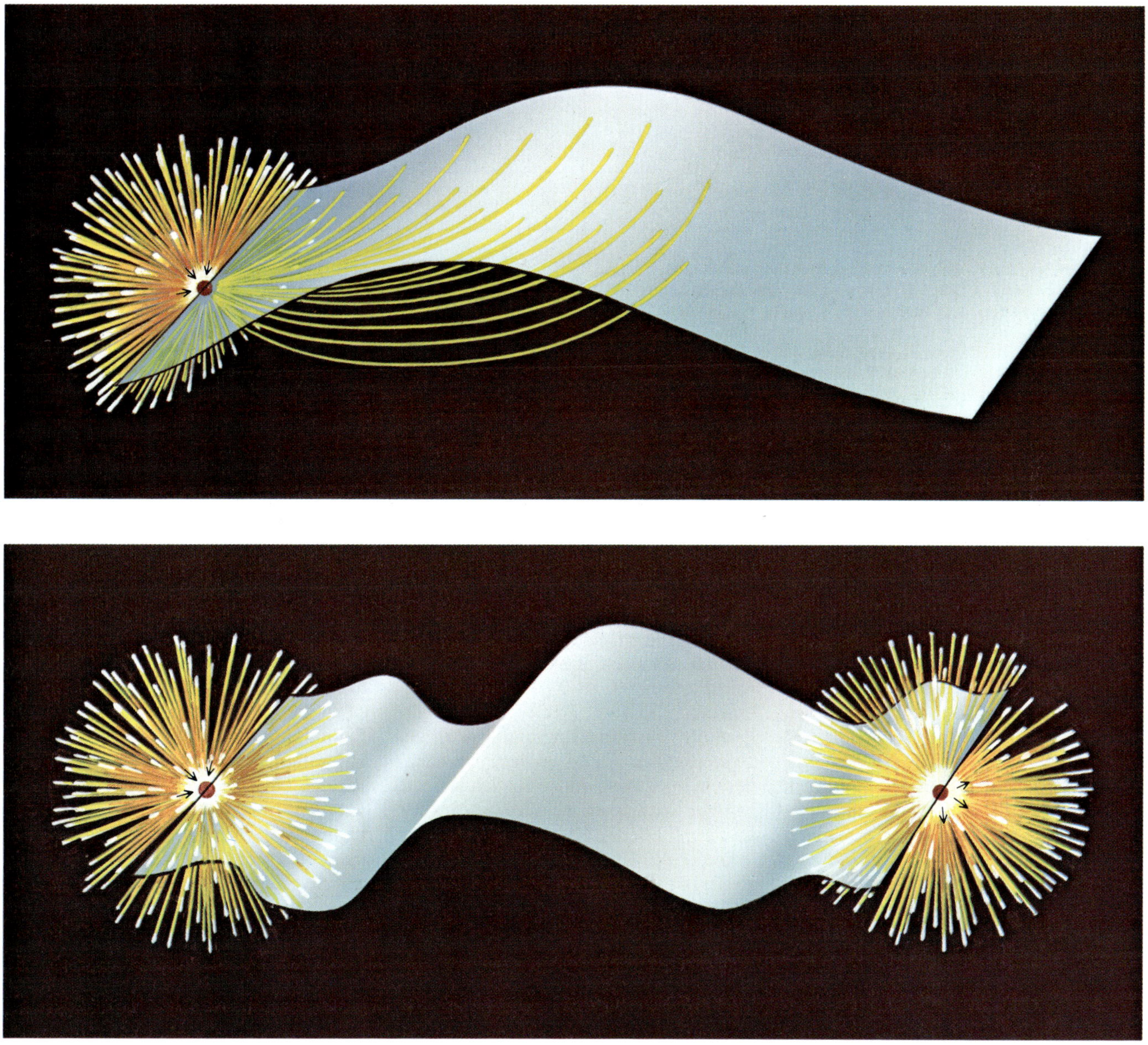

Bild 1: Magnetische Monopole sollten existieren, wenn es das Higgs-Boson gibt. Im makroskopischen Bereich gibt es natürlich keine magnetischen Monopole; denn wenn man einen Stabmagneten quer zerteilt, erhält man zwei kleinere Stabmagnete, aber keine isolierten Nord- und Südpole. Magnetische Monopole könnten jedoch gebildet werden, indem man magnetische Feldlinien unter den Higgs-„Teppich" kehrt (oben). Die untere Abbildung zeigt ein Paar von Monopolen. Meldungen über nachgewiesene Monopole wurden bisher nicht bestätigt.

Leptonen			
Teilchenname	Symbol	Ruhemasse in MeV	elektrische Ladung
Elektron-Neutrino Elektron	υ_e e^-	ungefähr 0 0,511	0 – 1
Myon-Neutrino Myon	υ_μ μ^-	ungefähr 0 106,6	0 – 1
Tau-Neutrino Tau	υ_τ τ^-	weniger als 164 1784	0 – 1

Quarks			
Teilchenname	Symbol	Ruhemasse in MeV	elektrische Ladung
up down	u d	310 310	+ 2/3 – 1/3
charm strange	c s	1500 505	+ 2/3 – 1/3
top/truth bottom/beauty	t b	22 500; hypothetisches Teilchen ungefähr 5000	+ 2/3 – 1/3

Kraft	Reichweite	Stärke bei 10^{-13} Zentimetern im Vergleich zu starker Kraft
Gravitation	unendlich	10^{-38}
Elektromagnetismus	unendlich	10^{-2}
schwache Kraft	weniger als 10^{-16} Zentimeter	10^{-13}
starke Kraft	weniger als 10^{-13} Zentimeter	1

Austausch-teilchen	Ruhemasse in GeV	Spin	elektrische Ladung	Bemerkungen
Graviton	0	2	0	vermutet
Photon	0	1	0	experimentell nachgewiesen
schwache Vektorbosonen: W^+	81	1	+ 1	experimentell nachgewiesen
W^-	81	1	– 1	experimentell nachgewiesen
Z^0	93	1	0	experimentell nachgewiesen
Gluonen	0	1	0	permanent eingeschlossen

Bild 2: Im Standardmodell der Elementarteilchen gibt es zwölf fundamentale Bausteine der Materie (oben) und vier Grundkräfte (unten). Die Bausteine der Materie teilt man in zwei Gruppen von je sechs Teilchen auf: Leptonen und Quarks. Leptonen existieren unabhängig für sich, während sich einzelne Quarks nie isolieren ließen. Quarks sind immer Bestandteile größerer Teilchen wie Protonen und Neutronen; ein Proton stellt man sich beispielsweise aus zwei *up*-Quarks und einem *down*-Quark zusammengesetzt vor. Die Teilchen wechselwirken über die vier fundamentalen Naturkräfte miteinander. Zu jeder Kraft gehört wiederum ein Austausch-Teilchen (Boson), das diese Kraft überträgt. Die Higgs-Kraft wäre, falls sie existiert, eine fünfte, die durch das Higgs-Boson übertragen wird. Die Massen der fundamentalen Bausteine sind in Millionen Elektronenvolt (MeV) angegeben, die Massen der Teilchen, welche die Kräfte übertragen, in Milliarden Elektronenvolt (GeV).

demnach keinen Spin (Eigendrehimpuls) haben.

Da das Higgs-Feld spinlos ist, muß das Higgs-Boson es ebenfalls sein. Der Spin eines Elementarteilchens ist eine quantenmechanische Eigenschaft, deren Analogon im Rahmen der klassischen Physik der Drall einer rotierenden Kugel ist. Elementarteilchen können nur ganzzahlige (0, 1, 2, und so weiter) oder halbzahlige (1/2, 3/2, und so weiter) Werte für den Spin annehmen. Teilchen mit ganzzahligem Spin heißen Bosonen, solche mit halbzahligem Spin Fermionen. Bosonen und Fermionen haben deutlich unterschiedliche Eigenschaften, jedoch will ich auf diesen Punkt hier nicht weiter eingehen.

Das Higgs-Boson ist ein skalares Boson, weil es Spin 0 hat. Die meisten anderen Bosonen, die mit Feldern verknüpft sind, sind Vektorbosonen mit Spin 1. Dazu gehören beispielsweise das Photon, das Gluon und die W^+-, W^-- und Z^0-Bosonen.

Da die Vektorbosonen typisch für die Vermittlung der fundamentalen Kräfte der Natur sind, das Higgs-Boson dagegen ein Skalar ist, muß die Kraft, über die Teilchen an das Higgs-Feld koppeln, eine neue Kraft sein. Man hat sie allein zu dem Zweck eingeführt, die mathematische Konsistenz des Standardmodells zu verbessern. Die Higgs-Kraft verhält sich mathematisch ähnlich wie die kürzlich in die Diskussion gebrachte „Fünfte Kraft", über die Ephraim Fischbach von der Purdue-Universität in West Lafayette (Indiana) berichtete; sie ist jedoch schwächer und hat eine wesentlich kürzere Reichweite als die „Fünfte Kraft".

Die Higgs-Kraft ist keine universelle Kraft, denn sie koppelt in verschiedener Weise an unterschiedliche Teilchen. Hat ein Teilchen Masse, so nimmt man an, daß die Stärke der Kopplung an das Higgs-Feld gerade die richtige Größe hat, um die beobachtete Masse zu erzeugen. Vermutlich koppelt das Higgs-Feld nicht an das Photon, denn die Experimente zeigen, daß das Photon masselos ist. Aber offensichtlich koppelt es an die W^+-, W^-- und Z^0-Teilchen, weil diese intermediären Vektorbosonen Masse haben. Zusätzlich zu der Masse, die Teilchen über das Higgs-Feld erhalten, könnten sie prinzipiell auch eine eigene Masse haben. Im Standardmodell kann jedoch merkwürdigerweise nicht ein einziges Teilchen eine eigene Masse haben, ohne daß dadurch die mathematische Vollständigkeit der Theorie zerstört würde.

Vom physikalischen Standpunkt aus ist wenig gewonnen durch die Hypothese, das Higgs-Boson sei für die Masse verantwortlich. Beispielsweise weiß man nicht, warum das Higgs-Feld an manche Teilchen stärker koppeln sollte als an andere. Auch verstehen die Theoretiker nicht, wie die (unbekannte) Masse des Higgs-Bosons selbst zustande kommt; vermutlich ist sie vorwiegend ein Effekt der Selbstwechselwirkung mit dem Higgs-Feld. Unwissen über den Ursprung der Teilchenmassen wird also lediglich ersetzt durch die Unkenntnis der Teilchen-Higgs-Kopplung, ohne daß physikalische Einsicht gewonnen würde.

Schwierigkeiten mit der Gravitationstheorie

Die Einführung des Higgs-Bosons verursacht außerdem ein schwerwiegendes Problem für die Gravitationstheorie. Die Äquivalenz von Masse und Energie hat zur Folge, daß das Graviton, das an alles koppelt, was Masse hat, auch an alles koppelt, was Energie hat – das Higgs-Feld eingeschlossen. Die Kopplung des Gravitons an das überall im Weltall vorhandene Higgs-Feld würde eine riesige kosmologische Konstante ergeben; das Universum würde dadurch zu einem Objekt etwa von der Größe eines Fußballs zusammengekrümmt.

Hätte das Higgs-Boson etwa die gleiche Masse wie die schwachen Vektorbosonen, wäre die Energiedichte des Higgs-Feldes im Vakuum zehn Billionen mal größer als die Materiedichte in einem Atomkern. Komprimierte man die Erde auf diese Dichte, so hätte sie ein Volumen von etwa 500 Kubikzentimetern, wäre also etwas größer als eine Getränkedose. Es erübrigt sich zu sagen, daß dies der experimentellen Erfahrung widerspricht.

Natürlich haben die Theoretiker einen Ausweg erdacht: Man nimmt einfach an, das „wahre" Vakuum (ohne Higgs-Feld) sei im negativen Sinne gekrümmt – mit einer kosmologischen Konstante von der gleichen Größe, aber entgegengesetztem Vorzeichen wie die vom Higgs-Feld erzeugte. Führt man jetzt das Higgs-Feld ein, wird der Raum flach; es entsteht das uns bekannte Universum.

Diese Lösung ist natürlich nicht sehr befriedigend, und es hat nicht an scharfsinnigen Versuchen gefehlt, das Problem der riesigen kosmologischen Konstanten zu lösen. Keinem dieser Versuche war Erfolg beschieden. Die Lage ist eher schlechter geworden, weil die Theoretiker weiterhin mehr und mehr Teilchen und Felder im Vakuum abladen. Vielleicht ist das Universum infolge der Dynamik der Urknallexplosion auf irgendeine Weise flach geworden; diese Explosion hat – nach heutiger Lehrmeinung – das Universum vor 15 bis 20 Milliarden Jahren geschaffen.

So wie die Theorie formuliert ist – mit einem Higgs-Feld –, widerspricht sie nicht unmittelbar den Beobachtungen, wenn man auch das schwer glaubhafte Verschwinden der kosmologischen Konstanten akzeptieren muß. In den letzten zehn Jahren sind Erweiterungen der Theorie mit zusätzlichen Higgs-Feldern vorgeschlagen worden; aber obwohl die Begründungen für solche Erweiterungen oft als zwingend erscheinen, sind die Phänomene, die mit

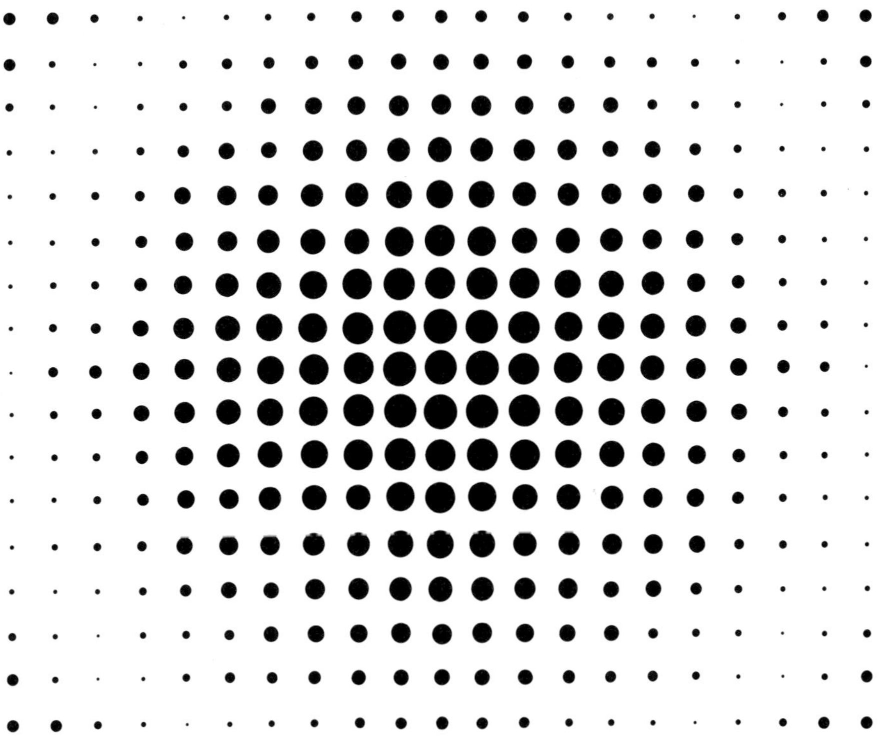

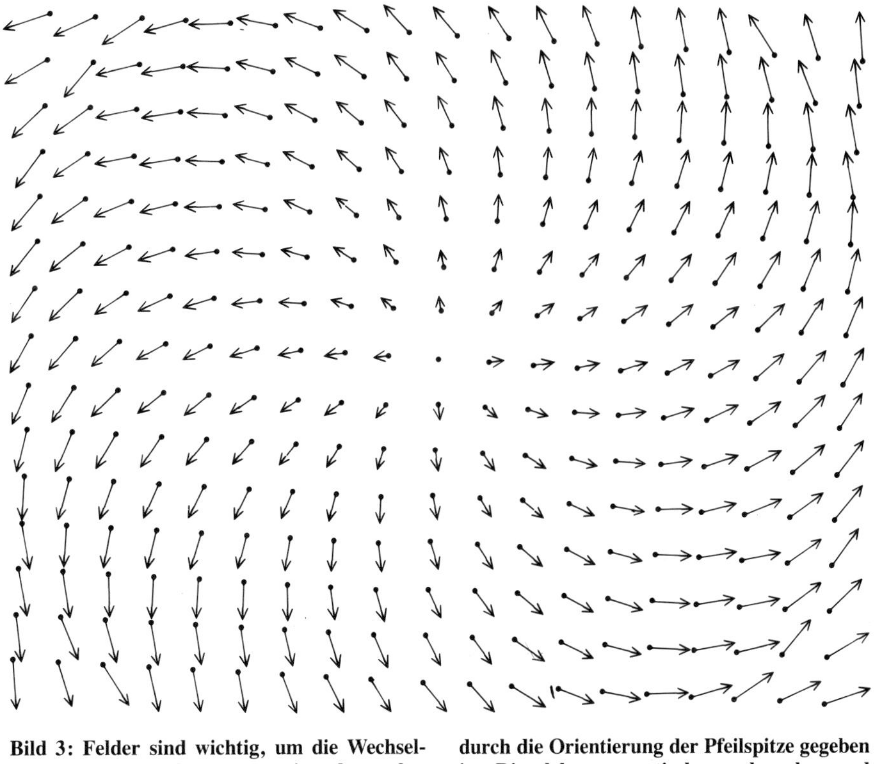

Bild 3: Felder sind wichtig, um die Wechselwirkungen von Teilchen untereinander zu beschreiben. Ein Feld ist eine Größe (wie etwa die Temperatur), die an jedem Punkt eines gewissen Raum-Zeit-Gebiets definiert ist. Zwei Arten von Feldern sind Skalarfelder (oben) und Vektorfelder (unten). Bei einem Skalarfeld ist jedem Punkt eine einzige Größe oder ein Zahlenwert zugeordnet, hier durch die Fläche der Punkte dargestellt. Ein Vektorfeld hat sowohl eine Größe, hier durch die Länge eines Pfeils angedeutet, als auch eine Richtung, die durch die Orientierung der Pfeilspitze gegeben ist. Die elektromagnetischen, schwachen und starken Felder sind Beispiele für Vektorfelder; die entsprechenden Austauschteilchen sind das Photon, drei schwache Vektorbosonen (W^+, W^- und Z^0) sowie acht Gluonen. Ganz analog ist das Higgs-Boson das Teilchen, das zu dem vorgeschlagenen Higgs-Feld gehört. Wenn das Higgs-Feld existierte, wäre es – im Gegensatz zu den Vektorfeldern – ein Skalarfeld. Das Gravitationsfeld mit dem Graviton als Austauschteilchen ist dagegen ein sogenanntes Tensorfeld.

zusätzlichen Feldern verknüpft sind, entweder nie beobachtet worden, oder sie widersprechen den Experimenten.

Um beispielsweise auf elegante Art gewisse Symmetrien der starken Wechselwirkung zu erklären, führten Helen R. Quinn vom Stanford Linear Accelerator Center (SLAC) in Kalifornien und Roberto Peccei vom Deutschen Elektronen-Synchrotron (DESY) in Hamburg ein zweites Higgs-Feld ein. Die entsprechende Theorie sagte ein neues und vermutlich sehr leichtes Teilchen vorher, das Axion. Bislang ist jedoch das Axion trotz umfangreicher Suchaktionen nicht gefunden worden.

Des weiteren hat diese Theorie dramatische kosmologische Konsequenzen, die das Phänomen der sogenannten Bereichswände betreffen. Ganz allgemein stellt eine Bereichswand die Grenze dar, an der zwei Gebiete mit unterschiedlichen Eigenschaften aneinanderstoßen. Es gibt sie beispielsweise in Permanentmagneten, in denen ein Gebiet, in dem die Spins der Atome in eine Richtung ausgerichtet sind, an ein anderes grenzt, in dem die Spins in eine andere Richtung zeigen.

Man nimmt an, daß aufgrund bestimmter Higgs-Felder im frühen Universum Bereichswände entstanden sind. Unmittelbar nach dem Urknall war die Temperatur extrem hoch, so daß kein Higgs-Feld existieren konnte. Nach einer gewissen Zeit der Abkühlung hätte sich jedoch ein Hintergrund-Higgs-Feld bilden können; es hätte dabei höchstwahrscheinlich in verschiedenen Raumgebieten unterschiedliche Eigenschaften angenommen – es sei denn, der Abkühlungsvorgang wäre völlig gleichmäßig gewesen. In welchem Maße durch das Aufeinanderprallen solcher Bereiche merkliche oder sogar stürmische Phänomene entstanden sein könnten, hängt von den detaillierten Eigenschaften der Higgs-Felder ab; aber man sollte sicherlich irgendeine Art von Effekt in Zusammenhang mit dem attraktiven Vorschlag von Quinn und Peccei erwarten dürfen.

Die Frage ist, warum man keine Bereichswände zwischen solchen Regionen beobachtet hat. Es könnte bedeuten, daß es kein Higgs-Feld gibt oder daß die Natur nur vorsichtigen Gebrauch davon gemacht hat. Eine Alternative wäre, daß die Wände schon früh in der Geschichte des Universums verschwunden sind. Es ist geradezu typisch: Man entwickelt eine faszinierende Idee, bringt dann ein Higgs-Feld ins Spiel, und schon geht alles schief. Dies erweckt sicherlich kein besonderes Vertrauen in den gesamten Mechanismus.

Die Einführung eines zusätzlichen Higgs-Feldes bringt auch Schwierigkeiten in einem Modell mit sich, das beträchtliche Aufmerksamkeit auf sich gezogen hat: in der sogenannten großen vereinheitlichten SU(5)-Theorie. Das allgemeine Ziel vereinheitlichter Theorien besteht darin, die vier Kräfte aus einer einzigen fundamentalen Kraft herzuleiten. In den letzten beiden Jahrzehnten hat man die sogenannte elektroschwache Theorie formuliert und experimentell bestätigt; dies war ein wichtiger Schritt auf dem Weg zu einer großen vereinheitlichten Theorie. In der elektroschwachen Theorie sind die elektromagnetische Kraft und die schwache Kraft (Bild 5) Manifestationen der gleichen zugrunde liegenden Wechselwirkung. Die Theorie wurde 1983 auf dramatische Weise bestätigt: Damals entdeckte man am europäischen Physik-Forschungszentrum CERN die W^+-, W^-- und Z^0-Teilchen.

Große vereinheitlichte Theorien

Die große vereinheitlichte SU(5)-Theorie macht den Versuch, die starke und die elektroschwache Kraft zu einer gemeinsamen Kraft zu verküpfen. Die Bezeichnung SU(5) bezieht sich auf die mathematische Symmetriegruppe, die der Theorie zugrunde liegt. Unter normalen Bedingungen verhalten sich die starke, die schwache und die elektromagnetische Kraft ganz verschieden; gemäß der SU(5)-Theorie werden sie ununterscheidbar, wenn Teilchen mit Energien um die 10^{15} Milliarden Elektronenvolt (GeV) wechselwirken.

Die Vereinheitlichung der starken mit der elektroschwachen Kraft erfordert die Existenz eines weiteren Satzes von Vektorbosonen, deren Massen mehrere Größenordnungen über denen der schwachen Vektorbosonen liegen sollten. Da die neuen Vektorbosonen so schwer sind, benötigen sie ein eigenes Higgs-Feld. In der SU(5)-Theorie enthält das Vakuum daher zwei Higgs-Felder, die an verschiedene Teilchen mit unterschiedlicher Stärke koppeln.

Die wichtigste Konsequenz der SU(5)-Theorie besteht darin, daß sich Quarks über die neuen Vektorbosonen in Leptonen verwandeln können. Die Folge ist, daß das Proton – dieses „unsterbliche“ Gebilde aus drei Quarks – in leichtere Teilchen zerfallen könnte, etwa in ein Positron (ein Lepton, das man sich als ein positiv geladenes Elektron vorstellen kann) und in ein neutra-

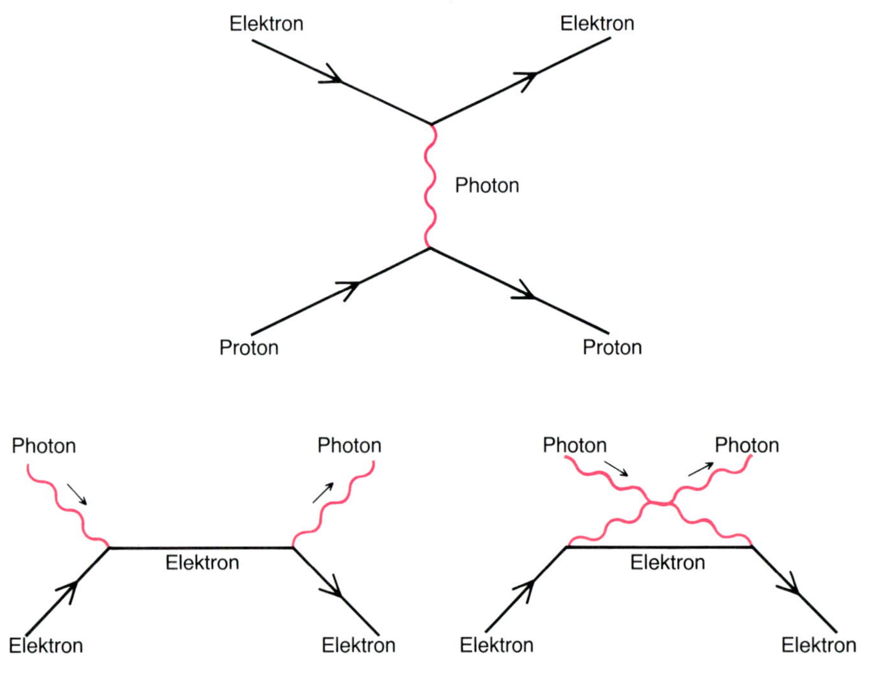

Bild 4: Feynman-Diagramme stellen in einer Art Kurzschrift eine wohldefinierte mathematische Vorschrift dar, um die Wahrscheinlichkeit zu berechnen, daß ein Teilchen an einem anderen gestreut wird. In der oberen Abbildung streut ein Elektron an einem Proton, indem es ein Photon – den Vermittler der elektromagnetischen Kraft – austauscht. Die Teilchen können auch aneinander streuen, indem sie zwei oder mehrere Photonen austauschen (ohne Abbildung); solche Prozesse sind statistisch weniger wahrscheinlich, so daß der Ein-Photon-Austausch eine gute Näherung an die Wirklichkeit darstellt. Ein Photon kann auch an einem Elektron streuen. Um eine solche Wechselwirkung zu beschreiben, sind zwei Diagramme notwendig (unten). In diesem Fall ist es schwierig, sich die Streuung durch Kräfte vermittelt vorzustellen. Statt dessen muß man in Begriffen von Elementarprozessen denken: Das Photon kann von einem Elektron absorbiert oder emittiert werden. Es gibt jedoch keinen grundsätzlichen Unterschied zwischen Elektron-Proton-Streuung und Elektron-Photon-Streuung; man kann sich beide Arten von Vorgängen als Elementarprozesse vorstellen.

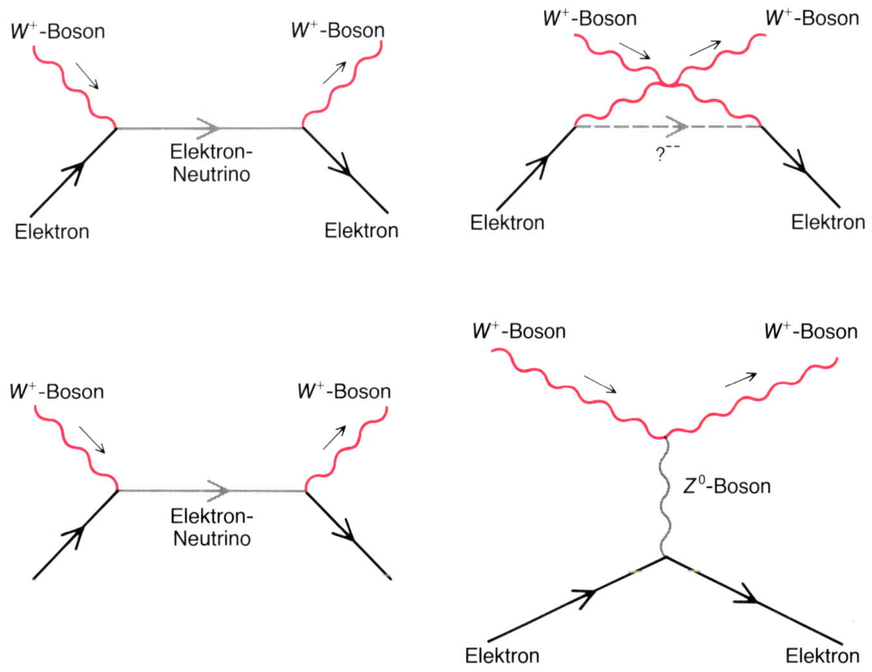

Bild 5: Ein schwaches Vektorboson, Träger der schwachen Kraft, kann an einem Elektron streuen. Dieser Prozeß ist in etwa analog zur Streuung eines Photons an einem Elektron (unterer Teil von Bild 4). Die Wechselwirkung oben rechts wäre zwar mathematisch wünschenswert, würde aber die Existenz eines doppelt negativ geladenen Teilchens erfordern. Kein solches Teilchen ist bekannt. Das Problem löst man durch Einführen eines neutralen Teilchens, des Z^0-Bosons (unten rechts). Die Existenz dieses Bosons hat man nachgewiesen.

les Pion (ein Meson, das aus zwei Quarks besteht).

Geht man von der Existenz zweier Higgs-Felder aus, kann man die Zerfallsrate von Protonen berechnen. Experimente, die in den letzten Jahren durchgeführt worden sind, haben jedoch keinen solchen Zerfall nachgewiesen (siehe dazu den folgenden Beitrag „Die Suche nach dem Protonenzerfall" von J. M. LoSecco, Frederick Reines und Daniel Sinclair). Offenbar geben also die SU(5)-Theorie oder das Higgs-Feld (oder beide) kein völlig korrektes Bild der physikalischen Wirklichkeit. Ich glaube aber, daß die wesentlichen Konzepte der SU(5)-Theorie langfristig bestehen werden.

Falls die SU(5)-Theorie korrekt ist und das Higgs-Feld existiert, ergibt sich eine weitere Folgerung: In den ersten 10^{-35} Sekunden des Universums sollten magnetische Monopole (Bild 1) erzeugt worden sein. Ein Beispiel für einen magnetischen Monopol ist ein isolierter Pol eines Stabmagneten. (Im Makroskopischen gibt es solche Objekte natürlich nicht, denn wenn man einen Stabmagneten in zwei Hälften schneidet, erhält man zwei kleinere Stabmagneten, aber keine isolierten Nord- und Südpole.)

Die Anhäger der SU(5)-Theorie haben unterschiedliche Ansichten über die Zusammensetzung der Monopole und auch darüber, wieviele Monopole existieren sollten. Die allgemeine Ansicht ist, daß der Monopol eine – für ein Elementarteilchen – riesige Masse besitzen sollte, vielleicht das 10^{16}- bis 10^{17}fache der Masse des Protons.

Zwar gab es gelegentlich Meldungen, Monopole seien experimentell nachgewiesen worden, bisher ließ sich jedoch keiner dieser Berichte bestätigen; die Natur scheint alles, was mit Higgs-Feldern zu tun hat, nicht zu mögen. Die Suche nach Monopolen geht indes weiter.

Es gibt einen weiteren Hinweis darauf, daß die Natur beim Einsatz von Higgs-Bosonen sparsam ist – falls sie diese Teilchen überhaupt benutzt. In der elektroschwachen Theorie entsteht bereits eine Beziehung zwischen den Massen der W-Bosonen und jener des Z^0-Bosons, wenn man nur den einfachen Typ von Higgs-Feldern zugrunde legt. Diese Beziehung wird durch einen Faktor beschrieben – den sogenannten Rho-Parameter –, der im wesentlichen durch das Verhältnis der W-Boson-Masse zur Z^0-Boson-Masse gegeben ist. (Es gibt dazu noch Korrekturfaktoren, die uns hier nicht zu kümmern brauchen.) Der erwartete Wert für den Rho-Parameter ist 1, der experimentelle Wert 1,03 mit einem geschätzten Fehler von 5 Prozent. Gibt es mehr als ein Higgs-Feld, kann der Rho-Parameter jeden beliebigen Wert annehmen. Falls die Übereinstimmung zwischen Theorie und Experiment nicht zufällig ist, gibt es also nur ein Higgs-Feld.

Existiert das Higgs-Boson?

An dieser Stelle muß man ernsthaft die Frage stellen, ob das Higgs-Boson überhaupt in der Natur existiert. Ich erwähnte bereits, daß der einzige legitime Grund für die Einführung des Higgs-Bosons darin besteht, das Standardmodell mathematisch konsistent zu machen. Historisch hat die Einführung des Higgs-Bosons aus Gründen der mathematischen Konsistenz nichts mit seiner Einführung zur Erzeugung der Masse zu tun.

Diese zweite Einführung des Higgs-Bosons erfolgte in sogenannten Modellbau-Theorien, die ein möglichst gutes Modell für die Natur darstellen sollen. Zu den Forschern, die in dieser Richtung gearbeitet haben, gehören Sidney A. Bludman von der Universität von Pennsylvania, der den Hauptteil des Modells mit W-Bosonen vorgeschlagen hat, und Sheldon Lee Glashow von der Harvard-Universität, der den Elektromagnetismus in Bludmans Modell einführte. Steven Weinberg von der Universität von Texas ersetzte den Teil des Modells, der die Massen betrifft, durch den Higgs-Mechanismus zur Massenerzeugung; dabei verwendete er Methoden, die Thomas W. B. Kibble vom Imperial College of Science and Technology in London entwickelt hatte. Die Einfügung von Quarks in die Vektorbosonen-Theorie gelang Nicola Cabibbo und Luciano Maiani von der Universität Rom, Y. Hara von der Universität Tsukuba, Glashow und John Iliopoulos von der Ecole Normale Supérieure in Paris.

Alle diese Arbeiten entstanden über einen recht langen Zeitraum, von 1959 bis 1970. Im gleichen Zeitraum wurden viele andere Modelle veröffentlicht, aber keine der Arbeiten – einschließlich der eben zitierten – erregte Aufmerksamkeit unter den Physikern. Die meisten Autoren glaubten sogar ihre eigenen Theorien nicht und verfolgten das Gebiet nicht weiter – mit Ausnahme von Glashow und Iliopoulos. Der Grund für diese Ungläubigkeit war offensichtlich: Niemand konnte konkrete Ergebnisse ausrechnen. Die damals bekannten mathematischen Methoden führten zu unsinnigen Antworten. Es gab daher keine Möglichkeit, experimentelle Ergebnisse vorherzusagen.

Als ich im Jahre 1968 das verfügbare Material überdachte, kam ich zu dem Schluß, daß Yang-Mills-Theorien (eine allgemeine Klasse von Theorien, zu der das Standardmodell als Spezialfall gehört) für das Verständnis der schwachen Wechselwirkung notwendig seien und daß kein Fortschritt ohne Lösung der mathematischen Schwierigkeiten möglich wäre. Ich begann deshalb in einer Richtung zu arbeiten, die ich als „mathematische Theorie" bezeichnen möchte: Es wird wenig Wert darauf gelegt, inwieweit die Theorie den experimentellen Beobachtungen entspricht – man konzentriert sich statt dessen auf den mathematischen Inhalt.

In dieser Richtung war ich keineswegs der erste Forscher. Die Schöpfer waren C. N. Yang und Robert L. Mills vom amerikanischen Brookhaven National Laboratory. Richard P. Feynman vom California Institute of Technology, L. Faddeev von der Universität Leningrad, Bryce S. DeWitt von der Universität von North Carolina und Stanley Mandelstam von der Universität von Kalifornien in Berkeley hatten bereits wichtige Beiträge auf diesem sehr schwierigen Gebiet der mathematischen Theorie geleistet.

Auch ich habe die Arbeit nicht zum Abschluß gebracht. Die abschließende Veröffentlichung war die Doktorarbeit meines früheren Studenten Gerard 't Hooft, damals an der Universität Utrecht, aus dem Jahre 1971. Zu dieser Zeit glaubten nur wenige Forscher, daß die Arbeiten substantielle Fortschritte im physikalischen Verständnis ermöglichen könnten. Mehr als einmal sagte man mir mehr oder weniger höflich, daß ich, mit den Worten von Sidney R. Coleman von der Harvard-Universität, „einen abgelegenen Winkel der schwachen Wechselwirkung sauberfegen" würde. Eine bemerkenswerte Ausnahme war eine russische Gruppe unter der Leitung von E. S. Fradkin an der Universität Moskau, die bedeutende Beiträge leistete.

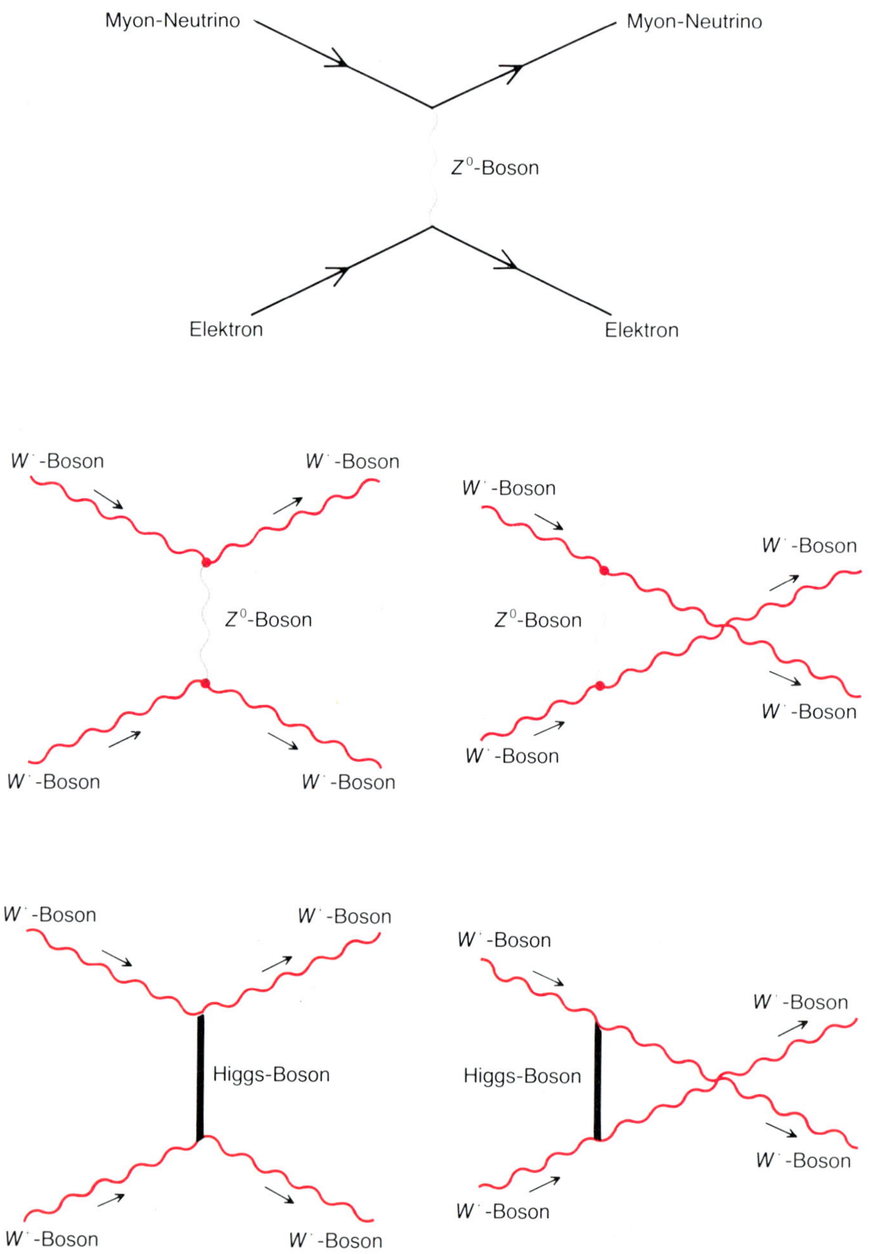

Bild 6: Die renormierte elektroschwache Theorie verlangt die Existenz des Higgs-Bosons. In einer renormierten Theorie kann man mit Hilfe einiger gegebener Parameter experimentell beobachtbare Größen mit jeder gewünschten Genauigkeit berechnen. Eine nichtrenormierbare Theorie hat im Gegensatz dazu keine Vorhersagekraft über eine gewisse Grenze hinaus: Die Theorie ist unvollständig, und für manche Probleme ergeben sich unsinnige Lösungen. Ohne Higgs-Boson erklärt die elektroschwache Theorie korrekt die Streuung von Neutrinos an Elektronen (oben). Sie gerät jedoch in Schwierigkeiten, wenn sie versucht, die Wechselwirkung von *W*-Bosonen untereinander vorherzusagen (Mitte). Insbesondere besagt die Theorie, daß bei Energien oberhalb einer Billion Elektronenvolt (TeV) die Wahrscheinlichkeit für die Streuung eines *W*-Bosons an einem anderen größer als 1 wird – das ist natürlich unsinnig. Man renormiert die Theorie durch Einführung des Higgs-Bosons (unten). Zuverlässige Vorhersagen erhält man, indem man die Diagramme unten von den mittleren „substrahiert".

Mathematische Theorie und Modellbau-Theorie

Interessanterweise liefen die Modellbau-Theorie und die mathematische Theorie über viele Jahre fast unabhängig nebeneinander her. Ich muß gestehen, daß ich bis zum Jahre 1971 nichts über die Einführung des Higgs-Bosons in die Modellbau-Theorie wußte; das gilt auch für 't Hooft. Ich erinnere mich deutlich, wie ich bei einer Gelegenheit zu ihm sagte, daß seine Arbeit meiner Meinung nach etwas mit dem Goldstone-Theorem zu tun hätte (das ist ein Konzept aus der Modellbau-Theorie). Da keiner von uns das Theorem kannte, starrten wir uns gegenseitig verdutzt an und beschlossen dann, uns nicht weiter darüber den Kopf zu zerbrechen. Wieder einmal kam der Fortschritt durch „Nicht-know-how", ein Ausspruch, den Weisskopf geprägt hat.

Fortschritte in Richtung der mathematischen Theorie zeigten schließlich, daß die elektroschwache Theorie mathematisch besser definiert wird und größere Vorhersagekraft erlangt, wenn man das Higgs-Boson einführt. Genauer gesagt macht das Higgs-Boson die Theorie renormierbar: Mit wenigen Parametern kann man im Prinzip experimentell beobachtbare Größen mit jeder gewünschten Genauigkeit berechnen. Im Gegensatz dazu hat eine nichtrenormierbare Theorie keine Vorhersagekraft über eine gewisse Grenze hinaus: Die Theorie ist unvollständig; manche Probleme haben unsinnige Lösungen.

Ich muß jedoch darauf hinweisen, daß die elektroschwache Theorie auch ohne Higgs-Boson wichtige Vorhersagen über die Kräfte zwischen Elementarteilchen machen kann. Diese Kräfte untersucht man in Hochenergiephysik-Laboratorien mit Hilfe von Streuexperimenten. In solchen Experimenten wird ein Strahl hochenergetischer Teilchen auf ein Ziel- oder „Target"-Teilchen geschossen. Beispielsweise kann man einen Elektronenstrahl an einem Proton streuen; durch die Analyse des Streumusters erhält man Informationen über die Kräfte.

Die elektroschwache Theorie sagt korrekt das Streumuster vorher, wenn Elektronen mit Protonen wechselwirken. Sie beschreibt ebenfalls korrekt die Wechselwirkung von Elektronen mit Photonen, mit *W*-Bosonen und mit Neutrinos. Die Theorie gerät jedoch in Schwierigkeiten beim Versuch, die Wechselwirkung von *W*-Bosonen untereinander vorherzusagen. Insbesondere besagt die Theorie, daß bei genügend hohen Energien die Wahrscheinlichkeit für die Streuung eines *W*-Bosons an einem anderen größer als 1 ist. Ein solches Ergebnis ist natürlich unsinnig. Es entspräche der Aussage, daß auch ein Schütze, der in Gegenrichtung zur Scheibe zielt, ins Schwarze trifft.

Hier erscheint das Higgs-Boson als Retter in der Not. Es koppelt mit dem *W*-Boson derart, daß die Streuwahrscheinlichkeit innerhalb der erlaubten Grenzen zwischen 0 und 1 liegt – das widersinnige Verhalten verschwindet. Eine detailliertere Beschreibung der Art, wie das Higgs-Boson die elektroschwache Theorie renormierbar macht, erfordert eine Darstellung in Form der sogenannten Feynman-Diagramme (Bilder 4, 5 und 6).

Hat man eingesehen, daß zur Renormierbarkeit der elektroschwachen Theorie das Higgs-Boson notwendig ist, so ist naheliegend, wie die Suche nach dem flüchtigen Teilchen vonstatten gehen sollte: Schwache Vektorbosonen müssen bei extrem hohen Energien von einer Billion Elektronenvolt (TeV) oder mehr aneinander gestreut werden. Die benötigten Energien könnten mit dem vorgeschlagenen supraleitenden Super-Collider (SSC) erreicht werden, der zur Zeit in den USA diskutiert wird – dort ist eine Maximalenergie von 20 TeV geplant.

Folgt das Muster der gestreuten Teilchen den Vorhersagen der renormierten elektroschwachen Theorie, muß es eine kompensierende Kraft geben, für die das Higgs-Boson der offensichtliche Kandidat wäre. Wenn das Experiment dagegen nicht mit der Vorhersage übereinstimmt, würde das schwache Vektorboson höchstwahrscheinlich über eine starke Kraft wechselwirken – eine neue Ära der Physik würde sich auftun.

Eine Schwierigkeit bei der Suche nach dem Higgs-Boson besteht darin, daß seine Masse nicht eingeschränkt ist. Aus Experimenten weiß man, daß die Masse größer als 5 Milliarden Elektronenvolt (5 GeV) sein muß. Die Theorie gibt uns keinen Hinweis darauf, wie schwer das Higgs-Boson sein könnte – mit einer Ausnahme: Beträgt seine Masse 1 TeV – das ist etwa das Tausendfache der Protonenmasse –, so verursacht das Higgs-Boson einige derjenigen Probleme, zu deren Beseitigung es erfunden wurde. Man könnte dann die schwachen Vektorbosonen nicht länger als elementare Teilchen ansehen – sie wären vielmehr aus kleineren Teilchen zusammengesetzt.

Das Konzept zusammengesetzter Strukturen ist natürlich nichts Neues in der Geschichte der Physik. Zu Beginnn dieses Artikels erwähnte ich fünf Schichten derartiger Strukturen: Moleküle, Atome, Kerne, Nukleonen (Protonen und Neutronen) sowie Quarks und Leptonen. Sieht man das Higgs-Boson als zusammengesetztes Teilchen an, so ist es nur ein kleiner Schritt bis zur Vermutung, daß auch solche „fundamentalen" Teilchen wie Quarks und Leptonen in Wahrheit aus noch kleineren Teilchen zusammengesetzt sind.

In gewissem Sinn schließt die Annahme einer sechsten Schicht von Strukturen jenseits von Quarks und Leptonen den Kreis. Traditionsgemäß erklärte man freie Parameter durch Hinabsteigen zu einer tieferliegenden Struktur. Der Erfolg der Modelle zusammengesetzter Teilchen bei der Vorhersage der Energieniveaus von Atomen und Atomkernen legt nahe, daß sich auch Massen berechnen lassen, wenn man die Struktur auf einer tieferliegenden Schicht berücksichtigt.

Im Standardmodell ist das Higgs-Boson für alle beobachteten Massen verantwortlich. Selbst wenn ein Teilchen wie das Higgs-Boson gar nicht wirklich existieren sollte, muß es deshalb zumindest eine gemeinsame Quelle für alle Massen geben. Die Suche nach dem Higgs-Boson könnte sich schließlich und endlich als das gleiche herausstellen wie die Suche nach einer tieferen Struktur der Elementarteilchen.

Die Suche nach dem Protonenzerfall

Mit einem unterirdischen Detektor, der ein Gewicht von 8000 Tonnen hat, suchen Physiker seit geraumer Zeit nach Hinweisen dafür, daß alle Materie nur von endlicher Lebensdauer sein könnte. Bisher hat man keinen Protonenzerfall beobachtet, die Experimente dauern jedoch an.

Von J. M. LoSecco, Frederick Reines und Daniel Sinclair

Das Leben ist flüchtig, und Königreiche fallen – ja selbst Sterne und Galaxien können vergehen. Doch die Protonen, Neutronen und Elektronen der Atome, sie sollten – so möchte man meinen – als Grundstoff der Materie ewig bestehen. Im Falle des Elektrons trifft dies wahrscheinlich zu: Nicht nur das Experiment, sondern auch die Eleganz der Theorie weisen darauf hin, daß Elektronen gegen einen Zerfall immun sind.

Die Unvergänglichkeit von Proton und Neutron ist dagegen keineswegs gesichert. Tatsächlich wissen wir, daß ein Neutron, wenn es nicht fest im Atomkern gebunden ist, zerfallen kann. Dabei entstehen drei leichtere Teilchen: ein Proton, ein Elektron und ein Neutrino. Was hindert aber im Gegensatz dazu das Proton daran, ebenfalls in leichtere Teilchen zu zerfallen?

Für die Vermutung, daß Protonen nicht zerfallen, hat es nie ein überzeugendes Argument gegeben. Zum Beispiel könnte ein Proton in ein Positron (ein positiv geladenes Elektron) und ein Neutrino-Paar zerfallen, ohne daß ein allgemein gültiges Grundgesetz der Physik verletzt würde. In der Natur scheint es nichts zu geben, was einen solchen Zerfall verhindern würde, doch ist er bisher nicht beobachtet worden.

Über die Möglichkeit eines Protonenzerfalls spekulieren die Physiker seit den dreißiger Jahren, aber erst in den letzten zehn Jahren ist sie zu einem Gegenstand von mehr als beiläufigem Interesse geworden. Denn inzwischen wurde eine ganze Klasse von neuen Theorien entwickelt, die den Zerfall des Protons nicht nur erlauben, sondern eindeutig vorhersagen.

In der einfachsten Theorie läßt sich sogar die Lebensdauer des Protons berechnen: Man erhält etwa 10^{30} Jahre – also einen Wert, der das Alter des Universums (ungefähr 10^{10} Jahre) um viele Größenordnungen übertrifft, aber zugleich doch endlich ist. Die Beobachtung eines Protonenzerfalls und die Messung der Lebensdauer dieses Teilchens sind die wichtigsten Instrumente, mit denen man die neuen Theorien testen kann.

Dieser Herausforderung haben sich einige Experimentalphysiker gestellt. Die Methoden, die sie dabei anwenden müssen, unterscheiden sich wesentlich von den meisten anderen experimentellen Methoden der Elementarteilchenphysik. Statt einen Detektor mit einem Strahl hochenergetischer Teilchen zu bombardieren, muß man jetzt alle Mühe darauf verwenden, die Detektoranlage gegen mögliche Streuteilchen abzuschirmen. Man hat daher gigantische Detektoren tief unter der Erde in Tunneln oder Minenschächten installiert.

Die Rolle der Erhaltungssätze

Bisher ließ sich noch kein Protonenzerfall eindeutig nachweisen. Die untere experimentelle Grenze für die Lebensdauer des Protons wurde damit noch höher, als sie die Theoretiker vorausgesagt haben. Aber natürlich bedeutet dies nicht, daß das Proton stabil ist – im Gegenteil: Die Suche nach dem Protonenzerfall muß fortgesetzt werden.

Die Regeln, die dem Zerfall von Teilchen zugrundeliegen, sind gewisse Erhaltungssätze; demnach dürfen sich bestimmte Eigenschaften oder Größen nie ändern. Die wichtigsten Gesetze in diesem Zusammenhang sind die Erhaltung der Energie, des linearen Impulses, des Drehimpulses und der elektrischen Ladung. Im allgemeinen zerfällt ein Teilchen – es sei denn, einer dieser Erhaltungssätze würde es daran hindern.

Der oben beschriebene Zerfall eines isolierten Neutrons ist mit allen vier Erhaltungssätzen verträglich; zum Beispiel ist die elektrische Gesamtladung vor und auch nach dem Zerfall gleich Null. Das Elektron kann dagegen nicht zerfallen, weil es das leichteste Teilchen mit einer elektrischen Ladung ist; jeder nur erdenkliche Elektronenzerfall würde das Gesetz von der Erhaltung der elektrischen Ladung verletzen.

Wir betonen, daß die vier soeben genannten Erhaltungssätze sehr allgemeiner Natur sind und auf Grundbegriffen der Physik beruhen. Sie erweisen sich für die gesamte Physik als äußerst nützlich, und zahllose Experimente haben ihre Gültigkeit untermauert. Die scheinbare Stabilität des Protons ist verwirrend, weil kein allgemeines Gesetz eine solche Stabilität gewährleistet: Beim hypothetischen Zerfall eines Protons in ein Positron und zwei Neutrinos blieben die Energie, der lineare Impuls, der Drehimpuls und auch die elektrische Ladung erhalten. Bei zahlreichen anderen möglichen Zerfallsarten würden diese Erhaltungssätze ebenfalls erfüllt.

In den dreißiger Jahren versuchten Hermann Weyl und E. C. G. Stückelberg, später auch Eugene P. Wigner, die Stabilität des Protons dadurch zu erklären, daß sie ein neues Erhaltungsgesetz postulierten. Sie ordneten das Proton und das Neutron einer Klasse von Teilchen zu, die sie „Baryonen" nannten (nach griechisch *barys*, schwer). Dem

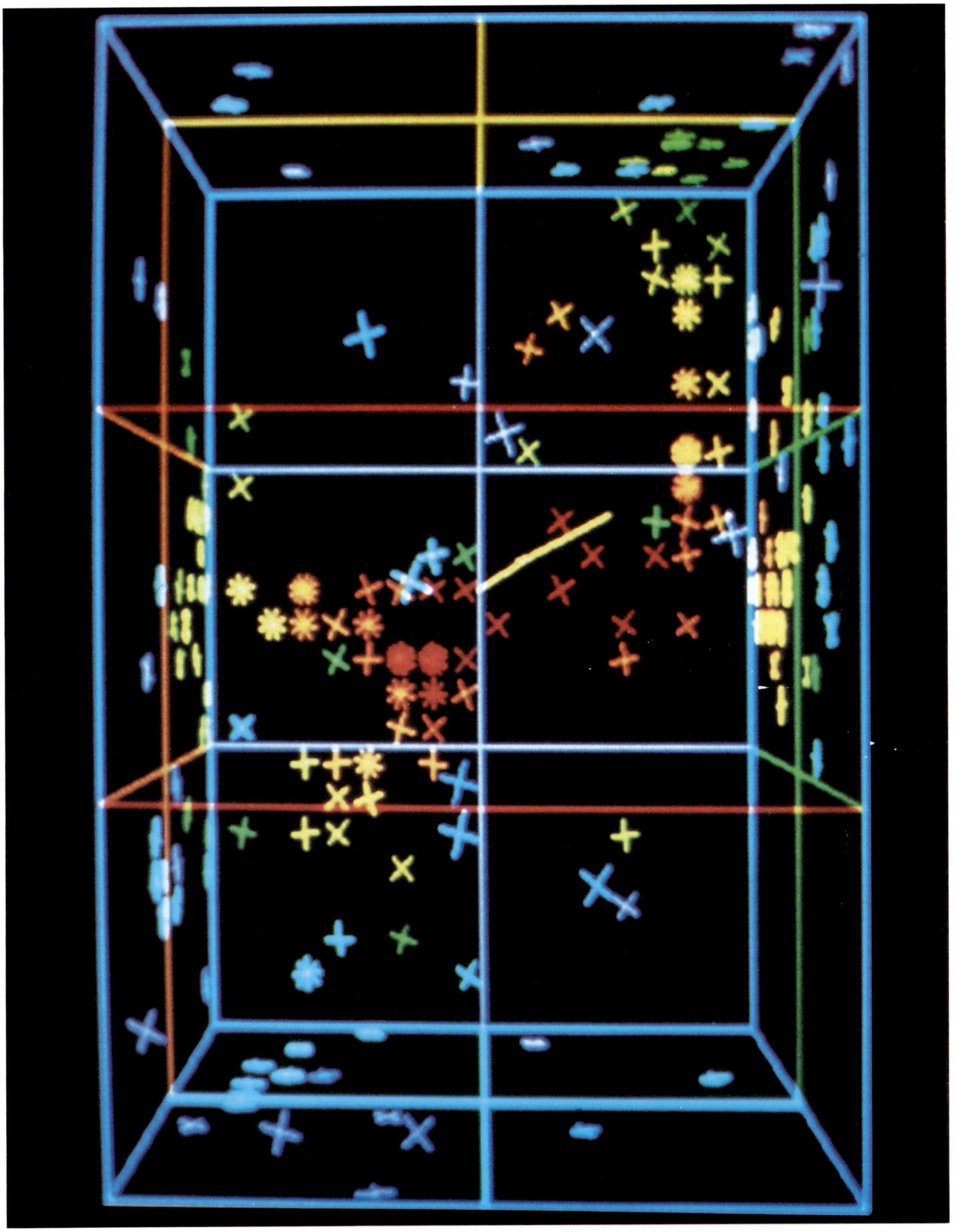

Bild 1: Ein simulierter Protonenzerfall erzeugt auf einem Bildschirm, der einen großen Detektor darstellt, Lichtflecken in Form farbiger Sterne. Der Detektor ist ein quaderförmiger Tank, der mit klarem Wasser gefüllt ist. Photomultiplier, die an den Wänden, am Boden und nahe der Wasseroberfläche angebracht sind, nehmen das Licht auf, das Teilchen hoher Geschwindigkeit emittieren. In der hier dargestellten Simulation zerfällt ein Proton in ein Positron und ein neutrales Pion, die beide in entgegengesetzte Richtungen davonfliegen. Wenn das Licht eines sich bewegenden Teilchens auf eine Photomultiplier-Röhre auftrifft, erzeugt diese einen elektrischen Puls. In der vorliegenden Abbildung ist jede Röhre, die auf gerade emittiertes Licht reagiert, durch einen Stern gekennzeichnet. Die Anzahl der in einem Stern enthaltenen Punkte markieren die Intensität des aufgenommenen Lichts und die Farbe die zeitliche Aufeinanderfolge. Die durch einen roten Stern gekennzeichneten Röhren reagieren jeweils als erste, und auf sie folgen die gelb, grün und blau gekennzeichneten. Die Spuren der Zerfallsprodukte, die in entgegengesetzte Richtungen davonfliegen, werden durch die gelben, fett gezeichneten Linien in Umgebung des Mittelpunktes dargestellt.

Proton und dem Neutron gaben sie die Baryonenzahl +1; die Baryonenzahl sollte – nach ihrem Vorschlag – eine Erhaltungsgröße der Natur sein.

Das Neutron kann demnach in ein Proton, ein Elektron und ein Neutrino zerfallen, weil die Gesamtbaryonenzahl bei diesem Prozeß erhalten bleibt (sie hat vor und nach dem Prozeß den Wert +1; Elektron und Neutrino haben die Baryonenzahl 0). Das Proton kann nach diesem Gesetz jedoch nicht zerfallen, da es das leichteste Baryon ist.

Dennoch erklärt die Baryonenzahl nur scheinbar, warum das Proton nicht zerfällt; sie umschreibt vielmehr lediglich diese Tatsache. Das vorgeschlagene Gesetz von der Erhaltung der Baryonenzahl ist kein allgemeines Naturgesetz: Außerhalb der Elementarteilchenphysik findet es nirgends Anwendung, es beruht auch auf keinem Grundbegriff der Physik.

Selbst wenn dieses Gesetz frei von Willkür wäre, gäbe es Anlaß zu mancherlei Fragen. Das Universum besteht fast ausschließlich aus Protonen und Elektronen. Zu jeder positiven elektrischen Ladung (einem Proton) gibt es offenbar eine negative Ladung (ein Elektron), so daß das Universum als Ganzes elektrisch neutral ist. Es ist aber nicht hinsichtlich der Baryonenzahl neutral, denn es gibt weitaus mehr Protonen (mit der Baryonenzahl +1) als Antiprotonen (mit der Baryonenzahl −1). In der extrem heißen Phase unmittelbar nach dem Urknall scheinen also wesentlich mehr Protonen als Antiprotonen entstanden zu sein. Nehmen wir an, daß zum Zeitpunkt der Entstehung des Universums gleich viel Materie wie Antimaterie vorhanden war, so muß es also einen Prozeß gegeben haben, der die Erhaltung der Baryonenzahl verletzte. Warum aber sollte ein solcher Prozeß heute nicht mehr möglich sein?

Obwohl die Stabilität des Protons nie gut begrifflich untermauert gewesen ist, schenkte man diesem Problem wenig Beachtung. Denn erst zu dieser Zeit entstanden neue theoretische Modelle, die sogenannten großen vereinheitlichten Theorien, die mit dem Protonenzerfall aufs engste verknüpft sind.

Das Ziel dieser neuen Theorien ist es, drei der vier Grundkräfte der Natur in einheitlicher Weise zu beschreiben. Die starke und die schwache Kernkraft sowie die elektromagnetische Kraft sollen in diesen Theorien zu einer Einheit verschmolzen werden; die Gravitation bleibt als separate Kraft bei dieser Vereinheitlichung zunächst ausgeschlossen.

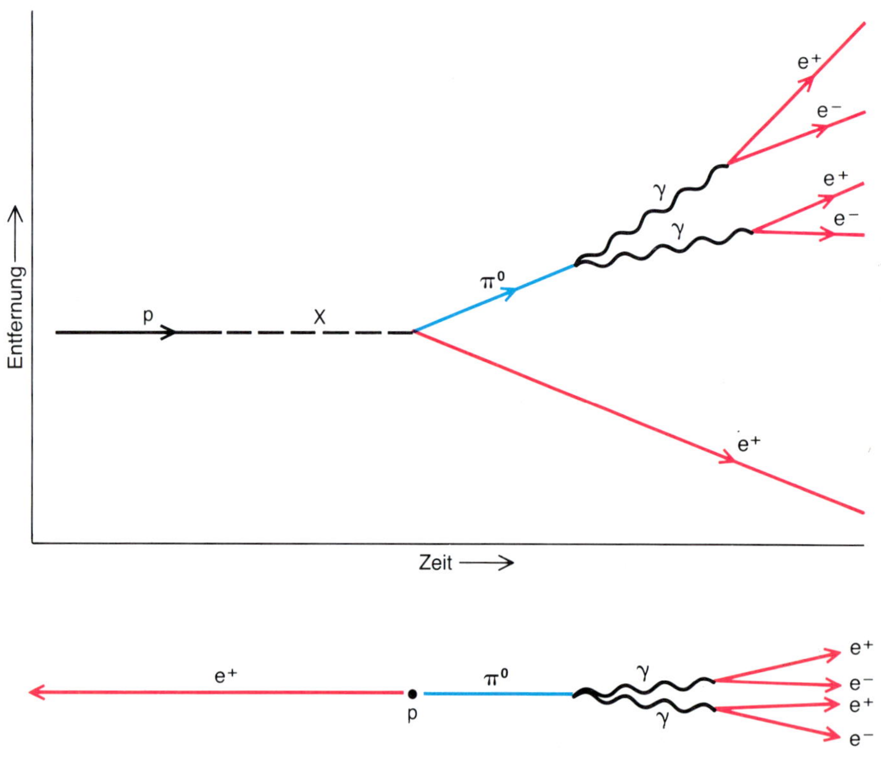

Bild 2: Der nach der Theorie bevorzugte Protonenzerfall sollte im Endzustand ein Positron (e^+, ein positiv geladenes Elektron) und ein neutrales Pion (π^0) enthalten. Das Pion zerfällt anschließend in zwei Photonen (γ), die miteinander wechselwirken und in Elektron-Positron-Paare übergehen. Im oberen Teil der Abbildung ist das Teilchensystem dargestellt; der räumliche Abstand der Teilchen ist auf der senkrechten Achse, der zeitliche auf der waagerechten Achse aufgetragen. Ein äußerst schweres, kurzlebiges Teilchen vermittelt das Ereignis; es ist hier mit *X* bezeichnet. Der untere Teil der Abbildung zeigt die Geometrie des Ereignisses, wie man es im Labor beobachten würde. Das Positron und die Zerfallsprodukte des neutralen Pions (die zwei Photonen) fliegen in entgegengesetzte Richtungen davon.

Es gibt in der Physik einige Präzedenzfälle für derartige Vereinheitlichungen. Im 19. Jahrhundert beispielsweise stellte James Clerk Maxwell die Theorien der Elektrizität und des Magnetismus auf eine Stufe, und in den sechziger Jahren unseres Jahrhunderts gelang es, einen tiefen Zusammenhang zwischen der schwachen Kraft und dem Elektromagnetismus herzustellen.

Große vereinheitlichte Theorien

Die einfachste der großen vereinheitlichten Theorien haben Howard Georgi und Sheldon Lee Glashow (beide Harvard-Universität) entwickelt; sie trägt heute den Namen „minimale SU(5)-Theorie". Dabei bezieht sich der Zusatz „SU(5)" auf die mathematische Symmetriegruppe, die der Theorie zugrunde liegt; sie ist „minimal" insofern, als sie mit einer minimalen Anzahl von Parametern auskommt, die dem Experiment anzupassen sind.

Nach dieser minimalen SU(5)-Theorie wird aus der starken, der schwachen und der elektromagnetischen Kraft, die unter normalen Umständen sehr verschieden sind, eine einzige Grundkraft, sobald die Teilchen bei Energien von ungefähr 10^{15} Milliarden Elektronenvolt (10^{15} GeV; 1GeV = 10^9 eV) wechselwirken. Bei dieser enorm hohen Energie tritt auch das Gesetz von der Erhaltung der Baryonenzahl außer Kraft: Ereignisse, bei denen sich die Baryonenzahl ändert oder erhalten bleibt, können gleichermaßen auftreten.

Die Vereinheitlichungsenergie von 10^{15} GeV liegt weit außerhalb der Reichweite eines jeden Laborexperiments: Die heute mit den größten Teilchenbeschleunigern erreichbare Energien liegen deutlich unter 1000 GeV. Die Nichterhaltung der Baryonenzahl hat indes auch Konsequenzen für ruhende Materie. Insbesondere sagt die minimale SU(5)-Theorie voraus, daß ein Proton über ein intermediäres Teilchen mit einer Energie oder Masse von 10^{15} GeV zerfallen kann, wobei das intermediäre Teilchen seinerseits in leichtere Teilchen zerfällt.

Man könnte meinen, daß bei einem solchen Prozeß die Energieerhaltung verletzt wird; denn aus dem Proton, dessen Masse weniger als 1 GeV beträgt, entsteht hierbei ja ein intermediäres Teilchen mit einer weitaus größeren Masse. Doch aufgrund der Heisenbergschen Energie-Zeit-Unschärferelation ist der intermediäre Zustand so kurzlebig, daß er sich nicht beobachten läßt: Vom Standpunkt der Beobachtung aus existiert dieser Zustand gar nicht, und demnach kann die Energie als erhalten gelten.

Wenn auch die große Masse des intermediären Zustandes den Protonenzerfall nicht verbietet, so verringert sie doch beträchtlich die Wahrscheinlichkeit eines solchen Ereignisses: Es ist höchst unwahrscheinlich, daß das Proton zu einer gegebenen Zeit ein Teilchen mit einer Masse von 10^{15} GeV emittiert; die Lebensdauer des Protons ist demnach extrem lang. Nach der minimalen SU(5)-Theorie sollte sie ungefähr 10^{30} Jahre betragen. Andere große vereinheitlichte Theorien sagen ebenfalls einen Zerfall des Protons voraus, aber diese Theorien sind zu kompliziert, als daß sich aus ihnen eine Aussage über die Lebensdauer des Protons ableiten ließe.

Zwar haben wir bisher fast ausschließlich über die Endlichkeit der Lebensdauer des Protons gesprochen, doch auch das Neutron kann über denselben Mechanismus zerfallen. Ein isoliertes Neutron zerfällt (wie bereits angeführt) in ein Proton, ein Elektron und ein Neutrino; ist aber das Neutron im Atomkern gebunden, wird dieser Zerfallsprozeß unterdrückt. (Der Grund ist, daß bei dem beschriebenen Zerfall des Neutrons weniger Energie frei wird, als erforderlich ist, um dem bereits positiv geladenen Atomkern eine weitere positive Ladung – ein Proton – hinzuzufügen.)

Ein gebundenes Neutron ist daher gegen alle Zerfallsarten stabil, bei denen die Baryonenzahl erhalten bleibt, kann aber zerfallen, wenn die Baryonenzahl keine Erhaltungsgröße ist. In den großen vereinheitlichten Theorien entspricht die Lebensdauer eines gebundenen Neutrons ungefähr der eines Protons, aber natürlich sind die möglichen Zerfallsarten andere als im Falle des Protons, da das Neutron keine elektrische Ladung hat.

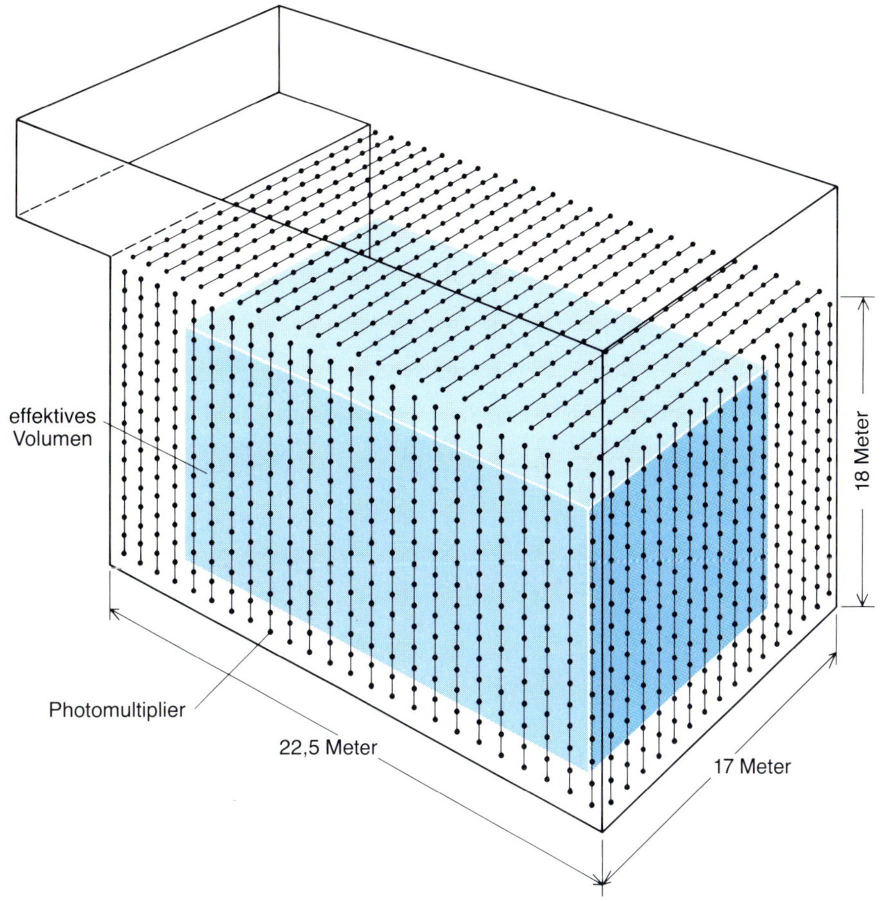

Bild 3: Einen 8000 Tonnen schweren Detektor im Morton Thiokol-Salzbergwerk bei Cleveland (Ohio) haben die Autoren und andere Mitglieder der IMB-Gruppe in Betrieb genommen. Dieser Detektor entstand, indem man in mehr als 600 Meter Tiefe einen unterirdischen Hohlraum schuf, ihn mit Plastikfolien auskleidete, anschließend mit Wasser füllte und an den Wandungen 2048 Fünf-Zoll-Photomultiplier installierte. Selbst in dieser Tiefe können einige kosmische Strahlen noch den Detektor erreichen und Reaktionen auslösen, die leicht mit dem Protonenzerfall verwechselt werden können. Wegen des Hintergrundes an kosmischer Strahlung zählt man ein Ereignis nur dann zu den potentiellen Kandidaten eines Protonenzerfalls, wenn sein Ausgangspunkt mindestens zwei Meter von den Detektorwänden entfernt ist. Das dadurch definierte „effektive" Volumen (farbig) hat eine Masse von 3300 Tonnen.

Beobachtung des Zerfalls

Wie aber kann man in einem Universum, das nur 10^{10} Jahre alt ist, eine Lebensdauer von 10^{30} Jahren messen? Um es vorweg zu sagen: Es ist nicht notwendig zu warten, bis ein bestimmtes Proton zerfällt. Der Schätzwert von 10^{30} Jahren für die Lebensdauer eines Protons stellt eine Halbwertszeit dar: diejenige Zeit, innerhalb derer die Hälfte der Protonen zerfallen kann, die in einer Materialprobe enthalten sind.

Wenn also die Probe sehr groß ist und dementsprechend viele Protonen enthält, kann man möglicherweise einige Zerfälle innerhalb sehr viel kürzerer Zeit beobachten. Bei der Überwachung von 10^{30} Protonen sollte man pro Jahr durchschnittlich einen Protonenzerfall beobachten können.

Die direkteste Methode zur Beobachtung eines Protonenzerfalls wäre ein rein zählendes Experiment. Man würde dabei alle Protonen, die in einer großen Materialprobe enthalten sind, zählen und anschließend die Probe etwa ein Jahr sich selbst überlassen. Stellte man nach Ablauf dieser Zeit bei einer zweiten Zählung fest, daß einige Protonen nicht mehr vorhanden sind, so dürfte man folgern, daß diese Protonen zerfallen wären.

Ein derartiges Experiment wäre unabhängig von bestimmten Annahmen über die Art des Protonenzerfalls: Die emittierten Teilchen wären ohne Belang, da nur die Abwesenheit der Protonen selbst beobachtet wird. Leider ist jedoch ein derartiges Experiment nicht durchführbar; denn es würde erfordern, daß man 10^{30} Protonen fehlerfrei zählt.

Es gibt aber eine andere experimentelle Methode, die nicht nur einfach, sondern auch praktikabel ist. Der Protonenzerfall stellt nämlich eine Art von Radioaktivität dar und muß daher zur Hintergrundstrahlung an der Erdoberfläche beitragen. Diesen Hintergrund kann man mit einem Geigerzähler oder ähnlichen Instrumenten messen; subtrahiert man die Beiträge bekannter Strahlungsquellen, so muß der Rest dem Protonenzerfall zuzuschreiben sein. Diese einfache, aber grobe Methode liefert als untere Grenze für die Lebensdauer des Protons einen Wert von 10^{17} Jahren, also das Zehnmillionenfache des Alters unseres Universums.

Bis zur Entwicklung der großen vereinheitlichten Theorien fühlte man sich zu genaueren Experimenten nur aus der Überzeugung heraus veranlaßt, daß ein Prinzip – wie die Erhaltung der Baryonenzahl – nicht besser sein könne als die Experimente, mit denen man es testet. Im Jahre 1953 unternahmen es daher Clyde L. Cowan jr. (Los Alamos Scientific Laboratory), Maurice Goldhaber (Brookhaven National Laboratory) sowie einer von uns (Reines), die Lebensdauer des Protons genauer zu messen. Es war das erste Experiment, bei dem man auf der Suche nach dem Protonenzerfall

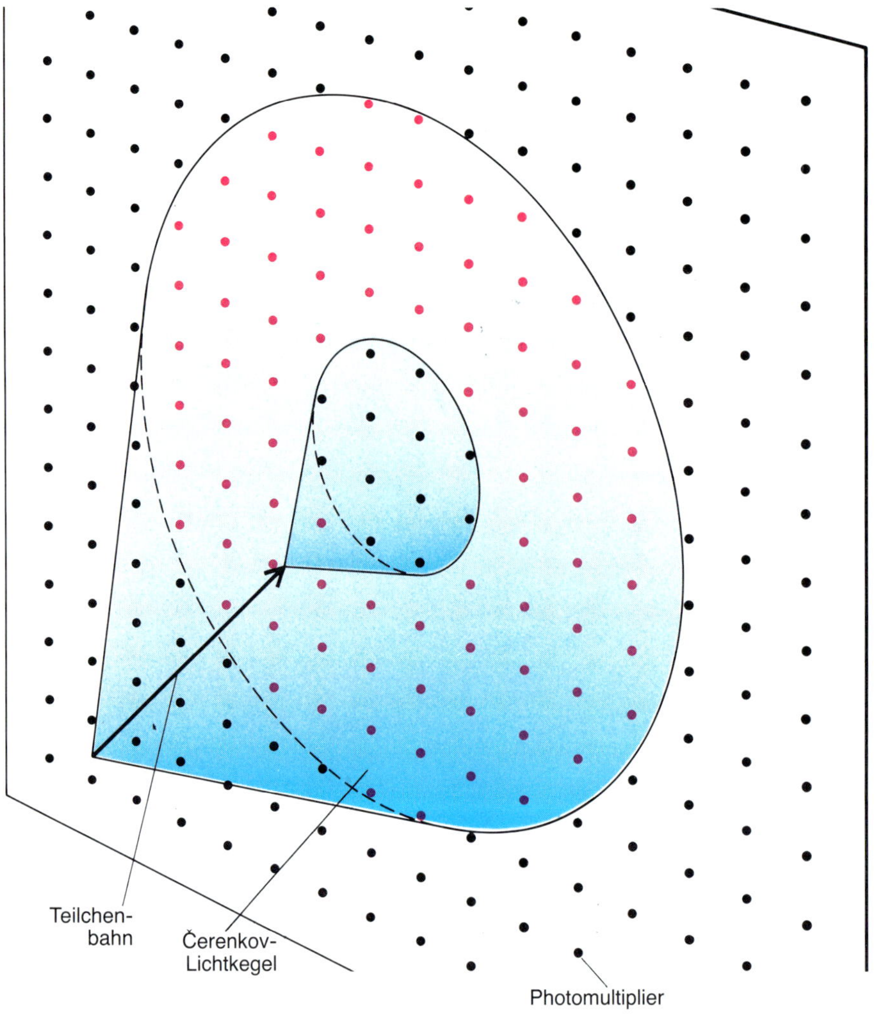

Bild 4: Die Funktionsweise des wassergefüllten Detektors beruht auf der Čerenkov-Strahlung. Die Strahlung wird emittiert, wenn sich ein geladenes Teilchen durch das Wasser mit einer Geschwindigkeit bewegt, die größer ist als die des Lichts in Wasser (sie beträgt ungefähr drei Viertel der Vakuum-Lichtgeschwindigkeit). Das Čerenkov-Licht bildet einen Kegel um die Teilchenbahn; man kann diese Bahn rekonstruieren, indem man die Intensität des Lichts und die Zeit seines Auftreffens auf die Photomultiplier in dieser Detektoren-Anordnung mißt.

einen massiven Detektor benutzte. Den Detektor bildete ein Tank, der mit 300 Liter Szintillationsflüssigkeit gefüllt war – einer Substanz, die Lichtblitze aussendet, wenn sie von geladenen Teilchen durchquert wird.

Der Detektor mit neunzig Photomultipliern war ursprünglich für einen anderen Zweck geplant (Experimente mit sehr intensiven Neutrino-Strahlen). Mit den verfügbaren Instrumenten vermochte man zwischen dem Zerfall eines individuellen Protons und anderen Ereignissen, die einen solchen Zerfall vortäuschen können, nicht zu unterscheiden.

Man installierte deshalb den Detektor dreißig Meter tief unter der Erdoberfläche; so konnte man den größten Teil der kosmischen Strahlen abschirmen. Sie bilden die hauptsächliche Quelle von Teilchen, die in diesem Zusammenhang nicht interessieren. Unter der Annahme, daß alle Ereignisse, die sich nicht anders erklären lassen, dem Protonenzerfall zuzuschreiben seien, ergab sich für die untere Grenze der Lebensdauer des Protons ein Wert von 10^{22} Jahren.

In den folgenden zwei Jahrzehnten konnte man die untere Grenze durch weitere Experimente um mehrere Größenordnungen nach oben verschieben. Einige der Experimente beruhten auf einer radiochemischen Analyse geologischer Proben. Beim Zerfall eines Protons innerhalb eines Kerns von Kalium-39 beispielsweise würde sich der Kern in Argon-38 verwandeln; dieser Kern aber ist instabil und geht unter Emission eines Neutrons sofort über in Argon-37. Auch dieser Kern ist radioaktiv, so daß man Konzentrationen solcher Kerne mit einfachen Strahlungszählern messen kann.

Der Schlüssel zu diesem Experiment liegt darin, eine Gesteinsprobe zu finden, die seit ihrer Entstehung nicht an die Erdoberfläche gelangt sein konnte. Aus dem Verhältnis von Argon-37 zu Kalium-39 läßt sich dann die Zahl der Protonen ermitteln, die während einer geologischen Epoche zerfallen sind. Mit Hilfe dieser Methode konnte man zeigen, daß die Lebensdauer des Protons mindestens 10^{26} Jahre beträgt.

Bei anderen Experimenten, die mit den heute durchgeführten schon eher zu vergleichen sind, versuchte man, die Protonenzerfälle in dem Augenblick zu zählen, als sie tatsächlich stattfanden. Die Messungen wurden im Zusammenhang mit Untersuchungen der kosmischen Strahlung vorgenommen, die man tief unterhalb der Erdoberfläche durchführte; dort war fast die gesamte, von außen eindringende Strahlung abgeschirmt.

Detektoren in Goldminen

Im Jahre 1974 konnte einer von uns (Reines) über die Ergebnisse von Experimenten mit einem Detektor berichten, der in einer südafrikanischen Goldmine in mehr als 3000 Meter Tiefe installiert war. Zu der Versuchsanordnung gehörten 20 Tonnen Szintillationsflüssigkeit und ungefähr 84 000 Photomultiplier, in denen beim Durchgang eines geladenen Teilchens eine elektrische Gasentladung ausgelöst wird.

Auch bei diesem Experiment isolierte man zur Berechnung der Lebensdauer des Protons alle Ereignisse, die sich nicht erklären ließen. Deutete man sie als Protonenzerfälle, so ergab sich als untere Grenze ein Wert von mehr als 10^{30} Jahren. Diese Grenze bezog sich jedoch nur auf Zerfälle, bei denen entweder ein Myon oder ein positiv geladenes Pion auftrat. (Das Myon ist ein dem Elektron vergleichbares Teilchen, aber 200mal schwerer als dieses; das Pion hingegen ist das leichteste Teilchen aus der Familie der Mesonen).

Die Untersuchung des Protonenzerfalls änderte sich gänzlich, als die minimale SU(5)-Theorie aufgestellt wurde. Schon vorher hatten sich einige Theoretiker für Experimente interessiert, mit denen man die Stabilität des Protons testen könnte. Zu ihnen gehörten insbesondere Jogesh C. Pati (Universität von Maryland) sowie Abdus Salam (Internationales Zentrum für Theoretische Physik in Triest). Doch nun interessierten sich immer mehr Physiker für den Protonenzerfall, teilweise deshalb, weil die Theorie einen Zerfall des Protons jetzt sogar voraussagte.

Von ähnlicher Bedeutung war die Tatsache, daß die minimale SU(5)-Theorie einen Schätzwert für die Lebensdauer des Protons lieferte, der innerhalb der experimentellen Testmöglichkeiten zu liegen schien. Im übrigen sollte es nach der Theorie eine bevorzugte Zerfallsart geben: In den meisten Fällen, so sagten die Theoretiker, würde ein Proton in ein Positron und ein neutrales Pion zerfallen (Bild 2). Diese Voraussagen setzten den Experimenten ein Ziel und eine Richtung.

Ein glücklicher Zufall will es, daß der nach der minimalen SU(5)-Theorie bevorzugte Zerfall ein charakteristisches Zeichen hinterläßt. Das Positron und das neutrale Pion haben beide eine relativ hohe Energie – ungefähr 0,5 GeV – und fliegen in entgegengesetzte Richtungen davon. Solche Ereignisse, bei denen hochenergetische Zerfallsprodukte mit entgegengesetzten Bewegungsrichtungen entstehen, sind bei anderen Zerfällen als dem Protonenzerfall sehr unwahrscheinlich. Daher sollten Zerfallsereignisse mit einem Positron und einem neutralen Pion einfacher zu identifizieren sein als viele andere Zerfälle.

Doch selbst dann, wenn man weiß, wonach Ausschau zu halten ist, sind die Vorhersagen der minimalen SU(5)-Theorie äußerst schwierig zu testen. Eine Halbwertszeit von 10^{30} Jahren entspricht dem Zerfall von ungefähr einem Proton oder Neutron pro Tag in 1000 Tonnen Materie. Um Unsicherheiten der Theorie zu berücksichtigen, müßte man ein Experiment so ausführen, daß es einen Zerfall sogar dann nachweisen könnte, wenn die Halbwertzeit ungefähr 10^{33} Jahre beträgt. Im schlimmsten Fall muß man also 10^{33} Protonen oder, anders ausgedrückt, etwa 3000 Tonnen Materie ein Jahr lang überwachen, um nur einen einzigen Zerfall beobachten zu können, und dieser muß vor einem Hintergrund vieler Teilchen erkannt werden, die von außen eindringen.

Störende Hintergrund-Ereignisse

Um der Hintergrund-Ereignisse Herr zu werden, gibt es zwei Strategien: Der Detektor kann vor den Ereignissen abgeschirmt werden oder sie identifizieren, wobei sie aber in den aufgenommenen Daten nicht mitgezählt werden dürfen. Für die Praxis sind beide Techniken von Bedeutung.

Eine der Hintergrundquellen bildet die Strahlung natürlicher Radioaktivität, die man aber nicht völlig abschirmen kann. Jedes Abschirmmaterial enthält selbst einige Kerne, die radioaktiv zerfallen können, und natürlich trifft dies auch für den Detektor selbst zu. Andererseits lassen sich die Emissionen radioaktiver Kerne relativ leicht identifizieren. Die Energie eines typischen radioaktiven Zerfalls beträgt weniger als 1 Prozent der beim Protonenzerfall freiwerdenden Energie, und daher kann man durch eine einfache Energiemessung zwischen beiden Ereignisarten unterscheiden.

Die kosmischen Strahlen bereiten größere Schwierigkeiten. Sie umfassen alle Energiebereiche, und an der Erdoberfläche bilden sie ein breites Spektrum von Teilchenarten. Ihr Fluß in Höhe des Meeresspiegels beträgt, auf einen Quadratzentimeter bezogen, ungefähr ein Teilchen pro Minute, so daß auf einen 10 000 Tonnen-Detektor in einem Jahr mehr als 10^{12} Teilchen niederprasseln. Will man also einen Zerfall pro Jahr ausfindig machen, müßte man eine Billion Ereignisse identifizieren und aussondern, die von kosmischen Strahlen herrühren.

Um den Fluß kosmischer Strahlung zu reduzieren, installiert man die Detektoren unterhalb des Erdbodens. Viele der einfallenden Teilchen, wie beispielsweise Protonen, Neutronen oder Pionen, können von einer wenige Meter dicken Abschirmung, die aus schwerem Material besteht, absorbiert werden, während der Ausschluß der Myonen extrem genaue Messungen erfordert. Denn Myonen verlieren beim Durchqueren von Materie nur sehr wenig Energie, so daß eine wirksame Abschirmung mehrere Tausend Meter dick sein muß. Aber selbst dann sickern noch einige hochenergetische Myonen durch.

Im Falle des Neutrinos ist eine Abschirmung praktisch unmöglich: In dem Energiebereich, der für den Protonenzerfall charakteristisch ist, wechselwirken Neutrinos so selten mit Materie, daß sie ohne Schwierigkeiten die gesamte Erde durchqueren können. Das seltene Auftreten von Neutrino-Wechselwirkungen bedeutet, daß die meisten Neutrinos durch das Volumen des Detektors hindurchtreten, ohne eine Störung zu verursachen; aber dann und wann stößt ein Neutrino mit einem Materieteilchen doch zusammen.

Die Häufigkeit solcher Ereignisse ist proportional zur Masse des Detektors (wie es auch für die Frequenz der Protonenzerfälle zutrifft): In 1000 Tonnen Material findet alle paar Tage eine Neutrino-Wechselwirkung statt. In einigen Fällen gehören zu den Trümmerteilchen eines solchen Zusammenstoßes Myonen, Elektronen und Pionen, die ungefähr die gleiche Energie wie die erwarteten Zerfallsprodukte des Protons haben.

Da sich die von Neutrinos induzierten Ereignisse nicht verhindern lassen, muß man sie von Protonenzerfällen unterscheiden. Ermöglicht wird dies durch die Winkelverteilung der bei den verschiedenen Ereignissen erzeugten Produkte. Wenn ein Neutrino mit einem Teilchen zusammenstößt, bewegen sich die Reaktionsprodukte durch den Impuls des Neutrinos in Vorwärtsrichtung. Zerfällt dagegen ein ruhendes Proton, so bewe-

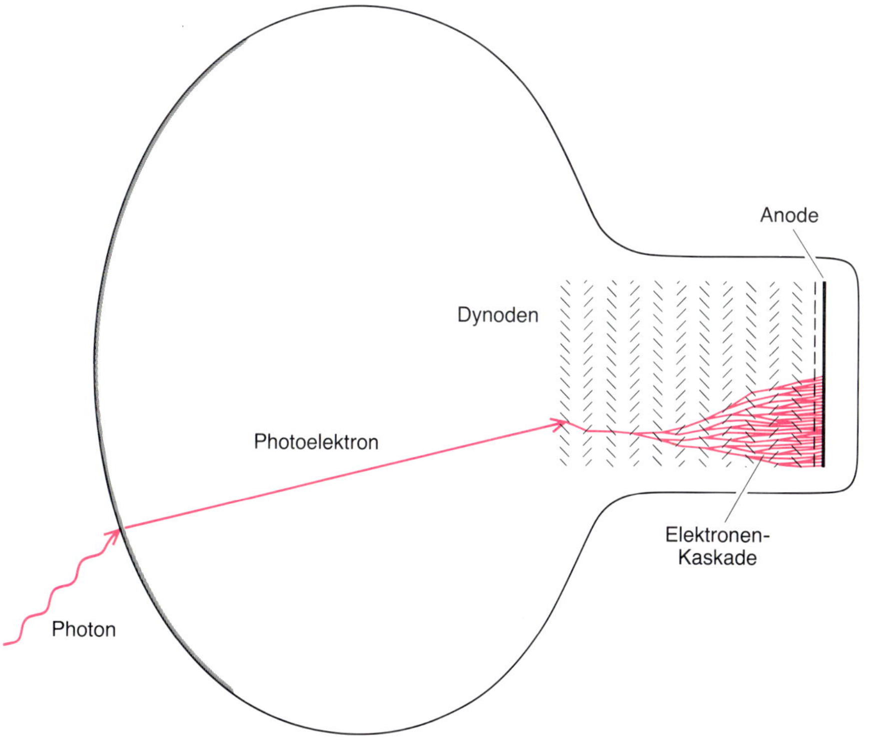

Bild 5: Photomultiplier reagieren auf sehr schwache Čerenkov-Lichtblitze. Wenn ein Photon auf die Röhre auftrifft, emittiert die Photokathode auf der Innenfläche des Glasmantels ein Elektron. Es wird von mehreren Elektroden, sogenannten Dynoden, angezogen. Die Dynodenflächen sind ähnlich wie die Lamellen einer Jalousie angeordnet, wobei die elektrische Spannung von Reihe zu Reihe wächst. Eine Dynode, die von einem Elektron getroffen wird, emittiert mehrere Sekundärelektronen; das Ergebnis ist eine Vervielfachung der Anzahl der Primärelektronen, so daß ein einzelnes Photon einen meßbaren Stromstoß erzeugt. Die Ankunftszeit des Photons kann man mit einer Genauigkeit von fünf Nanosekunden messen.

gen sich die emittierten Teilchen in entgegengesetzte Richtungen, so daß ihr Gesamtimpuls Null ist. Die Notwendigkeit einer solchen Unterscheidung bestimmt die Art der Detektoren, die man bei Protonenzerfall-Experimenten einsetzt. Es genügt nicht, wenn der Detektor (wie einige der früher benutzten Instrumente) nur die Gesamtenergie mißt; er muß vielmehr auch den Ort und die Richtung der Teilchen bestimmen.

Detektoren

In den letzten zehn Jahren hat man zwei Hauptarten von Detektoren geplant und gebaut: Mehrschicht-Spurendetektoren und mit Wasser arbeitende Čerenkov-Detektoren. Bei einem Spurendetektor wechseln Stahl- oder Eisenplatten mit elektronischen Zählern ab, die auf den Durchgang eines geladenen Teilchens reagieren. Die Eisenkerne bilden den Vorrat an Protonen oder Neutronen, deren Zerfall man erwartet. Das räumliche Auflösungsvermögen eines Spurendetektors (und damit die Genauigkeit, mit der man eine Teilchenbahn rekonstruieren kann) hängt teilweise von der Dicke der Platten ab. Dünne Platten erlauben eine bessere Auflösung als dicke, treiben aber die Kosten schnell hoch, da man mehr Teilchenzähler benötigt.

Die mit Wasser arbeitenden Čerenkov-Zähler beruhen auf einer Erscheinung, die der russische Physiker Pavel A. Čerenkov 1934 entdeckt hat: Bewegt sich ein geladenes Teilchen durch ein durchsichtiges Medium (etwa Wasser) mit einer Geschwindigkeit, die größer ist als die des Lichts in diesem Medium, so wird Licht emittiert. Natürlich kann sich nichts mit größerer Geschwindigkeit als das Licht im Vakuum bewegen, aber in Wasser wird die Lichtgeschwindigkeit gegenüber ihrem Vakuumwert um ein Viertel gesenkt.

Das Čerenkov-Licht ist eine elektromagnetische Schockwelle, vergleichbar dem Knall, den ein mit Überschallgeschwindigkeit fliegendes Flugzeug erzeugt. Genauso wie im akustischen Fall wird auch die Čerenkov-Strahlung auf einem Kegel mit bestimmtem Öffnungswinkel emittiert. Dieser Winkel zwischen der Bewegungsrichtung des Teilchens und des emittierten Lichts hängt vom Verhältnis der Geschwindigkeiten des Teilchens und des Lichts in dem betreffenden Medium ab. Für ein Teilchen, das sich nahezu mit Vakuum-Lichtgeschwindigkeit durch Wasser hindurchbewegt, beträgt der Čerenkov-Winkel annähernd 42 Grad.

Bei einem mit Wasser arbeitenden Čerenkov-Zähler (Bild 4) umgibt man ein großes Volumen klaren Wassers mit Photomultipliern (Bild 5). Jedes geladene Teilchen, das im Wasser beim Zerfall eines Protons oder Neutrons erzeugt wird, verursacht ein kurzes Aufblitzen von Čerenkov-Strahlung; die Photomultiplier setzen die Lichtblitze in elektrische Impulse um.

Die Amplitude der Pulse und ihre Ankunftszeit speichert man zur späteren Analyse auf Magnetbändern. Die Anordnung der Photomultiplier, die Lichtblitze registrieren, und die Aufeinanderfolge der Pulse liefern die notwendige Information für die Rekonstruktion der Teilchenbahn. Die Photomultiplier müssen außerordentlich empfindlich sein; denn bei einem Abstand von fünf Metern ist der Puls des Čerenkov-Lichts, das ein elektrisches Teilchen entsandt hat, kaum heller als der eines normalen Blitzlichtes, das man in Entfernung des Mondes beobachtet.

Da nur geladene Teilchen Čerenkov-Strahlung emittieren, könnte man meinen, daß elektrisch neutrale Teilchen unerkannt entkommen. Einige von ihnen tun dies auch (vor allem Neutrinos), aber andere lassen sich über ihre sekundären Zerfallsprodukte nachweisen. Ein neutrales Pion beispielsweise zerfällt im allgemeinen sehr schnell in ein Paar von Gammastrahlen oder, anders ausgedrückt, in zwei hochenergetische Photonen. Auch die Gammastrahlen sind zwar elektrisch neutral, doch wechselwirken sie miteinander und gehen dabei in Elektron-Positron-Paare über, die man ihrerseits beobachten kann. Das neutrale Pion zeigt sich mithin als eine Kaskade von Elektron-Positron-Paaren.

Ein Vorteil des mit Wasser arbeitenden Čerenkov-Zählers besteht darin, daß die Wasserstoff-Atome des Wassers Protonen enthalten, die nicht mit anderen Teilchen in einem komplexen Atomkern gebunden sind. Diese Protonen sollten bei ihrem Zerfall eine besonders deutliche Spur hinterlassen.

Ein weiterer Vorteil des Wasser-Čerenkovzählers ist, daß seine Kosten nicht in gleichem Maße anwachsen wie seine Masse. Die Hauptkosten verursachen die Photomultiplier, nicht der aktive Teil des Zählers (Wasser). Da man die Multiplier an der Begrenzungsfläche des umschlossenen Volumens installiert, hängt ihre Zahl von der Größe dieser Fläche ab, und diese ist proportional zu der mit 2/3 potenzierten Masse. Die Kosten pro Masseneinheit nehmen demnach mit zunehmender Masse nicht zu, sondern ab. Aus diesem Grund hat man für die größten Protonenzerfall-Detektoren die mit Wasser arbeitenden Čerenkov-Zähler eingesetzt. Allerdings sind dem Umfang solcher Anlagen infolge der Lichtabsorption Grenzen gesetzt, die aber bisher noch nicht erreicht worden sind.

Ein riesiger Čerenkov-Zähler

Wir selbst waren am Entwurf und Bau des größten Wasser-Čerenkovzählers beteiligt (Bild 3): Ein quaderförmiger Wassertank von 23 Meter Länge, 17 Meter Breite und 18 Meter Höhe umfaßt ein Volumen von mehr als sieben Millionen Litern. An den sechs Seitenflächen sind in den Schnittpunkten eines quadratischen Gitters im Abstand von jeweils einem Meter Photomultiplier angebracht – insgesamt 2048 Stück.

Die Planung für das Experiment begannen wir im Jahre 1979 zusammen mit anderen Physikern der Universität von Kalifornien in Irvine und der Universität von Michigan. Diesem Mitarbeiterstab schloß sich später Maurice Goldhaber vom Brookhaven-Labor an; das Projekt ist seitdem unter dem Namen „Irvine-Michigan-Brookhaven-Projekt“ – oder kurz „IMB-Projekt“ – bekannt.

Das Ziel des Experiments war es natürlich, möglichst einen Protonenzerfall zu beobachten oder aber – wenn sich dieser nicht feststellen ließ – die untere Grenze für die Lebensdauer des Protons auf 10^{33} Jahre hochzuschrauben. Die Wahl einer geeigneten Detektor-Technologie war die erste große Entscheidung in diesem Zusammenhang.

Mehrschicht-Spurendetektoren benutzte man seit mehr als zehn Jahren (wenn auch für etwas andere Zwecke), während das Konzept eines mit Wasser arbeitenden Čerenkov-Zählers, der genügend Informationen für die Spurensicherung eines geladenen Teilchens liefern könnte, noch nicht erprobt war. Simulationsrechnungen zeigten aber, daß die Idee gut war.

Es blieb die schwierige Frage zu klären, wo man den Detektor installieren sollte. An der Erdoberfläche würden die von kosmischen Strahlen induzierten Ereignisse – insgesamt 100 000 pro Sekunde – das elektronische System geradezu überschwemmen. Der Fluß der kosmischen Strahlen mußte auf weniger als einige Ereignisse pro Sekunde reduziert werden, und dies bedeutete, daß man das Experiment in mehr als 600 Meter Tiefe unter der Erdoberfläche ausführen mußte. Wie aber sollte man eine so riesige, wassergefüllte Anlage mit der Höhe eines Gebäudes von sechs Stockwerken in dieser Tiefe zu akzeptablen Kosten installieren?

Zunächst dachten wir daran, in einem Bergwerk oder Tunnel einen entsprechenden Hohlraum zu schaffen und in ihm den Tank zu bauen – aber die Kosten waren zu hoch. Wir suchten dann nach bereits existierenden Hohlräumen, doch keiner von ihnen war geeignet. Die Lösung kam aus einer unerwarteten Richtung: Mitglieder der Gruppe hatten

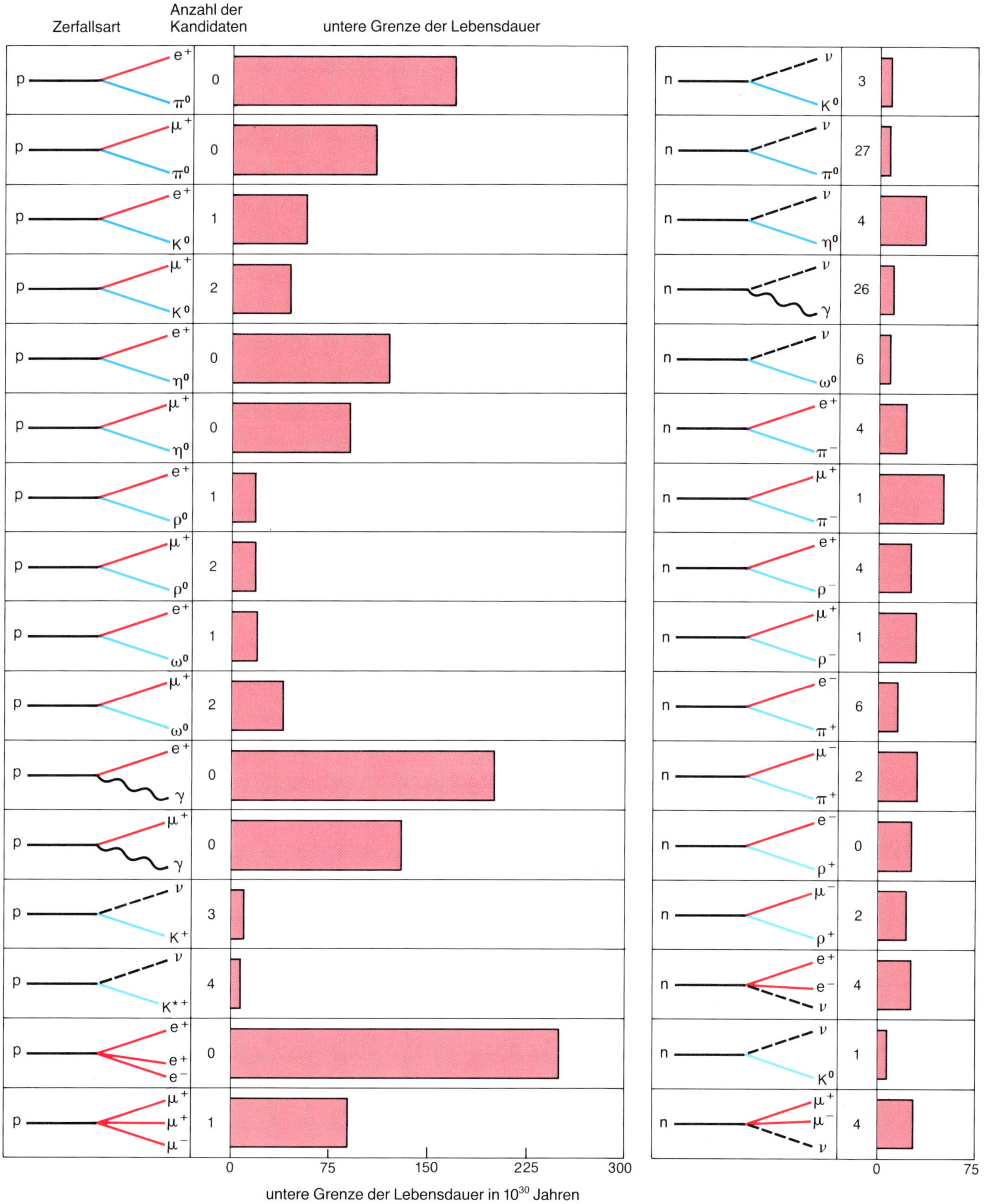

Bild 6: Die unteren Grenzen für die Lebensdauer des Protons beziehungsweise für die des Neutrons sind in diesen Diagrammen für 32 verschiedene Zerfallsarten angegeben. Die dargestellten Werte beruhen auf Daten, welche die Autoren mit dem IMB-Detektor (Irvine-Michigan-Brookhaven-Projekt) an 204 Betriebstagen aufgenommen haben. Alle Ereignisse, die sich nicht definitiv als von kosmischen Strahlen induzierte Wechselwirkungen identifizieren ließen, berücksichtigten die Autoren als mögliche Kandidaten für die dargestellten Zerfallsarten. Die minimale Lebensdauer, die einer bestimmten Zerfallsart entspricht, ergibt sich aus der Anzahl der als Kandidaten in Frage kommenden Ereignisse sowie aus dem Wirkungsgrad des Detektors: dem Prozentsatz einer jeden Ereignisart, von der eine Detektoraufnahme zu erwarten ist. Die untere Grenze für die Lebensdauer, die einer speziellen Zerfallsart entspricht, stellt die minimale Lebensdauer dar, die man beobachten würde, wenn der betreffende Zerfall der einzig mögliche wäre. Für den bevorzugten Zerfall mit einem Positron und einem neutralen Pion im Endzustand beträgt die von der Theorie vorausgesagte Lebensdauer nicht mehr als $2{,}5 \times 10^{31}$ Jahre. Für diesen Zerfall fand man jedoch keine Kandidaten, und aus dem Experiment ergibt sich als untere Grenze ein Wert von $1{,}7 \times 10^{32}$ Jahren. Für die anderen Zerfallsraten kommen zwar einige Ereignisse als Kandidaten in Frage, aber diese Zerfallsarten sind von bestimmten Wechselwirkungen der kosmischen Strahlung schwieriger zu unterscheiden. Nach Ansicht der Autoren gibt es bisher keinen überzeugenden Hinweis darauf, daß einer der möglichen Protonenzerfälle beobachtet worden ist.

schon vorher in einem Salzbergwerk bei Cleveland (US-Bundesstaat Ohio) Experimente zur Erforschung der kosmischen Strahlung gemacht.

Über diese Verbindung erfuhren wir, daß die Geschäftsleitung des Bergwerks daran interessiert war, eine kontinuierlich arbeitende Förderanlage auszuprobieren und sich an den Kosten beteiligen würde, diese Anlage unter Tage zu installieren. Noch wichtiger aber war, daß Erfahrungen und Arbeitskräfte der Bergwerksgesellschaft gegen entsprechende Aufwandsentschädigungen beim Bau eines großen Hohlraumes eingesetzt werden konnten, wie wir ihn für unser Experiment benötigten. Um die Kosten weiter zu reduzieren, entschlossen wir uns, auf einen frei stehenden Tank zu verzichten und statt dessen die Wände des Hohlraums mit Plastikfolie auszukleiden.

Das unterirdische Wasserbassin wurde im Juli 1982 gefüllt; wenig später waren auch die 2048 Photomultiplier installiert. Sie wurden nicht nur an den Wänden und am Boden des Hohlraums angebracht, sondern auch unmittelbar über der Wasseroberfläche. Jeder Photomultiplier hat eine halbkugelförmige Oberfläche mit einem Durchmesser von etwa 13 Zentimetern und befindet sich in einer wasserdichten Plastikumhüllung.

Die Gesamtmasse des Wassers im Hohlraum beträgt 8000 Tonnen, doch Ereignisse, die von der 2 Meter dicken Abschirmzone nahe den sechs Seitenflächen herrühren können, müssen aus den Betrachtungen ausgeschlossen werden. Bei Ausschluß der Abschirmzone beträgt die effektive Masse, in der sich Protonenzerfälle identifizieren lassen, nur noch 3300 Tonnen.

Ein Ereignis wird immer dann aufgenommen, wenn zwölf oder mehr Photomultiplier innerhalb einer Periode von 50 Nanosekunden ansprechen. Diese Zeitspanne benötigt das Licht, um in Wasser eine Strecke von 10 Metern zurückzulegen, und dies ist zugleich die größte Strecke, die von den Produkten eines Protonenzerfalls wahrscheinlich überdeckt wird. Die Zeitauflösung der Photomultiplier beträgt 5 Nanosekunden; aus der Aufeinanderfolge der Photomultiplier-Reaktionen kann man demnach die Richtung bestimmen, aus der Čerenkov-Licht kam.

Selbst in einer Tiefe von mehr als 600 Metern registriert der Detektor noch von außen eindringende Myonen – ungefähr 2,7mal pro Sekunde. Wenn ein Myon den Detektor von oben nach unten durchquert, emittiert es genügend Čerenkov-Strahlung, um etwa 600 Photomultiplier ansprechen zu lassen; auf einen Protonenzerfall dagegen würden höchstens ungefähr 250 Photomultiplier reagieren. Allein aufgrund dieses Unterschiedes läßt sich bereits ein großer Teil der myon-induzierten Ereignisse identifizieren und aussondern.

Ungefähr ein Drittel der Myonen durchquert jedoch nur eine Ecke des Detektors, wobei weniger als 300 Photomultiplier reagieren. Diese Ereignisse kann man erst nach Analyse der aufgenommenen Ereignisse aussondern. Die Unterscheidung ermöglicht ein Computerprogramm, das alle Ereignisse aus weiteren Betrachtungen ausschließt, die ein von außen eingetretenes Teilchen induziert hat. Die verbleibenden „wirklichen" Ereignisse liegen innerhalb des oben beschriebenen effektiven Volumens. Die Protonenzerfälle, die man zu finden hofft, können nur zu den wirklichen Ereignissen gehören.

Aber nicht alle wirklichen Ereignisse sind zugleich auch geeignete Kandidaten für einen Protonenzerfall. Neutrinos (und gelegentlich auch andere neutrale Teilchen) können nämlich unbemerkt in den Detektor gelangen, dort mit der Materie wechselwirken und ein Ereignis auslösen, das von einem Punkt innerhalb des effektiven Volumens auszugehen scheint.

Derartige Ereignisse muß man mit Hilfe einer detaillierten Analyse aussondern, bei der die Geometrie der Ereignisse das wesentliche Kriterium ist. Wie oben bereits bemerkt, bewegen sich die Trümmerteilchen, die beim Zusammenstoß eines Neutrinos mit einem Materieteilchen entstehen, im allgemeinen in der Bewegungsrichtung des einfallenden Neutrinos. Beim Protonenzerfall dagegen ist zu erwarten, daß sich die Zerfallsprodukte im allgemeinen in entgegengesetzte Richtungen bewegen.

Erkennen wirklicher Ereignisse

Unglücklicherweise ist der Unterschied zwischen diesen Ereignissen nicht sonderlich scharf. Manchmal kann nämlich eines der Produkte einer Neutrino-Wechselwirkung nahezu in Rückwärtsrichtung davonfliegen, also unter einem großen Winkel bezüglich der Bewegungsrichtung des einfallenden Neutrinos. Ferner müssen die Produkte des Protonenzerfalls nicht in allen Fällen genau entgegengesetzt gerichtet sein. Ist das zerfallende Teilchen eines der isolierten Protonen, das einen Wasserstoffkern bildet, sollte der Winkel zwischen den Produkten eines Zwei-Teilchen-Zerfalls genau 180 Grad betragen. Im Wassermolekül aber sind 16 der 18 vorhandenen Protonen und Neutronen im Sauerstoffkern gebunden, wo eine Streuung der Zerfallsprodukte ihre 180-Grad-Korrelation schwächen kann.

Nur ein geringer Teil der wirklichen Ereignisse genügt dem geometrischen Kriterium. Diese wenigen Ereignisse analysiert man weiter unter Ausnutzung aller Informationen vom Detektor, einschließlich der Gesamtenergie des Ereignisses, der Zahl der Teilchen, ihrer Bahnkurven, und – in manchen Fällen – auch der Art der emittierten Teilchen.

Jedes Ereignis betrachtet man separat als einen möglichen Kandidaten für einen der hypothetischen Zerfälle des Protons oder Neutrons. Die Zahl der Kandidaten für eine bestimmte Zerfallsart, die sich nicht ausschließen läßt, bestimmt die untere Grenze für die Lebensdauer, die dieser Zerfallsart entspricht. Bei der Berechnung der unteren Grenze berücksichtigen wir auch den Wirkungsgrad des Detektors: den Prozentsatz der Ereignisse einer jeden Zerfallsart, deren Beobachtung man im Falle einer großen Probe erwarten kann.

Die Mitglieder der IMB-Gruppe haben inzwischen die Analyse der Daten abgeschlossen, die an 204 Tagen vom Detektor aufgenommen worden sind. In dieser Zeit traten 169 wirkliche Ereignisse auf. Gibt es darunter Ereignisse, die mit einem Protonenzerfall verträglich sind?

Im Falle der speziellen Zerfallsarten, die von der minimalen SU(5)-Theorie favorisiert werden und ein Positron sowie ein neutrales Pion liefern, ist die Antwort eindeutig: Ein Ereignis mit diesen Teilchen, in der charakteristischen 180-Grad-Korrelation, wurde nicht beobachtet. Die experimentelle untere Grenze für die entsprechende Lebensdauer beträgt demnach $1{,}7 \times 10^{32}$ Jahre. Nach der Theorie aber sollte diese Lebensdauer zwischen 10^{28} und $2{,}5 \times 10^{31}$ Jahren liegen, und dies widerspricht eindeutig dem Experiment. Berücksichtigt man nur diese Zerfallsart, so würde das Proton mindestens siebenmal länger leben, als von der Theorie vorausgesagt.

Bezüglich der anderen Zerfallsarten sind die Ergebnisse nicht so eindeutig. Es gibt keinen überzeugenden Hinweis darauf, daß wir eine dieser Zerfallsarten beobachtet haben, wenn auch bei einigen Ereignissen die Klassifikation unsicher ist. Sie können durch Neutrino-Wechselwirkungen induziert worden sein; aber die Möglichkeit, daß es sich bei ihnen tatsächlich um den Zerfall eines Protons oder Neutrons handelt, ist nicht auszuschließen.

Bei der Bestimmung der unteren Grenze für die Lebensdauer des Protons haben wir eine konservative Strategie verfolgt und jedes Ereignis als Kandidat für einen Zerfall betrachtet, wenn man es nicht definitiv anders erklären kann. Die resultierenden unteren Grenzen sind in Bild 6 zusammengestellt.

	Institutionen	Ort	Tiefe und äquivalente Wasserabschirmung in Metern	Detektormasse in Tonnen	Nachweisgeräte
Čerenkov-Zähler (wassergefüllt)	Universität von Kalifornien in Irvine, Universität von Michigan, Brookhaven National Laboratory, Cleveland State University, Universität von Hawaii, California Institute of Technology, Universitätskolleg Warschau	Morton Thiokol-Salzbergwerk bei Cleveland (Ohio)	600 1 600	8 000 (gesamt) 3 300 (effektiv)	2 048 Fünf-Zoll-Photomultiplier an den Wänden, in den Kreuzungspunkten eines Gitters der Maschenlänge 1 Meter
	KEK, Universität von Tokio, Universität von Tsakuba	Erzmine bei Kamioka	825 2 400	3 000 (gesamt) 1 000 (effektiv)	1 000 Zwanzig-Zoll-Photomultiplier an den Wänden, in den Kreuzungspunkten eines Gitters der Maschenlänge 1 Meter
	Harvard-Universität, Purdue-Universität, Universität von Wisconsin	King-Silbermine bei Park City (Utah)	525 1 500	700 (gesamt) 420 (effektiv)	704 Fünf-Zoll-Photomultiplier an den spiegelnden Wänden, in den Kreuzungspunkten eines Gitters der Maschenlänge 1 Meter
Mehrschicht-Spurendetektoren	Tata-Institut (Bombay), Universitäten von Osaka und Tokio	Kolar-Goldmine (Südindien)	2 500 7 600	140 (gesamt) 100 (effektiv)	1 600 Gas-Proportionalzähler
	Laboratorien von CERN und Frascati, Universitäten von Mailand und Turin	Mont-Blanc-Tunnel (französisch-italienische Grenze)	1 850 5 000	150 (gesamt) 100 (effektiv)	47 000 Streamer-Kammern
	Laboratorien von Orsay und Saclay, École Polytechnique (Paris), Universität Wuppertal, TH Aachen	Tunnel bei Fréjus (französisch-italienische Grenze)	1 550 4 200	912 (gesamt)	930 000 Plastik-Flashrohre 40 000 Geigerrohre
	Argonne National Laboratory, Universität von Minnesota, Universität von Oxford, Rutherford Laboratory	Soudan-Erzmine bei Soudan (Minnesota)	675 1 800	30 (Prototyp)	Proportional-Zählrohre

Bild 7: Sieben Experimente, die tief unterhalb des Erdbodens in Minen oder Tunneln aufgebaut sind, gehen derzeit der Frage nach dem Protonenzerfall weiter nach. Drei von ihnen benutzen Čerenkov-Zähler, die mit Wasser arbeiten. Bei den vier anderen Experimenten verwendet man Detektoren, in denen Eisenplatten mit Teilchenzählern abwechseln. Die Tiefe in Metern, in der die Detektoren installiert sind, sowie die Wasserhöhe, durch die kosmische Strahlen in entsprechender Weise abgeschirmt würden (farbig), sind beide in der dritten Spalte der Tabelle angegeben.

Offene Fragen

Die Frage, ob das Proton zerfällt oder nicht, hat sich durch die bisher beschriebenen Experimente nicht klären lassen. In gewisser Hinsicht ist die Situation ähnlich wie in der Zeit vor der Formulierung der minimalen SU(5)-Theorie: Die Experimentatoren haben immer noch kein quantitatives Ziel, um den Rahmen ihrer Bemühungen abzustekken. Die Lebensdauer des Protons könnte nur wenig außerhalb der Reichweite der heute eingesetzten Detektoren liegen – sie könnte jedoch auch weitaus größer sein.

In anderer Hinsicht ist die Situation jetzt jedoch sehr unterschiedlich. Zwar scheint die minimale SU(5)-Theorie der Natur nicht zu entsprechen, aber inzwischen wird allgemein anerkannt, daß das Proton allein aufgrund theoretischer Überlegungen instabil sein sollte. Im übrigen gilt die Beobachtung des Protonenzerfalls als eindeutiger und überzeugender Test einer jeden großen vereinheitlichten Theorie.

Will man den Protonenzerfall beobachten oder die untere Grenze für die Lebensdauer des Protons noch höher schrauben, sind noch größere und empfindlichere Detektoren erforderlich. Inzwischen modifiziert man bereits existierende Instrumente und baut neue. Unsere eigenen Detektoren verbessern wir durch größere Multiplier; außerdem untersuchen wir Techniken, um die Intensität des gesammelten Čerenkov-Lichts zu erhöhen. Mit diesen Änderungen werden wir zwischen verschiedenen Zerfallsarten und Ereignissen, die Neutrinos der kosmischen Strahlung induziert haben, besser unterscheiden können.

Wird man die Frage, ob das Proton zerfällt oder nicht, überhaupt jemals beantworten können? Die gegenwärtigen unteren Grenzen für die Lebensdauer der Protons lassen sich zweifellos auf diese oder jene Weise erhöhen, aber diesen Prozeß kann man nicht beliebig fortsetzen. Vielleicht wird man einen Detektor bauen, der zehnmal so groß ist wie die IMB-Anlage, aber ein 100- oder 1000mal größerer Detektor ist nicht möglich.

Nicht nur die Kosten setzen hier eine Grenze. Wenn die Lebensdauer des Protons sehr viel mehr als 10^{33} Jahre beträgt, könnten viele Zerfallsarten durch den stets vorhandenen Hintergrund an Neutrino-Wechselwirkungen verdeckt werden – unabhängig davon, wie groß der Detektor ist. Eine Vergrößerung der Masse des Detektors würde die Zahl der Hintergrund-Ereignisse lediglich in gleichem Maße vergrößern wie die der Zerfallsereignisse.

Obwohl die Frage des Protonenzerfalls noch ungeklärt ist, ist die Geschichte der Suche nach diesem Zerfall ein interessantes Beispiel für die Verknüpfung von Theorie und Experiment. Als sich die Frage das erste Mal stellte, war die experimentelle untere Grenze für die Lebensdauer des Protons nicht sehr überzeugend, und dennoch erwarteten die meisten Physiker, daß die Antwort negativ ausfallen würde. Inzwischen hat sich diese Grenze um 15 Größenordnungen erhöht, und doch glauben heute die meisten Physiker, die Antwort auf ihre Frage werde eines Tages „ja" sein.

Das inflationäre Universum

Nach einer neuen kosmologischen Theorie ist das beobachtbare Universum möglicherweise in ein sehr viel größeres Raumgebiet eingebettet, das sich Sekundenbruchteile nach dem Urknall gewaltig ausgedehnt hat.

Von Alan H. Guth und Paul J. Steinhardt

Das Standardmodell von der Entstehung des Kosmos, die Urknall-Theorie, weist einige Mängel auf, die in den letzten Jahren die Entwicklung eines neuen Modells vom Frühstadium des Universums angeregt haben. Dieses Modell des „inflationären Universums", wie es die Kosmologen nennen, stimmt mit der allgemein akzeptierten Beschreibung der frühen Entwicklungsstadien des Universums nach den ersten 10^{-30} Sekunden seines Bestehens genau überein.

Für diese ersten Sekundenbruchteile wird jedoch das Bild von der Entwicklung des Universums im neuen Modell in geradezu dramatischer Weise geändert: Das Universum blähte sich demnach innerhalb kürzester Zeit so sehr auf, daß sein Durchmesser ungefähr 10^{50}mal größer wurde, als man bisher vermutete. Während dieser enormen Wachstumsepoche entstanden möglicherweise die gesamte Materie und Energie des Universums.

Auch für das heutige Universum hat der inflationäre Prozeß noch seine Konsequenzen: Sollten die Modellvorstellungen richtig sein, so wäre das beobachtete Universum nur ein äußerst kleiner Bruchteil des gesamten Universums.

Das Modell vom inflationären Universum hat mit der klassischen Urknall-Theorie vieles gemeinsam. Nach beiden Modellen entstand das Universum vor 10 bis 15 Milliarden Jahren aus einem Urfeuerball extremer Dichte und Temperatur; und seitdem dehnte es sich unablässig aus, während seine Temperatur gleichzeitig sank.

Mit diesem Bild ließen sich viele Aspekte des beobachteten Universums erklären, wie beispielsweise die Rotverschiebung des Lichts ferner Galaxien, die kosmische Hintergrundstrahlung und der anfängliche Überfluß an leichten Elementen. All diese Voraussagen haben nur mit Ereignissen zu tun, die wahrscheinlich nach Ablauf der ersten Sekunde stattfanden – also zu jener Zeit, für die beide Modelle die gleichen Ergebnisse liefern.

Bis vor ungefähr fünf Jahren gab es nur wenige ernsthafte Versuche, das Universum in seiner ersten Sekunde zu beschreiben. Die Temperatur betrug zu dieser Zeit wahrscheinlich mehr als 10 Milliarden Kelvin.

Über die Eigenschaften von Materie unter solchen Bedingungen wußte man nur sehr wenig. Auf der Grundlage neuerer Entwicklungen in der Elementarteilchenphysik versuchen jedoch Kosmologen heute, die Geschichte des Universums bis zu den ersten 10^{-45} Sekunden seines Bestehens zu verfolgen. (Zu noch früheren Zeiten ist die Energiedichte wahrscheinlich so groß gewesen, daß die Einsteinsche Allgemeine Relativitätstheorie durch eine Quantentheorie der Gravitation ersetzt werden muß, die aber bis heute nicht existiert.

Bild 1: Das Modell des inflationären Universums wird in diesen Abbildungen durch die farbig gezeichneten Kurven veranschaulicht. Sie zeigen, wie sich im Anschluß an die ersten 10^{-45} Sekunden nach dem Urknall verschiedene Eigenschaften des beobachteten Universums geändert haben könnten. Die grauen Kurven entsprechen dem Standardmodell der Urknall-Theorie, das mit dem Modell des inflationären Universums für die Zeit nach den ersten 10^{-30} Sekunden übereinstimmt. Zum Vergleich sind in der Temperaturkurve (oben) auch der Siedepunkt von Wasser (bei 373 Kelvin) und die Temperatur im Innern eines typischen Sternes (10 Millionen Kelvin) angegeben. In dem entsprechenden Diagramm zur Beschreibung der Energiedichte (Mitte) sind die Energiedichten von Wasser (10^{21} erg pro Kubikzentimeter) und von einem Atomkern (10^{36} erg pro Kubikzentimeter) angegeben. Im unteren Teil der Abbildung werden die räumlichen Dimensionen veranschaulicht. Jedes kosmologische Modell ist hier durch zwei Kurven charakterisiert. Die eine Kurve zeigt das Raumgebiet, aus dem sich das beobachtete Universum entwickelt. Die andere Kurve zeigt den Horizontabstand: die Strecke, die ein Lichtsignal seit Bestehen des Universums höchstens zurückgelegt haben kann. Eines der Probleme der Urknall-Theorie, das sogenannte Horizontproblem, rührt daher, daß der Horizontabstand sehr viel kleiner ist als der Radius, den das beobachtete Universum während des größten Teils seiner Geschichte je besaß. Im Modell des inflationären Universums ist der Horizontabstand für alle Zeiten weitaus größer als der Radius des beobachteten Universums. Auf der Zeitachse sind verschiedene besonders wichtige Ereignisse hervorgehoben. Der Zeitpunkt A markiert den Phasenübergang, den große vereinheitlichte Theorien für die Wechselwirkung von Elementarteilchen im Rahmen der Urknall-Theorie voraussagen. Bei der hohen Temperatur, die vor dieser Zeit herrschte, sind die zwischen den Elementarteilchen wirkenden nichtgravitativen Kräfte durch eine Symmetrie miteinander verknüpft; diese Symmetrie wurde spontan gebrochen, als die Temperatur auf einen kritischen Wert von ungefähr 10^{27} Kelvin sank. Zu den Hauptkennzeichen des Modells vom inflationären Universum gehört die Ausdehnung des Phasenübergangs über eine Zeitperiode, die man „inflationäre Epoche" nennt (farbiger Streifen). Während dieser Epoche dehnt sich das Universum um einen Faktor in der Größenordnung von 10^{50} oder mehr aus. Gleichzeitig sinkt dabei die Temperatur, stabilisiert sich jedoch infolge von Quanteneffekten, wie sie in der Allgemeinen Relativitätstheorie auftreten, bei einer Temperatur von ungefähr 10^{22} Kelvin. Der graue Streifen B kennzeichnet die Periode, in der die leichtesten Atomkerne entstanden; C markiert den Zeitpunkt, zu dem das Universum für elektromagnetische Strahlung transparent wurde.

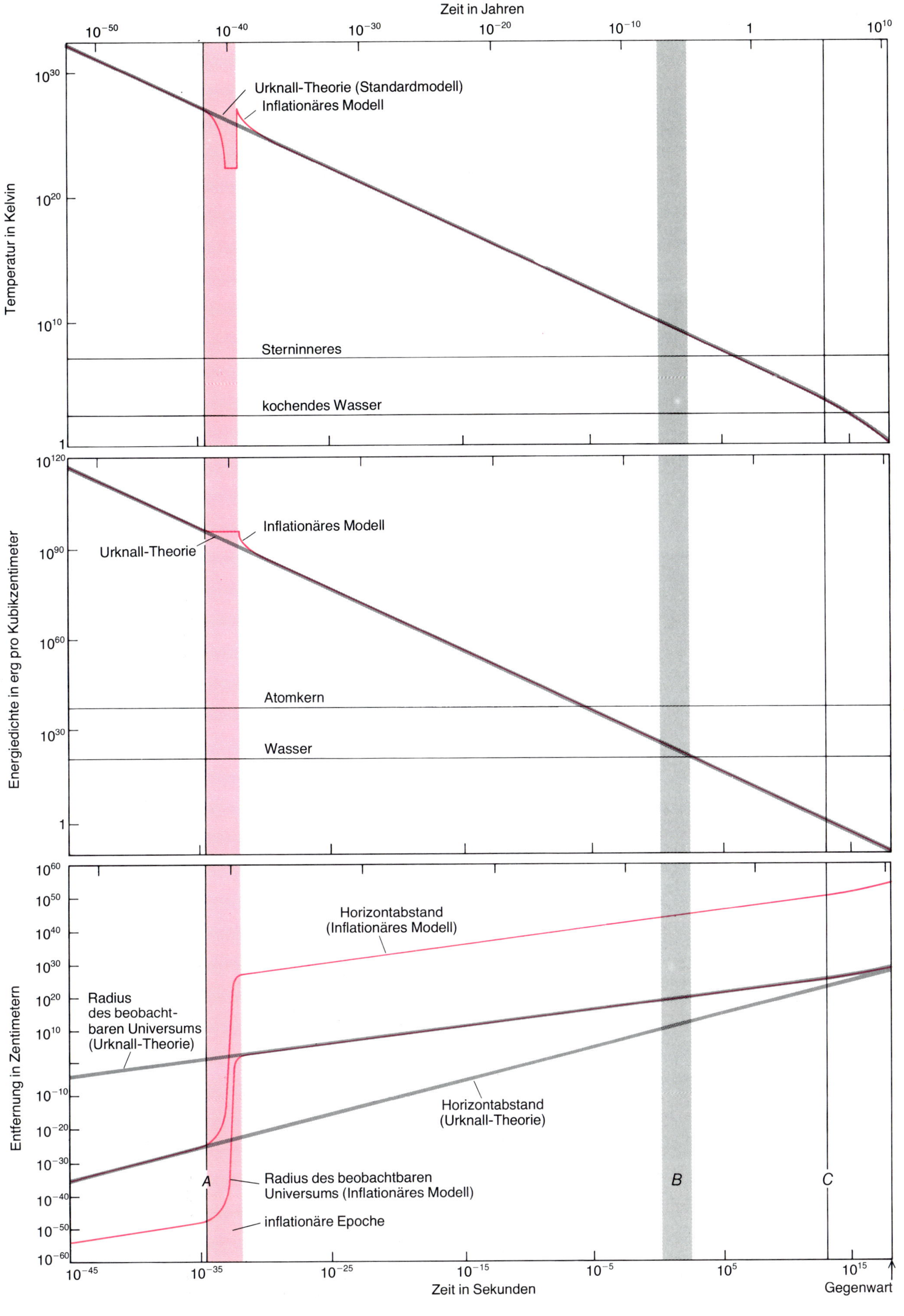

Zeit in Jahren
10⁻⁵⁰
10⁻⁴⁰
10⁻³⁰
10⁻²⁰
10⁻¹⁰
1
10¹⁰
Temperatur in Kelvin
10³⁰
10²⁰
10¹⁰
1
Urknall-Theorie (Standardmodell)
Inflationäres Modell
Sterninneres
kochendes Wasser
Energiedichte in erg pro Kubikzentimeter
10¹²⁰
10⁹⁰
10⁶⁰
10³⁰
1
Inflationäres Modell
Urknall-Theorie
Atomkern
Wasser
Entfernung in Zentimetern
10⁶⁰
10⁵⁰
10⁴⁰
10³⁰
10²⁰
10¹⁰
10⁻¹⁰
10⁻²⁰
10⁻³⁰
10⁻⁴⁰
10⁻⁵⁰
10⁻⁶⁰
Horizontabstand (Inflationäres Modell)
Radius des beobachtbaren Universums (Urknall-Theorie)
Horizontabstand (Urknall-Theorie)
Radius des beobachtbaren Universums (Inflationäres Modell)
inflationäre Epoche
A
B
C
10⁻⁴⁵
10⁻³⁵
10⁻²⁵
10⁻¹⁵
10⁻⁵
10⁵
10¹⁵
Zeit in Sekunden
Gegenwart

Dehnt man die Urknall-Theorie auf diese früheren Zeiten aus, so stößt man auf verschiedene Probleme. Zum einen erfordert das Modell einschneidende Annahmen über die Anfangsbedingungen des Universums, die man bisher nicht erklären kann. Zudem müßte es nach den neueren Theorien der Elementarteilchenphysik zu einer enormen Überproduktion exotischer Teilchen kommen, sogenannter magnetischer Monopole (von denen jeder, für sich genommen, einem isolierten magnetischen Nord- oder Südpol entspricht).

Ein attraktives Modell

Das inflationäre Universum wurde erdacht, um diese Probleme zu überwinden (Bild 1). Die Gleichungen zur Beschreibung der inflationären Epoche des Universums haben eine sehr attraktive Eigenschaft: Aus fast sämtlichen Anfangsbedingungen heraus entwickelt sich das Universum zu genau dem Zustand, den man in der klassischen Urknall-Theorie als Anfangsbedingung annehmen mußte.

Außerdem wird die vorausgesagte Dichte magnetischer Monopole so gering, daß sie den Beobachtungen nicht widerspricht. Im Lichte der neueren Entwicklungen auf dem Gebiet der Elementarteilchenphysik erscheint das inflationäre Modell als eine natürliche Lösung vieler Probleme der Urknall-Theorie.

Die herkömmliche Urknall-Theorie beruht auf mehreren Annahmen. Die wichtigsten sind, daß sich die Grundgesetze der Physik mit der Zeit nicht ändern und daß die Einsteinsche Allgemeine Relativitätstheorie Gravitationseffekte richtig beschreibt.

Ferner nimmt man für das frühe Universum an, daß es von einem nahezu homogenen, expandierenden und sehr heißen Elementarteilchengas im thermischen Gleichgewicht erfüllt war. Dieses Gas füllte den gesamten Raum aus; das Gas und der Raum dehnten sich mit gleicher Geschwindigkeit aus. Über weite Raumbereiche gemittelt blieben die Materie- und die Energiedichte während der gesamten Entwicklung des Universums nahezu homogen verteilt.

Schließlich nimmt man in der Urknall-Theorie an, daß alle Änderungen im Materie- und Strahlungszustand so langsam verliefen, daß sie auf die thermodynamische Entwicklung des Universums praktisch keinen Einfluß hatten. Die Verletzung dieser letzten Annahme ist ein Schlüssel zum Modell des inflationären Universums.

Die Urknall-Theorie führt zu drei wichtigen, experimentell überprüfbaren Voraussagen. Demnach expandiert das Universum, so daß die Galaxien sich mit einer Geschwindigkeit voneinander entfernen, die proportional zu ihrem jeweiligen Abstand ist. Auf dieses Gesetz von der Ausdehnung des Kosmos schloß Edwin P. Hubble in den zwanziger Jahren dieses Jahrhunderts, als er die Rotverschiebung des Lichtes ferner Galaxien untersuchte.

Die Urknall-Theorie sagt ferner voraus, daß eine kosmische Hintergrundstrahlung im Mikrowellenbereich existieren sollte, die das gesamte Weltall durchdringt – gleichsam als Relikt der enormen Hitze zur Zeit der Entstehung des Universums.

Für diese Strahlung wurde das Universum mehrere hunderttausend Jahre nach dem Urknall transparent. Seitdem kondensiert die Materie zu Sternen und Galaxien; aber die Strahlung dehnte sich weiter aus, verschob sich mehr zum Roten hin und kühlte so schließlich ab. Im Jahre 1964 entdeckten Arno A. Penzias und Robert W. Wilson von den Bell-Laboratorien tatsächlich eine Mikrowellen-Hintergrundstrahlung, die aus allen Richtungen gleichmäßig auf die Erde einfällt. Sie erwies sich als thermische Strahlung mit einer Temperatur von ungefähr drei Kelvin.

Die dritte wichtige Voraussage der Urknall-Theorie ist, daß sich während der ersten Minuten nach dem Urknall aus Protonen und Neutronen leichte Atomkerne bildeten. Auf diese Weise ließen sich die Häufigkeiten von Helium-4, Deuterium, Helium-3 und Lithium-7 erklären. Schwerere Kerne sollten nach der Urknall-Theorie in einem sehr viel späteren Stadium im Innern der Sterne gebildet worden sein.

Die erfolgreichen Voraussagen der Urknall-Theorie beziehen sich alle auf Ereignisse, die eine Sekunde nach dem

Bild 2: Die Energiedichte des Universums ist hier dreidimensional als Funktion zweier Higgs-Felder dargestellt. Diese Felder bilden zusammen mit anderen Partnern einen ganzen Satz von Feldern, die in großen vereinheitlichten Theorien postuliert werden, um der spontanen Symmetriebrechung Rechnung zu tragen. Jede der im Querschnitt gezeigten Flächen ist rotationssymmetrisch um eine vertikale Achse. Sie entspricht einem Zustand, in dem beide Higgs-Felder den Wert Null haben. Bei Abwesenheit thermischer Anregungen würde dieser Zustand ungebrochener Symmetrie, den man „falsches Vakuum" nennt, eine Energiedichte von ungefähr 10^{95} erg pro Kubikzentimeter haben, also eine um den Faktor 10^{59} höhere Energiedichte als ein Atomkern. Die Rotationssymmetrie ist immer dann gebrochen, wenn mindestens eines der beiden Higgs-Felder einen von Null verschiedenen Wert annimmt. Im vorliegenden Fall ist die Theorie so formuliert, daß die Zustände niedrigster Energiedichte, die man auch Zustände des „wahren Vakuums" nennt, solche mit gebrochener Symmetrie sind. Sie sind auf einem Kreis in der horizontalen Ebene angeordnet, die in jedem Diagramm ganz unten gezeigt ist. In diesem Analogiebild kann man die Entwicklung des Universums mit der Bewegung eines Balles vergleichen, der auf der Fläche entlangrollt. Der Abstand des Balles von der mittleren Achse stellt die kombinierten Werte der Higgs-Felder und seine Höhe über der horizontalen Ebene die Energiedichte des Universums dar. Wenn beide Higgs-Felder den Wert Null haben, befindet sich der Ball auf der Symmetrieachse. Entspricht jedoch der Wert der Higgs-Felder der niedrigsten Energiedichte, dann liegt der Ball an einer Stelle in der Mulde, die Zustände mit gebrochener Symmetrie oder – anders ausgedrückt – Zustände des „wahren Vakuums" definiert. In der ursprünglichen Fassung des Modells vom inflationären Universum nahm man an, daß die Energiedichte-Funktion durch eine Kurve beschrieben wird, wie sie in der oberen Abbildung gezeigt ist. Die inflationäre Epoche würde sich dann über den Zeitraum erstrecken, in dem sich das Universum im Zustand des „falschen Vakuums" befand. Wendet man auf diesen Zustand die Gesetze der klassischen Physik an, so zeigt er sich als absolut stabil, da den Higgs-Feldern nicht genügend Energie zur Verfügung steht, um die dazwischenliegende Energiebarriere zu überwinden. Nach den Gesetzen der Quantenphysik aber können die Felder in einem kleinen Raumgebiet die Energiebarriere „untertunneln" und auf diese Weise Blasen der Phase mit gebrochener Symmetrie bilden. Im neuen Modell des inflationären Universums (Mitte) tritt eine Energiebarriere nicht mehr auf; statt dessen befindet sich das falsche Vakuum an der Spitze eines mehr oder weniger flachen Plateaus. Unter diesen Bedingungen vollzieht sich der Übergang vom falschen zum wahren Vakuum, also zur Phase mit gebrochener Symmetrie, über den Mechanismus eines Übergangs, den man als *slow-rollover-Übergang* bezeichnet: Aufgrund von thermischen Fluktuationen oder Quantenfluktuationen nehmen die Higgs-Felder einen von Null verschiedenen Wert an. Sie bewegen sich langsam auf die Werte des wahren Vakuums zu – gleich einem Ball, der über ein Plateau ähnlicher Gestalt hinwegrollt. Die beschleunigte Expansion des Universums findet im Frühstadium dieses „rollover"-Prozesses statt, während die Energiedichte nahezu konstant bleibt. Ein einziger Bereich, der sich in der Phase gebrochener Symmetrie befindet, kann dann so groß werden, daß er das gesamte beobachtbare Universum in sich aufnehmen kann. Wenn die Higgs-Felder den Fuß der Mulde erreicht haben, beginnen sie um den niedrigsten Energiedichtewert zu oszillieren, so daß sich das Universum wieder erwärmt. In einer Variante des neuen Modells vom inflationären Universum (unten) umgibt eine kleine Energiebarriere das falsche Vakuum. Wie im ursprünglichen Modell zerfällt das falsche Vakuum durch statistische Bildung von Blasen des wahren Vakuums, die bei der Durchtunnelung der Energiebarriere durch das Higgs-Feld entstehen. Da die Energiebarriere in diesem Fall klein ist, bricht die Durchtunnelungsbewegung der Higgs-Felder an dem mit *A* gekennzeichneten Kreis ab. Da die Steigung an der Stelle *A* relativ flach ist, nehmen die Higgs-Felder die Werte des wahren Vakuums nur sehr langsam an. Die beschleunigte Expansion des Universums hält so lange an, wie die Higgs-Felder in der Nähe von *A* verbleiben, und eine einzige Blase kann wieder so groß werden, daß das beobachtete Universum in ihr Platz findet.

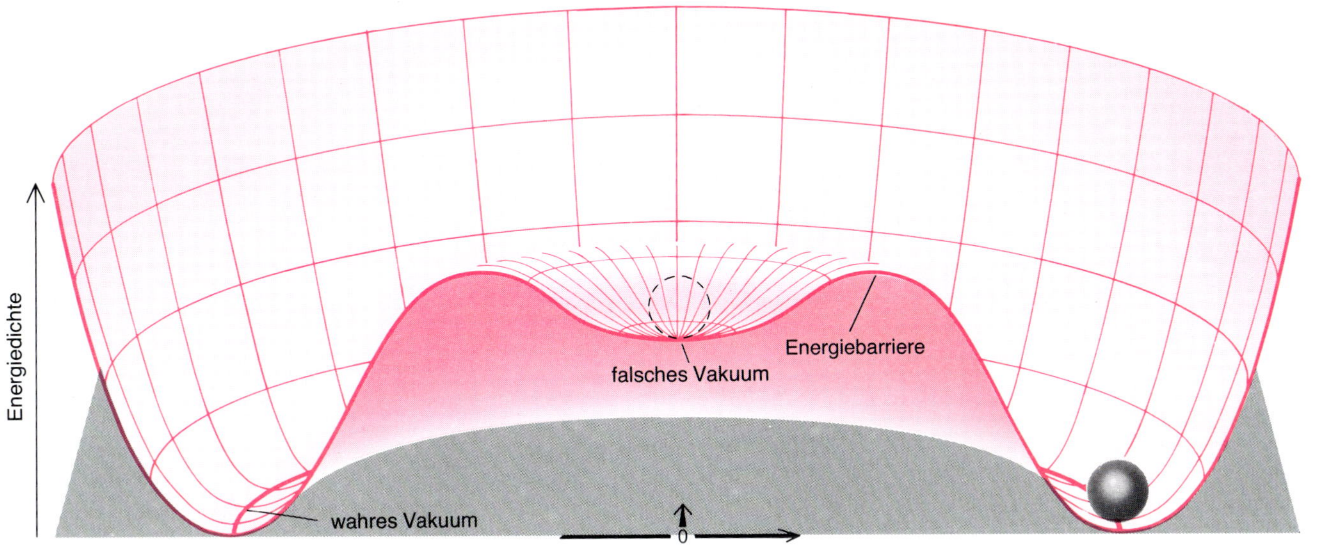
Energiedichte
Energiebarriere
falsches Vakuum
wahres Vakuum
0

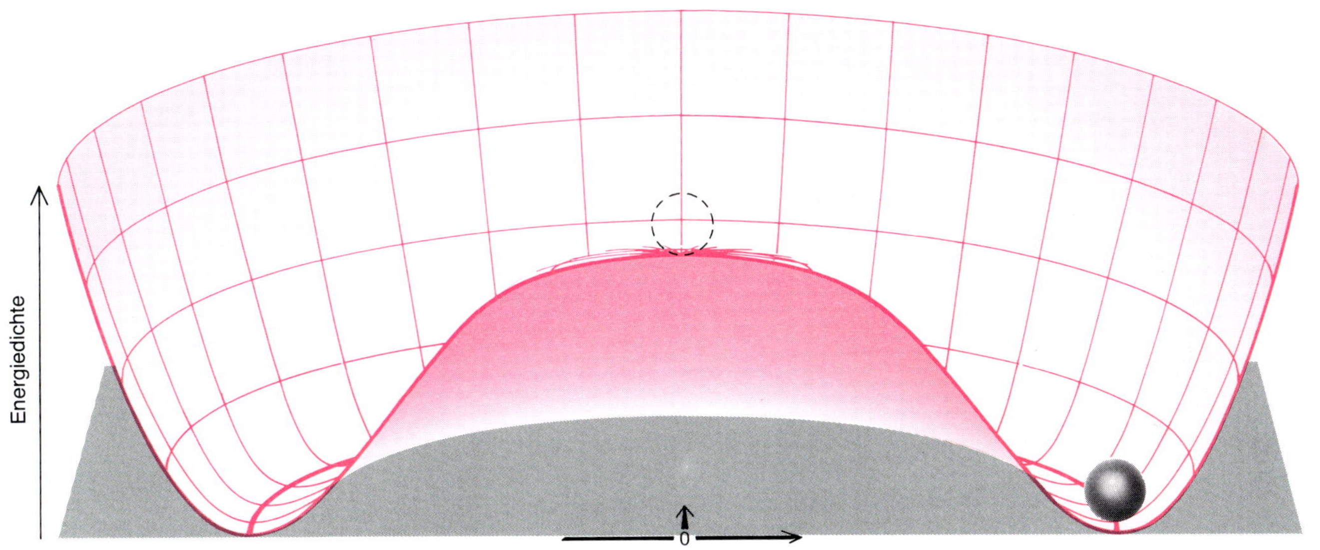
Energiedichte
0

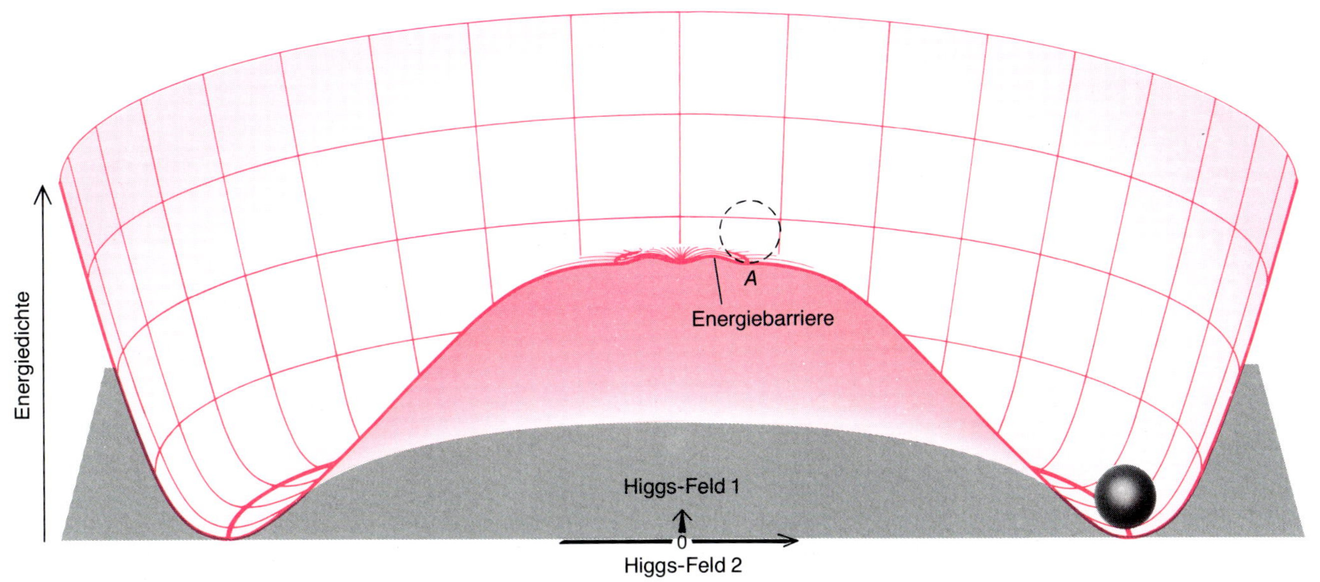
Energiedichte
A
Energiebarriere
Higgs-Feld 1
0
Higgs-Feld 2

Urknall oder etwas später stattfanden. Die Probleme dieser Standardtheorie aber betreffen das früheste Stadium des Universums – also jene Zeit, als das Universum erst einen Bruchteil einer Sekunde alt war. Ein Teil dieser Probleme hängt mit den speziellen Bedingungen zusammen, die das Modell für die Entwicklung des Universums aus dem Urknall erfordert.

Das erste Problem taucht auf, wenn es um die Erklärung der Homogenität geht, die man im beobachteten Universum über weite Entfernungen hin festgestellt hat. Diese Homogenität im Großen äußert sich am deutlichsten in der kosmischen Hintergrundstrahlung: Ihre Temperatur ist bis zur vierten Stelle nach dem Komma isotrop.

In der herkömmlichen Urknall-Theorie entwickelt sich das Universum viel zu schnell, als daß diese Homogenität bei Prozessen entstehen könnte, durch die ein System normalerweise das thermische Gleichgewicht erreicht. Der Grund ist, daß sich weder eine Information noch ein physikalischer Prozeß schneller ausbreiten können als ein Lichtsignal. Zu jedem Zeitpunkt gibt es eine maximale Entfernung, den sogenannten Horizontabstand, den ein Lichtsignal seit dem Beginn des Universums höchstens zurückgelegt haben kann.

In der herkömmlichen Urknall-Theorie waren die Quellen der kosmischen Hintergrundstrahlung, die man aus entgegengesetzten Himmelsrichtungen beobachtet, zum Zeitpunkt der Entstehung der Strahlung um mehr als das 90fache des Horizontabstandes voneinander entfernt. Da diese Raumbereiche nicht miteinander in Verbindung treten konnten, ist schwer einzusehen, wie sich in ihnen nahezu ähnliche Bedingungen hätten entwickeln können.

Probleme der Urknall-Theorie

Die Frage, warum das Universum über Entfernungen homogen zu sein scheint, die größer als der Horizontabstand sind, ist Gegenstand des sogenannten Horizontproblems (Bild 3). Es stellt keine wirkliche Inkonsistenz des Standardmodells dar: Existiert die Homogenität bereits in den Anfangsbedingungen, so entwickelt sich das Universum tatsächlich homogen. Das Problem besteht vielmehr darin, daß sich die Homogenität des beobachteten Universums im Großen, also eines seiner hervorstechendsten Merkmale, nicht mit dem Standardmodell selbst erklären läßt – man muß sie als Anfangsbedingung fordern.

Doch selbst mit dem Postulat der Homogenität im Großen erfordert die Urknall-Theorie zur Erklärung der Inhomogenität im Kleinen noch eine zusätzliche Annahme. Um die Kondensation der Materie zu Galaxien und ganzen Haufen von Galaxien beschreiben zu können, muß man als Teil der Anfangsbedingungen bei der Entwicklung des Universums ein Spektrum anfänglicher Inhomogenitäten annehmen.

Das Spektrum dieser Inhomogenitäten läßt sich nicht erklären. Dieser Mangel der Theorie verschärft sich noch, wenn man das Modell auf alle Zeiten nach Ablauf der ersten 10^{-45} Sekunden ausdehnt. Die anfangs entstandenen Materiehaufen entwickeln sich aufgrund ihrer gegenseitigen Massenanziehung sehr schnell; daher muß ein Modell, das sehr früh einsetzt, mit sehr kleinen Inhomogenitäten beginnen.

Soll das Modell Zeiten nach Ablauf der ersten 10^{-45} Sekunden beschreiben, muß die Materie in einem eigenartigen Zustand außerordentlich hoher, wenn auch nicht vollkommener Homogenität beginnen. Ein normales Gas im thermischen Gleichgewicht wäre wegen der statistischen Bewegung seiner Teilchen viel zu inhomogen; in der herkömmlichen Urknall-Theorie wird deshalb ein eigenartiger Anfangszustand der Materie erzwungen.

Ein anderes subtiles Problem der Urknall-Theorie betrifft die Energiedichte des Universums. Nach der Allgemeinen Relativitätstheorie kann der Raum des Universums im Prinzip gekrümmt sein, und die Art der Krümmung hängt von der Energiedichte ab (Bild 4).

Überschreitet die Energiedichte einen bestimmten kritischen Wert, der von der Expansionsrate abhängt, dann liegt ein *geschlossenes* Universum vor: Der Raum ist so in sich gekrümmt, daß er ein endliches Volumen ohne Begrenzung bildet (vergleichbar der Kugeloberfläche, die endlich ist, aber keine Begrenzung hat).

Ist die Energiedichte kleiner als die kritische Dichte, dann ist das Universum *offen*: Der Raum ist zwar gekrümmt, kehrt aber nicht in sich zurück, und das Volumen des Universums ist unendlich.

Nimmt die Energiedichte gerade den kritischen Wert an, dann ist das Universum *flach*: Der Raum ist nicht gekrümmt und läßt sich durch die wohlbekannte Euklidische Geometrie beschreiben; das Volumen des Universums ist wieder unendlich.

Den Quotienten aus der Energiedichte des Universums und der kritischen Energiedichte bezeichnet man mit dem griechischen Buchstaben Ω (Omega). Der Wert $\Omega = 1$ (der einem flachen Universum entspricht) stellt einen Zustand instabilen Gleichgewichts dar.

Sollte Ω jemals gleich 1 gewesen sein, würde es diesen Wert ein für allemal beibehalten. Eine geringfügige Abweichung von 1 kurz nach dem Urknall würde jedoch mit der Zeit schnell anwachsen. Angesichts dieser Instabilität ist es überraschend, daß der gemessene Wert von Ω heute in dem relativ kleinen Bereich zwischen 0,1 und 2 liegt.

Wenn sich Ω heute in diesem äußerst schmalen Bereich bewegt, dann darf sein Wert eine Sekunde nach dem Urknall nur um etwa 10^{-15} von 1 verschieden gewesen sein. Das Standardmodell liefert keine Erklärung dafür, warum der Wert von Ω so nahe bei 1 begann, sondern nimmt diese Tatsache als Anfangsbedingung an. Auf diese Unzulänglichkeit des Standardmodells, bekannt als Flachheitsproblem, wiesen erstmals Robert H. Dicke und P. James E. Peebles von der Princeton-Universität im Jahre 1979 hin.

Verschmelzung von Kosmologie, Astrophysik und Kernphysik

Die Erfolge und Mängel der Urknall-Theorie, die wir diskutiert haben, betreffen die Kosmologie, die Astrophysik und die Kernphysik. Verfolgt man aber die Aussagen der Urknall-Theorie zeitlich zurück, so kommt man in Bereiche, in denen die Aufteilung der Physik in die genannten Gebiete keinen Sinn macht.

Zu dieser Zeit war alle Materie in ihre kleinsten Bausteine, die Elementarteilchen, zerlegt. Bei dem Versuch, diese Epoche des Universums zu verstehen, haben die Kosmologen neue Entwicklungen auf dem Gebiet der theoretischen Elementarteilchenphysik ausgenutzt.

Die Verschmelzung der Interessen von Teilchenphysikern, Astrophysikern und Kosmologen gehört in der Tat zu den wichtigsten Entwicklungen der Physik innerhalb der letzten zehn Jahre. Für die Urknall-Theorie bedeutet dies offenbar mindestens einen weiteren Erfolg, aber zugleich auch einen weiteren Mißerfolg.

Die wohl wichtigste Entwicklung in der theoretischen Elementarteilchenphysik dürfte das Entstehen der großen vereinheitlichten Theorien gewesen sein. Die Physiker Howard M. Georgi und Sheldon Lee Glashow von der Harvard-Universität haben im Jahre 1974 den Prototyp dieser Theorien vorgeschlagen.

Die vereinheitlichten Theorien sind experimentell schwer zu überprüfen, da sich ihre besonders charakteristischen Aussagen auf Energien beziehen, die weit über denen liegen, die man mit Teilchenbeschleunigern erreichen kann. Dennoch ließen sich teilweise experimentelle Anzeichen für ihre Gültigkeit finden; und sie vereinheitlichen das Verständnis von den Wechselwirkungen zwischen Elementarteilchen auf so elegante Art und Weise, daß die meisten Physiker sie für außerordentlich attraktiv halten.

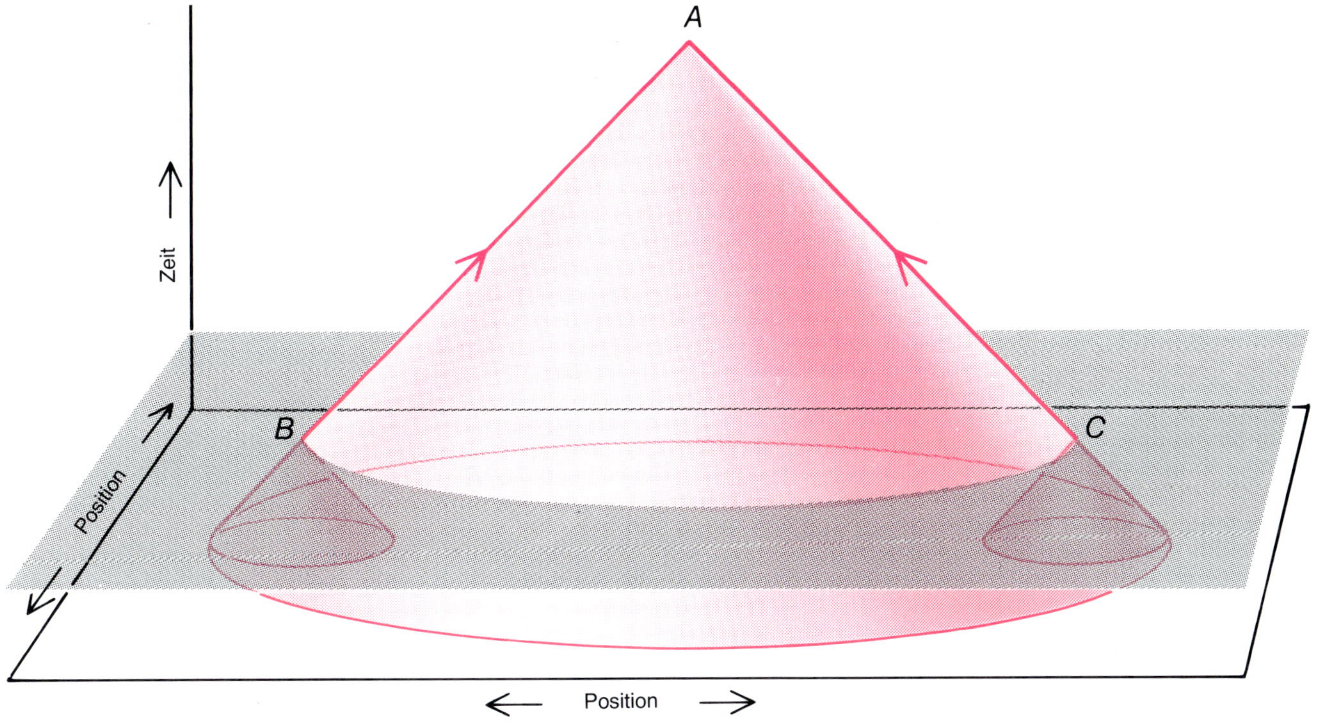

Bild 3: Das Horizontproblem stellt für das Standardmodell der Urknall-Theorie ein ernsthaftes Hindernis dar. In dem hier gezeigten dreidimensionalen Raum-Zeit-Diagramm sind Skalen nichtlinear aufgetragen, so daß die Trajektorie eines Lichtsignals durch eine Linie dargestellt wird, die gegenüber der vertikalen Achse um 45 Grad geneigt ist. Der Punkt *A* an der Kegelspitze markiert unsere momentane Raum-Zeit-Position. Da sich kein Signal schneller als das Licht ausbreiten kann, lassen sich Signale nur aus dem farbig gezeichneten Bereich empfangen, den man „Rückwärtslichtkegel" nennt. Ereignisse, die außerhalb des Rückwärtslichtkegels eines bestimmten Punktes stattfinden, können diesen Punkt nicht beeinflussen. Die graue horizontale Ebene markiert den Zeitpunkt, zu dem die Mikrowellen-Hintergrundstrahlung emittiert wurde. Die Strahlung, die uns heute aus entgegengesetzten Richtungen erreicht, wurde an den Punkten *B* und *C* emittiert. Seitdem bewegte sie sich auf unserem Rückwärtslichtkegel auf den Punkt *A* zu. Der Rückwärtslichtkegel des Punktes *B* schneidet aber an keiner Stelle den Rückwärtslichtkegel des Punktes *C*, und deswegen waren die beiden Punkte keinen gleichen Einflüssen ausgesetzt. Das Horizontproblem macht es schwierig zu erklären, warum die aus entgegengesetzten Richtungen wahrgenommene Hintergrundstrahlung ein und dieselbe Temperatur erreicht hat. Es stellt jedoch keine wirkliche Inkonsistenz dar: Im Standardmodell der Urknall-Theorie muß man die über weite Bereiche festgestellte Homogenität der Temperatur, wie sie sich in der isotropen Mikrowellen-Hintergrundstrahlung äußert, als Anfangsbedingung des Universums postulieren.

Die Grundidee einer jeden vereinheitlichten Theorie ist, daß drei bisher unabhängig voneinander wahrgenommene Kräfte – die starke, die schwache und die elektromagnetische Kraft – tatsächlich nur verschiedene Manifestationen einer einzigen, einheitlichen Kraft sind.

Eine Symmetrie verbindet in der neuen Theorie die Teilkräfte miteinander. Da sich die Kräfte im Experiment als sehr unterschiedlich in Stärke und Eigenschaften erweisen, ist die Theorie so konstruiert, daß die Symmetrie im heutigen Universum spontan gebrochen ist.

Eine spontan gebrochene Symmetrie tritt zwar in der Theorie auf, die ein bestimmtes System beschreibt, bleibt jedoch im Gleichgewichtszustand des Systems verborgen. Beispielsweise ist eine Flüssigkeit, die sich durch rotationssymmetrische Gesetze beschreiben läßt, selbst rotationssymmetrisch: Wie auch immer man die Flüssigkeit dreht, die Verteilung der Moleküle ist stets die gleiche.

Friert man jedoch die Flüssigkeit zu einem Kristall ein, so ordnen sich die Atome parallel zu den kristallographischen Achsen an, und die Rotationssymmetrie ist gebrochen. Erhöht man die Temperatur eines Systems im Zustand gebrochener Symmetrie, so sollte man erwarten, daß das System eine Art Phasenübergang erfährt, bei dem die Symmetrie wiederhergestellt wird – ähnlich wie bei einem Kristall, der schmilzt und wieder in den flüssigen Zustand übergeht. Tatsächlich sagen die großen vereinheitlichten Theorien einen solchen Übergang bei einer kritischen Temperatur von ungefähr 10^{27} Kelvin voraus.

Eine ungewöhnliche Eigenschaft der vereinheitlichten Theorien zeigt sich bei den Baryonen. Die wichtigsten Vertreter dieser Teilchensorte sind das Proton und das Neutron. In allen bisher beobachteten physikalischen Prozessen bleibt die Zahl der Baryonen, vermindert um die der Antibaryonen, konstant; man sagt, die Gesamtbaryonenzahl sei eine Erhaltungsgröße.

Als Konsequenz des entsprechenden Erhaltungssatzes muß das Proton absolut stabil sein: Da es das leichteste Baryon ist, kann es nicht in andere Teilchen zerfallen, ohne daß sich dabei die Gesamtbaryonenzahl ändert. Experimentell ist erwiesen, daß die Lebensdauer des Protons mehr als 10^{31} Jahre beträgt. Die vereinheitlichten Theorien besagen jedoch, daß die Gesamtbaryonenzahl keine strenge Erhaltungsgröße ist. Bei tiefen Temperaturen, in der Phase mit gebrochener Symmetrie, ist das angenommene Erhaltungsgesetz zwar eine ausgezeichnete Näherung, und die beobachtete untere Schranke für die Lebensdauer des Protons (10^{31} Jahre) ist in Einklang mit vielen Versionen der vereinheitlichten Theorien. Bei hohen Temperaturen sind jedoch Prozesse, bei denen sich die Gesamtbaryonenzahl eines Teilchensystems ändert, durchaus möglich.

Aus der Kombination der Urknall-Theorie mit den großen vereinheitlichten Theorien folgt als direktes Resultat, daß Materie und Antimaterie nicht mit gleicher Häufigkeit im Universum auftreten. Man vermutet, daß alle im Universum beobachteten Sterne und Galaxien sowie der kosmische Staub aus Materie und nicht aus Antimaterie bestehen; die Atomkerne dieser Systeme wären demnach Baryonen und nicht Antibaryonen. Das beobachtete Universum enthält dann insgesamt 10^{78} Baryonen. Vor dem Aufkommen der vereinheitlichten Theorien, als man die Baryonenzahl für eine absolute Erhaltungsgröße hielt, mußte man die Gesamtbaryonenzahl des Universums als zusätzliche Anfangsbedingung postulieren. Kombiniert man jedoch die vereinheitlichten Theorien mit der Urknall-Theorie, so läßt sich der beobachtete Überschuß an Materie in natürlicher Weise durch Wechselwirkungen zwischen Elementarteilchen erzeugen, die bei Temperaturen unmittelbar unterhalb der kritischen Temperatur des Phasenübergangs stattfinden. Berechnungen im Rahmen der vereinheitlichten Theorien hängen zwar von zu vielen frei wählbaren Parametern ab, als daß quantitative Voraussagen möglich wären; qualitativ aber läßt sich die beobachtete Asymmetrie zwischen Materie und Antimaterie bei einer sinnvollen Wahl der Parameter erzeugen.

Die Kombination der vereinheitlichten Theorien mit der Urknall-Theorie bringt jedoch auch ein ernsthaftes Problem mit sich. Während des Übergangs von der symmetrischen Phase zu der Phase mit gebrochener Symmetrie bildet sich nämlich im allgemeinen eine große Anzahl von Defekten aus. Sie entstehen, wenn Bezirke der symmetrischen Phase in unterschiedliche Zustände mit gebrochener Symmetrie übergehen.

Eine vergleichbare Situation tritt auf, wenn eine Flüssigkeit zu kristallisieren beginnt; dabei können verschiedene Bezirke unterschiedliche Orientierungen der kristallographischen Achsen haben. Die Bezirke werden mit der Zeit größer und wachsen schließlich zusammen; dabei ist es für sie energetisch vorteilhafter, die Fehlorientierung an den Begrenzungsflächen möglichst auszugleichen. Diese Glättung ist aber oft nur unvollkommen, so daß lokale Defektstellen zurückbleiben.

In den vereinheitlichten Theorien treten ernsthafte kosmologische Probleme im Zusammenhang mit punktartigen Defekten auf; sie entsprechen magnetischen Monopolen. Problematisch sind auch bestimmte flächenhaft ausgebildete Defekte, die mit den aus der Festkörperphysik bekannten Bloch-Wänden vergleichbar sind. Aufgrund der Theorie erwartet man, daß beide Defektsysteme außerordentlich stabil und massiv sind; ein magnetischer Monopol sollte beispielsweise ungefähr 10^{16} mal so schwer sein wie das Proton.

Ein Bezirk in der Phase korrelierter gebrochener Symmetrie kann nicht sehr viel größer sein als der Horizontabstand zur gleichen Zeit. Daraus läßt sich die minimale Anzahl von Defekten abschätzen, die während eines Übergangs entstehen. Entsprechende Berechnungen zeigen, daß nach dem Phasenübergang sehr viele Defektsysteme vorhanden wären. Ihre Masse wäre größer als die Energiedichte des Universums, sie würde seine anschließende Entwicklung beschleunigen.

Die kosmische Hintergrundstrahlung würde damit ihre gegenwärtige Temperatur von ungefähr drei Kelvin bereits 30000 Jahre nach dem Urknall erreicht haben und nicht erst nach 10 Milliarden Jahren. Alle bewährten Voraussagen der Urknall-Theorie würden damit ungültig. Eine erfolgversprechende Kombination der großen vereinheitlichten Theorien mit der Urknall-Theorie muß also einen Mechanismus enthalten, der die Erzeugung von magnetischen Monopolen und von Bloch-Wänden drastisch unterdrückt.

Symmetriebrechung und Phasenübergänge

Das Modell vom inflationären Universum scheint für diese Probleme eine zufriedenstellende Lösung zu liefern. Doch bevor wir dieses Modell beschreiben können, müssen wir noch etwas detaillierter auf die Symmetriebrechung und auf Phasenübergänge im Rahmen vereinheitlichter Theorien eingehen.

Die neueren Teilchentheorien, einschließlich der vereinheitlichten Theorien, sind Beispiele für Quantenfeldtheorien. Am besten bekannt ist die Feldtheorie, die den Elektromagnetismus beschreibt. Nach der klassischen (nichtquantisierten) Theorie des elektromagnetischen Feldes, die James Clerk Maxwell in den sechziger Jahren des vergangenen Jahrhunderts entwickelte, haben das elektrische und das magnetische Feld an jedem Raumpunkt wohldefinierte Werte; die Maxwellschen Gleichungen beschreiben die zeitliche Änderung dieser Werte.

Zu Beginn des 20. Jahrhunderts änderte man Maxwells Theorie, um sie mit der Quantentheorie in Übereinstimmung zu bringen. In der klassischen Theorie läßt sich die Energie des elektromagnetischen Feldes kontinuierlich erhöhen. In der Quantentheorie des Elektromagnetismus kann man sie dagegen nur um diskrete Beträge vergrößern: um die Energie der Lichtquanten (Photonen).

Photonen haben sowohl Wellen- als auch Teilcheneigenschaften, aber in der Sprache der modernen Physik bezeichnet man sie meist als Teilchen. Die Formulierung einer Quantenfeldtheorie hat als Ausgangspunkt im allgemeinen eine klassische Theorie des betrachteten Feldes; sie wird zu einer Teilchentheorie, wenn man auch die Regeln der Quantentheorie berücksichtigt.

Wesentlicher Bestandteil einer jeden vereinheitlichten Theorie ist, wie bereits erwähnt, das Phänomen der spontanen Symmetriebrechung. Der detaillierte Mechanismus der spontanen Symmetriebrechung ist in vereinheitlichten Theorien in vieler Hinsicht einfacher als der entsprechende Mechanismus in Kristallen. In einer großen vereinheitlichten Theorie realisiert man die spontane Symmetriebrechung dadurch, daß man in die Theorie einen speziellen Satz von Feldern einbaut, die man nach Peter W. Higgs von der Universität Edinburgh Higgs-Felder nennt (Bild 2). Die Symmetrie ist ungebrochen, wenn alle Higgs-Felder den Wert Null haben, und wird spontan gebrochen, wenn mindestens eines der Higgs-Felder einen von Null verschiedenen Wert annimmt.

Des weiteren läßt sich die Theorie so formulieren, daß eines der Higgs-Felder selbst dann nicht verschwindet, wenn es sich im Zustand niedrigster Energiedichte befindet also in jenem Zustand, den man in diesem Zusammenhang „wahres Vakuum" nennt. Bei Temperaturen oberhalb von 10^{27} Kelvin wird der Gleichgewichtswert des Higgs-Feldes auf Null heruntergedrückt; dies ist gleichbedeutend mit einem Übergang zur symmetrischen Phase.

Das Modell vom inflationären Universum

Wir haben jetzt genügend Hintergrundinformation zusammengestellt, um das Modell vom inflationären Universum beschreiben zu können. Beginnen wir mit der Version des Modells, die einer von uns (Guth) erstmals im Jahre 1980 vorschlug.

Jedes kosmologische Modell muß bestimmte Annahmen über die Anfangsbedingungen des Universums machen. Im Falle des inflationären Modells kann man über die Anfangsbedingungen mehr oder weniger frei verfügen. Man muß jedoch annehmen, daß es im frühen Universum mindestens einige gaserfüllte Regionen gab, die im Vergleich zur kritischen Temperatur des Phasenübergangs sehr heiß waren und sich mit der Zeit ausdehnten.

In einer solchen heißen Region muß das Higgs-Feld den Wert Null gehabt haben. Da die Temperatur mit fortschreitender Expansion sank, wurde es – thermodynamisch gesehen – für das Higgs-Feld günstiger, einen von Null verschiedenen Wert anzunehmen. Das System ging damit in eine Phase mit gebrochener Symmetrie über.

Für einige Werte der unbekannten Parameter, die in den vereinheitlichten Theorien auftreten, würde dieser Phasenübergang – im Vergleich zur Abkühlungsgeschwindigkeit – sehr langsam

Modell des Universums	Quotient von Energiedichte und kritischer Dichte (Ω)	räumliche Geometrie	Volumen	zeitliche Entwicklung
geschlossen	> 1	positive Krümmung (sphärisch)	endlich	dehnt sich aus und kollabiert wieder
offen	< 1	negative Krümmung (hyperbolisch)	unendlich	expandiert für immer
flach	1	keine Krümmung (euklidisch)	unendlich	expandiert für immer, aber Expansionsrate nähert sich Null

Bild 4: In der Urknall-Theorie (Standardmodell) sind drei Arten von Universen möglich: ein geschlossenes, ein offenes und ein flaches Universum. Die Unterscheidung zwischen den verschiedenen Geometrien hängt von einer mit Ω bezeichneten Größe ab, dem Quotienten aus der Energiedichte des Universums und einer kritischen Dichte, deren Werte von der Expansionsgeschwindigkeit des Universums abhängt. Der Wert von Ω liegt heute, wie man aus Messungen weiß, zwischen 0,1 und 2. Dies bedeutet, daß der Wert von Ω eine Sekunde nach dem Urknall praktisch gleich 1 war und Abweichungen von 1 erst an der 16. Stelle nach dem Komma aufwies. Die Tatsache, daß man im Rahmen der Urknall-Theorie nicht erklären kann, warum der Wert von Ω so nahe bei 1 begann, ist als Flachheitsproblem bekannt.

vonstatten gehen. Das System könnte daher weit unter 10^{27} Kelvin abkühlen, ohne daß das Higgs-Feld einen von Null verschiedenen Wert annimmt.

Dieses Phänomen der Unterkühlung läßt sich in der Physik der kondensierten Materie sehr häufig beobachten. Beispielsweise kann man Wasser auf mehr als 20 Grad unterhalb seines Gefrierpunktes abkühlen, und Gläser stellt man durch Unterkühlung einer Flüssigkeit auf eine Temperatur weit unter dem Gefrierpunkt her.

Würde die Unterkühlung einer gaserfüllten Region weiter fortschreiten, dann würde sich diese Region einem eigenartigen Materiezustand nähern, den man „falsches Vakuum" nennt. Dieser Materiezustand wurde nie beobachtet, hat aber Eigenschaften, die von der Quantenfeldtheorie eindeutig vorausgesagt werden: Die Temperatur und damit die thermische Komponente der Energiedichte würden schnell sinken, und die Energiedichte dieses Zustandes würde ganz im Higgs-Feld konzentriert werden.

Higgs-Felder tunneln durch Barrieren

Ein verschwindendes Higgs-Feld bedeutet für das falsche Vakuum eine hohe Energiedichte. In der klassischen Form der Theorie wäre ein solcher Zustand absolut stabil, obwohl er nicht den Zustand niedrigster Energiedichte darstellt. Zustände mit geringerer Energiedichte würden von dem falschen Vakuum durch eine dazwischenliegende Energiebarriere getrennt; für das Higgs-Feld wäre keine Energie zur Überwindung dieser Barriere verfügbar (Bild 2).

In der quantisierten Version des Modells ist das falsche Vakuum nicht absolut stabil. Nach den Regeln der Quantentheorie befindet sich jedes Feld in ständiger Fluktuation. Wie Sidney R. Coleman von der Harvard-Universität als erster zeigte, kann eine Quantenfluktuation gelegentlich bewirken, daß ein Higgs-Feld in einem kleinen Raumgebiet durch die Energiebarriere „tunnelt" und dabei den Kern einer „Blase" gebrochener Symmetrie bildet (Bild 6).

Die Blase beginnt dann mit einer Geschwindigkeit zu wachsen, die sich sehr bald der Lichtgeschwindigkeit nähert; das falsche Vakuum geht dabei in eine Phase gebrochener Symmetrie über. Die Produktionsrate von Blasen hängt empfindlich von den unbekannten Parametern der vereinheitlichten Theorien ab; im Modell des inflationären Universums nimmt man an, daß die Produktionsrate von Blasen äußerst niedrig ist.

Die wohl bemerkenswerteste Eigenschaft des falschen Vakuums ist sein Druck; er ist sehr groß und negativ. Um dies zu verstehen, betrachten wir noch einmal den Prozeß, durch den eine Blase des wahren Vakuums in einen Bereich des falschen Vakuums hineinwachsen würde: Das Anwachsen der Blase ist energetisch begünstigt, weil das wahre Vakuum eine niedrigere Energiedichte besitzt als das falsche Vakuum. Das Anwachsen bedeutet auch, daß der Druck des wahren Vakuums höher sein muß als der des falschen Vakuums, so daß sich die Blasenwand ausdehnt. Da der Druck des wahren Vakuums Null ist, muß der des falschen Vakuums negativ sein. Eine genaue Analyse zeigt, daß der Druck des falschen Vakuums gleich dem negativen Wert seiner Energiedichte ist (wenn man beide Größe in denselben Einheiten mißt).

Der negative Druck innerhalb des falschen Vakuums würde keine mechanischen Kräfte hervorrufen, weil diese nur bei wirklichen Druckunterschieden auftreten; es käme jedoch zu Gravitationseffekten. Unter normalen Umständen würde sich die Expansion des gaserfüllten Volumens infolge der gegenseitigen Massenanziehung der Materieteilchen verlangsamen.

In der Newtonschen Physik ist diese Massenanziehung proportional zur Massendichte, und diese ist in relativistischen Theorien gleich der Energiedichte, dividiert durch das Quadrat der Lichtgeschwindigkeit. Nach der Allgemeinen Relativitätstheorie trägt zur Massenanziehung auch der Druck bei: Die Gravitationskraft ist proportional zur Energiedichte, vermehrt um das Dreifache des Druckes.

Für das falsche Vakuum würde der Beitrag des Druckes zur Gravitationskraft den der Energiedichte übersteigen und hätte entgegengesetztes Vorzeichen. Aus dem eigenartigen Begriff des negativen Drucks folgt demnach der ungewöhnliche Effekt einer abstoßenden Gravitationskraft. Als Folge beschleunigt sich die Expansion des gaserfüllten Raumgebietes, und das Gebiet wächst exponentiell an: In Intervallen von 10^{-34} Sekunden verdoppelt sich sein Durchmesser.

Diese Periode beschleunigter Expansion nennen die Kosmologen „inflationäre Epoche". Sie liefert den Schlüssel zum Verständnis des Modells vom inflationären Universum. Nach diesem Modell dauerte die inflationäre Epoche ungefähr 10^{-32} Sekunden oder länger, und innerhalb dieser kurzen Zeit wuchs der Durchmesser des Universums auf das 10^{50}fache oder mehr an.

Man nimmt an, daß nach dieser enormen Expansion schließlich der Übergang zur Phase mit gebrochener Symmetrie stattfand. Dabei wurde die Energiedichte des falschen Vakuums freigesetzt, so daß eine ungeheuer große Zahl von Teilchen erzeugt wurde; die Temperatur des Raumgebietes erhöhte sich wieder auf etwa 10^{27} Kelvin. (In der Sprache der Thermodynamik nennt man die freigesetzte Energie „latente Wärme"; sie entspricht der Energie, die beim Gefrieren von Wasser freigesetzt wird.)

Von diesem Zeitpunkt an sollte sich das betreffende Raumgebiet weiter ausdehnen und abkühlen, wie es das Standardmodell der Urknall-Theorie beschreibt. Ein Volumen von der Ausdehnung des beobachtbaren Universums hätte in diesem Raumgebiet gut Platz.

Das Horizontproblem läßt sich im Modell des inflationären Universums auf

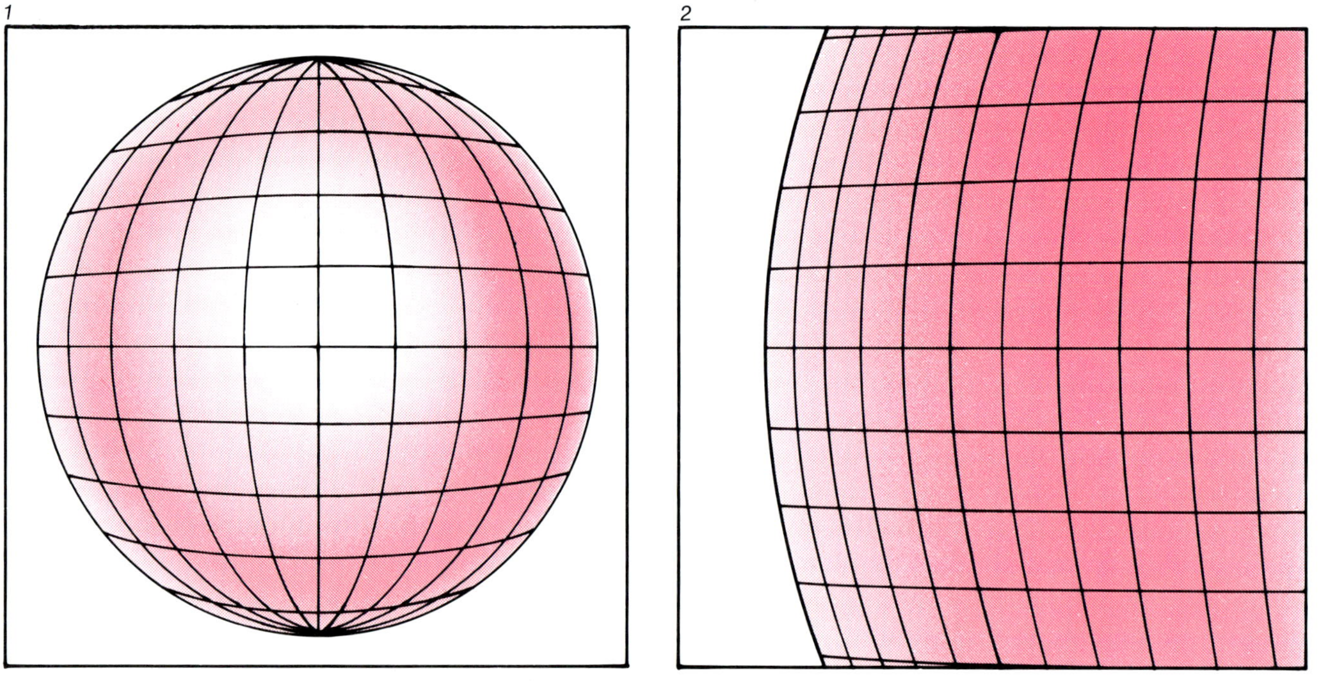

Bild 5: Die Lösung des Flachheitsproblems ist hier durch eine Folge perspektivischer Zeichnungen einer sich aufblähenden Kugel illustriert. Die Abbildung zeigt, wie sich eine flache Raumgeometrie (die dem Wert $\Omega = 1$ entspricht) im inflationären Szenario auf einfache und natürliche Weise erzeugen läßt. In jedem der aufeinanderfolgenden Koordinatensysteme ist die Kugel um einen Faktor 3 aufgebläht (während die Zahl der Gitter-

einfache Art und Weise umgehen: In diesem Modell entwickelt sich das beobachtete Universum aus einem Raumgebiet, dessen Durchmesser um ein Vielfaches (um das 10^{50}fache oder mehr) kleiner ist als das entsprechende Raumgebiet im Standardmodell. Vor Einsetzen der inflationären Expansion ist also das Raumgebiet wesentlich kleiner als der Horizontabstand. Es hat daher genügend Zeit, um homogen zu werden und das thermische Gleichgewicht zu erreichen.

Diese kleine homogene Region bläht sich dann auf und wird so groß, daß sie das beobachtete Universum leicht umfassen kann. Die Quellen der kosmischen Hindergrundstrahlung, die uns heute aus allen Richtungen erreicht, waren also einst eng benachbart, und sie hatten Zeit genug, um noch vor Einsetzen der inflationären Expansion dieselbe Temperatur zu erreichen.

Das Flachheitsproblem läßt sich ebenfalls in einfacher und natürlicher Weise umgehen (Bild 5). Die Gleichungen zur Beschreibung der Entwicklung des Universums während der inflationären Epoche unterscheiden sich von denen des Standardmodells; die Größe Ω erreicht schnell den Wert 1, egal welchen Wert sie vor der inflationären Epoche hatte.

Dieses Verhalten ist einfach zu verstehen, wenn man bedenkt, daß der Wert $\Omega = 1$ einem flachen Raum entspricht. Durch die schnelle Expansion wird der Raum immer flacher – ähnlich wie die Oberfläche eines Ballons, den man aufbläst. Der Mechanismus, der Ω auf den Wert 1 zutreibt, ist so wirksam, daß er eine Voraussage ermöglicht: Der Wert von Ω sollte heute bis auf sehr geringe Abweichungen gleich 1 sein.

Viele Astronomen (wenn auch nicht alle) sind der Meinung, der Wert $\Omega = 1$ sei mit den gegenwärtigen Beobachtungen verträglich. Für einen wirklich entscheidenden Test des Modells vom inflationären Universum bedarf es einer noch zuverlässigeren Bestimmung von Ω.

In seiner ursprünglichen Version enthielt das Modell vom inflationären Universum allerdings einen Fehler: Unter den beschriebenen Bedingungen würde der Phasenübergang selbst wesentlich stärkere Inhomogenitäten erzeugen, als man sie heute beobachtet.

Wie beschrieben kommt der Phasenübergang dadurch zustande, daß sich statistisch verteilte Kerne von Blasen der neuen Phase bilden. Man kann zeigen, daß die Blasen stets in endlichen, voneinander getrennten Haufen – sogenannten Clustern – verbleiben; jeder dieser Cluster enthält genau eine Blase, die größer als alle anderen ist.

Fast die gesamte Energie eines Clusters ist anfangs in der Oberfläche der größten Blase konzentriert, und es gibt anscheinend keinen Mechanismus, um die Energie wieder homogen zu verteilen. Eine solche Konfiguration hat aber mit dem beobachteten Universum keinerlei Ähnlichkeit.

Das Modell vom inflationären Universum blieb nach seiner Erfindung fast zwei Jahre lang eine attraktive, aber keineswegs vollkommene Lösung vieler wichtiger kosmologischer Probleme. Gegen Ende des Jahres 1981 formulierten dann A. D. Linde vom Lebedew-Institut für Physik in Moskau und – unabhängig von ihm – Andreas Albrecht und einer von uns (Steinhardt) von der Universität von Pennsylvania ein verbessertes Modell. Diese Weiterentwicklung, die man „neues Modell vom inflationären Universum" nennt, vermeidet alle Probleme des urprünglichen Modells, bewahrt jedoch dessen Erfolge (Bild 7).

Das neue Modell vom inflationären Universum

Den Schlüssel zu dem neuen Modell lieferte eine spezielle Form der Energiedichte-Funktion, die das Higgs-Feld beschreibt (Bild 2, Mitte). Quantenfeldtheorien mit Energiedichte-Funktionen dieser Art untersuchte erstmals Coleman in Zusammenarbeit mit Erick J. Weinberg von der Columbia-Universität.

Im Gegensatz zu dem eher typischen Fall, der in Bild 2 oben dargestellt ist, gibt es hier keine Energiebarriere, die das falsche Vakuum vom wahren Vakuum trennt; statt dessen liegt das falsche Vakuum jetzt auf einem mehr oder weniger flachen Plateau.

In vereinheitlichten Theorien erhält man eine solche Energiedichte-Funktion durch eine spezielle Wahl der Parameter. Wie wir noch erklären werden, führt diese Energiedichte-Funktion zu einer spe-

3

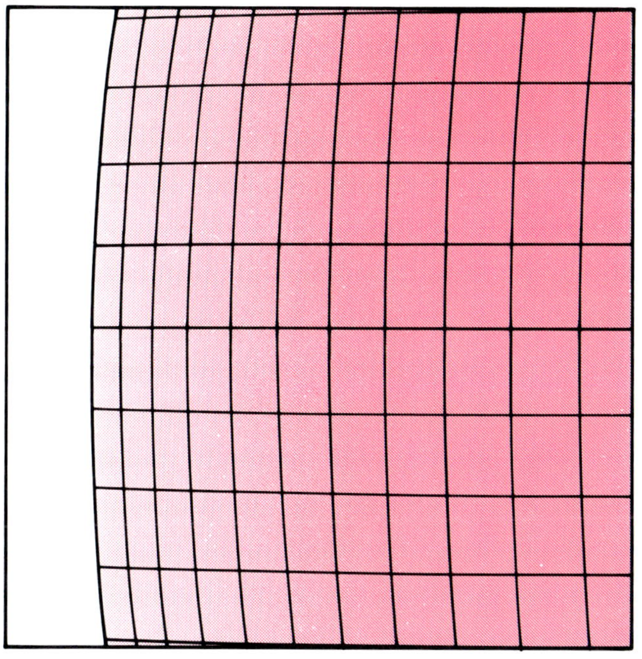

4

linien auf der Kugeloberfläche gleichzeitig um denselben Faktor erhöht worden ist). Die Krümmung der Kugeloberfläche wird bei der gewählten Größe der Abbildung schon nach kurzer Zeit kaum mehr wahrnehmbar. Im Modell vom inflationären Universum wird der Weltraum beim raschen Ausdehnen nahezu flach. Er expandierte bis heute gerade so schnell, daß er nicht vorzeitig wieder zusammenstürzte.

ziellen Art von Phasenübergang, dem sogenannten *slow-rollover*-Übergang.

Das Szenario beginnt genauso wie im ursprünglichen Modell. Auch hier muß man annehmen, daß das frühe Universum Regionen enthielt, die heißer als 10^{27} Kelvin waren und ebenfalls expandierten. In diesen Gebieten wird wieder der Gleichgewichtswert von mindestens einem der Higgs-Felder durch thermische Fluktuation auf Null heruntergedrückt, und die Symmetrie bleibt ungebrochen.

Bei Abnahme der Temperatur ist für das System ein Phasenübergang auch in diesem Fall thermodynamisch bevorzugt; dabei nimmt mindestens eines der Higgs-Felder einen von Null verschiedenen Wert an, die Symmetrie wird gebrochen. Genau wie im ursprünglichen Modell geht der Phasenübergang im Vergleich zur Abkühlung extrem langsam vor sich. Das System wird bis auf vernachlässigbare Temperatur unterkühlt, die Higgs-Felder nehmen den Wert Null an, und der resultierende Zustand ist wieder ein falsches Vakuum.

Der entscheidende Unterschied gegenüber dem ursprünglichen Modell liegt in der Art und Weise, wie der Phasenübergang vor sich geht: Quantenfluktuationen oder kleine thermische Restfluktuationen veranlassen das Higgs-Feld, einen von Null verschiedenen Wert anzunehmen. Bei Abwesenheit einer Potentialbarriere beginnt der Wert des Higgs-Feldes stetig anzuwachsen. Die Zuwachsrate ist ähnlich wie bei einem Ball, der unter dem Einfluß einer Reibungskraft einen Berg herunterrollt, der die gleiche Form wie die Kurve der Energiedichte-Funktion hat.

Da die Energiedichte-Funktion in der Nähe des Punktes, wo das Higgs-Feld verschwindet, nahezu flach verläuft, entwickelt sich das Universum in seinem Frühstadium nur sehr langsam. Solange der Wert des Higgs-Feldes nahe bei Null bleibt, ist die Energiedichte nahezu die gleiche wie im falschen Vakuum.

Genauso wie im ursprünglichen Modell erfährt das betreffende Raumgebiet eine beschleunigte Expansion und verdoppelt seinen Durchmesser ungefähr alle 10^{-34} Sekunden. Die Beschleunigung der Expansion endet jedoch, sobald der Wert des Higgs-Feldes den steil abfallenden Teil der Kurve erreicht.

Indem man die Zeit bestimmt, die das Higgs-Feld für seine Entwicklung benötigt, kann man berechnen, wie sehr sich das Universum aufbläht. Dabei zeigt sich, daß der Expansionsfaktor wahrscheinlich wieder bei 10^{50} oder darüber liegt; aber der tatsächliche Faktor hängt von den Einzelheiten der zugrundegelegten Teilchentheorie ab.

Die Feinheiten des Modells

Die Beschreibung des Phasenübergangs haben wir bisher etwas vereinfacht. Tatsächlich treten viele verschiedene Zustände mit gebrochener Symmetrie auf – genauso, wie es für die Achsen eines Kristalls mehrere mögliche Orientierungen gibt. Das Modell enthält eine ganze Reihe von Higgs-Feldern, und die verschiedenen Zustände mit gebrochener Symmetrie unterscheidet man nach den Kombinationen von Higgs-Feldern, die von Null verschiedene Werte annehmen.

Da die Fluktuationen, unter deren Einfluß die Higgs-Felder nichtverschwindende Werte annehmen, statistischer Art sind, gehen verschiedene Regionen des frühen Universums auch in verschiedene Zustände mit gebrochener Symmetrie über; jede Region hat dabei einen Anfangsradius, der ungefähr gleich dem Horizontabstand ist.

Zu Beginn des Phasenübergangs beträgt der Horizontabstand etwa 10^{-24} Zentimeter. Sobald die in bestimmter Weise miteinander kombinierten Higgs-Felder in einer Region geringfügig von Null abweichen, geht diese Region langsam in einen der stabilen Zustände gebrochener Symmetrie über und expandiert um einen Faktor in der Größenordnung von 10^{50} oder mehr. Der Durchmesser einer solchen Region ist nach der Expansion größer als 10^{26} Zentimeter. Das beobachtbare Universum, das zu jener Zeit einen Durchmesser von nur etwa 10 Zentimeter hatte, würde tief im Innern einer einzigen Region Platz haben.

Im Laufe dieser enormen Expansion reduziert sich in diesem Modell jede Teilchendichte, die zu Beginn möglicherweise vorhanden war, praktisch auf Null. Der Energieinhalt eines Bereiches be-

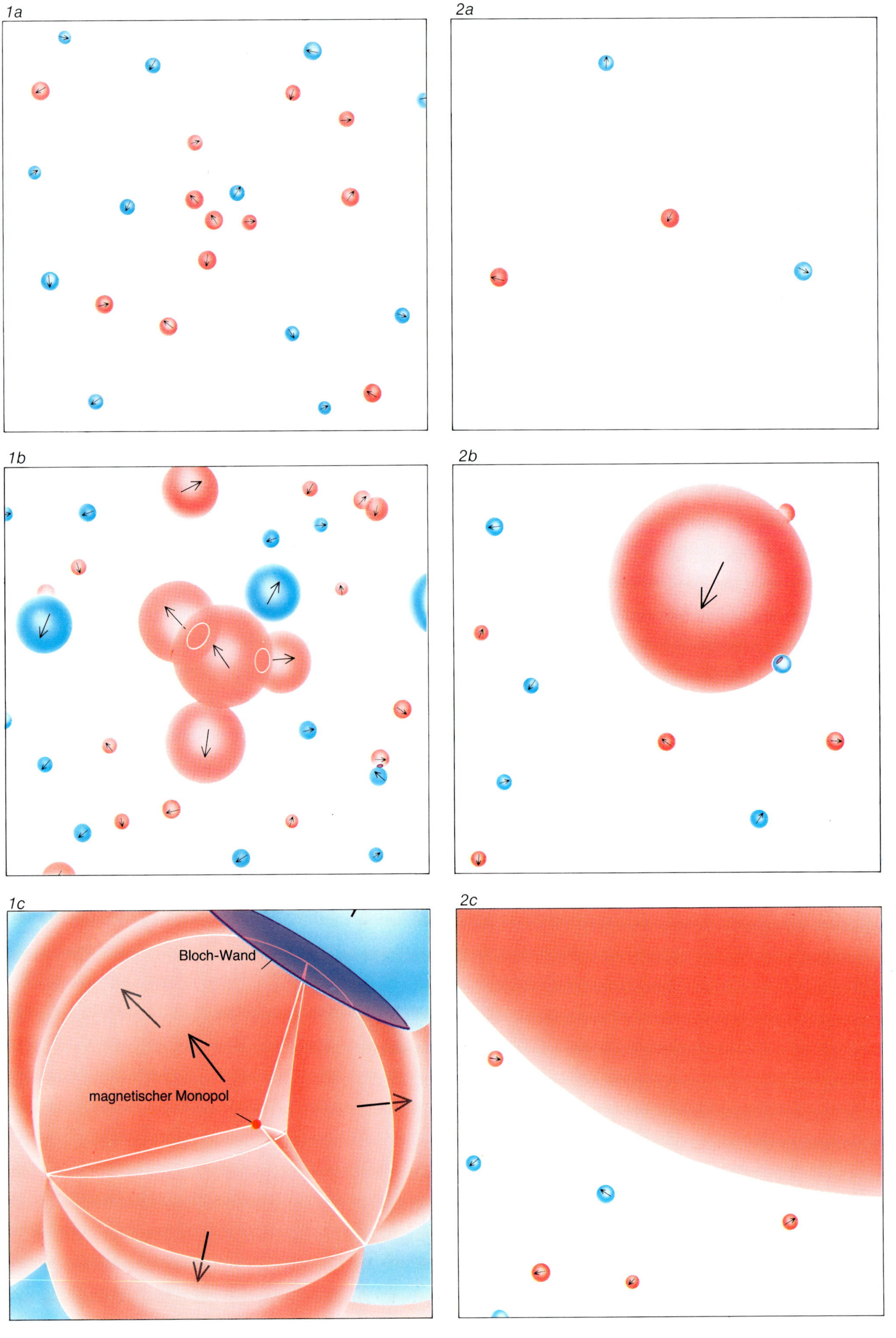
1a
2a
1b
2b
1c
Bloch-Wand
magnetischer Monopol
2c

steht dann ausschließlich aus der im Higgs-Feld gespeicherten Energie. Wie ließe sich diese Energie freisetzen?

Hat sich das Higgs-Feld in seiner Entwicklung erst einmal vom flachen Teil der Energiedichte-Kurve entfernt, dann fängt es an, schnell um den Wert des wahren Vakuums zu oszillieren. Im Hinblick auf die Teilchen-Feld-Beziehung, wie sie die Quantenfeldtheorie beschreibt, kann man diese Situation mit einem Zustand hoher Higgs-Teilchendichte identifizieren.

Die Higgs-Teilchen sind jedoch instabil: Sie zerfallen schnell in leichtere Teilchen, die ihrerseits miteinander wechselwirken und dabei möglicherweise weiter zerfallen. Das System entwickelt sich dann schnell zu einem heißen System von Elementarteilchen im thermodynamischen Gleichgewicht – genauso, wie man es im Standardmodell der Urknall-Theorie als Anfangsbedingung fordert.

Die Wiedererwärmungstemperatur läßt sich berechnen; sie ist ungefähr zwei- bis zehnmal niedriger als die kritische Temperatur des Phasenübergangs. Von diesem Moment an ist das Szenario genau das gleiche wie in der Urknall-Theorie, und deren richtige Voraussagen bleiben alle bestehen.

Bild 6: Blasen der Phase gebrochener Symmetrie, die sich in einem expandierenden Raumgebiet bilden und ausdehnen, sind hier schematisch dargestellt. Zwei unterschiedliche Zeitabschnitte sind in den beiden Spalten gezeigt. In der Urknall-Theorie (links) ist der dargestellte Zeitabschnitt sehr viel kürzer als der entsprechende Zeitabschnitt in der ursprünglichen Version des Modells vom inflationären Universum (rechts). In beiden Fällen haben die Higgs-Felder im Gebiet außerhalb der Blasen den Wert Null, während innerhalb der Blasen mindestens eines der Higgs-Felder einen von Null verschiedenen Wert hat. In einer großen vereinheitlichten Theorie lassen sich die Zustände gebrochener Symmetrie im allgemeinen durch zwei Arten von Parametern, diskrete und kontinuierliche, unterscheiden. In der Abbildung ist jede Blase in zweifacher Weise gekennzeichnet: durch eine Farbe (Blau oder Rot), die für den diskreten Parameter steht, und durch einen schwarzen Pfeil im Innern der Blase, stellvertretend für den kontinuierlichen Parameter. In der Urknall-Theorie wachsen die Blasen schnell zusammen und schließen so den Übergang von der symmetrischen Phase zu der Phase mit gebrochener Symmetrie ab. An jeder Begrenzungsfläche zwischen zwei Bereichen mit unterschiedlichen Werten des diskreten Parameters entstehen flächenartige Defekte (purpurfarbener Bereich), vergleichbar mit Bloch-Wänden. Innerhalb eines Bereiches gleicher Farbe entsteht an der Stelle, an der sich mehrere Blasen überkreuzen, ein punktartiger Defekt, ein magnetischer Monopol. Dabei muß der Pfeil, der den kontinuierlichen Parameter darstellt, von der betreffenden Stelle wegzeigen. In der ursprünglichen Version des Modells vom inflationären Universum (rechts) können die Blasen nicht zusammenwachsen, weil sich der Bereich, in dem das falsche Vakuum (die symmetrische Phase) herrscht, zu schnell ausdehnt. Beide dieser hypothetischen Situationen haben Konsequenzen, die der Beobachtung widersprechen; im neuen Modell vom inflationären Universum werden diese Konsequenzen vermieden.

Den entscheidenden Fehler des ursprünglichen Modells vom inflationären Universum umgeht man im neuen Modell auf geschickte Art und Weise (Bild 7). Grob gesprochen, werden die isolierten Blasen des wahren Vakuums, wie sie im ursprünglichen Modell auftraten, jetzt durch ganze Bereiche ersetzt. Die Bereiche, in denen sich der langsame Phasenübergang abspielt, sind jetzt von anderen Bereichen statt vom falschen Vakuum umgeben, und sie bilden sich nicht kugelsymmetrisch aus; den Begriff „Blase" vermeidet man deshalb. Der Hauptunterschied gegenüber dem ursprünglichen Modell besteht darin, daß jetzt jeder Bereich im Laufe seiner Entwicklung expandiert und dabei ein enorm ausgedehntes, im wesentlichen homogenes Gebiet entsteht, in dem das beobachtete Universum gut Platz findet.

Da die Wiedererwärmungstemperatur sich kaum von der kritischen Temperatur unterscheidet, die vereinheitlichte Theorien für den Phasenübergang voraussagen, könnten Teilchenwechselwirkungen unmittelbar nach dem Phasenübergang die Asymmetrie zwischen Materie und Antimaterie erzeugen. Der Produktionsmechanismus wäre der gleiche, wie ihn die vereinheitlichten Theorien für die Urknall-Theorie voraussagen.

Im Unterschied zur Urknall-Theorie ist es im Modell vom inflationären Universum jedoch nicht möglich, die beobachtete Gesamtbaryonenzahl des Universums zu den Anfangsbedingungen hinzuzunehmen; die folgende Expansion würde jede anfänglich vorhandene Baryonenzahl auf eine verschwindend kleine Zahl herunterdrücken. Das Überleben des Modells vom inflationären Universum hängt demnach in entscheidendem Maße davon ab, ob die Teilchentheorien korrekt sind; wichtig ist dabei besonders die Frage nach der Gültigkeit der vereinheitlichten Theorien, in denen die Baryonenzahl keine Erhaltungsgröße ist.

Jetzt wird auch die Lösung der oben diskutierten kosmologischen Probleme verständlich. Der gleiche Mechanismus wie im ursprünglichen Modell löst auch jetzt das Horizont- und das Flachheitsproblem. Im neuen Modell läßt sich aber auch das Problem der magnetischen Monopole oder der Bloch-Wände lösen.

Solche Defekte könnten an der Trennfläche benachbarter Bereiche entstehen. Die Bereiche wären jedoch so sehr expandiert, daß die Defekte weit oberhalb jeglichen beobachtbaren Abstandes lägen. (Einige Defekte könnten durch thermische Prozesse nach dem Phasenübergang entstehen; aber sie treten wahrscheinlich in so geringer Zahl auf, daß man sie vernachlässigen kann.)

Mit wenigen einfachen, neuen Ideen erlaubt das verbesserte Modell vom inflationären Universum die Lösung mehrerer wichtiger Probleme, welche die Kosmologen im Zusammenhang mit der Urknall-Theorie seit langem quälten: das Horizont- und das Flachheitsproblem sowie die Probleme der magnetischen Monopole und der Bloch-Wände (Bild 7).

Leider erfordert der notwendige *slow-rollover*-Phasenübergang eine sehr empfindliche Abstimmung der Parameter; die Rechnungen liefern nur dann vernünftige Ergebnisse, wenn sich die Werte der Parameter in wohldefinierten, engen Grenzen bewegen. Die meisten Theoretiker (einschließlich der Autoren dieses Artikels) halten dies für wenig einleuchtend.

Das entworfene Drehbuch vom frühen Universum ist bisher schon so erfolgreich, daß wir weiter in der eingeschlagenen Richtung arbeiten. Wir hoffen, dabei vielleicht realistische Versionen der vereinheitlichten Theorien zu finden, in denen ein *slow-rollover*-Übergang ohne besonders empfindliche Abstimmung der Parameter eintritt.

Die bisher diskutierten Erfolge sprechen in überzeugender Weise für das neue Modell vom inflationären Universum. Zudem stellte man kürzlich fest, daß sich in diesem Modell möglicherweise ein weiteres kosmologisches Problem lösen läßt: das sogenannte Glättungsproblem im Zusammenhang mit der Entstehung von Dichte-Inhomogenitäten.

Als das Modell vom inflationären Universum entstand, hatte man dieses Problem noch gar nicht in Betracht gezogen. Die Erzeugung von Dichte-Inhomogenitäten in diesem Modell diskutierte man im Sommer 1982 auf der Nuffield-Tagung über „Das sehr frühe Universum". An dieser Tagung beteiligten sich viele Theoretiker, darunter James M. Bardeen (von der Universität von Washington) und Stephen W. Hawking (von der Universität Cambridge), ferner So-Young Pi (von der Universität Boston) und Michael S. Turner (von der Universität von Chicago) sowie A. A. Starobinski (vom L. D. Landau-Institut für Theoretische Physik in Moskau) und die Autoren dieses Artikels.

Man stellte fest, daß mit dem neuen Modell vom inflationären Universum im Gegensatz zu allen früheren kosmologischen Modellen eine klare Voraussage über das Spektrum möglicher Inhomogenitäten möglich wird. Während des inflationären Expansionsprozesses werden alle Inhomogenitäten, die unter den Anfangsbedingungen des Universums möglicherweise geherrscht haben, zunächst geglättet. Beim Phasenübergang erzeugen dann Quantenfluktuationen des Higgs-Feldes neue Inhomogenitäten. Diese entstehen in kleinsten Raumgebieten, in denen Quantenphänomene von Bedeutung sind, und vergrößern sich dann infolge der Expansion auf astronomische Ausmaße.

Die vorausgesagte Form des Inhomogenitätenspektrums ist im wesentlichen skaleninvariant: Die Größe der Inhomogenitäten ist in astrophysikalischen Längenbereichen näherungsweise gleich. Diese Voraussage ist mehr oder weniger unabhängig von den Details der zugrundeliegenden vereinheitlichten Theorien.

Ein Spektrum genau dieser Art haben bereits zwei Astrophysiker in den frühen siebziger Jahren als phänomenologisches Modell zur Entstehung von Galaxien vorgeschlagen, und zwar – unabhängig voneinander – Edward R. Harrison (von der Universität von Massachusetts in Amherst) und Yakov B. Zel'dovich (vom Institut für Physik in Moskau). Die Details der Entstehung von Galaxien sind komplex und bisher nur unzureichend verstanden. Viele Kosmologen glauben jedoch, daß genau ein skaleninvariantes Inhomogenitätenspektrum erforderlich ist, um die heutige Struktur von Galaxien und der aus ihnen entstandenen Galaxienhaufen zu erklären.

Welche Teilchentheorie ist richtig?

Das neue Modell vom inflationären Universum macht auch eine Voraussage über die Größe der Dichte-Inhomogenitäten; sie hängt jedoch empfindlich von der zugrundeliegenden Teilchentheorie ab. Leider ist der Wert, der sich aus der einfachsten Version der vereinheitlichten Theorien ergibt, viel zu groß, um mit der Isotropie der kosmischen Hintergrundstrahlung verträglich zu sein.

Diese Unverträglichkeit stellt zwar ein Problem dar, aber bisher ist nicht bekannt, ob die einfachste Version der vereinheitlichten Theorien auch die richtige ist. Diese Version sagt insbesondere für das Proton eine Lebensdauer voraus, die unterhalb der gegenwärtigen experimentellen Grenzen zu liegen scheint.

Andererseits lassen sich kompliziertere vereinheitlichte Theorien konstruieren, die Dichte-Inhomogenitäten der gewünschten Größe liefern. Viele Forscher sind der Meinung, daß mit der Entwicklung einer korrekten Teilchentheorie das neue Modell vom inflationären Universum eines Tages auch die Lösung des Glättungsproblems zu seinen Erfolgen zählen kann.

Ein vielversprechender Forschungszweig der Elementarteilchenphysik beschäftigt sich mit einer Klasse von Quantenfeldtheorien, die eine neue Art von Symmetrie enthält: die sogenannte Supersymmetrie. Sie verknüpft die Eigenschaften von Teilchen ganzzahligen Spins mit denen von Teilchen halbzahligen Spins.

Viele Theoretiker halten die Supersymmetrie für notwendig, um eine konsistente Quantentheorie der Gravitation konstruieren zu können – und so möglicherweise die Gravitation mit der starken, der schwachen und der elektromagnetischen Kraft zu vereinen. Verlokkend an den Modellen mit Supersymmetrie ist die Tatsache, daß sie *slow-rollover*-Übergänge liefern, ohne daß ein besonders empfindliches Abstimmen der Parameter erforderlich wäre. Zur Zeit ist man auf der Suche nach einem Supersymmetrie-Modell, das nicht nur hinsichtlich der Teilchenphysik realistisch ist, sondern darüber hinaus auch zu einem inflationären Universum führt und für die Dichte-Inhomogenitäten die richtige Größe liefert.

Zusammenfassend läßt sich feststellen, daß das Modell vom inflationären Universum vielen Eigenschaften des beobachtbaren Universums Rechnung trägt, für die es in der herkömmlichen Urknall-Theorie keine Erklärung gab. Beeindruckend an dem neuen Modell ist besonders die Tatsache, daß die Entwicklung des Universums kaum mehr von den Details der Anfangsbedingungen abhängt, über die wir nur wenig wissen.

Sollte das Modell vom inflationären Universum korrekt sein, dann wird es jedoch sehr schwer werden, beobachtbare Konsequenzen aus den Bedingungen vor dem inflationären Phasenübergang zu ziehen. Mehr noch: Es würde aufgrund der enormen Ausdehnung des Raumes bei der inflationären Expansion prinzipiell unmöglich, die Struktur des Universums als Ganzes zu beobachten. Dennoch kann man über diese Struktur weiter diskutieren, und tatsächlich scheint eine ganze Reihe bemerkenswerter Szenarios möglich zu sein.

Die einfachste Möglichkeit für das sehr frühe Universum ist, daß es tatsächlich mit einem Urknall begann und sich mehr oder weniger gleichmäßig ausdehnte, bis es auf die kritische Temperatur des Phasenübergangs abgekühlt war und sich dann nach dem Drehbuch des Modells vom inflationären Universum weiterentwickelte. Die Extrapolation der Urknall-Theorie bis auf die Zeit Null mündet in einer kosmologischen Singularität: in einem Zustand unendlich hoher Temperatur und Dichte, auf den die bekannten Gesetze der Physik nicht anwendbar sind. Der Augenblick, in dem das Universum entstanden ist, bleibt ungeklärt.

Nach einer anderen Version ist das Universum (wieder aus ungeklärten Gründen) in einem Zustand des statistischen Chaos entstanden. Die Verteilung von Materie und Temperatur war nicht homogen, einige Teile expandierten, andere zogen sich zusammen.

In diesem Szenario unterlagen bestimmte, kleine Regionen, die sehr heiß waren und sich ausdehnten, einer weiteren, inflationären Expansion und entwickelten sich zu riesigen Regionen; in ihnen würde das beobachtbare Universum leicht Platz finden. Außerhalb dieser Regionen herrscht weiterhin Chaos; es wächst schließlich in die inflationär expandierten Regionen hinein.

Vor kurzem gab es ernsthafte Spekulationen über die Möglichkeit, die tatsächliche Entstehung des Universums mit physikalischen Gesetzen zu beschreiben. Nach diesen Vorstellungen sollte das Universum in Form einer Quantenfluktuation aus dem Nichts heraus entstanden sein.

Bild 7: Das neue Modell vom inflationären Universum vermeidet geschickt sowohl das Horizontproblem als auch die Probleme mit den magnetischen Monopolen und den Bloch-Wänden. Die beiden Folgen von Graphiken illustrieren die klassische Urknall-Theorie (links) und das neue Modell vom inflationären Universum (rechts). Die grau gezeichnete Kugel entspricht dem Raumgebiet, aus dem sich das beobachtete Universum entwickelt hat, während der grüne Doppelpfeil den Horizontabstand darstellt. (Die maßstäblichen Beziehungen sollen die Verhältnisse nur andeuten; die tatsächlichen Maßstäbe unterscheiden sich um viel zu große Faktoren, als daß man sie im Bild darstellen könnte). Für jedes Szenario sind drei Entwicklungsstadien gezeigt: das Stadium unmittelbar vor dem Phasenübergang (oben) sowie die Stadien nach dem Phasenübergang (Mitte) und heute (unten). In der Urknall-Theorie ist der Horizontabstand immer kleiner als der Durchmesser der grauen Kugel, so daß man die im Großen beobachtete Homogenität des Universums nicht erklären kann. In der Urknall-Theorie hat ein Raumgebiet der Phase gebrochener Symmetrie, das während des Phasenübergangs entstand, einen mit dem Horizontabstand vergleichbaren Radius. Demnach müßte es im beobachtbaren Universum viele magnetische Monopole und Bloch-Wände geben. Im neuen Inflationären Modell ist der Horizontabstand immer sehr viel größer als der Durchmesser der grauen Kugel, so daß man vom beobachteten Universum Homogenität im Großen erwarten darf und damit zu rechnen ist, daß sich in ihm nur wenige magnetische Monopole und flächenartige Defekte (Bloch-Wände) befinden – wenn überhaupt. Unmittelbar vor dem Phasenübergang ist die graue Kugel im Inflationären Modell sehr viel kleiner als in der Urknall-Theorie. Während des Phasenübergangs vergrößert die graue Kugel ihren Radius im Inflationären Modell um einen Faktor 10^{50} oder mehr; sie erreicht so die Größe der entsprechenden Kugel in der Urknall-Theorie.

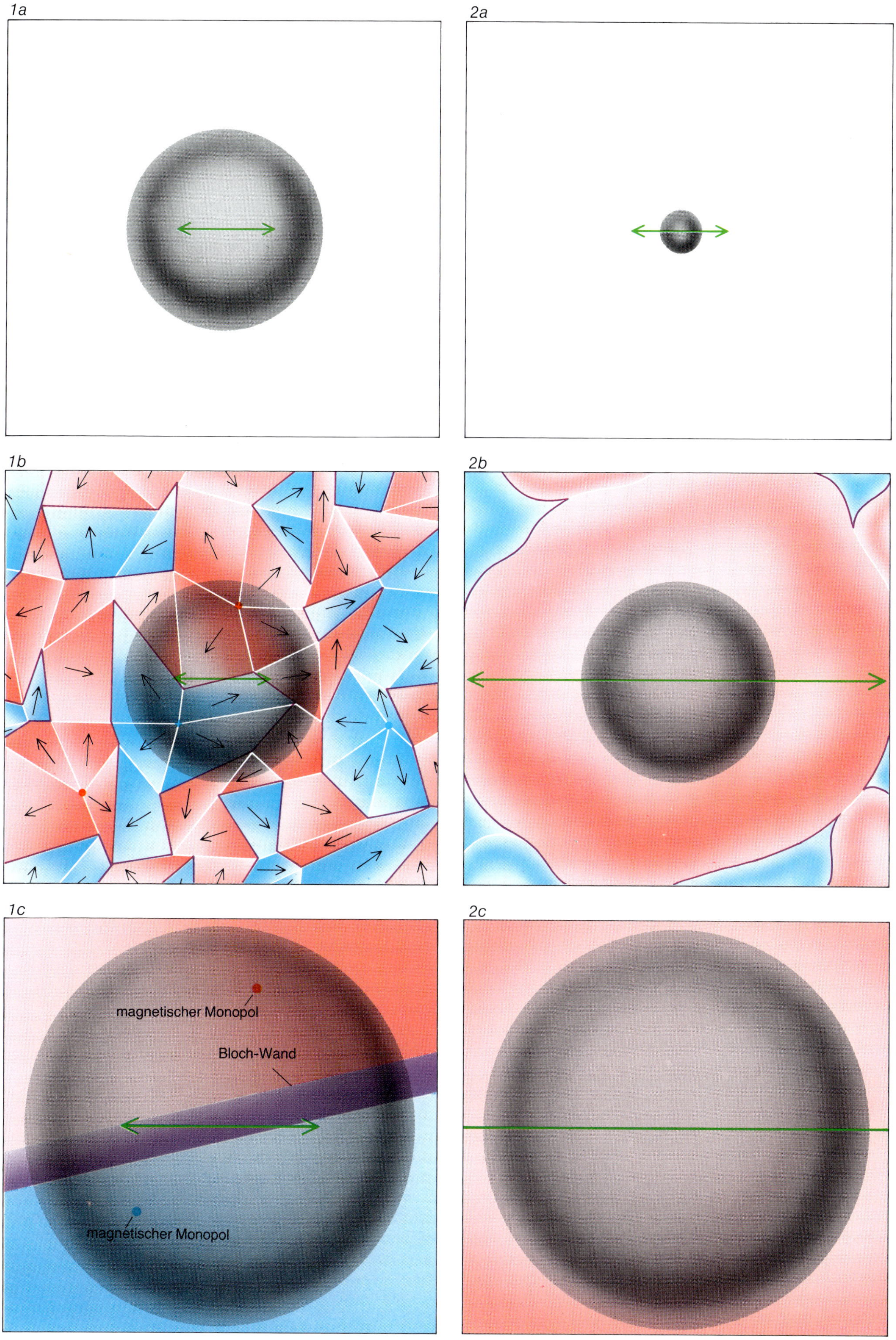
1a
2a
1b
2b
1c
magnetischer Monopol
Bloch-Wand
magnetischer Monopol
2c

Edward P. Tyron vom Hunter College der City-University von New York hat diese Idee im Jahre 1973 als erster geäußert. Im Zusammenhang mit dem Modell vom inflationären Universum entwickelte Alexander Vilenkin von der Tufts-Universität dieses Konzept im Jahre 1982 weiter.

In diesem Zusammenhang könnte „Nichts“ gleichbedeutend mit dem leeren Raum sein. Vilenkin benutzt diesen Begriff jedoch, um damit einen Zustand zu beschreiben, in dem es weder die Raum-Zeit noch Materie gibt. Quantenfluktuationen in der Struktur der Raum-Zeit lassen sich im Rahmen einer Quantentheorie der Gravitation beschreiben.

Fazit für Kosmologie und Physik

Hinsichtlich der Struktur des Universums als Ganzes läßt das Inflationäre Modell mehrere Möglichkeiten offen. In jedem Fall stellt jedoch das beobachtbare Universum nur einen kleinen Bruchteil des gesamten Universums dar; die Grenze des von uns beobachtbaren Universums ist wahrscheinlich 10^{35} Lichtjahre oder noch mehr entfernt.

Die erste Möglichkeit besteht darin, daß die verschiedenen Bereiche aneinandergrenzen und den gesamten Raum erfüllen. Die verschiedenen Bereiche sind durch „Wände“ voneinander getrennt; im Innern einer jeden Wand herrscht die symmetrische Phase der vereinheitlichten Theorien. Protonen oder Neutronen, die durch eine solche Wand hindurchtreten, zerfallen sofort. Die Wände glätten sich mit der Zeit, und nach 10^{35} Jahren oder mehr verschwinden Bereiche geringerer Ausdehnung (möglicherweise auch der Bereich des beobachtbaren Universums) und vereinigen sich zu größeren Bereichen.

Die Formierung wohldefinierter Wände zwischen verschiedenen Bereichen ist aber in einigen Versionen der vereinheitlichten Theorien nicht möglich. In diesen Theorien können jedoch unterschiedliche Zustände gebrochener Symmetrie, die in benachbarten Bereichen herrschen, langsam ineinander übergehen. An der Grenzfläche zwischen zwei Bereichen bilden sich Unstetigkeiten in der Dichte und Geschwindigkeit der Materie aus, und gelegentlich wird auch ein magnetischer Monopol erzeugt.

Eine ganz andere Situation entsteht, wenn man die Energiedichte des Higgs-Feldes durch eine Funktion beschreibt, deren Graph im unteren Teil von Bild 2 gezeigt ist. Wieder werden hier verschiedene Raumbereiche auf den Zustand des falschen Vakuums unterkühlt und expandieren beschleunigt.

Der Zustand des falschen Vakuums zerfällt dann genauso wie im ursprünglichen Modell des inflationären Universums über den Mechanismus statistischer Blasenbildung: Quantenfluktuationen veranlassen mindestens eines der Higgs-Felder, die Energiebarriere zu durchtunneln und den in Bild 2 mit *A* gekennzeichneten Wert zu erreichen. Im Gegensatz zum ursprünglichen Inflationären Modell nimmt jedoch das Higgs-Feld den Wert des wahren Vakuums nur sehr langsam an, da die Kurve in der Umgebung des Punktes *A* relativ flach ist.

Die beschleunigte Expansion dauert an, und schließlich wird eine einzige Blase groß genug, um das beobachtbare Universum in sich aufnehmen zu können. Bilden sich pro Zeiteinheit nur sehr wenige Blasen, so stoßen verschiedene Blasen selten zusammen. Der Bruchteil des Raumes, der mit Blasen ausgefüllt ist, nähert sich dann bei der Entwicklung des Systems immer mehr dem Wert 1. Aufgrund der schnellen Expansion des Raumes wächst dennoch das Volumen, das im Zustand des falschen Vakuums bleibt, mit der Zeit an. Es bilden sich dann weitere aus Blasen bestehende Universen; es gibt freilich keine Möglichkeit zu erfahren, wieviel Zeit vor dem Entstehen einer Blase vergangen ist.

Historisch gesehen ist der revolutionäre Aspekt des Modells vom inflationären Universum wohl die Idee, daß alle Materie und alle Energie des beobachtbaren Universums letzten Endes aus dem Nichts entstanden sind. Diese Feststellung steht in krassem Gegensatz zu den Vorstellungen einer Jahrhunderte alten wissenschaftlichen Tradition: Man glaubte, daß keine Materie oder Energie aus dem Nichts entstehen kann.

Diese Tradition läßt sich mindestens bis in die Zeit des griechischen Philosophen Parmenides zurückverfolgen, der im fünften vorchristlichen Jahrhundert gelebt hat. Sie manifestiert sich heute in der Formulierung einer Reihe von Erhaltungssätzen; demnach können sich bestimmte physikalische Größen bei keinem physikalischen Prozeß ändern. Noch bis vor ungefähr zehn Jahren gehörten zu den Erhaltungsgrößen nicht nur die Energie und der lineare Impuls sowie der Drehimpuls und die elektrische Ladung, sondern auch die Baryonenzahl.

Da die Baryonenzahl und die Energie des beobachtbaren Universums offensichtlich enorm groß sind, hielten die theoretischen Physiker bis auf wenige Ausnahmen die Idee einer Schöpfung aus dem Nichts für absolut unannehmbar. (Mit den anderen genannten Erhaltungsgrößen gibt es solche Probleme nicht: Die elektrische Gesamtladung und der Gesamtdrehimpuls des beobachtbaren Universums scheinen beide den Wert Null zu haben, während der lineare Gesamtimpuls von der Geschwindigkeit des Beobachters abhängt und sich daher nicht absolut definieren läßt.)

Mit dem Aufkommen der vereinheitlichten Theorien scheint es jetzt denkbar, daß die Baryonenzahl keine Erhaltungsgröße ist; demnach muß man nur noch die Energie als Erhaltungsgröße in Betracht ziehen. Die Gesamtenergie eines jeden Systems läßt sich in einen gravitativen und einen nichtgravitativen Anteil zerlegen. Der gravitative Anteil (die Energie des Gravitationsfeldes) ist unter Laborbedingungen vernachlässigbar klein, kann aber kosmologisch gesehen sehr bedeutsam sein.

Der nichtgravitative Anteil stellt, für sich genommen, keine Erhaltungsgröße dar. In der Urknall-Theorie nimmt dieser Anteil mit wachsender Expansion des frühen Universums drastisch ab, und der Energieverlust pro Zeiteinheit ist proportional zum Druck des heißen Gases.

Während der inflationären Phase herrscht dagegen im interessierenden Gebiet ein falsches Vakuum mit starkem, negativem Druck. In diesem Fall wächst die nichtgravitative Energie des Universums beträchtlich an. Im wesentlichen wird sie erzeugt, solange das falsche Vakuum beschleunigt expandiert.

Diese Energie wird freigesetzt, wenn der Phasenübergang stattfindet. Sie entwickelt sich schließlich zu Sternen, Planeten, menschlichen Wesen und anderem. Das Modell vom inflationären Universum liefert erstmals eine akzeptable wissenschaftliche Erklärung für die Erzeugung fast sämtlicher Materie und Energie im beobachtbaren Universum.

Unter den beschriebenen Bedingungen ist der gravitative Anteil der Energie keine wohldefinierte Größe; aber grob gesprochen kann man sagen, daß die Gravitationsenergie negativ ist und die nichtgravitative Energie genau aufhebt. Die Gesamtenergie ist demnach Null – das wäre mit einer Entwicklung des Universums aus dem Nichts verträglich.

Vielleicht erweist sich die Voraussage der großen vereinheitlichten Theorien, daß die Baryonenzahl keine Erhaltungsgröße ist, als richtig. In diesem Fall gäbe es keinen bekannten Erhaltungssatz, nach dem es für das beobachtbare Universum unmöglich gewesen sein sollte, sich aus dem Nichts zu entwickeln.

Das Modell vom inflationären Universum liefert einen möglichen Mechanismus, durch den sich das beobachtbare Universum aus einem infinitesimalen Raumgebiet hätte entwickeln können. Es ist verlockend, noch einen Schritt weiter zu gehen und die Frage zu stellen, ob nicht das gesamte Universum buchstäblich aus dem Nichts entstanden ist.

Die fünfte Dimension

Vom Übergang von der vierdimensionalen Raum-Zeit zu noch höherdimensionalen Räumen versprechen sich theoretische Physiker echten physikalischen Erkenntnisgewinn. Gelänge der Aufbau einer fünfdimensionalen Physik und dann deren experimentelle Verifizierung, so hätte das weitreichende prinzipielle Konsequenzen.

Von Ernst Schmutzer

Die vierdimensionale Raum-Zeit ist die Basis der Relativitätstheorie. In der 1905 von Albert Einstein formulierten Speziellen Relativitätstheorie ist die Geometrie der Raum-Zeit flach oder euklidisch; in der 1915 von ihm begründeten Allgemeinen Relativitätstheorie ist sie gekrümmt – man spricht hier von Riemannscher Geometrie. Das Kernstück der Allgemeinen Relativitätstheorie bildet die Einsteinsche Gravitationstheorie, welche die bekannte Newtonsche Gravitationstheorie unter sehr einschränkenden Bedingungen als Spezialfall enthält.

Der große Erfolg der Geometrisierung der Physik oder auch Physikalisierung der Geometrie in Gestalt der Einsteinschen Gravitationstheorie war für Einstein der Ausgangspunkt zu seinem großen Programm einer einheitlichen Feldtheorie der Materie. Er dachte dabei an eine einheitliche Feldtheorie von Gravitation und Elektromagnetismus; dahin wollte er auf der Basis einer vierdimensionalen Raum-Zeit gelangen, die jedoch mit neuartigen geometrischen Eigenschaften ausgestattet sein sollte. Mit großem Engagement und zielstrebiger Hartnäckigkeit widmete er sich bis in seine letzten Lebensjahre (Einstein, 1879 geboren, starb 1955) diesem Programm – allerdings erfolglos.

Es waren Theodor Kaluza (1921) und Oskar Klein (1926), die den Aufbau einer einheitlichen Feldtheorie von Gravitation und Elektromagnetismus durch den Übergang zu einem fünfdimensionalen Raum für erfolgversprechender hielten (Bilder 1 und 2). Bei diesem Zugang wird die fünfte Koordinate jedoch in einer ganz spezifischen Weise ausgezeichnet, wodurch diese Theorie Merkmale der Eleganz verliert.

Viele Theoretiker empfanden die unsymmetrische Auszeichnung der fünften Koordinate als störend. Dennoch brachten Kaluza und Klein mit ihrer Idee eine Bewegung in Gang, die ihren nächsten Impuls Anfang der dreißiger Jahre durch Beiträge von D. van Dantzig und anderen zur sogenannten Projektiven Relativitätstheorie erfuhr. Diese Theorie wies zwar durch die Einführung des Projektorbegriffs die genannte Unsymmetrie nicht mehr auf; eine Reihe von mathematischen und physikalischen Problemen sorgte jedoch dafür, daß sie bald für längere Zeit nicht weiter verfolgt wurde. Ein weiterer Grund für diese Stagnation war die nicht zu unterschätzende Aversion vieler Physiker gegen höherdimensionale Theorien überhaupt: Sie hatten sich kaum mit dem Schritt von der Dreidimensionalität der Physik zur Vierdimensionalität (mit der Zeit als vierter Dimension) abgefunden und wollten keinen weiteren Salto mortale ins völlig Unanschauliche wagen – zumal keiner sagen konnte, was diese fünfte Dimension physikalisch bedeuten würde.

Erst Pascual Jordan nahm 1945 den Faden der Projektiven Relativitätstheorie wieder auf. Er entwickelte eine Idee, die sich bereits bei Kaluza findet: die Einbeziehung eines skalaren (durch eine einzige Größe beschriebenen) Feldes, das sich aus der mathematischen Struktur der Theorie auf ganz natürliche Weise ergibt. Im darauffolgenden Jahrzehnt vertieften mehrere Wissenschaftler dieses Konzept.

Eine Renaissance der einheitlichen Feldtheorie vom Kaluza-Klein-Typ setzte dann vor mehr als zwei Jahrzehnten ein. Quelle der Wiederbelebung waren neue Entwicklungen in der Elementarteilchentheorie: Man formulierte sogenannte Supertheorien (Supersymmetrie, Supergravitation, Super-Eichfeld-Theorie, Große Vereinheitlichte Feldtheorien und so fort), die mehr als die üblichen vier Raum-Zeit-Dimensionen aufweisen. Diesen Theorien hat man inzwischen bis zu elf Dimensionen zugrunde gelegt, in einigen Fällen sogar noch weitere (siehe dazu den folgenden Beitrag „Die verborgenen Dimensionen der Raumzeit“ von Daniel Z. Freedman und Peter van Nieuwenhuizen).

Demgegenüber will ich hier in erster Linie die Aspekte der Fünfdimensionalität herausarbeiten und ausloten, welche physikalischen Potenzen bereits dieser fünfdimensionale Rahmen anbietet. Meine eigenen Beiträge zur projektiv-relativistischen einheitlichen Feldtheorie, auf die ich eingehen werde, begannen 1957. Zunächst soll jedoch der

Weg von der Dreidimensionalität zur Fünfdimensionalität mit seinen physikalischen Schwerpunkten nachgezeichnet werden.

Grundfragen zur dreidimensionalen Physik

Im Jahre 1687 erschienen Isaac Newtons „Philosophiae Naturalis Principia Mathematica“ (Mathematische Prinzipien der Naturphilosophie), die sich als wichtigster Grundstein der dreidimensionalen Physik erwiesen haben. Hermann Minkowski (Bild 3) trug seine Formulierung der Speziellen Relativitätstheorie auf der denkwürdigen 80. Versammlung Deutscher Naturforscher und Ärzte 1908 in Köln vor; sie legte vor 80 Jahren die Grundlage für die vierdimensionale Physik. Der erste Absatz in Minkowskis Vortrag „Raum und Zeit“ lautet:

„Die Anschauungen über Raum und Zeit, die ich Ihnen entwickeln möchte, sind auf experimentell-physikalischem Boden erwachsen. Darin liegt ihre Stärke. Ihre Tendenz ist eine radikale. Von Stund an sollen Raum für sich und Zeit für sich völlig zu Schatten herabsinken, und nur noch eine Art Union der beiden soll Selbständigkeit bewahren.“

Welchen Erkenntnisgewinn brachte nun dieser epochale Weg von der Dreidimensionalität zur Vierdimensionalität in den Modellbildungen der Physik? Ohne hier auf Newtons sehr zahlreiche Einzelleistungen auf den verschiedensten Gebieten der Physik eingehen zu können, halten wir fest, daß der britische Naturforscher uns zwei fundamentale Erkenntnisse geschenkt hat: das Bewegungsgesetz für einen Massenpunkt und das Gravitationsgesetz.

Ausgangspunkt für die Formulierung dieser physikalischen Grundgesetze für die Bewegung eines Massenpunktes und die Gravitation war für Newton das Konzept eines absoluten dreidimensionalen Raumes, der unendlich ausgedehnt und ohne Beziehung auf einen äußeren Gegenstand stets gleich und unbeweglich (in heutiger Sprechweise homogen und isotrop) sein sollte. Gleichrangig dazu gehörte das Konzept einer eindimensionalen absoluten Zeit, also einer für die ganze Welt geltenden Größe mit gleichförmigem Fluß, ebenfalls ohne Beziehung zu einem äußeren Gegenstand.

In diesem Zusammenhang will ich auf die beiden unterschiedlichen Aspekte des physikalischen Grundbegriffes der Masse – träge Masse und schwere Masse – hinweisen, die in das Bewegungsgesetz und in das Gravitationsgesetz eingehen. Im Bewegungsgesetz tritt der Aspekt der Trägheit in Erscheinung, im Gravitationsgesetz der Aspekt der Schwere. Aufgrund der Fallexperimente aus der Galileischen Ära der Physik konnte man auf die Proportionalität zwischen der trägen und der schweren Masse eines Körpers schließen. Durch eine geeignete Festlegung der Newtonschen Gravitationskonstanten ließ sich aus dieser Proportionalität sogar eine Gleichheit machen, so daß man dann von der Identität der trägen und schweren Masse ausging; sie fand schließlich im Äquivalenzprinzip von Trägheit und Schwere ihren Ausdruck.

Es war später eines der überzeugendsten theoretischen Argumente für die Einsteinsche Gravitationstheorie, daß die dort postulierte vierdimensionale Geodätengleichung als Bewegungsge-

Bild 1: Der deutsche Mathematiker Theodor Kaluza (1885 bis 1954) entwickelte 1919 als Privatdozent an der Universität Königsberg – dem heutigen Kaliningrad – erstmals die Vorstellung, die vier Dimensionen der Einsteinschen Raum-Zeit um eine weitere, räumliche Dimension zu ergänzen. Er wollte auf diese Weise die damals bekannten Grundkräfte der Natur – Gravitation und Elektromagnetismus – in einheitlicher Weise beschreiben. Kaluzas Artikel wurde im Jahre 1921 veröffentlicht.

Bild 2: Der schwedische Physiker Oskar Klein (1894 bis 1974) untersuchte 1926, ob die fünfdimensionale Kaluza-Theorie mit der damals neu entwickelten Quantenmechanik in Einklang zu bringen wäre. Er formulierte eine Version der Schrödinger-Gleichung mit fünf Variablen. Ihre Lösungen sind Wellen, die sich in der vierdimensionalen Raum-Zeit in Gravitationsfeldern und elektromagnetischen Feldern bewegen. Vergleichbare Theorien bezeichnet man nun als Kaluza-Klein-Theorien.

setz eines punktförmigen Probekörpers das Äquivalenzprinzip automatisch erfüllt. Eine Geodäte ist eine Raumkurve in einem gekrümmten Raum, deren Länge zwischen zwei Punkten extremal – maximal oder minimal – wird. In einem ungekrümmten (ebenen, flachen) Raum sind die Geraden, auf einer Kugel sind die Großkreise die zugeordneten Geodäten.

Eine genauere mathematische Analyse zeigt, daß die Grundgesetze der Newtonschen Physik beim Übergang von einem Inertialsystem zu einem anderen, geradlinig und gleichförmig gegen das erste bewegten Inertialsystem ihre mathematische Form behalten. Der Übergang zwischen den beiden Koordinatensystemen wird dabei durch die sogenannte Galilei-Transformation vermittelt. Diese Forminvarianz (Kovarianz) der Grundgesetze der Newtonschen Physik, die man oft auch Galilei-Kovarianz nennt, ist der Inhalt des sogenannten Galileischen Relativitätsprinzips. Zur Erläuterung sei daran erinnert, daß ein Inertialsystem ein geradlinig und gleichförmig durch den Raum bewegtes Bezugssystem ist, auf das sich die physikalischen Aussagen über Naturerscheinungen beziehen. In Nichtinertialsystemen (beschleunigten Bezugssystemen) ist die Naturbeschreibung wesentlich komplizierter. Das liegt vor allem daran, daß die Physik in Nichtinertialsystemen erst richtig im Rahmen der Allgemeinen Relativitätstheorie zu verstehen ist.

Der Weg zur vierdimensionalen relativistischen Physik

Als gegen Ende des vorigen Jahrhunderts die physikalische Experimentiertechnik ein beachtlich hohes Niveau an Präzision erreicht hatte, geriet die Physik – insbesondere durch die Einbeziehung der elektromagnetisch-optischen Phänomene – in eine tiefgreifende theoretische Krise. Eines der herausragendsten vorrelativistischen Experimente, das diese Krise auslöste, war der Michelson-Versuch: Der damals in Potsdam arbeitende Physiker Albert A. Michelson bestimmte 1887 die Lichtgeschwindigkeit in Bewegungsrichtung der Erde und senkrecht dazu mit für eine Generation gültiger Genauigkeit als fundamentale Konstante.

Diese Experimente zeigten die Gültigkeitsgrenzen der Newtonschen Physik deutlich auf. Insbesondere versagte die Newtonsche Mechanik, wenn man sie auf Teilchen anwandte, deren Geschwindigkeit sich der Lichtgeschwindigkeit annäherte. Außerdem ließ sich das Fundament der Newtonschen

Bild 3: Der deutsche Mathematiker Hermann Minkowski (1864 bis 1909) beschäftigte sich – nach umfangreichen Arbeiten auf dem Gebiet der Zahlentheorie – in seinen letzten Lebensjahren in Göttingen mit den Grundlagen der Speziellen Relativitätstheorie. Seine Formulierung der Einsteinschen Fassung dieser Theorie trug er auf der Versammlung Deutscher Naturforscher und Ärzte 1908 in Köln vor; sie legte die Grundlage für die vierdimensionale Physik.

Raum-Zeit-Lehre nicht auf die elektromagnetisch-optischen Erscheinungen übertragen – eine Erkenntnis, die sich als der entscheidende Angelpunkt für den erzwungenen Übergang von der dreidimensionalen zur vierdimensionalen Physik erwies.

Die Maxwellschen Feldgleichungen oder kurz Maxwell-Gleichungen bilden zusammen mit den elektromagnetischen Materialgleichungen die physikalischen Grundgesetze von Elektromagnetismus und Optik. Die Formulierung seiner Feldgleichungen gelang James Clerk Maxwell im Jahre 1864. In diesen Gleichungen ist die bis zu diesem Zeitpunkt bekannte empirische Erfahrung auf den Gebieten des Elektromagnetismus und der Optik konzentriert.

Eine eingehende mathematische Analyse zeigte nun, daß die Maxwell-Gleichungen nicht die Eigenschaft der Forminvarianz gegenüber Galilei-Transformation aufweisen: Sie erfüllen nicht das Galileische Relativitätsprinzip.

Vor einem Jahrhundert war allerdings die Überzeugung, daß die Newtonsche Physik und die ihr zugrunde gelegten Raum-Zeit-Vorstellungen richtig seien, tief im Bewußtsein der meisten Physiker jener Zeit verankert. Die Lösungsversuche zur Behebung der entstandenen Krise der Physik zielten dementsprechend auf eine geeignete Korrektur der Maxwellschen Theorie des Elektromagnetismus, nicht aber auf die Preisgabe der Newtonschen Mechanik ab. Man glaubte, durch gewisse Zusatzglieder in den Maxwell-Gleichungen deren Galilei-Kovarianz zu sichern.

Der bekannteste dieser Abänderungsvorschläge ist wohl die 1890 von Heinrich Hertz entwickelte elektromagnetische Theorie. Statt aus der Sackgasse herauszukommen, verstrickte man sich aber immer weiter in prinzipielle Widersprüche. Die Verwirrung wurde noch weiter gesteigert durch die Vorstellung vom sogenannten Weltäther, der als unwägbares Medium alle Körper durchdringen sollte und der allen Theorien dieser Art zugrunde lag. In der Relativitätstheorie wurde schließlich die Hypothese von der Existenz des Weltäthers überhaupt fallengelassen, der Widerspruch löste sich durch Entwicklung gänzlich neuartiger Raum-Zeit-Vorstellungen.

In diesem Zusammenhang ist es unerläßlich, auf Ernst Mach hinzuweisen, den ersten herausragenden Kritiker der Newtonschen Mechanik. In seinem Werk „Die Mechanik in ihrer Entwicklung – historisch-kritisch dargestellt" (1883) analysierte er die Newtonsche Lehre von einem absoluten Raum und einer absoluten Zeit und erschütterte ihre Basis durch in die Zukunft weisende, neuartige Fragestellungen.

Mach warf das Problem der Ursache der Trägheit und der damit verbundenen Existenz von Inertialsystemen auf. Seine später – auf Einsteins Vorschlag – als Machsches Prinzip bezeichnete These, daß der tiefere Grund für die Inertialität in der Existenz ferner Massen (Galaxien, Galaxienhaufen) liege, ist bis heute ein umstrittener Forschungsgegenstand. Einstein ist aber auf seinem Weg zur Allgemeinen Relativitätstheorie stark durch das Machsche Gedankengut angeregt worden.

Spezielle Relativitätstheorie

Um die Widersprüche in der Theorie des Elektromagnetismus zu lösen, bot sich auch ein alternativer Weg an: Man betrachtete die ursprüngliche, nichtabgeänderte Maxwell-Theorie als die eigentliche Theorie des Elektromagnetismus und suchte nach einer raumzeitlichen Transformation zwischen den Inertialsystemen, welche die Forminvarianz der Maxwell-Gleichungen sichert und demnach von der Galilei-Transformation verschieden sein muß.

Als Ergebnis dieser Bestrebungen fand Hendrik Antoon Lorentz 1904 eine raum-zeitliche Transformation zwischen Inertialsystemen, die der Mathematiker Henri Poincaré ihm zu Ehren als Lorentz-Transformation bezeichnete. Daß Lorentz die eigentliche Entdekkung der Speziellen Relativitätstheorie versagt blieb, liegt daran, daß er an der Äther-Konzeption festhielt.

Entscheidende Einsichten in die Spezielle Relativitätstheorie nahm auch Poincaré vorweg: Bereits in den Jahren 1904 und 1905 formulierte er das Spezielle Relativitätsprinzip und verwarf die Äther-Hypothese. Seine Arbeiten kommen an Einsteins Publikation über die Spezielle Relativitätstheorie, die 1905 unter dem Titel „Zur Elektrodynamik bewegter Körper“ in den „Annalen der Physik“ erschienen ist, am nächsten heran, sind aber nicht voll auf die relativistischen Aspekte der Problematik angelegt.

Erst der junge Einstein entschied den tiefliegenden Widerspruch zwischen der Newtonschen Mechanik mit ihrer Galilei-Kovarianz (Forminvarianz gegenüber Galilei-Transformation) und der Maxwellschen Elektromagnetik mit ihrer Lorentz-Kovarianz (Forminvarianz gegenüber Lorentz-Transformation) zugunsten der Maxwell-Theorie – und damit zugunsten der Lorentz-Transformation. Er bekannte sich zur These von der Einheit der Physik und ging davon aus, daß die Maxwellsche Theorie des Elektromagnetismus im Vergleich zur Newtonschen Mechanik auf einer höheren Erkenntnisstufe anzusiedeln sei. Diese wissenschaftliche Position bedeutete dann, daß der Lorentz-Kovarianz der Naturgesetze gegenüber der Galilei-Kovarianz, wie sie in der Newtonschen Mechanik verankert ist, der Vorzug zu geben ist. Die Konsequenz aus dieser Einsicht konnte nur sein, die Newtonsche Mechanik zur relativistischen Mechanik mit der Eigenschaft der Lorentz-Kovarianz weiterzuentwickeln. Das Ergebnis der Umsetzung dieser Gedanken für alle Gebiete der Physik (außer der Gravitation) ist eben die 1905 entstandene Spezielle Relativitätstheorie.

Die Grundlage der Speziellen Relativitätstheorie bildet das Spezielle Relativitätsprinzip. Es ist eine Weiterentwicklung des Galileischen Relativitätsprinzips, das nur auf die Newtonsche Mechanik und Newtonsche Gravitationstheorie bezogen ist. Abgesehen vom Phänomen der Gravitation gilt es für alle Bereiche der Physik. Seine Formulierung lautet: „Die Grundgesetze der Physik besitzen für zwei Beobachter, die sich in verschiedenen Inertialsystemen befinden, dieselbe Form.“ In mathematischer Hinsicht bedeutet dieses Prinzip, daß die Grundgesetze der Physik Lorentz-Kovarianz aufweisen müssen.

Die raumzeitliche Basis der Speziellen Relativitätstheorie bildet also die Lorentz-Transformation. Sieht man sich die mathematische Struktur dieser Transformation näher an, so erkennt man, daß die vier Raum-Zeit-Koordinaten (x, y, z, t) des einen Inertialsystems mit den vier Raum-Zeit-Koordinaten (x', y', z', t') des anderen durch eine lineare Transformation verknüpft sind.

Durch die Mittransformation der Zeit sind also Raum und Zeit zu einer höheren vierdimensionalen Einheit, dem Raum-Zeit-Kontinuum, zusammengefügt worden: Raum und Zeit haben jeweils für sich keine absolute Bedeutung mehr, sie sind zu relativen Kategorien geworden. Beeindruckende Konsequenzen dieser Relativierung von Raum und Zeit sind eine Reihe interessanter physikalischer Phänomene und Einsichten. Dazu gehören die Längenkontraktion, die Zeitdilatation, die Relativierung der Gleichzeitigkeit, die Veränderlichkeit der Masse, die Masse-Energie-Relation und auch das wohlbekannte Zwillingsparadoxon.

Früher haben Gegner dieser Konzeption der Vierdimensionalität der Physik oft vehement das Argument vorgebracht, daß es sich dabei nur um eine formale vierdimensionale Zusammenfassung dreidimensionaler speziell-relativistischer Erkenntnisse handele, die keinerlei neue physikalische Einsichten zur Folge habe. Diese Behauptung ist falsch, denn erst auf der Grundlage der vierdimensionalen Verflochtenheit dreidimensionaler Größen ist das richtige Transformationsgesetz für diese Größen beim Wechsel des Inertialsystems zu ermitteln.

Allgemeine Relativitätstheorie

Die Spezielle Relativitätstheorie brachte uns die Erkenntnis von der Vierdimensionalität der Raum-Zeit. Sie verbindet Raum und Zeit zu einer vierdimensionalen Einheit, die aber selbst als Ganzes ihren Absolutheitscharakter behält: Sie existiert losgelöst von den Körpern, Teilchen und Feldern. Ungelöst blieb zunächst das Problem einer möglichen Verknüpfung der Raum-Zeit mit diesem Inhalt.

Einstein wurde bei der Lösung dieses Problems stark von dem erwähnten Gedankengut Machs beeinflußt. Grundlegend war ferner die Tatsache, daß sich im Rahmen der Speziellen Relativitätstheorie keine Gravitationstheorie aufbauen ließ, die mit der Erfahrung verträglich gewesen wäre. Er gelangte schließlich 1915 zu seiner ebenfalls in den „Annalen der Physik“ publizierten Allgemeinen Relativitätstheorie.

In dieser Theorie wird die Vierdimensionalität der Raum-Zeit nicht an-

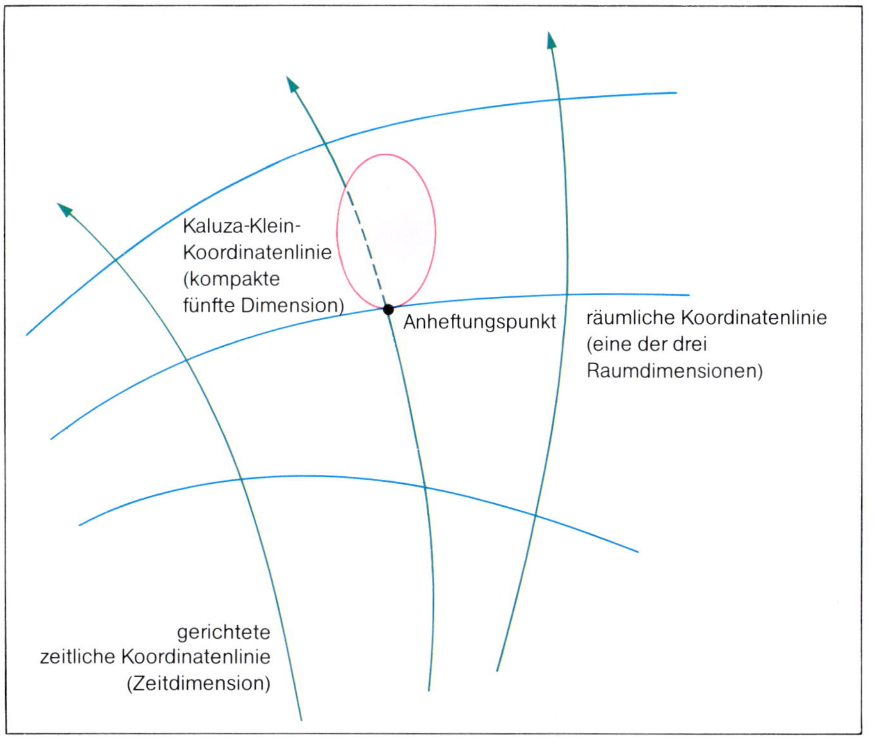

Bild 4: Die fünfte Dimension läßt sich im Rahmen der Kaluza-Klein-Konzeption durch Kreise veranschaulichen, die jedem Punkt unserer vierdimensionalen Raum-Zeit-Welt angeheftet sind. Eine derartige kreisförmige (geschlossene) Kaluza-Klein-Koordinatenlinie ist in dieser schematischen Skizze als eingerollte fünfte Dimension dargestellt. Das physikalische Geschehen in dieser Dimension wird gewissermaßen durch Entlanglaufen auf diesen Kreisen einbezogen; es hat, entsprechend der Geschlossenheit dieser Dimension, Kreisperiodizität.

getastet; vielmehr wird die speziell-relativistische Absolutheit der Raum-Zeit mit ihrer Euklidischen Geometrie überwunden. Einstein erkannte, daß unsere wirkliche Raum-Zeit-Welt gekrümmt ist – sie weist Riemannsche Geometrie auf. In der entsprechenden Gravitations-Feldgleichung sind die zugehörigen Krümmungsgrößen und der sogenannte Energietensor über die Einsteinsche Gravitationskonstante (als Proportionalitätskonstante) miteinander verknüpft.

Die vierdimensionale Raum-Zeit verliert damit ihren absoluten Charakter: Die physikalischen Größen Energie, Impuls und Spannung bestimmen ihre geometrische Struktur. Durch die Einstein-Gleichungen werden also Physik und Geometrie immanent miteinander verbunden. Deshalb spricht man in diesem Zusammenhang von der Geometrisierung der Physik oder auch von der Physikalisierung der Geometrie.

In einer gekrümmten Raum-Zeit kann es keine Inertialsysteme geben – als Analogie denke man daran, daß sich beispielsweise auf einer Kugelfläche keine Gerade unterbringen läßt. Die Allgemeine Relativitätstheorie beruht daher von vornherein auf Nichtinertialsystemen, so daß durch sie auch automatisch das Problem der Naturbeschreibung im Rahmen von Nichtinertialsystemen gelöst worden ist.

Konkrete Voraussagen der Einsteinschen Gravitationstheorie, die heute durch unterschiedliche Experimente mit einer Genauigkeit von einem Prozent bis einem Promille empirisch bestätigt ist, betreffen die Periheldrehung der Planeten (rosettenartige Drehung der Bahnellipsen), die Lichtablenkung durch die gravitative Wirkung großer Massen, die Frequenzverschiebung und die Laufzeitverzögerung (Shapiro-Effekt) von Lichtwellen im Gravitationsfeld. Die Allgemeine Relativitätstheorie ist außerdem die wissenschaftliche Basis der modernen Kosmologie (Friedman-Modell); in diesem Bereich ermöglicht sie auch Voraussagen über die Existenz von Schwarzen Löchern und Gravitationswellen.

Nach der Beschreibung des – durch die experimentelle Erfahrung abgesicherten – Entwicklungsweges der Physik von der Dreidimensionalität zur relativistischen Vierdimensionalität will ich die mögliche Rolle der fünften Dimension in der Physik untersuchen. Die parallele Entwicklung der beiden fünfdimensionalen Zugänge zur Physik – einerseits den Kaluza-Klein-Formalismus, andererseits den projektiv-relativistischen Formalismus – habe ich eingangs bereits herausgestellt. Während der erste Zugang hier nur skizziert werden soll, will ich in meinem Beitrag den Schwerpunkt auf die physikalische Interpretation der fünften Dimension im Rahmen der projektiv-relativistischen Konzeption legen.

Die fünfte Dimension in der Kaluza-Klein-Theorie

Kaluza und Klein haben die Riemannsche Geometrie der vierdimensionalen Raum-Zeit formal auf einen fünfdimensionalen Raum erweitert. Sie haben dann untersucht, ob sich in den fünfdimensionalen Feldgleichungen vierdimensionale Feldgleichungen als mathematische Substrukturen identifizieren lassen, die sich als verallgemeinerte Gravitations-Feldgleichungen (Einstein-Gleichungen) und elektromagnetische Feldgleichungen (Maxwell-Gleichungen) deuten ließen. Sie versuchten zunächst nicht, der fünften Dimension einen konkreten physikalischen Sinn zuzuschreiben.

Die immer wieder gestellte Frage, was denn nun eigentlich die fünfte Dimension sei, blieb anders als bei der vierten Dimension – der Zeit – unbeantwortet. In der Literatur der nachfolgenden Jahrzehnte gibt es immer wieder Deutungsversuche der fünften Dimension, beispielsweise als Wirkung oder als Masse. Man kann aber feststellen, daß Interpretationen dieser Art bisher nicht überzeugen konnten.

Wissenschaftler, die im Rahmen des Kaluza-Klein-Formalismus arbeiten, gehen heute dennoch davon aus, daß die fünfte Dimension und mögliche zusätzliche Dimensionen eine reale physikalische Bedeutung haben. Dabei wird durchaus die Frage gestellt, wie man diese neue Dimension experimentell bestätigen könne. Auch sucht man eine Antwort auf die Frage, warum sie sich im Universum bisher verborgen gehalten hat. Zur Illustration der weithin verbreiteten Erklärung denke man sich Kreise, die jedem Punkt unserer Raum-Zeit-Welt angeheftet sind. Ein solcher Kreis stellt die (geschlossene) Koordinatenlinie der fünften Dimension dar; das in der fünften Dimension ablaufende physikalische Geschehen wird einbezogen, wenn man auf dem Kreis langläuft (Bild 4).

Im Unterschied zu den Raumdimensionen und der Zeitdimension, die beide

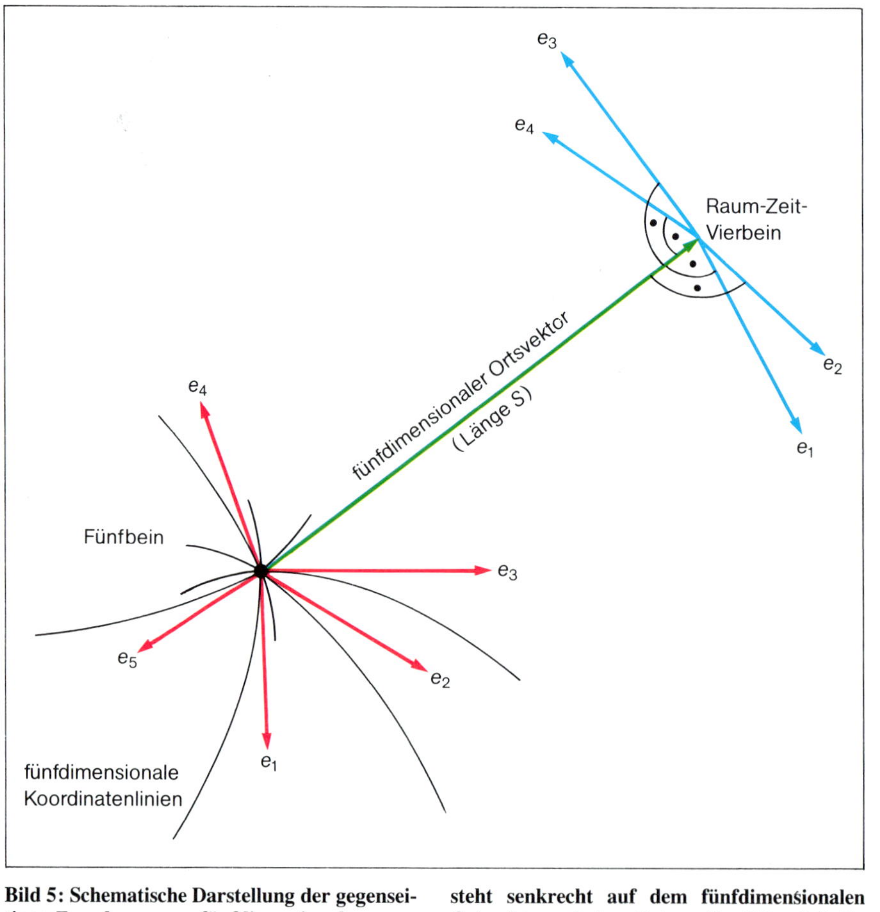

Bild 5: Schematische Darstellung der gegenseitigen Zuordnung von fünfdimensionalem projektivem Raum und vierdimensionaler Raum-Zeit. Die Raum-Zeit wird lokal durch ein Vierbein im projektiven Raum aufgespannt; dieses steht senkrecht auf dem fünfdimensionalen Ortsvektor mit dem Betrag (der Länge) *S*. Zu jedem Punkt des fünfdimensionalen Raumes gehört ein derartiger Ortsvektor; er verändert sich beim Weiterschreiten in Raum und Zeit.

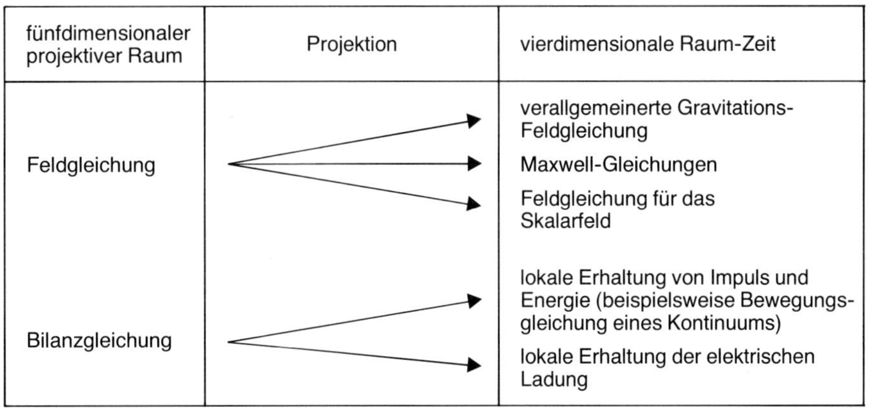

Bild 6: Durch Projektion der fünfdimensionalen Naturgesetze in die vierdimensionale Raum-Zeit ergeben sich vierdimensionale Naturgesetze. Dazu gehören Verallgemeinerungen der bekannten Grundgesetze der Gravitation (Einstein-Gleichung) und des Elektromagnetismus (Maxwell-Gleichungen). Um die mögliche Fünfdimensionalität unserer Welt zu bestätigen oder auszuschließen, ist die genaue Untersuchung des zusätzlich auftretenden Skalarfeldes und seiner möglichen empirischen Konsequenzen erforderlich. Beispielsweise entsteht durch die zusätzliche skalarische Kraft ein Unterschied zwischen der trägen und der schweren Masse; man muß demnach eine schwache Verletzung der Äquivalenz von träger und schwerer Masse erwarten. Überdies werden durch Wechselwirkung von Gravitation, Elektromagnetismus und Skalarismus zusätzliche neue Effekte vorausgesagt.

beim Fortschreiten längs ihrer Koordinatenlinien keine Periodizität zur Folge haben, ergibt sich für die Koordinatenlinie der fünften Dimension Kreisperiodizität. Man nennt die fünfte Dimension deshalb auch eine kompaktifizierte Dimension und den zugehörigen geschlossenen Bereich einen kompaktifizierten Bereich. Die beschriebene Periodizität legt den gedanklichen Brückenschlag zu den Quantenphänomenen mit ihren zeitlich-periodischen Eigenwertproblemen (Eigenschwingungen) nahe.

Nach heutigen Vorstellungen dieser Wissenschaftler war die fünfte Dimension beim Urknall ähnlich wie die anderen vier Raum-Zeit-Dimensionen topologisch offen; erst im Laufe der kosmologischen Evolution schloß sich diese Dimension ab und wurde kompaktifiziert, indem sie sich einrollte.

Die Tatsache, daß man bisher die fünfte Dimension nicht entdecken konnte, versucht man über die Heisenbergsche Unschärferelation zu erklären. Diese konstatiert eine naturgesetzliche Unschärfe komplementärer Größen eines quantenmechanischen Systems, wie beispielsweise zwischen Ort und Impuls oder Winkel und Drehimpuls. Dieser Unschärfe zufolge kann das System nicht zugleich etwa einen exakt bestimmbaren Ort und einen exakt bestimmbaren Impuls haben. Angewandt auf das vorliegende Problem folgt daraus: Zur Entdeckung extrem kleiner Raumbereiche benötigt man Teilchen mit extrem großer Energie. Man glaubt, daß bisher die Energien auch der in den leistungsfähigsten Experimentieranlagen beschleunigten Teilchen noch keineswegs ausreichen, den als extrem klein angenommenen kompaktifizierten Bereich der fünften Dimension zu entdecken.

Da die Großbeschleuniger gegenwärtig Teilchen erzeugen können, die Raumbereiche mit einer Ausdehnung von etwa 10^{-16} Zentimetern auflösen, muß man davon ausgehen, daß der Kaluza-Klein-Kreis eine weit geringere Ausdehnung aufweist. Denkt man beispielsweise an eine Ausdehnung von der Größenordnung der Planckschen Länge (10^{-33} Zentimeter), so würde man zum Nachweis der fünften Dimension hypothetische Teilchen mit etwa der Planckschen Masse von 10^{-5} Gramm benötigen. Es liegt weit außerhalb der heutigen Möglichkeiten, mit Beschleunigern solche Teilchen zu erzeugen.

In diesem Zusammenhang sei angemerkt, daß man die Teilchen, die dem eingangs erwähnten skalaren Feld zugeordnet sind, als Dilatonen bezeichnet – ein Name, der sich auf die Ausdehnung der Welt in der fünften Dimension bezieht. Die gelegentlich verwendete Bezeichnung Skalaronen ist meiner Meinung nach aber treffender.

Projektive Feldtheorie

Nach diesem Exkurs in die Kaluza-Kleinsche Entwicklungsrichtung der einheitlichen Feldtheorie möchte ich nun die projektiv-relativistische Parallelentwicklung dazu darstellen. Als erster hat – wie oben bereits erwähnt – Jordan das skalare Feld, das sich im Rahmen einer fünfdimensionalen geometrischen Theorie dem Forscher aufdrängt, gründlich mit in die Betrachtungen einbezogen. Er legte sich aber auf recht komplizierte Feldgleichungen fest, so daß seine Theorie leider physikalisch unfruchtbar blieb.

Noch bevor die Arbeit auf dem Gebiet der Jordanschen Theorie ausgeklungen war, begann ich 1957 eine eigene Variante der projektiven Feldtheorie auszuarbeiten. Das Einsteinsche Konzept einer einheitlichen Feldtheorie der Physik sprach mich sehr an, und ich hatte die verschiedenen Wege und Irrwege auf diesem Gebiet eingehend verfolgt. Als Resultat hatte sich meine Meinung gefestigt, daß sich das angestrebte Geometrisierungsprogramm im Vierdimensionalen nicht auf physikalisch zufriedenstellende Weise durchführen ließe. Deshalb wandte ich mich dem fünfdimensionalen projektiv-relativistischen Konzept zu, das ich auch jetzt weiterverfolge.

In jenen Jahren meines Beginns auf dieser Strecke war die Idee einer fünfdimensionalen Physik sehr in Verruf geraten – nicht nur bei den Experimentalphysikern, sondern auch bei den meisten Theoretikern. Obwohl auch Wolfgang Pauli anfangs sehr aktiv in der Projektiven Relativitätstheorie engagiert war, hat seine Meinung „Was Gott getrennt hat, soll der Mensch nicht zusammenfügen" (hier: Gravitation und Elektromagnetismus) diese Stimmung noch bestärkt. So kam es, daß ich im wesentlichen im Alleingang arbeitete. Aufgrund einer Reihe prinzipieller Besonderheiten bezeichnete ich meinen Zugang als Projektive Einheitliche Feldtheorie.

Hinsichtlich des fünfdimensionalen mathematischen Apparates lassen sich der Kaluza-Klein-Formalismus und der projektiv-relativistische Formalismus in großen Bereichen einander zuordnen – es gibt jedoch wichtige charakteristische Unterschiede. Das liegt vor allem daran, daß im projektiv-relativistischen Formalismus die vierdimensionalen Feldgrößen von sich aus nur von den Raum-Zeit-Koordinaten abhängen, eine fünfte Koordinate als unabhängige Variable in den Feldgrößen also nicht in Erscheinung tritt.

Um das Fundament der angestrebten Theorie zu verstehen, befaßte ich mich zuerst eingehend mit ihren geometrischen Grundlagen. Zu diesem Zweck ersann ich einen spezifischen, dem gesteckten Ziel angepaßten Vektorformalismus, der sowohl in der vierdimensionalen Raum-Zeit als auch im fünfdimensionalen projektiven Raum nicht von der Metrik (sie legt die Längenausdehnung von Raum- und Zeitdimension fest), sondern primär von der eine Stufe tiefer liegenden Begriffskategorie der

Basisvektoren ausgeht. Aus diesen Vektoren gewinnt man anschließend durch Skalarproduktbildung die Metrik. Das mathematische Werkzeug, das diesem neuartigen Zugang entspricht, ist bei der Projektion der fünfdimensionalen physikalischen Grundgesetze in die vierdimensionale Raum-Zeit außerordentlich wirksam und transparent.

Die gegenseitige Zuordnung des fünfdimensionalen projektiven Raumes und der vierdimensionalen Raum-Zeit ist in Bild 5 schematisch dargestellt: In jedem Punkt des projektiven Raumes wird lokal in Richtung der fünfdimensionalen Koordinatenlinien, die durch die fünfdimensionalen Koordinaten $(X^\mu) = (X^1, X^2, X^3, X^4, X^5)$ beschrieben werden, ein Fünfbein $(e_\mu) = (e_1, e_2, e_3, e_4, e_5)$ angebracht. Zu jedem dieser Punkte gehört ein fünfdimensionaler Ortsvektor. Das vierdimensionale Raum-Zeit-Element, das dem jeweiligen Punkt zugeordnet ist, wird lokal durch ein Vierbein aufgespannt, das auf diesem Ortsvektor senkrecht steht. Unsere Raum-Zeit-Welt steht demnach überall auf dem fünfdimensionalen Ortsvektor senkrecht, der sich seinerseits beim Fortschreiten in Raum und Zeit verändert.

In meiner vektoriellen Konzeption bildet der fünfdimensionale projektive Raum, in dem die fünfdimensionalen Grundgesetze der Physik zu formulieren sind, die tatsächliche Grundlage des physikalischen Geschehens und hat deshalb die theoretische Priorität. Die auf seinem Fundament verankerten Naturgesetze sind gegenüber den vierdimensionalen Naturgesetzen auf einer tieferen Erkenntnisstufe angelegt, denn aus den fünfdimensionalen Naturgesetzen fließen einerseits die uns bereits bekannten vierdimensionalen Naturgesetze in erweiterter Form, andererseits auch noch weitere, völlig neuartige vierdimensionale Naturgesetze, auf die man in einer rein vierdimensionalen Theorie nicht kommt. Auf diese Weise könnte prinzipiell neue Naturerkenntnis gewonnen werden.

Fünfdimensionale Physik?

Der Griff zur Fünfdimensionalität bedeutet demnach keineswegs eine mathematisch-formale Zusammenfügung vierdimensionaler Naturerkenntnisse, sondern stellt eine neuartige Fundierung der Physik dar. Dabei bleibt – wenn man die Naturgesetze vom Fünfdimensionalen ins Vierdimensionale projiziert – das bisherige Verständnis der vierdimensionalen Raum-Zeit mit ihrer Riemannschen Geometrie unangetastet. Auf der Raum-Zeit steht jedoch, wie bereits erwähnt, jeweils lokal der projektiv-relativistische Radiusvektor im Sinne einer ergänzenden fünften Dimension senkrecht; er gibt damit die Richtung der fünften Dimension an. Den Betrag dieses Radiusvektors kann man als Längengröße der fünften Dimension ansehen. Er spielt somit eine Doppelrolle, denn aus vierdimensionaler Sicht stellt er die zusätzliche skalare Feldfunktion dar, welche neue Erkenntnis zur Folge hätte.

Dieses Konzept hat natürlich nur dann einen wirklichen Erkenntniswert, wenn die daraus entspringende Theorie einen bisher unerschlossenen Bereich der physikalischen Wirklichkeit abbildet. Da die vorausgesagten Effekte extrem klein sind, läßt sich eine solche Theorie und damit auch das gesamte Programm einer fünfdimensionalen Physik bisher allerdings nicht empirisch verifizieren. Die Geschichte der Physik lehrt jedoch, daß man in sich geschlossene Theoriengebäude mit großer Überzeugungskraft nicht einfach wegen der Kleinheit der experimentellen Effekte negieren darf.

Die von mir vorgeschlagene Projektive Einheitliche Feldtheorie geht von einer fünfdimensionalen Feldgleichung aus, deren Struktur der Einsteinschen vierdimensionalen Gravitations-Feldgleichung entspricht. Dabei fungiert die nicht geometrisierte Materie (Substrat) als Quelle. Aus dieser Feldgleichung folgt als mathematische Konsequenz eine fünfdimensionale Bilanzgleichung. Wie in der Einsteinschen Gravitationstheorie braucht also die Bilanzierung nicht durch eigene Zusatzpostulate gesichert zu werden – ein Tatbestand, der für die innere Geschlossenheit einer Theorie von ganz prinzipieller Bedeutung ist.

Das Ergebnis der Projektion der fünfdimensionalen Feldgleichung und der fünfdimensionalen Bilanzgleichung in die vierdimensionale Raum-Zeit-Welt ist in Bild 6 zusammengefaßt. Aus dem dort dargestellten Schema erkennt man die Potenz dieses theoretischen Zuganges: Weite Gebiete der Physik werden von einem gemeinsamen Ursprung her geschlossen erfaßt.

Als besonderes Merkmal der Theorie erscheint bei der Projektion der fünfdimensionalen Feldgleichung eine ganz spezifische vierdimensionale Feldgleichung für das Skalarfeld, die eine physikalisch durchsichtige und gut verständliche Gestalt aufweist.

Die Projektive Einheitliche Feldtheorie vereinheitlicht demnach durch fünfdimensionale Geometrisierung drei vierdimensionale Naturphänomene:

– Die Gravitation wird durch verallgemeinerte Gravitations-Feldgleichungen beschrieben.

– Der Elektromagnetismus wird durch Maxwell-Gleichungen in einer Weise erfaßt, daß das Vakuum von sich aus bereits die Eigenschaft der Dielektrizität (Polarisation) aufweist.

– Der Skalarismus (Begriff zur Bezeichnung des mit dem Skalarfeld ver-

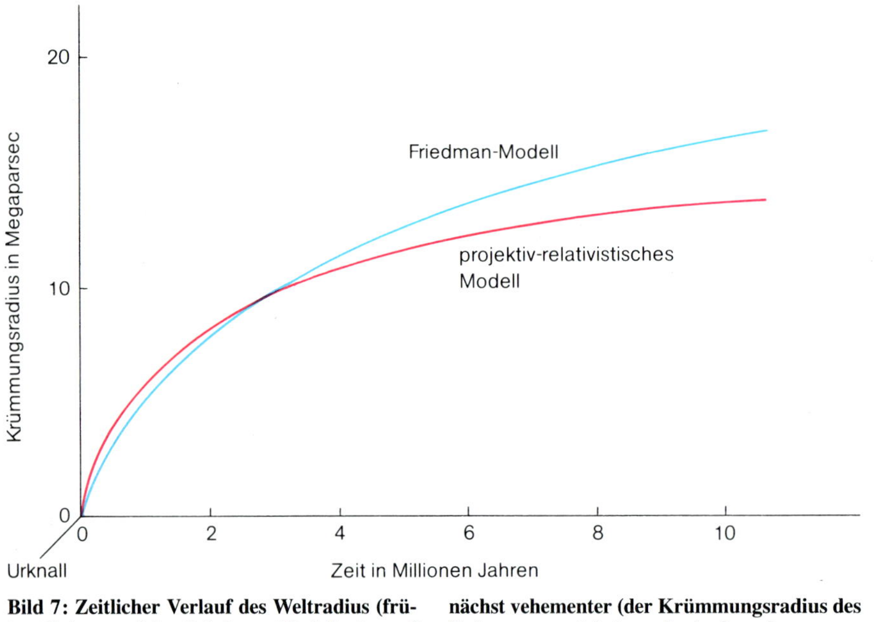

Bild 7: Zeitlicher Verlauf des Weltradius (frühes Universum) im Friedman-Modell, das auf der Einsteinschen Gravitationstheorie beruht, und in der Projektiven Einheitlichen Feldtheorie. In beiden Theorien folgt auf den Urknall die Expansion des Universums; beim projektiv-relativistischen Modell ist sie jedoch zunächst vehementer (der Krümmungsradius des Universums wächst rascher), dann langsamer als beim Friedman-Modell. Den Schnittpunkt bestimmt ein Parameter Gamma; nach ihm richtet sich die Stärke des skalarischen Feldes. Hier wurde Gamma gleich plus oder minus 0,5 gewählt; im Friedman-Modell ist Gamma = 0.

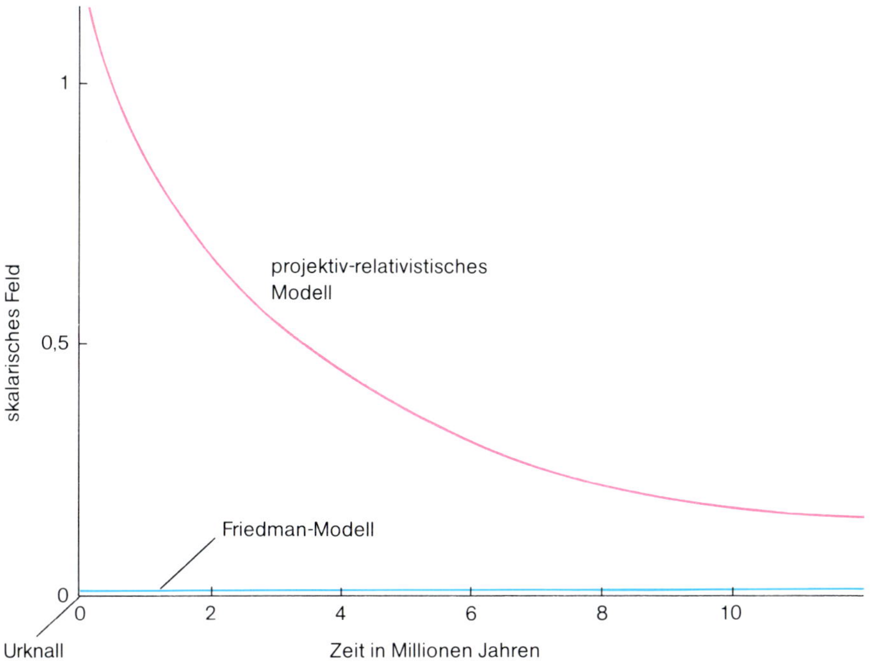

Bild 8: Das skalarische Feld ist ein spezifisches Merkmal der Projektiven Einheitlichen Feldtheorie. In der Einsteinschen Gravitationstheorie (und demnach auch im Friedman-Modell) gibt es kein derartiges dimensionsloses Feld. Im projektiv-relativistischen Modell weist das skalarische Feld beim Urknall eine Singularität auf und klingt im Verlauf der Weltexpansion ab; der hier dargestellte Verlauf ist qualitativ. Eine empirische Bestätigung dieses Verhaltens durch astrophysikalische Beobachtungen ist derzeit noch nicht möglich.

bundenen hypothetischen Naturphänomens) schließlich wird durch die oben erwähnte Feldgleichung für das Skalarfeld beschrieben; da in der Physik viele Arten von Skalarfeldern (das Schrödinger-Feld, das Klein-Gordon-Feld und so weiter) bekannt sind, habe ich für dieses spezifische skalare Feld den Begriff skalarisches Feld geprägt.

Konsequenzen der Theorie

Die Schlußfolgerungen und Voraussagen der Projektiven Einheitlichen Feldtheorie sind vielfältiger Natur. Anders als in der Jordanschen Theorie bleibt die Gravitationskonstante eine echte Naturkonstante ohne zeitliche Veränderlichkeit. (Dafür sprechen auch etliche neue Hochpräzisionsexperimente.) Das skalarische Feld bestimmt eine skalarische Polarisation des Vakuums jenseits der aus der Quantenfeldtheorie bekannten Vakuumpolarisation. Die Energiedichte des skalarischen Feldes ist für statische und stationäre Felder positiv-definit. Bei einem zeitlich rasch veränderlichen skalarischen Feld ist sie jedoch negativ, so daß die Erscheinung der Antigravitation möglich wird: Materie kann sich unter bestimmten Bedingungen abstoßen. Außerdem wird eine Veränderlichkeit der Masse eines Körpers vorhergesagt, die exponentiell von dem skalarischen Feld abhängt.

Aufgrund der zusätzlichen skalarischen Kraft, die bei der Wechselwirkung zweier Körper ähnlich wie die Gravitationskraft umgekehrt proportional zum Abstandsquadrat abfällt, entsteht ein Unterschied zwischen der trägen und der schweren Masse eines Körpers; man muß deshalb eine schwache Verletzung des Äquivalenzprinzips erwarten. Diese Überlegungen sollte man bei der jetzt weltweit diskutierten Suche nach einer fünften Naturkraft mit einbeziehen.

Bemerkenswert ist ferner, daß es in der Theorie ohne grundsätzliche Abänderungen ihres Gesamtgebäudes keine magnetischen Monopole geben kann. Bisher gibt es in der Tat keine soliden experimentellen Hinweise, daß sie existieren.

In der Theorie ist des weiteren nur für elektrisch neutrale Materie, die keine genuin skalarischen Eigenschaften hat, die Einsteinsche Gravitationstheorie als Spezialfall enthalten. Da nach der Theorie der Elektromagnetismus über den skalarischen Energie-Impuls-Tensor zu einer weiteren Quelle für die Gravitation wird, ist die sogenannte Einstein-Maxwell-Theorie (einfache Zusammenfügung von Einstein-Theorie und Maxwell-Theorie) im Allgemeinfall nicht in dieser Theorie enthalten. Bei der Wechselwirkung zwischen drei geometrisierten Feldern (Gravitation, Elektromagnetismus und Skalarismus) sind demzufolge auch neuartige Effekte zu erwarten.

Aus diesen Konsequenzen der Projektiven Einheitlichen Feldtheorie ist ersichtlich, daß unsere bisherigen physikalischen Erkenntnisse in tiefgreifender Weise umgestaltet würden, wenn die experimentelle Verifikation der Theorie gelänge. Die Wechselwirkungseffekte zwischen den drei geometrisierten Feldern sind durch die Theorie eindeutig berechenbar; außer der Gravitationskonstanten gehen keine weiteren Parameter in die Theorie ein. Leider sind diese Effekte jedoch dermaßen klein, daß in der nächsten Zukunft in diesem Bereich keine Aussicht auf eine experimentelle Bestätigung oder Widerlegung der rein geometrisierten Theorie (ohne Substrat als Quelle) besteht.

Allerdings bieten sich phänomenologische Erweiterungsrichtungen der Theorie an, die sich auf die Astrophysik und die Kosmologie anwenden lassen. Das ist inzwischen in mehreren Arbeiten geschehen, wobei vor allem die aus der Theorie folgende Abänderung des bewährten Friedman-Modells (des 1922 von dem Mathematiker und Physiker Alexander Friedman im damaligen Petersburg entwickelten Standardmodells des Universums) im Mittelpunkt des Interesses steht.

In der beschriebenen Theorie gibt es ebenfalls das Phänomen des Urknalls, aber im Vergleich zum Friedman-Modell verläuft der explosionsartige Anfangsprozeß der Expansion vehementer, die Expansion im späteren Verlauf dagegen etwas mäßiger (Bild 7) – ein Verhalten, das an die Theorien des inflationären Universums erinnert. Im Friedman-Modell, das auf der Einsteinschen Gravitationstheorie beruht, gibt es kein skalarisches Feld. Im projektiv-relativistischen Modell weist dieses Feld beim Urknall eine Singularität auf und klingt dann im Verlauf der Weltexpansion ab (Bild 8).

Es wäre wünschenswert, wenn astrophysikalisch-kosmologische Argumente die Entscheidung über den Wahrheitsgehalt der vorgeschlagenen Projektiven Einheitlichen Feldtheorie ein Stück näherrücken würden. In einer gewissen Weise beträfe eine solche Entscheidung dann auch die Kaluza-Klein-Theorie. Im Falle einer Falsifikation wäre nicht nur das gesamte Ideengebäude einer fünfdimensionalen Physik stark erschüttert; auch die Entwicklung von noch höherdimensionalen Theorien in der Elementarteilchenphysik würde in Frage gestellt. Andererseits wären unabsehbare Konsequenzen für das Weltbild der Physik die Folge, wenn sich die Theorie verifizieren ließe.

Die verborgenen Dimensionen der Raumzeit

Die Raumzeit, die man sich normalerweise als vierdimensionale Struktur vorstellt, hat möglicherweise bis zu sieben weitere Dimensionen. In einem elfdimensionalen Raum, den Physiker gegenwärtig untersuchen, lassen sich die vier Grundkräfte der Natur möglicherweise in einheitlicher Weise beschreiben.

Von Daniel Z. Freedman und Peter van Nieuwenhuizen

Am 29. Mai 1919 spannte sich über den Atlantik, von Westafrika bis nach Nordbrasilien, der Schatten einer totalen Sonnenfinsternis. Auf Empfehlung von Sir Arthur Stanley Eddington hatte die britische Regierung viele Expeditionen entsandt, um die Sterne nahe der verdunkelten Sonnenscheibe zu beobachten.

Eines der Hauptziele Eddingtons war es, eine neue Theorie der Gravitation zu testen, die Albert Einstein vier Jahre zuvor vorgeschlagen hatte. In dieser Theorie – heute unter dem Namen „Allgemeine Relativitätstheorie" bekannt – stellte Einstein die überraschende Hypothese auf, die Geometrie des Universums werde von der in ihr befindlichen Energie und Materie beeinflußt: Raum und Zeit sind in der Allgemeinen Relativitätstheorie zu einer vierdimensionalen mathematischen Struktur verschmolzen, die wir Raumzeit nennen. Die Gravitationskraft versteht man in dieser Theorie als Ergebnis der inneren Krümmung der Raumzeit.

Bei der Sonnenfinsternis wollte man einen der beobachtbaren Effekte überprüfen, den Einstein als Folge der Krümmung der Raumzeit vorausgesagt hatte: Nach der Allgemeinen Relativitätstheorie wird das von Sternen entsandte Licht von der geradlinigen Bahn abgelenkt, wenn es die Umgebung der Sonne passiert, weil die Masse der Sonne ein starkes Gravitationsfeld erzeugt (Bild 2).

Befindet sich also die Sonnenscheibe in der Nähe eines Sternes, so sollte dieser an anderer Stelle des Himmels als normalerweise erscheinen. Um diese Voraussage zu testen, mußte man freilich auf eine Sonnenfinsternis warten, weil sich nur dann Sterne nahe der Sonne erkennen lassen.

Die Beobachtung der Sonnenfinsternis von 1919 machte Einstein weltberühmt. Die Sterne erschienen tatsächlich unter dem vorausgesagten Ablenkungswinkel, und damit war die geometrische Theorie der Gravitation, wie sie Einstein vorgeschlagen hatte, auf dramatische Weise bestätigt.

Obwohl der Allgemeinen Relativitätstheorie eine Geometrie in nur vier Dimensionen zugrundeliegt, öffnet sie doch Tore zu noch kühneren Anwendungen der Einsteinschen Ideen. Im gleichen Jahr, in dem astronomische Beobachtungen den Begriff eines vierdimensionalen Universums bestätigten, erhielt Einstein von Theodor Kaluza, einem bis dahin unbekannten Privatdozenten an der Universität Königsberg (dem heutigen Kaliningrad), eine Arbeit, in der Kaluza erstmals den Vorschlag machte, die vier Dimensionen der Einsteinschen Raumzeit um eine weitere, räumliche Dimension zu ergänzen.

Mit der Einführung einer fünften Dimension verfolgte Kaluza das Ziel, alle bekannten Naturkräfte in einheitlicher Weise zu beschreiben. Damals kannte man nur zwei Grundkräfte der Natur: die Gravitation, deren Beschreibung Einstein mit der Allgemeinen Relativitätstheorie gelungen war, und den Elektromagnetismus, beschrieben durch die Theorie von James Clerk Maxwell und anderen.

Diese beiden Kräfte scheinen prinzipiell voneinander verschieden zu sein: Beispielsweise unterliegen zwar alle Teilchen der Gravitation, aber nur die geladenen Teilchen dem Elektromagnetismus. Bereits im Jahre 1914 aber hatte Gunnar Nordström von der Universität Helsingfors (dem heutigen Helsinki) versucht, die beiden scheinbar verschiedenen Kräfte auf eine Stufe zu stellen, indem er zeigte, daß sich beide aus einer fünfdimensionalen Version des Elektromagnetismus ergeben.

Die Nordströmsche Theorie geriet jedoch bald wieder in Vergessenheit, da sie die Ablenkung des Lichtes in der Umgebung der Sonne nicht zu beschreiben vermochte. Kaluza hingegen zeigte, daß die beiden Grundkräfte aus einer fünfdimensionalen Version der Allgemeinen Relativitätstheorie folgen könnten.

In den vergangenen zehn Jahren lebte bei vielen Physikern das Interesse an Kaluzas Programm, die Beschreibung der Naturkräfte auf geometrischem Wege zu vereinheitlichen, wieder auf. Heute muß man jedoch geometrische Strukturen in mehr als fünf Dimensionen berücksichtigen – denn inzwischen sind nicht nur zwei, sondern vier Grundkräfte bekannt.

Die beiden neu hinzugekommenen Kräfte sind die starke Kernkraft, die Protonen und Neutronen im Atomkern zusammenhält, und die schwache Kernkraft, die manche Arten des radioaktiven Zerfalls verursacht. Ferner ist man sich heute darüber einig, daß quantenmechanische Effekte in eine vereinheitlichte Theorie der Naturkräfte einbezogen werden müssen.

Eine der beeindruckendsten Entwicklungen im Rahmen dieses Programms ist eine bestimmte Version der sogenannten Supergravitations-Theorien. Obwohl es innerhalb der Supergravitation verschiedene Möglichkeiten für die Anzahl der Raumzeit-Dimensionen gibt, nimmt die

Theorie genau dann ihre mathematisch eleganteste Form an, wenn man sie in elf Dimensionen formuliert.

Warum aber benötigt man gerade elf Dimensionen? Diese Zahl ergibt sich aus einem eigenartigen mathematisch-physikalischen Zusammentreffen. Theorien der Supergravitation lassen sich in nahezu beliebiger Anzahl von Raumzeit-Dimensionen formulieren; die Dimensionszahl muß jedoch kleiner als 12 bleiben. Bei noch größerer Dimensionszahl scheint die Theorie zu versagen.

Andererseits ist sieben die kleinste Zahl verborgener Dimensionen, die man benötigt, um die drei nichtgravitativen Kräfte in einer erweiterten Kaluza-Theorie unterzubringen. Zusammen mit den vier Dimensionen der gewöhnlichen Raumzeit würden also die sieben verborgenen Dimensionen ein elfdimensionales Universum ergeben (Bild 1). Es ist bemerkenswert, daß die mathematischen Forderungen an die Theorie der Supergravitation mit den physikalischen Einschränkungen zusammenfallen, welche die Beschreibung der vier Grundkräfte (Elektromagnetismus, Gravitation, starke und schwache Kernkraft) erfordert.

Die Allgemeine Relativitätstheorie

Einsteins Allgemeine Relativitätstheorie stellt den krönenden Abschluß der klassischen Physik dar. Die Supergravitation ist im Grunde eine Erweiterung der Allgemeinen Relativitätstheorie; dies trifft auch für alle anderen

Bild 1: Eine neuere Theorie zur Vereinheitlichung der Naturkräfte beruht auf der Vermutung, daß das Universum neben den bekannten vier Dimensionen (drei räumliche, eine zeitliche) noch sieben weitere, verborgene Dimensionen hat. Sie sind hier als kleine kompakte Struktur in Form von Kugeln dargestellt, die jedem Raum- und Zeitpunkt zugeordnet werden. In der Einsteinschen Allgemeinen Relativitätstheorie sind Raum und Zeit zu einer vierdimensionalen Struktur verschmolzen, die man Raumzeit nennt. Astronomische Beobachtungen zeigen, daß unsere Raumzeit über große Entfernungen eine flache oder – anders ausgedrückt – Euklidische Geometrie hat. Die Ebene dieser Abbildung stellt die gewöhnliche, vierdimensionale Raumzeit dar; die eine Achse bildet die Raumachse, die andere, dazu senkrechte, die Zeitachse. Die an den Schnittpunkten der Koordinatenachsen gezeichneten Kugeln stellen die verborgenen, zusammengerollten Dimensionen in der neuen Theorie dar. Die Abbildung soll natürlich nur eine ungefähre Vorstellung von der postulierten Struktur vermitteln. Die Kugeln sollte man sich tangential über jedem Punkt der Zeichenebene errichtet denken. Zudem bilden die Kugeln und die Ebene tatsächlich nur einen vierdimensionalen Raum und keinen elfdimensionalen. Die vier Dimensionen sind die vier Koordinaten, deren Werte zur Festlegung eines Punktes erforderlich sind (farbig).

Theorien zu, die auf Kaluzas Idee einer geometrischen Vereinheitlichung der Naturkräfte basieren.

Einstein veröffentlichte die Allgemeine Relativitätstheorie, nachdem er neun Jahre lang an einer Theorie der Gravitation gearbeitet hatte. Die Theorie, die er suchte, mußte in Übereinstimmung mit seiner Speziellen Relativitätstheorie sein und sollte auch der seit Galilei bekannten experimentellen Beobachtung Rechnung tragen, daß alle Körper in einem Gravitationsfeld der gleichen Bahnkurve folgen.

Einstein argumentierte: Wenn die Bahnkurve eines frei fallenden Körpers nicht von dessen Masse oder innerer Zusammensetzung abhängt, dann müsse dessen Bewegung in einem Gravitationsfeld den Eigenschaften der Raumzeit selbst zuzuschreiben sein. Er zeigte dann, wie sich die Gravitationskraft als Manifestation einer Eigenschaft der Raumzeit interpretieren läßt, die man Krümmung nennt.

Um dies besser zu verstehen, denke man an die gekrümmte Oberfläche einer Kugel. Sie bildet einen zweidimensionalen Raum: Zur Beschreibung der Lage eines Punktes auf der Kugel sind zwei Koordinaten notwendig, beispielsweise seine Länge und seine Breite. Der kürzeste Weg, der zwei Punkte auf der Kugel miteinander verbindet und vollkommen auf der Oberfläche der Kugel liegt, ist der kürzere Bogen des Großkreises, der durch die beiden Punkte verläuft.

Von dieser geometrischen Grundtatsache macht man ständig Gebrauch, um beispielsweise die kürzeste Flugroute zwischen zwei Orten auf der Erde zu ermitteln. Auch auf einer strukturierten (zum Beispiel welligen) Oberfläche, die komplizierter als die Oberfläche einer Kugel ist, gibt es natürlich einen kürzesten Weg zwischen zwei Punkten. Einen solchen Weg nennt man Geodäte (der Ausdruck ist abgeleitet von zwei griechischen Wörtern, die „Vermessung der Erde“ bedeuten).

In der Allgemeinen Relativitätstheorie bildet die Raumzeit das vierdimensionale Analogon einer in sich gewellten Oberfläche. Sie ist vierdimensional, weil man vier Koordinaten benötigt, um einen Punkt zu bestimmen. Ein solcher Punkt der Raumzeit kann ein physikalisches Ereignis sein, zum Beispiel der Zusammenprall zweier Teilchen. Das Ereignis wird dadurch spezifiziert, daß man angibt, wo und wann es sich abspielt, das heißt durch Angabe dreier Raumkoordinaten und der Zeit.

Eine Geodäte in der Raumzeit entspricht der kürzesten Verbindungslinie zwischen zwei Punkten auf einer räumlichen Oberfläche. Sie beschreibt einen raumzeitlichen Weg zwischen zwei Ereignissen, der durch die Geometrie der Raumzeit von anderen unterschieden ist. Nach der Allgemeinen Relativitätstheorie bewegt sich ein Teilchen, das nur der Gravitation ausgesetzt ist, auf einer Geodäte in der Raumzeit. Damit erklärt die Allgemeine Relativitätstheorie Galileis Beobachtung, daß frei fallende Körper ein und derselben Bahnkurve folgen.

Die vereinheitlichte Theorie von Kaluza

Da Kaluza zur Vereinheitlichung der Grundkräfte der Natur von der Allgemeinen Relativitätstheorie ausging, sandte er seinen Artikel an Einstein, um von ihm ein Empfehlungsschreiben für eine Veröffentlichung zu erhalten. Denn damals konnte ein Artikel nur dann veröffentlicht werden, wenn ihm ein bekannter Physiker zugestimmt hatte. Kaluza aber war – als Privatdozent – ein Forscher, der kein besonderes Gewicht hatte und auch nur ein geringes Honorar aus den Vorlesungsgebühren seiner Studenten bezog.

Einstein, dessen Karriere ebenfalls als Privatdozent begonnen hatte, war von dem Artikel Kaluzas sofort begeistert, schlug aber Kaluza in einer Reihe von Briefen vor, bestimmte Probleme der Theorie vor einer Veröffentlichung noch weiter zu untersuchen (Bild 3). Zweieinhalb Jahre später änderte Einstein seine Meinung und teilte Kaluza auf einer Postkarte mit, daß er die Veröffentlichung empfehle. Der Artikel erschien dann 1921 in den „Sitzungsberichten der Preußischen Akademie der Wissenschaften“ unter dem Titel „Zum Unitätsproblem der Physik“.

Die Suche nach einer einheitlichen Beschreibung aller scheinbar unkorrelierten physikalischen Phänomene war für die physikalische Forschung stets ein Thema von besonderer Bedeutung. Wie bereits erwähnt, ergeben sich in der Theorie von Kaluza die Kräfte der Gravitation und des Elektromagnetismus aus einer fünfdimensionalen Version der Allgemeinen Relativitätstheorie. Um der Tatsache Rechnung zu tragen, daß man nicht fünf, sondern nur vier Dimensionen beobachten kann, nahm Kaluza einfach an, daß Größen wie die Krümmung nicht von der fünften Koordinate abhängen. Zwar bewegen sich Teilchen auch in fünf Dimensionen auf Geodäten, aber diese Wege erscheinen in vier Dimensionen als Bahnkurven von Teilchen, die sowohl den Kräften der Gravitation als auch denen des Elektromagnetismus unterworfen sind.

Vom heutigen Standpunkt aus betrachtet, ist es der wichtigste Mangel der Theorie von Kaluza, daß die Gravitation und der Elektromagnetismus nicht die einzigen Grundkräfte der Natur sind. Die starke und die schwache Kernkraft kannte man 1919 noch nicht, weil sie nur über kurze Abstände von der Größenordnung eines Kerndurchmessers wirksam werden. Teilchen-Beschleuniger, mit denen sich dynamische Prozesse auf so kurzen Abständen untersuchen lassen, hatten die Physiker damals noch nicht gebaut.

Aber schon als die Arbeit von Kaluza veröffentlicht wurde, wies sie einen erheblichen Mangel auf: Sie ließ wichtige Phänomene außer acht, die man heute als quantenmechanische Effekte versteht. Kaluza selbst war sich dessen wohl bewußt und schrieb am Ende seiner Arbeit: „Überhaupt droht ja jedem universelle Geltung heischenden Ansatz die Sphinx der modernen Physik, die Quantentheorie.“ Dennoch wird in Kaluzas Theorie – ebenso wie in der Einsteinschen Allgemeinen Relativitätstheorie – der klassische Standpunkt vertreten.

In dieser Sichtweise wirken alle physikalischen Objekte, einschließlich der kleinsten Elementarteilchen, wie kleine Kugeln, die einer oder mehreren Grundkräften unterworfen sind. Für Phänomene, die sich in großen räumlichen Dimensionen abspielen, ist diese Sichtweise durchaus angemessen, versagt aber, wenn es um die Beschreibung atomarer Prozesse geht. Um 1919 war das Scheitern von klassischen Erklärungen für atomare oder subatomare Prozesse bereits sichtbar geworden.

Am deutlichsten wurde das Versagen der klassischen Physik bei der Beschreibung von Atomspektren. Die Experimente zeigten, daß die Atome Licht in Form diskreter Spektrallinien emittieren, die einem bestimmten Satz von Frequenzen entsprechen. Die Emission erfolgt demnach in Form von Farben, die charakteristisch für die betreffenden Atome sind.

Folgt man der klassischen Theorie, so sollte das von einem Atom emittierte Licht *alle* Frequenzen enthalten; denn nach dieser Theorie bewegt sich ein Elektron kontinuierlich auf einer Spiralbahn um den Kern. Außerdem würden die Elektronen bald in den Atomkern stürzen, so daß Materie, wie wir sie kennen, überhaupt nicht existieren könnte.

Durch die Entwicklung der Quantenmechanik ließen sich dieses und viele andere Rätsel lösen. In ihr verläßt man den strengen Determinismus der klassischen Theorie. Die Spiralbahnen der Elektronen um den Kern ersetzt man durch Wellenbilder in der Raumzeit. Die Intensität dieser Wellen bestimmt die Wahrscheinlichkeit, mit der sich ein Elektron an einem bestimmten Ort aufhält.

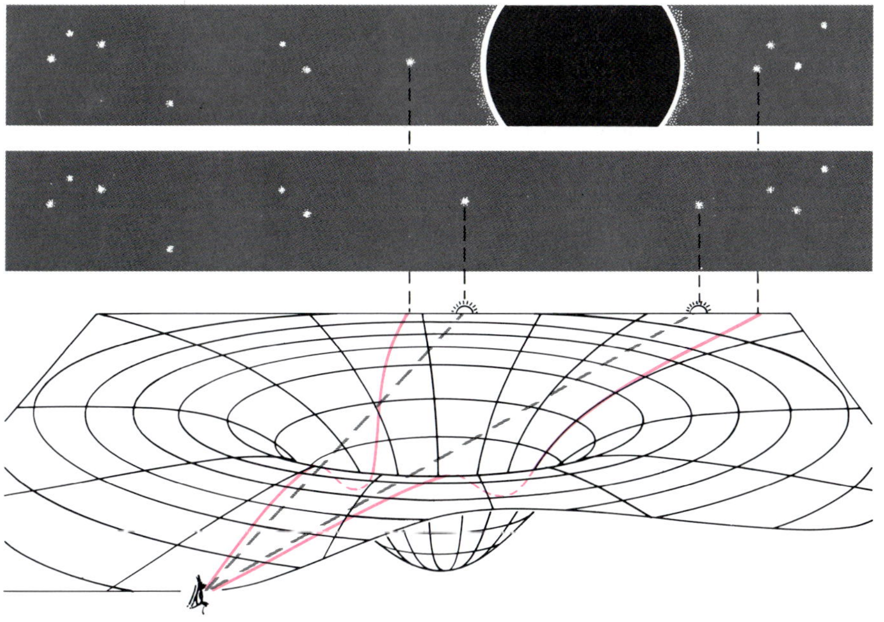

Bild 2: Die Ablenkung des Sternenlichts, dessen Bahn dicht an der Sonne vorbeiführt, ist eine Voraussage der Einsteinschen Allgemeinen Relativitätstheorie. Nach dieser Theorie ist die Raumzeit in Umgebung der Sonne gekrümmt, weil die Masse der Sonne ein starkes Gravitationsfeld erzeugt. In der Abbildung wird dies durch die gekrümmten Koordinatenachsen dargestellt. Das Licht folgt in der Raumzeit einer Geodäte (kürzester Weg zwischen zwei Punkten auf der Kugel); deswegen sind die Sichtlinien zu den Sternen gekrümmt, wenn die Sterne nahe der Sonnenscheibe sind (farbig). Beobachtet man die Sterne während einer Sonnenfinsternis, scheinen sie relativ zur Sonne verschoben zu sein. Die unterbrochenen schwarzen Linien zeigen die Lichtstrahlen, wenn die Sonne nicht in der Nähe des Sternes ist.

Stationäre Wellenbilder entsprechen langlebigen Bewegungszuständen des Elektrons, und jeder Bewegungszustand hat eine für ihn charakteristische Energie. Springt das Elektron plötzlich von einem Zustand in einen anderen, so emittiert es Licht diskreter Frequenzen, die ihrerseits diskreten Spektrallinien entsprechen. Der Bewegungszustand, der zur niedrigsten erlaubten Energie gehört, ist stabil, und daher kommt es im Rahmen der Quantentheorie nicht zu einem Kollaps der Atome wie in der klassischen Theorie. Die Wellenbilder des Elektrons entsprechen den Lösungen einer Differentialgleichung, die Erwin Schrödinger erstmals formulierte; in ihr werden sowohl die Zeitkoordinate als auch die drei räumlichen Koordinaten als Variable behandelt.

Die fünfte Dimension

Im Jahre 1926, noch zu Beginn der Ära der Quantentheorie, untersuchte der schwedische Physiker Oskar Klein, ob die fünfdimensionale Kaluza-Theorie mit der Quantenmechanik in Einklang stünde oder nicht. Klein gab eine Version der Schrödinger-Gleichung an, die nicht in vier, sondern in fünf Variablen geschrieben war.

Er zeigte, daß man die Lösungen dieser Gleichung als Wellen interpretieren kann, die sich in der gewöhnlichen, vierdimensionalen Raumzeit in Gravitationsfeldern und in elektromagnetischen Feldern bewegen. Wellen können aber, quantenmechanisch betrachtet, auch als Teilchen interpretiert werden. Alle Theorien, welche die Grundkräfte der Natur innerhalb eines quantenmechanischen Rahmens in einer mehr als vierdimensionalen Raumzeit zu vereinheitlichen suchen, nennt man seitdem Kaluza-Klein-Theorien.

Die ursprünglichen Arbeiten von Klein und Kaluza lassen nicht erkennen, ob der fünften Dimension eine wirkliche physikalische Bedeutung zukommt oder ob die Einführung dieser Dimension nur ein mathematischer Kunstgriff ist, um die Gravitation und den Elektromagnetismus in einheitlicher Weise beschreiben zu können. Die Berücksichtigung der Quantenmechanik legt jedoch plausible Antworten auf wichtige Fragen zur physikalischen Realität der zusätzlichen Dimension nahe. Diese Fragen lauten beispielsweise: Auf welchem Wege könnte die neue Dimension physikalische Bedeutung erlangen? Warum ist ein so fundamentaler Aspekt des Universums bisher nicht entdeckt worden? Wie könnte man der zusätzlichen Dimension experimentell auf die Spur kommen?

Zur Beantwortung dieser Fragen stellen wir uns eine unendlich lange Linie vor; jedem Punkt auf der Linie sei ein kleiner Kreis zugeordnet, so daß ein unendlich langer Zylinder oder Schlauch entsteht. Die eindimensionale Linie und der eindimensionale Kreis erzeugen einen zweidimensionalen Zylinder (Bild 4).

In ähnlicher Weise kann man aus einer zweidimensionalen Ebene und einer zweidimensionalen Kugeloberfläche eine vierdimensionale Struktur erzeugen. Diese neue Struktur läßt sich als Ebene verstehen, auf der über jedem Punkt eine Kugel errichtet ist. Sie ist vierdimensional, da man zur Festlegung eines Punktes in der Ebene oder auf der Kugel jeweils vier Koordinaten benötigt (Bild 1).

Die Linie und die Ebene in diesen Beispielen entsprechen der nahezu flachen Geometrie der vierdimensionalen Raumzeit, in der wir leben. Der Kreis beziehungsweise die Kugeloberfläche stellen die zusätzlichen Dimensionen einer höherdimensionalen Raumzeit dar. Eine fünfdimensionale Raumzeit läßt sich als Struktur verstehen, die aus einem Kreis und der normalen vierdimensionalen Raumzeit erzeugt wird; eine sechsdimensionale Raumzeit hingegen kann man aus der normalen Raumzeit und der Oberfläche einer Kugel erzeugen. In diesen Strukturen wird jedem Raumzeit-Punkt ein Kreis beziehungsweise eine Kugel zugeordnet.

Nunmehr läßt sich erklären, wie die fünfte Raumzeit-Dimension in der Kaluza-Theorie physikalische Bedeutung gewinnen kann, ohne bisher entdeckt worden zu sein. Ein fundamentales Konzept der Quantenmechanik, das hier zum Tragen kommt, sind die Heisenbergschen Unbestimmtheitsrelationen.

In der Quantenmechanik kann man jedes Teilchen als Wellenpaket interpretieren, das über ein bestimmtes Raumgebiet „verschmiert" ist. Die minimale Ausdehnung dieses Raumgebietes hängt nach den Unbestimmtheitsrelationen von der Energie des Teilchens ab: Es ist um so kleiner, je größer die Energie ist.

Um kleine räumliche Strukturen zu untersuchen, benötigt man bekanntlich ein Mikroskop. Im wesentlichen ist das ein Instrument, mit dessen Hilfe man die zu untersuchende Struktur mit Photonen, Elektronen oder anderen Teilchenstrahlen „beleuchtet". Das Auflösungsvermögen eines Mikroskops gibt die minimale Ausdehnung des Bereiches an, der noch ausgeleuchtet werden kann, und folglich hängt es – nach den Unbestimmtheitsrelationen – von der Energie der Teilchen im „beleuchtenden" Strahl ab. Um Strukturen mit immer kleinerer Ausdehnung sichtbar zu machen, müssen also die Energien der Teilchen immer größer werden.

Angenommen, die fünfte Dimension wäre zu einem extrem kleinen Kreis zusammengerollt (Bild 5). Um diesen Kreis

„sichtbar" zu machen, muß die Energie der Teilchen, die ihn „beleuchten", hoch genug sein. Teilchen zu geringer Energie würden praktisch über den gesamten Kreis hinwegleuchten, ohne ihn selbst sichtbar zu machen.

Die leistungsfähigsten Beschleuniger erzeugen heute Teilchen mit so hohen Energien, daß man Raumbereiche in der Größenordnung von 10^{-16} Zentimetern auflösen kann. Sind die Kreise in der fünften Dimension kleiner als 10^{-16} Zentimeter, konnten sie demnach bisher nicht entdeckt werden.

Massive Teilchen

Es gibt noch eine andere, weniger direkte Methode, um auf die Existenz einer fünften Dimension zu schließen. Ähnlich wie stationäre Wellen im Atom langlebigen Bewegungszuständen der Elektronen entsprechen, die den Kern umkreisen, so entsprechen auch stationäre Wellen auf dem Kreis der fünften Dimension Teilchen, die man im Labor beobachten könnte. Stationäre Wellen müssen dabei in den Kreisumfang hineinpassen; die Welle muß also entweder konstante Amplitude haben, oder eine ganze Anzahl von Schwingungen muß exakt in den Umfang des Kreises passen: ein, zwei oder mehr Schwingungen (Bild 5).

Die Masse eines jeden beobachtbaren Teilchens hängt von dessen Wellenlänge ab; diese ist gleich dem Umfang des Kreises, dividiert durch die Anzahl von Schwingungen der Welle pro Kreisumfang. Je kürzer die Wellenlänge ist, desto größer ist die Energie und desto höher die Masse der entsprechenden Teilchen.

In der Theorie von Kaluza sind die Teilchen mit der kleinsten Masse diejenigen, deren Wellenlänge unendlich groß ist; die Amplitude dieser Welle in der fünften Dimension ist also konstant. Die entsprechenden Teilchen haben die Masse Null.

Das erste massive Teilchen der Theorie ist jenes, dessen Wellenlänge gleich dem Umfang des Kreises ist. Seine Masse ist also umgekehrt proportional zum Kreisumfang. Die Masse des zweiten schweren Teilchens ist doppelt so groß wie die des ersten, weil die zugehörige Wellenlänge genau zweimal in den Kreisumfang hineinpaßt. In ähnlicher Weise erzeugen die anderen stationären Wellen eine Serie von Teilchen, deren Massen ganzzahlige Vielfache der Masse des ersten schweren Teilchens sind.

Ein Argument von Oskar Klein ermöglicht es, die Masse des ersten schweren Teilchens abzuschätzen. Da die Kaluza-Theorie die Kräfte der Gravitation und des Elektromagnetismus zu vereinheitlichen sucht, hat das erste schwere Teilchen auch eine elektrische Ladung; sie ist umgekehrt proportional zum Umfang des Kreises.

Andererseits sind die Ladungen aller beobachtbaren Elementarteilchen ganzzahlige Vielfache der Ladung des Elektrons. Nimmt man also an, das erste schwere Teilchen habe die Ladung des Elektrons, dann ließe sich seine Masse berechnen. Das Ergebnis ist erstaunlich: Die Masse sollte 10^{16}-mal so groß sein wie die des Protons.

Es besteht kaum die Aussicht, daß moderne oder künftige Beschleuniger solche Teilchen erzeugen können. Vielleicht sind sie aber beim Urknall entstanden. Die meisten dieser Teilchen dürften bis heute jedoch zerfallen sein, wenn auch einige von ihnen unter Umständen noch nachweisbar sein könnten.

Da massive Teilchen in der Kaluza-Theorie so schwer sind, kann man nur das Masse-Null-Teilchen der Theorie einem der bisher beobachteten Teilchen zuordnen. Wie man heute weiß, gibt es subtile quantenmechanische Mechanismen, die dem von der Kaluza-Theorie vorausgesagten Masse-Null-Teilchen eine endliche, nichtverschwindende Masse verleihen könnten; zu der Zeit, als die Theorie formuliert wurde, war diese Möglichkeit nicht bekannt. Das masselose Teilchen der Kaluza-Theorie sowie auch andere masselose Teilchen könnte man in Verallgemeinerungen dieser Theorie demnach – zumindest im Prinzip – beobachteten massiven Teilchen zuordnen.

Der Kreis in der fünften Dimension, der den vorausgesagten massiven Teilchen entsprechen könnte, wäre entsprechend klein: Er hätte einen Durchmesser von etwa 10^{-30} Zentimetern. Um Strukturen so kleiner Ausdehnung mit Instrumenten moderner Technologie auflösen zu können, benötigte man einen Beschleuniger mit einem Durchmesser von mehreren Lichtjahren.

Nach den Kleinschen Untersuchungen und anschließenden Arbeiten von Einstein und Wolfgang Pauli hat es in der Weiterentwicklung der Kaluzaschen Grundidee zur Vereinheitlichung der Feldtheorie bis Ende der siebziger Jahre kaum Fortschritte gegeben. Tatsächlich beruhten bis dahin die Bemühungen um eine vereinheitlichte Feldtheorie großenteils auf einer Strategie, welche die Einführung eines höherdimensionalen Raumes vermied. Sie läßt sich zurückver-

21. April 1919

Der Gedanke, daß die elektrischen Feldgrößen verstümmelte ... seien, ist mir auch schon oft hartnäckig aufgesessen, aber der Gedanke, dies durch eine fünfdimensionale Zylinderwelt zu erzielen, ist mir nie gekommen und dürfte überhaupt neu sein. Ihr Gedanke gefällt mir zunächst außerordentlich ...

Wenn ich bei Lektüre Ihrer genaueren Darlegung keinen mir vernichtend erscheinenden Einwand sehe, der sich nicht beheben läßt, bin ich gerne bereit, eine Arbeit von Ihnen über den Gegenstand der hiesigen Akademie vorzulegen (für die Sitzungsberichte) ...

28. April 1919

Ich habe Ihre Arbeit durchgelesen und finde sie wirklich interessant. Nirgends sehe ich bis jetzt eine Unmöglichkeit, aber andererseits muß ich gestehen, daß die bis jetzt beigebrachten Argumente noch gar zu wenig überzeugend erscheinen. Ich möchte Ihnen vorschlagen, zunächst folgendes zu erwägen (vielleicht bevor Sie Ihre Arbeit publizieren, obwohl ich mir nicht erlauben will, Ihnen in dieser Beziehung einen Rat zu geben).

Es ist doch nach Ihrem Grundgedanken anzunehmen, daß die geodätischen Linien, welche gegen die Schnitte ... geneigt sind, die Bahnen elektrisch geladener Teilchen unter der gleichzeitigen Wirkung eines Gravitations- und elektromagnetischen Feldes ergeben müßten. Wenn Sie zeigen könnten, daß dies mit der aus unserer empirischen Kenntnis verbürgten Genauigkeit zutrifft, wäre ich von der Richtigkeit Ihrer Theorie so gut wie überzeugt.

14. Oktober 1921

Ich mache mir Gedanken darüber, daß ich Sie vor zwei Jahren von der Publikation Ihrer Idee über die Vereinigung von Gravitation und Elektrizität abgehalten habe. Ihr Weg scheint nun jedenfalls mehr für sich zu haben als der von H. Weyl beschrittene, wenn Sie wollen, lege ich Ihre Arbeit doch der Akademie vor, wenn Sie mir dieselbe schicken.

Bild 3: Diese Mitteilungen Einsteins an Theodor Kaluza verdeutlichen, wie sich der Standpunkt Einsteins zu den Ideen Kaluzas im Laufe der Zeit änderte. Wie die Daten zeigen, dauerte es über zwei Jahre, bis Einstein den Artikel von Kaluza zur Veröffentlichung empfahl. Er erschien 1921 in den „Sitzungsberichten der Preußischen Akademie der Wissenschaften". Die Datierungen des ersten und dritten Briefes stammen wahrscheinlich nicht von Einstein selbst.

folgen auf einen anderen Vorschlag zur Vereinheitlichung von Gravitation und Elektromagnetismus, den der deutsche Mathematiker Hermann Weyl im Jahre 1918 gemacht hatte.

Die zentrale Idee der Weylschen Theorie war, daß sich die Beschreibung einer Kraft nicht ändern sollte, wenn man die Längen- und Zeitmaßstäbe verändert, die an verschiedenen Raumzeit-Punkten als Meßinstrumente angelegt werden. Dieses Prinzip nennt man „Eichinvarianz" – in Anlehnung an die Eichmaße, auf die sich Weyl bezog. Die entsprechende Theorie heißt „Eichfeld-Theorie" oder kurz „Eichtheorie".

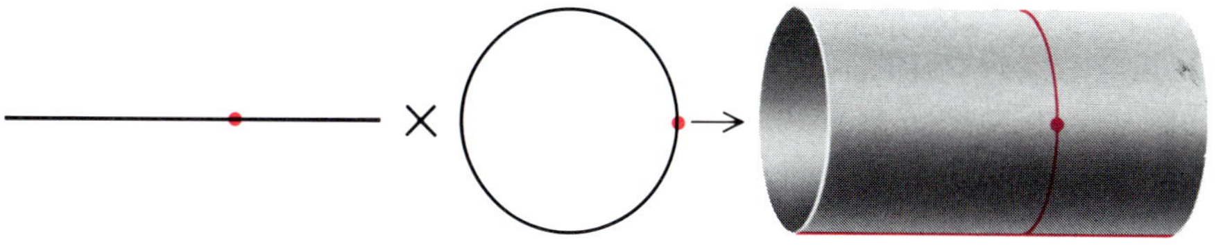

Bild 4: In Kaluzas Theorie wird die fünfte Dimension als ein Kreis betrachtet, der jedem Punkt der gewöhnlichen Raumzeit zugeordnet ist. Stellt man eine der räumlichen Dimensionen der gewöhnlichen Raumzeit als Linie dar, so läßt sich ein Analogon zu dem fünfdimensionalen Raum der Kaluza-Theorie bildlich darstellen. Es besteht aus einer Linie, deren jedem Punkt ein Kreis zugeordnet ist, also aus einem Zylinder. Der kreisförmige Querschnitt des Zylinders entspricht in diesem Analogon der Struktur der leeren, fünfdimensionalen Raumzeit.

Nichtabelsche Eichtheorien

Die Weylsche Theorie konnte die Gravitation nicht korrekt beschreiben und geriet bald wieder in Vergessenheit. Dennoch ist das Prinzip der Eichinvarianz zu einem Angelpunkt für alle modernen Theorien der Elementarteilchen geworden.

Im Jahre 1954 entwickelten C. N. Yang (State University von New York in Stony Brook) und Robert L. Mills (Ohio State University) eine Klasse von Eichtheorien, die heute unter dem Namen „nichtabelsche Eichtheorien" bekannt sind. Diese Theorien sind eine weitreichende Verallgemeinerung der Maxwellschen Theorie des Elektromagnetismus, und eine zentrale Rolle in ihnen spielt die mathematische Theorie der Symmetriegruppen.

In der Gruppentheorie untersucht man Operationen wie beispielsweise Drehungen oder Spiegelungen eines Körpers, die dessen Erscheinungsbild nicht ändern. Eine Kugel etwa ändert sich in ihrem Aussehen nicht, wenn man sie um eine Achse dreht, die durch ihren Mittelpunkt verläuft; die Gruppe, welche diese Symmetrie mathematisch ausdrückt, heißt $SO(3)$.

Nichtabelsche Eichtheorien haben auch viele andere theoretische Physiker untersucht. Zu ihnen gehören Steven Weinberg (heute an der Universität von Texas in Austin), Abdus Salam (Internationales Zentrum für Theoretische Physik in Triest) und John C. Ward (Macquarie-Universität in Neusüdwales in Australien). Sie erweiterten im Jahre 1967 mehrere wichtige Beiträge von Peter Higgs (Universität Edinburgh), Sheldon Lee Glashow (Harvard-Universität) und anderen, um zu zeigen, daß sich die elektromagnetische und die schwache Kraft im Rahmen einer nichtabelschen Eichtheorie in vereinheitlichter Weise beschreiben lassen.

Einige Voraussagen der Theorie, die man kurz als „elektroschwache Theorie" bezeichnet, wurden schon in den frühen siebziger Jahren experimentell bestätigt. Der spektakulärste Hinweis auf die Richtigkeit dieser Theorie kam 1983 aus dem Europäischen Physik-Forschungszentrum in Genf (CERN). Dort entdeckte man die drei Vektorbosonen W^+, W^- und Z^0 und stellte fest, daß sie die von der elektroschwachen Theorie vorausgesagten Massen haben.

Der Erfolg der elektroschwachen Theorie veranlaßte viele theoretische Physiker, eine andere nichtabelsche Eichtheorie aufzustellen: die sogenannte Quantenchromodynamik. Sie soll die starke Kernkraft beschreiben. In dieser Theorie sind das Proton und Neutron aus anderen fundamentalen Teilchen zusammengesetzt, den Quarks.

Die starke Kernkraft wird im Rahmen der Quantenchromodynamik durch die Wechselwirkung der Quarks mit acht Vektorbosonen vermittelt, die man Gluonen nennt (abgeleitet von dem englischen Wort „to glue" = kleben, leimen). Das Experiment scheint die Quantenchromodynamik allem Anschein nach ebenfalls zu bestätigen.

Obwohl die elektroschwache Theorie und die Quantenchromodynamik recht unterschiedliche Eichtheorien sind, lassen sich die drei Kräfte, die sie beschreiben, weiter vereinheitlichen. Man faßt zu diesem Zweck beide Komponenten zu einer einzigen nichtabelschen Eichtheorie zusammen, die auf einer größeren mathematischen Symmetriegruppe basiert.

Die entsprechenden Theorien heißen große vereinheitlichte Theorien. Ihre Voraussagen konnte man zwar noch nicht experimentell untermauern, aber die zugrundeliegenden Ideen sind so attraktiv, daß die meisten Physiker davon überzeugt sind, eine geeignete Version dieser Theorien werde eines Tages die starke, die schwache und die elektromagnetische Kraft in vereinheitlichter Weise richtig beschreiben.

Nicht enthalten in den großen vereinheitlichten Theorien ist bisher die Gravitation. Es ist daher natürlich zu fragen, ob man diese Theorien durch Einbeziehung der Gravitation zu einer Kaluza-Klein-Theorie in einem höherdimensionalen Raum ausbauen kann.

Kaluzas ursprüngliche Theorie erforderte fünf Dimensionen, weil sie nur ein Vektorboson einschloß: das Photon, das die elektromagnetische Kraft vermittelt. Die schwache Kernkraft dagegen erfordert die drei kürzlich entdeckten Vektorbosonen, während man zur Beschreibung der starken Kernkraft acht Gluonen benötigt. Große vereinheitlichte Theorien schließlich erfordern zwischen 10 und 500 zusätzliche Vektorbosonen. Die genaue Anzahl zusätzlicher Vektorbosonen hängt von der speziellen Version der Theorie ab.

Moderne Kaluza-Klein-Theorien

Obwohl es keinen eindeutigen Zusammenhang zwischen der Anzahl der zusätzlichen Vektorbosonen und jener der Dimensionen gibt, kann man qualitativ sagen, daß mit der Anzahl der erforderlichen Vektorbosonen auch die Anzahl der zusätzlichen Raumzeit-Dimensionen wächst. Die Einbeziehung der starken und schwachen Kraft in die Kaluza-Klein-Theorie würde also eine Raumzeit von mehr als fünf Dimensionen erfordern. Die zusätzlichen Dimensionen könnten, wenn auch noch nicht beobachtet, physikalische Bedeutung gewinnen, wenn sie in einer höherdimensionalen „Fläche" zusammengerollt sind, die dem Kreis der Kaluza-Theorie oder der Oberfläche einer Kugel entspricht.

Die neuesten Versuche, die starke und die schwache Kraft in eine Kaluza-Klein-Theorie einzubeziehen, begannen mit Arbeiten von Bryce S. De Witt (Universität von Texas in Austin), Y. M. Cho (Nationaluniversität Seoul), Peter G. O. Freund und Mark A. Rubin (Universität Chicago), Eugene Cremmer, Bernard Julia und Joel Scherk (Universität Paris) sowie John H. Schwarz (California Institute of Technology).

Das erste Problem, das man bei der Aufstellung einer erweiterten Kaluza-Klein-Theorie lösen muß, ist die Bestimmung der Anzahl der neu hinzukommenden Dimensionen. Da heute noch keine Einigkeit über die richtige Version einer vereinheitlichten Theorie besteht und man demnach die Frage nach der Anzahl der Vektorbosonen nicht klären kann, ist auch die Anzahl der zusätzlichen Dimensionen noch offen.

Ein zweites Problem betrifft die unterschiedlichen Spin-Eigenschaften der beobachteten Elementarteilchen. In quantenmechanischen Theorien wie den nichtabelschen Eichtheorien gibt es zwei Klassen von Elementarteilchen, nämlich solche mit ganzzahligem Spin, die Bosonen, und die Fermionen mit halbzahligem Spin.

Die Bosonen, die Träger der vier Grundkräfte sind, haben wir bereits erwähnt. Die Gravitationskraft beispielsweise wird, quantenmechanisch gesprochen, durch den Austausch von Gravitonen zwischen zwei massiven Körpern vermittelt. Das Ergebnis dieses Austausches ist die Anziehung der beiden Körper. Es ist kein Problem, Bosonen im Rahmen einer Kaluza-Klein-Theorie zu erzeugen; höherdimensionale Gravitationsfelder bewirken, daß es in der vierdimensionalen Welt Bosonen gibt.

Die Fermionen bilden die zweite Klasse von Elementarteilchen; sie spielen in der Physik eine vollkommen andere Rolle. Im Gegensatz zu den Bosonen, die Kräfte übertragen, sind die Fermionen die Bestandteile der gesamten festen Materie des Universums. Zu ihnen gehören beispielsweise das Elektron, das Neutron und das Proton sowie das Neutrino. Auch die Quarks, aus denen sich Neutron und Proton zusammensetzen, gehören zu den Fermionen.

Wie kann man nun Fermionen in einer Kaluza-Klein-Theorie berücksichtigen? Sie lassen sich nicht aus bosonischen Gravitationsfeldern herleiten. Der einzige Weg, um sie zu erhalten, besteht darin, daß man ein oder mehr Fermionenfelder zu der höherdimensionalen Theorie hinzufügt. In diesen Feldern würden dann Fermionen entstehen, wie man sie in vier Dimensionen tatsächlich beobachtet. Die Anzahl der einzubeziehenden Fermionenfelder ist nicht von vornherein festgelegt, weil es kein theoretisches Prinzip gibt, um sie zu bestimmen.

Supergravitation

Es gibt interessante Ansätze zu höherdimensionalen Kaluza-Klein-Theorien, in die man die Fermionenfelder quasi von Hand hineinsteckt. Ein solches Verfahren ist jedoch sehr willkürlich und entspricht nicht der ursprünglichen einfachen Idee Kaluzas. In einer angemesseneren Formulierung sollte sich die Zahl der Fermionenfelder und die der Dimensionen vielmehr in natürlicher Weise aus der Struktur der höherdimensionalen Theorie ergeben.

Eine solche Theorie ist die der Supergravitation. In erster Linie stellt sie eine Erweiterung der Allgemeinen Relativitätstheorie dar, in der man Bosonen und Fermionen in gleicher Weise behandelt. Das bosonische Graviton beispielsweise hat einen Fermionpartner, das Gravitino. In der Einsteinschen Version der Allgemeinen Relativitätstheorie kann man Fermionen nach Belieben einführen oder unberücksichtigt lassen; in der Theorie der Supergravitation sind dagegen die Fermionen, die zur Beschreibung der Materie notwendig sind, von Anfang an in der Theorie enthalten.

Die Anzahl der Dimensionen unterliegt in der Theorie der Supergravitation ebenfalls Einschränkungen. Wie bereits erwähnt, versagen Theorien der Supergravitation wahrscheinlich in Räumen mit mehr als elf Dimensionen. In höherdimensionalen Räumen scheint es keine mathematischen Bedingungen zu geben, welche die Partnerschaft zwischen Bosonen und Fermionen festlegen.

Edward Witten (Princeton-Universität) konnte ferner zeigen, daß man den vier Raumzeit-Dimensionen mindestens sieben verborgene Dimensionen hinzufügen muß, um die starke, die schwache und die elektromagnetische Kraft in die Kaluza-Klein-Theorie einbeziehen zu können. Schließlich gibt es noch ein drittes Merkmal der elfdimensionalen Supergravitation, das zwar zufälliger Natur zu sein scheint, für die Theoretiker aber sehr attraktiv ist: Für alle Dimensionszahlen unterhalb von 11 gibt es jeweils mehrere Versionen der Supergravitation, die sich mathematisch alle voneinander unterscheiden, doch in elf Dimensionen wird die Theorie eindeutig.

Zu den Bestandteilen, die jede Kaluza-Klein-Theorie haben muß, gehören das Gravitationsfeld, das die Bosonen erzeugt, und ein Fermionenfeld, das den Fermionen unserer vierdimensionalen Raumzeit entspricht. Neben dem Gravitationsfeld muß es aber mindestens noch ein weiteres Bosonenfeld geben, das die zusätzlichen, verborgenen Dimensionen zusammenrollt. Es ist bemerkenswert, daß diese drei Ingredienzien alle in der elfdimensionalen Version der Supergravitation enthalten sind.

Noch überraschender für Theoretiker ist die Tatsache, daß das zusätzliche Bosonenfeld in natürlicher Weise nur zwei Möglichkeiten für das Zusammenrollen der zusätzlichen Dimensionen zuläßt. Bei der einen Möglichkeit sind sieben Dimensionen zu einer kleinen, verborgenen Struktur zusammengerollt, und dies würde erklären, warum die Zahl der unmittelbar beobachtbaren Dimensionen gerade vier beträgt. Die Alternative dazu wäre, daß sich nur vier Dimensionen zusammenrollen, und nach diesem Szenario würde sich eine siebendimensionale Welt ergeben. Künftigen Physikern mag es vorbehalten sein herauszufinden, warum die vierdimensionale Welt vorgezogen wird.

Um eine Kaluza-Klein-Theorie zu entwickeln, die auf der Supergravitation in elf Dimensionen beruht, müssen die Physiker zunächst die Feldgleichungen der Supergravitation lösen. Viele Lösungen ergeben eine Raumzeit-Struktur, die von einer vierdimensionalen Raumzeit und einer kleinen, geschlossenen, siebendimensionalen Fläche erzeugt wird. Man untersucht dann die Symmetriegruppe jeder Fläche, die einer bestimmten Lösung der Feldgleichungen entspricht; denn die Symmetriegruppe bestimmt die nichtabelsche Eichtheorie, die mit der Gravitation zu vereinheitlichen ist. Verschiedenen geschlossenen Flächen entsprechen jeweils unterschiedliche Symmetriegruppen, und jede von ihnen bestimmt eine andere große vereinheitlichte Theorie der nichtgravitativen Kräfte.

Der letzte Schritt bei der Entwicklung einer Kaluza-Klein-Theorie ist die Analyse der komplizierten stationären Wellenbilder, die auf den geschlossenen Flächen möglich sind. Sie bestimmen die Massen und andere Eigenschaften der Teilchen, welche die Theorie für die normale, vierdimensionale Raumzeit vorhersagt. Jede der siebendimensionalen Flächen, die Lösungen der Supergravitationsgleichungen sind, muß man in dieser Weise untersuchen.

Theoretische Ergebnisse

Der größte Teil der bisherigen Untersuchungen war zwei Fällen gewidmet. Im ersten Fall bilden die aufgerollten Dimensionen die einfachste und symmetrischste Struktur, die in sieben Dimensionen möglich ist: das siebendimensionale Analogon der Kugel. Mit dieser sogenannten 7-Kugel haben sich Michael J. Duff und Christopher N. Pope (Imperial College of Science and Technology, London) sowie François Englert (Freie Universität Brüssel), Bernard de Wit (Staats-Universität Utrecht) und Hermann Nicolai (CERN) beschäftigt.

Im zweiten Fall geht es um einen Satz von Flächen mit genau den Symmetrien, die für die Beschreibung der starken, schwachen und elektromagnetischen Kraft erforderlich sind. Diese Flächen haben Witten, Leonardo Castellani, Ricardo D'Auria und Pietro Fré (Universität Turin) und andere untersucht.

Leider sagen die Ergebnisse dieser Untersuchungen keine vierdimensionale

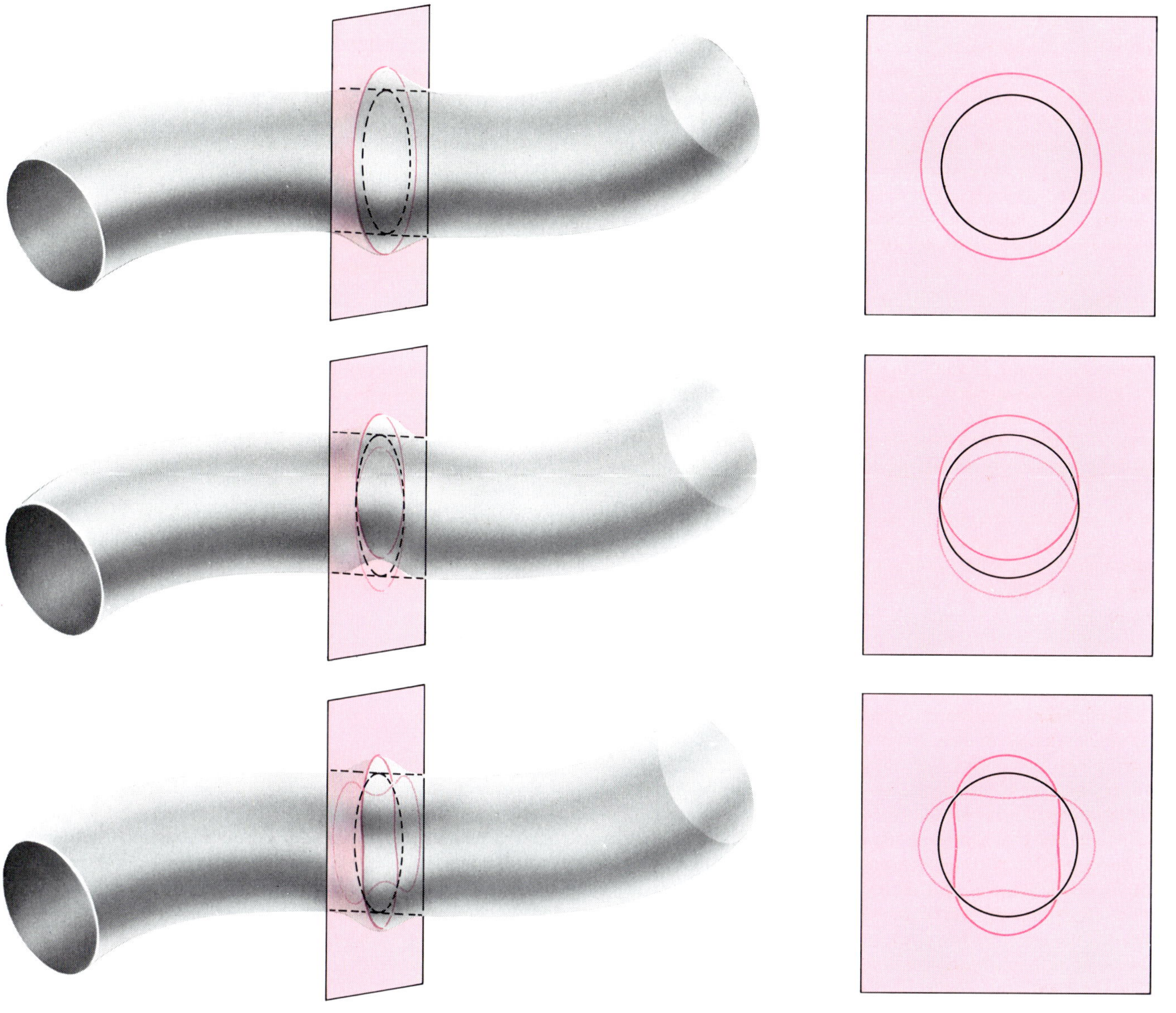

Bild 5: Der zusammengerollten fünften Dimension in der Kaluza-Klein-Theorie kann man Teilchen zuordnen. Nach der Quantenmechanik kann man jedes Teilchen auch als Welle interpretieren. Wenn ein ganzzahliges Vielfaches der Wellenlänge genau in den Umfang des Kreises der fünften Dimension hineinpaßt, sollte das Teilchen, das dieser Wellenlänge entspricht, in der gewöhnlichen, vierdimensionalen Raumzeit existieren können. Die erste Welle, die in den Kreis hineinpaßt, ist eine Welle mit konstanter Amplitude längs des gesamten Kreises. Wenn man die gewöhnliche, gekrümmte Raumzeit durch eine gekrümmte Linie darstellt, entspricht der höherdimensionalen Raumzeit ebenfalls eine gekrümmte Linie und die kreisförmige fünfte Dimension ist ein gekrümmter Zylinder. Die Welle konstanter Amplitude erscheint als Ausbuchtung in dem Zylinder (oben); sein Querschnitt ist oben rechts dargestellt. Das Teilchen, das dieser Welle entspricht, hat in der Kaluza-Theorie keine Masse. Die zweite Welle oszilliert längs des Kreises genau einmal. Sie macht sich ebenfalls als Ausbuchtung im Zylinder bemerkbar, und ihre Schnittlinie ist eine um den Kreis gezeichnete Kosinus-Funktion, wobei an die Stelle der üblichen *x*-Achse die Kreislinie tritt (Mitte). Die geschlossene Figur, die von der Welle begrenzt wird, ist in dieser Darstellung als dunkelfarbige Kurve gezeichnet. Die Figur rotiert auf dem Kreis, und eine der aufeinanderfolgenden Orientierungen zeigt die in heller Farbe gezeichnete Kurve. Das von der Kaluza-Theorie vorausgesagte Teilchen, das dieser Welle entspricht, ist 10^{16}mal schwerer als das Proton. Die Wellen dritter und höherer Ordnung teilen den Kreis in zwei, drei oder mehr gleiche Teile. Speziell ist die Welle dritter Ordnung eine Kosinus-Welle, deren Wellenlängen genau zweimal in den Kreis hineinpassen (unten); auch diese Welle rotiert auf dem Kreis. Das Teilchen, das dieser dritten Welle entspricht, ist doppelt so schwer wie das Teilchen der zweiten Welle.

Welt voraus, die unserer Welt ähneln würde. Drei Hauptprobleme stellten sich den bisherigen Bemühungen entgegen.

Das erste ist das sogenannte Chiralitätsproblem; es betrifft die Händigkeit oder Chiralität der Fermionen, die von der Theorie vorausgesagt werden. Die Chiralität eines Fermions wird vom Drehsinn seines Spins bezüglich seiner Bewegungsrichtung bestimmt. Jede der bisher untersuchten elfdimensionalen Strukturen sagt die gleiche Anzahl von links- und rechtshändigen Neutrinos voraus. Doch die in der Natur beobachteten Neutrinos sind immer linkshändig; rechtshändige Neutrinos scheint es nicht zu geben.

Das zweite Problem ist das sogenannte kosmologische Problem. Es betrifft die Krümmung, welche die Theorie für die normale, vierdimensionale Raumzeit voraussagt. Geht man von der vernünftigen Annahme aus, daß die sieben zusätzlichen Dimensionen eine kompakte Struktur bilden, die so klein ist, daß man sie bisher noch nicht beobachten konnte, dann wird die verbleibende, vierdimensionale Raumzeit ebenfalls hochgradig gekrümmt. Astronomische Beobachtungen lassen aber darauf schließen, daß die Krümmung des Universums, gemittelt über sehr große Entfernungen, gleich Null, zumindest aber sehr klein ist.

In Kaluza-Klein-Theorien, die nicht auf der Supergravitation aufbauen, kann man dieses Problem umgehen. Denn zu den Feldgleichungen kann man eine Konstante, das kosmologische Glied, addieren, so daß die Krümmung der fünfdimensionalen Raumzeit verschwindet – und zwar selbst dann, wenn die anderen sieben Dimensionen hochgradig kompakt sind. Diese Freiheit, die Feldgleichungen der physikalischen Realität anzupassen, hat man jedoch im Fall der elfdimensionalen Supergravitation nicht mehr.

Das dritte Problem im Zusammenhang mit der elfdimensionalen Supergravitation ist ein quantenmechanisches Problem. Dessen Lösung könnte auch die Lösung der anderen beiden Probleme nach sich ziehen.

Den Kaluza-Klein-Theorien liegen quantenmechanische Gleichungen zugrunde, und diese ergeben Unendlichkeiten, die sich physikalisch nur schwer interpretieren lassen. Diese Unendlichkeiten sind typisch für fast alle Quantentheorien der Gravitation. Um sie zu umgehen, war man gezwungen, Näherungen vorzunehmen, die bestimmte Quanteneffekte vernachlässigen. Vielleicht wird man einmal zeigen können, daß die Unendlichkeiten nicht aus der Theorie selbst, sondern aus dem Näherungsverfahren folgen, oder man findet eine Theorie, in der Unendlichkeiten erst gar nicht auftreten.

In den letzten Monaten wurden die Theoretiker wieder zuversichtlich, weil die Aussicht besteht, daß man das Problem der Unendlichkeiten und damit möglicherweise auch die beiden anderen zuvor genannten Probleme durch eine Theorie lösen könnte, die man als „Superstring-Theorie" bezeichnet (siehe „Dual-Resonance Models of Elementary Particles" von John H. Schwarz in Scientific American, Februar 1975, und „Die Gittereichtheorie: warum Quarks eingesperrt sind" von Claudio Rebbi in Spektrum der Wissenschaft, April 1983).

Superstring-Theorien

Die Superstring-Theorien haben einige der attraktiven Eigenschaften, die auch die Theorien der Supergravitation aufweisen. Damit sie mathematisch konsistent sind, muß man diese Theorien in einer zehndimensionalen Raumzeit konstruieren; in zehn Dimensionen sind jedoch nur wenige Theorien möglich. Schon seit einiger Zeit weiß man, daß bei Superstring-Theorien in erster quantenmechanischer Näherung keine Unendlichkeiten auftreten. Manche Physiker sind heute der Meinung, daß dies in keiner Näherungsordnung der Fall ist.

In einer String-Theorie (von englisch *string* Saite) werden Teilchen den Vibrationsbewegungen einer eindimensionalen Saite in einem höherdimensionalen Raum zugeordnet. Der Hauptunterschied zwischen einer String-Theorie und einer Feldtheorie wie der Supergravitation besteht in der Art und Weise, wie man die von den beiden Theorien vorausgesagten Teilchen zu zählen hat.

Wären die sieben zusätzlichen Dimensionen der höherdimensionalen Supergravitation nicht zu einer geschlossenen Fläche zusammengerollt, dann würde die elfdimensionale Supergravitation endlich viele Teilchen voraussagen. Zu einer unendlich großen Anzahl von Teilchen kommt es in der Supergravitations-Theorie nur, weil in dieser Formulierung die zusätzlichen Dimensionen zusammengerollt sind.

Die fünfdimensionale Kaluza-Theorie beispielsweise sagt unendlich viele Teilchen voraus, weil es unendlich viele stationäre Wellen gibt, die in den Kreis der fünften Dimension hineinpassen. Dagegen gibt es in der Superstring-Theorie auch dann unendlich viele Teilchen, wenn die zusätzlichen Dimensionen nicht zusammengerollt sind. Dies entspricht den unendlich vielen stationären Wellenformen, die es auf der Saite geben kann.

Die meisten Teilchen in der Superstring-Theorie haben eine extrem hohe Masse: Sie sind teilweise mehr als 10^{19}mal so schwer wie ein Proton. Dennoch sagt die Theorie auch ungefähr 1000 masselose Teilchen voraus. Bis vor kurzem glaubte man, daß die Wechselwirkungen dieser Teilchen denjenigen entsprechen, die durch eine zehndimensionale Version der Supergravitation beschrieben werden, und es gab zwei Gründe, warum man diese Version der Supergravitation nicht besonders intensiv untersuchte.

Der erste Grund war, daß es keine Lösungen der Feldgleichungen dieser Theorie zu geben schien, bei denen sich die sechs zusätzlichen Dimensionen zusammenrollen und eine vierdimensionale Raumzeit mit vernünftigen Eigenschaften zurückließen. Ferner werden die Feldgleichungen inkonsistent, wenn man sie quantenmechanisch interpretiert. Die zehndimensionale Version der Supergravitation und folglich auch die Wechselwirkungen der von der Superstring-Theorie vorausgesagten masselosen Teilchen schienen demnach für das Kaluza-Klein-Programm nicht relevant.

Kürzlich konnten jedoch Michael Green (Queen Mary College, London) und John H. Schwarz (California Institute of Technology) zeigen, daß sich die Wechselwirkungen der masselosen Teilchen in der Superstring-Theorie geringfügig von denen der zehndimensionalen Supergravitation unterscheiden. Die Effekte sind sehr subtil; sie werden durch die unendlich vielen schweren Teilchen in der Superstring-Theorie verursacht. In der Supergravitation ohne zusammengerollte Dimensionen gibt es diese Teilchen nicht. Berücksichtigt man diese Effekte der schweren Teilchen, dann erhält man auch quantenmechanisch konsistente Feldgleichungen.

Diese neuesten Erfolge haben die Physiker dazu angespornt, sich mit dem Aufrollen der sechs zusätzlichen Dimensionen der Superstring-Theorie zu beschäftigen. Das Problem ist in vielerlei Hinsicht noch komplizierter als im Fall der elfdimensionalen Supergravitation. Denn die Eigenschaften der sechsdimensionalen Flächen, wie sie von der Superstring-Theorie gefordert werden, sind in mathematischer Hinsicht noch komplexer als die Eigenschaften beispielsweise der siebendimensionalen Kugel. Dennoch ist der Ansporn, das Problem zu lösen, sehr groß, zumal es Hinweise darauf gibt, daß es die anderen beiden Hauptprobleme der Supergravitation, nämlich das Chiralitätsproblem und das kosmologische Problem, in der Superstring-Theorie nicht gibt.

Perspektiven für das Verständnis von Raum und Zeit

Von der Formulierung einer eleganten theoretischen Idee bis hin zu präzisen Voraussagen, die experimentell überprüft werden können, ist es oft ein langer Weg. So dauerte es dreizehn Jahre, bis man mit Hilfe nichtabelscher Eichtheorien drei Grundkräfte vereinheitlichen konnte. Wenn es zur Zeit noch an eindeutigen Hinweisen fehlt, daß sich mit den Konzepten der Supergravitation und der Kaluza-Klein-Theorie die Experimente korrekt beschreiben lassen, so braucht das nicht zu bedeuten, daß die Ideen selbst falsch sind. Wahrscheinlich bedarf es nur noch weiterer theoretischer Arbeit.

Schließlich sei auch auf den Zusammenhang zwischen Entwicklungen der physikalischen Grundlagenforschung und der Prägung von neuen mathematischen Begriffen hingewiesen. So war es nur der abgeschlossenen mathematischen Theorie antikommutierender Zahlen zu verdanken, daß die Supergravitation einen so hohen Entwicklungsstand erreichen konnte.

Es kann also durchaus sein, daß für ein tieferes Verständnis von Raum und Zeit in der Quantentheorie weitere mathematische Entwicklungen notwendig sind. Das gegenwärtige Interesse an höherdimensionalen Theorien der Gravitation ist wahrscheinlich nur ein erster Schritt in Richtung auf dieses verbesserte Verständnis.

Ist die Natur supersymmetrisch?

Das Konzept der Supersymmetrie könnte den nächsten erfolgreichen Schritt auf der Suche nach wenigen Grundgesetzen der Natur zur Erklärung der Struktur der Materie darstellen. Physiker testen bereits eine entsprechende Theorie auf ihre Gültigkeit.

Von Howard E. Haber und Gordon L. Kane

Vor ungefähr 2500 Jahren waren die ionischen Naturphilosophen bereits überzeugt, daß sich die Komplexität des Universums durch nur wenige Grundgesetze der Natur erklären ließe. Seitdem hat man auf dem Weg zu diesem Ziel beachtliche Fortschritte gemacht: Die Grundbausteine der Materie sind heute anscheinend bekannt, und das Verhalten aller Formen der Materie – angefangen von den subatomaren Teilchen, Atomen und Molekülen bis hin zu den Galaxien – läßt sich auf eine geringe Anzahl von Grundkräften zurückführen.

Um die Beschreibung der Naturgesetze zu vervollständigen, bedarf es aber noch tieferer Einsichten. Viele theoretische Physiker haben deshalb in den letzten zehn Jahren ein Modell untersucht, das unter dem Namen „Supersymmetrie" bekannt geworden ist (Bild 1). Eine supersymmetrische Theorie schließt die erfolgreichen Entdeckungen der letzten Jahre nicht nur ein, sondern versucht sie in einer neuen und umfassenderen Theorie weiterzuführen. Inzwischen ist es den Physikern gelungen, auf der Grundlage dieser Theorie überprüfbare Vorhersagen zu machen.

Den wohl einfachsten Zugang zum Begriff der Supersymmetrie gewinnt man über das herkömmliche Bild von der Struktur der Materie (Bild 2). Alle Materie besteht bekanntlich aus Molekülen, die sich ihrerseits aus Atomen zusammensetzen. Den Kern jedes Atoms bildet eine gewisse Anzahl von Protonen und Neutronen; darum bewegt sich eine „Wolke" von Elektronen. Einzelne chemische Elemente unterscheiden sich voneinander durch ihre Anzahl von Protonen.

Bis vor etwa 20 Jahren hielt man Protonen und Neutronen für Grundbausteine der Materie. Doch die Experimente, die man in den letzten zwei Jahrzehnten mit Teilchenbeschleunigern bei hohen Energien durchführte, zeigten, daß Protonen und Neutronen aus kleineren Elementarteilchen, den sogenannten Quarks, zusammengesetzt sind. Diese Quarks tragen nur Bruchteile (das +2/3- beziehungsweise −1/3-fache) der elektrischen Ladung des Protons. Insgesamt gibt es sechs verschiedene solcher Quarks, die man nach ihrem Identitätsmerkmal Flavor (englisch für „Geschmack") unterscheidet: als *up-*, *down-*, *charm-*, *strange-*, *top-* und *bottom*-Quark.

Einzelne Quarks kann man offenbar nicht isolieren oder für sich allein beobachten; sie bleiben immer gebunden in zusammengesetzten Teilchen, den sogenannten Hadronen. Man hat inzwischen Hunderte dieser Teilchen identifiziert und katalogisiert. Zu ihnen gehören außer den Nukleonen, also dem Proton und dem Neutron, auch das Pion und das Kaon. Ein Proton beispielsweise besteht aus zwei *up*-Quarks und einem *down*-Quark, während sich ein Neutron aus einem *up*-Quark und zwei *down*-Quarks zusammensetzt.

In einer simplen Analogie kann man die Quarks mit den Enden einer Saite vergleichen und die Hadronen mit der gesamten Saite einschließlich der Quarks. Versucht man, ein Quark zu isolieren, indem man Hadronen aufeinanderprallen läßt, dann dehnt sich die Saite und reißt auseinander, sobald ein Quark die Saite zu verlassen sucht; aber ein Saitenende wird nicht isoliert: An die Stelle der einen Saite treten dann mehrere Saiten, also mehrere Hadronen (meistens Pionen, weil diese die leichtesten Hadronen sind).

Im Gegensatz zu Protonen und Neutronen sind offenbar die sehr viel leichteren Elektronen wirkliche Grundbausteine der Materie. Tatsächlich gehören sie zu einer anderen Familie von Elementarteilchen, den sogenannten Leptonen. Auch diese Teilchen können unterschiedlichen Flavor haben; sie erscheinen in sechs verschiedenen Arten,

Bild 1: Nach der Theorie der Supersymmetrie sollte es zu jedem normalen Teilchen einen sogenannten Superpartner geben, der – abgesehen vom Spin – die gleichen Eigenschaften hat wie das Teilchen selbst. Folgt man der bisher anerkannten Theorie, so existieren zwei Arten von normalen Teilchen: einerseits die Grundbausteine der Materie (gelber Abschnitt der oberen Tabelle), andererseits jene Teilchen, welche die Kräfte beziehungsweise Wechselwirkungen zwischen den Grundbausteinen vermitteln (gelber Abschnitt der unteren Tabelle). Die Grundbausteine der Materie sind die Leptonen und Quarks, die man allgemein als Fermionen charakterisieren kann. Solche Teilchen verhalten sich, als ob sie einen inneren Drehimpuls trügen, den sogenannten Spin. Dieser kann nur halbzahlige Werte (1/2, 3/2 und so weiter) des – durch 2π geteilten – Planckschen Wirkungsquantums $\hbar$, also der Grundeinheit des quantenmechanischen Drehimpulses annehmen. Die anderen fundamentalen Teilchen dagegen, welche die vier Grundkräfte vermitteln, sind Bosonen – also Teilchen, deren Spins nur ganzzahlige Werte (0, 1, 2 und so weiter) von $\hbar$ annehmen können. Nach der Theorie der Supersymmetrie sollte es zu jedem normalen Fermion einen Superpartner geben, der ein Boson ist (rechte Hälfte der oberen Tabelle), während zu jedem normalen Boson als Superpartner ein Fermion gehören sollte (rechte Hälfte der unteren Tabelle). Die in Klammern stehenden Zahlen unter dem jeweiligen Teilchensymbol geben die Massen des betreffenden Teilchens (in Milliarden Elektronenvolt) an, sofern sie bekannt sind. (Das Graviton wurde noch nicht beobachtet, sollte aber masselos sein.) Nicht aufgeführt sind in der oberen Tabelle die Antiteilchen der Teilchen. (Ein Antiteilchen unterscheidet sich von einem normalen Materie-Teilchen nur durch die entgegengesetzte Ladung; das W^--Boson ist beispielsweise das Antiteilchen des W^+-Bosons.)

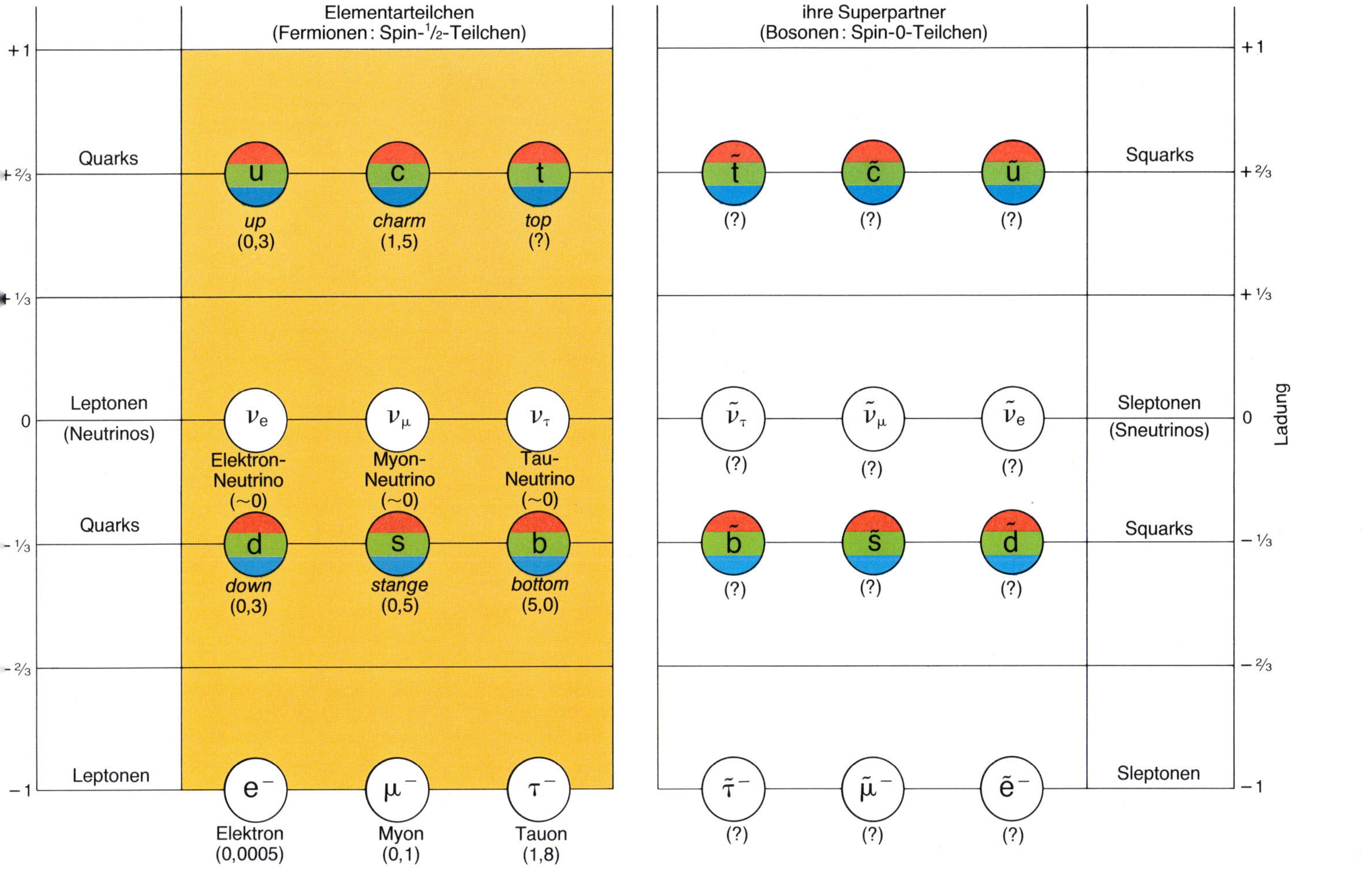

Elementarteilchen
(Fermionen: Spin-½-Teilchen)
ihre Superpartner
(Bosonen: Spin-0-Teilchen)
+1
+⅔
+⅓
0
−⅓
−⅔
−1
Ladung
Quarks
u
up
(0,3)
c
charm
(1,5)
t
top
(?)
Squarks
t̃
(?)
c̃
(?)
ũ
(?)
Leptonen
(Neutrinos)
ν_e
Elektron-
Neutrino
(~0)
ν_μ
Myon-
Neutrino
(~0)
ν_τ
Tau-
Neutrino
(~0)
Sleptonen
(Sneutrinos)
$\tilde{\nu}_\tau$
(?)
$\tilde{\nu}_\mu$
(?)
$\tilde{\nu}_e$
(?)
Quarks
d
down
(0,3)
s
stange
(0,5)
b
bottom
(5,0)
Squarks
b̃
(?)
s̃
(?)
d̃
(?)
Leptonen
e^-
Elektron
(0,0005)
μ^-
Myon
(0,1)
τ^-
Tauon
(1,8)
Sleptonen
$\tilde{\tau}^-$
(?)
$\tilde{\mu}^-$
(?)
$\tilde{e}^-$
(?)

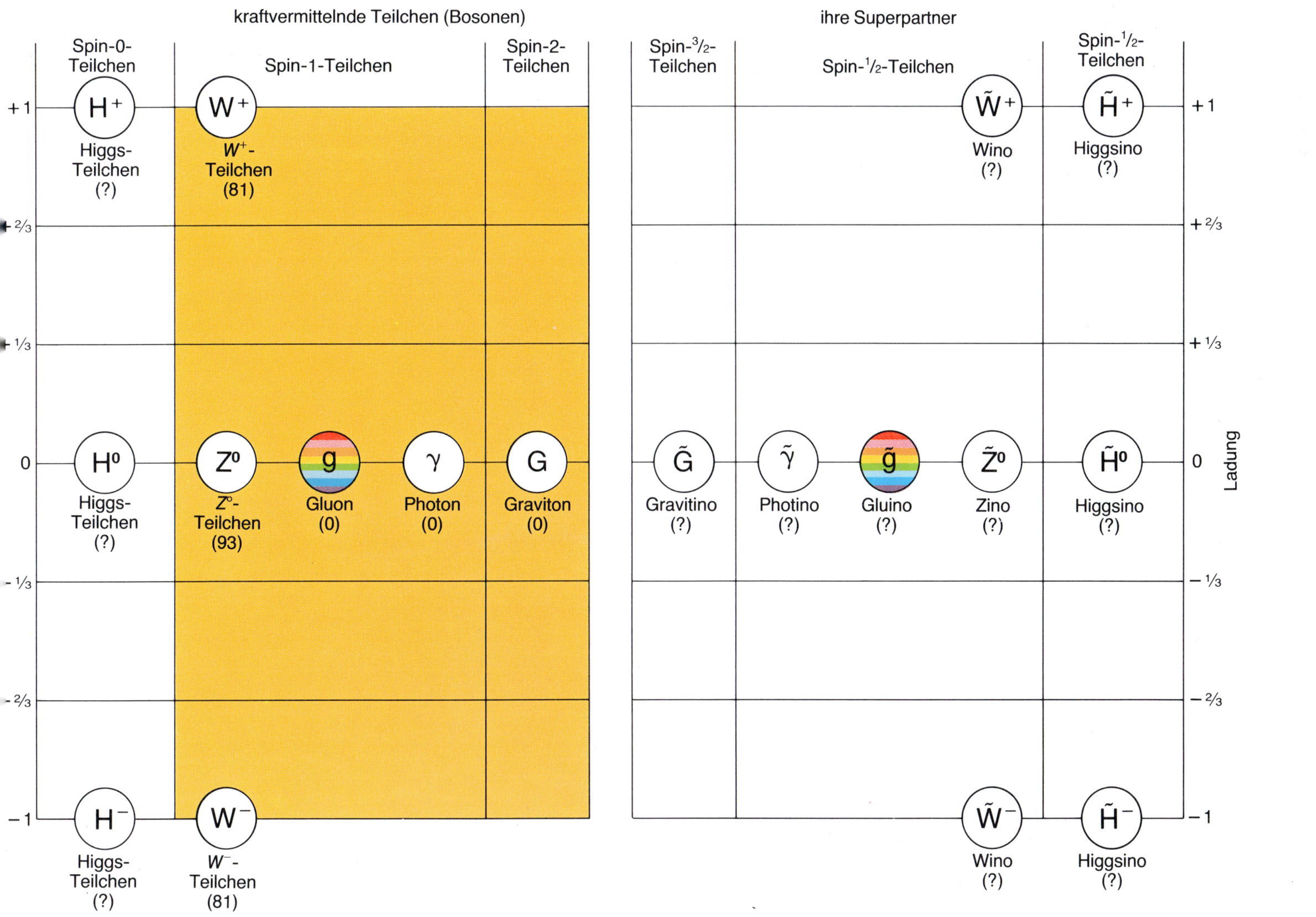

kraftvermittelnde Teilchen (Bosonen)
ihre Superpartner
Spin-0-
Teilchen
Spin-1-Teilchen
Spin-2-
Teilchen
Spin-3/2-
Teilchen
Spin-½-Teilchen
Spin-½-
Teilchen
+1
+⅔
+⅓
0
−⅓
−⅔
−1
Ladung
H^+
Higgs-
Teilchen
(?)
W^+
W^+-
Teilchen
(81)
$\tilde{W}^+$
Wino
(?)
$\tilde{H}^+$
Higgsino
(?)
H^0
Higgs-
Teilchen
(?)
Z^0
Z^0-
Teilchen
(93)
g
Gluon
(0)
γ
Photon
(0)
G
Graviton
(0)
G̃
Gravitino
(?)
γ̃
Photino
(?)
g̃
Gluino
(?)
$\tilde{Z}^0$
Zino
(?)
$\tilde{H}^0$
Higgsino
(?)
H^-
Higgs-
Teilchen
(?)
W^-
W^--
Teilchen
(81)
$\tilde{W}^-$
Wino
(?)
$\tilde{H}^-$
Higgsino
(?)

als Elektron, Myon, Tauon sowie als Neutrino (genauer: Elektron-Neutrino), Myon-Neutrino und Tau-Neutrino.

Die Grundkräfte der Natur und das Standardmodell

Alle Wechselwirkungen zwischen Leptonen und Quarks lassen sich durch insgesamt vier verschiedene Kräfte beschreiben: die Gravitation, den Elektromagnetismus und durch zwei andere Kräfte, die man als starke beziehungsweise schwache Kraft bezeichnet. Die elektromagnetische Kraft bindet die Elektronen an den Atomkern, so entsteht das Atom. Die Atome wiederum, obwohl elektrisch neutral, wechselwirken über eine elektromagnetische Restkraft miteinander und bilden auf diese Weise die Moleküle.

Für die Verbindung der Quarks zu Protonen, Neutronen und allen anderen Hadronen ist die starke Kraft verantwortlich, und die starke Restkraft zwischen Protonen und Neutronen ist die bekannte Kernkraft, durch die Protonen und Neutronen zu Atomkernen gebunden werden. Die schwache Kraft schließlich bewirkt einige Arten radioaktiven Zerfalls von Atomkernen und bestimmte Erscheinungen bei Kernfusionsprozessen wie im Innern der Sonne, welche gleichfalls die Freisetzung von Kernenergie ermöglichen.

Tatsächlich aber gibt es nur drei Grundkräfte: Eine Krönung der zurückliegenden zwanzigjährigen physikalischen Forschungsarbeit bestand in dem Nachweis, daß die elektromagnetische und die schwache Kraft nur Manifestationen ein und derselben Kraft sind, die man heute als elektroschwache Kraft bezeichnet. Die Stärken der verschiedenen Kräfte schwanken beträchtlich; so ist beispielsweise die elektromagnetische Kraft zwischen zwei Protonen ungefähr 10^{36}mal so groß wie die entsprechende Gravitationskraft.

Die Kräfte werden durch den Austausch bestimmter Teilchen vermittelt. Beispielsweise ist das Photon – das Quant der elektromagnetischen Strahlung – Träger der elektromagnetischen Kraft. Die starke Kraft wird dagegen von insgesamt acht Teilchen vermittelt, den sogenannten Gluonen; wie das Photon sind sie masselos.

Für die Vermittlung der schwachen Kraft sind drei Teilchen zuständig: das positiv geladene W^+, das negativ geladene W^- und das neutrale Z^0-Teilchen. Im Gegensatz zum Photon und zu den Gluonen sind diese Teilchen sehr schwer: Ihre Massen sind ungefähr 100mal so groß wie die Masse des Protons. All diese Trägerteilchen sind experimentell beobachtet worden. Das vermittelnde Teilchen der Gravitationskraft jedoch, das sogenannte Graviton, konnte man bisher noch nicht experimentell nachweisen (Bild 4).

Die Theorie, welche die Quarks und Leptonen sowie deren Wechselwirkungen beschreibt, bezeichnet man heute als Standardmodell. Damit es mathematisch konsistent ist, muß man fordern, daß ein sogenanntes Higgs-Teilchen existiert. (Die einfachste Version des Standardmodells enthält nur ein elektrisch neutrales Higgs-Teilchen, während in allgemeineren Modellen auch elektrisch geladene Higgs-Teilchen möglich sind.)

Durch Wechselwirkungen mit dem Higgs-Teilchen werden – nach den Vorstellungen der Theorie – die Massen der beiden W-Teilchen und des Z^0-Teilchens sowie der Quarks und Leptonen erzeugt. Das Standardmodell sagt voraus, wie das Higgs-Teilchen mit den anderen Teilchen wechselwirken sollte, aber die Masse des Higgs-Teilchens selbst kann es nicht voraussagen. Die erwarteten Eigenschaften dieses Teilchens ließen eine experimentelle Beobachtung bisher nicht zu; und da seine Masse nicht bekannt ist, läßt sich ein Experiment zu seiner Beobachtung auch kaum planen.

Ordnung durch Symmetrie

Wie gelang es nun den Physikern, die Vielfalt der Teilchen im Standardmodell zu verstehen? Zunächst ist festzustellen, daß alle Teilchen zwei fundamentale Klassen bilden: die Fermionen und die Bosonen. Leptonen und Quarks, die Grundbausteine der Materie, sind Fermionen, während diejenigen Teilchen, welche die Grundkräfte vermitteln, Bosonen sind. Fermionen verhalten sich, als ob sie einen inneren Drehimpuls trügen, den sogenannten Spin, der nur halbzahlige Werte (1/2, 3/2 und so weiter) annehmen kann. Dabei ist die Einheit für den quantenmechanischen Drehimpuls das durch 2π dividierte Plancksche Wirkungsquantum $\hbar$. Im Gegensatz dazu können Bosonen nur ganzzahlige Vielfache (0, 1, 2 und so weiter) von $\hbar$ annehmen.

Die halbzahligen Spin-Differenzen zwischen Fermionen und Bosonen haben weitreichende Konsequenzen. Fermionen kann man gewissermaßen als „unsoziale" Teilchen betrachten, weil sie stets unterschiedliche Energieniveaus einzunehmen suchen; dagegen bevorzugen die Bosonen die Geselligkeit und schließen sich möglichst zu Gruppen von Teilchen gleicher Energie

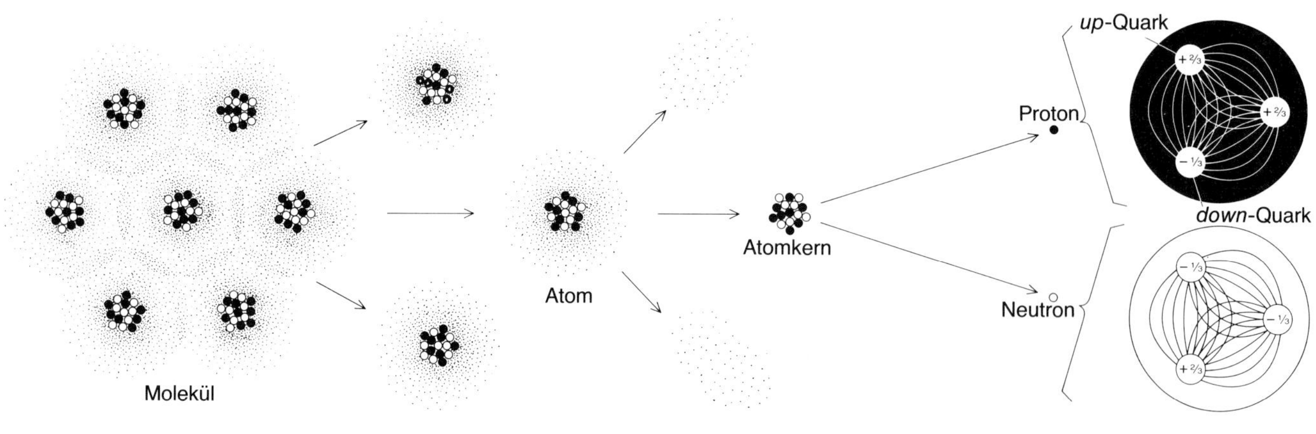

Bild 2: Diese Graphik zeigt schematisch die Struktur der Materie, wie man sie heute versteht. Alle Materie besteht aus Molekülen, die sich ihrerseits aus Atomen zusammensetzen. Ein Atom wiederum besteht aus einer Anzahl von Protonen (schwarze Kugeln) und Neutronen (weiße Kugeln), die im Kern gebunden sind, und dieser ist umgeben von einer Elektronen-„Wolke" (Punkte). Protonen und Neutronen setzen sich offenbar aus Quarks zusammen – das sind Teilchen, deren Ladungen ganzzahlige Vielfache eines Drittels der Protonenladung sind. Ein Proton beispielsweise enthält zwei *up*-Quarks und ein *down*-Quark, während ein Neutron aus einem *up*-Quark und zwei *down*-Quarks zusammengesetzt ist. Quarks kann man nie isoliert für sich beobachten, weil sie unter dem Einfluß der Gluon-Kräfte stets gebundene Systeme bilden.

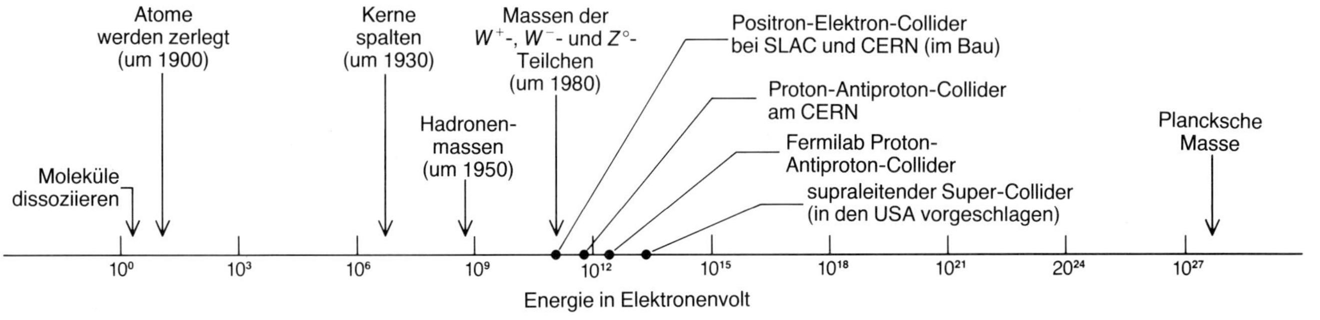

Bild 3: Zur Erforschung immer fundamentalerer Strukturen der Materie sind immer höhere Energien erforderlich. Moleküle dissoziieren in Atome schon bei Energien von ungefähr einem Elektronenvolt. Bei ungefähr 10 Elektronenvolt werden Atome von ihrer Elektronenwolke befreit. Atomkerne fragmentieren in Bruchstücke (einzelne Nukleonen oder Cluster von mehreren Nukleonen), wenn man sie bei Energien von mehr als einer Million Elektronenvolt aufeinanderprallen läßt. Viele Hadronen, also Einheiten von aneinandergebundenen Quarks, haben Massen von ungefähr einer Million Elektronenvolt. (Die Gleichung $E = mc^2$ besagt, daß Masse und Energie einander äquivalent sind und austauschbare Begriffe darstellen.) Die Träger der schwachen Kraft, das *W*-Boson und das Z^0-Teilchen, haben Massen von fast 100 Milliarden Elektronenvolt. Die Energie der Planckschen Masse (ungefähr 10^{28} Elektronenvolt) wurde nur im frühen Stadium des Universums erreicht.

zusammen. Alle Leptonen und Quarks sind Spin-1/2-Teilchen, während das Photon, die *W*-Bosonen, das Z^0-Teilchen und die acht Gluonen Spin-1-Bosonen sind. Das Graviton sollte den Spin 2 haben und das Higgs-Teilchen den Spin 0.

Ein wichtiges vereinheitlichendes Element des Standardmodells ist der Begriff der Symmetrie. Die Wechselwirkungen zwischen den verschiedenen Teilchen sind symmetrisch (oder, wie man auch sagt, invariant) gegenüber einer Reihe subtiler Vertauschungen. Betrachten wir etwa mehrere Protonen, die – ähnlich wie in einem Atomkern – in dichter Nachbarschaft zueinander angeordnet sind, so daß die zwischen ihnen wirkende starke Kraft die abstoßende elektromagnetische Kraft um ein Vielfaches überwiegt. Die starke Kraft zwischen den Protonen werde nun gemessen. Ersetzt man anschließend jedes Proton durch ein Neutron, so mißt man die gleiche starke Kraft. Im mathematischen Sinn kann man sogar jedes Proton durch eine „Mischung" aus Proton und Neutron ersetzen, ohne daß sich an der starken Kraft etwas änderte. Dies ist ein Beispiel für eine Symmetrieoperation, bei der an allen Raumpunkten die gleiche Änderung vorgenommen wird.

Allgemeinere Symmetrieoperationen sind solche, bei denen in der Raumzeit von Punkt zu Punkt unterschiedliche Änderungen vorgenommen werden. Solche Symmetrien spielen eine fundamentale Rolle in sogenannten Eichtheorien (siehe „Symmetrien in der Physik der Elementarteilchen" von Gerard t' Hooft in Spektrum der Wissenschaft, August 1980). Alle durch das Standardmodell beschriebenen Wechselwirkungen lassen sich auf derartige Symmetrien zurückführen.

Inzwischen hat man das Stadium einer noch höheren Symmetrie erreicht – eben jener Supersymmetrie, mit der wir uns hier beschäftigen wollen. Trotz der Erfolge des Standardmodells ist es nämlich offensichtlich, daß die Physiker die Theorie weiterentwickeln müssen, wenn sie die Eigenschaften der Materie vollends verstehen wollen; denn einige Aspekte des Standardmodells sind immer noch rätselhaft und lassen weitere Entdeckungen vermuten.

Zunächst sei festgestellt, daß bis heute niemand erklären konnte, warum das Standardmodell diese und keine andere Form besitzt. Seine mathematische Struktur ist elegant und relativ einfach, und die beobachteten Wechselwirkungen zeigen viele der vom Modell vorausgesagten Symmetrien. Theoretisch jedoch wären auch andere Symmetrien plausibel und nicht weniger elegant.

Außerdem gibt das Standardmodell keine physikalische Erklärung für die Massen der Elementarteilchen und die Stärke der zwischen ihnen wirkenden Kräfte. Warum, so fragt man sich, haben sie diese und keine anderen Werte? Die meisten Teilchenphysiker hoffen, diese Parameter eines Tages nicht nur messen, sondern auch berechnen zu können. Obwohl es zur Zeit keinen direkten Hinweis darauf gibt, wie man das Standardmodell erweitern sollte, scheint doch die Supersymmetrie nach Meinung vieler Physiker ein Weg in die richtige Richtung zu sein. In den letzten Jahren hat man viele Anstrengungen unternommen, um experimentelle Hinweise auf die Existenz der Supersymmetrie zu erhalten.

Die Supersymmetrie

Die Suche nach experimentellen Hinweisen auf die Supersymmetrie kreist um die Entdeckung neuer Teilchen. Nach der Theorie der Supersymmetrie sollte es zu jedem normalen Teilchen einen sogenannten Superpartner geben, der sich in seinem Spin um eine halbe Einheit unterscheidet, im übrigen aber dieselben Eigenschaften besitzt wie das Partnerteilchen (Bild 1).

Die Supersymmetrie unterscheidet sich also von allen bisherigen Theorien dadurch, daß sie die beiden fundamentalen Teilchenklassen, die Fermionen und Bosonen, miteinander verknüpft. Außerdem sollten die Wechselwirkungskräfte zwischen den vermuteten Superpartnern genauso stark sein wie die entsprechenden Kräfte zwischen den normalen Teilchen. Auch die Gravitationskraft wäre eine Konsequenz der Symmetrie, so daß die Supersymmetrie tatsächlich den Ausgangspunkt einer Theorie bilden könnte, die alle Grundkräfte der Natur – Gravitation eingeschlossen – vereinheitlichte.

Die Spin-0-Superpartner der Fermionen erhalten ihre Bezeichnung, indem man vor den Namen des normalen Teilchens ein *s* setzt; die Spin-0-Partner des Spin-1/2-Elektrons und des Quarks sind beispielsweise das Selektron und das Squark. Die Spin-1/2-Superpartner der Bosonen erhalten ihren Namen durch Hinzufügen der Endung *-ino* an die Wurzel des normalen Teilchennamens; so ist etwa der Partner des Spin-1-Photons das Spin-1/2-Photino und der Partner des Spin-1-Gluons das Spin-1/2-Gluino. (Beim Higgs-Teilchen ist die Situation etwas komplizierter. Die Theorie der Supersymmetrie fordert nämlich sowohl elektrisch geladene wie neutrale Higgs-Teilchen: ein positiv geladenes H^+, ein negativ geladenes H^- und drei neutrale, kollektiv als H^0 bezeichnete Teilchen.)

Welchen Vorteil bringt es nun, wenn man die Anzahl der Elementarteilchen verdoppelt? Zunächst ist festzustellen, daß die Supersymmetrie ein fundamen-

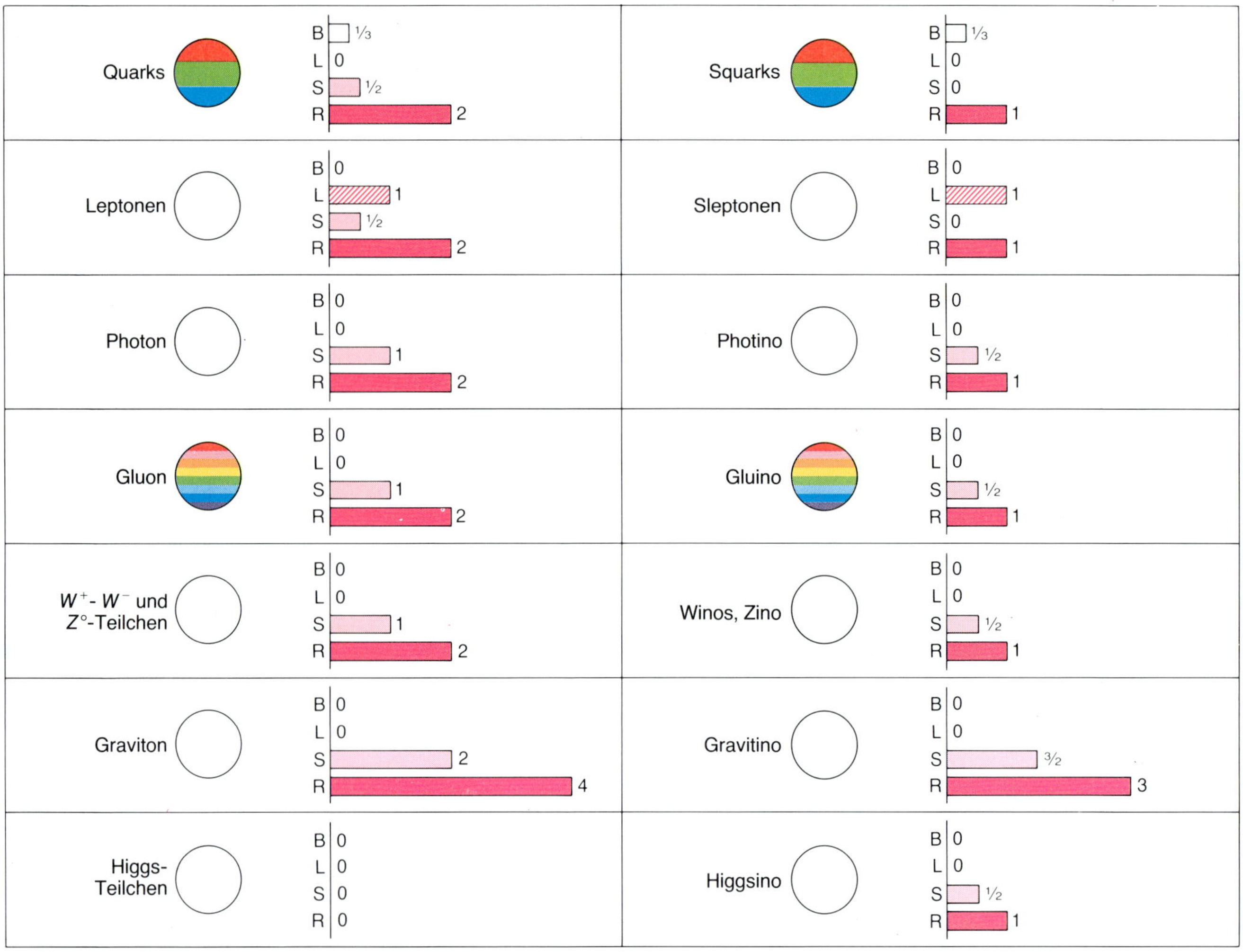

Bild 4: Elementarteilchen lassen sich nach sogenannten Quantenzahlen kategorisieren: nach der Baryonenzahl (*B*), der Leptonenzahl (*L*), dem Spin (*S*) und der sogenannten *R*-Zahl (*R*). (Die *R*-Zahl ist mit den übrigen Quantenzahlen über die Formel $R = 3B + L + 2S$ verknüpft.) Die Leptonen- und die Baryonenzahl sowie der Spin variieren je nach Teilchenart, während die *R*-Zahl für alle normalen Teilchen gerade ist (linke Seite der Tabelle) und ungerade für alle vorausgesagten Superpartner dieser Teilchen (rechte Seite der Tabelle). Dies hat weitreichende Konsequenzen. Insbesondere ergibt sich daraus für die meisten supersymmetrischen Theorien, daß die *R*-Zahl im Laufe einer Teilchenreaktion stets gerade oder ungerade bleiben muß. Wenn beispielsweise Protonen aufeinanderprallen, müssen supersymmetrischen Teilchen paarweise erzeugt werden, weil sich die *R*-Zahl anderenfalls von geraden zu ungeraden Werten hin ändern würde. Falls ein supersymmetrisches Teilchen wirklich erzeugt wird, müssen entsprechend dessen Zerfallsprodukte eine ungerade Anzahl von supersymmetrischen Teilchen enthalten. Dies bedeutet, daß das leichteste aller supersymmetrischen Teilchen stabil sein muß, da es keine leichteren Teilchen gibt, in die es zerfallen könnte.

tales Problem zu lösen vermag: Sie kann innerhalb einer Theorie zwei wichtige Energien (beziehungsweise Massen) beschreiben, die sich um viele Größenordnungen unterscheiden. (Nach Albert Einsteins Formel $E = mc^2$ sind Masse und Energie äquivalent, man kann sie als austauschbare Begriffe betrachten; c ist dabei die Lichtgeschwindigkeit.)

Diese Energien sind einerseits die Massen der *W*-Bosonen und des Z^0-Teilchens, die ungefähr 10^{11} Elektronenvolt betragen, und andererseits die sogenannte Plancksche Masse, die einen Wert von ungefähr 10^{28} Elektronenvolt hat (Bild 3). Die Plancksche Masse stellt eine fundamentale Größe dar, die immer dann in einer Theorie auftritt, wenn diese – wie die Supersymmetrie – die Gravitation in eine vereinheitlichte Theorie der vier Grundkräfte einzubeziehen sucht. Für Elementarteilchen mit einer Masse von ungefähr 10^{28} Elektronenvolt müßte – falls sie existieren – die zwischen ihnen wirkende Gravitationskraft stärker als jede der anderen Grundkräfte sein.

Könnte man in einer fundamentalen Theorie, welche die Plancksche Masse enthält, die Massen der *W*-Bosonen und des Z^0-Teilchens berechnen, so wäre zu erwarten, daß diese Massen ebenfalls in der Größenordnung der Planckschen Masse liegen, anstatt 10^{17}fach kleiner zu sein. In einer supersymmetrischen Theorie kann es jedoch zu subtilen gegenläufigen Effekten (Auslöschung bestimmter Terme in der mathematischen Formulierung) kommen, so daß die Massen der *W*-Bosonen und des Z^0-Teilchens um viele Größenordnungen kleiner werden als die Plancksche Masse und die tatsächlich beobachteten Werte annehmen. Diese Effekte baut man nicht künstlich in die Theorie ein; sie sind vielmehr Konsequenz der mathematischen Struktur einer supersymmetrischen Theorie.

Es sei aber bemerkt, daß die Beschreibung weit auseinanderliegender Massen beziehungsweise Energien nicht immer problematisch ist. In heutigen Theorien ist es beispielsweise leicht möglich, die beobachteten Energieniveaus sowohl von Hadronen (etwa des Protons oder Neutrons) wie von Atomen zu beschreiben, obwohl die Energieniveaus von Hadronen ungefähr 10^9 Elektronenvolt betragen, während sich die Energieniveaus von Atomen in der Größenordnung von nur 10 Elektronenvolt bewegen.

Der Grund dafür liegt in der Hierarchie der Strukturen dieser Teilchen: Atome bestehen aus einem Kern, den die Elektronen umgeben, die Kerne wiederum setzen sich aus Protonen und Neutronen zusammen, während letztere aus Quarks aufgebaut sind. Will man jedoch eine Theorie fundamentaler Teilchen und Wechselwirkungen entwickeln, so kann man auf eine Hierarchie nicht mehr zurückgreifen.

Das zweite wichtige Merkmal einer supersymmetrischen Theorie ist ihre enge Beziehung zur Einsteinschen Theorie der Gravitation. Nachdem Einstein die Allgemeine Relativitätstheorie (veröffentlicht im Jahre 1916) entwickelt hatte, versuchten Physiker stets – wenn auch ohne sonderlichen Erfolg – die Theorie der Gravitation mit der Quantenmechanik zu vereinen. Heute sind die meisten Theoretiker davon überzeugt, daß eine quantenmechanische Theorie der Gravitation supersymmetrisch sein müsse (siehe „Supergravitation und die Einheit der Naturgesetze" von Daniel Z. Freedman und Pieter van Nieuwenhuizen in „Teilchen, Felder und Symmetrien", Spektrum der Wissenschaft Verlagsgesellschaft, Heidelberg 1984).

Viele Physiker sind an der Entwicklung einer supersymmetrischen Theorie beteiligt gewesen. Schon in den frühen siebziger Jahren gaben verschiedene Forschergruppen unabhängig voneinander eine mathematisch konsistente Formulierung dieser Theorie an. Zu nennen sind vor allem André Neveu und John H. Schwarz, die damals beide an der Universität von Princeton arbeiteten, ferner Pierre M. Ramond von der Universität von Florida sowie Yu. A. Gal'fond und E. P. Likhtman vom Physikalischen Institut der Akademie der Wissenschaften der UdSSR und V. P. Akulov und D. V. Volkov vom Physikalisch-Technischen Institut der Ukraine; hervorragende Beiträge lieferten außerdem Julius Wess von der Universität Karlsruhe und Bruno Zumino von der Universität von Kalifornien in Berkeley.

Die Natur bricht die Supersymmetrie

Wenn die Natur tatsächlich supersymmetrisch ist, muß die Supersymmetrie eine sogenannte gebrochene Symmetrie sein: Sie darf nur näherungsweise (nur für einen Teil der Theorie) gültig sein. Wäre die Natur exakt supersymmetrisch, so hätten beispielsweise Selektronen die gleiche Masse wie Elektronen; die elektromagnetische Kraft würde sie ebenfalls an Protonen binden. Die Eigenschaften derart zusammengesetzter Atome wären grundlegend verschieden von denen normaler Atome: Als Fermionen müssen die Elektronen im Atom unterschiedliche Energieniveaus besetzen; Selektronen würden jedoch – als Bosonen – die gleichen Energieniveaus besetzen.

Wenn Atome anstelle von Elektronen Selektronen enthielten, wäre auch die Struktur des Periodensystems der Elemente vollkommen anders. Da man solche Atome nie beobachtet hat, muß die Masse eines Selektrons (falls es überhaupt existiert) größer sein als die Masse des Elektrons – die Symmetrie muß mithin gebrochen sein.

Die Berufung auf eine gebrochene Symmetrie mag, auf den ersten Blick gesehen, als ad hoc-Lösung erscheinen. Tatsächlich aber ist das Konzept einer gebrochenen Symmetrie in der Physik sehr verbreitet und stellt ein weitreichendes Instrument zur Beschreibung der Natur dar.

Als einen der größten Triumphe dieses Konzepts kann man die Theorie der elektroschwachen Wechselwirkungen bezeichnen. Wäre die in dieser Theorie betrachtete Symmetrie nicht gebrochen, so müßten außer dem Photon auch die beiden *W*-Bosonen und das Z^0-Teilchen masselos sein. Die Brechung der Symmetrie hat zur Folge, daß die zuletzt genannten Teilchen nichtverschwindende Massen haben, und tatsächlich sagt die Theorie die experimentell festgestellten Massenwerte richtig voraus.

Es ist nicht schwer, eine Theorie zu formulieren, die alle wünschenswerten Aspekte einer ideal-supersymmetrischen Theorie aufweist, aber zusätzlich eine Brechung der Supersymmetrie enthält. Die Massen der Superpartner sind demzufolge sehr viel größer als die Massen der entsprechenden Teilchen des Standardmodells.

Lassen sich die Massen der Superpartner nun wirklich voraussagen? Eine Antwort könnte sich aus dem enormen Unterschied zwischen den Massen der *W*-Bosonen und des Z^0-Teilchens einerseits und der Planckschen Masse andererseits ergeben. Zu den oben erwähn-

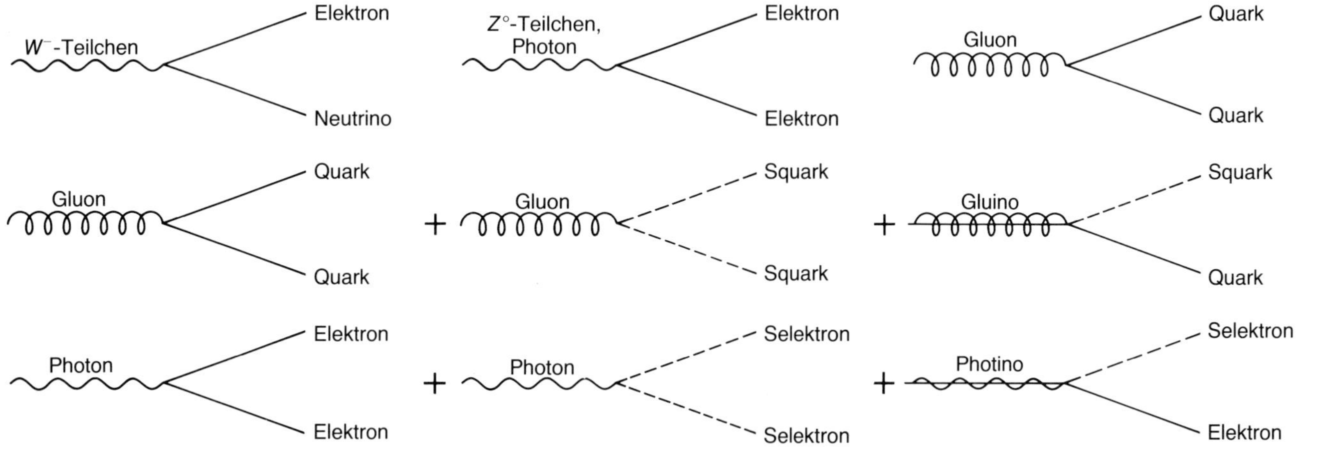

Bild 5: Mit Hilfe von sogenannten Feynman-Diagrammen lassen sich Reaktionen zwischen Elementarteilchen veranschaulichen. Die verschiedenen Linien (die geraden, welligen, gekräuselten und unterbrochenen Linien sowie Kombinationen davon) stellen bestimmte Teilchen dar. Um Wechselwirkungen – Streuprozesse – zwischen den Elementarteilchen darzustellen, verbindet man die Linien miteinander. In der vorliegenden Abbildung werden sogenannte Vertices (Knoten) gezeigt, die Bausteine komplexerer Reaktionen sind. Die Vertices in der oberen Zeile illustrieren typische Prozesse, wie man sie aus dem Standardmodell kennt, der allgemein anerkannten Theorie der Elementarteilchen. Die Wechselwirkungen einer supersymmetrischen Theorie erhält man in einfacher Weise, indem man jeweils zwei Vertexlinien des Standardmodells durch entsprechende supersymmetrische Partner ersetzt. Solche Ersetzungen ergeben im Fall des Gluon-Quark-Quark-Vertex die Vertices der mittleren Zeile, während man im Fall des Photon-Elektron-Elektron-Vertex die Vertices der unteren Zeile erhält. Feynman-Diagramme sind eine Abkürzung für ein mathematisches Verfahren, mit dem sich die Wahrscheinlichkeit für das Auftreten eines bestimmten Streuprozesses berechnen läßt.

ten Auslöschungen, die zur Erklärung des gewaltigen Massenunterschiedes notwendig sind, kann es auch in einer Theorie mit schwach gebrochener Supersymmetrie kommen – allerdings nur dann, wenn die Massen der Superpartner nicht sehr viel größer sind als die Massen der W-Bosonen und des Z^0-Teilchens.

Wie sich die Supersymmetrie testen läßt

Je genauer man die mathematische Struktur und die Eigenschaften supersymmetrischer Theorien untersucht hatte, desto mehr fragten sich die Physiker, wie sich die Supersymmetrie experimentell testen ließe. Diese Frage untersuchte erstmals Pierre Fayet im Jahre 1979, der nun an der Pariser Ecole Normale Supérieure arbeitet – teilweise zusammen mit Glennys R. Farrar (jetzt an der Rutgers-Universität in New Jersey).

In den frühen achtziger Jahren wuchs auch das mathematische Interesse am Studium der Supersymmetrie, und man wurde sich klarer darüber, wie ein realistisches Modell der Supersymmetrie zu konstruieren sei. Zu jener Zeit begannen wir und auch andere Forscher mit detaillierten Untersuchungen dazu, wie sich die Supersymmetrie experimentell erkennen läßt.

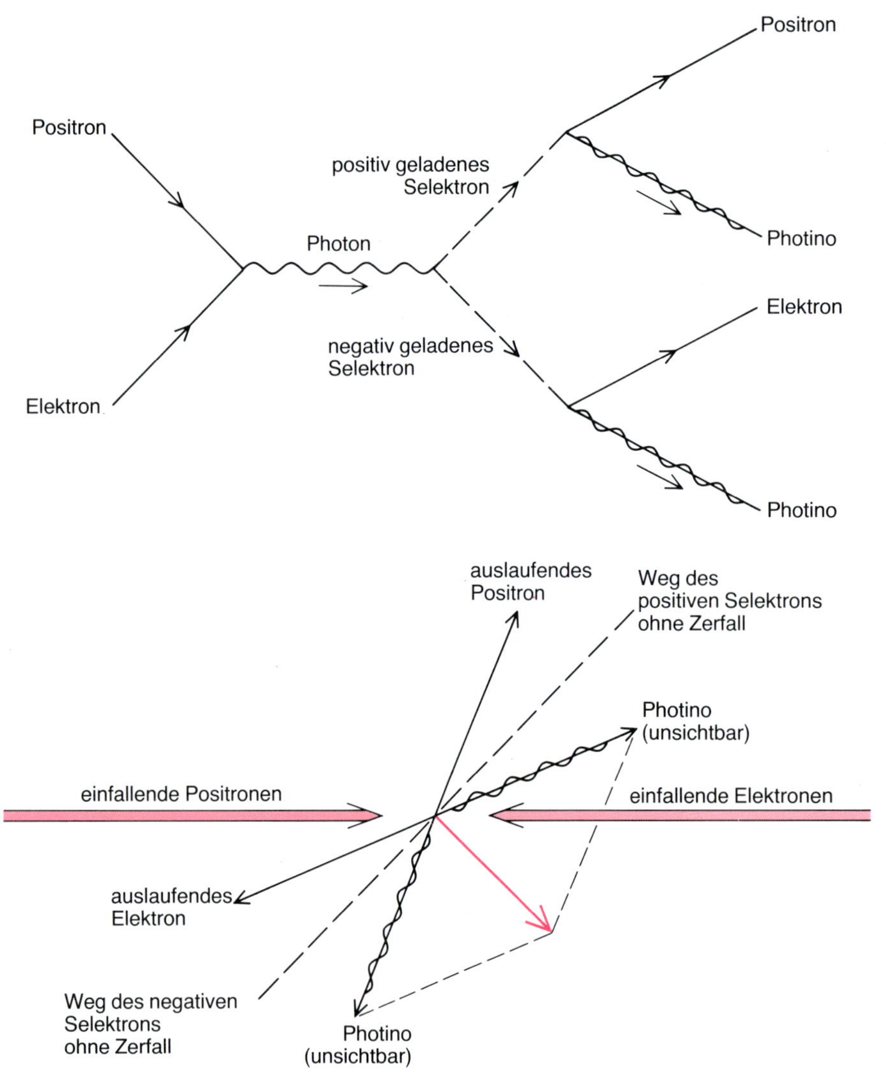

Bild 6: Supersymmetrische Teilchen kann man möglicherweise in bestimmten Beschleunigern, den sogenannten Elektron-Positron-Speicherringen, erzeugen. (Ein Positron hat die gleiche Masse wie ein Elektron, aber positive Ladung.) Beim Aufeinanderprall zwischen Elektronen und Positronen könnten positiv und negativ geladene Selektronen entstehen, dargestellt in dem Feynman-Diagramm (oben) und in der Graphik (unten), in welcher der Streuprozeß und die dabei entstehenden Produkte gezeigt werden. Das positiv geladene Selektron würde in ein Positron und ein Photino zerfallen und das negativ geladene Selektron in ein Elektron und ein Photino. Beide Photinos würden den Detektor ungehindert verlassen. Ein Ereignis dieser Art würde also, wenn es überhaupt auftritt, dadurch gekennzeichnet sein, daß im Mittel die Hälfte der Energie fehlen würde. Dies hätte einen fehlenden Impuls zur Folge, dessen Richtung durch die Vektorsumme der beiden Photino-Impulse gegeben wäre. In bisherigen Experimenten hat man noch keinen Kandidaten für das Photino gefunden.

Heute ist diese Frage im wesentlichen beantwortet: Die Physiker wissen inzwischen, wie man aus supersymmetrischen Theorien zahlenmäßige Voraussagen extrahieren kann und wie es möglich ist zu entscheiden, ob ein bestimmtes experimentelles Signal oder eine ganze Klasse von Ereignissen eine supersymmetrische Theorie bestätigt oder nicht. Außerdem ist heute bekannt, welche Grenzen sich für eine supersymmetrische Theorie daraus ergeben, daß in einer gegebenen Versuchsreihe kein Signal zu beobachten ist.

Nehmen wir einmal an, zwei normale Teilchen – etwa zwei Elektronen oder zwei Protonen – werden auf so hohe Energien beschleunigt, daß bei dem anschließenden Aufeinanderprall supersymmetrische Teilchen erzeugt werden (Bild 5). Welche Voraussagen macht dann die Supersymmetrie-Theorie über diese Teilchen?

Ein Erhaltungssatz der Supersymmetrie liefert sofort zwei Ergebnisse: Supersymmetrische Teilchen lassen sich zum einen nicht alleine erzeugen, sondern nur paarweise. Wenn zum zweiten supersymmetrische Teilchen entstehen, müssen deren Zerfallsprodukte jeweils eine ungerade Anzahl supersymmetrischer Teilchen enthalten. Das leichteste supersymmetrische Teilchen muß demnach stabil sein, da es keine leichteren supersymmetrischen Teilchen gibt, in die es zerfallen könnte. Für dieses leichteste supersymmetrische Teilchen gibt es mehrere Kandidaten; hier wollen wir annehmen, es sei das Photino.

Die Existenz eines leichtesten supersymmetrischen Teilchens hat weitreichende Konsequenzen für die Möglichkeit, die Supersymmetrie in Laborversuchen nachzuweisen (und möglicherweise auch kosmologische Konsequenzen, denn vielleicht könnte das leichteste supersymmetrische Teilchen eine Erklärung für die sogenannte dunkle – fehlende – Materie des Universums liefern). Alle supersymmetrischen Teilchen, mit Ausnahme des leichtesten, zerfallen in Teilchen, zu denen am Ende der Zerfallskette auch das leichteste supersymmetrische Teilchen gehören muß. Die Zerfälle verlaufen so schnell, daß die zerfallenden Teilchen nicht genügend Zeit haben, eine beobachtbare Strecke zurückzulegen. Würden also supersymmetrische Teilchen erzeugt, so könnte man im Labor nur ihre stabilen Zerfallsprodukte beobachten, und diese wären die Teilchen des Standardmodells und das leichteste supersymmetrische Teilchen. Die Beobachtung supersymmetrischer Teilchen läuft also auf die Beobachtung des leichtesten dieser Teilchen hinaus.

Fehlende Energie als Indiz für Supersymmetrie

Unglücklicherweise ist die Wahrscheinlichkeit, das leichteste supersymmetrische Teilchen beobachten zu können, praktisch gleich Null: Die Wechselwirkung dieses Teilchens mit normaler Materie ist so schwach, daß es jeden Detektor ungehindert durchquert. Allerdings wäre die Gesamtenergie der beobachteten Zerfallsprodukte, einschließlich ihrer Ruhemassen, daher kleiner als die Gesamtenergie der aufeinanderprallenden Teilchen. Das Kennzeichen einer supersymmetrischen Reaktion wäre also das Fehlen von Energie – eben jener, die das leichteste supersymmetrische Teilchen weggetragen hat.

Läßt sich nun aber ein Teilchen indirekt beobachten, indem man feststellt, daß nach einem Kollisionsereignis ein wesentlicher Energiebetrag fehlt? Dies ist tatsächlich möglich. Mit der gleichen Methode schloß man schon vor ungefähr 50 Jahren auf die Existenz des – von Wolfgang Pauli postulierten – Neutrinos, und auf ähnliche Weise entdeckte man in neuerer Zeit (im Jahre 1983) das *W*-Boson: Bei Experimenten im Europäischen Forschungszentrum CERN bei Genf erzeugte man *W*-Bosonen durch den Aufeinanderprall von Protonen und Antiprotonen. (Ein Antiproton hat die gleiche Masse wie ein Proton, aber negative Ladung.) Einige der *W*-Bosonen zerfielen anschließend in jeweils ein Elektron und ein Neutrino. Das Neutrino entging dem Detektor, und zurück blieb ein hochenergetisches Elektron. Durch Messung der Energie dieses Elektrons und der Energie, die das Neutrino aus Energieerhaltungsgründen gehabt haben mußte, schloß man auf die Existenz des *W*-Bosons und konnte seine Masse bestimmen (Bild 8).

Ähnliche Experimente zur Beobachtung supersymmetrischer Teilchen macht man heute mit Elektron-Positron- und Proton-Antiproton-Speicherringen. (Ein Positron unterscheidet sich vom Elektron nur durch seine positive Ladung.) Beim Zusammenprall zwischen Elektronen und Positronen könnten Paare von positiv und negativ geladenen Selektronen entstehen (Bild 6). Das positiv geladene Selektron würde schnell in ein Positron und ein Photino zerfallen, während das negativ geladene Selektron in ein Elektron und ein Photino zerfiele. Beide Photinos würden davonfliegen, ohne daß man sie direkt beobachten könnte. Ein solches Ereignis wäre also, wenn es aufträte, dadurch gekennzeichnet, daß im Mittel die Hälfte der Energie fehlen würde.

Da das auslaufende Positron und das auslaufende Elektron aus jeweils unterschiedlichen Zerfällen stammen, sind ihre Richtungen unkorreliert: Die Teilchen würden also nicht – wie nach einem normalen Aufeinanderprall – in entgegengesetzte Richtungen davonfliegen. Betrachtet man schließlich die Ebene, die durch die einlaufenden Teilchenstrahlen und die Richtung des auslaufenden Positrons definiert wird, so liegt das auslaufende Elektron im allgemeinen nicht in dieser Ebene – wiederum im Unterschied zu normalen Teilchenzusammenstößen. Nach Ereignissen mit diesen Charakteristiken hat man an verschiedenen Elektron-Positron-Speicherringen gesucht, beispielsweise am CESR der Cornell-Universität in Ithaca (New York), am PEP der Universität von Stanford (Kalifornien) und am Speicherring PETRA in Hamburg. Kandidaten dafür hat man jedoch nicht gefunden.

Die negativen Ergebnisse bedeuten jedoch nicht, daß man die Supersymmetrie verwerfen müßte. Sie besagen nur, daß keine Selektronen existieren, die leichter sind als die höchsten Energien, die man zur Zeit mit Elektron-Positron-Speicherringen erreichen kann. Die Masse eines Selektrons muß demnach mindestens 23mal größer sein als die eines Protons (dessen Masse ungefähr eine Milliarde Elektronenvolt beträgt) oder ungefähr 28 Prozent der Masse eines *W*-Bosons ausmachen. (Bestimmte indirekte Methoden gestatten es, etwas größere Massen auszuschließen.)

Solche quantitativen Schranken lassen sich im Rahmen einer supersymmetrischen Theorie angeben, weil man berechnen kann, ob eine bestimmte Anzahl beobachtbarer Ereignisse, die auf supersymmetrische Teilchen gegebener Masse zurückzuführen sind, in einem gegebenen Experiment tatsächlich zu erwarten ist. Ohne derartige Berechnungen könnte man ein positives Ergebnis immer noch als Hinweis auf die Gültigkeit der Supersymmetrie werten. Ein negatives Ergebnis würde dagegen bedeuten, daß zu wenig Superpartner erzeugt worden sind und man keine Information über die erlaubten Massen erhält. Da zu erwarten ist, daß die Massen supersymmetrischer Teilchen in der Größenordnung einiger *W*-Boson-Massen liegen, benötigt man also Elektron-Positron-Speicherrringe, mit denen sich noch größere als die heute verfügbaren Energien erreichen lassen.

Experimente zur Entdeckung supersymmetrischer Teilchen

Die Energien, die man mit Proton-Antiproton-Speicherringen erreicht, sind zwar etwas höher, aber der Vergleich zwischen Theorie und Experiment ist in diesem Fall schwieriger; denn das Proton ist ein zusammengesetztes Teilchen (Bild 7). Bei den Berechnungen muß man demnach berücksichtigen, daß das Proton aus drei Quarks und einer Reihe von Gluonen besteht, welche die Quarks zusammenhalten.

Bewegt sich das Proton, so entfällt etwa die Hälfte des Impulses auf die Gluonen und die andere Hälfte auf die drei Quarks. Jedes dieser drei Quarks muß dann ungefähr ein Sechstel des Gesamtimpulses tragen. Bisher existierende Speicherringe, die – im wesentlichen aus ökonomischen Gründen – in ihrer verfügbaren Energie beschränkt sind, können bei Elektron-Positron-Zu-

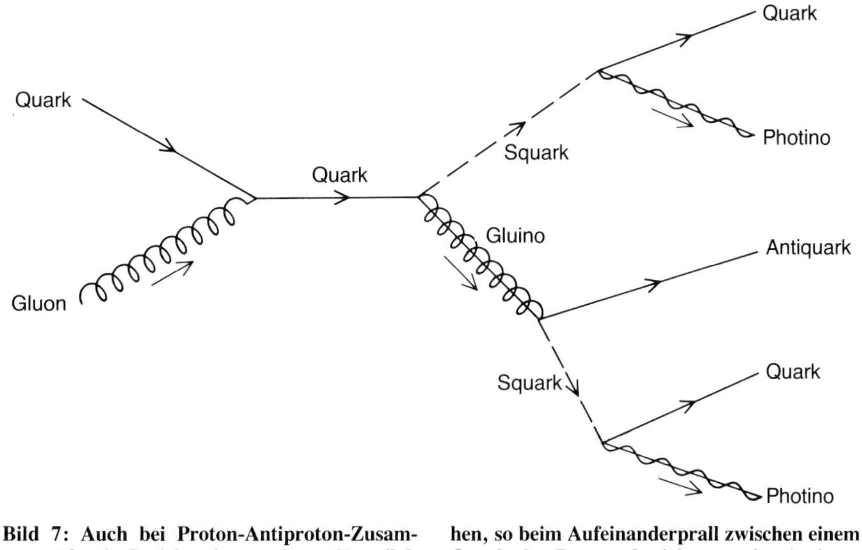

Bild 7: Auch bei Proton-Antiproton-Zusammenstößen in Speicherringen wie am Fermilab könnten supersymmetrische Teilchen entstehen, so beim Aufeinanderprall zwischen einem Quark des Protons beziehungsweise Antiprotons und einem Gluon des Stoßpartners.

sammenstößen Energien von etwa 23 Milliarden Elektronenvolt (23 GeV) erzeugen, während man bei Proton-Antiproton-Zusammenstößen Energien von 315 GeV erreicht. Obwohl also die Quarks und Gluonen nur einen Bruchteil des Protonenimpulses tragen, kann man mit ihnen noch Massen abtasten, die größer sind als die zur Zeit mit Elektron-Positron-Speicherringen verfügbaren Energien.

In Proton-Proton- oder Proton-Antiproton-Speicherringen können sich verschiedene Teilchenzusammenstöße ereignen. Nehmen wir einmal an, ein Quark des Protons stoße mit einem Gluon des Antiprotons zusammen, wobei ein Squark und ein Gluino entstehen. Das Squark würde schnell in ein Quark und ein Photino zerfallen, während das Gluino in ein Quark, ein Antiquark und ein Photino zerfallen würde.

Da ein Quark oder Antiquark nicht isoliert aus einem Stoßprozeß hervorgehen kann, müssen sich solche Teilchen auf irgendeine Weise in Hadronen verwandeln. Die emittierten Teilchen sind hochenergetisch; sie verwandeln sich daher nicht in ein Hadron, sondern in eine Gruppe von Hadronen, die sich alle mehr oder weniger in dieselbe Richtung bewegen wie das ursprüngliche Quark beziehungsweise Antiquark. In der Sprache der Teilchenphysik bezeichnet man eine solche Gruppe von Hadronen im allgemeinen als Hadronen-„Jet".

Im obigen Beispiel würden drei Hadronen-Jets (zwei anstelle der beiden Quarks und einer anstelle des Antiquarks) und zwei Photinos in der Wechselwirkungszone entstehen. Wenn das Gluino zerfällt, wird seine Energie auf das Quark, das Antiquark und das Photino verteilt. Doch braucht diese nicht gleichmäßig verteilt zu werden; mitunter erhält das eine Zerfallsprodukt einen größeren Teil der verfügbaren Energie als die beiden anderen. Dieses Energieungleichgewicht und andere damit zusammenhängende Probleme erschweren zwar den Vergleich zwischen Theorie und Experiment, aber dennoch ist er auch bei Proton-Antiproton-Experimenten möglich.

So haben beispielsweise Jacques P. Leveille (damals an der Universität von Michigan) und einer von uns (Kane) im Jahre 1982 die Vermutung ausgesprochen, man könne Hinweise auf die Supersymmetrie erhalten, wenn man bestimmte Beobachtungen (zum Beispiel einen oder mehrere Teilchen-Jets bei großem fehlenden Impuls) bei hochenergetischen Hadronen-Zusammenstößen macht. Außergewöhnliches Interesse fanden im Jahr darauf Berichte über Ereignisse dieser Art, die man mit Hilfe der UA 1- und UA 2-Detektoren (UA steht für *Underground Area*, Untergrund-Experimentierbereich) beim CERN beobachtet hatte.

Verschiedene Gruppen theoretischer Physiker gingen dann der Frage nach, ob bei diesen Ereignissen supersymmetrische Teilchen erzeugt worden seien. Wir selbst haben in Zusammenarbeit mit R. Michael Barnett (Lawrence-Laboratorium in Berkeley) detaillierte Analysen vorgenommen; ähnliche Untersuchungen stammen von John Ellis vom CERN und Henry Kowalski vom DESY in Hamburg, ferner von Vernon D. Barger von der Universität von Wisconsin in Madison und seinen Mitarbeitern sowie von Ewald Reya von der Universität Dortmund und D. P. Roy vom Tata-Institut für Grundlagenforschung in Indien.

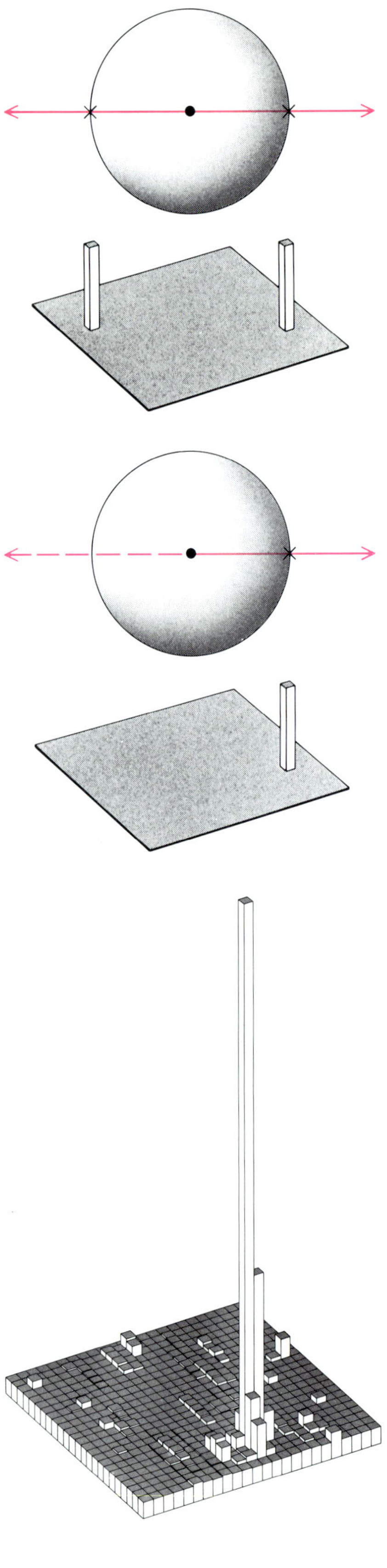

Bild 8: Fehlende Energie ist ein Kennzeichen von Supersymmetrie Theorien. Angenommen, ein Teilchen zerfalle in zwei andere Teilchen, die beide von einem kugelförmigen Detektor registriert werden. Wenn dann der Detektor auf einer ebenen Fläche „aufgerollt" wird, erscheinen zwei Maxima (sogenannte Peaks), die den beiden Teilchen zuzuordnen sind (oben). Wenn aber der Detektor nur eines der beiden Teilchen registriert, erscheint natürlich nur ein Peak (Mitte), und daraus wäre auf fehlende Energie zu schließen. Da keiner der bisher bekannten Detektoren supersymmetrische Teilchen nachweisen könnte, wäre deren Erzeugung durch solche Ein-Peak-Ereignisse gekennzeichnet. Ereignisse dieser Art, von denen hier eines (unten) dargestellt ist, wurden bereits vom UA1-Detektor beim Europäischen Physik-Forschungszentrum CERN bei Genf aufgenommen. Doch die vom Standardmodell vorausgesagten Ereignisse können in ähnlicher Konfiguration auftreten, so daß man bis heute nicht sagen kann, ob supersymmetrische Teilchen dabei tatsächlich erzeugt wurden.

Rätselraten um das leichteste supersymmetrische Teilchen

Die Zahl der Ereignisse mit fehlender Energie, die man in dem ursprünglichen, wenn auch kleinen Datensatz gefunden hatte, schien zunächst darauf hinzuweisen, daß neue Teilchen erzeugt worden waren. Doch manche vom Standardmodell vorausgesagten Ereignisse können in ähnlichen Konfigurationen auftreten, wie man sie beim Europäischen Forschungszentrum CERN beobachtet hat. Es bedarf daher noch statistischer Analysen, um wirklich entscheiden zu können, ob man neue Phänomene beobachtet hat oder nicht.

Obwohl inzwischen mehr Daten vorliegen, bleibt die Situation weiterhin unklar. Jedoch ist die Wahrscheinlichkeit, daß man supersymmetrische Teilchen entdeckt hat, heute weitaus geringer als ursprünglich angenommen. In diesem Jahr wird man daher beim CERN noch weitere Daten sammeln, um Klarheit darüber zu gewinnen, ob unter den wenigen als Kandidaten in Frage kommenden Ereignissen überhaupt eines der Erzeugung supersymmetrischer Teilchen entspricht.

Zusammen mit Michael Barnett haben wir eine umfassende Analyse der CERN-Daten vorgenommen. Zum einen gingen wir von der Annahme aus, das leichteste supersymmetrische Teilchen sei das Photino. Unter der zusätzlichen Annahme, daß sich die Ereignisse mit fehlender Energie durch das Standardmodell beschreiben lassen, kamen wir zu dem Schluß, daß Gluinos und Squarks schwerer sein müßten als ungefähr 75 Protonen, also schwerer als 70 GeV (Bild 9). Zwar ist diese Masse sehr groß, aber sie ist immer noch kleiner als die Masse des *W*-Bosons (81 GeV).

Wenn sich jedoch zeigt, daß einige Ereignisse tatsächlich der Erzeugung supersymmetrischer Teilchen entsprechen, dann besagt unsere Analyse zugleich, daß das Photino nicht das leichteste supersymmetrische Teilchen ist. Diese Schlußfolgerung ist deswegen so bemerkenswert, weil die Massen der supersymmetrischen Teilchen nicht bekannt sind. Ermöglicht wurde eine solche Schlußfolgerung dank der Tatsache, daß die supersymmetrische Theorie starken Einschränkungen unterliegt und daher detaillierte Voraussagen erlaubt, die sich experimentell testen lassen.

In Zusammenarbeit mit Mariano Quiros vom Institut für die Struktur der Materie des spanischen Wissenschaftsrates (CSIC) kamen wir zu dem Schluß, daß das Higgsino (der Superpartner des Higgs-Teilchens) das leichteste supersymmetrische Teilchen mit von Null verschiedener Masse sein könnte. Sollte dies der Fall sein, wäre das Photino nicht mehr stabil und würde in ein Photon und ein Higgsino zerfallen. In diesem Szenario ließen sich die Squark- und Gluino-Massen freilich weniger genau abschätzen.

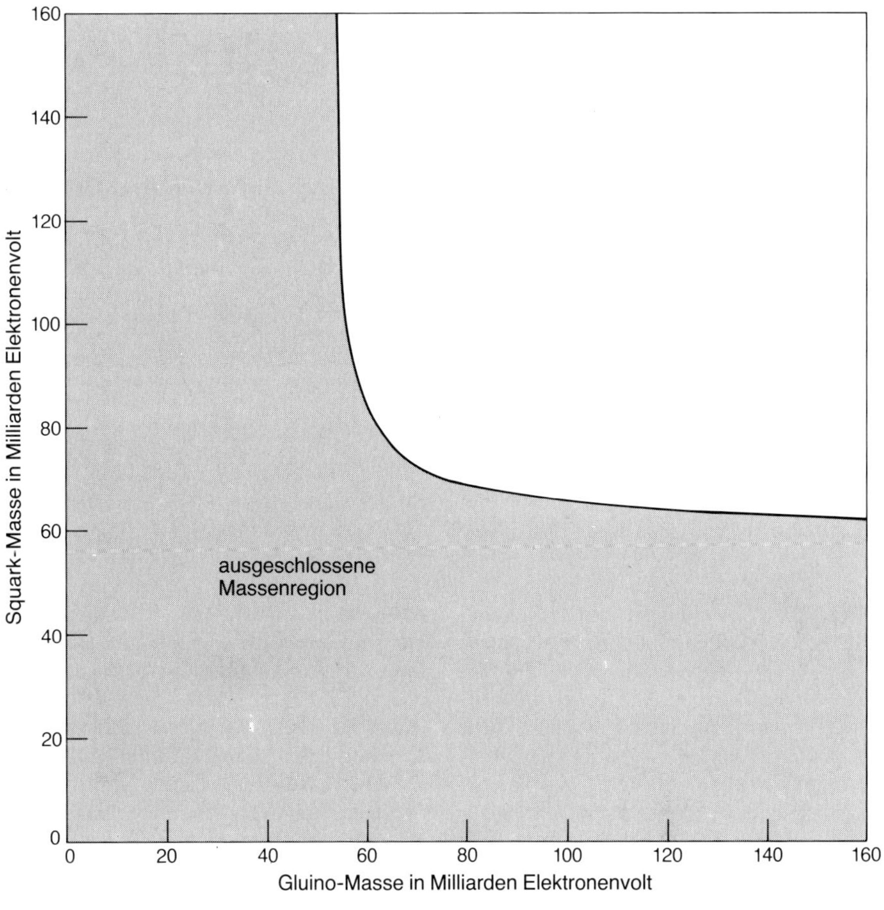

Bild 9: Die Analyse der experimentellen Daten vom Europäischen Physik-Forschungszentrum CERN weist darauf hin, daß die Massen von Squarks und Gluinos wahrscheinlich größer als 70 Milliarden Elektronenvolt sind (weißer Bereich) – sofern sie überhaupt existieren.

Warten auf größere Beschleuniger

Wenn in Zukunft Beschleuniger mit größeren Energien und Intensitäten zur Verfügung stehen, wird es möglich sein, supersymmetrische Teilchen größerer Massen zu erzeugen und zu beobachten – immer ihre Existenz vorausgesetzt. Mit den Elektron-Positron-Speicherringen, die in den nächsten Jahren startbereit sein werden (wie der japanische Speicherring TRISTAN, die SLC-Maschine in Stanford oder die riesige Ringanlage LEP beim CERN, die in den Jahren 1986, 1987 beziehungsweise 1989 betriebsfertig sein werden), sollte man Sleptonen bis zu ungefähr 50 GeV beobachten können.

Der Proton-Antiproton-Speichering am amerikanischen Fermi National Accelerator Laboratory in Batavia (kurz „Fermilab“ genannt), der wahrscheinlich Ende dieses Jahres seine ersten Daten liefern wird, wird es wahrscheinlich ermöglichen, Squarks und Gluinos mit Massen zwischen 100 und 150 GeV zu beobachten, je nach der Intensität der Teilchenstrahlen. Noch vor 1990 wird man dann Sleptonen mit Massen von etwa 50 GeV und Squarks mit Massen von etwa 150 GeV entweder gefunden oder, sofern man sie nicht findet, ihre Existenz auf experimentellem Weg ausgeschlossen haben.

Um supersymmetrische Teilchen mit noch größeren Massen erzeugen zu können, sind Maschinen erforderlich, die zwar schon geplant werden, deren Bau aber noch nicht genehmigt worden ist. Die amerikanischen Teilchenphysiker haben einen Proton-Proton-Speicherring vorgeschlagen, den sogenannten supraleitenden Supercollider (SSC), mit dem Energien bis zu 20000 GeV pro Strahl erreichbar sein werden und Intensitäten, die 1000mal größer sein werden als im Proton-Antiproton-Speicherring beim CERN oder am Fermilab (siehe „Der supraleitende Supercollider“ von J. David Jackson, Maury Tigner und Stanley Wojcicki in Spektrum der Wissenschaft, Mai 1986, und „Elementarteilchen und die Grundkräfte der Natur“ von Chris Quigg in Spektrum der Wissenschaft, Juni 1985).

Mit der SSC-Maschine könnte man Squarks und Gluinos finden, deren Massen bis zu 20mal größer sind als die *W*-Boson-Masse. Sobald diese Maschine betriebsfertig sein wird – vielleicht aber auch schon vorher –, können die Physiker erwarten, experimentelle Hinweise für die Entwicklung einer Theorie zu erhalten, die über das Standardmodell hinausgeht.

Insbesondere könnten SSC-Daten definitiv darüber Auskunft geben, ob die Natur im Bereich der elektroschwachen Kraft supersymmetrisch ist oder nicht, und den Physikern beim Verständnis der entsprechenden Naturgesetze große Hilfte leisten. Die Alternative wäre, daß die Supersymmetrie bestenfalls eine mathematische Eigenschaft von Quantenfeldtheorien ist und nur bei Energien bedeutsam wird, die viel zu groß sind, als daß die Physiker sie jemals direkt untersuchen könnten.

Schwerkraft und Antimaterie

Nach Isaac Newton und Albert Einstein ist die gravitative Beschleunigung eines Objekts unabhängig von seiner Masse und seiner Zusammensetzung. Nach neueren Vorstellungen müßte dies nicht so sein; ein Antiproton-Experiment könnte den Sachverhalt klären.

Von Terry Goldman, Richard J. Hughes und Michael Martin Nieto

Noch nie ließ jemand ein einzelnes Teilchen Antimaterie fallen. Trotzdem nehmen die meisten Physiker an, daß es sich genau wie normale Materie verhalten würde. Diese Ansicht beruht auf zwei allgemein anerkannten Prinzipien: dem Äquivalenzprinzip der Schwerkraft und der quantenmechanischen Symmetrie zwischen Materie und Antimaterie.

Heutzutage könnte die Beweiskraft dieser Argumentation in Frage gestellt werden: Möglicherweise ist das erste dieser Prinzipien – das Äquivalenzprinzip – nicht gültig. Alle neueren Versuche, die Schwerkraft mit den anderen Naturkräften in einer konsistenten vereinheitlichten Quantentheorie zusammenzufassen, sagen in der Tat neue gravitationsartige Kräfte voraus, die unter anderem dieses Prinzip verletzen würden.

In kürzlich durchgeführten Experimenten hat man derartige Effekte möglicherweise schon beobachtet. Bei normalem Umgang mit Materie im Schwerefeld der Erde wären diese Effekte klein. Bei Antimaterie könnten diese neuen Kräfte jedoch außergewöhnliches Verhalten zur Folge haben. Ein Experiment zur Messung der Beschleunigung von Antimaterie im Gravitationsfeld könnte daher von großer Bedeutung für das Verständnis der Quantengravitation sein. Wir sind Mitglieder einer internationalen Arbeitsgruppe, die eigens zur Durchführung eines derartigen Experiments gegründet worden ist.

Falls man eine Verletzung des Äquivalenzprinzipes beobachtet, wird das ein bedeutendes Ereignis in der Geschichte der Physik sein, da dieses Prinzip die Grundlage der Gravitationstheorien sowohl von Isaac Newton als auch von Albert Einstein darstellt. Das Prinzip sagt aus, daß zwei Objekte im Gravitationsfeld unabhängig von ihrer Masse oder materiellen Zusammensetzung mit derselben Beschleunigung zu Boden fallen werden (vorausgesetzt, andere Einflüsse – etwa der Luftwiderstand – sind ausgeschlossen). Diese Vorstellung hat zuerst Galileo Galilei in dieser Form entwickelt, der seine Schlüsse aus Versuchen mit schiefen Ebenen und aus mathematischen Behauptungen über die Bewegung von Geschossen zog (Bild 1). Nachdem Einstein die Äquivalenz von Masse und Energie erkannt hatte, wandte er das Prinzip in seiner Allgemeinen Relativitätstheorie nicht nur auf Objekte mit Ruhemasse, sondern auf alle Energieformen einschließlich Licht an. Einsteins kühne Behauptung wurde 1919 von Arthur Eddington bestätigt, der die Krümmung von Licht im Schwerefeld der Sonne messen konnte.

Das *CPT*-Theorem

Mit der Entdeckung des Positrons (Antielektrons; Bild 2) im Jahre 1932 stellte sich eine neue Frage: Unterliegt Antimaterie den physikalischen Gesetzen in der gleichen Weise wie normale Materie? Die allgemein akzeptierte Antwort gab Gerhart Lüders 1957 durch das sogenannte *CPT*-Theorem: Er bewies, daß die mathematischen Operationen, welche die Beschreibung eines Teilchens in die Beschreibung seines Antiteilchens transformieren, die Gesetze der Physik unangetastet lassen.

Demnach unterscheidet die Schwerkraft im Rahmen der Allgemeinen Relativitätstheorie nicht zwischen Teilchen und Antiteilchen; es zählt nur die Energie des Teilchens. Da die Energie eines isolierten Antiteilchens dieselbe ist wie diejenige des entsprechenden Teilchens, sollte Antimaterie genau wie normale Materie zu Boden fallen.

Dieser Schluß ist zulässig, wenn man daran glaubt, daß Einsteins Allgemeine Relativitätstheorie die endgültige Theorie der Gravitation ist. In jüngster Zeit haben jedoch viele Physiker Alternativen vorgeschlagen, denen zufolge Gravitation mit anderen Eigenschaften der Materie außer ihrer Energie wechselwirkt – beispielsweise Quantenzahlen.

Im Rahmen dieser Vorstellungen kann man aus dem *CPT*-Theorem nur schließen, daß ein Anti-Apfel gleichermaßen auf eine Anti-Erde fällt wie ein

Bild 1: In der Mitte dieses Freskos steht Galileo Galilei und erklärt die gleichförmige Beschleunigung einer Kugel, die eine schiefe Ebene hinabrollt. Aus Versuchen dieser Art zog er den Schluß, daß Objekte verschiedener Masse

Apfel auf die Erde. Es macht keine Aussagen darüber, wie ein Anti-Apfel auf eine Erde aus normaler Materie fiele. Man darf demnach nicht annehmen, daß das Äquivalenzprinzip für Antimaterie gültig sei. In der Tat ist das keine Überraschung, da die beiden Grundlagen der gängigen Schlußfolgerung – Gravitation und Quantenmechanik – nie erfolgreich in einer einzigen Theorie zusammengefaßt worden sind.

Die Vereinigung von Quantenmechanik und Gravitation ist inzwischen zum heiligen Gral der Physik des 20. Jahrhunderts geworden. Niemand hatte bisher damit Erfolg, aber bemerkenswerterweise sagen sämtliche Theorien, die der Wirklichkeit nahekommen, neue Arten von Gravitationswechselwirkungen voraus. Antiteilchen würden nach diesen Theorien in der Tat anders als normale Teilchen auf den Boden fallen. Daher schlugen wir vor einigen Jahren vor, die Gravitationsbeschleunigung von Antiprotonen zu messen. Ein derartiges Experiment wäre ein eindeutiger Test für die Existenz neuer Gravitationswechselwirkungen. Die Apparatur für das Experiment wird jetzt gebaut werden; falls nichts dazwischenkommt, werden die Ergebnisse Anfang 1991 vorliegen.

Auf der Grundlage neuer Experimente und Vorstellungen zur Gravitation haben Forscher erst in letzter Zeit gewisse Unregelmäßigkeiten entdeckt; sie lassen vermuten, daß das Äquivalenzprinzip unter gewissen Umständen nicht gültig ist. Andererseits hatten die Physiker jahrhundertelang guten Grund, an das Prinzip zu glauben: Es überlebte viele harte Tests, die seine Gültigkeit mit außerordentlicher Genauigkeit bewiesen.

Träge und schwere Masse

Newton selbst überprüfte das Äquivalenzprinzip durch Versuche. Um sein Experiment verstehen zu können, muß man das Prinzip etwas umformulieren. Newton führte den Begriff der Masse auf zwei Arten ein: In seinem zweiten Bewegungsgesetz ist die Kraft, die auf ein Objekt wirkt, gleich der trägen Masse mal der Beschleunigung. In seinem Gravitationsgesetz ist die Anziehungskraft zwischen zwei Objekten proportional zu dem Produkt ihrer schweren Massen und umgekehrt proportional zum Quadrat des Abstandes zwischen ihnen; man bezeichnet das Gravitationsgesetz deshalb auch als inverses Quadratgesetz.

Die träge Masse hat als kinematische Größe etwas mit Bewegung zu tun. Die schwere Masse hingegen ist eine Art Ladung: Die Schwerkraft, die an einem Objekt angreift, ist proportional zu dessen schwerer Masse – ganz analog ist die elektromagnetische Kraft proportional zur elektrischen Ladung.

Newton behauptete, daß träge und schwere Masse äquivalent seien, obwohl sie in vollständig verschiedenen Zusammenhängen erscheinen. Um diese Vorstellung zu überprüfen, experimentierte er mit Pendeln. Zwei Faktoren bestimmen die Schwingungsperiode eines Pendels; der eine Faktor hängt von der Pendellänge und der andere vom Verhältnis von träger zu schwerer Masse ab.

Newton fand heraus, daß die Schwingungsperiode des Pendels ausschließlich durch den längenabhängigen Faktor gegeben und das Verhältnis der beiden Arten von Masse immer gleich eins ist; demnach wären träge und schwere Masse identisch. Auf diese Weise überprüfte Newton das Äquivalenzprinzip bis zu einer Genauigkeit von einem Promille. Ende der zwanziger Jahre des 18. Jahrhunderts steigerte Friedrich Wilhelm Bessel in verbesserten Experimenten die Genauigkeit auf 1 zu 60000.

Den nächsten größeren Schritt in der Überprüfung des Äquivalenzprinzips haben wir dem ungarischen Baron Roland Eötvös zu verdanken. Zwischen 1880 und 1890 entwickelte dieser mei-

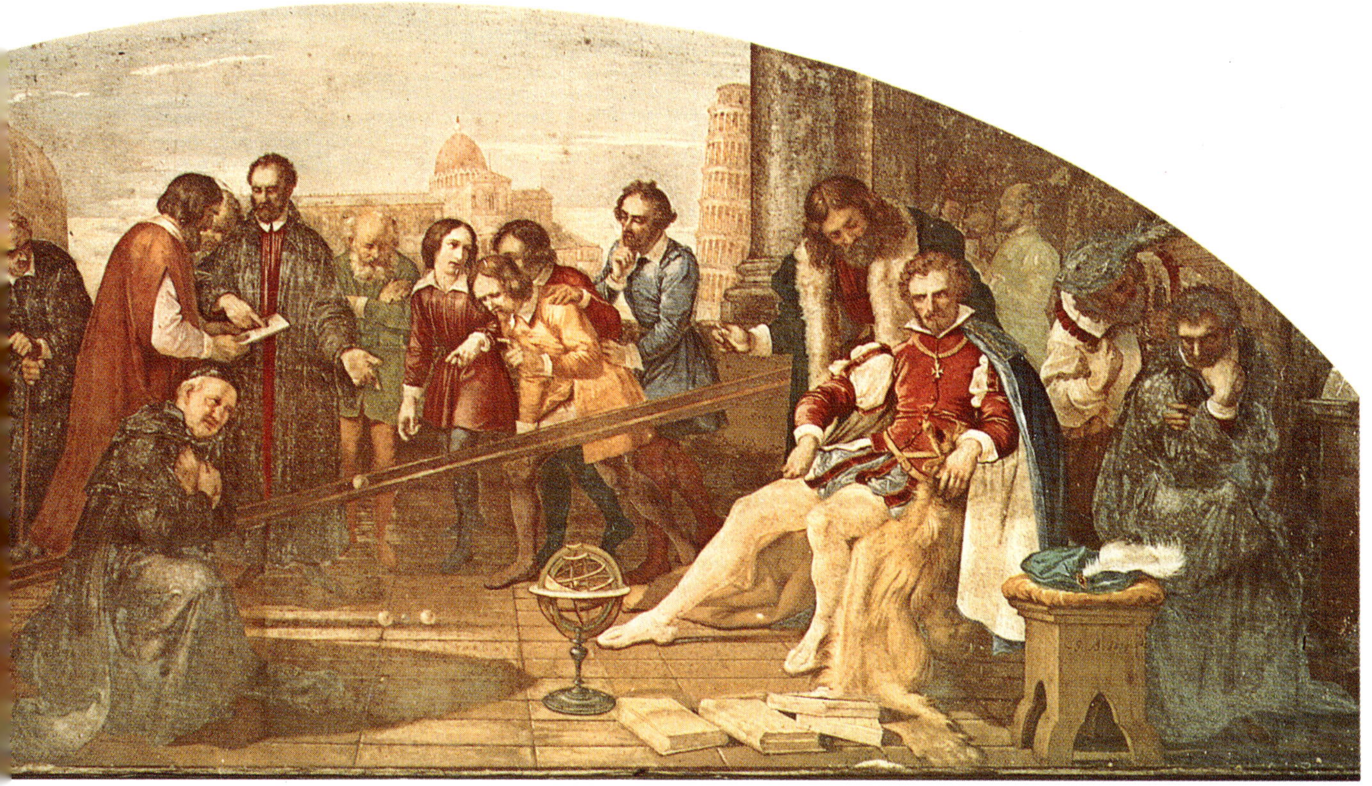

und Zusammensetzung, die man aus gleicher Höhe fallenläßt, gleichzeitig den Boden erreichen würden. Dieses sogenannte Äquivalenzprinzip liegt der Gravitationstheorie zugrunde; es ist in den Schatz volkstümlicher Wissenschafts-Anekdoten eingegangen: Galileo läßt vom – im Hintergrund sichtbaren – schiefen Turm von Pisa zwei Steine fallen und prüft, ob sie gleichzeitig auftreffen. Im Rahmen eines modernen Tests des Prinzips will man die Schwerebeschleunigung von Antiprotonen messen. Nach Supergravitations- und String-Theorien sollten Antiprotonen schneller als Protonen fallen: Zwischen Materie und Antimaterie wird eine zusätzliche attraktive Kraft erzeugt.

sterhafte Geophysiker eine Drehwaage zur Erforschung des Erdinnern anhand von Änderungen des Schwerefeldes von Ort zu Ort. Mittels der Waage konnte er lokale Schwerefelder kartographisch erfassen und dadurch Rückschlüsse auf ortsabhängige Unregelmäßigkeiten in der Massendichte ziehen; was ursprünglich am meisten interessierte waren Hinweise auf Mineralvorkommen. Die Waage war dermaßen genau, daß man sie trotz des großen Zeitaufwandes, der für jede Messung benötigt wurde, als maßgebendes geophysikalisches Werkzeug bis weit in dieses Jahrhundert hinein verwendet hat.

Eötvös erkannte indes, daß man seine Drehwaage auch zur Überprüfung des Äquivalenzprinzips verwenden kann, indem man Objekte verschiedener materieller Zusammensetzung auf die gegenüberliegenden Enden der Waage setzt. Die auf jedes Objekt wirkende Kraft setzt sich zusammen aus der Gravitationsanziehung durch die Erde, die proportional zur schweren Masse des Objektes ist, und der aus der Erdrotation resultierenden Zentrifugalkraft, die proportional zur trägen Masse des Objektes ist. Wenn sich zwei verschiedene Stoffe auf der Waage befinden und das Verhältnis von schwerer zu träger Masse des einen nicht gleich dem des anderen wäre, würde sich die Eötvös-Waage also drehen.

Die 1890 von Eötvös veröffentlichten Ergebnisse bestätigten die Äquivalenz von schwerer und träger Masse verschiedener Substanzen mit einer Genauigkeit von 5 zu 10^8. Im Jahre 1909 verbesserte er die Genauigkeit seiner Experimente auf 5 zu 10^9. Unterhalb dieser Grenze fand er Unstimmigkeiten zwischen verschiedenen Arten von Substanzen, die er experimentellen Fehlern zuschrieb. (Wir werden später mehr darüber zu sagen haben.)

In den sechziger und siebziger Jahren dieses Jahrhunderts machten Robert H. Dicke und Vladimir B. Braginsky unabhängige Experimente, bei denen sie keine Drehwaage benutzten, sich aber das Prinzip von Eötvös zunutze machten: Sie bestimmten das Verhältnis von träger zu schwerer Masse von Objekten im Schwerefeld der Sonne anstatt dem der Erde. Auf diese Weise konnten sie – bei unterschiedlichen Experimenten – das Äquivalenzprinzip mit einer Präzision von 5 zu 10^{11} beziehungsweise 5 zu 10^{12} bestätigen.

Durch genaue Vermessung der Mondbahn erreichte man eine ähnliche Genauigkeit für die Gleichheit von träger und schwerer Masse bei Erde und Mond. Dabei verwendete man Eckspiegel, die Apollo-Astronauten auf der Mondoberfläche zurückgelassen hatten.

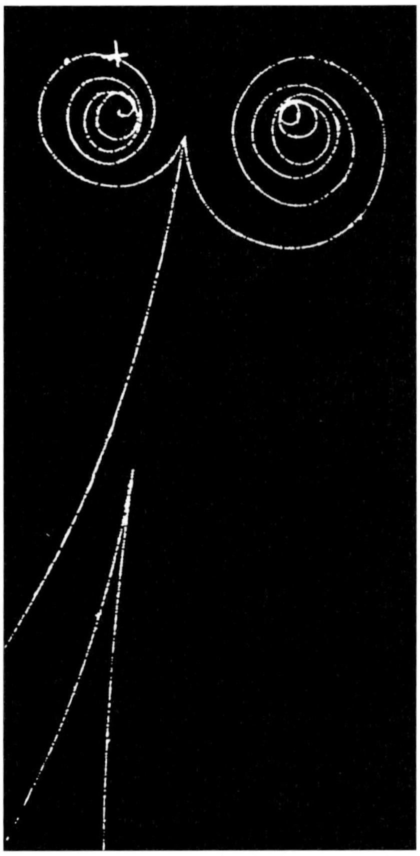

Bild 2: Ein Elektron-Positron-Paar hinterläßt in dieser Nebelkammeraufnahme eine sich gabelnde Spiralspur. Das Elektron und sein Antiteilchen, die durch einen heftigen Stoß eines Gamma-Strahls mit einem Wasserstoffkern erzeugt wurden, haben dieselbe Masse, aber die entgegengesetzte elektrische Ladung; daher krümmen sich ihre Bahnen im Magnetfeld der Kammer in entgegengesetzte Richtungen. Teilchen und ihre Antiteilchen besitzen entgegengesetzte Quantenzahlen; wenn daher genug Energie zu Verfügung steht, um den Impuls zu erhalten und (in Übereinstimmung mit der Äquivalenz von Energie und Masse, $E = m \times c^2$) Masse bereitzustellen, können sie paarweise erzeugt werden, da sie zusammen die Quantenzahl Null haben. Ein Teilchen und ein Antiteilchen können sich auch in einer energiereichen Explosion vernichten. Antiprotonen erzeugt man in Teilchenbeschleunigern, indem man hochenergetische Teilchen auf passende Ziele – sogenannte Targets – schießt.

Dieses Experiment bewies außerdem, daß sich das Schwerefeld der Sonne auf die Gravitationsenergie auswirkt, die Materie an die Erde bindet: Gravitationskräfte wechselwirken anziehend miteinander.

Die Vorstellung, daß Gravitationsenergie selbst der Gravitationskraft unterliegt, ist eine Folge der Revolution innerhalb der Physik, die sich etwa in der Zeit der Eötvös-Versuche vollzog: die Formulierung der Speziellen und der Allgemeinen Relativitätstheorie durch Albert Einstein. Da die gegenwärtige Debatte über die mögliche Existenz neuer Kräfte das Ergebnis von Versuchen ist, Einsteins Gravitationstheorie zu erweitern (Bild 3), ist es sinnvoll, einen genaueren Blick auf die Geschichte dieses Werkes zu werfen.

Die Entwicklung der Gravitationstheorien

Die Allgemeine Relativitätstheorie entstand aus Einsteins Versuch, einen tiefen Widerspruch zwischen seiner früher entwickelten Speziellen Relativitätstheorie und der Newtonschen Vorstellung von Gravitation aufzulösen. Zwar ist die Newtonsche Theorie für die meisten praktischen Zwecke – etwa zur Beförderung von Menschen auf den Mond – vollkommen ausreichend; dennoch ist sie für den theoretischen Physiker nicht akzeptabel: In dieser Theorie wird angenommen, daß sich die Gravitationskraft augenblicklich über unendliche Entfernungen ausbreitet; damit verletzt sie die Grundregel der Speziellen Relativitätstheorie, daß jegliche Geschwindigkeit – sei es die eines Objektes, einer Energieform oder der Ausbreitung einer Kraft – auf die Lichtgeschwindigkeit begrenzt sei.

In der klassischen relativistischen Feldtheorie werden Kräfte durch die Einführung von Feldern mit der Speziellen Relativitätstheorie in Einklang gebracht. Diese Felder tragen Energie und Impuls zwischen den wechselwirkenden Teilchen der Materie (wie Elektron und Proton) nicht schneller als das Licht hin und her. Die Kräfte, welche die Teilchen spüren, werden durch diesen Austausch von Energie und Impuls hervorgerufen. Zum Beispiel erzeugen schwingende Elektronen in einer Senderantenne ein Feld von Radiowellen, das sich durch den Raum bewegt und eine Kraft auf Elektronen in der Empfangsantenne ausübt.

Mit dem Aufkommen der relativistischen Feldtheorie suchten die Physiker natürlich nach möglichen Formen, die ein Gravitationsfeld annehmen könnte. Als etwa James Clerk Maxwell bemerkte, daß sowohl das Gravitationsgesetz als auch das Coulombsche Gesetz (das die Kraft zwischen elektrisch geladenen Teilchen beschreibt) umgekehrte Quadratgesetze sind, fragte er sich, ob seine eigene Theorie der Elektrodynamik so verändert werden könnte, daß sie auch die Gravitation beschriebe.

Natürlich waren einige Veränderungen notwendig, da die elektrodynamische Kraft die Abstoßung von gleichen Ladungen zur Folge hat, die Gravitation dagegen anziehend wirkt. Maxwell brachte das in Ordnung, indem er das Vorzeichen der Feldenergie umkehrte, so daß die Größe negativ wurde. Er bemerkte jedoch bald, daß die sich so ergebende Theorie einen grundlegenden Fehler hatte: Durch die negative Feldenergie könnte ein System durch Anwachsen des Feldes Energie gewinnen, und so würde seine Energie bis ins Unendliche zunehmen.

Die erste mathematisch in sich widerspruchsfreie relativistische Theorie der Gravitation stellte Gunnar Nordström 1913 auf, also noch vor Einsteins Allgemeiner Relativitätstheorie. Nordströms Theorie stand mit allen Gravitationsexperimenten seiner Zeit im Einklang. Einstein und Adriaan D. Fokker entdeckten dann, daß Nordströms Gravitationsfeldgleichungen in Wirklichkeit eine gekrümmte Raum-Zeit beschreiben – es war, als hätte jemand versucht, die Oberfläche einer Kugel mit den Begriffen einer ebenen Fläche zu beschreiben und erst anschließend bemerkt, daß er dieselbe Fläche viel natürlicher durch Kugelkoordinaten darstellen könnte. Auf diese Weise wurde durch Nordströms Theorie unbeabsichtigt der Gedanke einer gekrümmten Raum-Zeit in die Welt gesetzt.

In Nordströms Modell wirkt das Gravitationsfeld nur auf Objekte mit einer Ruhemasse. Nach der Speziellen Relativitätstheorie sind Energie und Masse jedoch äquivalent. Warum sollte die Energie also nicht ebenso der Gravitationskraft unterliegen? Diese Vorstellung, die Einstein als die glücklichste Eingebung seines Lebens bezeichnete, gab den Anstoß zur Allgemeinen Relativitätstheorie.

Aus Einsteins Theorie ergibt sich auch die Krümmung der Raum-Zeit in der Umgebung massereicher Objekte. Außerdem sagt die Theorie voraus, daß die Gravitationskraft masselose Energieformen wie Licht beeinflussen sollte, da die Theorie ein Gravitationsfeld beschreibt, das an Energie und Impuls anstatt an Masse koppelt.

Einstein schlug vor, den Effekt zu überprüfen, indem man während einer Sonnenfinsternis nach einer scheinbaren Verschiebung der Position von Sternen sucht, deren Sichtlinie nahe der Sonnenoberfläche verläuft. Im Laufe von Eddingtons Expedition nach Afrika 1919 gelang es, diese Vorhersage zu bestätigen. Einsteins Theorie erklärte auch die anomale Verschiebung des Perihels der Merkur-Umlaufbahn sowie die Rotverschiebung von Spektrallinien in Schwerefeldern wie dem Gravitationsfeld der Erde (die später mit Hilfe des Mößbauer-Effektes im Pound-Rebka-Experiment bestätigt worden ist).

Gravitationstheorien wie die von Nordström und Einstein, in denen sich die Kraft als Raum-Zeit-Krümmung darstellt, sind heute als metrische Theorien bekannt. In solchen Theorien macht sich die Kraft als Krümmung von Raum-Zeit dadurch bemerkbar, daß sie die Bahn beeinflußt, entlang der sich ein Objekt bewegt. Die Kraft ist dabei unabhängig von der Zusammensetzung des Objektes, auf das sie wirkt. (Man beachte, daß dies eine andere Formulierung des Äquivalenzprinzips ist.)

Die Allgemeine Relativitätstheorie mit ihrer revolutionären und verblüffend erfolgreichen Vorstellung vom Universum stellt eine der größten intellektuellen Errungenschaften dieses Jahrhunderts dar. Ihr erhabener Status sollte einen jedoch nicht für die Tatsache blind machen, daß sie in ihrer Fähigkeit, sämtliche experimentellen Tests der Gravitation zu erklären, nicht einzigartig ist.

Relativität und Quantentheorie

Heute gibt es auch Hinweise auf Effekte der Gravitation, die das Äquivalenzprinzip zu verletzen scheinen; falls sich dieser Befund bestätigt, ließe er sich nicht durch die klassische Allgemeine Relativitätstheorie erklären. Diese Effekte könnten jedoch mit neueren Theorien in Einklang stehen – Arbeiten, die aus dem Versuch entstanden sind, die Allgemeine Relativitätstheorie mit einem

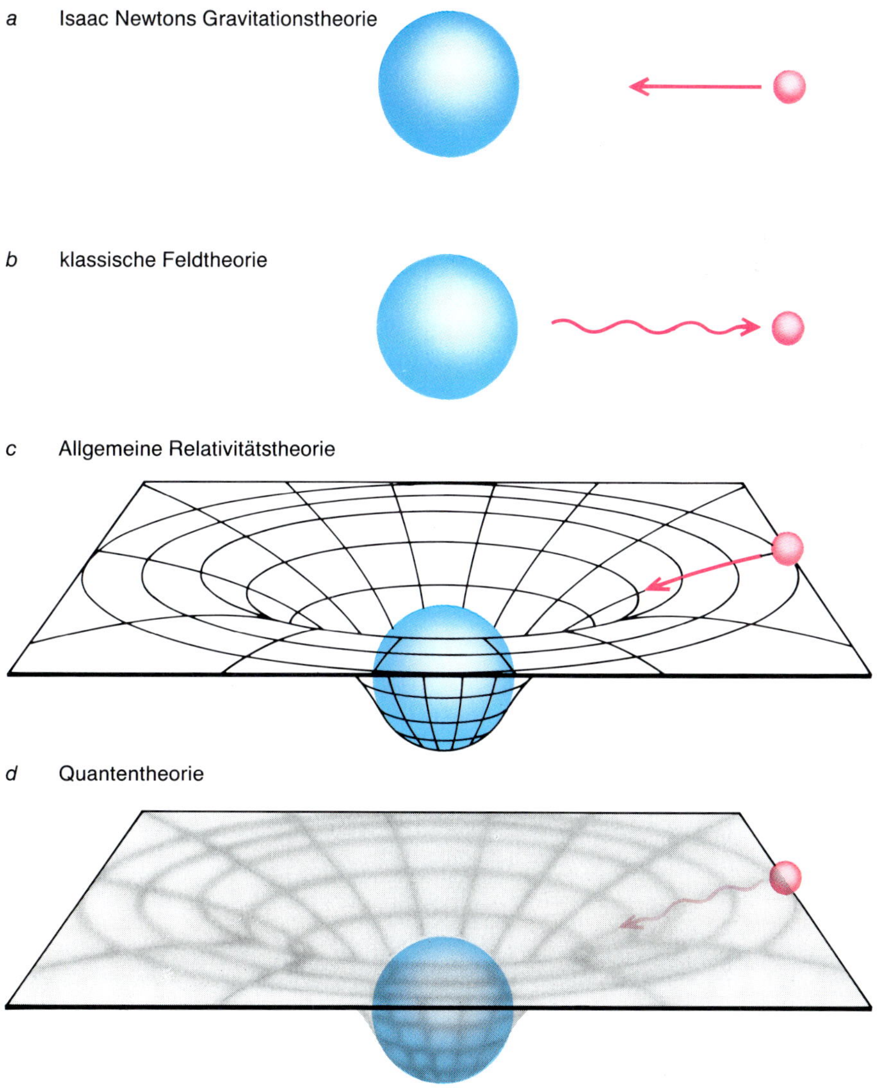

Bild 3: Gravitationstheorien beschreiben die zwischen zwei Massen wirkende Kraft. Isaac Newton setzte die Stärke der Schwerkraft mit der Masse und dem Abstand zwischen den Objekten in Beziehung. Er nahm an, daß diese Kraft augenblicklich über die Entfernung wirkt (*a*). Die Spezielle Relativitätstheorie zeigte jedoch, daß sich nichts schneller als mit Lichtgeschwindigkeit bewegt. Die klassische Feldtheorie führte die Vorstellung ein, daß ein Feld Kraft mit endlicher Geschwindigkeit überträgt (*b*). Albert Einstein erkannte, daß die Feldgleichungen der Gravitation eine Raum-Zeit beschreiben, die in der Nähe massereicher Objekte gekrümmt ist. In seiner Allgemeinen Relativitätstheorie manifestiert sich Schwerkraft durch die Bewegung von Objekten entlang Wegen, die dem kürzest möglichen Abstand in einer gekrümmten Raum-Zeit entsprechen (*c*). Nach der Quantenmechanik aber ist der Weg unbestimmt (*d*). Dieser Widerspruch zwischen Quantentheorie und Allgemeiner Relativitätstheorie ist heute trotz vieler Ansätze immer noch ungelöst.

anderen Grundpfeiler der modernen Physik, der Quantenmechanik, zu vereinigen.

In der Tat gibt es ernste Widersprüche zwischen der Quantenmechanik und den Äquivalenzprinzipien, die den klassischen nicht-quantisierten Gravitationstheorien zugrunde liegen. Nach dem Äquivalenzprinzip ist beispielsweise die Bahn eines in einem Schwerefeld frei fallenden Objektes vollständig durch seine Ausgangslage und Ausgangsgeschwindigkeit bestimmt. Nach der Quantenmechanik ist der Weg eines Objektes jedoch unbestimmt, es sind nur Wahrscheinlichkeitsaussagen möglich (siehe „Quantentheorie der Gravitation“ von Bryce S. DeWitt in Spektrum der Wissenschaft, Februar 1984). Bei einer Quantisierung der Gravitation läßt sich das Äquivalenzprinzip daher nicht in seiner exakten Form beibehalten. Es sollte nicht überraschen, wenn eine Quantentheorie der Gravitation Wechselwirkungen enthielte, die das Äquivalenzprinzip verletzen.

Die Quantenmechanik veränderte die klassische Feldtheorie grundlegend. Aus klassischer Sicht werden Energie und Impuls durch ein Feld übertragen. Nach der Quantenmechanik kommen Energie und Impuls in diskreten Einheiten – sogenannten Quanten – vor, die man als Teilchen ansehen kann. In der Quantenfeldtheorie werden die Kräfte durch den Austausch solcher Teilchen hervorgerufen – ähnlich wie man beim Werfen eines Balles an den Fänger Energie und Impuls überträgt (Bild 4). Elektromagnetische Kräfte werden zum Beispiel durch den Austausch von Photonen oder Lichtquanten vermittelt. Die Stärke der aus dem Austausch resultierenden Kraft ist durch die Kopplungsstärke zwischen Teilchen und betroffener Materie gegeben.

Die kraftübertragenden Teilchen haben eine bestimmte Ruhemasse, die im Falle des Photons gleich Null ist, und einen Spin oder Eigendrehimpuls, der ganzzahlige oder halbzahlige Werte annehmen kann. Alle bekannten Kräfte – Gravitation, Elektromagnetismus, die für radioaktiven Zerfall verantwortliche schwache Kraft und die starke Kraft, welche die Atomkerne zusammenhält – werden durch Teilchen mit ganzzahligem Spin übertragen.

Die Reichweite der Kräfte ist dabei durch den Kehrwert der Teilchenmasse bestimmt. Kräfte wie die schwache Kraft, die durch sehr massereiche Teilchen übermittelt wird, wirken nur über endliche Entfernungen. Durch masselose Teilchen übertragene Kräfte wie Elektromagnetismus und Gravitation besitzen offenbar eine unendliche Reichweite, und die Kraft nimmt umgekehrt zum Quadrat der Entfernung zwischen den wechselwirkenden Teilchen ab.

Heute ist bekannt, daß der Spin eines Feldes mit der Natur der entsprechenden Kraft zusammenhängt: Felder mit ungeradzahligen Spins können sowohl anziehende als auch abstoßende Kräfte erzeugen; diejenigen mit geradzahligen Spins wie skalare Felder (Spin 0) und Tensor-Felder (Spin 2) entsprechen stets anziehenden Kräften (Bild 5).

Die Elektrodynamik von Maxwell beispielsweise läßt sich heute durch ein Spin-1-Feld beschreiben: Die Kraft wird durch das Photon – ein Spin-1-Teilchen – übertragen. Die von diesem Feld hervorgerufene Kraft wirkt anziehend zwischen entgegengesetzt geladenen Teilchen und abstoßend zwischen gleich geladenen Teilchen.

Aus diesem Grunde erwartete man, daß eine Gravitationstheorie allein auf skalaren oder tensoriellen Feldern beruhen könne, bei denen der Spin der übertragenden Teilchen geradzahlig ist. Wenn man die Allgemeine Relativitätstheorie, der ein Tensorfeld zugrunde liegt, als Quantenfeldtheorie formuliert, wird die Gravitationskraft in der Tat durch ein masseloses Teilchen mit Spin 2 – das sogenannte Graviton – vermittelt.

Mathematisch ist die Quanten-Version der Allgemeinen Relativitätstheorie jedoch voller innerer Widersprüche. Die Physiker suchten deshalb nach Möglichkeiten zur Erweiterung der Allgemeinen Relativitätstheorie, um die Gravitation der Quantisierung zugänglicher zu machen.

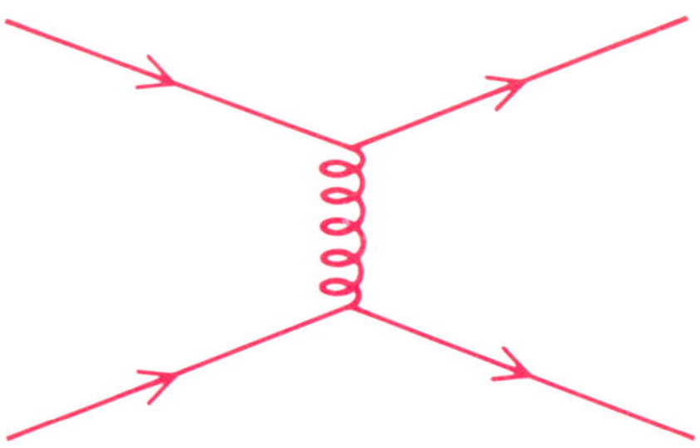

Reichweite der Kraft:	
Teilchen mit Ruhemasse	endlich
Teilchen ohne Ruhemasse	unendlich (Stärke nimmt mit dem Quadrat der Entfernung ab)

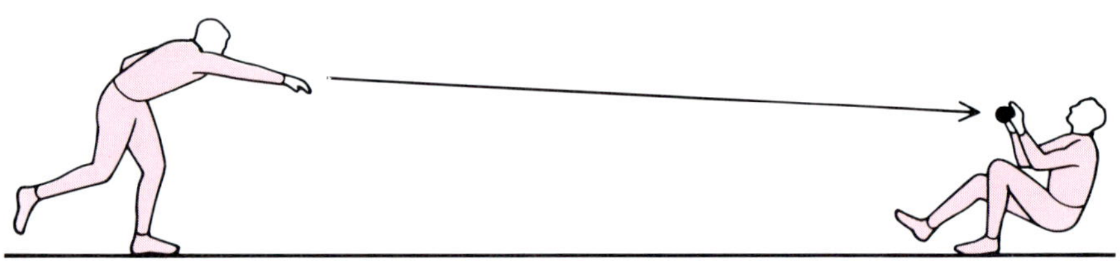

Bild 4: In der Quantenfeldtheorie führt man die Vorstellung ein, daß Teilchen Kräfte vermitteln: Zwei wechselwirkende Teilchen tauschen ein drittes Teilchen aus, das Energie und Impuls von dem einen auf das andere überträgt, ähnlich wie ein Ball Energie und Impuls vom Werfer zum Fänger überträgt. Teilchen mit Masse wirken über einen endlichen Bereich. Masselose Teilchen wie das Photon (Lichtquant, Vermittler des Elektronenmagnetismus) und das Graviton (Träger der Schwerkraft) wirken über unendliche Entfernungen.

	Kraft zwischen gleichen „Ladungen“	Kraft zwischen entgegengesetzten „Ladungen“	Beispiele
0 (Skalar)	anziehend	anziehend	Higgs-Teilchen, Graviskalar
1 (Vektor)	abstoßend	anziehend	Photon, Gluon, Graviphoton
2 (Tensor)	anziehend	anziehend	Graviton

Bild 5: Teilchen mit ganzzahligem Spin übertragen die bekannten Naturkräfte. Teilchen mit geradem Spin erzeugen nur eine anziehende Kraft, während Teilchen mit ungeradem Spin anziehenden oder abstoßenden Kräften entsprechen – je nachdem, ob die wechselwirkende Materie dieselben oder entgegengesetzte Quantenzahlen aufweist. Die elektromagnetische Kraft wird zum Beispiel durch das Photon mit Spin 1 getragen; daher stoßen Teilchen mit derselben Ladung einander ab, und Teilchen mit entgegengesetzten Ladungen ziehen sich an. Vom Graviphoton erwartet man gleichfalls, daß es Abstoßung zwischen Materie und Materie, aber Anziehung zwischen Materie und Antimaterie bewirkt.

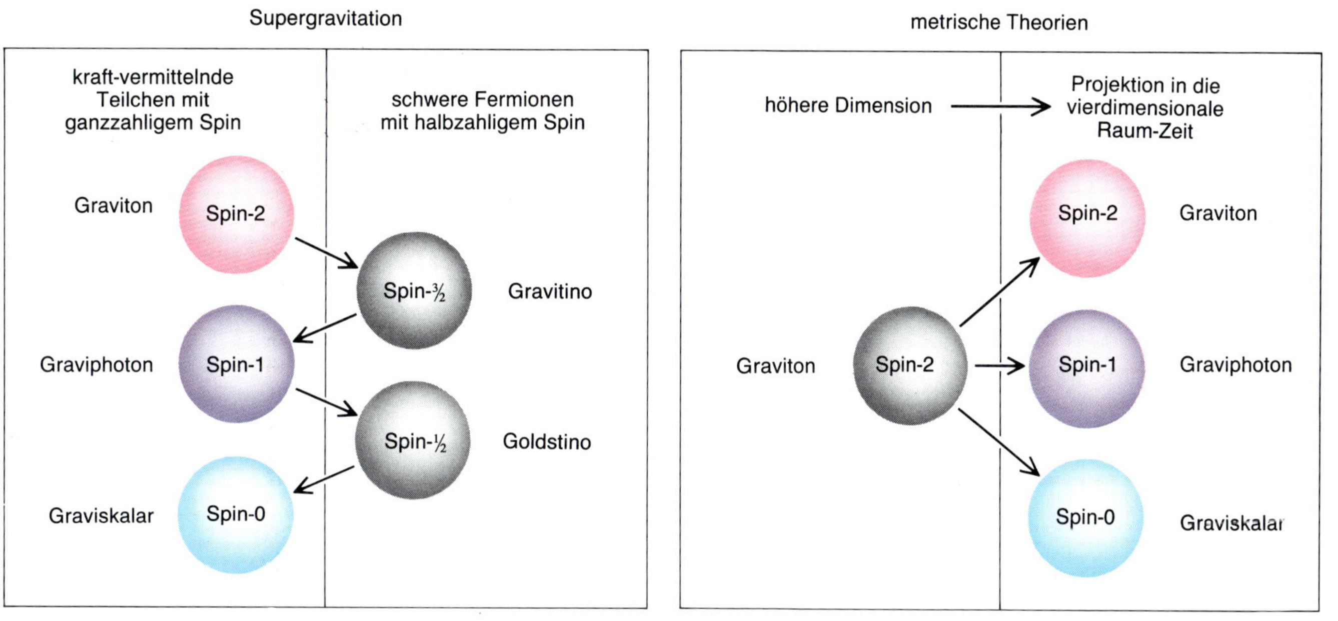

Bild 6: Zwei im Laufe der letzten Jahre entwickelte theoretische Ansätze sagen die Existenz neuer Wechselwirkungen voraus, die mit der Gravitation verwandt sind und sich in bemerkenswerter Art und Weise ähneln. In Supergravitationstheorien, bei denen man vier oder mehr Supersymmetrie-Operationen (Pfeile) auf das Graviton mit Spin 2 anwendet, kommen eine Reihe neuer Teilchen vor: das Gravitino mit Spin 3/2, das Graviphoton mit Spin 1, das Goldstino mit Spin 1/2 und der Graviskalar mit Spin 0. Das Graviphoton und der Graviskalar würden neue Kräfte übertragen. Bemerkenswert ähnliche Vorhersagen gibt es in einer anderen Art von Modellen, die man als metrische Theorien bezeichnet; sie beschreiben Kräfte durch Raum-Zeit-Krümmung: Ein Spin-2-Graviton in höheren Dimensionen wird bei Projektion in die normale vierdimensionale Raum-Zeit zu einem Graviton mit Spin 2, einem oder mehreren Graviphotonen mit Spin 1 und Graviskalaren mit Spin 0.

Eichtheorien

Einer der beliebtesten Zugänge zur Quantisierung der Gravitation stellt eine Klasse von Theorien dar, die als Eichtheorien bekannt sind. Dazu gehören die Theorien, die nach weitverbreiteter Ansicht die starken und elektroschwachen Wechselwirkungen beschreiben und die jetzt Anwärter für eine Vereinheitlichung in der sogenannten großen vereinigten Theorie sind. Den Eichtheorien liegen bestimmte innere Symmetrien zugrunde; sie sind bei Theoretikern beliebt, da wenige Anfangsparameter die Berechnung aller beobachteten Phänomene ermöglichen (siehe „Supergravitation und die Einheit der Naturgesetze“ von Daniel Z. Freedman und Peter van Nieuwenhuizen in „Teilchen, Felder und Symmetrien“, Verlag Spektrum der Wissenschaft, Reihe „Verständliche Forschung“, Heidelberg 1984).

Der Erfolg der Eichtheorien läßt vermuten, daß die mathematischen Inkonsistenzen der quantisierten Allgemeinen Relativitätstheorie durch die Einführung von heute so genannten lokalen Supersymmetrien behoben werden könnten. Wenn man die Allgemeine Relativitätstheorie durch lokale Supersymmetrien erweitert, findet man in den meisten Versionen solcher Modelle, daß für jedes Teilchen mit ganzzahligem Spin ein Partnerteilchen mit halbzahligem Spin existiert – und umgekehrt.

Auf diese Weise entsteht eine bunte Vielfalt von neuen Teilchen: Das Graviton mit Spin 2 hat einen Partner mit Spin 3/2, dieser einen Partner mit Spin 1 (das Graviphoton). Die weiteren Partner haben dann Spin 1/2 und Spin 0 (der Graviskalar). In manchen Modellen gibt es auch mehrere Partner zum jeweils gleichen Spin.

Diese neuen Teilchen entsprechen zusätzlichen Quantenzuständen des Gravitons. Sie sorgen dafür, daß die Quantenfelder der Supergravitationstheorien die richtigen (aber vielleicht noch nicht alle notwendigen) Eigenschaften aufweisen. In der Tat enthalten sämtliche Eichtheorien der Quantengravitation, die man derzeit untersucht, zusätzliche supersymmetrische Zustände.

Man erwartet, daß die Teilchen mit halbzahligem Spin dieser sogenannten Supergravitationstheorien außerordentlich massereich sind. Die Energie, die ihrer Ruhemasse entspricht, beträgt schätzungsweise eine Billion Elektronenvolt – das Tausendfache der Ruhemasse des Protons.

Keines dieser vorhergesagten Teilchen hat man bisher beobachten können. Die Verfechter der Supergravitationstheorien hoffen, daß sie sich mit Hilfe neuer Beschleuniger wie dem Tevatron beim Fermi National Accelerator Laboratory in den USA, dem LEP (Large Elektron-Positron-Collider) des europäischen Laboratoriums für Teilchenphysik (CERN) bei Genf und dem vorgeschlagenen supraleitenden Supercollider (ebenfalls in den USA) erzeugen lassen.

Die Teilchen mit ganzzahligem Spin wären andererseits Vermittler von Kräften (wie das Graviton). Dadurch würden neue Effekte entstehen, deren Stärke mit der Gravitation vergleichbar wäre – jedoch mit einigen bemerkenswerten Unterschieden. Man erwartet, daß sowohl das Graviskalar wie auch das Graviphoton eine Ruhemasse haben und dementsprechend ihre Reichweite nicht unendlich, sondern endlich sein wird.

Überdies sollte der Graviskalar nur Anziehung vermitteln, wohingegen der Effekt der Graviphotonen davon abhinge, ob die wechselwirkenden Teilchen gleich oder verschieden sind. Zwischen Materie und Materie (oder Antimaterie und Antimaterie) sollte das Graviphoton Abstoßung bewirken, zwischen Materie und Antimaterie hingegen Anziehung. Dementsprechend wird die anziehende Kraft des Graviskalars bei normaler Materie mehr oder weniger durch die abstoßende Kraft des Graviphotons aufgehoben.

Zwischen Materie und Antimaterie sollten jedoch sowohl der Graviskalar als auch das Graviphoton eine attraktive Kraft erzeugen und sich entsprechend aufaddieren (Bild 8). Das geplante Antiproton-Experiment wird nach einem Beweis für eben diese zusätzliche Anziehung zwischen Materie und Antimaterie suchen.

Interessanterweise sagt eine andere Gruppe von Theoretikern ähnliche Ef-

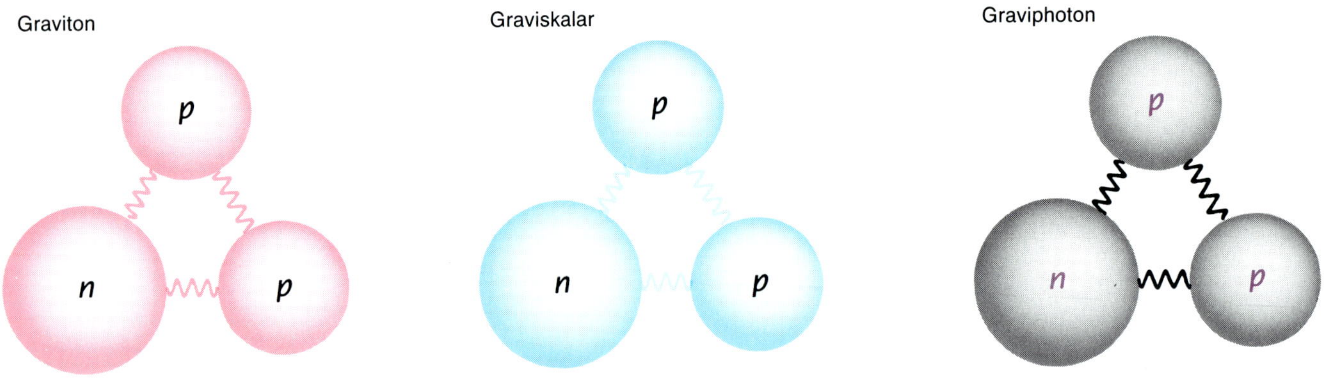

Bild 7: Verletzungen des Äquivalenzprinzips wären in neuartigen Theorien erlaubt, da die drei Teilchen, welche die Gravitation und die damit verwandten Kräfte übertragen, an Masse und Energie mit verschiedenen Stärken koppeln könnten. In dieser Illustration ist das durch die verschiedenen Intensitäten der Farben angedeutet. Das Graviton koppelt mit gleicher Stärke an Masse (Kugeln) und Bindungsenergie (Zick-Zack-Linien). Der Graviskalar könnte an Masse anders als an Bindungsenergie koppeln, demzufolge könnten Systeme mit vielen gebundenen Protonen (*p*) und Neutronen (*n*) eine schwächere Kraft erfahren als solche, die nur wenige gebundene Nukleonen enthalten. Das Graviphoton könnte an innere Quantenzahlen wie Baryonenzahl (beispielsweise Protonen- und Neutronenzahl) anstatt an Masse oder Bindungsenergie koppeln. Einen Test stellt die Überprüfung der Schwerkraftwirkung auf Elemente dar, die aus verschiedenen Anteilen von Protonen und Neutronen bestehen, da die Protonen eine kleinere Inertialmasse als Neutronen, aber dieselbe Baryonenzahl aufweisen. Die Effekte des Graviskalars als auch des Graviphotons würden nur innerhalb eines endlichen Bereichs – zwischen einigen hundert Metern und einigen hundert Kilometern – beobachtet werden.

fekte vorher, obwohl sie die Quantisierung der Gravitation von einem völlig anderen Gesichtswinkel aus angegangen sind. Bestimmte neuere metrische Theorien, die mehr Dimensionen als die üblichen vier der Raum-Zeit enthalten, sagen ebenfalls die Existenz neuer Teilchen voraus (Bild 6). Dieser Ansatz geht auf das mehr als 60 Jahre alte Werk von Theodor Kaluza und Oskar Klein zurück, die beim Versuch, eine vereinigte Theorie der Gravitation und des Elektromagnetismus aufzustellen, ein Modell der Gravitation in höherdimensionaler Raum-Zeit formuliert und dann auf die normale Raum-Zeit projiziert hatten (siehe „Die verborgenen Dimensionen der Raumzeit" von Daniel Z. Freedman und Peter von Nieuwenhuizen auf Seite 120 in diesem Band).

Ein halbes Jahrhundert blieb das Kaluza-Klein-Modell letztlich erfolglos, aber während des letzten Jahrzehnts haben mehrere theoretische Physiker es neu überdacht. Sie begannen zu untersuchen, was geschehen würde, wenn man das Modell auf noch höhere Dimensionen erweiterte. Dabei fanden sie heraus, daß ein höherdimensionales Spin-2-Graviton bei Projektion in die normale vierdimensionale Raum-Zeit aus mehreren Teilen bestehen würde: einem vierdimensionalen Graviton mit Spin 2, einem Vektorfeld mit Spin 1 entsprechend dem Graviphoton und schließlich einem eindimensionalen skalaren Feld mit Spin 0 entsprechend dem Graviskalar.

Der Vorgang ähnelt der Projektion eines dreidimensionalen Pfeiles auf eine Ebene: Zwei Dimensionen würden einen in der Ebene liegenden Pfeil und die dritte, dazu senkrechte Dimension würde einen Punkt definieren. (Wie bei der Supersymmetrie gibt es in manchen Modellen mehrere Partner von jedem Spin.) Daher haben die nicht-metrischen Supergravitationstheorien und die höherdimensionalen metrischen Theorien auffallend ähnliche Konsequenzen.

Meßbare Effekte der Quantengravitation

Von keiner der Quantengravitationstheorien hat man bisher zeigen können, daß sie mathematisch konsistent sei. Dennoch erkannte Joel Scherk (kurz vor seinem Tod 1980), daß die Quantengravitationstheorien meßbare physikalische Effekte in der Welt der normalen Materie bewirken könnten. Zum Beispiel verhalten sich Graviskalar und Graviphoton nicht entsprechend dem Newtonschen inversen Quadratgesetz, da sie nicht masselos sind. Daher könnte man nach einem experimentellen Hinweis für eine Verletzung des Newtonschen Gesetzes innerhalb eines Bereiches von einigen hundert Metern oder Kilometern Ausschau halten, über den sich die Auswirkungen der neuen Teilchen vermutlich erstrecken würden.

Experimente könnten auch nach möglichen Unterschieden in der Stärke der Kopplung von Graviskalar und Graviphoton an die verschiedenen Bestandteile der Materie wie Bindungsenergie oder Baryonenzahl (die Gesamtzahl der Protonen und Neutronen in einem System) suchen. Die Theorien lassen zu, daß der Graviskalar an die Bindungsenergie mit einer anderen Stärke als an die Ruhemasse der Elementarteilchen koppelt. Die Kraft, die der Graviskalar beispielsweise auf ein Gramm Wasserstoff ausübt, könnte durchaus größer sein als jene auf ein Gramm Eisen, weil es im Eisen für jeweils 56 ungebundene Wasserstoffatome ein einziges Eisenatom mit 56 gebundenen Protonen und Neutronen gibt.

Das Graviphoton muß andererseits an eine erhaltene Quantenzahl der Elementarteilchen wie die Gesamtzahl der Baryonen oder Quarks oder die Summe der Baryonen und Leptonen (wie zum Beispiel Elektronen) koppeln. Auch das Graviphoton wird daher eine Kraft erzeugen, die von der Zusammensetzung der Materie abhängt. Daher können beide neuen Kräfte das Äquivalenzprinzip verletzen (Bild 7).

Die gegenwärtigen Theorien sagen demnach voraus, daß zwei seit langem bestehende Gesetze der Physik gebrochen werden: Weil Graviskalar und Graviphoton Masse haben, wird innerhalb ihrer endlichen Reichweite das Newtonsche inverse Quadratgesetz nicht gültig sein, und aufgrund der zusammensetzungsabhängigen Natur der neuen Kräfte wird auch das Äquivalenzprinzip verletzt.

Für normale Materie im Gravitationsfeld der Erde erwartet man nur minimale Verletzungen des inversen Quadratgesetzes. Der Grund dafür liegt darin, daß sich die durch den Graviskalar und das Graviphoton übertragenen Kräfte näherungsweise aufheben. Ein kleiner Resteffekt könnte jedoch möglicherweise von Frank D. Stacey, Gary J. Tuck und ihren Mitarbeitern von der Universität von Queensland in Brisbane bei Messungen der ortsabhängigen Gravitationskraft bei verschiedenen Tiefen in australischen Bergwerksschächten gefunden worden sein.

Nachdem der Gravitationseffekt der lokalen Gesteinszusammensetzung berücksichtigt worden war, fanden sie, daß die Meßergebnisse den Vorhersagen der Newtonschen Theorie widersprachen. Statt dessen stimmten die Daten ungefähr entweder mit einer zusätzlichen abstoßenden Kraft überein, die hundertfach schwächer als die normale Gravitation ist und eine Reichweite von einigen hundert Metern hat, oder mit einer Kombination von einer abstoßenden und einer anziehenden Kraft, die beide etwa gleich stark sind wie die normale Gravitation, aber sich bis auf 1 Prozent gegenseitig aufheben und Reichweiten bis 450 Kilometer aufweisen.

Außer dem australischen Ergebnis gibt es auch weitere anomale Resultate aus jüngster Zeit, über die Albert T. Hsui von der Universität von Illinois in Urbana-Champaign sowie Donald H. Eckhardt und seine Mitarbeiter bei der geophysikalischen Versuchsanstalt der amerikanischen Luftwaffe berichtet haben. Diese Ergebnisse werden jetzt auf unabhängige Weise überprüft durch Mark E. Ander, Mark A. Zumberge und ihre Mitarbeiter am Los-Alamos-Nationallaboratorium (New Mexico), das Scripps-Institut für Ozeanographie in La Jolla (Kalifornien), die Universität von Texas in Dallas, die Amoco-Corporation und das Scott Polar Research Institute.

Im vergangenen Sommer wurde die Schwerkraft innerhalb bereits existierender Bohrlöcher in der kontinentalen Eisdecke von Grönland gemessen (Bild 9). Dort trägt die einheitliche Zusammensetzung des umliegenden Eises dazu bei, die Fehler in der Auswertung der Meßergebnisse zu reduzieren. Die Resultate dieser Bohrloch-Experimente sollten im Laufe der nächsten Monate veröffentlicht werden.

Kürzlich gab es auch viel Aufregung um eine Wiederholung der Auswertung des Experiments von Eötvös aus dem Jahre 1909, die Ephraim Fischbach und seine Mitarbeiter an der Purdue-Universität in West Lafayette (Indiana) durchgeführt haben. Sie fanden einen Zusammenhang zwischen den kleinen Unstimmigkeiten im Ergebnis von Eötvös, die oben erwähnt wurden, und dem Verhältnis von Baryonenzahl zu Inertialmasse der verschiedenen Substanzen, mit denen Eötvös seinerzeit experimentiert hatte.

Die Gruppe vertritt die Ansicht, daß dieser Zusammenhang als Hinweis auf eine gänzlich neue fünfte Kraft in der Natur interpretiert werden könnte. Wir glauben demgegenüber, daß die Kraft eine neue Ausprägung der Gravitation selbst ist, da sie etwa dieselbe Stärke aufweist. Die endgültige Antwort wird

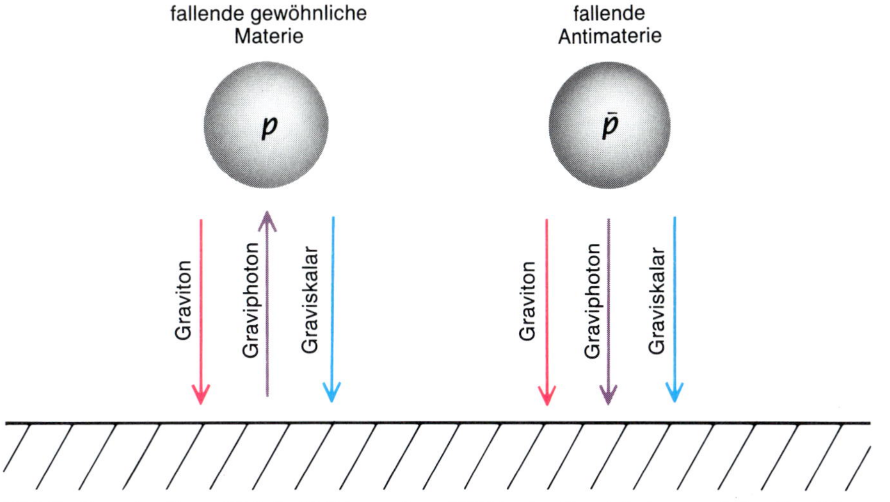

Bild 8: Neue kraftvermittelnde Teilchen wie die hier dargestellten würden bewirken, daß Materie auf Antimaterie eine andere Kraft als auf normale Materie ausübt. Das Graviton und der Graviskalar würden in beiden Fällen Anziehung erzeugen, aber das Graviphoton erzeugt Abstoßung im Falle von Materie und Anziehung im Falle von Antimaterie. Falls die Effekte des Graviphotons und des Graviskalars fast gleich sind, würden sie sich bei Wechselwirkungen zwischen normaler Materie nahezu aufheben, aber bei Wechselwirkungen zwischen Materie und Antimaterie addieren. Antimaterie könnte demnach mit einer um vielleicht mehr als 14 Prozent größeren Beschleunigung zu Boden fallen als Materie.

Bild 9: Eine Gravitationswaage wird sorgfältig aus einem tiefen Bohrloch in der grönländischen Eisdecke wenige Kilometer südlich des Polarkreises herausgezogen. Die Apparatur im Wert von einer halben Million Dollar mißt die ortsabhängige Schwerkraft an verschiedenen Stellen bis zu einer Tiefe von 1600 Metern mit einer Genauigkeit von eins zu 100 Millionen. Das Meßgerät, das normalerweise für die Suche nach Erdöl eingesetzt wird, überprüft die mögliche Existenz neuer gravitationsartiger Wechselwirkungen. Auf dem Photo sind Casey Rohn vom Polar Ice Coring Office der Universität von Nebraska und James Wirtz von der Firma Amoco zu sehen. Ted Lautzenhiser sitzt in der Kabine zur Bedienung der Seilwinde.

von neuen Experimenten und von der Theorie gegeben werden.

Viele neue Experimente sind inzwischen begonnen worden, um zusammensetzungsabhängige Effekte zu überprüfen. Zum Zeitpunkt dieser Niederschrift sind vier Resultate bekannt: zwei negative Ergebnisse von einer Gruppe um Eric G. Adelberger an der Universität von Washington in Seattle und einer Gruppe um James E. Faller am amerikanischen National Bureau of Standards sowie zwei positive Ergebnisse von Peter Thieberger am Brookhaven-Nationallaboratorium auf Long Island (New York) und von Paul E. Boynton und seinen Mitarbeitern an der Universität von Washington.

Ein Härtetest des Äquivalenzprinzips

Sämtliche bisher beschriebenen Experimente überprüfen die Beschleunigung normaler Materie im Schwerefeld der Erde. Man erinnere sich jedoch an die Veränderungen, die entstehen können, wenn man Materie durch Antimaterie ersetzt. Ein solcher Versuch würde den härtesten Test des Äquivalenzprinzips bedeuten. In diesem Falle wären sowohl der Effekt des Graviphotons als auch jener des Graviskalars Anziehung; die beiden Effekte würden sich addieren. Antimaterie würde dann eine größere Beschleunigung zur Erde hin erfahren als Materie.

Motiviert durch frühere Diskussionen dieser Möglichkeit schlugen zwei von uns 1982 ein Experiment zur Messung der Gravitationsbeschleunigung von Antiprotonen am Niederenergie-Antiprotonring (LEAR) am CERN vor (Bild 10). Seit dieser Zeit sind viele Mitarbeiter des Los-Alamos-Nationallaboratoriums, der Rice-Universität in Houston, der Texas A.&M. University, vom Ames-Forschungszentrum der NASA, von den Universitäten von Genua und Pisa und vom CERN dazugestoßen.

Bei dem Experiment würde man aus LEAR Antiprotonen extrahieren, sie bis kurz über den absoluten Nullpunkt abkühlen und dann jeweils 100 Antiprotonen in eine Driftröhre schicken. Dort

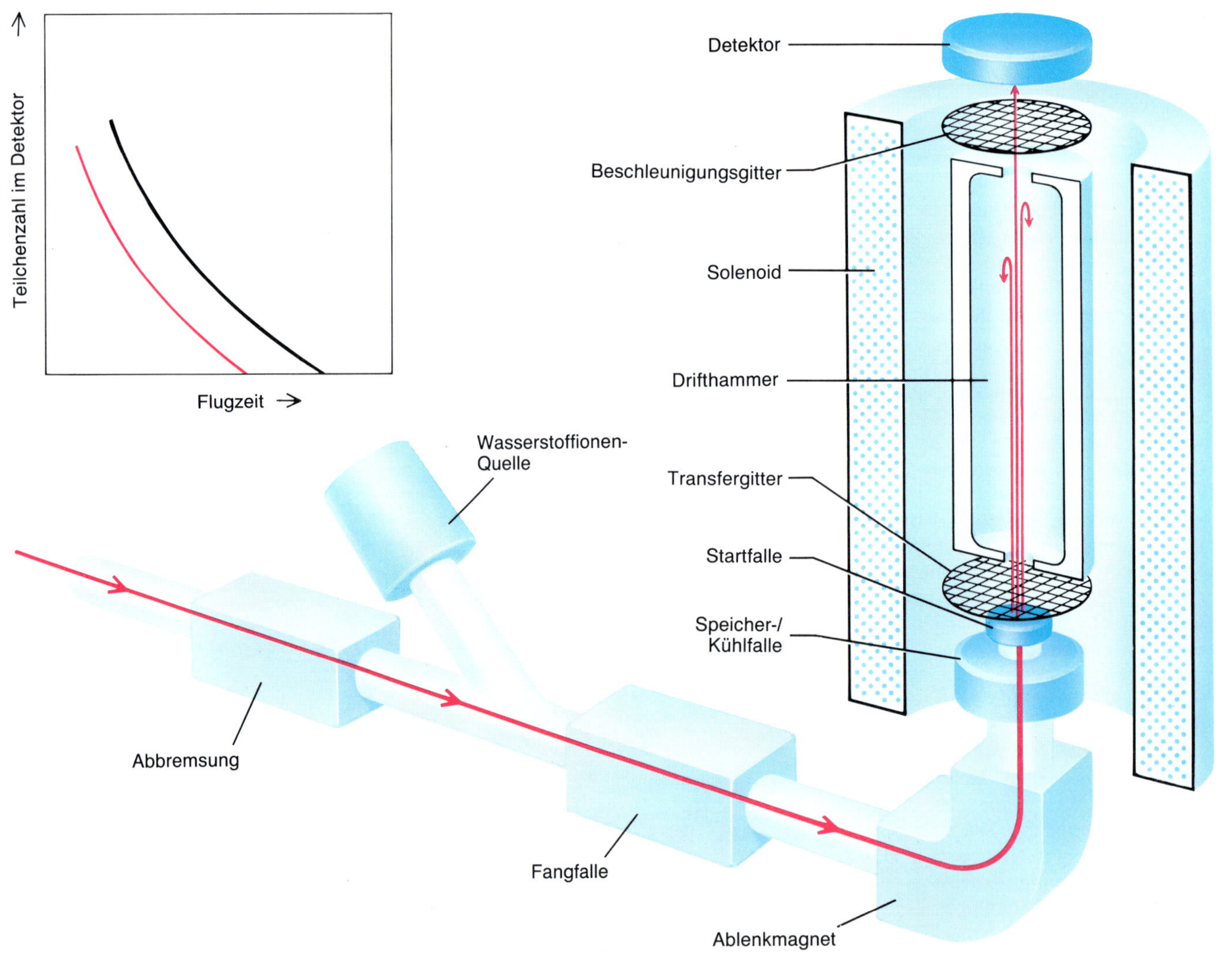

Bild 10: Am Niederenergie-Antiprotonenring (LEAR) des europäischen Forschungszentrums für Teilchenphysik (CERN) wird in naher Zukunft der Effekt der Schwerkraft auf Antiprotonen gemessen werden. Antiprotonen werden dem Speicherring LEAR bei einer Energie von zwei Millionen Elektronenvolt entnommen, auf 10000 bis 20000 Elektronenvolt abgebremst und dann in der Fangfalle und der Speicherfalle eingeschlossen, wo man sie auf 10 Kelvin (−263 Grad Celsius) kühlt. Dann werden jeweils 100 Antiprotonen in eine Driftkammer von einem Meter Höhe eingelassen. Die Startgeschwindigkeit der Antiprotonen, die für das Experiment am besten geeignet sind, beträgt im Mittel vier Meter pro Sekunde. Während die Antiprotonen aufwärts driften, werden sie durch die Schwerkraft abgebremst. Die energiereichsten Teilchen werden daher den Detektor zuerst, die energieärmeren ihn später erreichen. Irgendwann werden keine Teilchen mehr zum Detektor vordringen: Ihre Geschwindigkeit reicht nicht mehr aus, um bis an das Beschleunigungsgitter zu gelangen, bevor die Schwerkraft die Aufwärtsbewegung schließlich zum Erliegen bringt. Im Experiment wird die entsprechende maximale Zeit für Antiprotonen (rote Kurve im Diagramm) und für negative Wasserstoff-Ionen (schwarze Kurve) gemessen. Die Ionen haben dieselbe Ladung und nahezu dieselbe Masse wie die Antiprotonen. Falls Antimaterie einer größeren abwärts gerichteten Gravitationskraft unterliegt als normale Materie, wäre – wie im Diagramm angedeutet – die maximale Laufzeit der Antiprotonen in einem derartigen Experiment kürzer als diejenige der Wasserstoff-Ionen.

mißt man die Zeit, die sie benötigen, um das obere Ende zu erreichen. Mit Hilfe von negativ geladenen Wasserstoff-Ionen, die dieselbe Ladung und nahezu dieselbe Masse wie die Antiprotonen haben, wird man die Flugzeit für normale Materie messen. Dem Vergleich der beiden Flugzeiten wird man entnehmen können, ob die Antiprotonen einer größeren Schwerebeschleunigung unterliegen.

Die Methode mit der Driftröhre entstammt ursprünglich den bahnbrechenden Arbeiten von Fred C. Witteborn und William M. Fairbank – damals beide an der Universität von Stanford (Kalifornien) –, die 1966 Messungen der Gravitationsbeschleunigung des Elektrons veröffentlichten. Fairbank hofft jetzt, ein dem Stand der Zeit entsprechendes Positronen-Experiment durchführen zu können; es würde eine Ergänzung zu unserem Antiprotonen-Experiment darstellen.

Man erwartet, daß das Antiprotonen-Gravitationsexperiment eine Genauigkeit von mehr als 99 Prozent erreicht. Falls es tatsächlich sowohl vektorielle als auch skalare Wechselwirkungen gibt, deren Kopplungsstärken mit jener der normalen Schwerkraft vergleichbar sind und deren Reichweiten etwa 450 Kilometer betragen, würde ein Antiproton mit einer um 14 Prozent größeren Beschleunigung als normale Materie fallen. Der Effekt wäre noch stärker, falls die Kopplungsstärken größer als die der normalen Schwerkraft sind.

Auch wenn das Experiment keine neuen Effekte aufdeckte, würde es als erste Messung der Schwerebeschleunigung von Antimaterie in neue Bereiche der Gravitationsexperimente vorstoßen; insofern ist es vergleichbar mit den Experimenten von Eötvös, Dicke und Pound-Rebka. Diese Experimente erzielten genau die Ergebnisse, die man nach den seinerzeit maßgebenden Theorien erwartet hatte. Sie bestätigten die Physik auf eine derart schöne und klare Art und Weise, daß sie Klassiker geworden sind – Beispiele für Experimente, die in Lehrbücher eingehen.

Aber was geschähe, falls das Resultat des Antimaterie-Experiments unser klassisches Verständnis der Schwerkraft verletzt? Wie würden wir uns und die übrige Gemeinde der Physiker davon überzeugen, daß das Ergebnis kein experimenteller Fehler war? Als wir diese Schwierigkeit mit zwei Mitgliedern des Versuchsteams, Ron Brown und Nelson Jarmie, besprachen, leuchteten ihre Augen auf. Ihre Antwort sagt alles: „Das Problem würden wir gerne haben." Wir alle warten gespannt auf die experimentellen Resultate – wie auch immer sie aussehen werden.

Superstrings

Aus der Vorstellung, daß alle Elementarteilchen Strings sind, ergibt sich eine Quantentheorie, die in sich konsistent ist und die vier fundamentalen Naturkräfte beschreibt. Diese Theorie könnte unsere Vorstellungen von Raum und Zeit vollkommen verändern.

Von Michael B. Green

Es ist das zentrale ungelöste Problem der heutigen Elementarteilchenphysik, daß ihre beiden wichtigsten Grundlagen anscheinend nicht miteinander vereinbar sind. Die erste ist Albert Einsteins Allgemeine Relativitätstheorie, die einen Zusammenhang zwischen der Gravitation und der Struktur von Raum und Zeit herstellt. Diese Sicht der Gravitation ist die Grundlage kosmologischer Modelle; sie hat ein Verständnis der Entwicklung unseres Universums ermöglicht. Die zweite dieser theoretischen Grundlagen ist die Quantenmechanik; sie beschreibt die Atome und die subatomare Welt. Bis jetzt haben die theoretischen Physiker Quantentheorien für drei der vier in der Natur vorkommenden Kräfte entwickelt: für die starke, die schwache und die elektromagnetische Wechselwirkung.

Bis vor kurzem bestand wenig Hoffnung, Einsteins Theorie der Gravitation – der vierten Kraft – in den Rahmen der Quantenmechanik einfügen zu können. Die Hauptschwierigkeit besteht darin, daß die physikalischen Gesetze bei kleinsten Abständen offenbar vollkommen neu formuliert werden müßten. Man müßte die Vorstellung von Raum und Zeit als einer kontinuierlichen Menge von Punkten aufgeben. Ohne die Quantisierung der Gravitation und ohne die dafür notwendigen neuen Konzepte war eine umfassende Beschreibung aller in der Natur vorkommenden Kräfte nicht möglich.

In den letzten beiden Jahren haben die Elementarteilchenphysiker jedoch wieder Hoffnung geschöpft, daß ein Weg aus dieser theoretischen Sackgasse herausführen könnte. Ihr Optimismus gründet sich auf bemerkenswerte Entwicklungen in einer neuen Theorie, der sogenannten Superstring-Theorie. In der Superstring-Theorie und in jeder anderen String-Theorie stellt man sich die die Elementarteilchen als Strings (Saiten) vor. Dadurch unterscheiden sich die String-Theorien von allen bekannten Quantenfeldtheorien – beispielsweise der Quantenelektrodynamik, deren Quanten (das sind die Teilchen, welche die Theorie beschreibt) punktförmig sind.

Da ein String ein ausgedehntes Objekt ist, kann er genau wie eine gewöhnliche Violinsaite schwingen. Die Saitenspannung bestimmt dabei die Normalschwingungen (Harmonischen) eines Strings. In der Quantenmechanik sind Wellen und Teilchen zwei zueinander duale Beschreibungen ein und desselben Phänomens, so daß jede Schwingungsmode eines Strings einem Teilchen entspricht. Die Frequenz der Schwingung bestimmt die Energie des Teilchens und damit seine Masse. Man faßt also die Elementarteilchen als Schwingungsmoden eines einzigen Strings auf.

Strings und Supersymmetrie

Die Superstring-Theorie ist eine Kombination der String-Theorie mit der sogenannten Supersymmetrie (siehe „Ist die Natur supersymmetrisch?“ von Howard E. Haber und Gordon L. Kane in diesem Band auf Seite 130–139). Sie vermeidet nicht nur die Probleme, denen man sich bei früheren Versuchen gegenüber sah, Gravitation und Quantenmechanik zu vereinen; sie eröffnet vielmehr auch die Möglichkeit, alle in der Natur vorkommenden Kräfte als verschiedene Aspekte eines einzigen Prinzips zu betrachten.

Die vier Grundkräfte der Natur vereinheitlicht man in dieser Theorie auf eine Art und Weise, die ausschließlich durch die logische Forderung nach innerer Konsistenz bestimmt ist. Diese Entwicklung hat die Beziehungen zwischen Mathematik und Physik außerordentlich belebt. Viele Entwicklungen der modernen Mathematik tragen zum Verständnis der String-Theorien bei; andererseits werfen diese Theorien neue mathematische Fragen auf.

In Superstring-Theorien sind die üblichen physikalischen Gesetze Näherungen im Rahmen einer viel umfassenderen Theorie, welche die Strukturen bei unvorstellbar kleinen Abständen beschreibt. Die von der Theorie geforderten Strings sind etwa 10^{-35} Meter lang – das ist 10^{20}mal kleiner als der Durchmesser des Protons (Bild 1). Die Unterschiede zwischen den Superstring-Theorien und anderen konventionelleren Theorien bei diesen kleinen Abständen sind wesentlich für die Konsistenz und Vorhersagekraft der Theorie.

Zum Beispiel ist es in der normalen Feldtheorie mit punktförmigen Quanten möglich, ein einheitliches Bild der starken, schwachen und elektromagnetischen Kräfte zu erhalten, wenn man von der Gravitation absieht. Dieses einheitliche Bild ist das Ergebnis einer Symmetrie, die in die Theorie eingebaut ist. Es gibt nun viele mögliche Symmetrien – allerdings keinen Grund, eine Symmetrie der anderen vorzuziehen. Im Gegensatz dazu kann in Superstring-Theorien die Gravitation nicht ausgeklammert werden. Die zur Berücksichtigung der Gravitation erforderliche Symmetrie ergibt auf ganz natürliche Weise eine Vorhersage derjenigen Symmetrie, welche die anderen drei Kräfte vereinheitlicht.

Da man von einer Quantentheorie der Gravitation schon immer eine Revision unseres Raum-Zeit-Begriffs erwartet hat, ist es sinnvoll aufzuzeigen, wie die Superstring-Theorie unsere Vorstellungen von der Geometrie des Universums verändern könnte. Strenggenommen ist es nicht richtig, die Strings als unabhängige Teilchen zu betrachten, die sich in einem festen Raum bewegen. In der Einsteinschen Gravitationstheorie, die in der Superstring-Theorie zumindest näherungsweise enthalten sein muß, sind Raum und Zeit zu einem vierdimensionalen Kontinuum vereint, das man als Raumzeit bezeichnet. Die Schwerkraft ist durch die Krümmung der Raumzeit bestimmt. Diese Krümmung ist das vierdimensionale Analogon der Krümmung einer zweidimensionalen Oberfläche, etwa einer Kugeloberfläche. Ein Teilchen bewegt sich durch die gekrümmte Raumzeit auf einer Geodäte, dem kürzesten Weg. Auf der Kugel ist der kürzeste Weg zwischen zwei Punkten das Großkreissegment durch diese Punkte. Das Teilchen übt nun seinerseits einen Einfluß auf die Raumzeit aus. Es verursacht Gravitationswellen – sie können die Geodäte stören, längs der das Teilchen sich bewegt. Die Gleichungen der Allgemeinen Relativitätstheorie legen nicht nur die Bahnen der Teilchen fest, sondern auch die Struktur der Raumzeit, in der sie sich bewegen.

In der Superstring-Theorie ist die Gravitation in einer auf neun räumliche Dimensionen und die Zeit erweiterten zehndimensionalen Welt definiert. Auch hier erfolgt die Bewegung längs Geodäten; diese sind nun jedoch Flächen kleinsten Flächeninhalts in diesem zehndimensionalen Raum. Von diesen zehn Dimensionen müssen offensichtlich sechs unbeobachtbar sein, so daß nur die üblichen vier Dimensionen der Raumzeit erfahrbar sind. Die sechs zusätzlichen Dimensionen müssen gleichsam so aufgewickelt sein, daß sich die entsprechenden Strukturen nicht beobachten lassen, weil sie zu klein sind.

Das Konzept unsichtbarer Dimensionen kann man sich leicht an einem einfachen zweidimensionalen Analogon klarmachen: Ein Schlauch ist eine zweidimensionale Fläche, die aber eindimensional erscheint, wenn man sie in einem so groben Maßstab betrachtet, daß die Dicke des Schlauchs nicht mehr

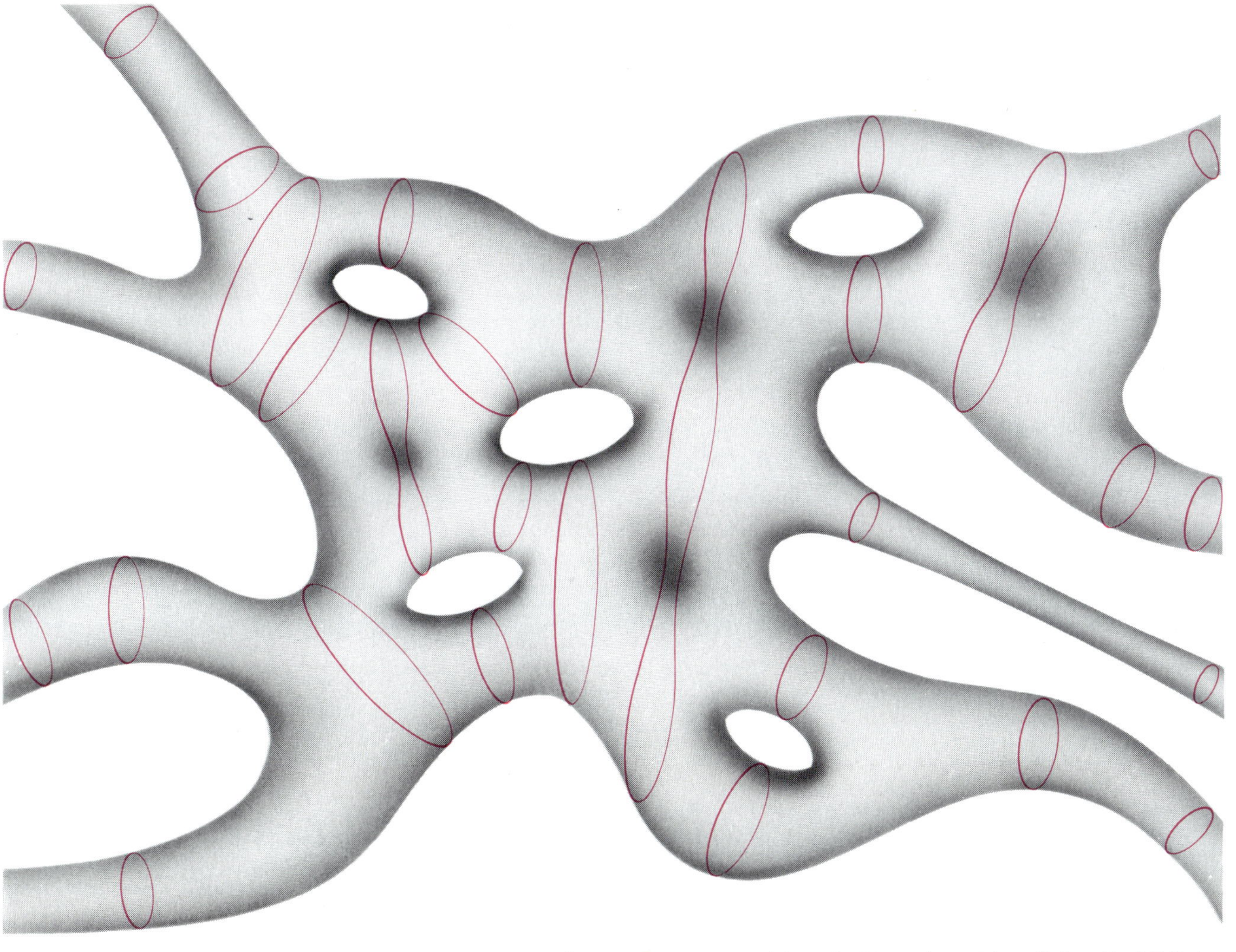

Bild 1: Als Weltfläche bezeichnet man die Fläche, die ein string-artiges Teilchen überstreicht, das sich in der Raumzeit bewegt und dabei wechselwirkt. Wie eine gewöhnliche Saite ist ein stringartiges Teilchen ein eindimensionales Gebilde. In der Superstring-Theorie sind diese Strings äußerst klein und bewegen sich durch eine zehndimensionale Raumzeit. In dieser Figur ist in horizontaler Richtung die Zeit aufgetragen; geschlossene Strings (Schleifen) kommen von links und laufen nach rechts. Ihre Weltflächen sind unregelmäßig geformte Zylinder; sie sind also einem Zylinder topologisch äquivalent. Die entsprechenden Diagramme für die Wechselwirkung offener Strings sehen etwas komplizierter aus, da die Weltflächen offener Strings Ränder besitzen, die durch die Weltlinien der beiden Saitenenden bestimmt sind. Wenn zwei Strings zusammenstoßen, vereinigen sie sich zu einem dritten String: Zwei Zylinder vereinigen sich zu einem dritten. Wenn Strings aufspalten und sich anschließend wieder vereinigen, entsteht ein Loch in der Weltfläche. Für quantenmechanische Rechnungen muß man zwischen einem vorgegebenen Anfangszustand und einem vorgegebenen Endzustand alle möglichen Aufspaltungen und Vereinigungen von Strings berücksichtigen. Die Topologie der Weltfläche, die eine solche Wechselwirkung beschreibt, ähnelt einem Torus mit einer beliebigen Anzahl von Löchern. Die Eigenschaften der Superstring-Theorie, die mit solchen Weltflächen verknüpft sind, werden zur Zeit genau untersucht. Sie hängen eng mit einigen wichtigen Forschungsgebieten der modernen Mathematik zusammen und haben diesen Gebieten wichtige Anstöße gegeben.

wahrnehmbar ist. In der Superstring-Theorie haben die sechs aufgewickelten Dimensionen vermutlich die gleiche Größe wie der String. Die Welt scheint deshalb nur drei räumliche Dimensionen zu haben – ganz analog verhält sich der (an und für sich ausgedehnte) String wie ein Punktteilchen.

Die neuen geometrischen Vorstellungen sind nicht darauf beschränkt, der gewöhnlichen Raumzeit sechs räumliche Dimensionen hinzuzufügen. In der üblichen Allgemeinen Relativitätstheorie ist in jedem Punkt der Raumzeit ein Gravitationsfeld definiert. Die Äquivalenz von Wellen und Teilchen in der Quantenmechanik bedeutet, daß eine Gravitationswelle – eine Störung im Gravitationsfeld – einem Teilchen entspricht, das man als Graviton bezeichnet. In ähnlicher Weise sollte es in der String-Theorie ein Feld geben, das von der String-Konfiguration abhängt; man bezeichnet dieses Feld als Stringfeld. Nun ist die Zahl der möglichen String-Konfigurationen weit größer als die Anzahl der Punkte im Raum. Ein Stringfeld ist also mit einer neuen Art von Geometrie mit einem enorm erweiterten Raumbegriff verknüpft, der durch alle möglichen String-Konfigurationen definiert ist. Ein string-artiges Teilchen müßte man sich dann als eine wellenartige Störung in diesem riesigen Raum vorstellen, so wie das Graviton eine Welle im normalen Raum ist.

Die historische Entwicklung der Theorie

Historisch geht die Superstring-Theorie auf ein theoretisches Konzept zurück, das man als duales Resonanz-Modell bezeichnet. Man hat es in den späten sechziger Jahren entwickelt, um gewisse Eigenschaften der Hadronen – der stark wechselwirkenden Teilchen – zu erklären (siehe „Dual-Resonance Models of Elementary Particles“ von John H. Schwarz in Scientific American, Februar 1975). Obwohl es damals eine außerordentlich erfolgreiche Quantenfeldtheorie des Elektromagnetismus gab, verbreitete sich unter den Theoretikern eine gewisse Skepsis gegenüber dem allgemeinen Ansatz dieser Theorie: Sie schien nicht das Verhalten stark wechselwirkender Hadronen mit großem Spin (Eigendrehimpuls) erklären zu können.

In diesem Zusammenhang erriet Gabriele Veneziano (jetzt am CERN, dem europäischen Laboratorium für Teilchenphysik) eine in keiner Weise quantenfeldtheoretisch begründete Formel, die viele Züge der hadronischen Wechselwirkungen beschreibt. Kurze Zeit danach zeigten Yoichiro Nambu von der Universität Chicago, der verstorbene T. Goto, Holger B. Nielsen vom Niels-Bohr-Institut in Kopenhagen und Leonard Susskind von der Universität Stanford, daß das Veneziano-Modell gleichbedeutend mit der Beschreibung der Hadronen als Strings ist. Dabei nahm man an, daß die Normalschwingungen dieser Strings den beobachteten Hadronen entsprechen. Die Strings sollten die Quarks (aus denen das Proton, das Neutron und die anderen Hadronen bestehen) aneinander binden.

Das ursprüngliche duale Resonanz-Modell konnte nur Teilchen mit ganzzahligem Spin wie beispielsweise das Pion erklären. Solche Teilchen bezeichnet man als Bosonen. Zwischen ihnen und den Teilchen mit halbzahligem Spin, den sogenannten Fermionen wie Elektron und Proton, besteht in der Quantenmechanik ein großer Unterschied. Im Jahre 1971 entwickelten Pierre M. Ramond von der Universität von Florida in Gainsville, André Neveu von der Ecole Normale Supérieure in Paris und John H. Schwarz vom California Institute of Technology in Pasadena eine Variante der ursprünglichen

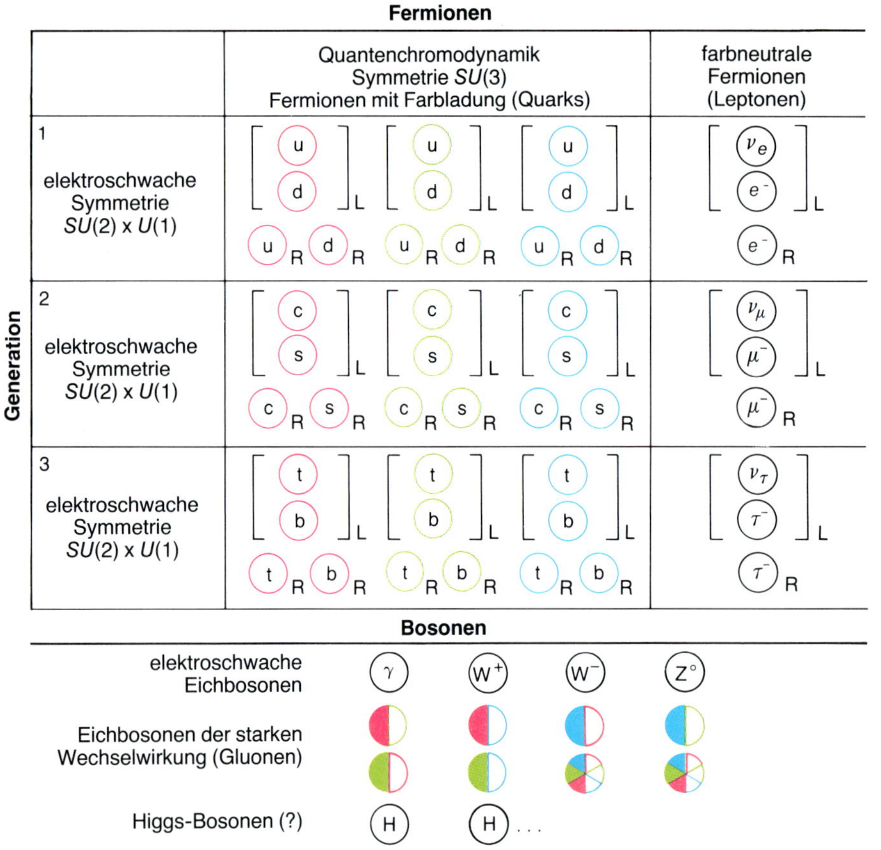

Bild 2: Das Standardmodell der Elementarteilchen kombiniert die Quantenchromodynamik (QCD), die Theorie der Farbwechselwirkung (starken Wechselwirkung), mit der elektroschwachen Theorie. In der Superstring-Theorie faßt man alle Teilchen als Schwingungen eines Strings auf. Die Fermionen sind in der Tabelle in drei Generationen unterteilt. In dieser Unterteilung spiegelt sich die Symmetrie der zugrundeliegenden Theorie in ganz ähnlicher Weise wider, wie sich in den Gruppen des periodischen Systems der Elemente die Symmetrie der Atomphysik widerspiegelt. Zu den Fermionen gehören die Quarks mit einer von drei möglichen Farben entsprechend der Symmetriegruppe der QCD, der *SU*(3), und die Leptonen, die keine Farbladung tragen. Die Farbladungen sind hier willkürlich als rot, grün und blau dargestellt. Quarks besitzen außerdem elektroschwachen „Flavor“, der mit der Symmetriegruppe $SU(2) \times U(1)$ zusammenhängt. Die sechs bekannten Flavors bezeichnet man mit *u* (*up*), *d* (*down*), *s* (*strange*), *c* (*charm*), *b* (*bottom*), und *t* (*top*). Leptonen haben nur elektroschwache Wechselwirkung. Zu den Leptonen gehören das Elektron-Neutrino (ν_e), das Elektron (e^-), das My-Neutrino (ν_μ), das Myon (μ^-), das Tau-Neutrino (ν_τ) und das Tau (τ^-). Zu den Eichbosonen gehören das Photon (γ) und die drei massiven Teilchen W^+, W^- und Z^0. Die acht starken Eichbosonen, die Gluonen, tragen Farb- und Antifarbladungen, wobei die erstere in der Abbildung durch die Farbe der Kreissegmente, letztere durch die Farbe der Ränder dieser Segmente dargestellt ist. Außerdem kann es noch Higgs-Bosonen geben, die für das Zustandekommen der Masse der massiven Teilchen sorgen. Die Indices L und R (für links und rechts) bezeichnen die Händigkeit. Jedes Teilchen außer den Neutrinos kann beide Händigkeiten haben. Die Links-Rechts-Asymmetrie, die sich am stärksten in der Abwesenheit rechtshändiger Neutrinos bemerkbar macht, ist ein Hinweis darauf, daß die schwache Wechselwirkung die Teilchen nach ihrer Händigkeit unterscheidet.

Theorie mit Fermionen. Man bezeichnet dieses Modell als Spinning-String-Theorie; es ist der Vorläufer der Supersymmetrie-Theorien.

Unglücklicherweise stellte sich heraus, daß beide frühen String-Theorien Züge aufwiesen, die man damals als ernstzunehmende Defekte empfand: Das quantenmechanische Verhalten der ursprünglichen String-Theorie für Bosonen war nur in einer 26-dimensionalen Raumzeit korrekt – die Spinning-String-Theorie und auch die aktuellen Superstring-Theorien kommen dagegen mit zehn Dimensionen aus. In beiden Theorien waren außerdem die Zustände niedrigster Energie Tachyonen: hypothetische Teilchen, die sich mit Überlichtgeschwindigkeit bewegen. Eine relativistische Quantentheorie mit Tachyonen ist jedoch inkonsistent. Schließlich erforderten die Theorien masselose Spin-1- und Spin-2-Teilchen, denen keine experimentell beobachteten Hadronen entsprechen. Sie hatten vielmehr eher die Eigenschaften des Photons, des Gravitons und der sogenannten schwachen Eichbosonen, der Austauschteilchen der schwachen Wechselwirkung.

Der außergewöhnlich begabte Physiker Joël Scherk, der tragischerweise jung gestorben ist, und Schwarz vertraten zwar schon damals die Ansicht, daß es möglich sein müßte, die String-Theorie der Gravitation und der übrigen Kräfte zu re-interpretieren; die inneren Widersprüche einer derartigen Theorie schienen jedoch unüberwindbar.

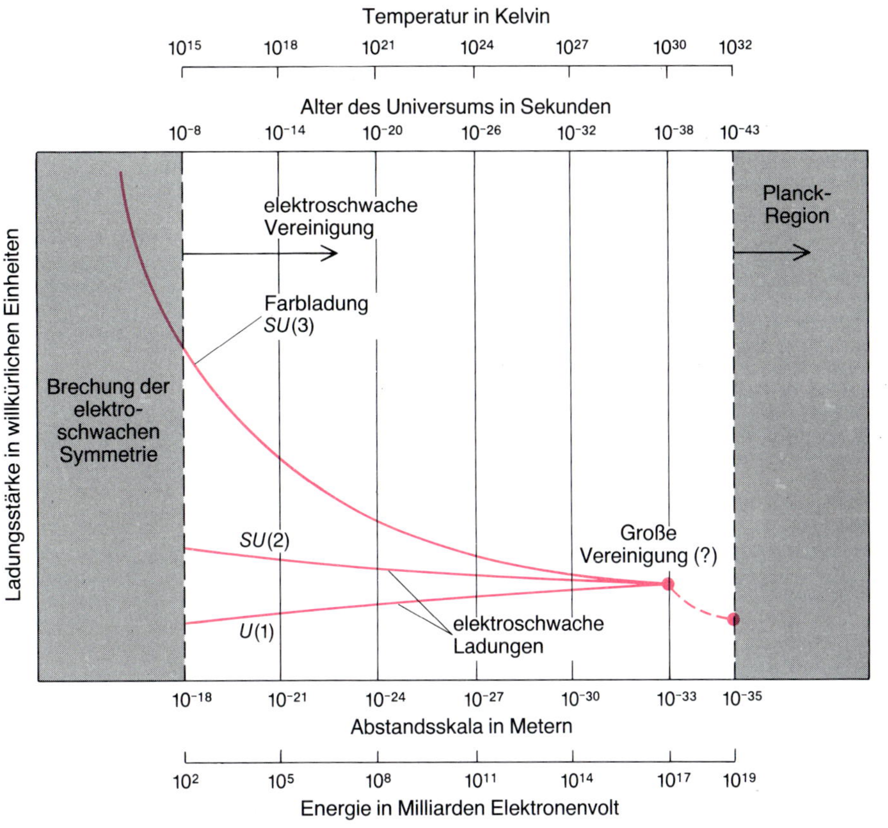

Bild 3: Die mit der elektroschwachen und starken Kraft verbundenen Ladungen hängen vom Abstand der Teilchen ab, die diese Ladungen tragen. In der Quantentheorie gibt es Energieschwankungen, denen ein See sogenannter virtueller Teilchen entspricht. Die virtuellen Teilchen sind geladen und können damit die Ladungen der realen Teilchen gegeneinander abschirmen. Dadurch kommt die Abstandsabhängigkeit der Ladungsstärke zustande. Man kann die Ladung statt als Funktion des Abstandes auch als Funktion der Energie, der Temperatur oder des Alters des Universums betrachten. Wenn man von den bei einer Energie von 100 GeV (100 Milliarden Elektronenvolt) gemessenen Werten der Ladungen zu höheren Energien extrapoliert, werden die drei Ladungen etwa bei 10^{17} GeV gleich. Dies ist ein Anzeichen dafür, daß bei dieser Energie eine „große vereinheitlichte" Symmetrie existiert, in der elektroschwache und starke Kräfte ununterscheidbar sind. Die Energie, bei der diese große Vereinheitlichung stattfindet, kann sehr wohl die Größenordnung der Planck-Energie (10^{19} GeV) haben. Bei höheren Energien darf man die Gravitation nicht vernachlässigen.

Neue Quantenfeldtheorien

In den frühen siebziger Jahren begann man sich wieder für die Quantenfeldtheorien mit punktförmigen Quanten zu interessieren. Noch vor zwanzig Jahren war die einzige erfolgreiche Quantenfeldtheorie die bereits erwähnte Quantenfeldtheorie des Elektromagnetismus, die Quantenelektrodynamik oder kurz QED. Aber schon einige Jahre später waren zwei weitere außerordentlich erfolgreiche Quantenfeldtheorien entstanden: die elektroschwache Theorie, die eine einheitliche Beschreibung von Elektromagnetismus und schwacher Wechselwirkung liefert, und die Quantenchromodynamik oder QCD, die Theorie der starken Wechselwirkung; sie beschreibt die Hadronen als Bindungszustände von Quarks. Diese neuen Entwicklungen in der theoretischen Physik sind durch aufsehenerregende Entdeckungen auf experimentellem Gebiet bestätigt worden.

In allen diesen Theorien spielt der Begriff der Symmetrie eine wichtige Rolle. Einer Symmetrie in den physikalischen Gesetzen entsprechen mathematische Transformationen, die eine sogenannte Gruppe bilden und unter denen die Gesetze invariant sind.

Zum Beispiel hängen die physikalischen Gesetze, die das Verhalten einer Apparatur beschreiben, nicht von der Orientierung dieser Apparatur im Raum ab. Man bezeichnet diese Gesetze dementsprechend als symmetrisch gegenüber Drehungen um jede der drei voneinander unabhängigen räumlichen Achsen. Die Menge dieser Drehungen bildet die sogenannte dreidimensionale Drehgruppe, die man als $O(3)$ bezeichnet. Da sich Drehungen durch kontinuierlich veränderliche Winkel charakterisieren lassen, ist die Drehgruppe eine kontinuierliche Gruppe.

Für jede kontinuierliche Symmetrie gibt es in der Physik eine entsprechende Erhaltungsgröße; beispielsweise folgt aus der Symmetrie unter räumlichen Drehungen die Erhaltung des Drehimpulses. Viele Symmetrien in der Elementarteilchenphysik haben nichts mit dem gewöhnlichen Raum zu tun; man muß sie sich vielmehr als Symmetrien in einem abstrakten sogenannten inneren Raum vorstellen. (In der Maxwellschen Theorie des Elektromagnetismus beispielsweise ist dieser innere Raum ein Kreis; die zugehörige Erhaltungsgröße ist die elektrische Ladung.)

Eichsymmetrien

Die ergiebigsten und interessantesten Feldtheorien sind diejenigen, die in jedem Raum- und Zeitpunkt voneinander unabhängige Symmetrietransformationen zulassen. Derartige Symmetrien bezeichnet man als Eichsymmetrien, die entsprechenden Theorien als Eichtheorien.

Das früheste und einfachste Beispiel einer Eichtheorie ist wieder die von dem schottischen Physiker James Clerk

Maxwell (1831 bis 1879) aufgestellte Theorie des Elektromagnetismus. Jedem Raum-Zeit-Punkt ist ein Kreis zugeordnet, und die Gesetze der Elektrodynamik sind invariant gegenüber voneinander unabhängigen Drehungen aller dieser unendlich vielen Kreise. Die Gruppe, die dieser Eichsymmetrie entspricht, bezeichnet man als $U(1)$.

In jeder Eichtheorie gibt es eine Anzahl von Eichteilchen. Sie übertragen die Kraft, die zwischen den geladenen Teilchen wirkt. In der Elektrodynamik ist das Eichteilchen ein masseloses Spin-1-Teilchen, das Photon. Auch allgemeinere Eichtheorien mit größerer innerer Symmetrie wie beispielsweise die elektroschwache Theorie und die QCD enthalten masselose Spin-1-Teilchen. Solche Theorien bezeichnet man als Yang-Mills-Theorien (nach Chen Ning Yang von der State University von New York in Stony Brook und Robert L. Mills von der Ohio State University). Die Kräfte in solchen Yang-Mills-Theorien sind nichtgravitativ; man bezeichnet sie als Yang-Mills-Kräfte. Auch die Einsteinsche Theorie der Gravitation ist letzten Endes eine Art Eichtheorie; aber der Spin des zugehörigen Eichteilchens, des Gravitons, ist 2.

Ein wichtiger Aspekt einer Symmetrie ist, daß sie gebrochen sein kann. Eine spontane Symmetriebrechung signalisiert eine Zustandsänderung eines Systems von Teilchen, die man als Phasenübergang bezeichnet.

Beispielsweise ist ein Stück Eisen bei hohen Temperaturen nicht magnetisiert, weil die magnetischen Momente der Atome ungeordnet in alle Richtungen zeigen. Da keine Richtung ausgezeichnet ist, ist dieses System rotationssymmetrisch. Kühlt man jedoch das Eisen ab, findet ein Phasenübergang statt: Die magnetischen Momente der Atome richten sich aus, und das Eisen wird in einer bestimten Richtung magnetisiert – die Rotationssymmetrie ist offenbar gebrochen.

Wohlgemerkt bleibt dabei die Rotationssymmetrie der Naturgesetze, die das Verhalten des Systems mikroskopisch beschreiben, erhalten. Das Erscheinen einer gebrochenen Symmetrie ist charakteristisch für Systeme, die – wie das Stück Eisen – aus einer großen Zahl von Teilchen bestehen.

In ähnlicher Weise benötigen viele Elementarteilchen-Theorien einschließlich der Superstring-Theorien große Eichsymmetrie-Gruppen, um verschiedene physikalische Phänomene einheit-

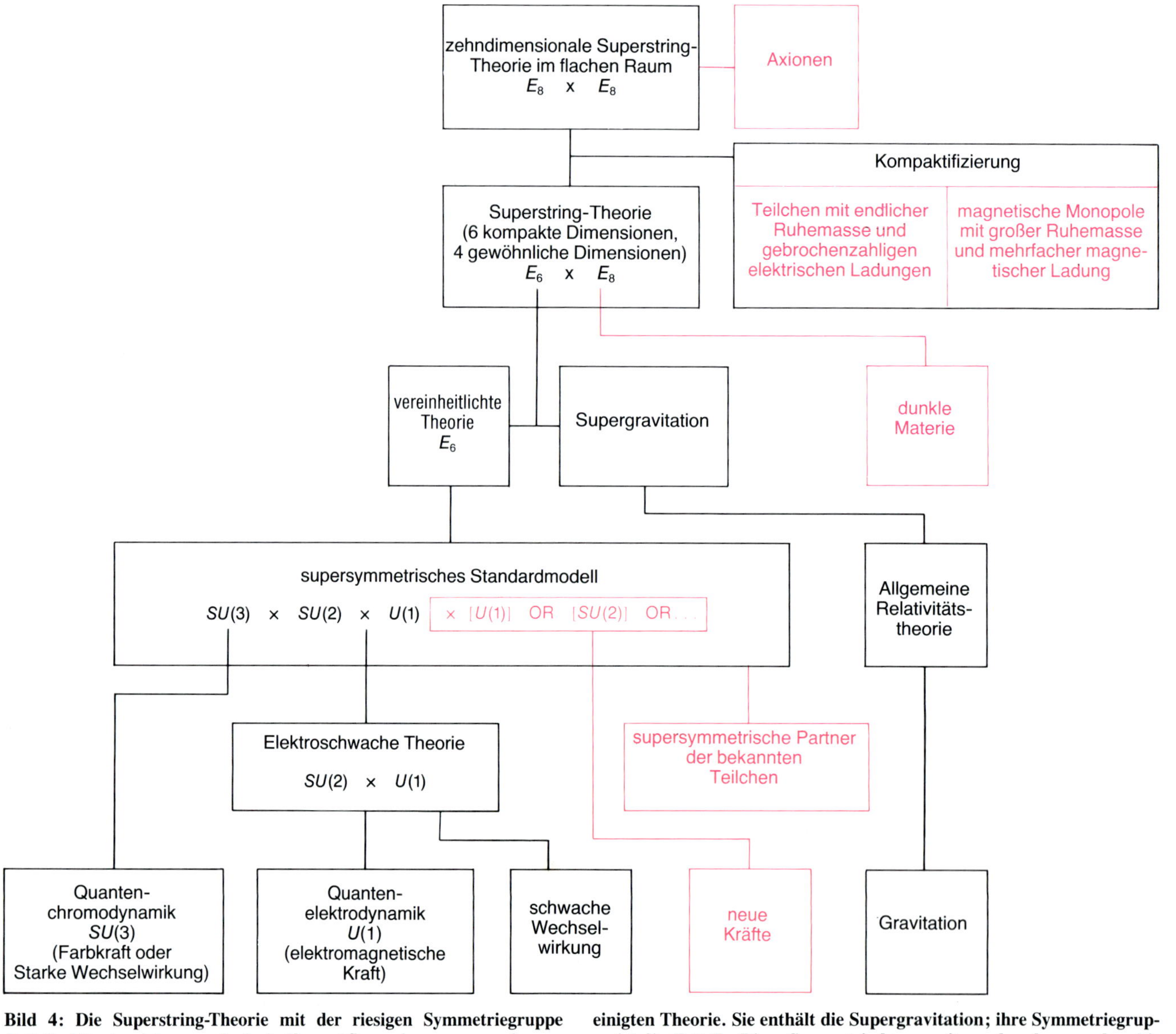

Bild 4: Die Superstring-Theorie mit der riesigen Symmetriegruppe $E_8 \times E_8$ könnte phänomenologisch überprüfbare Aussagen machen – die Art und Weise dieser Aussagen ist in diesem Diagramm angedeutet. Berücksichtigt man die Effekte der Krümmung der sechs aufgewickelten Dimensionen, ähnelt diese Theorie einer supersymmetrischen, vereinigten Theorie. Sie enthält die Supergravitation; ihre Symmetriegruppe ist die $E_6 \times E_8$. Diese Symmetrie kann weiter gebrochen werden, bis man zum Standardmodell der Elementarteilchen für die drei nichtgravitativen Kräfte gelangt. Neue Teilchen und Kräfte, welche die Theorie bei geeigneter Interpretation fordert, sind farbig gekennzeichnet.

lich erklären zu können. Normalerweise ist eine solche Symmetrie nur bei extrem hohen Temperaturen vorhanden. Bei den gewöhnlichen irdischen Temperaturen muß die Symmetrie gebrochen sein, wenn die Theorie mit der Erfahrung übereinstimmen soll.

Die elektroschwache Theorie ist beispielsweise eine vereinheitlichte Theorie der elektromagnetischen und schwachen Kräfte; die Eichsymmetrie dieser sogenannten elektroschwachen Kräfte beruht auf der Gruppe $SU(2) \times U(1)$. Diese Gruppe stellt eine Erweiterung der Eichgruppe $U(1)$ der Elektrodynamik dar. Bei gewöhnlichen Temperaturen beobachtet man jedoch zwei völlig verschiedene Kräfte, die elektromagnetische und die schwache Kraft. Die mit den vereinheitlichten elektroschwachen Kräften verbundene Symmetrie wird erst bei Temperaturen weit oberhalb von 10^{15} Kelvin sichtbar.

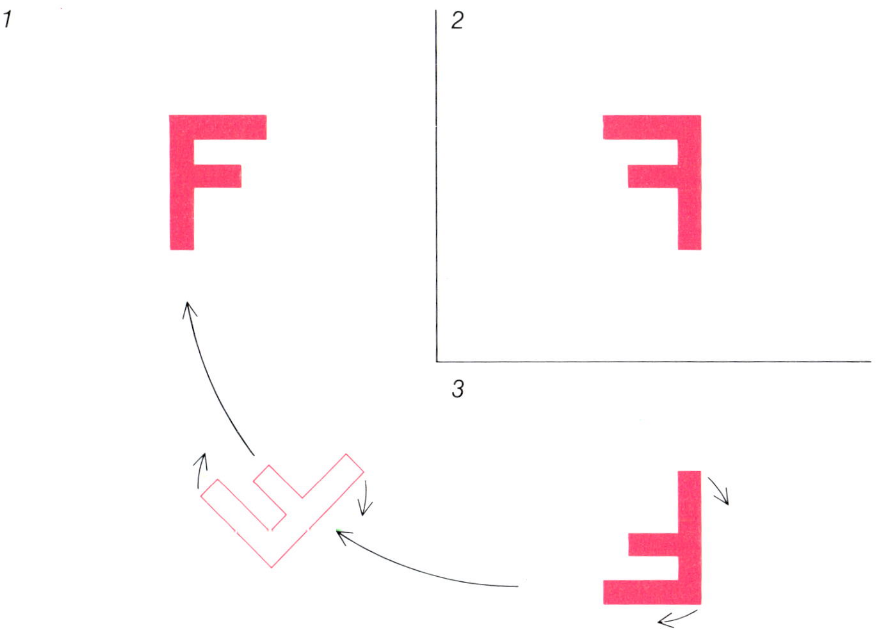

Bild 5: Chiralität oder Händigkeit ist in einem Raum mit gerader Anzahl räumlicher Dimensionen (in einer Raumzeit mit ungerader Anzahl von Dimensionen) nicht definiert. In einem zweidimensionalen Raum beispielsweise entsprechen zwei aufeinander folgende Spiegelungen des unsymmetrischen Buchstabens F an den beiden Koordinatenachsen einer Drehung.

Große Vereinheitlichung der Kräfte

Durch den Erfolg der Quantenfeldtheorien mit punktförmigen Teilchen bekam die Quantenfeldtheorie insgesamt neuen Auftrieb, und viele Physiker begannen, sich mit noch ehrgeizigeren Projekten einer großen Vereinheitlichung der Kräfte zu beschäftigen. Bei diesen Versuchen ging es fast ausnahmslos nicht um String-Theorien, sondern um den Einbau großer vereinheitlichter Symmetrien in Quantenfeldtheorien mit punktförmigen Teilchen. Die Symmetriegruppen, die man bei diesen Versuchen einer großen Vereinheitlichung aller Kräfte mit Ausnahme der Gravitation verwendete, bezeichnet man als $SU(5)$, $SO(10)$ oder E_6. Sie lassen sich in kleinere Symmetriegruppen zerlegen: die Gruppen $SU(3)$ der QCD und die Gruppe $SU(2) \times U(1)$ der elektroschwachen Theorie.

Die Temperaturen, bei denen große vereinheitlichte Symmetrien – und die Effekte der Quantengravitation – eine wichtige Rolle zu spielen beginnen, sind außerordentlich hoch: zwischen 10^{30} und 10^{32} Kelvin. Nach den gegenwärtigen Vorstellungen über die Anfänge des Universums herrschten derartig hohe Temperaturen nur zwischen 10^{-43} und 10^{-38} Sekunden nach dem Urknall. Obwohl dieser Zeitraum so extrem kurz ist, hat er einen großen Einfluß auf die weitere Entwicklung des Universums gehabt. So zeigt sich, daß die Physik des unendlich Kleinen der Schlüssel zum Verständnis von Ereignissen kosmischen Ausmaßes ist.

Viele dieser großen vereinheitlichten Theorien besaßen auch die Eigenschaft

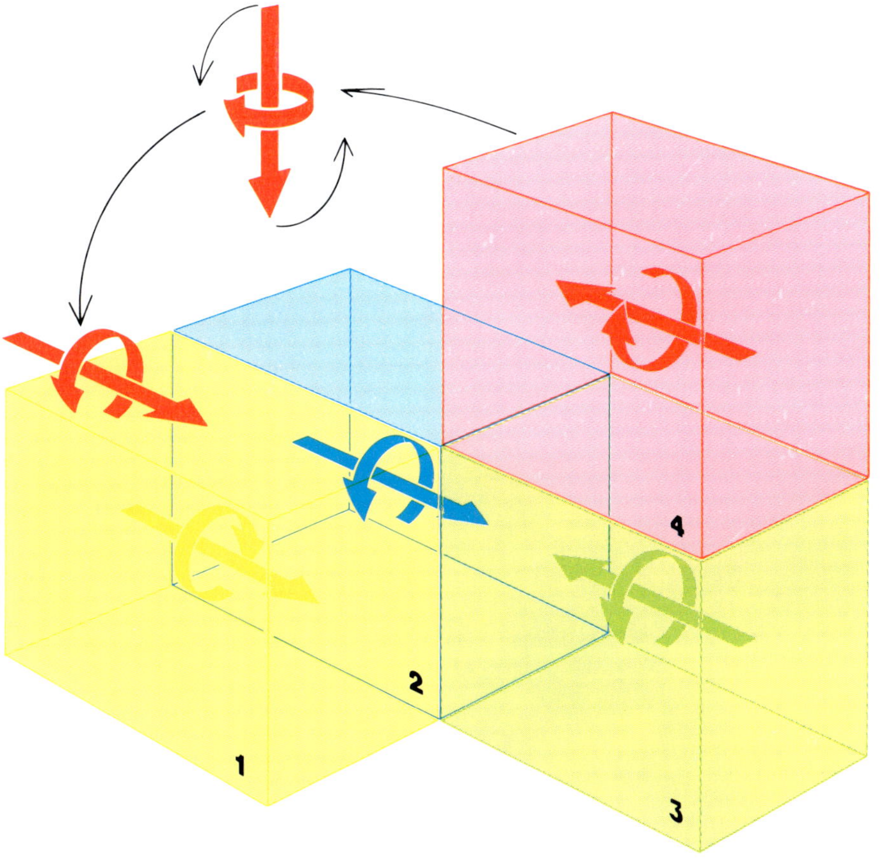

Bild 6: Durch Spiegelung an allen Koordinatenachsen in einem Raum ungerader Dimension (entsprechend einer Raumzeit mit einer geraden Anzahl von Dimensionen) lassen sich chirale Teilchen erkennen. Beispielsweise bewegt sich ein Neutrino (1) mit Lichtgeschwindigkeit und dreht sich linkshändig um seine Bewegungsrichtung. Sein Spiegelbild (4), das man nach Spiegelung an allen drei Achsen erhält, dreht sich rechtshändig. Es geht also nicht durch Drehung aus dem ursprünglichen Neutrino hervor. In der Natur gibt es nur das linkshändige Neutrino, die Naturgesetze sind also bezüglich der Chiralität unsymmetrisch.

der Supersymmetrie, die Bosonen und Fermionen ineinander transformiert und so Teilchen mit ganzzahligem und halbzahligem Spin vereinheitlicht. In einer supersymmetrischen Theorie ist die Anzahl von Bosonen und Fermionen einer bestimmten Masse gleich.

In jüngster Zeit hat man verschiedene Versuche unternommen, Albert Einsteins Gravitationstheorie mit der Supersymmetrie zu sogenannten Supergravitations-Theorien zu verbinden. Sie gehören zu einer neuen Klasse von Eichtheorien, bei denen man das Eichteilchen der Supersymmetrie als Gravitino bezeichnet; sein Spin ist $3/2$. Die zumindest eine Zeitlang populärste Supergravitations-Theorie ist für eine elfdimensionale Raumzeit formuliert worden: Sie enthält neben den vier gewöhnlichen Raum-Zeit-Dimensionen sieben zusätzliche räumliche Dimensionen.

Vom heutigen theoretischen Standpunkt aus betrachtet ist es kurios, daß eine der wichtigsten frühen Entdeckungen in der String-Theorie bei der Untersuchung von höherdimensionalen Supergravitations-Theorien gemacht wurde. Im Jahre 1976 äußerten Ferdinando Gliozzi von der Universität Turin, Scherk und David A. Olive vom Imperial College of Science and Technology in London die Vermutung, daß man die Spinning-String-Theorien supersymmetrisch erweitern könne. Niemand erkannte jedoch die weitreichenden Konsequenzen ihres Arguments, so daß die Arbeit an der String-Theorie praktisch zum Erliegen kam. Dieser Dornröschenschlaf dauerte bis 1980, als Schwarz und ich (unter Mitwirkung von Lars Brink von der Chalmers Technischen Hochschule in Gothenburg (bei Göteborg, Schweden)) damit begannen, die Eigenschaften von String-Theorien mit Raum-Zeit-Supersymmetrie zu untersuchen.

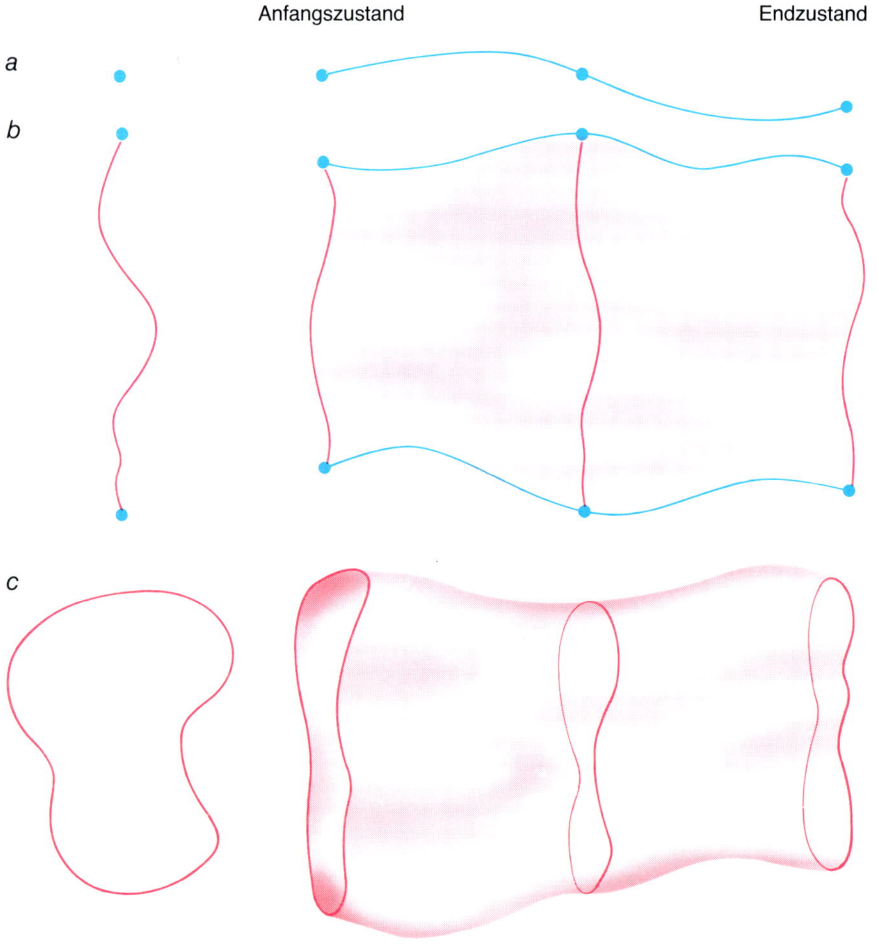

Bild 7: Das Prinzip der kleinsten Wirkung bestimmt die klassische, nicht-quantenmechanische Bahn eines Teilchens. Behandelt man die Zeit wie eine vierte räumliche Dimension, so ist die klassische Bahn der kürzeste Weg zwischen Anfangs- und Endpunkt (*a*). Ähnlich überstreicht ein String in der Raumzeit die Weltfläche kleinsten Flächeninhalts. Links sind die Querschnitte durch die Weltlinie beziehungsweise die Weltflächen dargestellt. Offene Strings tragen an ihren Enden Ladungen (blau), welche die Ränder der Weltfläche bestimmen (*b*). Geschlossene Strings sind Schleifen, haben daher keine Enden (*c*). Die Schwingungen eines Strings, der dem Prinzip der kleinsten Wirkung gehorcht, sind Überlagerungen von Grund- und Oberschwingungen. Deformationen der Weltfläche in die beiden zur Fläche tangentialen Richtungen ergeben keine neue Konfiguration der Weltfläche; nur solche Schwingungen, die senkrecht zur Fläche erfolgen, haben physikalische Bedeutung.

Vereinigung von Gravitation und Quantentheorie

Um verstehen zu können, warum die Lösung des lange anstehenden Problems der Vereinigung von Gravitation und Quantentheorie so schwierig ist, muß man die Konsequenzen der Heisenbergschen Unschärferelation für Abstände von weniger als 10^{-15} Meter betrachten. Dieses Prinzip besagt, daß die Unschärfe von Impuls oder Energie eines Teilchens um so größer ist, je genauer man die Lage des Teilchens im Raum bestimmt.

Die Unschärfe in der Energie äußert sich in Form von Schwankungen bei kleinen Abständen. Da Energie und Masse einander entsprechen, können aus diesen Schwankungen in der Energie sogenannte virtuelle Teilchen zusammen mit ihren Antiteilchen für kurze Zeit aus dem Vakuum entstehen, bevor sie sich dann gegenseitig wieder vernichten. Dieser See von virtuellen Teilchen kann ähnliche Vielteilcheneffekte hervorrufen, wie man sie von Substanzen kennt, die aus vielen Atomen bestehen (beispielsweise von einem Ferromagneten).

Wenn die räumliche Auflösung besser als 10^{-35} Meter ist, werden die Energieschwankungen so riesig, daß nach der Allgemeinen Relativitätstheorie virtuelle Schwarze Löcher entstehen. Die Energie dieser Schwankungen von etwa 10^{19} GeV (ein GeV – für Gigaelektronenvolt – ist eine Milliarde Elektronenvolt) bezeichnet man als Planck-Energie, den zugehörigen Abstand als Planck-Länge. Die Raumzeit muß also bei kleinen Abständen stark gekrümmt sein; sie ist gewissermaßen schaumig.

Diese Schlußfolgerung hat verheerende Konsequenzen für die üblichen Rechenmethoden der Quantenfeldtheorie – denn man muß die Vorstellung revidieren, die Raumzeit sei eine kontinuierliche Menge von Punkten. Bei allen Rechnungen dieser Art geht man von der Annahme aus, daß die Krümmung der Raumzeit klein sei. Kann man das nicht voraussetzen, so erhält man unsinnige unendliche Ergebnisse. Wahrscheinlich muß man also für kurze Abstände beziehungsweise hohe Energien entweder die Allgemeine Relativitätstheorie oder die Quantenmechanik (oder beide) revidieren.

Eine entsprechende Argumentationskette gilt nicht für Strings, da man in der Superstring-Theorie bereits die An-

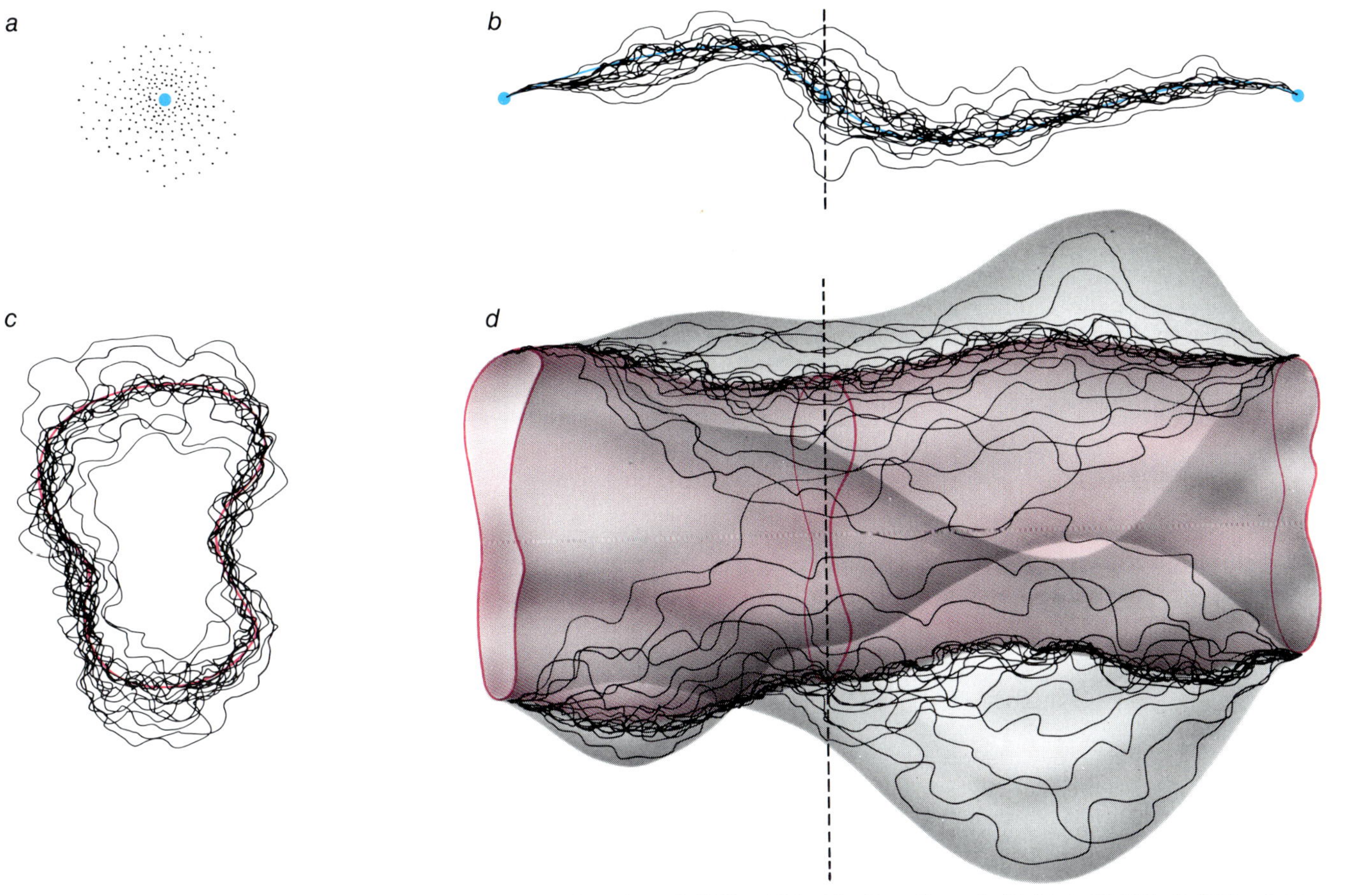

Bild 8: Die sogenannte Summation über alle Wege ist eine Möglichkeit, die Wahrscheinlichkeitsinterpretation der Bahn eines Teilchens in der Quantenmechanik zu berücksichtigen. Man stellt sich vor, daß ein Punktteilchen gleichzeitig alle möglichen Weltlinien in der Raumzeit durchläuft. Jedem dieser Wege ordnet man ein Gewicht (eine statistische Wahrscheinlichkeit) zu. Man erhält so eine Menge von Weltlinien, die um den klassischen Weg (farbig) herum gehäuft sind (*b*). Der durch die gestrichelte senkrechte Linie angedeutete Querschnitt durch die Menge dieser Weltlinien ist in *a* dargestellt. Die Dichte der Weltlinien in einem beliebigen Teilgebiet dieses Querschnitts ist ein Maß für die Wahrscheinlichkeit, das Teilchen zu dieser Zeit in diesem Gebiet zu finden. Ähnlich ergibt sich das quantenmechanische Verhalten eines Strings, indem man alle möglichen Weltflächen betrachtet, die eine vorgegebene Anfangs- mit einer ebenfalls vorgegebenen Endkonfiguration verbinden, und diese derart gewichtet, daß die Minimalfläche die wahrscheinlichste wird (*d*). Die Dichte der geschlossenen Schleifen in einem Teilgebiet des Zeitquerschnitts der Weltflächen (*c*) ist ein Maß für die Wahrscheinlichkeit, den String zur entsprechenden Zeit in diesem Gebiet anzutreffen.

nahmen der Allgemeinen Relativitätstheorie für kleine Abstände von Grund auf modifiziert. Wie bereits oben angedeutet, könnten die Superstring-Theorien eine grundlegende Revision der Allgemeinen Relativitätstheorie nötig machen: Die Vorstellung einer gekrümmten Raumzeit, die im Mittelpunkt der Einsteinschen Theorie steht, muß man möglicherweise auf den sehr viel komplexeren Raum der Stringkonfigurationen verallgemeinern. Im Augenblick begnügt man sich jedoch mit einem etwas einfacheren Modell, in dem sich die Strings als unabhängige Teilchen in einem festen Raum-Zeit-Untergrund bewegen. Selbst dann ergeben sich bei der quantenmechanischen Behandlung der Strings starke Einschränkungen für jede Superstring-Theorie der Gravitation in höheren Dimensionen.

Es gibt zwei Arten von Strings, offene und geschlossene. Offene Strings haben zwei Enden, an denen sich erhaltene Ladungen befinden – beispielsweise elektrische Ladungen, die mit den Yang-Mills-Kräften verknüpft sind. Zu den Teilchen, die den Schwingungszuständen der offenen Strings zugeordnet sind, gehören die masselosen Eichteilchen mit Spin 1, nicht jedoch das Graviton, das bisher nicht beobachtete Eichteilchen der Gravitation.

Stoßen zwei offene Strings zusammen, so können sie miteinander wechselwirken, und es kann durch die Verbindung zweier String-Enden ein einzelner dritter String entstehen. Dieser kann anschließend wieder in zwei Strings zerfallen. Die beiden Endpunkte eines offenen Strings können sich auch miteinander verbinden, so daß ein geschlossener String entsteht. Einer der Schwingungszustände eines geschlossenen Strings ist das masselose Graviton mit Spin 2.

In jeder Theorie mit offenen Strings gibt es demnach auch geschlossene Strings, und jede Theorie mit geschlossenen Strings ist ohne die Berücksichtigung der Gravitation inkonsistent. Wenn man also Yang-Mills-Kräfte, beispielsweise den Elektromagnetismus, im Rahmen einer String-Theorie behandelt, so müssen sie mit der Gravitation vereinheitlicht werden.

David J. Gross, Jeffrey A. Harvey, Emil J. Martinec und Ryan Rohm von der Universität Princeton haben eine Theorie aufgestellt, in der die Yang-Mills-Kräfte mit geschlossenen Strings verknüpft sind. Man bezeichnet eine solche Theorie als heterotische String-Theorie. Diese bisher vielversprechendste Superstring-Theorie ist recht seltsam gebaut: Die Yang-Mills-Ladungen sind über den ganzen heterotischen String verschmiert.

Auf jedem geschlossenen String können Wellen in beiden Richtungen laufen, aber auf einem heterotischen String gehören die im Uhrzeigersinn laufenden Wellen zu einer zehndimensionalen Superstring-Theorie, während die entgegen dem Uhrzeigersinn laufenden Wellen zur ursprünglichen 26-dimensionalen String-Theorie gehören. Die zusätzlichen 16 Dimensionen interpretiert man als innere Dimensionen, auf die sich die Symmetrien der Yang-Mills-Kräfte beziehen.

Bewegungen von Strings

Wenn sich ein String bewegt, überstreicht er in der Raumzeit eine zweidimensionale Fläche, die man als Weltfläche bezeichnet, genauso wie ein punktförmiges Teilchen eine Weltlinie beschreibt (Bilder 1 und 7). In der klassischen (nicht quantenmechanischen) Allgemeinen Relativitätstheorie bewegt sich ein Teilchen auf derjenigen Weltlinie, welche die sogenannte Wirkung des Teilchens minimiert – darunter versteht man die Energie des Teilchens bei seiner Bewegung durch die Zeit. Die Wirkung ist proportional zur Länge der Weltlinie; die Bahn der kleinsten Wirkung ist demnach eine Geodäte, die kürzeste Verbindung zweier Punkte in der Raumzeit.

Entsprechend läßt sich die Bewegung eines Strings beschreiben. In klassischer Näherung bewegt sich der String so, daß die Wirkung minimal wird. Sie ist proportional zur Fläche, die der String überstreicht; die Weltfläche ist also eine Minimalfläche. Betrachtet man die Zeit als räumliche Dimension, so kann man sich die von einem geschlossenen String überstrichene Weltfläche als eine Art Seifenfilm vorstellen, der Anfangs- und Endkonfiguration des Strings in der Raumzeit verbindet.

In der Bedingung, daß die Weltfläche eines Strings eine Minimalfläche ist, steckt eine enorme Symmetrie. Eine Fläche ist ein geometrischer Begriff und daher unabhängig von der Wahl der Flächenparameter. Man bezeichnet diese Unabhängigkeit der Geometrie der Weltfläche von der Wahl der Koordination als Reparametrisierungsinvarianz.

Wegen dieser Symmetrie haben Verformungen der Weltfläche in tangentialer Richtung keine physikalische Bedeutung, sondern nur transversale Schwingungen. Bewegt sich also ein String in einer d-dimensionalen Welt, so haben die beiden tangentialen Schwingungsrichtungen keine physikalische Bedeutung, sondern nur die transversalen Schwingungen in den restlichen $(d-2)$ Dimensionen.

Eine analoge Einschränkung für die Schwingungsmoden des elektromagnetischen Feldes (des Photonenfeldes) ist ein Kernstück der Maxwell-Theorie. Elektromagnetische Schwingungen in Zeitrichtung haben keine physikalische Bedeutung; in longitudinaler Richtung (also in jener, in der sich die Welle mit Lichtgeschwindigkeit bewegt) sind sie nicht möglich. Die Eichinvarianz der Elektrodynamik garantiert, daß solche unphysikalischen Schwingungen in der theoretischen Beschreibung erst gar nicht erscheinen.

In einer String-Theorie sollte man jedoch in dieser Hinsicht unüberwindliche Schwierigkeiten erwarten; denn ein String besteht aus einer unendlichen Anzahl von Punkten. Jeder einzelne Punkt schwingt, so daß die mögliche Anzahl von nichtphysikalischen Schwingungen bei einem String unendlich viel größer ist als bei einem punktförmigen Teilchen wie dem Photon. Die bereits erwähnte Reparametrisierungsinvarianz garantiert aber, daß es keine derartigen unphysikalischen Schwingungen gibt. Diese Invarianz stellt auch eine starke Einschränkung für mögliche String-Theorien dar. Aus diesem Grunde ist die Superstring-Theorie so außerordentlich elegant.

Quantentheorie und Strings

Bisher habe ich den String als klassisches Teilchen behandelt. In der Quantenmechanik ist die Bahn eines Teilchens nicht genau definiert. Wenn sich ein Teilchen von einem vorgegebenen Anfangspunkt durch den Raum zu einem vorgegebenen Endpunkt bewegt, versucht es gewissermaßen, alle Wege einzuschlagen, welche diese beiden Punkte verbinden. Dabei sind jedoch Wege mit kleinerer Wirkung (durch eine geeignete Gewichtung der Wahrscheinlichkeit) die wahrscheinlicheren – der klassische Weg kleinster Wirkung ist der wahrscheinlichste. Diese Beschreibung des quantenmechanischen Verhaltens eines Teilchens bezeichnet man als Summation über alle Wege. Richard P. Feynman vom California Institute of Technology in Pasadena hat die Methode entwickelt; vor allem Stanley Mandelstam von der Universität von Kalifornien in Berkeley sowie Alexander M. Polyakov vom Landau-Institut für theoretische Physik bei Moskau haben sie auf String-Theorien übertragen.

In der Superstring-Theorie entspricht der Summation über alle Wege die Summation über alle möglichen Flächen, welche die vorgegebenen Anfangs- und Endkonfigurationen eines Strings oder mehrerer wechselwirkender Strings verbinden (Bild 8). Die verschiedenen Wege kann man sich als Fluktuationen der Weltfläche vorstellen, vergleichbar mit den zufälligen Dickeschwankungen eines in allen Farben schillernden Seifenfilms bei einer

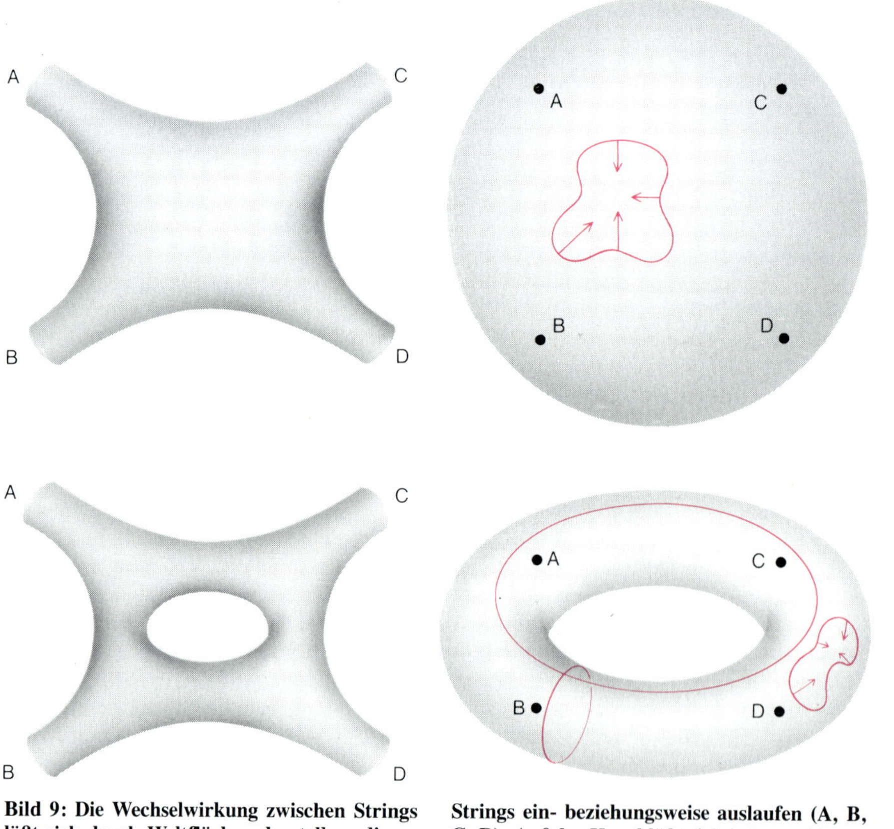

Bild 9: Die Wechselwirkung zwischen Strings läßt sich durch Weltflächen darstellen, die zu einer Kugel oder einem Torus mit beliebig vielen Löchern topologisch äquivalent sind. Diese Flächen sind stetig außer an den Stellen, wo Strings ein- beziehungsweise auslaufen (A, B, C, D). Auf der Kugel läßt sich jede geschlossene Kurve auf einen Punkt zusammenziehen. Auf dem Torus gibt es dagegen zwei Arten geschlossener Kurven, für die das nicht gilt.

gegebenen Temperatur oberhalb des absoluten Nullpunkts.

Eine wichtige quantenmechanische Einschränkung für String-Theorien haben 1972 Richard Brower von der Universität Boston, Peter Goddard von der Universität Cambridge und Charles B. Thorn von der Universität Florida in Gainesville angegeben: Die Forderung nach Reparametrisierungsinvarianz der Weltfläche eines freien Strings mit Quantenfluktuationen legt die Anzahl von Dimensionen des Raum-Zeit-Hintergrundes fest, in dem sich der String bewegt. Erinnern wir uns daran, daß die ursprüngliche duale Resonanz-Theorie in einer 26-dimensionalen Raumzeit formuliert worden war. In der Superstring-Theorie benötigt man zehn Dimensionen – das stand bereits ein Jahr zuvor in einer Arbeit von Claud W. V. Lovelace von der Rutgers-Universität in New Brunswick (New Jersey). Diese Einschränkung ist ein deutliches Beispiel dafür, wie sich aus dem Weltflächenbild eine interessante und weitgehend festgelegte Struktur des Raumes ergibt, in dem der String sich bewegt.

Die Schwingungsfrequenzen eines Superstrings sind durch seine Spannung bestimmt, die man in Einheiten von Energie pro Länge mißt oder – bei Verwendung von natürlichen Einheiten – in Masse zum Quadrat. Da die Theorie die Gravitation beschreiben soll, muß die Spannung des Strings etwas mit der Planck-Masse zu tun haben, dem einzigen dimensionsbehafteten Parameter in der Gravitationstheorie. Die Stringspannung muß demnach von der Größenordnung $(10^{19}\ \mathrm{GeV})^2$ sein – in gebräuchlichen Einheiten entspricht das einer Kraft von 10^{39} Tonnen. Die Frequenzen der Normalschwingungen des Strings sind daher durch riesige Lücken getrennt: Teilchen, die dem niedrigsten Schwingungszustand entsprechen, sind masselos; beim nächsthöheren Schwingungszustand aber haben sie ungefähr die Masse eines Staubkorns, was für ein Elementarteilchen sehr viel ist. Die Massen der höher angeregten Zustände wachsen über alle Grenzen (Bild 13).

Den masselosen Zuständen der Superstring-Theorie entsprechen nicht nur das Graviton, die Eichteilchen der anderen Kräfte (mit Spin 1) sowie die Spin-0- und Spin-½-Teilchen, sondern auch das Gravitino, das zur Supergravitation gehörige Eichteilchen (ein Spin-3/2-Teilchen). Für Energien unterhalb der Planck-Masse findet man also in Superstring-Theorien dieselben masselosen Teilchen wie in Supergravitations-Theorien.

Eine Quantentheorie für Strings unterscheidet sich auch noch in anderer Hinsicht von der Quantentheorie eines Punktteilchens. Betrachten wir noch einmal die Summe über alle Wege für einen einzelnen geschlossenen String: Sie erstreckt sich über alle möglichen zusammenhängenden Flächen, die durch Dehnen, Verdrehen oder auf andere Weise stetig in einen Zylinder deformierbar sind, ohne daß sie zerreißen. Man bezeichnet diese Flächen als topologisch äquivalent zu einem Zylinder. Unter ihnen sind auch Flächen mit langen Fortsätzen (Bild 12). Wählt man die Zeitkoordinate auf der Weltfläche in geeigneter Weise, so kann man diese Fortsätze als Vereinigung zweier geschlossener Strings zu einem neuen geschlossenen String interpretieren – oder als Zerfall des ursprünglichen geschlossenen Strings in zwei Strings, von denen einer der beiden im Vakuum verschwindet.

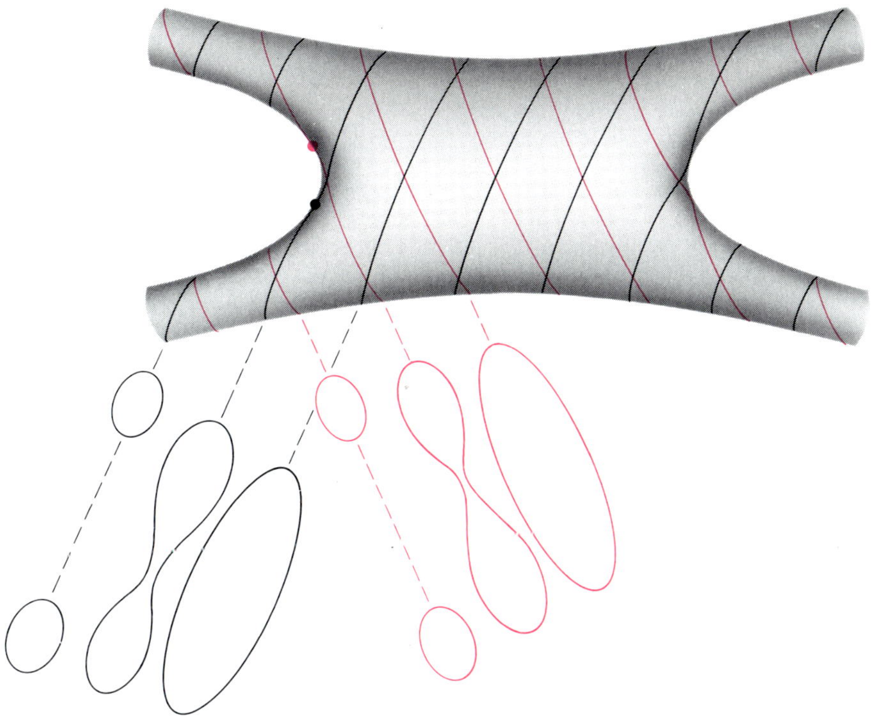

Bild 10: Der genaue Zeitpunkt, zu dem sich zwei Strings vereinigen, ist nicht objektiv definiert, da die Zeitkoordinate eines Punktes auf der Weltfläche vom Beobachter abhängt. Die farbigen Linien sind Linien gleicher Zeit für einen bestimmten Beobachter. Für ihn vereinigen sich die einlaufenden Strings am farbigen Punkt. Für einen anderen Beobachter sind die schwarzen Linien die Linien gleicher Zeit; für ihn vereinigen sich die Strings am schwarzen Punkt.

Auf diese Weise wechselwirkt der String automatisch mit dem Hintergrund-Raum, in dem er sich bewegt – obwohl eine solche Wechselwirkung bei der Summe über alle Wege ursprünglich gar nicht berücksichtigt ist. Im Gegensatz dazu gibt die Summe über alle Wege im Falle des punktförmigen Teilchens keinerlei Aufschluß über die Wechselwirkung des Teilchens mit dem Hintergrund-Raum. Wegen der besonderen Natur der Wechselwirkung eines Strings mit dem Hintergrund-Raum läßt sich sogar die Bewegung eines einzelnen Strings nur dann konsistent beschreiben, wenn die Krümmung des Hintergrund-Raumes stark eingeschränkt ist. Dieser Schluß findet sich erstmals in einer Arbeit von Daniel Friedan von der Universität Chicago aus dem Jahre 1979.

Um die Bedeutung dieser Entdeckung zu ermessen, muß man sich klarmachen, daß die zehn Dimensionen einer konsistenten Superstring-Theorie ursprünglich nicht als gekrümmt angenommen worden waren. Die Theorie war vielmehr unter der vereinfachenden Annahme formuliert worden, daß alle Dimensionen gleichberechtigt (also „flach") seien. In jeder physikalisch realistischen Superstring-Theorie müssen aber sechs räumliche Dimensionen stark gekrümmt sein. Soll die Summe über alle zeitlichen Entwicklungen der Weltfläche konsistent sein, müssen die sechs überzähligen Dimensionen in ganz bestimmter Weise aufgewickelt sein. Sie bilden eine Art Raum, den man als Calabi-Yau-Raum bezeichnet (nach Eugenio Calabi von der Universität von Pennsylvania in Philadelphia und Shing-Tung Yau von der Universität von Kalifornien in San Diego); sie können aber auch eine Verallgemeinerung eines solchen Raumes bilden, den man als Orbifold (ein Kunstwort aus *orbit*, Bahn, und *manifold*, Mannigfaltigkeit) bezeichnet (Bild 14). Diese Räume stellen einen vielversprechenden Rahmen für die Beschreibung der Physik in vier Dimensionen dar.

Chiralität

Das Interesse an den Superstring-Theorien beruht zum größten Teil auf ihrer vielfältigen Struktur, die sich aus der Forderung nach Konsistenz der Theorie ergibt. Soll die Theorie eine realistische quantentheoretische Beschreibung der Yang-Mills-Kräfte liefern, so gibt es noch eine zusätzliche empirische Einschränkung neben der Forderung, daß es nur vier sichtbare Dimensionen geben soll: Die Theorie muß die beobachtete Chiralität oder Händigkeit der schwachen Wechselwirkung erklären.

Die schwache Wechselwirkung verursacht radioaktive Zerfälle wie den Beta-Zerfall, der bei den Kernreaktionen in der Sonne eine wichtige Rolle spielt. Man bezeichnet die schwache Kraft als chiral (nach griechisch *cheir*, Hand), weil sie Prozesse auslöst, die gespiegelt in der Natur nicht vorkommen. Unglücklicherweise verletzt die quantenmechanische Version jeder chiralen Eichtheorie mit großer Wahrscheinlichkeit Erhaltungssätze wie beispielsweise die Erhaltung der elektrischen Ladung. Eine solche Verletzung bezeichnet man als chirale Anomalie. Sie zeigt an, daß die Eichinvarianz gebrochen und demnach die Theorie inkonsistent ist. Es ist sehr schwierig, eine chirale Theorie in vier Dimensionen ohne solche Anomalien aufzustellen; in zehn Dimensionen galt dies bis vor kurzem als unmöglich.

Chiralität läßt sich überhaupt nur in einem Raum mit einer ungeraden Anzahl von Dimensionen (entsprechend einer Raumzeit mit einer geraden Anzahl von Dimensionen) definieren (Bild 5). Für eine beliebige Anzahl von Dimensionen hängt die Chiralität davon ab, wie sich aufeinanderfolgende Spiegelungen bezüglich aller räumlicher Achsen auswirken. In einem Raum mit einer ungeraden Anzahl von Dimensionen ist die Zahl der Spiegelungen bezüglich aller räumlichen Achsen ungerade, so daß ein linkshändiges Objekt in ein rechtshändiges verwandelt wird. Für einen Raum mit gerader Anzahl von Dimensionen bleibt dagegen die Händigkeit jedes Gebildes bei Reflexion bezüglich aller räumlichen Achsen erhalten: Das reflektierte Objekt läßt sich in das ursprüngliche zurückdrehen (Bild 6). So kann man beispielsweise die bekannte elfdimensionale Supergravitationstheorie nicht chiral formulieren, weil der zugehörige Raum zehn räumliche Dimensionen (also eine gerade Dimensionszahl) hat. Dagegen kann die Superstring-Theorie mit neun räumlichen Dimensionen chiral sein.

Selbst wenn die höherdimensionale Theorie chiral ist, wird durch das Aufwickeln der überzähligen Dimensionen die Chiralität im allgemeinen zerstört. Man glaubt heute, daß sich die beobachtete Chiralität nur dann erklären läßt, wenn die höherdimensionale chirale Theorie von vornherein neben der Gravitation die Eichsymmetrie-Gruppe einer Yang-Mills-Kraft enthält. Diese Symmetriegruppe muß in der flachen zehndimensionalen Theorie vorhanden sein, bevor man die Möglichkeit ins Auge fassen kann, daß sich die überzähligen Dimensionen aufwickeln.

Symmetriegruppen

Im August 1984 konnten Schwarz und ich zur großen Überraschung vieler Physiker zeigen, daß man eine chirale Theorie ohne Anomalien in zehn Dimensionen formulieren kann – vorausgesetzt, die Symmetriegruppe der Yang-Mills-Kraft ist eine von zwei bestimmten Gruppen: entweder $SO(32)$, eine Verallgemeinerung der Raum-Zeit-Symmetrie auf 32 innere Dimensionen, oder $E_8 \times E_8$, das Produkt zweier als exzeptionell bezeichneter kontinuierlicher Gruppen, die der französische Mathematiker Elie Cartan entdeckt hat (Bild 4). Vor kurzem hat man eine dritte Gruppe gefunden, die ebenfalls eine anomaliefreie Theorie ergibt, die $O(16) \times O(16)$; sie ist eine Untergruppe der anderen beiden möglichen Gruppen. Die Forderung, daß eine Theorie unter Einschluß der Gravitation auf Quantenniveau konsistent sein müsse, legt also die Symmetriegruppe beinahe eindeutig fest. Dieses Ergebnis ist außerordentlich interessant; es erklärt die derzeitige Begeisterung für die Superstring-Theorie.

Die Quantenmechanik eines einzelnen Strings ist nur eine Näherung einer übergreifenden Theorie für die Wechselwirkung einer beliebigen Anzahl von Strings – eine solche Theorie gibt es jedoch noch nicht. Wechselwirkungen finden statt, wenn Strings sich vereinigen oder zerfallen. Die Wahrscheinlichkeit, daß eine gegebene Zahl von einlaufenden Strings in eine gegebene Zahl von auslaufenden Strings übergeht, ist durch eine unendliche Zahl sogenannter Feynman-Graphen bestimmt. Diese Graphen beschreiben alle möglichen Vereinigungen und Aufspaltungen

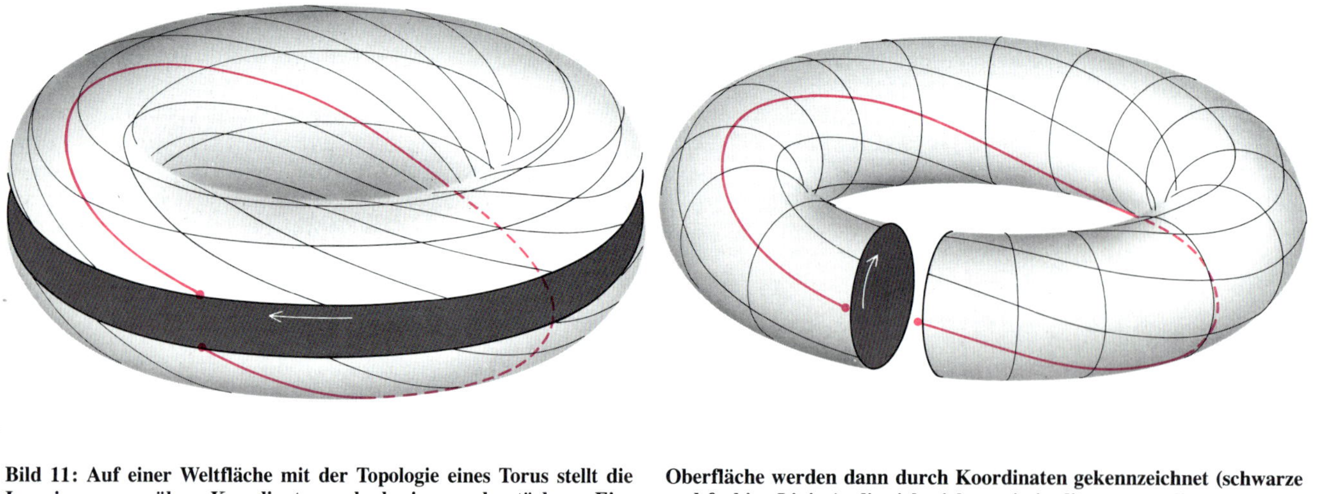

Bild 11: Auf einer Weltfläche mit der Topologie eines Torus stellt die Invarianz gegenüber Koordinatenwechsel eine noch stärkere Einschränkung dar als auf der Kugel. Einen Torus kann man in zwei Ebenen aufschneiden: senkrecht zur Torusachse wie eine Wurst (rechts) oder parallel dazu wie ein Yo-Yo (links) aufschneiden. Man kann die eine Seite des Schnitts um 360 Grad verdrehen und die Schnittflächen dann wieder zusammenkleben. Die Punkte auf der entstehenden Oberfläche werden dann durch Koordinaten gekennzeichnet (schwarze und farbige Linien), die sich nicht stetig in die ursprünglichen Koordinaten zurückverwandeln lassen. Die Forderung, daß die Superstring-Theorie gegen derartige Reparametrisierungen invariant ist, stellt an die Symmetriegruppen, die mit den nicht-gravitativen Kräften der Theorie zusammenhängen, stark einschränkende Bedingungen. Es kommen dafür nur die Gruppen $SO(32)$, $E_8 \times E_8$ oder $O(16) \times O(16)$ in Frage.

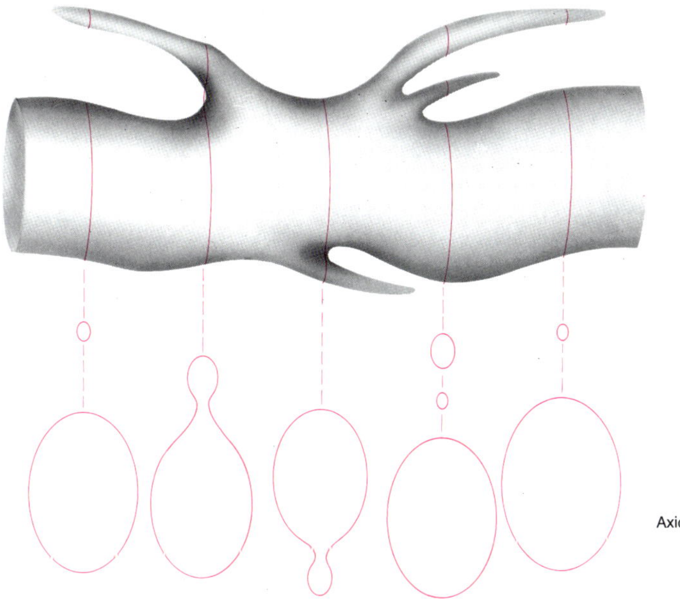

Bild 12: **Die quantenmechanische Diskussion einer Weltfläche schränkt den möglichen aufgewickelten Hintergrund-Raum, in dem sich der String bewegt, stark ein. Die Summe über alle Wege enthält Konfigurationen der Weltfläche, in denen Strings aus dem Vakuum entstehen (links) oder abspalten und im Vakuum verschwinden (rechts). Die Wechselwirkung der Strings mit dem Untergrund ergibt sich also bei der quantenmechanischen Behandlung der Strings ganz von selbst. Die einzigen Räume, von denen man weiß, daß sie mit diesen Effekten konsistent sind, sind die Calabi-Yau-Räume oder die damit verwandten Orbifolds.**

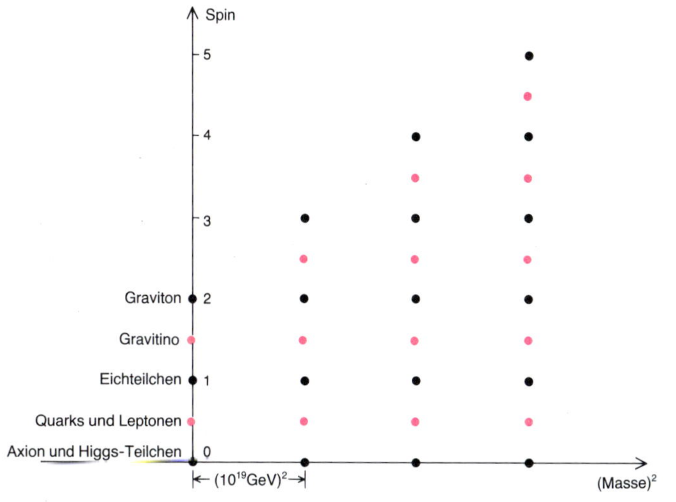

Bild 13: Die Abbildung zeigt das Spektrum der String-Zustände für die heterotische String-Theorie, in der die sechs überzähligen Dimensionen der Raumzeit aufgewickelt sind. Jeder schwarze Punkt stellt eine Familie von Bosonen, jeder farbige Punkt eine Familie von Fermionen dar. Alle String-Zustände, die bekannten Teilchen entsprechen, sind masselos. Es gibt unendlich viele massive Zustände, deren Massenquadrat ein ganzzahliges Vielfaches des Quadrats der Planck-Masse (10^{19} GeV) ist. Zählt man jede mögliche Spin-Einstellung des Strings als Zustand, so gibt es 8064 masselose Zustände und 18883584 Zustände nächsthöherer Masse.

der Weltflächen, wobei stets über alle Konfigurationen zu summieren ist.

Während Feynman-Graphen für punktförmige Teilchen vergleichsweise kompliziert sind, kommt man bei Strings mit recht einfachen Graphen aus. Betrachten wir beispielsweise die möglichen Graphen für zwei wechselwirkende geschlossene Strings. Die beiden Strings können sich zunächst zu einem String verbinden, der dann wieder in zwei Strings aufspaltet. Der Graph, der diesen Prozeß beschreibt, ist der Kugeloberfläche topologisch äquivalent (Bild 9). Beim nächsten Feynman-Graphen spaltet sich der String im Zwischenzustand in zwei Strings auf, die sich dann wieder vereinigen. Der zugehörige Graph ist topologisch äquivalent zu einem Torus, einem Gebilde von der Form eines Laugenkringels. Die Reihe der Graphen setzt sich fort, indem man einfach immer neue Löcher in den Torus macht: zwei Löcher, drei Löcher und so fort.

Die Forderung nach Invarianz unter Koordinatentransformationen auf dem Torus bringt neue starke Einschränkungen für die Superstring-Theorie mit sich. Wenn man den Torus auf eine der beiden möglichen Arten aufschneidet, verdreht und wieder zusammenklebt, ändert sich seine Topologie nicht; das verdrehte Koordinatensystem läßt sich jedoch nicht stetig in das ursprüngliche zurückdrehen, ohne daß man die Oberfläche noch einmal aufschneidet (Bild 11). Aus der Invarianz des Torus unter solchen Koordinatentransformationen ergibt sich in der heterotischen Superstring-Theorie eine wichtige Einschränkung: Ein heterotischer String kann sich durch eine flache zehndimensionale Raumzeit nur bewegen, wenn die Symmetrie der nichtgravitativen Kräfte in der Theorie entweder durch die Gruppe $E_8 \times E_8$, die Gruppe $Spin(32)/Z_2$ (eine Variante der $SO(32)$) oder die Gruppe $O(16) \times O(16)$ gegeben ist.

Die Einschränkung auf diese Gruppen ist verblüffend. Man erinnere sich, daß Schwarz und ich schon früher auf dieselben Gruppen gestoßen waren, indem wir gefordert hatten, daß in einer konsistenten zehndimensionalen chiralen Eichtheorie keine chiralen Anomalien vorhanden sein dürften. Die Einschränkung, aus der sich diese Gruppen in der heterotischen Theorie ergeben, ist mit interessanten mathematischen Eigenschaften gewisser 16-dimensionaler Punktgitter verknüpft. Mit solchen Gittern hat man es in den oben erwähnten 16 inneren Dimensionen zu tun.

Es gibt noch eine weitere und fast ebenso verblüffende Eigenschaft des Torusgraphen, die auf den tiefgreifenden Unterschied zwischen String-Theorien und Theorien mit punktförmigen Teilchen hinweist. Unter den vielen Einschleifen-Graphen für Punktteilchen, die den Torusgraphen für Strings entsprechen, gibt es solche, die bei der Summation über alle Wege divergieren (das Ergebnis ist unendlich). Der Grund für diese Divergenzen ist, daß bei Graphen für Punktteilchen bei der Summation über alle Wege zwei Wechselwirkungspunkte raumzeitlich beliebig eng (infinitesimal) benachbart sein können. Da man die Beiträge von unendlich vielen Wegen berücksichtigen muß, ergibt sich ein divergentes Resultat. Im Gegensatz dazu läßt sich in einem Feynman-Graphen für Strings kein einzelner Punkt als die Stelle identifizieren, wo zwei Strings sich vereinigen oder ein String zerfällt (Bild 10). Daher existiert mindestens bei Einschleifen-Graphen für String-Wechselwirkungen der Begriff des Wechselwirkungspunktes nicht. Die Summation über alle Wege ergibt für genau die Superstring-Theorie ein endliches Resultat, deren Yang-Mills-Kräfte mit den Gruppen $E_8 \times E_8$ oder $SO(32)$ verknüpft sind.

Test der Theorien

Unglücklicherweise ist es bei jeder Quantentheorie der Gravitation mit ihrer notwendigerweise sehr großen natürlichen Massenskala schwierig, überprüfbare und bei niedrigeren Energien beobachtbare Vorhersagen zu machen. Obwohl man beispielsweise die Superstring-Theorie ursprünglich für zehn flache Raum-Zeit-Dimensionen mit riesigen vereinheitlichenden Symmetrien formuliert hat, kann man die Krümmung der überzähligen sechs Dimensionen doch erst bei unvorstellbar kurzen Abständen vernachlässigen: Erst bei extrem hoher Energie oder Temperatur (und dementsprechend kurzen Abständen) kommt die volle Symmetrie der Theorie zum Vorschein. Man muß deshalb jeden Versuch, Aussagen der Theorie für niedrige Energien herzuleiten, als Spekulation betrachten, und es ist äußerst schwierig, konkrete Vorhersagen zu machen. Immerhin kann man sich heute schon eine plausible Vorstellung von den möglichen Aussagen der Superstring-Theorie über die in Teilchen-Beschleunigern beobachtbaren Phänomene machen.

Eine große Rolle spielen in der String-Theorie topologische Argumente. Auf diesem Gebiet hat Edward Witten in Princeton bahnbrechende Arbeit geleistet. Witten stellte fest, daß das Aufwickeln der überzähligen Dimensionen und die Symmetriebrechung Hand in Hand gehen: Es muß eine Beziehung bestehen zwischen der Krümmung der überzähligen Dimensionen und der Art und Weise, wie die riesige Yang-Mills-Symmetrie auf eine kleinere Symmetrie reduziert wird. In der flachen zehndimensionalen Raumzeit verschwinden die Erwartungswerte der Felder im Falle der Yang-Mills-Theorien mit $E_8 \times E_8$- oder $SO(32)$-Symmetrie. Witten konnte zeigen, daß die Erwartungswerte dieser Felder im gekrümmten Raum in den Dimensionen von Null verschieden sind, in denen die Raumkrümmung nicht verschwindet.

Ist der Erwartungswert für ein Feld ungleich Null, so ist dies ein Anzeichen für einen Übergang in eine Phase niedrigerer Symmetrie. Beispielsweise wird bei einem Ferromagneten die Magnetisierung von Null verschieden, wenn er in die magnetisierte Phase mit niedrigerer Symmetrie übergeht. Sind daher sechs Dimensionen der ursprünglich flachen Raumzeit stark gekrümmt, so werden die Yang-Mills-Kräfte der Theorie im zugehörigen gekrümmten Raum durch eine Untergruppe der $E_8 \times E_8$ oder $SO(32)$ vereinheitlicht. Das ist genau das erwünschte Ergebnis.

Bis jetzt ist noch nicht bewiesen, daß in der Superstring-Theorie die sechs räumlichen Dimensionen aufgewickelt sein müssen. Wie bereits erwähnt, soll jedoch die Theorie ihre große Symmetrie bei einer Reparametrisierung der Weltflächen behalten – und daraus folgt, daß die aufgewickelten Dimensionen einen Calabi-Yau-Raum oder einen Orbifold bilden müssen. Ausgehend von der Annahme, daß sechs Dimensionen in dieser Art aufgewickelt sind, haben Philip Candelas von der Universität von Texas in Austin, Gary T. Horowitz von der Universität von Kalifornien in Santa Barbara, Andrew E. Strominger vom Institute for Advanced Study in Princeton und Witten einen trickreichen Weg angegeben, wie man im Rahmen der Superstring-Theorie phänomenologische Aussagen für die zur Zeit experimentell erreichbaren Energien machen kann.

Candelas und seine Mitarbeiter setzen den Erwartungswert des elektrischen Feldes, das zur Gruppe $E_8 \times E_8$ gehört, gleich der (von Null verschiedenen) Krümmung des sechsdimensionalen Raumes. Aufgrund bestimmter Eigenschaften der Calabi-Yau-Räume (oder der entsprechenden Orbifolds) wird die Symmetrie auf ganz bestimmte Weise auf die Gruppe $E_6 \times E_8$ reduziert, so daß die Supersymmetrie erhalten bleibt. Es ist beruhigend, auf diese Weise zur Gruppe E_6 zu gelangen: Diese Gruppe wurde ja – neben anderen – bereits bei dem Versuch diskutiert, die Yang-Mills-Kräfte zu vereinheitlichen.

Der zusätzliche Gruppenfaktor E_8 vergrößert die Symmetrie erheblich, ohne jedoch die beobachtbaren Teilchen zu beeinflussen. Teilchen, die zu den Kräften gehören, welche mit der zusätzlichen E_8-Symmetrie verbunden sind, sollten sich gravitativ anziehen; sie sind jedoch bezüglich der beobachtbaren Yang-Mills-Kräfte neutral. Es gibt Spekulationen, daß die aus solchen Teilchen bestehende Materie (die sogenannte Schattenmaterie oder dunkle

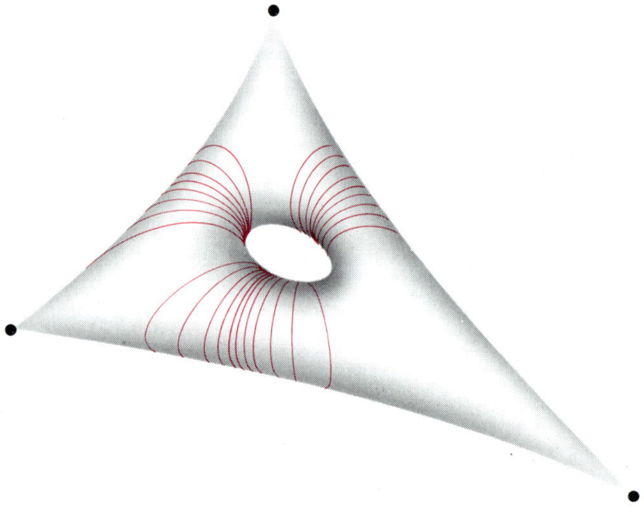

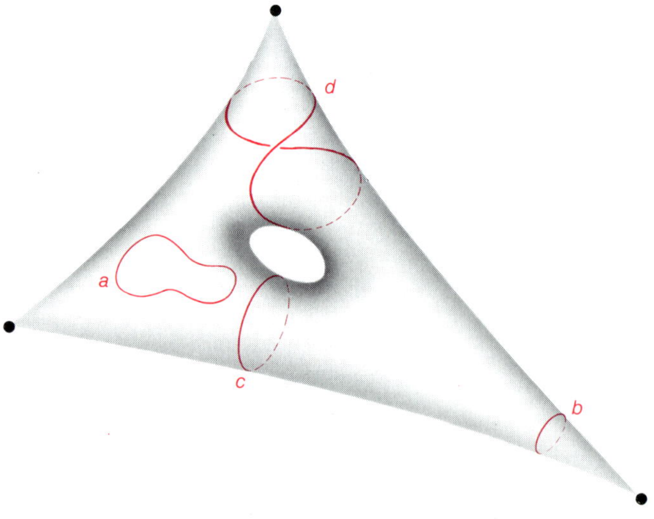

Bild 14: Möglicherweise bildet der sogenannte Orbifold-Raum den stark gekrümmten sechsdimensionalen Hintergrund-Raum, in dem sich Strings bewegen. Die Abbildung ist eine impressionistische Darstellung einer zweidimensionalen Version eines Orbifolds. Eine geschlossene zweidimensionale Oberfläche ist derart gedehnt worden, daß sich drei scharfe Spitzen gebildet haben; man bezeichnet sie als konische Singularitäten. Die Fläche ist überall flach außer an diesen Singularitäten – man kann sie also aufschneiden und auf einer Ebene ausbreiten. Ähnlich ist ein sechsdimensionaler Orbifold überall flach, außer an isolierten konischen Singularitäten. Dort ist die Krümmung unendlich. Wegen des Lochs in der Fläche ist der Orbifold nicht einfach zusammenhängend: Man kann ihn durchschneiden, ohne daß er in mehrere Stücke zerfällt. Die Schleifen eines geschlossenen Weges, der sich mehrfach durch ein Loch im sechsdimensionalen Orbifold windet, lassen sich bei bestimmter Windungszahl beseitigen. In derartigen Löchern werden elektromagnetische Potentiallinien (farbige Linien links) eingefangen, die mit der E_6-Symmetrie verknüpft sind. Dadurch wird die E_6 auf eine kleinere Symmetrie reduziert, etwa die Symmetrie des Standardmodells. Ein String, der sich in einem Orbifold (rechts) bewegt, kann sich entweder frei bewegen (*a*) oder auf verschiedene Art und Weise eingefangen werden. Windet er sich um eine konische Singularität, verhindert deren Krümmung die Beseitigung der Windungen (*b*). Er kann sich auch durch das Loch winden (*c*) oder erst durch das Loch und anschließend um die konische Singularität (*d*). Einem String, der sich durch das Loch windet, können massive Teilchen mit nichtganzzahliger elektrischer Ladung oder magnetische Monopole mit mehrfacher magnetischer Ladung entsprechen.

Materie) einen Teil der unsichtbaren Masse bilden könnte, die im Universum nach gesicherten Erkenntnissen vorhanden ist.

Als eine unmittelbare Konsequenz dieser Interpretation der Superstring-Theorie muß es ein Teilchen geben, das man als Axion bezeichnet. Die Existenz dieses Teilchens wurde ursprünglich vorhergesagt, um die Verletzung einer wichtigen Symmetrie in der QCD – der Theorie der starken Wechselwirkung – zu vermeiden. Zwar hat man das Axion bisher nicht gefunden, aber verschiedene Forschergruppen planen Experimente mit dem Ziel, es zu entdecken.

Aus den rein topologischen Eigenschaften der sechs aufgewickelten Dimensionen ergeben sich noch viele andere physikalische Konsequenzen. Eine der grundlegendsten topologischen Eigenschaften eines Raumes ist beispielsweise seine Euler-Zahl. Wäre der aufgewickelte Raum zweidimensional, so wäre die Euler-Zahl gleich zwei minus dem Geschlecht der Fläche, wobei das Geschlecht gleich der Anzahl der Löcher ist. Für sechs Dimensionen ist die Euler-Zahl weniger einfach zu erklären.

Fermionen-Generationen

Die beobachteten Fermionen lassen sich auf natürliche Weise in Generationen von Quarks und Leptonen einteilen (Bild 2). (Leptonen sind Fermionen ohne starke Wechselwirkung.) Bisher hat man drei Generationen entdeckt, und wahrscheinlich gibt es höchstens noch eine weitere. Die vorhergesagte Zahl von Generationen ist halb so groß wie die Euler-Zahl des sechsdimensionalen kompakten Raums. Da nur wenige der bekannten Calabi-Yau-Räume und Orbifolds eine kleine Euler-Zahl haben, kommen nur wenige dieser Räume als Kandidaten für die Beschreibung der beobachteten physikalischen Phänomene in Frage.

Die sechsdimensionalen Räume mit kleiner Euler-Zahl sind auch Räume mit Löchern (Bild 14). Die Felder, die zur Symmetriegruppe E_6 gehören, lassen sich deshalb „einfangen". Dadurch wird die Symmetrie weiter reduziert – ohne daß man das sogenannte Higgs-Teilchen benötigt, das normalerweise zur Symmetriebrechung erforderlich ist. Diese Symmetriebrechung ergibt zwanglos die Gruppe $SU(3) \times SU(2) \times U(1)$, die Symmetriegruppe der Quantenchromodynamik und der elektroschwachen Theorie im sogenannten Standardmodell der Elementarteilchenphysik. Wahrscheinlich entstehen aus derselben Symmetriebrechung zusätzliche Kräfte, die mit den Überbleibseln der E_6 zusammenhängen.

Ein geschlossener String läßt sich auf verschiedene Weisen im aufgewickelten Raum einfangen. Er kann sich beispielsweise durch ein Loch winden; seine Schwingungen können dann Teilchen mit nicht-ganzzahliger elektrischer Ladung und endlicher (von Null verschiedener) Ruhemasse oder magnetischen Monopolen mit mehrfacher magnetischer Ladung entsprechen.

Obwohl an der Weiterentwicklung der Superstring-Theorie sowohl in der Physik als auch in der Mathematik von den verschiedensten Seiten her gearbeitet wird, bleiben noch viele fundamentale Fragen offen. Sie lassen sich erst beantworten, wenn man mehr über die Struktur der Theorie weiß. Warum ist beispielsweise die Raumzeit annähernd flach und vierdimensional? Kann man beweisen, daß sechs Dimensionen aufgewickelt sind? Oder anders ausgedrückt: Kann man erklären, warum die vier üblichen, uns vertrauten Dimensionen so ausgedehnt sind?

Kosmologische Konsequenzen

Unmittelbar nach dem Urknall, als das Universum von der Größenordnung der Planck-Länge (10^{-35} Meter) war, müssen alle zehn Dimensionen aufgewickelt gewesen sein. Im Laufe der anschließenden Expansion des Universums müssen vier von diesen zehn Dimensionen begonnen haben, sich zu „entwickeln" und auszudehnen. Eine konsistente Beschreibung dieses Prozesses könnte vielleicht eine Vorhersage von beobachtbaren Konsequenzen im heutigen Kosmos ermöglichen.

Diese Probleme hängen eng mit einer anderen fundamentalen Frage zusammen: Warum ist die kosmologische Konstante so klein? Diese Konstante beschreibt den Anteil der Krümmung des Universums, der nicht durch die Masse bedingt ist. Ihr experimenteller Wert ist Null mit einer Genauigkeit von 10^{-120}; damit ist die Bestimmung der kosmologischen Konstanten die genaueste Messung überhaupt. Wenn die Superstring-Theorie diesen Wert erklären könnte, so wäre das ein überzeugender Test der Theorie.

Wie schon erwähnt, ist die natürliche Massenskala der Superstring-Theorie so groß, daß die Massen der schwersten Teilchen, die man mit den heutigen Beschleunigern beobachten kann, dagegen vernachlässigbar klein sind. Solange die Supersymmetrie in der Superstring-Theorie ungebrochen bleibt, sind die Massen der beobachtbaren Teilchen gleich Null. Die kleinen, von Null verschiedenen Massen der Teilchen hängen also mit der Brechung der Supersymmetrie bei den relativ niedrigen Temperaturen der von uns wahrgenommenen Welt zusammen. Trotzdem spricht vieles dafür, daß die Brechung der Supersymmetrie und damit die genauen Werte für die Massen der in den Hochenergie-Beschleunigern beobachteten Teilchen mit der Superstring-Theorie in ihrer gegenwärtigen Form nicht erklärt werden können.

Eine Lösung dieser Probleme wird vermutlich nicht möglich sein ohne ein tieferes Verständnis der Prinzipien, die der Theorie zugrundeliegen. In gewisser Hinsicht verlief die Entwicklung der Superstring-Theorien in scharfem Gegensatz zur Entwicklung der Allgemeinen Relativitätstheorie. Im Falle der Allgemeinen Relativitätstheorie ergab sich die Struktur der Theorie aus der tiefen Einsicht Einsteins in die Logik der physikalischen Gesetze. In den Superstring-Theorien haben wir zuerst gewisse Einzelheiten verstanden, müssen uns aber noch immer um ein generelles Verständnis der Logik dieser Theorie bemühen. Zum Beispiel scheint es eher ein merkwürdiger Zufall zu sein, daß es in der Superstring-Theorie ein masseloses Graviton und Eichteilchen gibt. Man würde es vorziehen, wenn sich diese Teilchen in ganz natürlicher Weise aus der Theorie ergäben, nachdem man sich über die Prinzipien der Vereinheitlichung klargeworden ist.

Wie können wir die innere Logik der Superstring-Theorie finden? Die Prinzipien der Allgemeinen Relativitätstheorie müssen ein Spezialfall der allgemeinen Prinzipien der Superstring-Theorie sein, deshalb kann die Allgemeine Relativitätstheorie in gewissem Sinne als Richtschnur dienen. So habe ich beispielsweise diese Analogie zur Allgemeinen Relativitätstheorie benutzt um zu zeigen, daß man in der Superstring-Theorie den üblichen Raum-Zeit-Begriff auf den Raum aller möglichen String-Konfigurationen erweitern muß. Diese Idee wird weiter verfolgt. Ein etwas radikalerer Vorschlag besteht darin, die Theorie zunächst in nur zwei Dimensionen zu untersuchen; in diesem Falle bestünde natürlich kein Bezug zu der Raumzeit, in der wir leben.

Wie immer die Entwicklung der String-Theorie weitergehen wird – der Versuch, die Logik der Theorie zu verstehen, wird zweifellos interessante mathematische und physikalische Probleme aufwerfen. Er sollte aber auch ein besseres Verständnis der Vorhersagen der Superstring-Theorien ermöglichen. Alle Anzeichen sprechen für eine Periode wissenschaftlicher Gärung und schnellen Fortschritts.

Kosmische Strings

Warum sind Sterne und Galaxien nicht gleichförmig im Weltraum verteilt? Was hat die Zusammenballungen der Materie verursacht? Dünne, energiereiche Strings, erzeugt in der Geburtsstunde des Universums, könnten eine Antwort auf diese Fragen liefern.

Von Alexander Vilenkin

Die Struktur des Universums ist recht klumpig: Sterne sind in Galaxien zusammengeschlossen, welche wiederum Galaxienhaufen bilden. Mit der Zeit verdichten sich die Zusammenballungen von Materie, da die Gravitationswirkung der Galaxienhaufen weitere Sternsysteme aus benachbarten Regionen in ihren Bann zu ziehen vermag.

Die modernen Theorien der Galaxienentstehung gehen davon aus, daß das Universum in der Vergangenheit wesentlich gleichmäßiger strukturiert war, als dies heute der Fall ist. Demnach hätten sich alle Sternsysteme und Galaxienhaufen aus winzigen Abweichungen von einer ansonsten nahezu homogenen Materieverteilung entwikkelt. Die Schlußfolgerungen aus diesen Theorien hat man bereits recht detailliert untersucht, doch eine grundlegende Frage wartet noch immer auf Antwort: Wie waren die anfänglichen Inhomogenitäten beschaffen, und wodurch entstanden sie?

Hier nun kommen die kosmischen Strings („Saiten") ins Spiel: exotische, unsichtbare Gebilde, die den Theorien der Elementarteilchenphysiker entspringen. Strings sind sozusagen fadenartige Überbleibsel des Raum-Zeit-Gefüges im neugeborenen Universum. Sie sind unvorstellbar dünn und energiereich; sie bewegen sich nahezu mit Lichtgeschwindigkeit und krümmen den sie umgebenden Raum. Die in der Sekunde nach dem Urknall (*big bang*) entstandenen Strings verwickeln sich in Form unendlicher Fäden zu Schleifen, die heftige Taumelbewegungen vollführen und dadurch ihre Energie nach und nach verlieren.

Niemand weiß mit Sicherheit, ob die kosmischen Strings tatsächlich existieren. Doch wenn es sie gäbe, könnten sie nach Ansicht vieler Physiker die inhomogene Materieverteilung im Universum verursacht haben: Besonders massereiche String-Schleifen könnten die notwendige Gravitationsanziehung aufgebracht haben, um die Keimzellen von Galaxien und Galaxienhaufen anzulegen (Bild 2). Da derartige Schleifen jedoch nur von recht geringer Dauer wären, müßten sie heute zum größten Teil verschwunden sein – selbst wenn sie einst das Universum durchdrungen hätten.

Weniger massive Strings könnten auch heute noch existieren, doch gestaltet sich ihre Entdeckung äußerst schwierig. Durch sorgfältige Forschungsarbeit mit immer empfindlicheren Instrumenten könnten die Astronomen in einigen Jahren dennoch imstande sein, die Existenz kosmischer Strings zu bestätigen oder zu widerlegen. Ihre Untersuchungen werden mit großer Spannung verfolgt, da die Entdeckung eines Strings neue Einblicke in die elementare Natur der Materie und gleichermaßen in die Entstehung des Universums ermöglichen würde. Um dies verständlich zu machen, will ich die Idee der kosmischen Strings sowohl im Rahmen der Elementarteilchenphysik als auch im Hinblick auf die Kosmologie erläutern.

Gebrochene Symmetrie

Es gilt heute als gesichert, daß das Universum vor etwa 15 Milliarden Jahren in einer ungeheuren Explosion entstand, die man als Urknall bezeichnet. Auch heute noch expandiert das Weltall unter dem Einfluß dieser Explosion - Galaxien bewegen sich mit enormen Geschwindigkeiten von der Erde fort.

Durch die Kombination astronomischer Beobachtungen mit den gesicherten Gesetzen der Elementarteilchenphysik können die Physiker inzwischen die Geschichte des Universums bis hin zu einem unmittelbar auf den Urknall folgenden Sekundenbruchteil nachvollziehen. Zu diesem Zeitpunkt gab es weder Sterne noch Galaxien oder Atome; das Universum war ein einziger heißer und dichter Feuerball aus Elektronen, Photonen und anderen Elementarteilchen.

Den Teilchen und deren Wechselwirkungen liegt das Vakuum zugrunde. Für den Physiker ist das Vakuum keineswegs gleichbedeutend mit dem Nichts, sondern mit einem Zustand minimaler Energie bei Abwesenheit aller Teilchen. Die Beziehung zwischen den Elementarteilchen und dem Vakuum ähnelt derjenigen zwischen Schallwellen und dem Medium, in dem diese sich fortpflanzen: Für unterschiedliche Materialien ergeben sich hier auch verschiedene Wellenarten und Ausbreitungsgeschwindigkeiten. Da die Eigenschaften des Vakuums nicht immer dieselben waren, mußten sich die Charakteristika der Elementarteilchen und ihrer Wechselwirkungen im Laufe der Zeit ebenfalls ändern.

Kurz nach dem Urknall zeichnete sich das Vakuum durch eine enorm hohe Energiedichte und einen ausgeprägten Grad an Symmetrie aus: Es gab keine Unterschiede in den Wechselwirkungen zwischen den Elementarteilchen. Elektromagnetische, schwache und starke Wechselwirkung zeigten sich als Teilaspekte einer einzigen, vereinheitlichten Kraft. Heute liegt die Vakuumenergie bei Null, und die elementaren Wechselwirkungen unterscheiden sich voneinander sowohl in ihrer Stärke als auch in ihrem Charakter – von der ursprünglichen Einheit ist nur wenig erhalten geblieben. Wie aber wurde die frühe Symmetrie gebrochen?

Während das Universum nach dem Urknall expandierte und abkühlte, durchlief das Vakuum eine rasche Abfolge von Veränderungen, die man als Phasenübergänge bezeichnet. Am geläufigsten sind die Phasenübergänge beim Abkühlen von Wasser: vom Dampf zur Flüssigkeit und schließlich zum Eis.

Phasenübergänge kann man in gewisser Hinsicht auch als eine Art Symmetriebrechung ansehen, da sie symmetrische Zustände häufig in asymmetrische verwandeln. Ein Kristall (also ein Festkörper) ist beispielsweise weniger symmetrisch als eine Flüssigkeit: Letztere sieht unter allen möglichen Betrachtungswinkeln gleich aus, während die verschiedenen Richtungen innerhalb eines Kristalls keineswegs äquivalent zueinander sind.

Niemand weiß genau, wieviele Phasenübergänge bei der Entstehung des Universums im Vakuum stattgefunden haben, doch ereigneten sie sich wahrscheinlich allesamt im Verlauf der ersten Sekunde nach dem Urknall. Ähnlich wie bei vertrauteren Materialien können auch durch kosmologische Phasenübergänge Fehlstellen entstehen (Bild 1). Innerhalb dieser Defekte ist die Symmetrie nicht gebrochen, so daß das frühere, mit einem höheren Sym-

Bild 1: Beim Gefrieren von Wasser bilden sich Defekte im Eis, wenn verschiedene Bereiche des Wassers in unterschiedlicher Orientierung kristallisieren. Manche Elementarteilchentheorien deuten darauf hin, daß durch einen analogen Prozeß linienartige Fehlstellen im Vakuum des Weltraumes entstanden sein könnten, als das Universum im Anschluß an den Urknall abkühlte. Bislang gibt es keine empirischen Belege dafür, daß derartige Defekte, die man als kosmische Strings bezeichnet, tatsächlich existieren. Dasselbe gilt für Monopole und Domänengrenzen.

metriegrad verbundene Vakuum eingefangen bleibt.

Die verschiedenen Elementarteilchentheorien sagen unterschiedliche Arten von Fehlstellen voraus. Einige Theorien lassen auf Defekte in flächiger Form schließen, während andere eher Linien oder Punkte vorhersagen. Man bezeichnet diese unterschiedlichen Typen von Fehlstellen als Domänengrenzflächen, Strings und Monopole.

Linien und Schleifen

Kosmische Strings bilden demgemäß als lineare Defekte nur eine von drei möglichen Fehlerarten in der gleichförmigen Struktur des Vakuums. Weshalb kommt dann gerade ihnen eine derart bedeutende Rolle in den Theorien für die Galaxienentstehung zu?

Ironischerweise liegt ein Grund gerade darin, daß es sich bei ihnen um die unauffälligsten aller Fehlstellen handelt. Das innerhalb dieser Defekte gefangene Hochenergie-Vakuum ist gemäß der Äquivalenz von Energie und Masse extrem massereich. Aus diesem Grunde könnten derartige Fehlstellen einen erheblichen Einfluß auf die Entwicklung des Universums haben.

Eine einzige Domänengrenze trüge, sofern sie sich über das heutige Universum erstrecken würde, weitaus mehr Masse in sich als die gesamte Materie im Weltall zusammengenommen – sie würde mithin eine wesentlich ausgeprägtere Haufenbildung von Galaxien zur Folge haben, als man sie heute tatsächlich vorfindet.

Ein einzelner Monopol könnte sich demgegenüber zwar der Beobachtung entziehen, doch sagen die Theorien voraus, daß es diese punktförmigen Objekte in gewaltigen Mengen geben müsse. Falls Monopole wirklich existieren, müßte das Universum geradezu überschwemmt von ihnen sein – sie könnten also kaum unentdeckt bleiben. Bislang hat man aber weder Grenzflächen noch Monopole beobachtet.

Zwar hat bis heute auch noch niemand einen kosmischen String gesehen, doch erwarten die Physiker sogar, daß diese Objekte weniger auffällig sind als die beiden anderen Arten von Fehlstellen. Pionierarbeit bei der Erforschung kosmischer Strings leistete vor elf Jahren T. W. B. Kibble vom Imperial College of Science and Technology in London. Kibble untersuchte den Entstehungsmechanismus von Strings im frühen Universum und legte im Jahre 1976 einige Aspekte ihrer Entwicklung dar.

Die String-Hypothese erweckte anfangs jedoch nur wenig Aufmerksamkeit. Dies änderte sich erst vier oder

Bild 2: Der Virgo-Haufen besteht aus Tausenden von Galaxien, von denen einige hier abgebildet sind (weiße, diffuse Flecken). Nach der Vorstellung des Autors sind massereiche Schleifen kosmischer Strings die Keimzellen von Galaxien und Galaxienhaufen; durch ihre Gravitationswirkung konzentrierte sich die Materie in bestimmten Regionen des Weltalls.

fünf Jahre später, als Yakov B. Zel'dovich vom Institut für Physik in Moskau und ich unabhängig voneinander entdeckten, daß Strings die inhomogene Materieverteilung im Universum erklären könnten. Unsere Vorstellungen regten eine kleine Gruppe von Forschern zu detaillierteren Untersuchungen der String-Theorien an.

Dabei stellten sich die physikalischen Eigenschaften der kosmischen Strings als höchst faszinierend und einzigartig heraus. Die String-Theorie wurde alsbald für die Physiker gleichsam so attraktiv wie die den Strings zugeschriebene Wirkung auf Sterne und Galaxien. Im Laufe des Jahres 1986 ging geradezu eine Lawine von Veröffentlichungen über kosmische Strings auf die Fachwelt nieder – doch direkte experimentelle Hinweise auf ihre Existenz ließen sich nicht finden. Aber wenn auch den Physikern noch kein empirisches Datenmaterial zur Verfügung steht, gelang es ihnen immerhin, ein beeindruckendes Profil von String-Eigenschaften zusammenzustellen. Einige dieser Charakteristika hängen von der Elementarteilchentheorie ab, die ihrer Ableitung zugrundeliegt; andere wiederum ergeben sich aus allen Theorien.

Kosmische Strings sind dünne Röhren aus einem symmetrischen Hochenergie-Vakuum. Sie bilden entweder geschlossene Schleifen oder erstrecken sich bis ins Unendliche; in beiden Fällen sind sie endlos. Der physikalische Charakter eines Strings wird durch die

Energie des in ihm eingefangenen Vakuums bestimmt. Diejenigen Strings, in denen das Vakuum den höchsten Symmetriegrad aufweist – (starke, schwache und elektromagnetische Wechselwirkung sind hier vereinheitlicht), zeigen sich als die dünnsten, massereichsten und auch als die auffälligsten ihrer Art. Für die Kosmologie sind eben diese auch von höchstem Interesse, da sie bei der Entstehung von Galaxien eine wesentliche Rolle spielen könnten.

Solche Strings haben einen Durchmesser in der Größenordnung von 10^{-30} Zentimetern und eine erstaunlich hohe Masse: Ein Zoll (2,54 Zentimeter) String-Materie hätte an der Erdoberfläche ein Gewicht von 10 Billiarden Tonnen. Aufgrund der Spannung in den Strings, die mit der Masse gekoppelt ist, oszillieren geschlossene String-Schleifen nahezu mit Lichtgeschwindigkeit. Beispielsweise würde eine Schleife von einem Lichtjahr Länge in wenig mehr als einem Jahr eine komplette Schwingung vollführen. (Die Längeneinheit Lichtjahr bezeichnet die Wegstrecke, die das Licht in einem Jahr zurücklegt: 9,46 Billionen Kilometer.)

keit bewegen, so kann die Schleifengröße im Höchstfalle derjenigen Distanz entsprechen, die das Licht seit der Geburt des Universums zurückgelegt hat; man bezeichnet sie als Horizontentfernung. Kleinere Schleifen kosmischer Strings charakterisieren demnach ein relativ junges Universum, während die heutzutage gebildeten Strukturen wesentlich größere Ausmaße erreichen können.

Dies bedeutet allerdings keineswegs, daß sich das gegenwärtige Netz kosmischer Strings allzusehr von dem anfänglich existierenden unterschiede. Tatsächlich weist die String-Entwicklung ein interessantes Merkmal auf, das man als Selbstähnlichkeit bezeichnet; es hält das Netzwerk im zeitlichen Verlauf statistisch konstant. Würde man das String-Netz zu zwei unterschiedlichen Zeitpunkten photographieren, so läge der Hauptunterschied zwischen den beiden Aufnahmen in der Gesamtausdehnung, die durch die jeweilige Horizontentfernung festgelegt wird. Eine Vergrößerung des ersten Bildes um einen Faktor, der sich als Verhältnis der beiden Horizontentfernungen ergäbe, würde die beiden Aufnahmen einander sehr ähnlich machen.

Da das Netzwerk fortwährend eine Fülle geschlossener Schleifen erzeugt, müßten sie – falls sie sich ansammelten – das Universum bald überschwemmen. Welcher Mechanismus könnte bewirken, daß diese Strukturen wieder verschwinden? Theoretische Analysen weisen darauf hin, daß die Schleifen beim Oszillieren rhythmisch Schübe von Gravitationsenergie abstrahlen, die sich mit Lichtgeschwindigkeit fortpflanzen; man bezeichnet sie als Gravitationswellen. Sie zehren an den Energievorräten der Schleifen, bis diese schrumpfen und womöglich sogar verschwinden.

Die Lebensdauer eines typischen Strings beträgt – ungeachtet seiner Ausdehnung – etwa 10000 Schwingungsperioden. Da eine einzelne Oszillation bei größeren Schleifen länger dauert, haben diese auch eine höhere Lebenserwartung als die kleineren Strukturen. Desgleichen können Schleifen aus leichteren, niederenergetischen Strings länger bestehenbleiben als die schweren, energiereichen Schlingen,

Die Entstehung von Gravitationswellen

Die bei einem Phasenübergang erzeugten Strings bilden ein verschlungenes Netz, welches das gesamte Universum überzieht. Die Entwicklung dieses kosmischen Gewebes beruht auf einer Fülle von physikalischen Prozessen. Obwohl das Netz eine im Mittel gleichförmige Struktur aufweist, sind die einzelnen Strings doch ziemlich irregulär und verwickelt angeordnet.

Da die gekrümmten Strings unter dem Einfluß ihrer eigenen Spannung heftig hin und her taumeln, überschneiden sie sich häufig selbst oder gegenseitig. Sie brechen dann an den Kreuzungspunkten auseinander und fügen sich zu neuen Konfigurationen zusammen. Beispielsweise spaltet sich eine geschlossene Schleife, die sich zu einer 8 verdreht, in zwei solcher Objekte auf. Ausgedehnte, gewundene Strings überkreuzen sich selbst mehrfach, so daß in den Schnittpunkten entsprechend viele geschlossene Schleifen abgetrennt werden (Bild 3).

Die Ausbildung großräumiger Schleifen dauert natürlich länger als die Entstehung kleinerer Schlingen. Der Durchmesser einer Schleife wird dabei durch die Zeit begrenzt, die zwischen dem Urknall und dem Augenblick ihrer Abspaltung verstrichen ist.

Geht man davon aus, daß sich die Strings ungefähr mit Lichtgeschwindig-

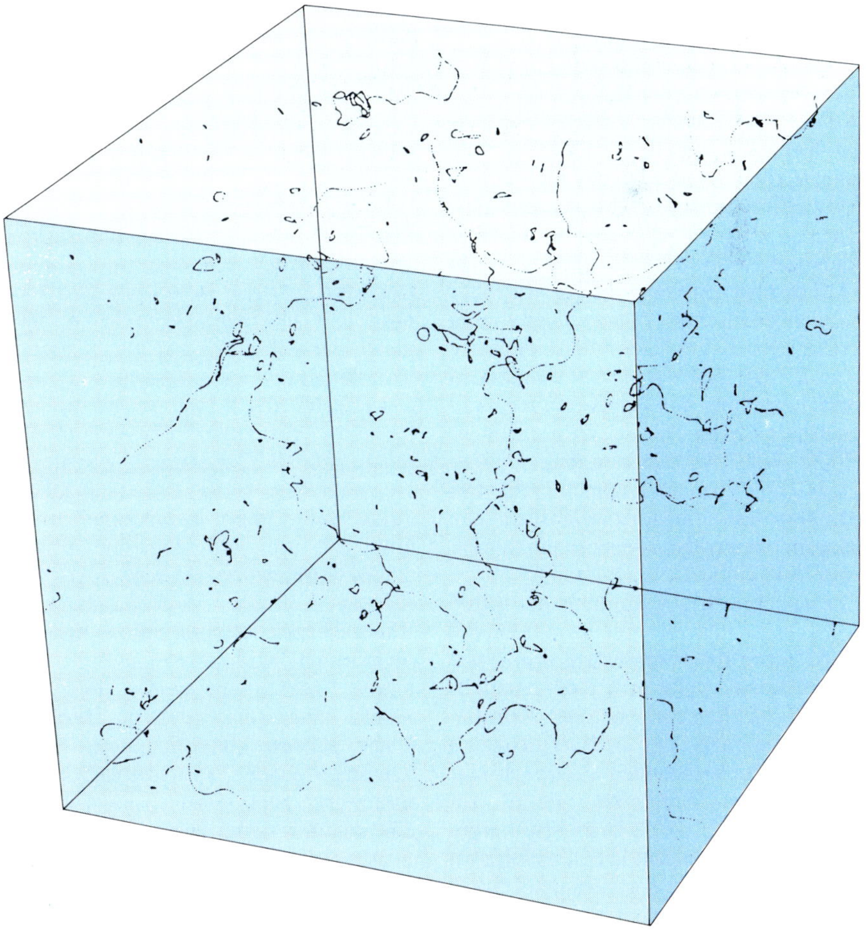

Bild 3: Das hier dargestellte String-Netzwerk wurde mit Hilfe eines Computers nachgebildet, um die Entstehung und Entwicklung von Strings simulieren zu können. Das Netz enthält sowohl geschlossene Schleifen als auch ausgedehnte, verwickelte Strings, die sich über das gesamte Universum erstrecken und die Bildung weiterer Schleifen bewirken.

die für die Entstehung von Galaxien und Galaxienclustern aus ursprünglicher Materie sorgten.

Die kleinste massereiche String-Schleife, die bis in die Gegenwart überdauert haben könnte, müßte einen Durchmesser von annähernd einer Million Lichtjahren haben; sie wäre damit beträchtlich größer als jede bekannte Galaxie. Im Gegensatz dazu lag der Durchmesser der Schleifen, die das Entstehen von Galaxien auslösten, bei etwa 100 Lichtjahren. Obwohl sie verschwanden, als das Universum gerade eine Million Jahre alt war, hatten sie doch lange genug Bestand, um die umliegende Materie anzuhäufen, so daß sich daraus später Sternsysteme entwikkeln konnten.

Größere Schleifen zogen sowohl Materie als auch andere, kleinere Schleifen mitsamt dem zugehörigen Material zu sich heran – auf diese Weise entstanden im Szenario der String-Theorie die Galaxienhaufen. Das Modell beruht auf der lokal wirkenden Gravitationsanziehung, wie sie von schnell oszillierenden und extrem massereichen geschlossenen Schleifen kosmischer Strings ausgeht.

Strings erzeugen Galaxienhaufen

Die Entwicklung dieses Szenarios wird erst seit kurzer Zeit ernsthaft vorangetrieben. Zu Beginn des Jahres 1985 entwarfen Andreas Albrecht und Neil Turok vom Fermi National Accelerator Laboratory (Fermilab) in den USA ein Computerprogramm, das die Entwicklung kosmischer Strings simulieren sollte. Noch im selben Jahr benutzte Turok diese Simulation, um die Anzahl und Verteilung von Galaxienhaufen gemäß der String-Theorie zu berechnen. Seine Resultate stimmen mit den tatsächlichen Beobachtungen überein: Die Haufen sind nicht zufällig über den Himmel verstreut, sondern neigen vielmehr selbst zur Clusterbildung.

Eine derartige Verteilung der Galaxienhaufen läßt sich mathematisch mit Hilfe einer Korrelationsfunktion erfassen. Hierbei ergibt sich eine erstaunliche Ähnlichkeit zwischen den Korrelationsfunktionen, die an Hand astronomischer Beobachtungen abgeleitet worden sind, und denjenigen, die aus Turoks Computersimulationen resultieren.

Trotz dieser anfänglichen Erfolge ist die String-Theorie noch ein gutes Stück weit davon entfernt, eine völlig zufriedenstellende Erklärung der Entstehung von Sternsystemen zu ermöglichen. Neuere Beobachtungen der großräumigen Galaxienverteilung enthüllten filament- und flächenartige Strukturen sowie ungeheure Leerräume, die von kaum einem Sternsystem bevölkert werden.

Die Kosmologen versuchen derzeit herauszufinden, ob das String-Modell auch diese Erscheinungen zu deuten vermag. Doch selbst wenn es das leisten sollte, werden die Physiker so lange nur halbherzig an die Existenz kosmischer Strings glauben, bis diese auf Grund direkter Beobachtungen bestätigt wird.

Der unserer Erde nächstgelegene massereiche und hochgradig symmetrische String sollte etwa 300 Millionen Lichtjahre entfernt sein. Leichtere Strings könnten in geringerer Distanz zu finden sein, doch wären sie vermutlich auch weniger auffällig. Worauf gründet sich dann die Hoffnung, diese schwer faßbaren Objekte in derart ungeheuren Entfernungen aufzuspüren?

Glücklicherweise könnten die bizarren Gravitationswirkungen der kosmischen Strings eine Entdeckung ermöglichen. Um dies näher zu erläutern, will ich zunächst die Gravitationseffekte eines idealisierten, stationären Strings beschreiben, der entlang einer geraden Linie im Weltraum angeordnet ist.

Nach Albert Einsteins Allgemeiner Relativitätstheorie entspricht die Gravitation einer Krümmung von Raum und Zeit. Im Rahmen meiner Diskussion der kosmischen Strings reicht es jedoch aus, die Raumkrümmung in Betracht zu ziehen.

Strings verzerren den sie umgebenden Raum in einer recht eigentümlichen Art und Weise. In der Euklidischen Geometrie ist das Verhältnis von Umfang und Durchmesser eines Kreises gleich der Zahl Pi (3,14159...). Bei einem Kreis, der einen kosmischen String umschließt, erhält man ein geringfügig kleineres Verhältnis; der Unterschied macht sich allerdings erst in der vierten Dezimale bemerkbar. In der Umgebung eines Strings ist der Raum kegelförmig. Um sich dies zu vergegenwärtigen, stellen Sie sich vor, Sie schneiden einen kleinen Keil aus dem Euklidischen Raum heraus, dessen Spitze bei dem String liegt. Nun kleben Sie die freigelegten Flächen aneinander, und zwar nicht, indem Sie den umliegenden Raum dehnen, sondern indem Sie ihn krümmen. Dadurch verformen sich alle senkrecht zum String angeordneten Ebenen zu Kegeln (Bild 4).

Den Scheitelwinkel des keilförmigen Ausschnitts bezeichnet man als Defizitwinkel; er mißt bei den Strings einige Bogensekunden. Alle Objekte, die dem String begegnen – Photonen, Atome oder Sterne – werden aus ihrer ursprünglichen Bewegungsrichtung um einen Betrag abgelenkt, der dem Defizitwinkel vergleichbar ist.

Zwei Objekte, die sich entlang symmetrischer, paralleler Bahnen auf entgegengesetzten Seiten des Strings bewegen, werden zusammenstoßen, nachdem sie den String passiert haben. Eine Person, die sich mit einem der beiden Objekte mitbewegt, hätte zunächst den Eindruck, das andere Objekt befände sich in Ruhe; während des Vorbeifluges am String würde es sich dann plötzlich auf den Beobachter zubewegen, wobei seine Geschwindigkeit das 0,00002fache der String-Geschwindigkeit betrüge. Da Strings sich nahezu mit Lichtgeschwindigkeit bewegen, induzieren sie Geschwindigkeiten von ungefähr sechs Kilometern pro Sekunde.

Was aber würde passieren, wenn ein String durch einen Menschen hindurchginge? Es bedarf keiner sonderlichen Mühe, sich die Wirkung auszumalen. Wenn der String die Taille der Person durchdringt, bewegen sich deren Kopf und Füße mit einer Geschwindigkeit von sechs Kilometern pro Sekunde aufeinander zu. Ein solches Erlebnis wäre natürlich lebensgefährlich, doch besteht kein Grund zur Besorgnis: Es ist äußerst unwahrscheinlich, daß ein String jemals unser Sonnensystem durchstreift.

Ein kegelförmiger Raum entsteht allerdings nur durch die Gravitationswirkung gerader kosmischer Strings. Die Gravitationseffekte gekrümmter Strings und geschlossener Schleifen erweisen sich als wesentlich komplexer. Kleine Teilstücke derartiger Strings kann man jedoch annähernd als Geraden betrachten. Faßt man nun die Analysen vieler kleiner Segmente zusammen, so läßt sich zeigen, daß als mittlerer Effekt aller Teilstücke eine gewöhnliche Gravitationsanziehung resultiert, wie auch Erde oder Sonne sie ausübt.

Strings als Gravitaionslinsen

Die Verzerrungen des Raumes durch kosmische Strings könnten deren Anwesenheit verraten. Beispielsweise vermögen Strings dadurch, daß sie den umliegenden Raum krümmen, als Gravitationslinsen zu wirken: Sie beugen das Licht einer fernen Galaxie, so daß es die Erde auf zwei verschiedenen Wegen erreicht. Beobachter auf der Erde nehmen dann zwei Bilder desselben Sternsystems wahr; ihr Winkelabstand entspricht dem Defizitwinkel des Strings (Bild 5). Tatsächlich haben die Astronomen eine Reihe paarweise auftretender Objekte – normale Galaxien sowie extrem leuchtkräftige und weit entfernte Quasare – ausfindig gemacht, die jeweils einander auffallend ähneln, so daß man sie als Doppelbilder ein und desselben Objekts ansieht.

Allerdings können gewöhnliche Galaxien oder Galaxienhaufen ebenfalls als Gravitationslinsen wirken. Deshalb ist eine zusätzliche Überprüfung der Doppelbilder erforderlich, um deren wahre Ursache zu ergründen.

Nick Kaiser von der Universität Cambridge und Albert Stebbins vom Fermilab haben des weiteren darauf hingewiesen, daß kosmische Strings einen recht ungewöhnlichen Effekt auf die kosmische Mikrowellenstrahlung haben sollten. Diese Strahlung bildet eine Art Widerschein des Urknalls; sie erfüllt das gesamte Universum und fällt aus allen Richtungen mit der gleichen Intensität ein.

Unter dem Einfluß eines Strings würde demgegenüber ein Teil der Strahlung einen Zusatzimpuls in Richtung Erde erhalten. Während durch die Gravitationswirkung anderer Gebilde höchstens geringfügige und stetige Veränderungen der Mikrowellen-Strahlungsintensität entstehen, müßte sich der Einfluß eines kosmischen Strings auch in der Strahlungsintensität recht deutlich und abrupt bemerkbar machen. Ein derartiger plötzlicher Intensitätswechsel wird insbesondere entlang einer gedachten Linie zwischen den beiden Bildern einer einzelnen Galaxie erwartet. Die Intensität könnte sich hier um etwa ein Hunderttausendstel ihres ursprünglichen Wertes ändern – eine Entdekkung des Effektes wäre zwar schwierig, aber nicht unmöglich.

Außerdem könnte es eines Tages gelingen, kosmische Strings an Hand ihrer Gravitationsstrahlung aufzuspüren. Die von Schleifen unterschiedlicher Form und Größe abgestrahlten Wellen addieren sich zu einem Gravitations-Hintergrundrauschen, das sozusagen den kollektiven Schwanengesang toter und sterbender Strings darstellt. Im Vergleich zur Stärke von Gravitationsstrahlung, die von anderen Quellen ausgeht, ist die erwartete Intensität dieses Rauschens sehr hoch. Dennoch liegt es knapp unter den derzeitigen Beobachtungsgrenzen, da die Schwerkraft die schwächste aller Grundkräfte in der Natur ist.

Bis in die jüngste Vergangenheit nahmen die Physiker an, daß kosmische Strings und Materie nur durch die Gravitationskraft wechselwirken könnten. Vor zwei Jahren wies jedoch Edward Witten von der Universität Princeton darauf hin, daß kosmische Strings mit einer hier auf der Erde hochgeschätzten Eigenschaft ausgestattet sein könnten: Sie sind nämlich möglicherweise supraleitend.

Witten zeigte, daß manche Elementarteilchentheorien den Strings ungewöhnliche elektromagnetische Charakteristika zuschreiben, denen zufolge sie sich wie widerstandslose Drähte verhalten müßten. Später stellte sich dann heraus, daß diese Eigenschaft dramatische kosmologische Auswirkungen haben könnte.

Kosmische Supraleiter?

Die Supraleitfähigkeit der Strings könnte entstehen, weil das in ihnen verborgene symmetrische Vakuum das Verhalten der Elementarteilchen verändert. Insbesondere erscheint es denkbar, daß bestimmte geladene Teilchen – beispielsweise Elektronen – innerhalb eines kosmischen Strings keinerlei Masse mehr haben. Deshalb können schon bei sehr geringen Energien Teilchen-Antiteilchen-Paare mit entgegengesetzten Ladungen entstehen, die in entgegengesetzte Richtungen fliegen.

Die Gesamtladung und der Gesamtimpuls eines derartigen Paares sind Null. Die zugeführte Energie wird – da die Teilchen innerhalb des Strings masselos sind – vollständig in Bewegungsenergie umgesetzt; die Teilchen bewegen sich dann mit Lichtgeschwindigkeit. Sie dürfen sich freilich nicht außerhalb des Strings aufhalten, da ihre Masse dort größer als Null wäre. Mithin rasen die Teilchen durch das eingefangene Vakuum und tragen einen elektrischen Strom, der auf keinerlei Widerstand stößt: Ein Phänomen, das auch die Supraleitung auszeichnet.

Jeremiah P. Ostriker von der Princeton-Universität und sein Student Christopher Thompson erarbeiteten gemeinsam mit Witten ein alternatives String-Modell für die Entstehung von Galaxien. Der Strom im Inneren eines supraleitenden Strings erzeugt elektrische und magnetische Felder, die sich im leeren Raum als elektromagnetische Wellen vom String ablösen würden. Doch ist der interstellare beziehungsweise intergalaktische Raum keineswegs vollkommen leer, sondern vielmehr mit einem dünnen Gas aus Elektronen und geladenen Atomen angefüllt. Dieses Plasma hindert die Wellen daran, die Umgebung des Strings zu verlassen. Die angestaute Strahlungsenergie entwickelt einen ungeheuren Druck und bildet schließlich eine Blase mit einer heißen, expandierenden Gas-

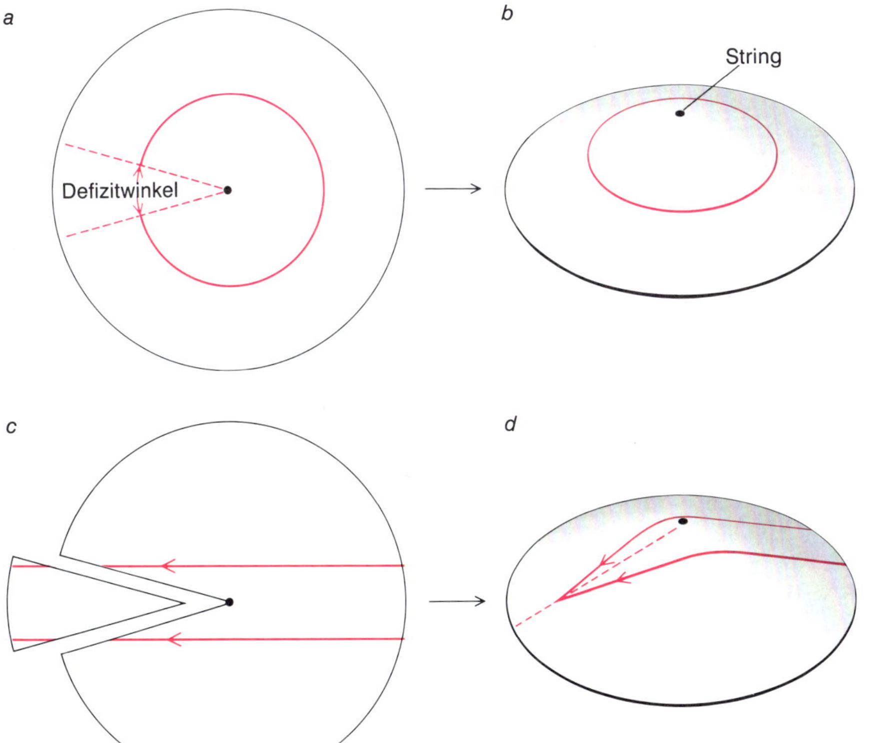

Bild 4: Der kegelförmige Raum in der Umgebung massereicher kosmischer Strings verdeutlicht ihre eigentümlichen Gravitationseffekte. Diese Abbildung zeigt die Krümmung des Raumes, wie sie von einem idealisierten, geraden String ausgeht. Man kann diese Verzerrung darstellen, indem man ein keilförmiges Stück aus einer senkrecht zum String gelegenen Ebene herausschneidet (*a*) und die beiden Ränder der Ebene so zusammenzieht, daß ein Kegel entsteht (*b*). Wenn nun zwei parallel zueinander bewegte Objekte einen String auf entgegengesetzten Seiten passieren (*c*), so werden sie abgelenkt und stoßen auf der abgewandten Seite des Strings zusammen (*d*).

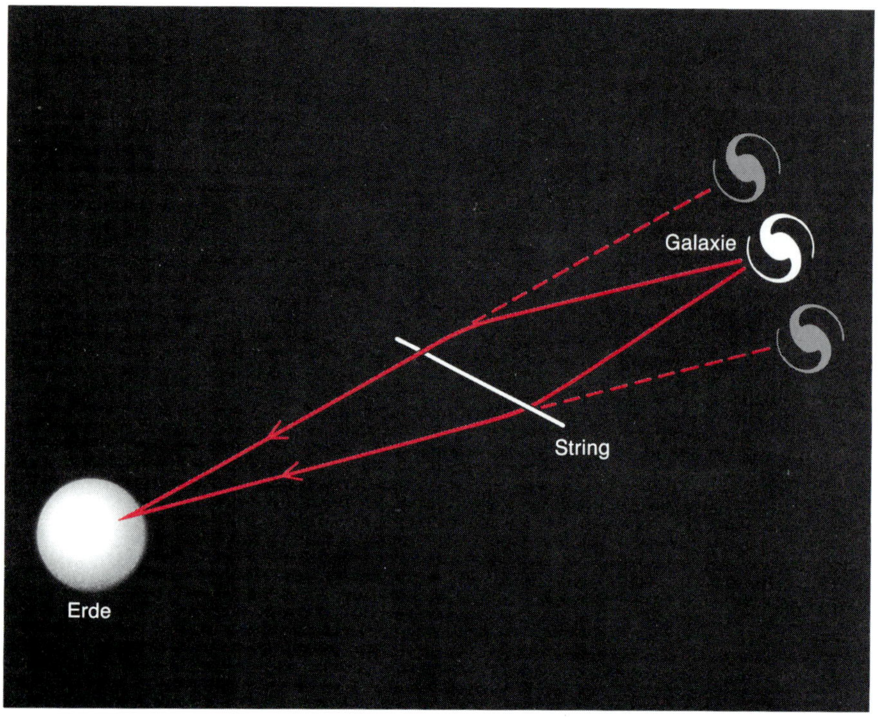

Bild 5: Doppelbilder einer einzelnen Galaxie können durch die Gravitationswirkung eines Strings entstehen, der zwischen dem Beobachter und der Galaxie liegt. Da diese Gravitationswirkung den Raum verzerrt, bewegt der String das Licht der Quelle und vermittelt dem Beobachter auf der Erde den Eindruck zweier Lichtquellen. Wenn zwei Galaxien einander auffallend ähneln, können die Physiker in der Region zwischen dem Paar nach einem String oder einer anderen Gravitationslinse suchen. Dabei lassen sich Strings von anderen Linsen dadurch unterscheiden, daß sie eine ausgeprägte Intensitätsänderung der Mikrowellen-Hintergrundstrahlung verursachen. Bislang hat man jedoch noch keinen String entdeckt.

hülle aus der umgebenden Materie. Die rasche Aufblähung dieses Hohlraumes unterscheidet sich kaum von einer gewaltigen Explosion. Folgt man diesem Szenario, so entstehen Galaxien dort, wo derartige Blasen aufeinanderstoßen.

In gewissem Sinne bildet die Explosionstheorie die Antithese zum Gravitationsmodell der Haufenbildung: Materie wird vom String weggeblasen und nicht an ihn herangezogen. Die Theorie liefert zudem eine natürliche Erklärung für die Leerräume in der Galaxienverteilung und sagt eine dünne, flächenartige Anordnung der Sternsysteme voraus – tatsächlich ähnelt sie den Beobachtungen der Astronomen. Doch welchen zusätzlichen empirischen Prüfungen könnte man das explosionsartige Szenario unterziehen?

Ostriker und seine Kollegen müssen annehmen, daß das Universum schon bald nach dem Urknall magnetisiert worden ist, denn nur bei Anwesenheit eines Magnetfeldes lassen sich die Teilchen-Antiteilchen-Paare erzeugen. Niemand weiß mit Sicherheit, wie diese Magnetisierung entstanden sein könnte. Falls sie tatsächlich existierte, sollte jedoch noch heute eine Restmagnetisierung des intergalaktischen Raumes zu beobachten sein. Die Theorie ließe sich also überprüfen, indem man nach einer schwachen, örtlich nicht beschränkten Magnetisierung im Weltall sucht. Außerdem könnte das heiße Gas an den Außenflächen der Blasen eine charakteristische Radiostrahlung emittieren, die hier auf der Erde mit Hilfe von Radioteleskopen aufzuspüren wäre.

Suche nach Beweisen für die Existenz kosmischer Strings

Das Konzept der supraleitenden kosmischen Strings könnte zudem einen weiteren Weg zur Entdeckung der Strings eröffnen. Selbst wenn im frühen Universum noch keine Magnetfelder vorhanden gewesen wären, hätte ein galaktischer Dynamoeffekt sie schließlich doch erzeugt – ein Phänomen, das auf der Rotationsenergie der Galaxien beruht.

Heute ist das Magnetfeld eines typischen Sternsystems etwa einmillionmal schwächer als das der Erde. Der Strom, den ein derartiges Feld innerhalb einer supraleitenden String-Schleife induziert, wäre zu klein, um eine explodierende Strahlungsblase hervorrufen zu können. Aus Berechnungen, die ich zusammen mit Eugene M. Chudnovsky von der Tufts-Universität in Medford (Massachusetts), George B. Field vom Harvard-Smithsonian-Zentrum für Astrophysik und David N. Spergel vom Institute for Advanced Study in Princeton durchführte, folgt jedoch, daß sich durch die Wechselwirkung dieses Stromes mit den geladenen Teilchen im interstellaren Raum Radiowellen ausbilden könnten.

Im Dezember 1985 entdeckten Mark Morris von der Universität von Kalifornien in Los Angeles und Farhad Yusef-Zadeh vom Goddard-Raumfahrtzentrum der US-Luft- und Raumfahrtbehörde (National Aeronautics and Space Administration, NASA) im Zentrum unserer Milchstraße einige stringartige Radioquellen, die sie als Fäden (englisch *threads*) bezeichneten. Es könnte sich bei diesen Fäden um leichte, niederenergetische kosmische Strings handeln.

Falls diese Vermutung zutrifft, müßte es möglich sein, die Bewegung der Strings wahrzunehmen. An der Himmelskugel entspräche die absolute Geschwindigkeit derartiger Strings einer Winkelgeschwindigkeit von einigen Bogensekunden pro Jahr. Nach vorläufigen Messungen liegt der obere Grenzwert für die Bewegung der Fäden bei 1,5 Bogensekunden pro Jahr. Obwohl die Physiker mehr erwartet hatten, schließt es die galaktischen Fäden noch nicht gänzlich aus dem Kreise der String-Kandidaten aus. Sie könnten sich nämlich durchaus vorwiegend entlang der Sichtlinie (und nicht senkrecht dazu) bewegen und somit der Beobachtung entziehen.

Auch wenn die empirische Überprüfung der theoretischen Aussagen über kosmische Strings gerade erst begonnen hat, ist für Physiker die Versuchung groß, die reichhaltigen und ungewöhnlichen Eigenschaften der hypothetischen Strings zur Deutung verschiedener mysteriöser Phänomene heranzuziehen. So hat man bereits Strings als mögliche Quellen der kosmischen Strahlen – Ströme energiereicher Elementarteilchen – vorgeschlagen. Ebenso könnten sie die Ursache für gewaltige Ausbrüche von Gammastrahlung bilden, die man regelmäßig beobachtet, doch nur unzureichend versteht.

Sogar als Energiequellen der Quasare hat man die Strings bereits diskutiert. Zwar erwiesen sich die wissenschaftlichen Argumente zur Begründung dieser Hypothesen bislang als nicht besonders überzeugend – der größte Teil wird sich vermutlich als falsch herausstellen. Dennoch bereitet es den Physikern viel Vergnügen, das wirkliche Potential der String-Theorie zu ergründen; die Natur wird dann zu gegebener Zeit ihr abschließendes Urteil über die Hypothesen der Theoretiker fällen.

Autoren

Larry Abbott („Das Rätsel der kosmologischen Konstanten") ist außerordentlicher Professor für Physik an der Brandeis-Universität in Waltham (Massachusetts). Er promovierte dort im Jahre 1977, arbeitete dann am Elektronenbeschleuniger der Stanford-Universität (Kalifornien) und am europäischen Kernforschungszentrum CERN in Genf und ging 1979 als Fakultätsmitglied wieder an die Brandeis-Universität. Er schreibt: „In den vergangenen Jahren habe ich mich für die Anwendung neuer Ideen der Teilchenphysik auf kosmologische Fragestellungen interessiert. Ich bearbeite vor allem Theorien über das inflationäre Universum, dunkle Materie und die großräumige Struktur des Universums. Kürzlich begann ich außerdem, Folgerungen aus den Neutrino-Beobachtungen nach der Supernova 1987A zu untersuchen und mich für neuronale Netzwerke zu interessieren."

Jack O. Burns („Sehr große Strukturen im Universum") ist Direktor des Instituts für Astrophysik und Professor für Physik und Astronomie an der Universität von Neumexiko. Er studierte Astrophysik an der Universität von Massachusetts und an der Universität von Indiana; dort promovierte er 1978. Anschließend arbeitete er für zwei Jahre als Wissenschaftler am amerikanischen Observatorium für Radioastronomie im Rahmen des VLA-Programms (für das Teleskop-System Very Large Array). Im Jahre 1980 wurde er Fakultätsmitglied an der Universität von Neumexiko. Seine Forschungsgebiete sind extragalaktische Radioastronomie und neuerdings auch Kosmologie.

David B. Cline („Quark-Lepton-Familien") ist Professor für Physik und Astronomie an der Universität von Kalifornien in Los Angeles (UCLA) und arbeitet am europäischen Kernforschungszentrum CERN auf dem Gebiet der Elementarteilchenphysik. Cline begann sein Studium an der Kansas State University in Manhattan und promovierte 1965 an der Universität von Wisconsin in Madison. Dort erhielt er eine Professur für Physik und war gleichzeitig als Forscher am Fermi National Accelerator Laboratory tätig, bis er 1986 an die UCLA ging.

Alan Dressler („Die großräumigen Eigenbewegungen der Galaxien") arbeitet als Astronom der Carnegie-Institution an den Mount-Wilson- und Las-Campañas-Observatorien in den USA und Chile. Er studierte an der Universität von Kalifornien in Berkeley und Santa Cruz, wo er 1976 auch in Astronomie und Astrophysik promovierte. Nach weiteren fünf Jahren wissenschaftlicher Arbeit am Hale-Observatorium erhielt er seine jetzige Position. Sein Spezialgebiet sind optische Beobachtungen von Galaxien sowie Entstehung und Entwicklung von Galaxien.

Daniel Z. Freedman („Die verborgenen Dimensionen der Raumzeit") und sein Koautor Pieter van Nieuwenhuizen sind Professoren für theoretische Physik an der Staatsuniversität von New York in Stony Brook. Freedman studierte an der Wesleyan University und der Universität von Wisconsin, wo er 1964 promovierte. Danach ging er vier Jahre nach Berkeley ans Imperial College of Science and Technology der Universität von Kalifornien und ans Institute for Advanced Study in Princeton. Nach Gastprofessuren am California Institute of Technology und anderen Forschungseinrichtungen kam er 1968 nach Stony Brook.

Terry Goldman („Schwerkraft und Antimaterie") und seine Koautoren Richard J. Hughes und Michael Martin Nieto sind theoretische Physiker am amerikanischen Los-Alamos-Nationallaboratorium. Goldman promovierte 1973 an der Harvard-Universität in Cambridge (Massachusetts) und arbeitete anschließend am Stanford Linear Accelerator Center und in Los Alamos sowie von 1978 bis 1980 am California Institute of Technology (Caltech). Er bearbeitet derzeit Probleme der Quantenchromodynamik und ihrer Anwendung auf die Kernphysik.

Michael B. Green („Superstrings") ist Physikprofessor am Queen Mary College der Universität London. Sein Interesse an Superstring-Theorien begann während eines zweijährigen Forschungsaufenthalts am Institute for Advanced Study in Princeton nach seiner Promotion an der Universität Cambridge im Jahre 1970. Anschließend arbeitete er bis 1977 am Cavendish-Laboratorium der Universität Cambridge und bis 1978 an der Universität Oxford; danach ging er nach London.

Alan H. Guth („Das inflationäre Universum"), der seinen Artikel zusammen mit Paul J. Steinhardt schrieb, lehrt Physik am Massachusetts Institute of Technology (MIT), wo er im Jahre 1972 promovierte. Nach der Promotion arbeitete er an der Princeton-Universität, der Columbia-Universität, der Cornell-Universität und am Linearbeschleuniger SLAC in Stanford. An der Cornell-Universität untersuchte er zusammen mit Henry Tye die Erzeugung magnetischer Monopole im frühen Universum. Im darauffolgenden akademischen Jahr setzte er die Arbeit am SLAC fort. Kurz darauf ging er als Associate-Professor für Physik wieder ans MIT.

Howard E. Haber („Ist die Natur supersymmetrisch?") und sein Koautor Gordon L. Kane haben in den vergangenen Jahren auf dem Gebiet sehr hochenergetischer Prozesse in der Teilchenphysik zusammengearbeitet. Haber ist Assistenzprofessor für Physik an der Universität von Kalifornien in Santa Cruz. Er promovierte 1978 an der Universität von Michigan und arbeitete als Wissenschaftler an der Universität von Kalifornien in Berkeley und an der Universität von Pennsylvanien, ehe er Fakultätsmitglied in Santa Cruz wurde.

Richard J. Hughes („Schwerkraft und Antimaterie") und seine Koautoren Terry Goldman und Michael Martin Nieto sind theoretische Physiker am amerikanischen Los-Alamos-Nationallaboratorium. Hughes studierte mathematische Physik an der Universität Liverpool und promovierte dort 1978 in theoretischer Elementarteilchenphysik. Es folgten Forschungsaufenthalte an der Universität Oxford, am Caltech, am europäischen Kernforschungszentrum CERN bei Genf und an der Universität Edinburgh; 1985 ging er nach Los Alamos.

Gordon L. Kane („Ist die Natur supersymmetrisch?") und sein Koautor Howard E. Haber haben in den vergangenen Jahren auf dem Gebiet sehr hochenergetischer Prozesse in der Teilchenphysik zusammengearbeitet. Kane ist Physikprofessor in Michigan; er promovierte an der Universität von Illinois in Urbana-Champaign und wurde 1965 Fakultätsmitglied in Michigan. Als er diesen Artikel schrieb, war er zu einem Forschungsaufenthalt am CERN in Genf.

Lawrence M. Krauss („Dunkle Materie im Universum") ist Assistenzprofessor in den Abteilungen für Physik und Astronomie an der Yale-Universität. Er promovierte 1982 am Massachusetts Institute of Technology. Anschließend arbeitete er an der Harvard-Universität, bevor er 1985 nach Yale ging.

J. M. LoSecco („Die Suche nach dem Protonenzerfall") und seine Koautoren Frederick Reines und Daniel Sinclair sind Experimentalphysiker.

LoSecco ist Assistenzprofessor für Physik am California Institute of Technology (Caltech). Er promovierte im Jahre 1976 an der Harvard-Universität. An den Universitäten Harvard und Michigan untersuchte er vor allem Eigenschaften und Verhalten des Neutrinos und den Zerfall des Protons; anschließend ging er 1981 ans Caltech.

Michael K. Moe („Der doppelte Beta-Zerfall") und sein Koautor Simon Peter Rosen sind aus verschiedenen Forschungsrichtungen zum doppelten Beta-Zerfall gelangt. Moe ist Experimentalphysiker. Er hat an der Stanford-Universität studiert und am Case Institute of Technology in Cleveland (Ohio) promoviert. Heute arbeitet er an der Universität von Kalifornien in Irvine, wo er sich seit 1971 mit der Suche nach doppelten Beta-Zerfällen beschäftigt. 1987 gelang es ihm und zwei seiner Kollegen als ersten, den doppelten Beta-Zerfall direkt zu beobachten.

Michael Martin Nieto („Schwerkraft und Antimaterie") und seine Koautoren Terry Goldman und Richard J. Hughes sind theoretische Physiker am amerikanischen Los-Alamos-Nationallaboratorium. Nieto studierte an der Cornell-Universität in Ithaca; er wollte ursprünglich Experimentalphysiker werden, entschied sich dann jedoch für die Theorie. Nach seiner Promotion arbeitete er an der State University of New York in Stony Brook, der Universität Kopenhagen, der Universität von Kalifornien in Santa Barbara, der Universität von Kyoto und der Purdue-Universität in West Lafayette. Nieto ist seit 1972 in Los Alamos.

Pieter van Nieuwenhuizen („Die verborgenen Dimensionen der Raumzeit") und sein Koautor Daniel Z. Freedman sind Professoren für theoretische Physik an der Staatsuniversität von New York in Stony Brook. Van Nieuwenhuizen studierte Mathematik und theoretische Physik an der Universität Utrecht, wo er bei Martinus G. Veltman promovierte. Von 1969 bis 1971 war er am CERN in Genf, anschließend an der Universität Paris in Orsay als Joliot-Curie-Stipendiat. 1973 kam er zurück nach Stony Brook, von wo aus er später zwischenzeitlich wieder nach Genf ans CERN ging.

Frederick Reines („Die Suche nach dem Protonenzerfall") und seine Koautoren J. M. LoSecco und Daniel Sinclair sind Experimentalphysiker. Reines ist Physikprofessor an der Universität von Kalifornien in Irvine. Er studierte am Stevens Institute of Technology und an der Universität von New York, wo er 1944 auch promovierte. Nachdem er 15 Jahre als Wissenschaftler am Los Alamos National Laboratory tätig war, wurde er 1959 Fakultätsmitglied am Case Institute of Technology. Anschließend ging er 1966 als Gründungsdekan des Physikdepartments nach Irvine. In seinen Arbeiten beschäftigte er sich vor allem mit Myonen, Neutrino-Streuung und der Stabilität des Protons; 1981 erhielt er für diese Arbeiten den J.-Robert-Oppenheimer-Preis.

Simon Peter Rosen („Der doppelte Beta-Zerfall") und sein Koautor Michael K. Moe sind aus verschiedenen Forschungsrichtungen zum doppelten Beta-Zerfall gelangt. Rosen studierte und promovierte an der Universität Oxford. Im Jahre 1959 veröffentlichte er gemeinsam mit Henry Primakoff eine Arbeit, die den Boden für die darauffolgenden theoretischen Untersuchungen des doppelten Beta-Zerfalls bereitete. Heute ist er am Los-Alamos-Nationallaboratorium in Neumexiko beschäftigt. Dort hat sich sein Interesse auf das Studium der hinter dem doppelten Beta-Zerfall verborgenen Kraft – der schwachen Kraft – erweitert.

Ernst Schmutzer („Die fünfte Dimension") ist seit 1960 Professor für theoretische Physik an der Friedrich-Schiller-Universität Jena (DDR). Er erhielt seine Ausbildung an der Rostocker Universität bei Hans Falkenhagen (Diplom, Promotion) und habilitierte sich 1958 in Jena. Seit dieser Zeit liegen seine Forschungsschwerpunkte auf den Gebieten Relativitätstheorie und Feldtheorie; er entwickelte eine neue Variante der fünfdimensionalen Feldtheorie (Projektive Einheitliche Feldtheorie). Er ist seit 1969 Mitglied der Deutschen Akademie der Naturforscher Leopoldina (Halle). Im Jahre 1967 war er für ein Semester Gastprofessor am Queen Elizabeth College der Universität London. Zahlreiche Einladungen zu Gastvorlesungen führten ihn in verschiedene Länder (unter anderem Sowjetunion, Bundesrepublik Deutschland, Dänemark und Italien).

David N. Schramm („Beschleunigerexperimente testen kosmologische Theorien") und sein Koautor Gary Steigman haben durch bahnbrechende Arbeiten die Verbindung von Kosmologie und Elementarteilchenphysik entscheidend mitentwickelt. Schramm ist Louis-Block-Professor für Physik an der Universität Chicago. Er graduierte 1967 am Massachusetts Institute of Technology und promovierte 1971 am California Institute of Technology.

Daniel Sinclair („Die Suche nach dem Protonenzerfall") und seine Koautoren J. M. LoSecco und Frederick Reines sind Experimentalphysiker. Sinclair ist Physikprofessor an der Universität von Michigan. Er studierte an der Universität von Glasgow und promovierte dort 1957 mit einer Arbeit über die Eigenschaften von Pionen. Seitdem lehrt er am Physikdepartment der Universität von Michigan.

Gary Steigman („Beschleunigerexperimente testen kosmologische Theorien") und sein Koautor David N. Schramm haben durch bahnbrechende Arbeiten die Verbindung von Kosmologie und Elementarteilchenphysik entscheidend mitentwickelt. Steigman ist Professor für Physik und Astronomie an der Ohio State University.

Paul J. Steinhardt („Das inflationäre Universum"), der seinen Artikel zusammen mit Alan H. Guth schrieb, ist Associate-Professor für Physik an der Universität von Pennsylvanien. Er studierte am California Institute of Technology und anschließend an der Harvard-Universität. Nach seiner Promotion im Jahre 1978 war er von 1979 bis 1981 Stipendiat der Society of Fellows an der Harvard-Universität. Im Jahre 1981 ging er als Associate-Professor für Physik an die Universität von Pennsylvanien.

Martinus J. G. Veltman („Das Higgs-Boson") ist seit 1981 Professor für Physik an der Universität von Michigan in Ann Arbor. Er promovierte 1963 an der Universität Utrecht und ging im selben Jahr an das Forschungszentrum des Stanford Linear Accelerator (SLAC) der Stanford-Universität in Palo Alto (Kalifornien). Im Jahre 1966 wurde er zum Physikprofessor in Utrecht ernannt. Er konzentrierte sich dann auf das Problem der Renormalisierung von Yang-Mills-Feldern.

Alexander Vilenkin („Kosmische Strings") ist seit 1983 Physikprofessor an der Tufts-Universität in Medford (Massachusetts). Er hat sich mit kosmischen Strings und Modellen für die Erzeugung des Universums befaßt. Bis 1971 studierte er Physik an der Universität Charkow; in den folgenden fünf Jahren leistete er erst seinen Wehrdienst in der sowjetischen Armee und publizierte wissenschaftlich in seiner Freizeit. Im Jahre 1976 ging er in die USA und promovierte im folgenden Jahr an der State University of New York in Buffalo. Anschließend ging er an die Case Western Reserve University, dann an die Tufts-Universität.

Literatur

Einführung

Appenzeller, I. (Hrsg.) *Kosmologie.* Heidelberg (Spektrum der Wissenschaft) 1985.
Dosch, H. G. (Hrsg.) *Teilchen, Felder und Symmetrien.* Heidelberg (Spektrum der Wissenschaft) 1984.
Kippenhahn, R. *Licht vom Rande der Welt.* Stuttgart (DVA) 1984.
Börner, G. *The Early Universe.* Heidelberg (Springer) 1988.
Nachtmann, O. *Elementarteilchenphysik.* Stuttgart (Vieweg) 1986.

Sehr große Strukturen im Universum
(*Spektrum der Wissenschaft, 9/1986*)

Oort, J. H. *Superclusters.* In: *Annual Review of Astronomy and Astrophysics* 21 (1983) S. 373–428.
Batuski, D. J.; Burns, J. O. *A Possible 300 Megaparsec Filament of Clusters in Perseus-Pegasus.* In: *The Astrophysical Journal* 299/1 (1985) S. 5–14.
Weinberg, S. *Die ersten drei Minuten.* München (Piper) 1983.
Oort, J. H. *Die Entwicklung großräumiger Strukturen im Universum.* In: *Sterne und Weltraum* 21 (1982) S. 456–461 und 514–518.

Die großräumigen Eigenbewegungen der Galaxien
(*Spektrum der Wissenschaft, 11/1987*)

Peebles, P. J. E. *The Large-Scale Structure of the Universe.* Princeton (Princeton University Press) 1980.
Klaas, U. *Die Bestimmung der Hubble-Konstanten.* In: *Sterne und Weltraum* 23 (1984) S. 298.
Materne, J. *Der Lokale Superhaufen und seine Umgebung.* In: *Sterne und Weltraum* 24 (1985) S. 1294.
Stickel, M. *Die Anisotropie der kosmischen Hintergrundstrahlung.* In: *Sterne und Weltraum* 26 (1987) S. 206.

Dunkle Materie im Universum
(*Spektrum der Wissenschaft, 2/1987*, sowie *Gravitation*, Reihe „Verständliche Forschung", 1987)

Krauss, L. M. *Dark Matter and Inflation.* In: *General Relativity and Gravitation* 17/1 (1985) S. 89–94.
Kolb, E. W. et al. (Hrsg.) *Inner Space, Outer Space.* Chicago/London (University of Chicago Press) 1986.
Krauss, L. M.; Srednicki, M.; Wilczek, F. *Solar System Constraints and Signatures in Dark-Matter Candidates.* In: *Physical Review D* 33/8 (1986) S. 2079–2082.
Peebles, P. J. E. *The Mean Mass Density of the Universe.* In: *Nature* 321/6065 (1980) S. 27–32.

Der doppelte Beta-Zerfall
(*Spektrum der Wissenschaft, 1/1990*)

Haxton, W. C.; Stephenson, G. J. jr. *Double Beta Decay.* In: Wilkinson, D. (Hrsg.) *Progress in Particle and Nuclear Physics.* Bd. 12. London/New York (Pergamon Press) 1984.
Doi, M.; Kotani, T.; Tagasuki, E. *Double Beta Decay and Majorana Neutrino.* In: *Progress in Theoretical Physics.* Suppl. 83. Kioto 1985.
Elliott, S.; Hahn, A.; Moe, M. *Direct Evidence for Two-Neutrino Double-Beta Decay in ^{82}Se.* In: *Physical Review Letters* 59/18 (1987) S. 2020.
Avignone, F. T.; Brodzinski, R. L. *A Review of Recent Developments in Double-Beta Decay.* In: Faessler, A. (Hrsg.) *Progress in Particle and Nuclear Physics.* Bd. 21. London/New York (Pergamon Press) 1988.
Faessler, A. *Doppelter Beta-Zerfall und die Vereinheitlichung der Kräfte.* In: *Physikalische Blätter* 45/8 (1989) S. 321–325.

Quark-Lepton-Familien
(Originaltitel: „Die vierte Quark-Lepton-Familie", *Spektrum der Wissenschaft, 10/1988*)

Cline, D. B.; Rubbia, C. *Search for High-Mass Sequential Leptons through the Change of Charge Asymmetry in $W^{\pm} \to l^{\pm}$ + (Neutrinos) Decay.* In: *Physical Letters* 127B/3–4 (1983) S. 277–280.
Yang, J.; Turner, M. S.; Steigman, G.; Schramm, D. N.; Olive, K. A. *Primordial Nucleosynthesis: A Critical Comparison of Theory and Observation.* In: *The Astrophysical Journal* 281/2, Teil 1 (1984) S. 493–511.
The First International Symposium on the Fourth Family of Quarks and Leptons. In: *Annals of the New York Academy of Sciences* 518 (1988).

Beschleunigerexperimente testen kosmologische Theorien
(*Spektrum der Wissenschaft, 8/1988*)

Schramm, D. N. *The Early Universe and High Energy Physics.* In: *Physics Today* 36/4 (1983) S. 27–33.
Steigman, G. *Big Bang Nucleosynthesis: Theories and Observations.* In: *Annual Review of Astronomy and Astrophysics* 23 (1985) S. 319–378.
Cline, D. B. *Neutrino Families: The Early Universe Meets Elementary Particle/Accelerator Physics.* In: *Science* 17/3 (1987).

Das Rätsel der kosmologischen Konstanten
(*Spektrum der Wissenschaft, 7/1988*)

Saller, H. *Vereinheitlichte Feldtheorien der Elementarteilchen.* Heidelberg (Springer) 1985.
Sautter, H. *Astrophysik II.* Stuttgart (Fischer) 1972.
Schrodinger, E. *Expanding Universes.* Cambridge (Cambridge University Press) 1956.
Davies, P. C. W. *The Accidental Universe.* Cambridge (Cambridge University Press) 1982.
Pais, A. *„Subtle is the Lord..." The Science and the Life of Albert Einstein.* Oxford (Oxford University Press) 1982.

Das Higgs-Boson
(*Spektrum der Wissenschaft, 1/1987*)

Becher, P.; Böhm, M.; Joos, H. *Eichtheorien der starken und elektroschwachen Wechselwirkung.* Stuttgart (Teubner) 1981.
Greiner, W.; Müller, B. *Theoretische Physik.* Bd. 8: *Eichtheorie der schwachen Wechselwirkung.* Thun/Frankfurt (Deutsch) 1986.
t'Hooft, G. *Symmetrien in der Physik der Elementarteilchen.* In: Dosch, H. G. (Hrsg.) *Teilchen, Felder und Symmetrien.* Heidelberg (Spektrum der Wissenschaft) 1984.
Pickering, A. *Constructing Quarks.* Chicago/London (University of Chicago Press) 1984.
Crease, R. P.; Mann, C. C. *The Second Creation: Makers of the Revolution in Twentieth Century Physics.* New York (Macmillan) 1985.

Die Suche nach dem Protonenzerfall
(*Spektrum der Wissenschaft, 8/1985*)

Park, H. S.; Blewitt, G.; Cortez, B. G.; Foster, G. W.; Gajewski, W.; Haines, T. J.; Kielczewska, J. M.; LoSecco, J. M.; Bionta, R. M.; Bratton, C. B.; Casper, D.; Chrysicopoulou, P.; Claus, R.; Errede, S.; Ganezer, K. S.; Goldhaber, M.; Jones, T. W.; Kropp, W. R.; Learned, J. G.; Lehmann, E.; Reines, F.; Schultz,

J.; Seidel, S.; Shumard, E.; Sinclair, D.; Sobel, H. W.; Stone, J. L.; Sulak, L. R.; Svoboda, R.; van der Velde, J. C.; Wuest, C. *Experimental Limits on the Nucleon.* In: *Physical Review Letters* 54/1 (1985) S. 22–25.
Weinberg, S. *Der Zerfall des Protons.* In: Dosch, H. G. (Hrsg.) *Teilchen, Felder und Symmetrien.* Heidelberg (Spektrum der Wissenschaft) 1984.

Das inflationäre Universum
(Spektrum der Wissenschaft, 7/1984)

Guth, A. H. *Inflationary Universe: A Possible Solution to the Horizon and Flatness Problems.* In: *Physical Review D* 23/2 (1981) S. 347–356.
Albrecht, A.; Steinhardt, P. J. *Cosmology for Grand Unified Theories with Radiatively Induced Symmetry Breaking.* In: *Physical Review Letters* 48/17 (1982) S. 1220–1223.

Die fünfte Dimension
(Spektrum der Wissenschaft, 7/1988)

Ehlers, J.; Börner, G. (Hrsg.) *Gravitation.* Heidelberg (Spektrum der Wissenschaft) 1987.
Sexl, R. U.; Urbantke, H. K. *Gravitation und Kosmologie.* Mannheim (Bibliographisches Institut) 1975.
Jordan, P. *Schwerkraft und Weltall.* Braunschweig (Vieweg) 1955.
Schmutzer, E. *Relativitätstheorie aktuell – ein Beitrag zur Einheit der Physik.* Thun/Frankfurt (Deutsch) 1981.
Witten, E. *Search for a Realistic Kaluza-Klein Theory.* In: *Nuclear Physics B* 186/3 (1981) S. 412–428.

Die verborgenen Dimensionen der Raumzeit
(Spektrum der Wissenschaft, 5/1985, sowie *Gravitation,* Reihe „Verständliche Forschung", 1987)

Cremmer, E.; Julia, B.; Scherk, J. *Supergravity Theory in 11 Dimensions.* In: *Physics Letters* 96B/4 (1978) S. 409–412.
Witten, E. *Search for a Realistic Kaluza-Klein Theory.* In: *Nuclear Physics B* 186/3 (1981) S. 412–428.

Ist die Natur supersymmetrisch?
(Spektrum der Wissenschaft, 8/1986)

Sutton, C. *The Particle Connection.* New York (Simon & Schuster) 1984.
Haber, H. E.; Kane, G. L. *The Search for Supersymmetry: Probing Physics beyond the Standard Model.* In: *Physics Report* 117/2–4 (1985) S. 75–263.
Barnett, R. M.; Haber, H. E.; Kane, G. L. *Supersymmetry – Lost or Found?* In: *Nuclear Physics B* 267/3–4 (1986) S. 625–678.

Schwerkraft und Antimaterie
(Spektrum der Wissenschaft, 5/1988)

Ohanian, H. C. *Gravitation and Spacetime.* New York/London (Norton) 1976.
Goldman, T.; Nieto, M. M. *Experiments to Measure the Gravitational Acceleration of Antimatter.* In: *Physics Letters* 112B/6 (1982) S. 437f.
Feynman, R. P. *Elementary Particles and the Laws of Physics.* Cambridge (Cambridge University Press) 1987.
Stacey, F. D. et al. *Geophysics and the Law of Gravity.* In: *Reviews of Modern Physics* 59/1 (1987) S. 157–174.

Superstrings
(Spektrum der Wissenschaft, 11/1986)

Scherk, J. *An Introduction to the Theory of Dual Models and Strings.* In: *Reviews of Modern Physics* 47/1 (1975) S. 123–164.
Green, M. B. *Unification of Forces and Particles in Superstring Theories.* In: *Nature* 314/6010 (1985) S. 409–414.
de Rújula, A. *Superstrings and Supersymmetry.* In: *Nature* 320/6064 (1986) S. 678.

Kosmische Strings
(Spektrum der Wissenschaft, 2/1988)

Albrecht, A.; Turok, N. *Evolution of Cosmic Strings.* In: *Physical Review Letters* 54/6 (1985) S. 1868–1871.
Vilenkin, A. *Cosmic Strings and Domain Walls.* In: *Physics Reports* 121/5 (1985) S. 263–315.
Chudnovsky, E. M.; Field, G. B.; Spergel, D. N.; Vilenkin, A. *Superconducting Cosmic Strings.* In: *Physical Review D* 34/4 (1986) S. 944–950.

Bildnachweise

Titelbild: Janos Keleman, Konkoly-Observatorium, Budapest, und Claus Möllenhoff, Landessternwarte, Heidelberg* – **Sehr große Strukturen im Universum:** Bilder 1–6: George V. Kelvin; Bild 7: Jack O. Burns/J. Ward Moody – **Die großräumigen Eigenbewegungen der Galaxien:** Bild 1: Ofer Lahav, Institute of Astronomy, Universität Cambridge; Bilder 2, 3 und 5–8: Hank Iken; Bild 4: David T. Wilkinson, Princeton University – **Dunkle Materie im Universum:** Bild 1: Palomar Observatory; Bilder 2, 3 und 5–7: George Retseck; Bild 4: Michael J. Kurtz – **Der doppelte Beta-Zerfall:** Bilder 1–7: Gabor Kiss – **Quark-Lepton-Familien:** Bild 1 (oben): CERN; Bilder 1 (unten) und 2–7: Gabor Kiss – **Beschleunigerexperimente testen kosmologische Theorien:** Bilder 1–6: Andrew Christie – **Das Rätsel der kosmologischen Konstanten:** Bilder 1–5: Joe Lertola – **Das Higgs-Boson:** Bild 1: Hank Iken; Bild 2: Edward Bell; Bilder 3–6: Andrew Christie – **Die Suche nach dem Protonenzerfall:** Bild 1: Frederick Reines, University of California at Irvine; Bilder 2–6: Gabor Kiss; Bild 7: Edward Bell – **Das inflationäre Universum:** Bilder 1–7: Ian Worpole – **Die fünfte Dimension:** Bild 1: BBC; Bild 2: Expressen; Bild 3: Teubner-Verlagsgesellschaft, Leipzig; Bilder 4–8: Ernst Schmutzer/Spektrum der Wissenschaft – **Die verborgenen Dimensionen der Raumzeit:** Bilder 1–5: Ian Worpole – **Ist die Natur supersymmetrisch?:** Bilder 1–9: Gabor Kiss – **Schwerkraft und Antimaterie:** Bild 1: La Specola, Museum für Zoologie, Florenz (Scala/Art Resource); Bild 2: Lawrence Berkeley Laboratory; Bilder 3–10: George Retseck – **Superstrings:** Bilder 1–14: Hank Iken, Walken Graphics – **Kosmische Strings:** Bild 1: Quesada/Burke; Bild 2: Kitt Peak National Observatory; Bild 3: François R. Bouchet, University of California at Berkeley, David P. Bennett, Fermi National Accelerator Laboratory und Universität Chicago; Bilder 4 und 5: George Retseck.

* Gezeigt ist die zentrale Region des Galaxienhaufens im Sternbild Perseus. Die Abbildung entstand durch digitale Überlagerung (also im Computer) von zwölf lange belichteten Photoplatten. Durch diese Technik werden sehr schwache Einzelheiten sichtbar, wie zum Beispiel die Außengebiete der hellen Galaxien, die sich fast berühren.

Sachregister

Namensregister

Spektrum der Wissenschaft
Reihe „Verständliche Forschung"

Gehirn und Nervensystem
208 Seiten, ISBN 3-922508-21-9

Evolution
Mit einer Einführung von Ernst Mayr
208 Seiten, ISBN 3-922508-22-7

Ozeane und Kontinente
Mit einer Einführung von Peter Giese
248 Seiten, ISBN 3-922508-24-3

Industrielle Mikrobiologie
Mit einer Einführung von Heinz Schaller
200 Seiten, ISBN 3-922508-25-1

Kosmologie
Mit einer Einführung von
Immo Appenzeller
208 Seiten, ISBN 3-922508-27-8

Teilchen, Felder und Symmetrien
Mit einer Einführung von
Hans Günter Dosch
224 Seiten, ISBN 3-922508-29-4

Erbsubstanz DNA
Mit einer Einführung von Albrecht
E. Sippel und Alfred Nordheim
204 Seiten, ISBN 3-922508-30-8

Vulkanismus
Mit einer Einführung von Hans Pichler
208 Seiten, ISBN 3-922508-32-4

Die Entstehung der Sterne
Mit einer Einführung von
Joachim Krautter
192 Seiten, ISBN 3-922508-35-9

Die Moleküle des Lebens
Mit einer Einführung von Peter Sitte
224 Seiten, ISBN 3-922508-39-1

Wahrnehmung und visuelles System
Mit einer Einführung von Manfred Ritter
224 Seiten, ISBN 3-922508-36-7

Elementare Materie, Vakuum und Felder
Mit einer Einführung von Walter Greiner
224 Seiten, ISBN 3-922508-37-5

Krebs – Tumoren, Zellen, Gene
Mit Einführungen und einem Vorwort
von Volker Schirrmacher
224 Seiten, ISBN 3-922508-38-3

Die Dynamik der Erde
Mit einer Einführung von
Raymond Siever
216 Seiten, ISBN 3-922508-40-5

Immunsystem
Mit Einführungen von Georges Köhler
und Klaus Eichmann
224 Seiten, ISBN 3-922508-41-3

Gravitation
Mit einer Einführung von Jürgen Ehlers
und Gerhard Börner
192 Seiten, ISBN 3-922508-42-1

Biologie des Sozialverhaltens
Mit einer Einführung von Dierk Franck
200 Seiten, ISBN 3-922508-45-6

Planeten und ihre Monde
Mit einer Einführung von Roland Wielen
224 Seiten, ISBN 3-922508-46-4

Anwendungen des Lasers
Mit Einführungen von Fritz Peter Schäfer
und Alexander Müller
208 Seiten, ISBN 3-922508-47-2

Computer-Kurzweil
Mit einer Einführung von Immo Diener
248 Seiten, ISBN 3-922508-50-2

Die Physik der Musikinstrumente
Mit einer Einführung von Klaus Winkler
196 Seiten, ISBN 3-922508-49-9

Computer-Systeme
Mit einer Einführung von
Jörg H. Siekmann
200 Seiten, ISBN 3-922508-51-0

Computer-Anwendungen
Mit einer Einführung von
Gerhard Johannsen
224 Seiten, ISBN 3-922508-52-9

Siedlungen der Steinzeit
Mit einer Einführung von Jens Lüning
232 Seiten, ISBN 3-922508-48-0

Chaos und Fraktale
Mit einer Einführung von
Hartmut Jürgens, Heinz-Otto Peitgen
und Dietmar Saupe
208 Seiten, ISBN 3-922508-54-5

Fossilien: Bilder frühen Lebens
Mit einer Einführung von Hans D. Pflug
216 Seiten, ISBN 3-922508-56-1

Newtons Universum
Mit einem Vorwort von Jürgen Seibold
und einer Einführung von
Wolfgang Neuser
192 Seiten, ISBN 3-89330-750-8

In Vorbereitung:

Gehirn und Kognition
Mit einer Einführung von Wolf Singer
208 Seiten, ISBN 3-922508-55-3
ET: 6/90

CIP-Kurztitelaufnahme der Deutschen Bibliothek

Kosmologie und Teilchenphysik / mit e. Einf. von Immo Appenzeller – Heidelberg: Spektrum-der-Wissenschaft-Verlagsgesellschaft, 1990.
(Spektrum-der-Wissenschaft: Verständliche Forschung)
ISBN 3-89330-751-6
NE: Appenzeller, Immo [Vorr.]

Lektorat: Katharina Neuser-von Oettingen
Produktion: Jutta Liebau

Typographie, Umschlag- und Buchgestaltung:
Design Studio Henri Wirthner, Gengenbach

Gesamtherstellung:
Klambt-Druck GmbH, Speyer